主编简介

　　张继稳，博士，中国科学院上海药物研究所研究员、博士研究生导师。任国家药品监督管理局药用辅料质量研究与评价重点实验室副主任。兼任中国药学会药用辅料专业委员会副主任委员、药剂专业委员会委员；世界中医药学会联合会中药新型给药系统专业委员会副主任委员；中国优生优育协会儿童成长与特殊食品专业委员会副主任委员；上海市药学会药剂专业委员会委员；*Int J Pharm*、*APSB*、*Asian J Pharm Sci* 等杂志编委。领衔的跨学科合作团队采用同步辐射光源成像等先进技术，系统地开展了从分子到剂型的结构药剂学理论和应用研究，阐明药物释放的制剂结构机制，探究剂型内药用辅料与药物的空间关系；以环糊精金属有机骨架为主要对象，开展新型药用辅料和超分子给药系统研究。

主编简介

　　杨锐，博士，中国食品药品检定研究院研究员。任中国食品药品检定研究院药用辅料和包装材料检定所药用辅料室副主任（主持工作）。兼任中国药学会药用辅料专业委员会学术秘书，国家药品监督管理局药品审评中心外聘专家，国家药品监督管理局药用辅料质量研究与评价重点实验室学术委员会委员，欧洲药品质量管理局药用辅料战略小组专家，中国颗粒学会青年理事会理事。参与《中国药典》近百个药用辅料标准的起草、修订工作。从事药用辅料的质量控制、注册检验、对照品研制等工作。主要开展药用辅料与药物相容性、经皮给药制剂用辅料的质量控制、吸入制剂用辅料的质量、mRNA药物递送系统用辅料、药用辅料对药物体内渗透性的影响等研究。获中国医药包装协会颁发的"行业发展学术贡献者奖"。

药剂学前沿系列专著

药 用 辅 料

张继稳　杨　锐　主编

科学出版社

北京

内 容 简 介

药用辅料是药物制剂成形和发挥递药功能的物质基础,服务于药物创新和制剂创新。药用辅料的选择不仅影响制剂的质量属性,还调控药物在体内的吸收、代谢、分布、排泄等过程。因此,有必要对药用辅料进行充分的了解及评估。本书重点阐述了药用辅料的分类及来源、国内外药用辅料的监管,详细介绍了药用辅料的评价方法与新技术,系统、全面地介绍了当前新型制剂研发所运用的药用辅料。全书系统地阐述了药用辅料在先进制剂开发与新药成药性研究中的具体开发和运用,介绍辅料在药品开发中的关键基础作用。

本书为科研工作者、研究生和相关专业的学生学习药用辅料发展前沿、药用辅料多功能运用提供专业见解,可以为药物制剂研究机构、生产企业提供参考,助推药用辅料行业的高质量发展。

图书在版编目(CIP)数据

药用辅料 / 张继稳, 杨锐主编. -- 北京:科学出版社, 2024. 10. --(药剂学前沿系列专著). -- ISBN 978-7-03-079584-7

Ⅰ. TQ460. 4

中国国家版本馆 CIP 数据核字第 2024FY5388 号

责任编辑:周 倩 李 清 / 责任校对:谭宏宇
责任印制:黄晓鸣 / 封面设计:殷 靓

科学出版社 出版

北京东黄城根北街 16 号
邮政编码:100717
http://www.sciencep.com

南京展望文化发展有限公司排版
上海巅辉印刷厂有限公司印刷
科学出版社发行 各地新华书店经销

*

2024 年 10 月第 一 版 开本:B5(720×1000)
2024 年 10 月第一次印刷 印张:30 1/4 插页1
字数:530 000

定价:180.00 元
(如有印装质量问题,我社负责调换)

药剂学前沿系列专著
专家指导委员会

（以姓氏笔画排序）

肖新月　中国食品药品检定研究院

吴传斌　暨南大学

邱　东　中国科学院化学研究所

张　宇　沈阳药科大学

张　欣　沈阳药科大学

张继稳　中国科学院上海药物研究所

张雪娟　暨南大学

陆　超　暨南大学

苟靖欣　沈阳药科大学

周　化　合肥立方制药股份有限公司

孟晓辉　中国科学院化学研究所

赵勤富　沈阳药科大学

姜虎林　中国药科大学

姚　静　中国药科大学

夏丹丹　沈阳药科大学

顾景凯　吉林大学

徐　晖　沈阳药科大学

殷宪振　临港实验室

郭　涛　中国科学院上海药物研究所

郭建博　陕西省食品药品监督检验研究院

唐　星　沈阳药科大学

黄　莹　暨南大学

黄郑炜　暨南大学

韩思飞　中国药科大学

廖　霞　四川大学

熊　婷　沈阳药科大学

潘　昕　中山大学

魏　刚　复旦大学

魏振平　天津大学

学术秘书　熊　婷

序

药用辅料是药物制剂存在的物质基础，一种活性药物成分（active pharmaceutical ingredient，API）要成为临床供给患者使用的药品，必须制成某种制剂，这离不开作为赋形剂或附加剂的药用辅料。药用辅料也是药物运输的基本载体，影响药物在人体内的吸收、代谢、分布、排泄等过程。一种新药用辅料的成功上市可以带动一批新型药物制剂的研发，谁掌握了药用辅料新技术，谁就占得未来高端药物制剂的先机，这已成为制药界的共识。药用辅料是推动我国高端制剂及创新药发展的重要基础，大力提高药用辅料水平，促进制剂产业向更高价值链延伸，是《"十四五"医药工业发展规划》的重要目标之一。本书由来自中国科学院上海药物研究所、中国食品药品检定研究院、沈阳药科大学、中国药科大学、四川大学、复旦大学、吉林大学、暨南大学、江西中医药大学、清华大学、中国科学院化学研究所等药剂学家、材料学家、化学家撰写，从药剂学前沿视角，总结药用辅料的最新进展。本书将药用辅料质量评价与药用辅料在药物制剂中的功能性结合起来，分为三篇，分别是药用辅料概论、药用辅料的评价、先进的递药系统的药用辅料，系统地介绍了新药用辅料在药物制剂与新药成药性研究方面的新技术、新方法，为药用辅料生产、研制机构提供药用辅料安全性、功能性及相容性研究实践经验和建议，相信此书将成为我国药剂学和药用辅料研究的指导参考书，对提高我国药用辅料产业化生产水平，保障药用辅料质量稳定可控、安全高效，推进创新药和高端药物制剂研发，具有重要意义。

我谨代表中国药学会药用辅料专业委员会对本书成稿表示祝贺，期望该著作为我国药用辅料研发和应用提供技术支持，为关注药用辅料与药物创新的同行、学生提供技术参考。

肖新月

2023 年 5 月

前言
Foreword

应科学出版社之邀,作为"药剂学前沿系列专著"专家指导委员会委员,领取编写任务时,鉴于药用辅料是药剂学科技前沿的重要内容之一,我积极地承担了《药用辅料》分册的撰写任务,由我和中国食品药品检定研究院杨锐研究员担任本书的主编,沈阳药科大学徐晖教授、中国药科大学姜虎林教授、合肥立方制药股份有限公司周化博士担任本书的副主编,并邀请了药用辅料监管、法规、设计、评价、应用等多个领域的权威专家和颇有建树的数十名年轻学者组成本书的编委会。主要有以下几个方面的考虑。

一、药用辅料对药剂学研究、产品开发与生产都至关重要

药用辅料对于高端仿制制剂太重要了,药用辅料对于创新药物太重要了,药用辅料对于制药产业太重要了。在药物一致性评价时,如果高端制剂使用进口的同款药用辅料,那么高价药用辅料就会占了高端药物制剂成本的主要部分,摊薄了通过评价后的药物制剂利润,增加了患者的负担。而在创新药物生产中,国际大公司约为一半的创新药配备特殊的药用辅料、包装材料或给药装置,以充分优化创新药的质量和给药效果。因此,药用辅料的创新是原创新药研发的重要一环,也是原创新药的知识产权保护的关键环节。近些年,我国的创新药得到了快速发展,但研发难度增加、研发的要求提高,研发成本大,而把创新药的制剂简单化,或采用过于常规的药用辅料,不能使创新药的制剂产品最优化。

二、跨学科合作和新技术应用是我国药用辅料发展的关键

药物制剂的创新、药物的创新,研发新型药用辅料是其必由之路。我国的药用辅料教育、研发均未形成完整的体系。这表现在全国数百家药学院系至今没有独立的药用辅料专业,我国主要的头部新药研发机构也没有药用辅料研究中心。多数新药研发机构习惯于采购、使用市场上已有的药用辅料,而不是研发和

创制新药用辅料。药用辅料的研发涉及材料学、生物学、医学、工程学、药学、物理学和化学等多学科的交叉融合和创新研究。因此,跨学科合作和新技术应用是我国药用辅料发展的关键。故在本书中,我们着重总结了药用辅料的监管(第一篇)与评价技术(第二篇)的研究进展。我们从药用辅料惰性、活性、功能性、安全性出发,兼顾产业现状和药用辅料相关科技的最新进展,从高分子辅料的表征、多分散性到体内代谢特征,从药用辅料粉体的流变学到微粒结构及其在制剂内的分布,再到环糊精类药用辅料与药物分子的相互作用,从药物与药用辅料的相互作用到药用辅料与药用辅料之间的相互作用,对药用辅料评价的新技术、新进展进行了深度总结。

三、药用辅料在新制剂、新型递药系统的研发中发挥着至关重要的作用

药用辅料是药物制剂中除了活性成分之外的其他成分,而药物是否能保持它的活性、稳定性,是否能被有效地吸收利用,是否能高效地递送到作用部位和靶点,很大程度上取决于药用辅料的作用。整个药剂学的工作,就是使用药用辅料来把原料药做成供人们使用的药物制剂、做成最优化的药物制剂。因此,本书第三篇为先进的递药系统的药用辅料,介绍了当前新型制剂研发所应用的辅料,阐述了药用辅料在先进的药物制剂研发与新药成药性研究中的具体应用。

本书得以出版,我们由衷感谢中国科学院上海药物研究所陈凯先院士、蒋华良院士、李佳所长对药用辅料研究的重视和支持;感谢中国药学会药用辅料专业委员会肖新月主任委员的指导;感谢国家药品监督管理局药用辅料质量研究与评价重点实验室邹建主任和孙会敏、肖新月、赵霞、杨会英等老师的帮助,引领我们致力于我国药用辅料事业的发展;感谢合肥立方制药股份有限公司的技术人员审阅全文和对本书的出版支持;感谢来自我国知名大学、研究院所的各位教授、老师、同仁在疫情期间坚持努力,完成主要书稿。

我们努力组织了一支敬业、在新科技上富有代表性的编委队伍。国内外的药用辅料法规方面由中国食品药品检定研究院的肖新月、杨锐、李樾、王晓锋和清华大学的杨悦编写;药用辅料基础由中国药科大学的姜虎林和邢磊编写;药用辅料的“活性”与“惰性”由陕西省食品药品监督检验研究院的郭建博和沈阳药科大学的徐晖编写;大分子药用辅料的结构确证由四川大学的廖霞编写;药用辅料的多分散性及其评价由中国药科大学的苏志桂编写;药用辅料的粉体学评价与粉体设计由沈阳药科大学的朴洪宇编写;辅料-辅料、药物-辅料间相互作用由中国药科大学的姚静编写;辅料微粒结构与制剂内分布评价由临港实验室的

殷宪振编写;药用高分子辅料代谢动力学由吉林大学的顾景凯编写;口服缓控释制剂用辅料由沈阳药科大学的张宇编写;注射型缓控释给药系统辅料由沈阳药科大学的苟靖欣和唐星编写;吸入粉雾剂的药用辅料由沈阳药科大学的张欣和毛世瑞编写;经皮给药辅料由中国科学院化学研究所的孟晓辉、邱东编写;原位凝胶和原位相变给药系统辅料由复旦大学的魏刚、江宽编写;生物技术药物制剂的辅料与新载体由四川大学的孙逊编写;新型制剂工艺的功能性药用辅料由暨南大学的吴传斌、黄莹、权桂兰、陆超、黄郑炜、张雪娟和中山大学的潘昕编写;中药制剂的"药辅合一"由江西中医药大学的伍振峰、朱卫丰编写;药用表面活性剂及其在药物制剂中的应用由天津大学的魏振平编写;药用离子交换材料由沈阳药科大学的徐晖、夏丹丹、张宇编写;介孔辅料由沈阳药科大学的赵勤富和王思玲编写;脂质辅料与脂-药衍生物由中国药科大学的韩思飞编写;环糊精-药物相互作用的分子模拟、环糊精金属-有机骨架材料与递药系统由中国科学院上海药物研究所的张继稳、郭涛、伍丽和安庆医药高等专科学校刘毅、沈阳药科大学的熊婷共同编写;全文审阅由合肥立方制药股份有限公司的周化负责;编委会秘书工作由沈阳药科大学的熊婷承担。编委们兢兢业业,做出了不懈的努力。如有疏漏,欢迎读者朋友批评指正。

张继稳　杨锐

2024 年 4 月

目 录
Contents

第一篇 药用辅料概论

第二篇　药用辅料的评价

第三篇　先进的递药系统的药用辅料

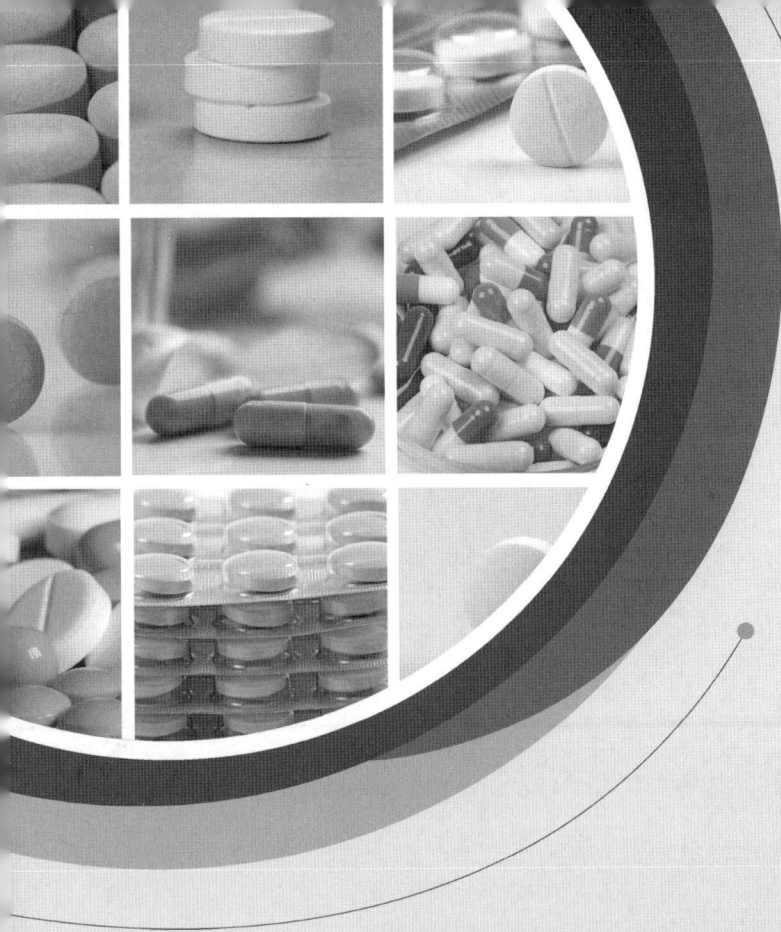

第一篇
药用辅料概论

第一章

药用辅料基础

药用辅料在药剂学中起着重要的作用,合理选择和使用药用辅料,可以改善药物的制备工艺和提高性能,提高药物的质量和疗效。因此,了解药用辅料的基础知识对药物制剂的研发和生产具有重要意义。本章主要介绍药用辅料的基础知识,包括其定义、分类及在药剂学中的功能。

一、药用辅料的定义

药物是一类能调节或改变人体的某些生理功能而常用于预防、诊断、治疗疾病的生物活性物质,亦称原料药,是用于制备制剂的活性物质,包括中药、化学药、生物制品原料药等。在多数情况下,原料药不能直接使用,需将其制成适合于医疗和预防应用的给药形式,即剂型。因此,将药物制成一定的剂型时,除原料药外,还必须加入一些有助于制剂成型、稳定、制备、增溶、助溶、缓释、控释、靶向等不同功能和作用的各种辅料。这些用于制造、调配药物制剂的必需品称为药用辅料(pharmaceutic adjuvant)。药用辅料在制剂研发、生产和使用过程中均发挥着重要作用。根据《中华人民共和国药典》(简称《中国药典》)2020 年版的定义,药用辅料系指生产药品和调配处方时使用的赋形剂与附加剂;是除活性成分或前体以外,在安全性方面已进行合理的评估,一般包含在药物制剂中的物质[1]。通常药用辅料本身没有治疗作用,但能赋予药物制剂某些必要的理化性质或生理特征,可能会影响药品的质量、安全性和有效性,如液体制剂中的抗氧剂,注射剂中的渗透压调节剂,片剂中的崩解剂,微球中的载体材料等。在大多数情况下,制剂产品的质量与其中的辅料、辅料与活性成分间的相互作用密切相关。因此,不能简单地将辅料看作一种无活性的惰性成分,在选择辅料时,应详细而深入研究其对药物制剂安全性、有效性、稳定性的影响。

迄今,药用辅料已发展到包括缓释、控释材料,薄膜包衣材料,脂质体、胶束、微球载体材料,前体药物载体材料,固体分散体、包合物载体材料等在内共50多种[2]。绝大部分辅料本身没有防治功能,少部分辅料仅具一定的或很小的防治作用。之所以必须使用这些辅料,是因为将原料药制备成各种制剂时,辅料能充分保持和发挥药物的疗效。药物制剂离开了药用辅料是无法制造或调配的。剂量小的药物,要制备成片剂必须加填充剂;易被氧化失效的药物,要制成液体制剂时必须加抗氧剂;要把抗生素制成软膏,必须加软膏基质;要将某些药物输送至肠道部位,没有肠溶材料很难实现;蛋白抗体药物要在体内稳定、发挥长效作用,没有聚乙二醇(polyethylene glycol,PEG)也很难实现;要让核酸类药物在体内起效,没有递送载体就无从谈起;近些年出现的一些新剂型,如脂质体、微球、聚合物胶束等,更需要添加特殊的药用辅料才能制备成功。所以,把药用辅料定义为制造和调配制剂的必需材料是十分确切的。目前,随着药剂学新分支学科的建立和发展,新剂型、新制剂不断涌现,传统辅料已不能满足和适应制剂发展的需要,新辅料研究开发日益重要,药用辅料学研究也越来越受到广泛重视。

二、药用辅料的分类

药用辅料可按来源、化学结构、用途、剂型、给药途径、剂型形态等进行分类[3~11]。

(一)按来源分类

药用辅料可分为天然、半合成和全合成辅料(表1-1)。这种分类方法比较粗浅,分类太过广泛,看不出辅料用途和应用范围。

表1-1 药用辅料按来源分类

类　别	举　　　例
天然辅料	主要来源于植物和动物,如淀粉、明胶、纤维素、白蛋白、阿拉伯胶等
半合成辅料	主要包括淀粉衍生物和纤维素衍生物,如羟乙基淀粉、羧甲基淀粉钠、甲基纤维素、羧甲基纤维素钠、羟丙甲纤维素(HPMC)等
全合成辅料	主要通过聚合方法合成得到的聚合物,其大多数化学结构和分子量明确,性质稳定,品种规格较多,如PEG、卡波姆、聚维酮(polyvinyl pyrrolidone,PVP)、聚乙烯醇、泊洛沙姆、聚乳酸等

(二)按化学结构分类

药用辅料可分为酸类、碱类、盐类、醇类、酚类、酯类、醚类、纤维素类、单糖类、双糖类、多糖类等(表1-2)。按化学结构分类可从辅料的化学结构上看出共同点,但其理化特性可能不同且用途各异。

表1-2　药用辅料按化学结构分类

类　别	举　　　例
酸类	山梨酸、没食子酸、苹果酸、柠檬酸、酒石酸等
碱类	氢氧化钠、氢氧化钙、氨水等
盐类	氯化钠、乳酸钙、碳酸氢钠、亚硫酸氢钠、乙二胺四乙酸二钠等
醇类	乙醇、丙二醇、甘油、月桂醇、三氯叔丁醇等
酚类	丁香酚、麝香草酚、姜黄素等
酯类	乙酸乙酯、单硬脂酸甘油酯、羟苯乙酯、苯甲酸苄酯、肉豆蔻酸异丙酯等
醚类	二甲醚、二乙二醇二甲醚、聚氧乙烯、泊洛沙姆、聚氧乙烯蓖麻油衍生物等
纤维素类	粉状纤维素、微晶纤维素、甲基纤维素、乙基纤维素、HPMC等
单糖类	葡萄糖、核糖、脱氧核糖、果糖、半乳糖等
双糖类	蔗糖、麦芽糖、乳糖、海藻糖、蜜二糖等
多糖类	淀粉、预胶化淀粉、糊精、壳聚糖、阿拉伯胶等

(三) 按用途分类

药用辅料在制剂中的作用和用途多样(表1-3)。

表1-3　药用辅料按用途分类

辅料名称	举　　　例
溶剂	水、乙醇、甘油、PEG400、二甲基甲酰胺、乙酸乙酯、花生油、液状石蜡、二甲基亚砜等
助溶剂	苯甲酸钠、碘化钾、聚维酮、二乙胺、乌拉坦、烟酰胺、水杨酸钠、琥珀酸钠、维生素C、尿素等
增溶剂	吐温类、卖泽类、聚氧乙烯脂肪醇醚类
防腐剂	羟苯酯类、苯甲酸、山梨酸、苯扎溴铵、醋酸氯己定、三氯叔丁醇、苯酚等
矫味剂	蔗糖、单糖浆、橙皮糖浆、桂皮糖浆、安息香、麝香、龙涎香、苹果香精、橘子香精等
甜味剂	蔗糖、单糖浆、橙皮糖浆、桂皮糖浆、山梨醇、甘露醇、甜菊苷、糖精钠、阿司帕坦等

辅料名称	举　例
泡腾剂	柠檬酸-碳酸氢钠、酒石酸-碳酸氢钠等
芳香剂	大茴香油、柠檬油、薄荷油、桂皮油、安息香、麝香、龙涎香、苹果香精、橘子香精、香蕉香精、菠萝香精等
着色剂	苏木、甜菜红、胭脂红、姜黄、胡萝卜素、松叶蓝、氧化铁、苋菜红、焦糖、柠檬黄、靛蓝等
助悬剂	甘油、糖浆、甲基纤维素、羧甲基纤维素钠、羟乙纤维素、HPMC、胶体二氧化硅、触变胶等
润湿剂	乙醇、丙二醇、甘油、吐温60、吐温80、泊洛沙姆等
乳化剂	阿拉伯胶、西黄蓍胶、吐温类、司盘类、卖泽类、苄泽类、泊洛沙姆等
抗氧剂	亚硫酸钠、亚硫酸氢钠、焦亚硫酸钠、维生素C、维生素E、L-甲硫氨酸、对氨基苯酚、没食子酸丙酯等
pH调节剂	乙酸-乙酸钠、柠檬酸-柠檬酸钠、乳酸、酒石酸-酒石酸钠、磷酸氢二钠-磷酸二氢钠、碳酸氢钠-碳酸钠等
抑菌剂	苯酚、甲酚、氯甲酚、苯甲醇、三氯叔丁醇、尼泊金类、硝酸苯汞等
局麻剂	盐酸普鲁卡因、利多卡因等
等渗调节剂	氯化钠、葡萄糖、甘油等
冻干保护剂	乳糖、蔗糖、麦芽糖、人血白蛋白等
填充剂	乳糖、蔗糖、糊精、甘露醇、淀粉、预胶化淀粉、微晶纤维素、粉状纤维素、硫酸钙、碳酸钙等
黏合剂	淀粉浆、蔗糖、甲基纤维素、乙基纤维素、羟丙基纤维素、HPMC、聚维酮、明胶、PEG等
崩解剂	干淀粉、羧甲基淀粉钠、低取代羟丙基纤维素、交联羧甲基纤维素钠、交联聚维酮、微晶纤维素等
助流剂	滑石粉、微粉硅胶、玉米淀粉等
润滑剂	硬脂酸镁、氢化植物油、PEG、月桂醇硫酸钠等
包衣材料	玉米朊、邻苯二甲酸醋酸纤维素、HPMC、聚丙烯酸树脂类、聚维酮、醋酸纤维素钛酸酯等
抛射剂	四氟乙烷、七氟丙烷、二甲醚、丙烷、正丁烷、异丁烷、二氧化碳、氮气、一氧化氮等
掩蔽剂	二氧化钛等
成膜剂	明胶、阿拉伯胶、琼脂、聚乙烯醇、聚乙烯醇缩醛、聚维酮、乙烯-乙酸乙烯共聚物、聚丙烯酸及其钠盐、交联聚丙烯酸钠、丙烯酸树脂、HPMC、羧甲基纤维素钠、甲基纤维素、乙基纤维素和羟丙基纤维素等

辅料名称	举　　例
抗黏着剂	三硅酸镁、滑石粉等
抗氧增效剂	乙二胺四乙酸及其钠盐、甘氨酸、柠檬酸钠等
皮肤渗透促进剂	二甲基亚砜、乙醇、月桂氮草酮、尿素、薄荷油等
空气置换剂	二氧化碳、氮气等
吸附剂	活性炭、硅胶、氧化铝、分子筛、天然黏土等
增塑剂	甘油、PEG200、PEG400、丙二醇、蓖麻油、乙酰化单甘油酯、苯二甲酸酯等
表面活性剂	十二烷基硫酸钠、苯扎溴铵、卵磷脂、吐温80、司盘80、泊洛沙姆等
发泡剂	十二烷基硫酸钠、脂肪醇聚氧乙烯醚硫酸钠等
消泡剂	二甲硅油、正丁醇、三油酸山梨坦、月桂山梨坦、肉豆蔻酸、油酸山梨坦、棕榈山梨坦、硬脂山梨坦等
增稠剂	鲸蜡、固体石蜡、硬脂醇、白蜡、黄蜡等
包合剂	α-环糊精、β-环糊精、γ-环糊精等
保湿剂	甘油、PEG、丙二醇等
吸收剂	乳糖、淀粉、硫酸钙、磷酸氢钙、氧化镁、甘油磷酸钙、氢氧化铝等
絮凝剂	柠檬酸钠、酒石酸钠、硫酸钠、磷酸氢钠、碳酸钠、聚丙酸钠、氯化铝等
反絮凝剂	柠檬酸钠、酒石酸钠、硫酸钠、磷酸氢钠、碳酸钠、聚丙酸钠、氯化铝等
助滤剂	硅藻土、纤维素、石棉、氧化镁、石膏、活性炭、酸性白土等
冷凝剂	二甲硅油、玉米油、芝麻油、液状石蜡、棉籽油等
络合剂	乙二胺四乙酸二钠等
释放调节剂	PEG、聚维酮、蔗糖、糊精、氯化钠等
压敏胶黏剂	丙烯酸聚合物胶黏剂包括各种丙烯酸或甲基丙烯酸的酯类、丙烯酰胺、甲基丙烯酰胺、N-烷氧基烷基或N-烷基丙烯酰胺。聚异丁烯和聚硅氧烷分别是最常见的橡胶基胶黏剂和硅基胶黏剂
硬化剂	凡士林、硬脂醇、十六醇等
胶囊材料	明胶、甲基纤维素、HPMC等
基质	栓剂基质：可可豆酯、巴西棕榈蜡、硬脂酸丙二醇酯、石蜡、氢化棉籽油、PEG、甘油-明胶、泊洛沙姆等。软膏基质：凡士林、石蜡、羊毛脂、蜂蜡、鲸蜡、单硬脂酸甘油酯、二甲硅油、PEG等
粉雾剂载体材料	乳糖等

按照药剂学用途分类非常契合药物制剂对辅料的处方要求。这种分类法具有如下特点。

（1）专一性：各辅料虽然理化性质不完全相同,有些差别较大,但因有共同的性质,其作用机制和用途基本相同。例如,增溶剂,虽然品种多、理化性质各异,但都有助于难溶性药物的溶解。

（2）实用性：此分类方法简便、实用,可减少重复,便于查找和选择。

（四）按剂型分类

药用辅料可分为溶液剂、混悬剂、乳剂、注射剂、滴眼剂、颗粒剂、散剂、片剂、软膏剂、栓剂、滴丸剂等剂型使用的辅料(表1-4)。这种分类方法与剂型对应,便于熟悉每种剂型主要的辅料种类和特点等。

表1-4 药用辅料按剂型分类

类　别	举　例
溶液剂用辅料	溶剂：水、乙醇、甘油、丙二醇、大豆油、二甲基亚砜、乙酸乙酯、二甲基硅油、液状石蜡等 增溶剂：吐温类、聚氧乙烯脂肪酸酯类等 助溶剂：碘化钾、二乙胺、苯甲酸钠、尿素、聚维酮等 潜溶剂：乙醇、丙二醇、甘油、PEG等 防腐剂：羟苯乙酯、苯甲酸钠、山梨酸、苯扎溴铵、醋酸氯己定等 甜味剂：蔗糖、单糖浆、橙皮糖等 芳香剂：柠檬挥发油、苹果香精等 胶浆剂：阿拉伯胶、羧甲基纤维素钠、琼脂、明胶、甲基纤维素等 泡腾剂：柠檬酸-碳酸氢钠、酒石酸-碳酸氢钠等 着色剂：苏木、甜菜红、姜黄、胡萝卜素、松叶蓝、氧化铁、苋菜红、胭脂红、靛蓝等 pH调节剂：盐酸、硫酸、乙酸、磷酸、柠檬酸、酒石酸、苹果酸、氢氧化钠、碳酸氢钠、浓氨水、磷酸盐缓冲液、硼酸盐缓冲液等
混悬剂用辅料	助悬剂：甘油、糖浆、阿拉伯胶、西黄蓍胶、白及胶、桃胶、海藻酸钠、琼脂、淀粉浆、甲基纤维素、羧甲基纤维素钠、羟乙纤维素、HPMC、卡波姆、聚维酮、葡聚糖、胶体二氧化硅、硅酸铝、硅藻土、海藻酸钠、琼脂、触变胶等 润湿剂：吐温类、聚氧乙烯蓖麻油类、泊洛沙姆等 絮凝剂和反絮凝剂：柠檬酸钠、酒石酸钠、硫酸钠、磷酸氢钠、碳酸钠、聚丙酸钠、氯化铝等
乳剂用辅料	乳化剂：阿拉伯胶、西黄蓍胶、明胶、杏树胶、氢氧化镁、氢氧化铝、二氧化硅、皂土、氢氧化钙、氢氧化锌等

续 表

类 别	举 例
乳剂用辅料	防腐剂：羟苯酯类、苯甲酸、山梨酸、苯扎溴铵、醋酸氯己定等 甜味剂：蔗糖、单糖浆、山梨醇、甘露醇、甜菊苷、糖精钠、阿司帕坦等
注射剂用辅料	抗氧剂：亚硫酸钠、亚硫酸氢钠、焦亚硫酸钠、硫代硫酸钠、维生素 C、维生素 E 等 络合剂：乙二胺四乙酸二钠等 pH 调节剂：乙酸-乙酸钠、柠檬酸-柠檬酸钠、乳酸、酒石酸-酒石酸钠、磷酸氢二钠-磷酸二氢钠、碳酸钠-碳酸氢钠等 助悬剂：羧甲基纤维素、明胶、果胶等 稳定剂：肌酐、甘氨酸、烟酰胺、辛酸钠等 增溶剂、润湿剂：聚氧乙烯蓖麻油、吐温 20、吐温 40、吐温 80、聚维酮、聚氧乙烯(40)氢化蓖麻油、卵磷脂、脱氧胆酸钠、泊洛沙姆 188 等 抑菌剂：尼泊金类、苯酚、甲酚、氯甲酚、苯甲醇、三氯叔丁醇、硝酸苯汞等 局麻剂或止痛剂：盐酸普鲁卡因、利多卡因等 等渗调节剂：氯化钠、葡萄糖、甘油等 填充剂：乳糖、甘露醇、甘氨酸等 冻干保护剂：乳糖、蔗糖、麦芽糖、人血白蛋白等
滴眼剂用辅料	同注射剂用辅料
片剂用辅料	稀释剂或填充剂：淀粉、蔗糖、糊精、乳糖、预胶化淀粉、微晶纤维素、硫酸钙、磷酸氢钙、碳酸钙、甘露醇等 润湿剂：水、乙醇等 黏合剂：淀粉浆、甲基纤维素、羟丙基纤维素、HPMC、羧甲基纤维素钠、乙基纤维素、聚维酮、明胶、PEG、海藻酸钠等 崩解剂：干淀粉、羧甲淀粉钠、低取代羟丙基纤维素、交联羧甲基纤维素钠、交联聚维酮、泡腾崩解剂等 助流剂：滑石粉、微粉硅胶、玉米淀粉等 抗黏着剂：三硅酸镁、滑石粉等 润滑剂：硬脂酸镁、微粉硅胶、氢化植物油、PEG、十二烷基硫酸钠等 着色剂：苏木、甜菜红、胭脂红、姜黄、胡萝卜素、松叶蓝、氧化铁、苋菜红、焦糖、柠檬黄、靛蓝等 甜味剂：蔗糖、单糖浆、山梨醇、甘露醇、甜菊苷、糖精钠、阿司帕坦等 包衣材料：玉米朊、邻苯二甲酸醋酸纤维素、HPMC、聚丙烯酸树脂类、聚维酮、醋酸纤维素钛酸酯等
颗粒剂用辅料	同片剂用辅料
软膏剂用辅料	油溶性基质：白凡士林、石蜡、羊毛脂、白蜂蜡等 水溶性基质：PEG、甘油-明胶、羧甲基纤维素钠等 乳剂型基质：水包油型基质、油包水型基质

类　别	举　例
栓剂用辅料	油脂性基质：硬脂酸丙二醇酯、可可豆脂、巴西棕榈蜡、氢化棉籽油等 水溶性基质：PEG、甘油-明胶、吐温 60、泊洛沙姆等
凝胶剂辅料	水溶性凝胶基质：卡波姆、羧甲基纤维素钠、明胶、琼脂、海藻酸钠、桃胶、黄原胶、HPMC、甲基纤维素、聚丙烯酰胺等 油溶性凝胶基质：聚氧乙烯、硅体胶、铝皂、锌皂、脂肪油、液状石蜡等
滴丸剂用辅料	水溶性基质：PEG、明胶等 油溶性基质：氢化植物油、硬脂酸钠等 冷凝剂：二甲基硅油、丙烷等
透皮制剂辅料	胶黏剂：聚异丁烯类压敏胶、硅橡胶压敏胶等 控释膜：乙烯-乙酸乙烯共聚物膜、微孔聚乙烯膜等 皮肤渗透促进剂：油酸、月桂酸、羊毛脂、桉叶油素、薄荷醇、樟脑、二甲基硅蜡、液状石蜡、乙醇、甘油、百里酚、二甲基亚砜、尿素、月桂醇硫酸钠、十二烷基二甲基硫酸铵、吐温 80 等
气雾剂辅料	抛射剂：二氯二氟甲烷、二氯四氟乙烷、二氯一氟甲烷、一氯二氟乙烷、二甲醚、四氟乙烷、七氟丙烷、丙烷、丁烷、压缩二氧化碳、压缩氮气等
粉雾剂辅料	载体：乳糖 助溶剂：乙醇 表面活性剂：卵磷脂
喷雾剂辅料	压缩气体：二氧化碳、一氧化二氮、氮气等 溶剂：水等 助溶剂：乙醇等 表面活性剂：吐温 80 等 防腐剂：苯扎溴铵等
缓控释材料	包括缓释材料和控释材料，缓释材料是在缓释制剂中起缓作用的高分子材料，包括阻滞剂、骨架材料和增黏剂。控释材料是在控释制剂中起控释作用的高分子材料，包括膜控释型材料和骨架控释型材料
微球载体材料	制备微球的高分子材料，如白蛋白、明胶、聚乳酸、聚丙烯酰胺、丙交酯-乙交酯共聚物（PLGA）等

（五）按给药途径分类

药用辅料可分为经胃肠道给药途径用辅料、非胃肠道给药途径用辅料（表 1-5）。此分类方法与临床用药密切结合，能反映给药途径与应用方法对剂型制备的特殊要求；缺点是一种制剂由于给药途径和应用方法不同，可能在不同给药途径的剂型中出现。

表 1－5　药用辅料按给药途径分类

类　　别	举　　　　例
经胃肠道给药途径用辅料	溶液剂辅料,乳剂辅料,混悬剂辅料,片剂辅料,颗粒剂辅料,胶囊剂辅料,散剂辅料,滴丸剂辅料等
非胃肠道给药途径用辅料	注射剂辅料,气雾剂辅料,喷雾剂辅料,粉雾剂辅料,洗剂辅料,搽剂辅料,硬膏剂辅料,糊剂辅料,贴剂辅料,滴眼剂辅料,滴鼻剂辅料,眼膏剂辅料,含漱剂辅料等

（六）按剂型形态分类

药用辅料可分为气体、液体、半固体和固体四类剂型用辅料(表 1－6)。此分类方法优点是剂型所用辅料一目了然,但每一剂型形态的辅料,如液体和固体剂型,包括多种剂型和制剂,需多种多样的辅料,这些辅料具有各自的理化特性和用途,此分类看不出辅料的共性。

表 1－6　药用辅料按剂型形态分类

类　　别	举　　　　例
气体剂型用辅料	气雾剂辅料,喷雾剂辅料,烟剂辅料等
液体剂型用辅料	注射剂辅料,滴眼剂辅料,溶液剂辅料,芳香水剂辅料,糖浆剂辅料,醑剂辅料,酊剂辅料,混悬剂辅料,乳剂辅料,搽剂辅料,涂剂辅料,洗剂辅料,滴鼻剂辅料,滴耳剂辅料,含漱剂辅料,滴牙剂辅料,灌肠剂辅料,合剂辅料,酒剂辅料,露剂辅料等
半固体剂型用辅料	软膏剂辅料,栓剂辅料,凝胶剂辅料,硬膏剂辅料,糊剂辅料,眼膏剂辅料等
固体剂型用辅料	片剂辅料,胶囊剂辅料,颗粒剂辅料,散剂辅料,滴丸剂辅料,膜剂辅料等

三、药用辅料在药剂学中的功能

辅料对药物制剂产生作用,并对药物制剂的质量做出贡献,药用辅料在药剂学中发挥重要作用。

（一）药用辅料是药物制剂的物质基础

任何一种药物要供给临床应用,必须制成适合治疗和预防使用的剂型,而剂型的存在离不开药用辅料,药用辅料是药物制剂成型的基础和重要组成部分,在剂型结构中起着重要作用。没有药用辅料,任何药物都难以直接用于患者,药物也难以发挥应有的治疗或预防作用。一些小剂量药物,如阿托品、芬太尼、地高辛等,有些单次给药剂量只有零点几毫克,若不用稀释剂或填充剂等辅料制成合适的制剂,则无法实现给药剂量的准确性,更谈不上给药的安全性和有效性。一些大剂量药物虽然易于称量,但也不能直接给予患者,需要用合适的药用辅料制备成适宜的制剂,以利于患者取用或储存、运输[3,4]。另外,有些药物必须制成合适剂型才便于给药,如栓剂,基质是栓剂成形必不可少的部分,帮助把栓剂制成各种形状便于使用,也有利于药物发挥疗效。还有些药物若不使用药用辅料制成适宜的剂型,很容易被胃肠道中的酸或酶破坏,如胰酶等蛋白质类药物,直接服用后将在胃部被破坏,需用肠溶衣辅料将其制备成肠溶衣片,以避免胃部环境的影响,从而使其在肠道中发挥作用。因此,药用辅料与药物制剂相伴而生,药用辅料是药物制剂存在的物质基础,没有药用辅料就没有药剂学。

（二）药用辅料可改变药物的理化性质

在药用辅料的协助下,药物的一些理化性质可发生改变,有助于制成理想的制剂。为提高难溶性药物的溶解度,可选用适宜的药用辅料将药物制成盐、酯、复盐、PEG 化药物、络合物等前体药物形式或制成固体分散体、包合物、胶束等,提高药物的溶解性,也可以提高药物的生物利用度。例如,阿司匹林溶解度低且以前临床上只用口服片剂给药。近年来,人们采用新工艺先将阿司匹林制成精氨酸盐或赖氨酸盐前体药物,溶解度得到大幅度提高,更重要的是将阿司匹林前体药物制成粉针剂或水针剂给药,有效避免了口服给药对胃肠道的刺激,药物在体内表现出更强的解热镇痛效果。又如灰黄霉素,口服给药吸收差,生物利用度低,疗效差,采用 PEG6000 将其制成固体分散体再压制成片剂,口服后可在胃肠道中迅速溶解、吸收,不仅提高生物利用度,也显著提高了全身性抗真菌的作用。另外,还有一些具有不良臭味、易挥发或刺激性大的药物,可选用适宜的药用辅料将其制成包合物、微囊、包衣制剂等,或加入矫味剂等加以掩蔽或消除。例如,易挥发的三硝基甘油,用 β-环糊精制成包合物后,避免药物挥发,也增强了药物的稳定性[3]。此外,使用药用辅料还可增强药物的稳定性,如在制剂中加入抗氧剂、络合剂、pH 调节剂、防腐剂、空气置换剂、稳定剂等不同功能的辅料,或者采用药物制剂新技术将药物制成微囊、微球、脂质体、纳米粒、固体分散体、包合物等新制剂,能增强药物对外界环境中光、热、湿、氧等的稳定性,延长药物有效期。

例如,维生素 A、维生素 D、维生素 E 用 β-环糊精包合后,药物对光、热、氧的稳定性提高,有效期延长数倍。因此,正确选择合适的药用辅料在改善药物理化性质方面具有重要的促进作用。

(三) 药用辅料可调控药物的释放速度

同一药物制剂使用不同的药用辅料,或不同的药物制剂使用相同的药用辅料,可能对药物的释放速度有不同的影响。乳糖是常用的基本无活性的辅料,它的加入可以影响药物的释放,进而影响药物的吸收,如乳糖可加速睾酮埋植片的吸收,会延缓异烟肼片的吸收。此外,使用不同的药用辅料制成各种剂型可以控制药物在体内外的释放速度,如选用适宜辅料将药物制成水溶性液体制剂、气雾剂、舌下片剂、口腔速溶片、分散片、泡腾片、丸剂、口腔速溶膜剂等,可达到速释、速效的目的;如选用一些辅料将药物制成溶蚀骨架片、渗透泵、植入剂、微球等,则可达到缓释、控释、长效的目的。此外,也有速效和长效相结合的制剂形式,即双层制剂,其外层为速释层、内层为缓释层。外层迅速释放药物达到有效治疗浓度,内层缓慢释放药物长时间维持有效浓度。目前,能制成这种双层制剂的剂型有片剂、膜剂和贴剂等[3,4]。

(四) 药用辅料可改变药物的给药途径

针对同一药物,采用不同的辅料制成不同的剂型,可以改变药物的给药途径、作用方式和治疗效果,获得多种不同的治疗目的。例如,利多卡因制成注射剂,用于局部麻醉;制成外用无菌溶液,表面贴敷用于人工流产术前的扩宫;制成气雾吸入剂则用于顽固性咳嗽;制成低浓度(0.2%~0.25%)灭菌溶液,则用作注射用青霉素 G 钾盐的稀释液。又如硫酸镁,制成外用溶液剂,热敷刺激局部,可促进血液循环;制成内服溶液,口服则为容积性泻药;制成注射液,用于治疗惊厥、子痫、尿毒症、破伤风与高血压性脑病。再如胰蛋白酶,制成肠溶胶囊剂或片剂,用作消化药;制成注射液则用于治疗脓胸、肺结核、肺脓肿、支气管扩张和血栓性静脉炎、毒蛇咬伤等疾病。再如米诺地尔,制成片剂,口服用于治疗顽固性高血压和肾性高血压;制成外用溶液剂或乳膏剂,则用于治疗雄激素性脱发(又称男性型脱发)和斑秃。此外,有些药物口服后易被胃肠环境破坏,或胃肠吸收后存在肝首过效应,使得到达靶器官的药物浓度较低,达不到治疗浓度。选用一些药用辅料将这些药物改制成非口服给药途径制剂,如肺吸入制剂、舌下含片、栓剂等,可降低胃肠刺激,避免药物在胃中被破坏,更重要的是避免肝首过效应。

例如,青霉素、细胞色素 C 等在胃中易被破坏、降解,通常将其制成注射剂;硝酸甘油经口服后,肝首过效应非常明显,导致血药浓度很低,几乎失效,将其制成口含片、贴片、气雾剂、喷雾剂等,改变给药途径,可避免肝首过效应,维持疗效[3,4]。

（五）药用辅料可实现药物的增效减毒

采用合适的辅料可以增强药物的疗效,降低不良反应。不同的剂型实现增效减毒的策略有所不同,如一些外用制剂（软膏剂、贴剂、膜剂、涂膜剂、搽剂等）,可以通过加入皮肤渗透促进剂来改变皮肤或黏膜的生理特性,提高药物的透皮效率,增加药物的吸收,如辛酸单甘油酯显著增加左旋多巴、盐酸多巴胺、盐酸异丙肾上腺素的透皮吸收量。还有些制剂根据 pH 分配学说,通过加入 pH 调节剂,调节药物的油水分配系数,使药物重新分配,促进药物的吸收,如盐酸麻黄碱滴鼻液,用苯甲酸钠调节 pH 至 7.0~7.2 时,有利于麻黄碱的吸收。此外,通过将药物制备成新制剂来提高疗效,如前体药物制剂、靶向制剂、缓控释制剂、脂质体、聚合物胶束等。链霉素、氯霉素的苯甲酸酯前体药物制剂,增强了抗菌活性,降低了不良反应,减少了用量;用脂质体或聚合物胶束递送紫杉醇后,药物在肿瘤区域的浓度显著提升,可减少给药剂量,降低全身性不良反应。抗癌药物多柔比星用磷脂制成脂质体,同样获得靶向递送,降低毒性,提高疗效[3]。

（六）药用辅料是提升制剂质量的关键

辅料的质量直接影响药品的质量,制剂的改良升级和新药上市都离不开新辅料的研究开发。传统制剂,如片剂、丸剂、颗粒剂、乳膏剂等,如果只使用传统辅料,要想提升制剂质量是比较困难的,但新辅料的引入可以大幅度提升制剂质量。例如,布洛芬片引入新辅料 HPMC,1~2 min 溶出率便达到70%以上,与国外原研药生物等效。此外,新辅料的推出将推动药物新剂型、新制剂的开发。没有特定的囊膜材料和脂质载体材料的研制,也不会有微囊、微球、脂质体、纳米乳等新剂型的出现。另外,新剂型和新制剂的研发与生产又会给新辅料的开发提供线索、依据和动力,进而推动药用辅料的发展。近年来,国外已开发出一大批缓释材料、乳化剂、皮肤渗透促进剂、增溶剂、填充剂、黏合剂、崩解剂、包衣材料等优良新辅料,为改进和提高制剂质量,为研究和开发新剂型、新制剂、新配方提供了物质保障,推动了药物制剂向"三效"（高效、速效、长效）和"三小"（毒性小、副作用小、剂量小）的方向发展[3,4,11]。因此,只有不断开发新的辅料品种、新的辅料配方,才能不断改进和提高制剂质量,促进剂型创新。

四、展望

药用辅料的来源广泛,品类繁多,药用辅料是药物制剂的物质基础。合理、科学地使用药用辅料,有利于制剂的加工成型,优化药物的理化性质,提高药物的稳定性,实现定位、定时、定速的药物释放,获得更为理想的疗效;也可提升制剂新功能,推动新制剂开发等。因此,正确选择药用辅料在药物制剂的制备中占有核心地位,也在药物新剂型与新技术研究、创新和开发中起着关键作用。

(姜虎林,邢磊)

参考文献

[1] 国家药典委员会.中华人民共和国药典.四部.北京:中国医药科技出版社,2020:569-845.
[2] 吴正红,周建平.工业药剂学.北京:化学工业出版社,2021:33-36.
[3] 罗明生,高天惠.药剂辅料大全.2 版.成都:四川科学技术出版社,2006:3-1460.
[4] 王世宇.药用辅料学.北京:中国医药科技出版社,2019:1-9.
[5] 刘葵.药物制剂辅料与包装材料.2 版.北京:人民卫生出版社,2013:1-4.
[6] 陈优生.药用辅料.北京:中国医药科技出版社,2009:1-10.
[7] 关志宇.药物制剂辅料与包装材料.2 版.北京:中国医药科技出版社,2021:1-5.
[8] 王晓林.药物制剂辅料与包装材料.北京:人民卫生出版社,2009:1-5.
[9] 李钧.药用辅料及其管理.北京:化学工业出版社,2009:1-27.
[10] Rowe R C, Sheskey P J, Weller P J.药用辅料手册.4 版.郑俊民,译.北京:化学工业出版社,2005:1-805.
[11] 罗明生,高天惠,宋民宪.中国药用辅料.北京:化学工业出版社,2006:3-929.

第二章

药用辅料的"活性"与"惰性"

药用辅料是制剂生产中不可或缺的组成部分,传统观点认为药用辅料在化学性质与生物活性方面是惰性的。随着研究的深入,大量结果表明辅料对药品生产、储运及治疗使用等可产生不可忽视的影响。本章通过多个案例,对辅料的生物活性、辅料与药物间的相互作用和辅料对药物活性的影响三个方面加以分析,进而说明要在制剂中发挥积极作用,辅料的"活性"是绝对和必需的,而其"惰性"则是相对的,需要辩证且全面认识辅料的"活性"与"惰性"。

一、药用辅料的生物活性

(一)药用辅料与"非活性成分"

辅料的英文名 excipient 一词源于拉丁语 excipere,原意为"除外的、其他的"。药用辅料是指药品中除预期药理活性成分外的所有其他成分(不包括杂质)。由于通常认为药用辅料是惰性的,药用辅料也常被称作非活性成分(inactive ingredient)。药物制剂产品中所期望的理想辅料应性质稳定且易于制造;经济、易得;与药物不发生反应且辅料之间不发生反应;无药理/生理活性;具有特定的药剂学功能等性能。然而,绝大多数辅料实际上均具有不同的生理活性,尚未发现一种"真正"的非活性成分,仅有少数辅料是相对惰性的、具有较高的耐受性,有些辅料(如抗氧剂和防腐剂)还可能有一定的毒性[1,2]。基于药品(drug product)是药物(drug)或活性成分(active ingredient)与辅料或非活性成分有机结合的整体这一事实,可以推断在药物使用过程中,药用辅料-机体-药物分子三者存在两两间的双向性作用(图2-1)。因此,药品安全性和有效性的考虑不单源于药物,要对药物、辅料乃至药品整体有更全面的考量[3~5]。

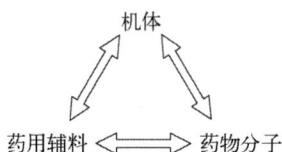

图2-1 药用辅料-机体-药物分子之间的相互关系

由于大部分药用辅料最初来源于食品添加剂,且有较长期的应用数据支持,因此被收入"一般认为安全"(generally regarded as safe,GRAS)目录。美国食品药品监督管理局(FDA)现有两个药用辅料数据库可供查询,分别是 GRAS 物质数据库[6]和非活性物质数据库[7],后者仅收录药物制剂终端产品中应用的非活性成分。

在可查询到的相关文件中,经常会出现活性成分和非活性成分两个相关联的术语。根据美国联邦法规 21 CFR 210.3(b)(7)的解释,活性成分是指在药品中产生药理活性或能够直接用于诊断、处置、缓解和治疗疾病的成分,或是能够影响人类或其他动物身体结构或功能的成分。活性成分还包括在药品生产过程中因化学变化而产生的成分,以及因需要而使用的有特殊活性或作用的成分。根据美国联邦法规 21 CFR 210.3(b)(8)的解释,非活性成分是指药品中除活性成分以外的任何成分。可以看出,在美国联邦法律定义下,活性成分和非活性成分并不是一成不变的,会根据成分在制剂中所发挥的作用而变化。乙醇是一个很好的例子,在不同制剂中,由于其作用不同而被归为活性成分或非活性成分。

(二)药用辅料的生物活性

多年来,药用辅料的生物活性一直被有意识地忽略。最典型的例子是辅料中的甜味剂,无论是以蔗糖为代表的天然甜味剂,还是以三氯蔗糖、阿斯巴甜为代表的合成甜味剂,均会与味觉感受器结合而发挥作用[8,9],抑制药物的不良口感(主要是苦味),从而提高患者用药的依从性。但儿童用制剂中的甜味剂可能带来一定的风险[10],使用非必要的甜味剂易诱发儿童成瘾、误服等问题。

Pottel 与其合作者[11]对 FDA 非活性物质数据库中的 639 种化合物进行了高通量活性筛查,结果发现多种辅料能够与体内一种以上的生理活性位点结合,34 种常用辅料能够与体内 44 个靶点结合,产生 134 种活性作用,其中 17 种辅料引发活性作用的浓度在纳摩尔到微摩尔之间,这表明某些常用辅料的生物活性可能比一些常用药物的活性更强。

Schofield 等的调查表明[12],辅料对肥大细胞活化综合征(mast cell activation syndrome,MCAS)患者存在较高的潜在风险。MCAS 是一种因肥大细胞不恰当激活而造成的以慢性多系统炎症、过敏和慢性生长不良为典型症状的复杂疾病。据估计,全美约有 17% 的人群受到 MCAS 的影响而无法正常生活。由于 MCAS 患者对环境中的化学物质特别敏感,MCAS 人群的一些常用药品,如泼尼松、对乙酰氨基酚、左甲状腺素或维生素制剂,其中含有的十二烷基硫酸钠、苯甲醇、色淀、阿斯巴甜等常规辅料可能诱发某些不可预期的不良反应。

Taneja 报道了一例因日落黄(FD&C 黄 6 色淀)致敏的不良反应事件[13]。一名 79 岁女性,患有阿尔茨海默病、尿路感染、甲状腺功能减退、深部静脉血栓等多种基础疾病,一直服用华法林治疗,因甲状腺功能减退症急性发作入院治疗,起始治疗给予左甲状腺素,同时服用华法林片(5 mg)。约在服用华法林 3 h 后出现广泛性皮疹,给予组胺治疗后皮疹好转。通过检查患者使用的药物发现,其在家中服用的华法林片为蓝色包衣片剂,医院给予的华法林片是黄色包衣片剂。最后确认片剂包衣材料中的日落黄对该患者具有高致敏性。日落黄是食品药品生产中常用的着色剂,是一种水溶性的人工合成染料,其每日允许摄入量(acceptable daily intake, ADI)为 4 mg/kg。日落黄分子结构(图 2-2)中的偶氮官能团和磺酸基官能团可能与癌症、强迫症、哮喘和大脑损伤(神经毒性)等发病相关,此外,还可能引起胃部不适和皮肤肿胀等其他有害影响。

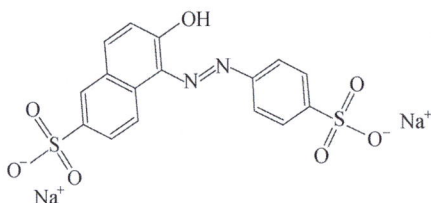

图 2-2 日落黄的结构式

关于甜味剂,利用 Drugbank、Swiss Target Prediction 等数据库对三氯蔗糖的潜在活性作用位点进行分析,结果显示(图 2-3),三氯蔗糖与 A 家族 G 蛋白偶联受体、谷氨酸肽酶、醛糖还原酶、腺苷脱氨酶等 6 大类 11 种蛋白质具有较高的结合能力。分子对接结果显示三氯蔗糖分子中的两个氯原子和一个羟基官能团能够与转运受体 1QGK 蛋白结合,产生 G 蛋白偶联受体样的信号转导作用。

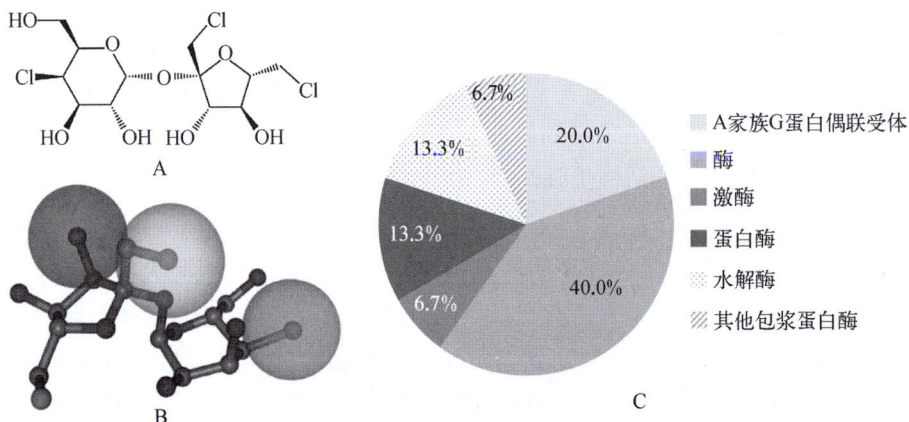

彩图 2-3

图 2-3 三氯蔗糖的生物靶点预测

A. 三氯蔗糖结构式;B. 三氯蔗糖与 1QGK 蛋白的作用位点;C. 三氯蔗糖可能的作用蛋白分析

二、辅料与药物之间的作用

制剂处方中,通常同时使用多种辅料,每种辅料与药物发生何种相互作用往往难以清楚界定。总体上,辅料与药物分子之间的作用可分为物理相互作用和化学相互作用。

(一)辅料-药物之间的物理相互作用

辅料-药物间的物理相互作用不涉及任何化学变化,很常见,但难以预测。对于小分子药物而言,辅料-药物间的物理相互作用经常用于制剂的制备,如制成固体分散体以改变药物的溶出度[14]。辅料-小分子药物间的物理相互作用可能对制剂有利(如环糊精包合),也可能不利。一个典型的例子是,含伯胺基团的药物和微晶纤维素存在氢键相互作用时,在以水为溶出介质的溶出试验中,部分药物会因与微晶纤维素结合而不释放。对于含药量高的制剂,这可能不是严重的问题,但对于含药量低的制剂,则会导致溶出度不合格。采用弱电解质溶液(如 0.05 mol/L HCl 溶液)作为溶出介质一般可以纠正这种现象,即改变溶出介质的 pH 或离子强度后,微晶纤维素对药物的吸附显著减少[15]。

对于蛋白质等大分子药物而言,辅料-药物间的物理相互作用决定了大分子药物的构象稳定,从而影响大分子药物制剂的稳定性[16]。在蛋白类药物制剂中,多种辅料主要通过抑制聚集、减少容器表面吸附或提供适宜的生理渗透压以维持蛋白质构象稳定的方式,来提高蛋白类药物的稳定性[17~20]。这些辅料包括糖类、无机/有机盐类、聚合物、表面活性剂和氨基酸等,如甘露醇、海藻糖、硫酸钠、聚乙烯醇等。辅料与蛋白类药物的相互作用形式已有大量研究报道[21],主要包括霍夫迈斯特(Hofmeister)效应[22]、离子效应[23]、偶极诱导所产生的相互作用[24]、氢键作用[25]、阳离子-π键作用[26]和水合作用[27]等。

辅料与蛋白类药物之间最重要的一种相互作用是静电作用,其中典型的例子是溶液中离子-蛋白质之间的 Hofmeister 效应[22]。研究发现,溶液中离子使蛋白质变性的能力按 SO_4^{2-}、Cl^-、NO_3^-、Br^-、I^-、ClO_4^-、SCN^- 顺序逐渐增加,其原因在于离子影响蛋白质表面水合半径,从而改变蛋白质构象,影响蛋白质的稳定性[22,28]。在蛋白类药物生产过程中,离子对蛋白质的溶解性和稳定性的影响显得尤为重要。辅料与蛋白类药物之间另一种重要的相互作用是阳离子-π键作用[26],如氨基酸类辅料能与蛋白质不同残基发生这类相互作用(图

2-4)。这种相互作用对有些蛋白类药物维持自身构象稳定性起到积极作用。表 2-1 列出了常用于蛋白类药物制剂的辅料可能产生的作用和对制剂性能的影响。

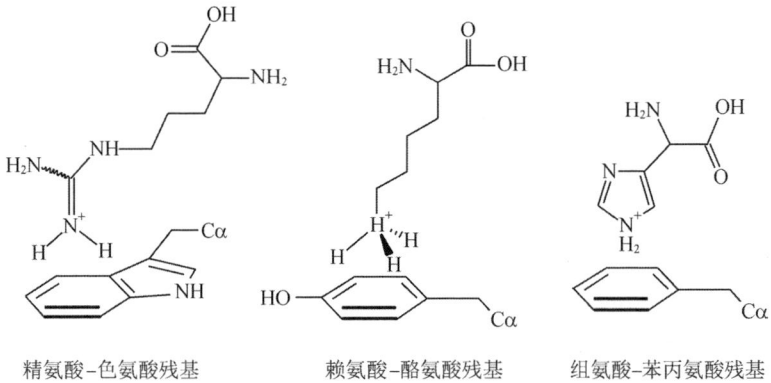

精氨酸–色氨酸残基　　　　赖氨酸–酪氨酸残基　　　　组氨酸–苯丙氨酸残基

图 2-4　氨基酸与蛋白质不同残基的阳离子-π键作用

表 2-1　蛋白类药物制剂的常用辅料及作用[21]

类　　别	常用辅料	作　　用	注　　释
缓冲盐类	柠檬酸盐、乙酸盐、组氨酸盐、磷酸盐、三羟甲基氨基甲烷盐(Tris 盐)	维持溶液 pH、离子-蛋白质相互作用	温度改变会影响溶液 pH；冷冻干燥可能析出结晶；储存过程中存在降解不稳定的可能
氨基酸类	组氨酸、精氨酸、甘氨酸、脯氨酸、赖氨酸、甲硫氨酸	与蛋白质相互作用，维持稳定；抗氧化(组氨酸、甲硫氨酸)；溶液缓冲	—
渗透压调节剂	蔗糖、海藻糖、山梨醇、甘氨酸、脯氨酸、谷氨酸、甘油、尿素	有助于蛋白质/大分子物质耐受环境应力(温度、脱水)	通常高浓度下产生保护作用；存在药理活性
糖类	蔗糖、海藻糖、山梨醇、甘露醇、葡萄糖、乳糖	冻干保护剂；乳糖可作为吸入剂中活性成分的载体	存在反应形成糖基化蛋白的可能；非还原性糖可能水解生成还原性糖；存在引入金属、羟甲基糠醛的风险
蛋白质和合成高分子化合物类	人血清白蛋白、明胶、聚维酮、PLGA、PEG	抑制容器吸附蛋白质；冻干支撑剂；药物载体	以人工重组来源替代天然来源；高分子材料与蛋白质相容性可能较差

类　别	常用辅料	作　用	注　释
非缓冲盐类	氯化钠、氯化钾、硫酸钠	与氨基酸合用时,可对蛋白质产生稳定/失稳作用(Hofmeister盐)	浓度依赖性;可能引入金属杂质;可能腐蚀金属容器表面;可能影响冷冻干燥过程
表面活性剂类	吐温20、吐温80	抑制蛋白质聚集;抑制蛋白质表面吸附;形成脂质囊泡递送药物	浓度依赖性;可能因所含过氧化物杂质造成药物氧化;存在降解风险;膜过滤时,可能因形成胶束而对制剂产生复杂的影响
螯合剂和抗氧剂	乙二胺四乙酸二钠、二乙三胺五乙酸、组氨酸、甲硫氨酸	螯合金属离子,清除自由基	有些抗氧剂(如维生素C和谷胱甘肽)会导致蛋白质不稳定,同时存在光致氧化的可能性
防腐剂	苯甲醇、苯酚、间甲酚	抑菌、防腐	浓度依赖性
其他	金属离子、配体、氨基酸、聚阴离子	与蛋白质相互作用稳定其构象	可能存在特定的生物活性

（二）辅料-药物之间的化学相互作用

辅料-药物之间的化学相互作用涉及药物分子与辅料或药物与辅料中存在的杂质/残留物的化学反应,并生成各种降解产物。辅料-药物之间的化学反应是导致制剂稳定性下降、损害终产品质量的主要因素之一[4]。辅料对药物化学稳定性的影响早已引起业界广泛关注,各国药品审评机构已经发布了多个相关指导原则[29,30]。药品研发过程中,原辅料相容性考察是一项重要的研究内容。常见辅料分子带有一定的活性基团(表2-2)。由于制剂处方、工艺的不同,同一种辅料可能存在不同的反应模式[31]。

1. 氧化反应　药品在生产、流通和使用环节常会暴露在有氧环境,易引起药物的氧化降解。甚至可能由于使用某些辅料,在无氧环境中药物依然存在氧化降解。在含有甘露醇的七肽制剂中,因七肽含有伯胺基团,甘露醇通过席夫碱化、双键异构化、水解等系列反应,加速了七肽中伯胺基团的氧化,进而降解生成醛基[32](图2-5)。

表 2-2 常见药用辅料分子中带有的活性基团[31]

辅　　料	活性基团	结　构　式	可能发生反应的化合物	可能的反应模式
门冬酰胺、烟酰胺	伯胺	R—NH₂	单糖或二糖	胺醛反应和胺缩醛反应
没食子酸丙酯、中链甘油三酸酯	酯基		碱性化合物	内酯开环反应、酯交换反应、水解反应
油酸、苯甲醇	羧基，羟基	R—OH、R—OH	硅烷醇	形成氢键
柠檬酸	羧基	R—OH	碱性化合物	成盐
巯基乙醇	巯基	R—SH	活性氧	二硫化聚合反应
苯酚	酚羟基		金属离子	形成络合物
乙醛	羰基		胺类化合物，糖	醛胺反应、席夫碱或糖胺化反应
乙醇	羟基		活性氧	氧化反应，生成醛、酮、酸类化合物
明胶胶囊壳	氨基，羧基等	R—NH₂, R—OH	钙离子	变性

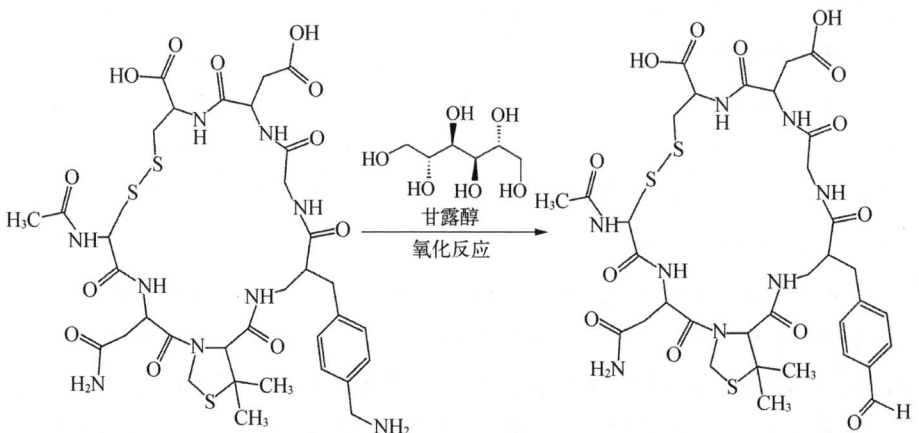

图 2-5　含甘露醇的制剂中七肽的降解过程

2. 酯化反应 含羟基、羧基等活性基团的辅料能与药物中的羧基、羟基、醛基等官能团发生酯化反应。Larsen 等[33]在一种 5 -氨基水杨酸的灌肠剂(含柠檬酸作为 pH 调节剂)的长期稳定性试样中检测并鉴定出包括酯、酰胺化合物等多种降解产物(图 2 - 6),定量分析结果表明,处方中约 5%的 5 -氨基水杨酸转化为这些杂质。

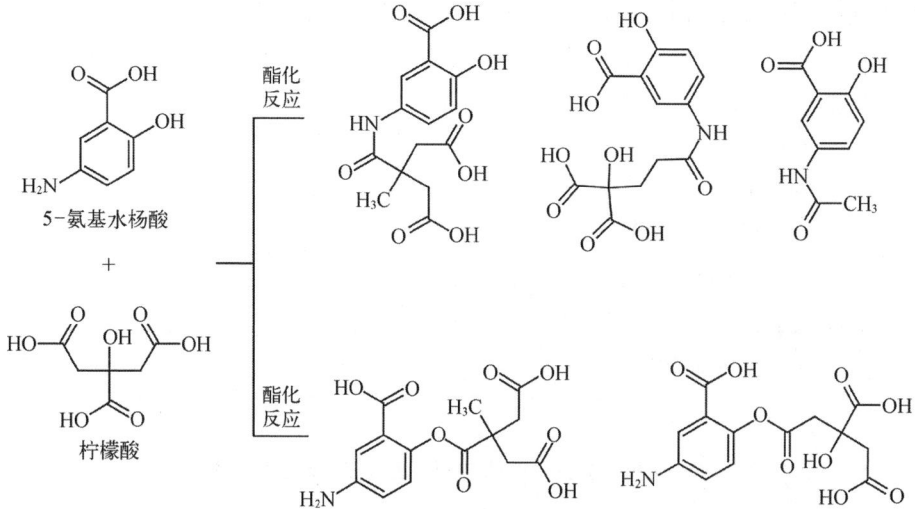

图 2 - 6 5 -氨基水杨酸灌肠剂中药物与柠檬酸的可能反应产物

西替利嗪口服液中,药物能与处方中的山梨醇、甘油作用,形成两种不同的酯化产物,在 40℃条件下,超过 1%的西替利嗪会在 1 周内转化为单酯(图 2 - 7)[34]。

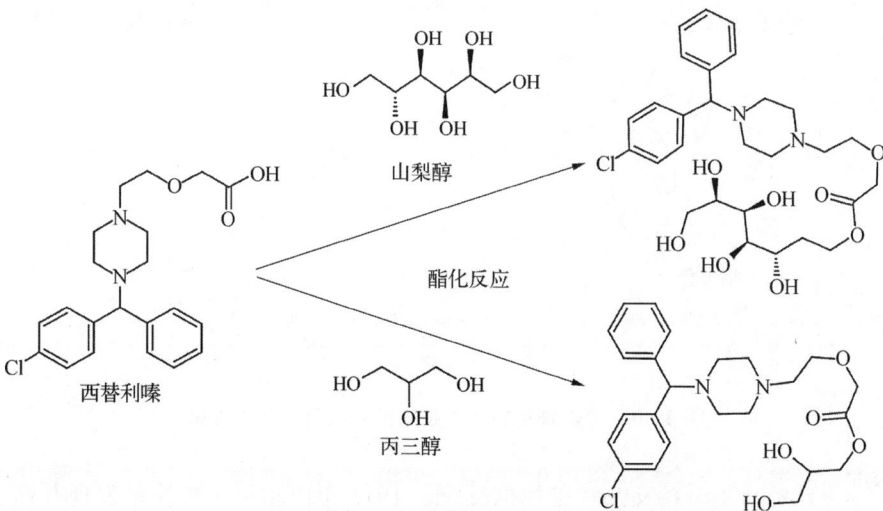

图 2 - 7 西替利嗪与处方中醇类辅料发生酯化反应

3. 硬脂酸镁引发的活性成分降解 硬脂酸镁是口服固体制剂中最常使用的润滑剂,由硬脂酸(通常含棕榈酸)和镁离子组成,硬脂酸镁与药物可能发生酯交换和金属离子催化两类主要的反应[35]。在诺氟沙星片中,诺氟沙星与硬脂酸镁能够通过硬脂酰重排反应生成诺氟沙星-硬脂酸酰胺化物(图2-8)[36]。Serajuddin 等[37]在福辛普利钠片中检测出 3 种福辛普利钠与硬脂酸镁反应生成的降解产物。结构鉴定证实,降解产物是制剂中微量水经由镁离子催化与药物反应的产物(图2-9)。

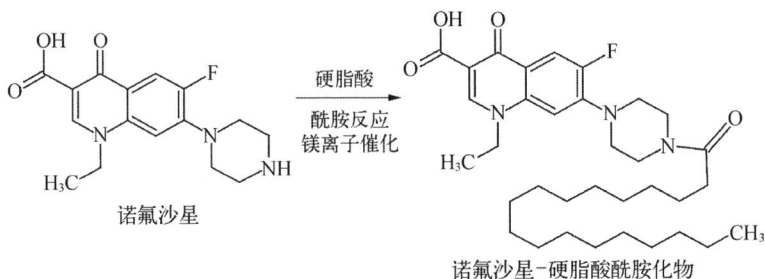

图 2-8 诺氟沙星片中药物与硬脂酸镁发生硬脂酰重排反应

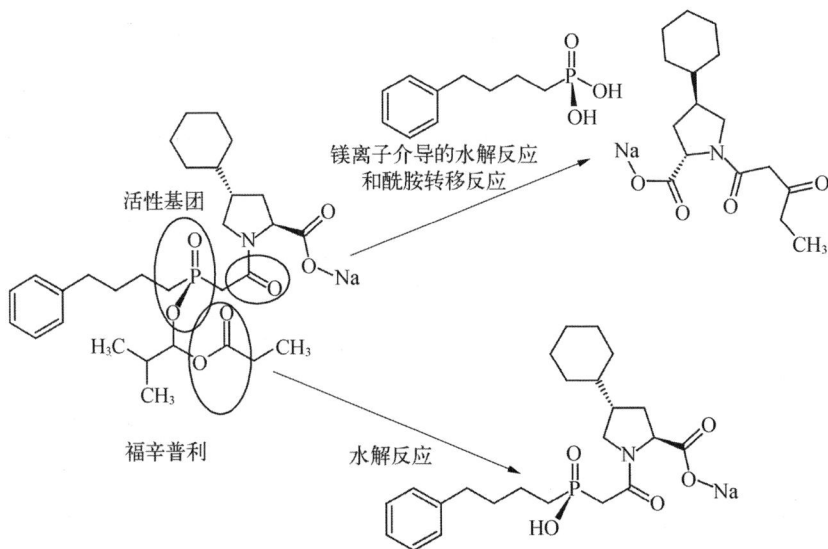

图 2-9 福辛普利钠片中硬脂酸镁引起的药物降解

4. 乳糖的美拉德反应 美拉德反应是 1912 年由路易·美拉德发现并命名的一类含氨基化合物与还原糖生成棕色染料的反应,在食品、营养领域已被广泛研究。食品中的葡萄糖、麦芽糖、乳糖等还原糖类在高温下与蛋白质中的氨基反应,先形成氨基糖,然后通过阿马道里(Amadori)重排生成1-氨基-1-脱氧-2-酮糖类结构[38]。非还原性糖,如甘露醇、蔗糖和海藻糖,则不发生美拉德反应[39]。早期研究认为只有伯芳胺能与还原性糖发生美拉德反应,但后续研究发现,几乎所有伯胺和仲胺,且无论是芳香胺还是脂肪胺,都能与还原性糖发生美拉德反应[40]。

美拉德反应对药物稳定性的影响早已为人们所熟知[41]。乳糖是制药工业中一种常用辅料,是一种还原糖,现已发现乳糖能够与多种含伯胺、仲胺基团的药物分子发生美拉德反应而生成杂质[42]。氟西汀所含的仲胺基团可与乳糖发生美拉德反应而生成降解产物(图2-10)。Wirth 等[43]报道氟西汀制剂中的水分、润滑剂含量、储存温度等因素均能够催化美拉德反应,从而影响含乳糖的氟西汀制剂中美拉德反应的速率。

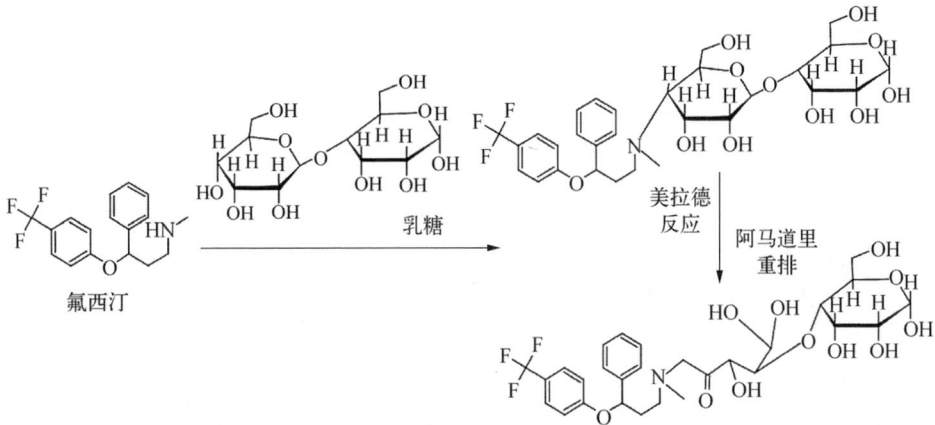

图2-10 氟西汀制剂中乳糖与药物的美拉德反应

5. 其他反应 辅料不仅能与药物分子发生化学反应,其自身也可能在药物制剂中因各种因素的作用而发生反应,进而影响制剂稳定性。低浓度苯甲醇在静脉注射制剂、化妆品和局部用药物制剂中作为抑菌剂使用,有5种可能的降解产物与溶液中苯甲醇的自身氧化有关,包括苯甲醛、苯甲酸、1,2-二苯基乙烷-1,2-二醇、1,2-二苯基乙醇和苯甲醛二苄基缩醛(图2-11)。苯甲醛和苯甲酸是含苯甲醇的溶液型制剂中常能检测到的降解产物。上述苯甲醇氧化产物在溶液中还会继续发生缩合反应,形成苯甲醛二苄基缩醛[44]。

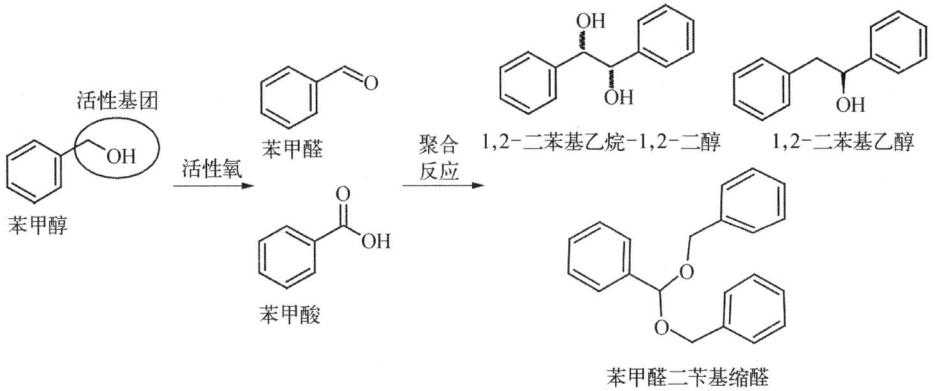

图 2－11　药物制剂中苯甲醇的自身氧化降解

此外,药用辅料含有的杂质也会影响制剂的稳定性(表 2－3)[45],由于这些杂质大多含有活性基团,如过氧化基团、醛基、羧基等,能够与制剂中的活性成分或其他辅料成分发生反应,生成更多和结构更复杂的杂质。

表 2－3　一些常用辅料中可能含有的杂质

辅　　　料	可能含有的杂质
聚维酮、交联聚维酮、吐温	过氧化物
硬脂酸镁、混合油脂、脂质	抗氧剂
乳糖	醛类化合物、还原糖
苯甲醇	苯甲醛
聚乙烯醇	醛类化合物、过氧化物、有机酸类化合物
微晶纤维素	木质素、半纤维素、水
淀粉、PEG	甲醛
滑石粉	重金属
无水磷酸钙	碱性杂质
硬脂酸盐润滑剂	碱性杂质
HPMC	乙二醛

三、辅料对药物活性的影响

药用辅料可能直接、间接地对药物活性产生影响[46]。直接影响主要体现在辅料对药物润湿性、溶解度、溶出速率、表面性质等方面，并可能由此而改变药物的体内过程和作用特点[47]，而间接作用则主要是由于辅料与药物转运蛋白、代谢酶发生作用，从而影响药物的吸收、分布、代谢、排泄、毒性（ADMET）过程[48]。一些功能性辅料在药物制剂产品中的应用早已为我们所熟知，如聚维酮和共聚维酮（聚维酮碘、固体分散体）、波拉克林（钾）（药物-树脂复合物）、PEG 化磷脂（长循环脂质体）、白蛋白（白蛋白纳米粒）、谷氨酸-聚乙二醇共聚物（顺铂复合物纳米粒）、含 encequidar（P－gp 抑制剂）的口服紫杉醇制剂等。

（一）辅料对药物活性的直接影响

辅料对药物活性的直接影响主要表现在辅料改变药物溶出速率、改变药物释药部位、提高药物靶向性等方面。

制剂设计中，经常通过借助辅料的作用来改变药物的溶出速率，从而影响其生物利用度[46,47,49]，最典型的例子是固体分散制剂显著增加生物利用度。另外，辅料可以保护药物分子避免吸收过程中的降解风险。例如，兰索拉唑钠肠溶胶囊中使用的肠溶材料，有助于减少胃酸对兰索拉唑钠的降解，提高药物吸收过程中的稳定性，从而提高兰索拉唑钠的口服生物利用度[50]。一些特殊辅料会改变药物的体内分布、代谢过程的时序性，进而改变药物的生物利用度。长循环多柔比星脂质体 Doxil，使用 PEG 化磷脂延长脂质体的体内循环时间，提高了药物在肿瘤组织的分布[48,51]。

近年来，一些新型脂质辅料的开发、获批和使用使得生物大分子药物制剂的开发获得突破性进展。2020 年 12 月，新冠肺炎 mRNA 疫苗 COMIRNATY®（Tozinameran）获 FDA 紧急授权使用，这是首个利用 mRNA 技术路线上市的疫苗，采用了新型脂质纳米载体技术，以阳离子脂质作为 mRNA 跨细胞膜转运的载体材料[52]，其单位剂量内含 0.43 mg 的 ALC－0315、0.09 mg 的二硬脂酰磷脂酰胆碱（DSPC）、0.05 mg 的 mPEG－DTA（图 2－12）和 0.2 mg 胆固醇，ALC－0315∶DSPC∶胆固醇∶mPEG－DTA 摩尔比为 50∶10∶38.5∶1.5。其中的 ALC－0315 是一种常用的阳离子脂质，能够与 mRNA 相互作用形成复合物，常与其他脂质配合使用。DSPC 是一种良好的囊泡成形材料，是一种常用的阳离子脂质材料。mPEG－DTA 提供的 PEG2000 亲水链段，可以降低阳离子脂质纳米粒（lipid nanoparticle，LNP）的免疫吞噬概率，延长纳米粒免疫逃逸时间。

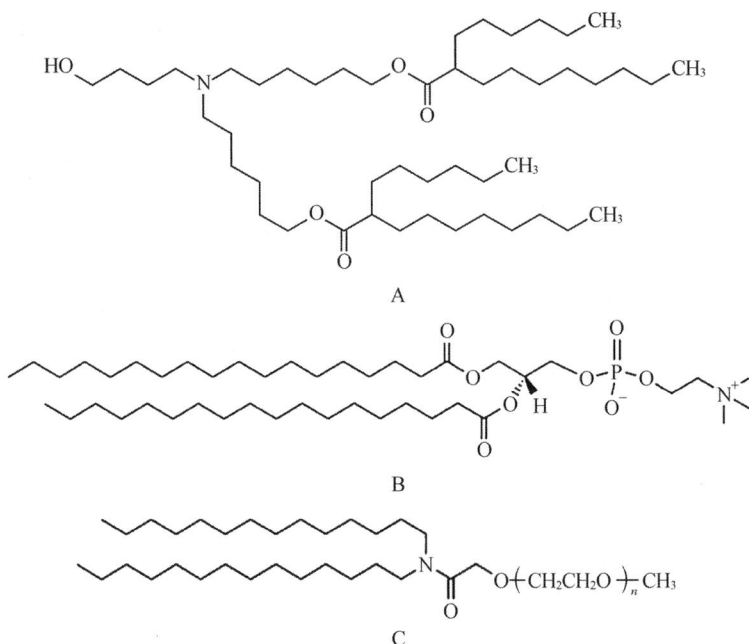

图 2 - 12 COMIRNATY® 中使用的三种阳离子脂质

A. ALC - 0315 为(4 -羟基丁基)氮杂二酰双(己烷 - 6, 1 -二基)双(癸酸 2 -己基酯);B. DSPC 为二硬脂酰磷脂酰胆碱;C. mPEG - DTA 为 2 -(PEG2000)- N, N -双 -十四烷基乙酰胺

另一个特殊例子也需要引起关注。Matsui 等[53]发现,儿童用制剂中的一些难吸收的糖醇(甘露醇、山梨醇、木糖醇、麦芽糖醇)可通过提高婴幼儿肠道内渗透压,形成肠内高渗状态,促使细胞液向肠内渗透,从而增大肠道内容积,进而刺激肠蠕动和促进肠内容物排出,最终改变药物在肠道内的吸收特性。

(二) 辅料对药物活性的间接影响

辅料能够通过影响药物转运蛋白、代谢酶,间接地改变药物的代谢特征和药物活性。现已发现两类药物转运蛋白超家族[54],即 ATP 结合盒(ATP binding cassette,ABC)转运蛋白和溶质载体(solute carrier,SLC)转运蛋白。前者有 50 多组,均为 ATP 依赖性蛋白,即具有能量依赖性[54,55];后者有 300 多组,具有浓度梯度依赖性或能量依赖性[54,56]。

在 ABC 超家族中,最典型的是渗透性糖蛋白(permeability glycoprotein,P - gp)ABCB1[55,57~59]。P - gp 是一种分子质量为 170 kDa 的外排泵类膜蛋白,广泛分布于全身,并主要在肠上皮细胞、肝细胞、胆管上皮细胞、肾小球入球小管内皮细胞、血脑屏障和血睾丸屏障中的内皮细胞等起外排作用。P-gp 在肿瘤细胞中存在过表达,从而能够阻止药物进入肿瘤细胞,阻碍药效发挥。一些经常使用的辅料,如 PEG400、聚氧乙烯蓖麻油衍生物(cremophor)、聚乙二醇维生素 E 棕榈酸酯(TPGS)、十二烷基磺酸钠等表面活性剂、泊洛沙姆(poloxamer)、海藻酸钠等高分子化合物,以及环糊精、磷脂等小分子类化合物,可以通过抑制 P-gp 外排、抑制肠内壁黏膜细胞细胞色素 P450(cytochrome P450, CYP450)酶等多种途径提高药物吸收[60]。另外一些 ABC 超家族外排转运蛋白,如乳腺癌耐药蛋白(ABCG2)、多耐药性相关蛋白 2(MRP2,ABCC2)和胆盐外排蛋白(ABCB11),以及一些位于肠上皮细胞、可以将药物排入肠腔内的耐药性相关亚型蛋白[如位于基底外侧膜上的 MRP1(ABCC1)和 MRP3(ABCC3)],表面活性剂类辅料均可能对其外排作用产生抑制[61]。

SLC 超家族中包括了质子依赖性寡肽转运蛋白(如 PepT1,SLC15A1),有机阴离子转运肽(如 OCT1,SLC22A1),有机阳离子转运蛋白(如 OCT1,SLC22A1),一元羧酸转运蛋白(如 MCT1,SLC16A1)和钠离子依赖性胆酸转运蛋白(ASBT,SLC10A2)等多种转运蛋白。SLC 转运蛋白通常与营养素的吸收有关,研究表明许多治疗性药物也是 SLC 转运蛋白的底物。辅料与 SLC 转运蛋白相互作用尚缺少深入研究[54,56,62]。

药物的体内代谢可分为 3 个阶段[63]:第一阶段(Ⅰ相代谢),药物分子通过代谢酶催化发生氧化、还原和水解等反应。第二阶段(Ⅱ相代谢),药物分子通过代谢酶催化发生共轭连接,发生包括葡萄糖醛酸化、硫酸化、谷胱甘肽化、甲基化和乙酰化等反应。与第一、第二阶段的代谢经历不同,第三阶段的代谢则表现为药物被转运蛋白排出细胞的外排作用,这在药物的肠道、肾脏和胆汁清除方面显得尤为重要[63]。药用辅料如能引起代谢酶功能改变,则将影响药物的生物利用度。理论推测,约 75% 的上市药物的体内代谢行为会被增溶剂所影响[64,65],这主要通过改变 CYP450 酶、葡萄糖醛酸转移酶、脂肪酶等代谢酶实现[65,66]。典型的例子是,聚氧乙烯蓖麻油、聚乙二醇维生素 E 棕榈酸酯等表面活性剂能够显著影响 CYP3A4 的功能,而 CYP3A4 正是肝脏和小肠上皮细胞中首过效应的主要作用酶[65,66,67]。

2016 年一种紫杉醇口服制剂 Liporaxel 经韩国药监部门批准上市。Liporaxel 采用 DH-LASED 脂质自乳化技术,通过脂质成分递送紫杉醇,解决了紫杉醇口服给药的临床困境。Liporaxel 使用了能够在 30℃ 熔融的半固态脂质材料混合物,包括 55% 的单油酸甘油酯、27.5% 的三辛酸甘油酯(trycaprylin)和 16.5% 的吐温 80,紫杉醇含量为 1%。Liporaxel 在 37℃ 为油状液体,口服后,其中的脂质包裹紫杉醇在体液中自乳化形成具有纳米孔道的海绵相乳滴,这些乳滴能够吸附在肠道黏膜上,促进紫杉醇经小肠吸收[68]。

紫杉醇口服制剂 Oraxol,则是通过使用 P-gp 抑制剂 encequidar(图 2-13)提高紫杉醇的口服吸收。Oraxol 由 encequidar 片和紫杉醇胶囊组合的方式给药,encequidar 本身不被吸收,可局部抑制肠壁黏膜细胞中 P-gp 活性,不与身体其他部位的 P-gp 相互作用。尽管基于该制剂相较于静脉注射制剂引起中性粒细胞减少症的相关后遗症增加及对患者构成安全风险的担忧,FDA 拒绝了该药品上市申请,但 encequidar 作为高效的特异性 P-gp 抑制剂可望在其他口服药物制剂中发挥作用。

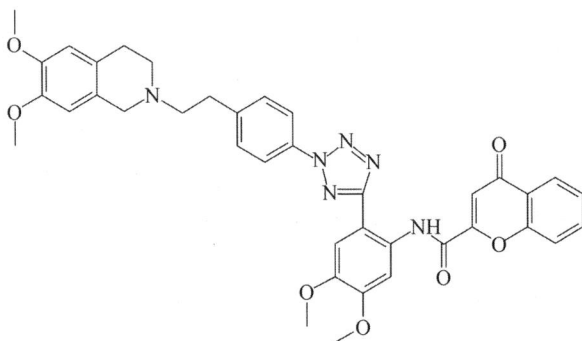

图 2-13　Encequidar 的结构式

四、药用辅料"活性"作用的案例分析——补铁剂

铁是人体中重要的微量元素,它参与氧代谢、能量代谢、线粒体内电子转移、肌肉功能和造血作用等多种生命活动[69]。缺铁性贫血是缺铁的进一步阶段,全球约有 25% 的人患有贫血症,其中一半是由于缺铁造成的。补铁是缺铁性贫血的重要治疗手段,包括口服和注射给药形式。静脉补铁剂主要采用一些多糖铁复合物[70],其补铁效果优于口服补铁,但可能会造成严重的过敏反应甚至导致死亡。目前,口服补铁仍然是临床应用最广泛的补铁方式。亚铁盐的价格便宜且易吸收,是最普遍应用的口服补铁剂,但由于二价铁离子的氧化应激作用会引起恶心、呕吐、胃灼热、腹痛等胃肠道不良反应[71]。以下对几种典型的已上市的口服或注射给药补铁剂中药用辅料的"活性"作用加以分析。

麦芽酚铁(ferricmeltol)是用于治疗成人贫血的小分子化合物,2016 年由欧洲药品管理局批准上市,2019 年由美国 FDA 批准上市。麦芽酚铁虽然以新化学实体进行申报,但从其结构来看,其实质为三价铁离子与麦芽酚通过配合作用形成的络合物(图 2 - 14A)[71]。麦芽酚是一种广泛使用的食用香精,收录于 FDA 非活性物质数据库。麦芽酚铁进入机体后,铁离子在消化道内解离并跨小肠壁吸收后,与血浆内转铁蛋白结合,发挥治疗作用。麦芽酚的吸收与铁离子并不同步,研究显示,分别给予麦芽酚铁和麦芽酚后,体内的麦芽酚暴露并没有改变,这意味着麦芽酚相对于铁离子的治疗作用而言是"惰性的"[72~74]。

Ferumoxytol 是超顺磁性氧化铁的毫微球胶体注射剂,于 2009 年 6 月在美国上市(Feraheme[®]),2012 年 6 月获欧盟上市批准(Rienso[®])。Ferumoxytol 为多链羧甲基葡聚糖包裹的超顺磁氧化铁复合物纳米粒,粒径为 17~31 nm。多链羧甲基葡聚糖通过正负电荷作用包裹于氧化铁纳米粒外(图 2 - 14B),该复合物在巨噬细胞囊泡内将活性铁释出后协助机体生成血红蛋白,可用于治疗所有阶段慢性肾病患者的缺铁性贫血[75,76]。Ferumoxytol 以 2 类新活性成分进行申报,表明该制剂的药理活性成分依然为铁离子[76,77]。该制剂说明书中标明,Ferumoxytol 的化学式为 $Fe_{5874}O_{8752}C_{11\,719}H_{18\,682}O_{9933}Na_{414}$,分子质量为 750 kDa[78]。

Iron isomaltoside 1000(Monoferric[®]/Monofer[®])于 2009 年在欧洲 22 个国家上市,2020 年 FDA 批准其以 5 类新制剂在美国上市。FDA 披露的审评资料中认为 Iron isomaltoside 1000 是氢氧化铁与聚麦芽糖苷形成的复合物[79,80],其化学名为 iron(Ⅲ)hydroxide isomaltoside 1000,CAS 登记号为 1345510 - 43 - 1。Iron isomaltoside 1000 是纳米级多糖铁静脉注射剂,粒径仅约 10 nm,不同于传统的球状多糖铁结构,该复合物为矩阵构型[81],氢氧化铁核外由分子量约 1 000 的线形异麦芽糖苷紧密包裹(图 2 - 14C),较分枝多糖不易发生过敏反应[82,83]。

Ferumoxytol 和 Iron isomaltoside 1000 均为纳米制剂,其核心是铁-高分子复合物。在制剂学中,一般将 Ferumoxytol 中所用的多链羧甲基葡聚糖和 Iron isomaltoside 1000 所用的线形异麦芽糖苷视为辅料(两种高分子均不产生治疗作用,可以认为是惰性的),但根据审评资料中的信息看,审评机构并未将其作为辅料看待,而是将其与治疗性成分组成的纳米粒作为整体的活性成分。

五、展望

随着制药工业的发展,创新型制剂将会出现井喷式发展,而辅料,尤其是特定功能性的辅料,在这类制剂或药物递送系统中将发挥至关重要的作用。一些在原料药和中间体生产过程中就添加并保留传递到最终制剂产品的辅料,因其

多链羧甲基葡聚糖包裹的氧化铁纳米粒

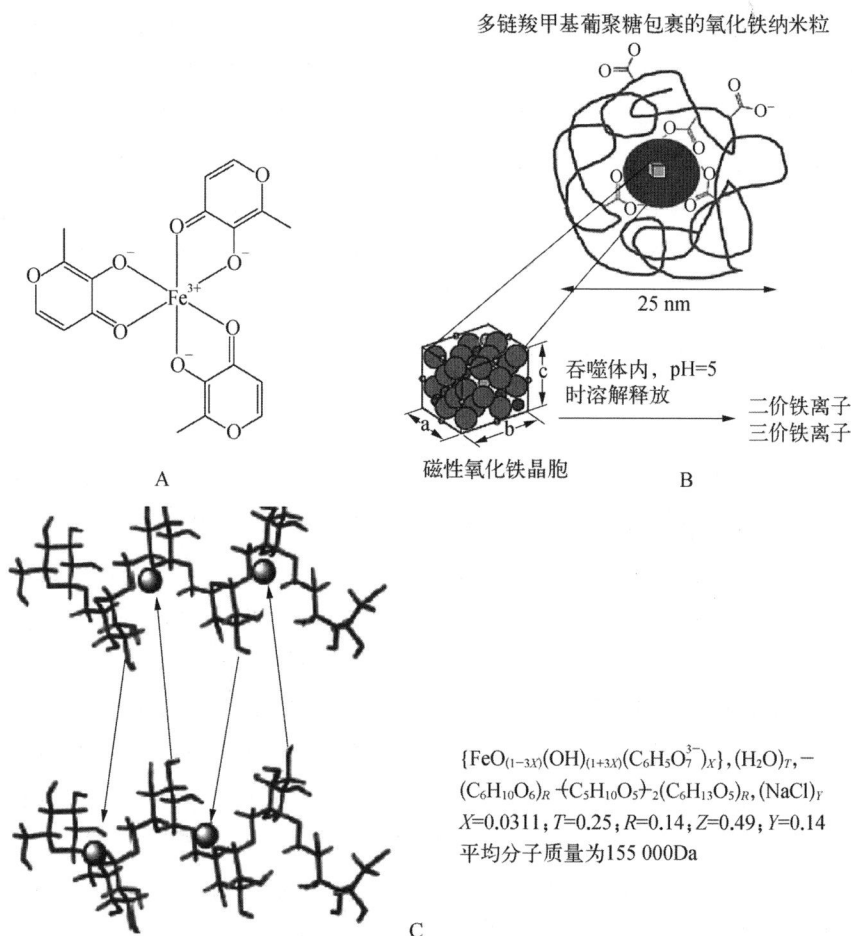

25 nm

吞噬体内，pH=5
时溶解释放

二价铁离子
三价铁离子

磁性氧化铁晶胞

A

B

$\{FeO_{(1-3x)}(OH)_{(1+3x)}(C_6H_5O_7^{3-})_x\}_z(H_2O)_T,$
$(C_6H_{10}O_6)_R(C_5H_{10}O_5)_2(C_6H_{13}O_5)_R,(NaCl)_Y$
$X=0.0311; T=0.25; R=0.14; Z=0.49; Y=0.14$
平均分子质量为155 000Da

C

图 2‑14　三种新型口服或注射补铁剂

A. 麦芽酚铁；B. Ferumoxytol[76]；C. Iron isomaltoside 1000[81]

所发挥的作用,已不能以一般意义上的辅料加以看待了。

　　药品中辅料的使用,不仅需要考虑到辅料对药物稳定性、对制剂加工过程和理化性质的影响,也要充分考虑因辅料引起的药物分子代谢、毒性的改变和辅料本身的生物活性。在制剂设计中,辅料的选择与应用要基于药物理化性质与代谢、毒性,基于辅料理化性质与可能的安全风险、制剂的性能需要等全方位考量[3~5],积极利用辅料与药物、辅料与机体的相互作用,提升制剂的功能性、稳定性,达到减毒增效的目标。同时,还应深入了解辅料在制剂加工、储存和体内的反应活性,避免配伍禁忌等。

　　基于以上考虑,各国药品监管部门对于药品中辅料的使用已经发布了相应的指导原则[29,30]，成为药品质量源于设计（QbD）原则的一个组成部分，如 ICH Q8（R2）中描述了对辅料一些关键属性的识别。欧盟发布了《人用药品标签和包装说明书中的辅料》指南，欧盟委员会辅料草案小组发起的多学科讨论组，对苯甲醇、苯甲酸、乙醇等几种关键辅料提出了监管意见。FDA 针对辅料形成了两个监管使用数据库，即 GRAS 物质数据库和非活性物质数据库，对不同制剂中各类辅料的用量、使用途径等做出规定。我国国家药品监督管理局也在 2017、2019 年发布了《关于调整原料药、药用辅料和药包材审评审批事项的公告》《国家药监局关于进一步完善药品关联审评审批和监管工作有关事宜的公告》等文件，积极推进我国药物制剂产品和药用辅料的进步。

辅料要在制剂中发挥积极作用，其"活性"是绝对的和必需的，而其"惰性"则是相对的，需要辩证地全面认识辅料的"惰性"与"活性"。在制剂设计中，任何设计均需要以治疗效益最大化为出发点，综合考虑药物活性和辅料的活性，适当取舍，牺牲理想的"惰性"，专注于获得最大治疗效益。

（郭建博，徐晖）

参考文献

[1] Daniel R, Yunhua S, Ameya R K, et al. Machine learning uncovers food- and excipient-drug interactions. Cell Report, 2020, 30(11)：3710 - 3716.

[2] George A B, Ioana G C. Generally recognized as safe (GRAS)：history and description. Toxicology Letter, 2004, 150(1)：3 - 18.

[3] Reker D, Blum S M, Steiger C, et al. "Inactive" ingredients in oral medications. *Science Translational Medicine*, 2019, 11(483)：eaau6753.

[4] Abrantes C G, Duarte D, Reis C P. An overview of pharmaceutical excipients：safe or not safe? Journal of Pharmaceutical science, 2016, 105(7)：2019 - 2026.

[5] Caballero M L, Krantz M S, Quirce S, et al. Hidden dangers：recognizing excipients as potential causes of drug and vaccine hypersensitivity reactions. The Journal of Allergy and Clinical Immunology in Practice, 2021, 9(8)：2968 - 2982.

[6] FDA. Generally recognized as safe (GRAS) database. https://www.fda.gov/food/food-ingredients-packaging/generally-recognized-safe-gras. [2022 - 03 - 02].

[7] FDA. Inactive ingredients database. https://www.fda.gov/drugs/drug-approvals-and-databases/inactive-ingredients-database-down load. [2022 - 03 - 02].

[8] FDA. Additional information about high-intensity sweeteners permitted for use in food in the United States. https://www.fda.gov/food/food-additives-petitions/additional-information-about-high-intensity-sweeteners-permitted-use-food-united-states. [2022 - 03 - 02].

[9] Li L, Ohtsu Y, Nakagawa Y, et al. Sucralose, an activator of the glucose-sensing receptor, increases ATP by calcium-dependent and -independent mechanisms. Endocrine Journal,

2016, 63(8): 715 - 725.

[10] Fabiano V, Mameli C, Zuccotti G V. Paediatric pharmacology: Remember the excipients. Pharmacological Research, 2011, 63(5): 362 - 365.

[11] Pottel J, Armstrong D, Zou L, et al. The activities of drug inactive ingredients on biological targets. Science, 2020, 369(6502): 403 - 413.

[12] Schofield J R, Afrin L B . Recognition and management of medication excipient reactivity in patients with mast cell activation syndrome. The American Journal of the Medical Science, 2019, 357(6): 507 - 511.

[13] Taneja V, Taneja I, Mihali AB, et al. Excipient hypersensitivity masquerading as multidrug allergy. The American Journal of Medicine, 2021, 134(8): e447 - e448.

[14] Nardin I, Köllner S. Successful development of oral SEDDS: screening of excipients from the industrial point of view. Advanced Drug Delivery Review, 2019, 142: 128 - 140.

[15] Steele D F, Edge S, Tobyn M J, et al. Adsorption of an amine drug onto microcrystalline cellulose and silicified microcrystalline cellulose samples. Drug Development and Industrial Pharmacy, 2003, 29(4): 475 - 487.

[16] Ohtake S, Kita Y, Arakawa T. Interactions of formulation excipients with proteins in solution and in the dried state. Advanced Drug Delivery Reviews, 2011, 63(13): 1053 - 1073.

[17] Arakawa T, Kita Y, Carpenter J F. Protein-solvent interactions in pharmaceutical formulations, Pharmaceutical Research, 1991, 8(3): 285 - 291.

[18] Arakawa T, Timasheff S N. The stabilization of proteins by osmolytes. Biophysical Journal, 1985, 47(3): 411 - 414.

[19] Chen B L, Arakawa T. Stabilization of recombinant human keratinocyte growth factor by osmolytes and salts. Journal of Pharmaceutical Science, 1996, 85(4): 419 - 426.

[20] Arakawa T, Ejima D, Tsumoto K, et al. Suppression of protein interactions by arginine: a proposed mechanism of the arginine effects. Biophysical Chemistry, 2007, 127(1 - 2): 1 - 8.

[21] Kamerzell T J, Esfandiary R, Joshi S B, et al. Protein-excipient interactions: Mechanisms and biophysical characterization applied to protein formulation development. Advanced Drug Delivery Reviews, 2011, 63(13): 1118 - 1159.

[22] Zhang Y, Cremer P S. Chemistry of hofmeister anions and osmolytes. Annual Reviews of Physical Chemistry, 2010, 61: 63 - 83.

[23] Gokarn Y R, Fesinmeyer R M, Saluja A, et al. Ion-specific modulation of protein interactions: anion-induced, reversible oligomerization of a fusion protein. Protein Science, 2009, 18(1): 169 - 179.

[24] Parsons D F, Bostrom M, Maceina T J, et al. Why direct or reversed Hofmeister series? Interplay of hydration, non-electrostatic potentials, and ion size. Langmuir, 2010, 26(5): 3323 - 3328.

[25] Omta A W, Kropman M F, Woutersen S, et al. Negligible effect of ions on the hydrogen-bond structure in liquid water. Science, 2003, 301(5631): 347 - 349.

[26] Gallivan J P, Dougherty D A. Cation-pi interactions in structural biology. Proceedings of the

National Academy of Sciences of the United States of America, 1999, 96(17): 9459 - 9464.

[27] Li X Z, Walker B, Michaelides A. Quantum nature of the hydrogen bond. Proceedings of the National Academy of Sciences of the United States of America, 2011, 108: 6369 - 6373.

[28] Zhang Y, Cremer P S. Interactions between macromolecules and ions: the Hofmeister series. Current Opinion in Chemical Biology, 2006, 10(6): 658 - 663.

[29] FDA. $M_3(R_2)$ nonclinical studies for the safety evaluation of pharmaceutical excipients. 2010.

[30] Elder D P, Kuentz M, Holm R. Pharmaceutical excipients-quality, regulatory and biopharmaceutical considerations. European Journal of Pharmaceutical Sciences, 2016, 87: 88 - 99.

[31] Sonali S B, Sandip B B, Amrita N B. Interactions and incompatibilities of pharmaceutical excipients with active pharmaceutical ingredients: a comprehensive review. Journal of Experiments and Food Chemistry, 2010, 1(3): 3 - 26.

[32] Dubost D C, Kaufman M J, Zimmerman J A, et al. Characterization of a solid state reaction product from a lyophilized formulation of a cyclic heptapeptide. A novel example of an excipient-induced oxidation. Pharmaceutical Research, 1996, 13(23): 1811 - 1814.

[33] Larsen J, Staerk D, Cornett C, et al. Identification of reaction products between drug substances and excipients by HPLC-SPE-NMR: ester and amide formation between citric acid and 5-aminosalicylic acid. Journal of Pharmaceutical and Biomedical Analysis, 2009, 49(3): 839 - 842.

[34] Yu H, Cornett C, Larsen J, et al. Reaction between drug substances and pharmaceutical excipients: formation of esters between cetirizine and polyols. Journal of Pharmaceutical and Biomedical Analysis, 2010, 53(3): 745 - 750.

[35] Rozman P T, Grahek R, Hren J, et al. Solid state compatibility study and characterization of a novel degradation product of tacrolimus in formulation. Journal of Pharmaceutical and Biomedical Analysis, 2015, 110: 67 - 75.

[36] Rangaiah K V, Chattaraj S V, Das S K. Effects of process variables and excipients on tabletting parameters of norfloxacin tablets. Drug Development and Industrial Pharmacy, 1994, 20(13): 2175 - 2182.

[37] Serajuddin A T, Thakur A B, Ghoshal R N, et al. Selection of solid dosage form composition through drug-excipient compatibility testing. Journal of Pharmaceutical Science, 1999, 88 (7): 696 - 704.

[38] Yaylayan V A, Huyghues-Despointes A. Chemistry of amadori rearrangement products: analysis, synthesis, kinetics, reactions, and spectroscopic properties. Critical Reviews in Food Science and Nutrition, 1994, 34(4): 321 - 369.

[39] Devani M B, Shishoo C J, Doshi K J, et al. Kinetic studies of the interaction between isoniazid and reducing sugars. Journal of Pharmaceutical Sciences, 1985, 74 (4): 427 - 432.

[40] Ellis G P. The maillard reaction. Advances in Carbohydrate Chemistry, 1959, 14:

63 – 134.

[41] Qiu Z, Stowell J G, Cao W, et al. Effect of milling and compression on the solid-state maillard reaction. Journal of Pharmaceutical Science, 2005, 94(11): 2568 – 2580.

[42] Newton D W. Maillard reactions in pharmaceutical formulations and human health. International Journal of Pharmaceutical Compounding, 2011, 15(1): 32 – 40.

[43] Wirth D D, Baertschi S W, Johnson R A, et al. Maillard reaction of lactose and fluoxetine hydrochloride, a secondary amine. Journal of Pharmaceutical Sciences, 1998, 87(1): 31 – 39.

[44] Hotha K K, Roychowdhury S, Subramanian V. Drug-excipient interactions: case studies and overview of drug degradation pathways. American Journal of Analytical Chemistry, 2016, 7 (1): 107 – 140.

[45] Fathima N, Mamatha T, Kanwal H, et al. Drug-excipient interaction and its importance in dosage form development. Journal of Applied Pharmaceutical Science, 2011, 1(6): 66 – 71.

[46] Wang D P, Cheow W S, Amalina N, et al. Selecting optimal pharmaceutical excipient formulation from life cycle assessment perspectives: A case study on ibuprofen tablet formulations. Journal of Cleaner Production, 2021, 292: 126074.

[47] Dave V S, Saoji S D, Raut N A, et al. Excipient variability and its impact on dosage form functionality. Journal of Pharmaceutical Sciences, 2015, 104(3): 906 – 915.

[48] Zarmpi P, Flanagan T, Meehan E, et al. Biopharmaceutical aspects and implications of excipient variability in drug product performance. European Journal of Pharmaceutics and Biopharmaceutics, 2017, 111: 1 – 15.

[49] Rantanen J, Khinast J. The future of pharmaceutical manufacturing sciences. Journal of Pharmaceutical Sciences, 2015, 104(11): 3612 – 3638.

[50] Wu C N, Sun L, Sun J, et al. Profiling biopharmaceutical deciding properties of absorption of lansoprazole enteric-coated tablets using gastrointestinal simulation technology. International Journal of Pharmaceutics, 2013, 453(2): 300 – 306.

[51] Barenholz Y. Doxil®-The first FDA-approved nano-drug: Lessons learned. Journal of Controlled Release, 2012, 160(2): 117 – 134.

[52] Hald Albertsen C, Kulkarni J A, Witzigmann D, et al. The role of lipid components in lipid nanoparticles for vaccines and gene therapy. Advanced Drug Delivery Reviews, 2022, 188: 114416.

[53] Matsui K, Nakagawa T, Okumura T, et al. Potential pharmacokinetic interaction between orally administered drug and osmotically active excipients in pediatric polypharmacy. European Journal of Pharmaceutical Sciences, 2021, 165: 105934.

[54] Lavan M, Knipp G. Considerations for determining direct versus indirect functional effects of solubilizing excipients on drug transporters for enhancing bioavailability. Journal of Pharmaceutical Sciences, 2020, 109(6): 1833 – 1845.

[55] Bhardwaj R K, Herrera-Ruiz D R, Xu Y, et al. Intestinal transporters in drug absorption. In: Krishna R, Yu L, eds. Biopharmaceutics Applications in Drug

Development. New York, NY: Kluwer Press, 2008: 175 - 261.

[56] Lin L, Yee S W, Kim R B, et al. SLC transporters as therapeutic targets: emerging opportunities. Nature Reviews Drug Discovery, 2015, 14(8): 543 - 560.

[57] Ambudkar S V, Kimchi-Sarfaty C, Sauna Z E, et al. P-glycoprotein: from genomics to mechanism. Oncogene, 2003, 22(47): 7468 - 7485.

[58] Shugarts S, Benet L Z. The role of transporters in the pharmacokinetics of orally administered drugs. Pharmaceutical Research, 2009, 26(9): 2039 - 2054.

[59] Dean M, Rzhetsky A, Allikmets R. The human ATP-binding cassette (ABC) transporter superfamily. Genome Research, 2001, 11(7): 1156 - 1166.

[60] Zhang W, Li Y, Zou P, et al. The effects of pharmaceutical excipients on gastrointestinal tract, metabolic enzymes and transporters. The AAPS Journal, 2016, 18(4): 830 - 843.

[61] Dahlgren D, Sjöblom M, Lennernäs H. Intestinal absorption-modifying excipients: A current update on preclinical in vivo evaluations. European Journal of Pharmaceutics and Biopharmaceutics, 2019, 142: 411 - 420.

[62] Girardi E, César-Razquin A, Lindinger S, et al. A widespread role for SLC transmembrane transporters in resistance to cytotoxic drugs. Nature Chemical Biology, 2020, 16(4): 469 - 478.

[63] Yanni S B. Metabolism: principle, methods, and applications. In: Yanni S B, Translational ADMET for Drug Therapy: Principles, Methods and Pharmaceutical Applications. NJ: John Wiley & Sons, 2015: 68 - 109.

[64] Guillemette C. Pharmacogenomics of human UDP-glucuronosyltransferase enzymes. The Pharmacogenomics Journal, 2003, 3(3): 136 - 158.

[65] Meyer U A, Zanger U M. Molecular mechanisms of genetic polymorphisms of drug metabolism. Annual Review of Pharmacology and Toxicology, 1997, 37: 269 - 296.

[66] Panakanti R, Narang A S. Impact of excipient interactions on drug bioavailability from solid dosage forms. Pharmaceutical Research, 2012, 29(10): 2639 - 2659.

[67] Thummel K E. Gut instincts: CYP3A4 and intestinal drug metabolism. The Journal of Clinical Investigation, 2007, 117(11): 3173 - 3176.

[68] Jang Y, Chung H J, Hong J W, et al. Absorption mechanism of DHP107, an oral paclitaxel formulation that forms a hydrated lipidic sponge phase. Acta Pharmacologica Sinica, 2017, 38(1): 133 - 145.

[69] Polin V, Coiat R, Pekins G, et al. Iron deficiency: from diagnosis to treatment. Digestive and Liver Disease, 2013, 45(10): 803 - 809.

[70] 毛凯,马怡璇,潘红春,等.新型静脉补铁剂的研究进展.中国新药杂志,2015,24(6): 659 - 663.

[71] Ganz T. Iron and infection. International Journal of Hematology, 2018, 107(1): 7 - 15.

[72] Stallmach A, Büning C. Ferric maltol (ST10): a novel oral iron supplement for the treatment of iron deficiency anemia in inflammatory bowel disease. Expert Opinion on Pharmacotherapy, 2015, 16(18): 2859 - 2867.

[73] Barrand M A, Callingham B A, Dobbin P, et al. Dissociation of a ferric maltol complex and

its subsequent metabolism during absorption across the small intestine of the rat. British Journal of pharmacology, 1991, 102(3): 723 – 729.

[74] Khoury A, Pagan K A, Farland M Z. Ferric Maltol: A new oral iron formulation for the treatment of iron deficiency in adults. The Annual of Pharmacotherapy, 2021, 55(2): 222 – 229.

[75] Huang Y, Hsu J C, Koo H, et al. Repurposing ferumoxytol: Diagnostic and therapeutic applications of an FDA-approved nanoparticle. Theranostics, 2022, 12(2): 796 – 816.

[76] Mariusz K, Maciej B, Jacek R. Ferumoxytol: a new era of iron deficiency anemia treatment for patients with chronic kidney disease. Journal of Nephrology, 2011, 24(6): 717 – 722.

[77] FDA. FERUMOXYTOL Approval data(s) and hhistory, letters, lables, reviews for NDA 022180. https://www.accessdata.fda.gov/scripts/cder/daf/index.cfm?event = overview.process & ApplNo = 022180. [2022 – 03 – 02].

[78] FDA. FERUMOXYTOL lables for NDA 022180. https://www.accessdata.fda.gov/drugsatfda_docs/label/2009/022180lbl.pdf. [2022 – 03 – 02].

[79] FDA. MONOFERRIC (ferric derisomaltose) injection, Produt quality review(s). https://www.accessdata.fda.gov/drugsatfda_docs/nda/2020/208171Orig1s000ChemR.pdf. [2022 – 03 – 02].

[80] FDA. MONOFERRIC (ferric derisomaltose) injection, lable review(s). https://www.accessdata.fda.gov/drugsatfda_docs/label/2020/208171s001lbl.pdf. [2022 – 03 – 02].

[81] Schaefer B, Meindl E, Wagner S, et al. Intravenous iron supplementation therapy. Molecular Aspects of Medicine, 2020, 75: 100862.

[82] Philip A K, Sunil B. Efficacy and safety of iron isomaltoside (Monofer®) in the management of patients with iron deficiency anemia. International Journal of Nephrology and Renovascular Disease, 2016, 9: 53 – 64.

[83] Jahn M R, Andreasen H B, Fütterer S, et al. A co83parative study of the physicochemical properties of iron isomaltoside 1000(Monofer), a new intravenous iron preparation and its clinical implications. European Journal of Pharmaceutics and Biopharmaceutics, 2011, 78 (3): 480 – 491.

第三章

药用辅料与药品安全性

药用辅料和活性药物成分（active pharmaceutical ingredient，API）共同组成了药品，在人们的惯性思维中，药用辅料应是非活性的、安全的、与主药不发生任何反应的、剂量可大可小的物质。事实上，理想的、完全没有活性的辅料并不存在，辅料也并非惰性物质。近年来，随着临床上由辅料引起的不良反应越来越多，如齐二药事件、中药注射剂中吐温 80 引发的过敏性事件及塑化剂邻苯二甲酸酯类污染药品事件等，辅料对药品安全性的影响日益引起药品监管部门的重视。在《中国药典》2020 年版中，关于药用辅料的定义："生产药品和调配处方时使用的赋形剂和附加剂，是除活性成分或前体以外，在安全性方面已进行合理的评估，一般包含在药物制剂中的物质。"[1] 在作为非活性物质时，药用辅料除了作为赋形剂，充当载体，具有增溶、助溶、调节释放等重要功能外，是可能会影响到制剂的质量、安全性和有效性的重要成分。从客观上讲，一种辅料往往用于多种药品中，所以一种辅料的安全性的影响往往超出单个品种的范围，本章从药用辅料本身的不良反应、辅料与药物的配伍禁忌、辅料的有害杂质和影响药物安全性的其他影响因素等 4 个方面总结了辅料与药品安全性的关系，并提出了合理应用辅料的一些建议。

一、辅料本身对药品安全性的影响

从理论上讲，药用辅料经过了合理的安全性评估，但也不可以无限制使用，有些药用辅料本身就有一定的不良反应。必须了解辅料本身的不良反应，才能在处方设计时合理确定辅料的使用剂量，避免辅料的不良反应影响药品的安全性。一些药用辅料不同程度地存在着安全性问题，如苯甲醇会引起儿童臀肌挛缩症[2]；乙醇静脉注射时会引起溶血反应或全身变态反应；大剂量硫柳汞可引起神经和肾脏毒性，小剂量使用硫柳汞的危险性主要为过敏反应等[3]；PEG 会引起 I 型超敏反应（又称速发型超敏反应）[4]。

（一）阿斯巴甜

阿斯巴甜（aspartame）又称天冬氨酰苯丙氨酸甲酯，由于它比一般的糖甜约200 倍，又比一般蔗糖含更少的热量（1 g 的阿斯巴甜约有 4 kcal 的热量，1 cal = 4.186 8 J），广泛地作为蔗糖的代替品，常用于含片、咀嚼片及其他不含糖的制剂，允许服用日剂量为 10 mg/kg，糖尿病患者可食用。由于阿斯巴甜在机体内代谢成苯丙氨酸，所以含有阿斯巴甜的药品皆不适宜苯丙酮尿症患者使用[5]。苯丙酮尿症又称苯酮尿症（phenyl ketonuria，PKU），是可遗传的氨基酸代谢缺陷，患者肝脏中缺乏苯丙氨酸羟化酶，使得食物中的苯丙氨酸无法转化为酪氨酸，结果导致大脑内苯丙氨酸聚集，经转氨酶的作用转化为苯丙酮酸，从而影响患者的大脑发育，引起智力障碍和癫痫，并使患者出现皮肤白化、头发变黄、尿液有鼠臭味等症状。此外，阿斯巴甜的摄入可能增加患者偏头痛的发生率及导致免疫力低下、诱发脑瘤等安全隐患问题。虽然市场上部分甜味剂已由阿斯巴甜更换成果葡糖浆等安全性相对较高的甜味剂，但其应用仍十分广泛，尤其过量使用，可能会影响人们的生命安全[6]。

（二）乳糖

在固体制剂中，乳糖（lactose）用作片剂、胶囊剂、散剂的稀释剂、甜味剂。乳糖是奶类含有的一种双糖类，不能直接被肠黏膜吸收进入血液循环，它在小肠中必须经乳糖酶的水解变为 2 个单糖，即葡萄糖和半乳糖后才能被吸收。乳糖酶缺乏的人，在进食奶或奶制品后，奶中乳糖不能被完全消化吸收而滞留在肠腔内，使肠内容物渗透压增高、体积增加、肠排空加快，使乳糖很快排到大肠并在大肠吸收水分，受细菌的作用发酵产气，轻者症状不明显，较重者可出现腹胀、肠鸣、排气、腹痛、腹泻等症状，临床上称为乳糖不耐受症（lactose intolerance）[7]。亚洲人普遍缺乏乳糖酶，此类病症在我国婴幼儿中发病率极高，可达 46.9%~70.0%[8]。

（三）亚硫酸盐

亚硫酸盐（sulfite）是一类很早即在世界范围内广泛使用的药用辅料，被广泛用作食品、饮料和药品中的防腐剂、抗褐变和抗氧剂。在体内，生理范围内的血清亚硫酸盐水平由钼依赖性亚硫酸盐氧化酶（sulfite oxidase，SO）严格维持，该酶通过双电子氧化途径将亚硫酸盐催化为硫酸盐。SO 活性的丧失会导致高血清亚硫酸盐水平，从而引发多种疾病，包括哮喘、神经功能障碍、出生缺陷和心脏病[9]。亚硫酸盐的主要不良反应是严重的过敏反应，美国 FDA 早在 1985 年就要求药品生产厂家在标签上注明其是否含有亚硫酸盐,在浓度超过 10 ppm (1 ppm $= 10^{-6}$) 时在食品或饮料标签上也要注明"包含亚硫酸盐"的说明[7,10]。此外,最近 Han[11] 等研究以人肝 L02 细胞为模型细胞系,评估亚硫酸钠的毒性。发现随着亚硫酸钠浓度的增加,L02 的形态发生变化,细胞增殖和活性受到抑制,亚硫酸钠以浓度和时间依赖性方式引起细胞凋亡。由此产生的毒性机制抑制增殖,破坏线粒体完整性,并促进细胞凋亡。Kawanishi 等[12]通过 DNA 序列分析技术发现亚硫酸盐与钴、铜等金属离子共同反应,可以对 DNA 产生破坏作用,其中硫酸盐自由基发挥了重要作用。

二、辅料与药物之间的配伍禁忌对药品安全性的影响

理想的药用辅料是惰性的,同 API 没有相互反应,但是实际上任何一种物质都可能与其他物质发生作用,作为药用辅料也有自己的配伍禁忌,有些配伍禁忌直接危害到了药品的安全性,有的还有可能降低药效。药物处方设计人员应该熟知这些配伍禁忌,并在处方设计时尽量避免配伍禁忌的发生。例如,黄原胶会和阳离子表面活性剂、聚合物或防腐剂发生沉淀[13],聚维酮可与带活性氢原子的药物如氯霉素形成分子络合物[14],乙醇作为一种溶剂,能和其他药物发生有害的相互作用,当乙醇与某些抗菌药联合使用时可产生药源性双硫仑样反应,而与磺胺类降糖药合用时会导致严重低血糖反应[15]。

(一) 维生素 C

维生素 C(vitamin C)是常用的药用辅料,主要用作抗氧剂,通常使用浓度为 0.01% ~ 0.1%;可作为助溶剂提高药物的溶解度;还用作营养增补剂[16]。过去认为维生素 C 能够提高免疫力,对抗生素能起到辅助治疗作用,于是经常将两者一起服用。但是,临床实践发现维生素 C 与抗生素合用反而会对抗生素起破坏作用,这是因为维生素 C 具有较强的还原性,可使青霉素等抗生素分解破坏,使其降效或失效[17]。除抗生素外,维生素 C 与头孢唑林、氨茶碱、青霉素、维生素 K、华法林等存在配伍禁忌[18];维生素 C 会使复方丹参注射液颜色变深、混浊、降效[19]。维生素 C 对维生素 B_{12} 有破坏作用,尤其是大量服用维生素 C 后,会促进体内维生素 B_{12} 和叶酸的排泄。

(二) 硬脂酸镁

硬脂酸镁(magnesium stearate)为白色轻松无砂性的细粉,微有特臭,与皮肤

接触有滑腻感,主要用作片剂的润滑剂、抗黏剂、助流剂,特别适用于油类、浸膏类药物的制粒,制成的颗粒具有很好的流动性和可压性。硬脂酸镁还可作为助滤剂、澄清剂,以及液体制剂的助悬剂、增稠剂。但是硬脂酸镁与阿司匹林共存时可加速阿司匹林的水解,一方面硬脂酸镁能与阿司匹林形成相应的乙酰水杨酸镁,使之溶解度增加;另一方面硬脂酸镁具弱碱性而具有催化降解作用[20]。所以选择阿司匹林片的润滑剂时,就考虑到药物的稳定性,选择滑石粉或硬脂酸作润滑剂。此外,硬脂酸镁还与强酸、强碱和铁盐有配伍禁忌,故在含有阿司匹林、一些维生素、大多数生物碱盐的药物制剂中不得使用。

(三)无水磷酸氢钙

无水磷酸氢钙(calcium hydrogen phosphate)常用作片剂、胶囊剂的吸收剂、稀释剂和软膏剂、乳膏剂的吸附剂、增稠剂。由于无水磷酸氢钙的表面是碱性的,所以不宜与维生素 C、盐酸硫胺配伍,它会影响维生素 C 和盐酸硫胺的稳定性、影响它们片剂的崩解并出现乙酸味。此外,包括金霉素、土霉素、四环素、半合成多西环素、美他环素、米诺环素、地美环素及美他霉素等均是氢化骈四苯的衍生物,此类抗生素遇到钙离子或其他阳离子(二价或三价离子)时,则形成不溶性、难吸收的络合物,四环素类抗生素遇到磷酸钙等碱性溶液时也会发生分解而失效[21]。此外,含有多价金属离子的辅料如碳酸钙、硫酸钙、磷酸钙、磷酸二氢钙等与强心苷类药物合用可能会引起毒性增加。

三、辅料中的杂质对药品安全性的影响

药用辅料的纯度直接影响药物制剂的质量、稳定性和安全性。有些辅料杂质的结构不明确,可能与药物有物理、化学和药理方面的配伍禁忌或本身存在着安全隐患,从而影响药品的稳定性、有效性和安全性,此外,有些杂质在使用环境下会产生不确定的药理作用,从而给药品的安全性带来隐患。从客观上讲,目前国内部分药用辅料生产企业的研发能力不强,再加上近年来化工类、食品类企业纷纷参与药用辅料市场的激烈竞争,导致许多企业为压缩成本,降低一些辅料的纯度,也带来一定的药品安全性隐忧。其他药用辅料中的杂质引起安全性问题的例子:甘油中所含的未知杂质主要为其生产过程中较易发生脱水聚合反应,以不同方式聚合而成的二聚甘油,会导致皮肤和眼睛过敏,而且含有超量的二氧六环,会诱发非糖尿病患者的低血糖症[22]。注射用乳糖中的残存蛋白质会导致过敏反应[23],PEG 中的环氧乙烷会引起全身中毒[24]等。

（一）卵磷脂中的溶血磷脂

卵磷脂广泛存在于自然界的动植物体内，是生物膜的主要组成成分，并参与细胞膜对蛋白质的识别和信号转导。卵磷脂具有乳化、分散、助渗、润湿等特性，它对皮肤和黏膜有很强的亲和力，在药剂中用作分散剂、润湿剂、乳化剂、稳定剂、透皮促进剂，也是脂质体的主要原料。机体中主要含有两大类磷脂，甘油磷脂和鞘磷脂。甘油磷脂以甘油为母体，鞘磷脂以神经鞘氨醇为母体。溶血磷脂是磷脂的降解产物，由于最常用的磷脂类化合物为卵磷脂，溶血磷脂一般是指溶血卵磷脂，或称溶血磷脂酰胆碱（lyso-phosphatidylcholine，LPC）。LPC 具有较强表面活性，因此能使红细胞及其他细胞膜破裂，引起溶血或细胞坏死[25]。LPC 导致溶血后，间接引起组胺、肾上腺素等释放，影响心血管及神经系统的功能，激发一系列复杂的病理反应[26]。因此，LPC 含量是药品，尤其是注射剂重要的质量控制指标，直接关联药品的临床用药安全，需对其含量进行严格控制。关于磷脂类产品中溶血磷脂的限度控制，《中国药典》2020 年版蛋黄卵磷脂（供注射用）标准规定 LPC 含量不得过 3.5%。对于磷脂类产品的制剂，如脂肪乳类产品，在溶液状态下卵磷脂可能会发生部分水解，在放置过程中 LPC 的量有可能增加，因而制剂中也应严格控制 LPC 的量，以保证临床用药的安全性。

（二）注射用吐温 80 中的过氧化氢残留

吐温 80 是常见的乳化剂，在药物制剂中特别是注射剂中得到了广泛的应用，由于部分厂家所采用的生产原料——油酸的纯度比较低，由其生产出来的吐温 80 色度较差，达不到《中国药典》对吐温 80 的颜色检查项要求，所以厂家在生产工艺的最后一步添加了脱色工序，即在合成后的吐温 80 成品中加入一定量的过氧化氢漂白，使得产品颜色符合《中国药典》的要求。过氧化氢，俗称双氧水，在搅动和光照的条件下可以分解为水和氧气，具有极强的氧化性和腐蚀性，广泛用作漂白剂和消毒剂。3%的过氧化氢在医疗中用作外伤、脓肿的消毒剂，具有净化创面、防腐、除臭、杀菌、消毒等作用。如果将其用在药品中，特别是注射剂中，危害将难以估量。目前国内曾有报道，过氧化氢作为腔体消毒剂推注治疗，可引起患者过敏甚至使患者当场死亡[27~29]。吐温 80 中残留的过氧化氢严重威胁到其作为药用辅料的安全性，特别是含有吐温 80 的中药注射剂。

（三）邻苯二甲酸类塑化剂的杂质邻苯二甲酸酯

邻苯二甲酸酯又称酞酸酯（phthalic acid esters，PAE），是邻苯二甲酸形成的酯的统称。邻苯二甲酸酯类被世界卫生组织（WHO）公告为一种环境激素，具有雌性激素的作用，在体内会干扰人体的内分泌系统。有研究显示[30]，胰岛素样因子 3（INSL3）水平和雄激素水平与邻苯二甲酸二（2-乙基己基）酯［di（2-ethylhexyl）phthalate，DEHP］及其主要代谢物邻苯二甲酸单乙基己基酯［mono（2-ethylhexyl）phthalate，MEHP］呈负相关，INSL3 和雄激素对胎儿生殖器官的发育发挥重要作用。在人类妊娠的关键时间段内，羊水 INSL3 水平受到邻苯二甲酸酯的影响，可能致使胎儿出现隐睾症和尿道下裂[31]。在药品中的邻苯二甲酸类塑化剂杂质往往来自药用辅料与药品包装材料的相互作用。例如，在注射剂中大量使用的药用辅料聚氧乙烯蓖麻油，它与常用的聚氯乙烯塑料输液器相互作用，会溶出其中的增塑剂邻苯二甲酸二辛酯，将其带入输液中[32]。邻苯二甲酸二辛酯也称邻苯二甲酸（2-乙基己基）酯，它正是塑化剂事件的罪魁祸首，如它由聚氧乙烯蓖麻油通过静脉注射带入体内，会引起更大的毒性，所以临床上一般建议，当药品中含有聚氧乙烯蓖麻油辅料时，最好改用玻璃输液装置，这样可以避免辅料与包装材料生成有毒杂质再引入药品中。

四、其他药用辅料因素对药品安全性的影响

药用辅料的品种众多，成分复杂，影响药用辅料的安全性因素也较为复杂，近年来发生了种种药用辅料引起的药害事件，这些药害事件既有药用辅料质量不过关的原因，也有人为地使用假辅料、处方设计人员对药用辅料的功能性和性质等影响因素不了解等原因，需要药物设计、生产、管理部门特别注意。

（一）人为使用假辅料的情况

在市场经济条件下，经济利益驱动影响着社会的各个方面。例如，曾经某公司为降低采购成本，购买了假冒医用辅料，并将以工业原料二甘醇为辅料制成的问题药品投放市场，进而发生了致人死亡的恶性案件。针对全球药用辅料供应链频频掺假事件，国际药用辅料协会（IPEC）早在 2010 年 5 月就发布了辅料谱系标准，谱系标准的制定依据为 WHO、IPEC 和产品质量集团（PQG）制定的物料发放管理良好规范（GDP）指南，包括审核、分析证书数据、经销和持有等步骤，具体执行的标准依据包括"供应链安全检查表"和"供应链安全流程"。通过这些可以帮助行业确认所采购辅料是否在生产上遵照药品生产质量管理规范（GMP）标准，并可最大限度地减少相关辅料信息被篡改或者在途中被掺假的风险。

（二）对辅料功能性的错用对药品安全性的影响

同一种辅料,往往有不同的规格,不同规格在药物制剂中的用途也不同,也就是它们的功能性不同,如果错用了辅料的功能性将会对药品的质量和安全性造成危害。例如,HPMC 有多种规格及黏度,其应用功能截然不同：低黏度（5 cps、15 cps、50 cps）HPMC 可作为薄膜包衣的成膜剂和片剂的黏合剂,用量分别为 2%~10% 和 2%~5%;高黏度（4 000 cps、15 000 cps 等）HPMC 可作为缓释材料,用于阻滞水溶性药物的释放,也可用作滴眼剂和人工泪液的增稠剂,用量为 0.45%~1.0%;高黏度 HPMC 还可以用作胶体保护剂、凝胶和软膏的乳化剂、塑料绷带中的胶黏剂等[33]。所以尽管是同一品种的药用辅料,在选用时还要关注其功能性指标,只有这样生产出来的药品才是安全可靠的。

（三）药品企业未使用药用级辅料对药品安全性的影响

一方面,许多药品生产企业没有真正认识到辅料对制剂质量的重要作用,用工业辅料代替药用级辅料,为公众用药安全埋下巨大隐患;另一方面,由于历史原因,药用级辅料生产企业很多为化工企业转型而来,而企业又不愿意涉足时间和金钱成本较高的药用级别注册申报,造成了我国许多药品使用的辅料不是药用级别的情况。即使是那些取得了批准文号的药用辅料生产企业,由于我国辅料工业基础不高,产业集中度低,导致其规模效益差,研究力量薄弱。

（四）对辅料性质的不了解对药品安全性的影响

药用辅料不仅赋予药物一定剂型,并且与提高药物的疗效,降低不良反应有很大的关系。要想合理使用辅料,必须了解辅料的性质。例如,苯甲酸（benzoic acid）是白色或微黄色轻质鳞片或针状结晶,具有较好地抑制霉菌作用,在药剂中用作内服和外用制剂的防腐剂,其有效浓度为 0.1%~0.2%。苯甲酸抑菌力的强弱在于未电离的酸分子的多少,其抑菌力与 pH 关系很大,在 pH 2.5~4.0 时抑菌力较好,pH 超过 4.4 时,效果显著下降。如果不了解苯甲酸的这些性质,在中性或碱性环境下使用苯甲酸,将起不到抑菌剂的效果,从而影响药品的有效期,最终影响药品的安全性。

（五）辅料与药物吸收

影响药物吸收的因素主要是剂型因素和生物因素,而剂型因素中辅料与药物的吸收率和吸收量密切相关。例如,黏合剂可以增加药物微粒之间的黏合作用,有时随着品种的不同,会不同程度地降低制剂中药物的溶出率,从而影响药物的吸收速率及起效速率。以前,复方磺胺甲基异唑片常以淀粉浆为黏合剂,20 min 的溶出率只有 40%~50%,起效慢,改用新辅料羟丙基纤维素(hydroxypropyl cellulose, HPC)后 20 min 的溶率上升至 80%,大大加快了药物释放速率,也使药物起效更快,目前国内已有大量应用羟丙基纤维素作为亲水性黏合剂的产品,以达到良好的体内释放。缓控释制剂中药用辅料的聚合度、分子量(Mr)、黏度等性质均能影响药物的释放速度,从而控制药物在体内的吸收、分布、代谢、排泄的过程。只有选择合理的、质量可靠的缓控释辅料,才能在体能达到理想的药代动力学过程,避免缓释制剂在短时间内的突释。

五、正确使用药用辅料提高药品的安全性

安全的药品离不开优良的辅料,更离不开合理地使用辅料。要正确地使用辅料,首先应注意辅料自身的不良反应,尽量避免使用不良反应大的辅料,如果这种辅料必须使用且无可替代,也要注意使用的剂量应在安全剂量范围内,并在药品使用说明书中注明,提醒医生在开处方时注意;其次,还要注意药用辅料的配伍禁忌,在处方设计时,避免所使用的药物和药用辅料之间发生配伍反应,降低疗效;再次,还应注意药用辅料的质量,要对辅料供应商的资质做出审查,选取纯度高的药用辅料,避免由辅料中的杂质引起的不良反应。除此之外,在选取药用辅料时还应注意以下 2 个方面。

1. 根据药品的生产工艺特点,选择合适的辅料 不同的生产工艺需要选择合适的辅料。例如,一些中药片剂通常存在的问题是药物的高剂量和辅料导致片子太大,就要选择性能更加优越的辅料来减少辅料的用量;对于薄膜包衣片剂和直接压片工艺的片剂,预混辅料是较合适的辅料。区别于单一辅料的功能,物理混合或喷雾干燥、流化床制粒等预混工艺,既能保持原有各辅料的理化性质,混合后又可产生协同作用,弥补单个辅料的不足。

2. 严格把关药用辅料的进厂自检,防止药品中混入质量不过关的辅料 必须采取措施,严把辅料进厂检验关,以便将辅料不良反应的风险降到最低。在目前药用辅料关联审评审批制度下,药品生产企业是药用辅料质量安全的第一责任人,特别在选用合理的药用辅料方面,只有药品生产企业选择了安全的、质量合格、功能性符合制剂要求的,并且与药品相容性符合规定的辅料,才能保证整个药品的安全有效。药品生产厂家也应尽量在说明书中列出包括辅料在内的主要成分、含量及可能的不良反应。一旦发生药害事件,医生及药师在处理时,除

考虑活性成分外还应关注辅料可能的不良反应,必要时可向药品生产企业询问所用辅料情况,以便于采取正确的处理措施,达到合理用药的目的。

六、展望

总之,没有好的辅料就没有好的制剂,没有好的制剂就没有安全有效的药品,药用辅料同药品疗效息息相关,要使药品具有有效性、质量可控性、安全性,适合医疗要求,均离不开科学地使用辅料。未来随着人们对药用辅料安全性、功能性和相容性的重视,越来越多的人工智能手段应用在此领域,通过对药物处方的系统性设计,对药物处方中药用辅料的生物活性信息的全面收集,建立数据库,利用人工智能预测未知药用辅料在体内的吸收、分布、代谢、排泄,从而了解药用辅料在体内全生命周期的安全性。

（杨锐）

参考文献

［1］ 国家药典委员会.中国药典.北京：中国医药科技出版社,2020：1088.

［2］ 柳青,雷招宝,赵永波.苯甲醇溶解大观霉素注射后致皮下组织溶解 1 例.中国药物警戒,2009,6(10)：628.

［3］ 何鹏,梁争论.硫柳汞防腐剂在人用疫苗中的应用.中国生物制品学杂志,2013,26(1)：135－138,143.

［4］ Stone C A Jr, Liu Y, Relling M V, et al. Immediate hypersensitivity to polyethylene glycols and polysorbates：More common than we have recognized. The Journal of Allergy and Clinical Immunology：In Practice, 2019, 7(5)：1533－1540.

［5］ Ursino M G, Poluzzi E, Caramella C, et al. Excipients in medicinal products used in gastroenterology as a possible cause of side effects. Regulatory Toxicology and Pharmacology, 2011, 60(1)：93－105.

［6］ 王子涵,李喜泉,杨巍巍.阿斯巴甜的毒性及其合成影响因素的研究进展.沈阳医学院学报,2018,20(6)：562－564.

［7］ 郑策.关注制剂中辅料的不良反应.继续医学教育,2006,(28)：10－14.

［8］ 李洋洋,刘捷,曾超美.婴幼儿乳糖不耐受研究进展.中国生育健康杂志,2019,30(2)：192－195.

［9］ Maiti B K. Cross-talk Between (Hydrogen) Sulfite and Metalloproteins：Impact on Human Health. Chemistry A European Journal, 2022, 28(23)：e202104342.

［10］ American Academy of Pediatrics Committe on Drugs. "Inactive" ingredients in pharmaceutical products：update(subject review). Pediatrics, 1997, 99(2)：268－278.

［11］ Han X, Zhu F, Chen L, et al. Mechanism analysis of toxicity of sodium sulfite to human hepatocytes L02. Molecular and Cellular Biochemistry, 2020, 473(1－2)：25－37.

［12］ Kawanishi S, Yamamoto K, Inoue S. Site-specific DNA damage induced by sulfite in the

presence of cobalt（II）ion. Role of sulfate radical. Biochemical Pharmacology, 1989, 38
（20）：3491－3496.

[13] Garcia-Ochoa F, Santos V E, Casas J A. Xanthan gum：production, recovery, and
properties. Biotechnology Advances, 2000, 18(7)：549－579.

[14] Nishioka K, Seguchi T, Yasuno H, et al. The results of ingredient patch testing in contact
dermatitis elicited by povidone-iodine preparations. Contact Dermatitis, 2000, 42（2）：
90－94.

[15] 刘雅娟,刘鑫.40 份药品说明书中含醇辅料标注情况与安全性分析.中国医院药学杂志,
2018,38(9)：1001－1004.

[16] Rowe R C, Sheskey P J, Weller P J. 药用辅料 手册.4 版.郑俊民,译.北京：化学工业出
版社,2005.

[17] Summers T C. Penicillin and vitamin C in the treatment of hypopyon ulcer. British Journal of
Ophthalmology, 1946, 30(3)：129－134.

[18] 时欢欢,陈安民,李萍.克拉玛依市第二人民医院妇产科 199 例注射用维生素 C 应用情
况及合理性分析.新疆医学,2017,47(11)：1338－1340.

[19] 于淑俊,汤新强.静脉给药体外配伍稳定性的研究进展.大连医科大学学报,2010,32
(5)：596－599.

[20] 刘洁,刘辉.阿司匹林肠溶片质量研究与分析.药物分析杂志,2015,35(12)：2187－
2192.

[21] Mulvaney W P, Beck C W, Qureshi M A. Deposition of tetracyclines in urinary calculi.
Japan Automobile Manufacturers Association, 1964, 190(12)：1074－1076.

[22] 廖彬,刘雁鸣,龙海燕,等.GC-MS 法对药用辅料甘油中未知杂质的研究.中国药师,
2013,16(11)：1684－1686.

[23] Porcaro F, Paglietti M G, Diamanti A, et al. Anaphylactic shock with methylprednisolone
sodium succinate in a child with short bowel syndrome and cow's milk allergy. Italian Journal
of Pediatrics, 2017, 43(1)：104.

[24] Zhu W, Feng J L, Pu J X. Acute epoxyethane poisoning complicated with delayed
encephalopathy：A case report. Occup Health Emergency Rescue, 2003, 21(4)：111.

[25] 王国财,袁诚,唐顺之,等.蛋黄卵磷脂中两种溶血磷脂的分离与结构鉴定.中国油脂,
2019,44(3)：158－160.

[26] 黄媛,杨柳,王雪彦,等.薄层色谱法检查脂肪乳注射液及卵磷脂中的溶血磷脂酰胆
碱.药物分析杂志,2010,30(12)：2334－2337.

[27] 余渝.推注过氧化氢致人死亡 1 例.刑事技术,2003,(4)：55－56.

[28] 吴先荣.过氧化氢致不良反应 41 例临床分析.广西医学,2007,29(4)：549－550.

[29] 杨永明.双氧水致过敏反应 1 例.现代医药卫生,2001,17(8)：686－687.

[30] Chen X, Li L, Li H, et al. Prenatal exposure to di-n-butyl phthalate disrupts the
development of adult Leydig cells in male rats during puberty. Toxicology, 2017, 386：
19－27.

[31] Anand-Ivell R, Cohen A, Nørgaard-Pedersen B, et al. Amniotic fluid INSL3 measured
during the critical time window in human pregnancy relates to cryptorchidism, hypospadias,

and phthalate load：A large case-control study. Front Physiol, 2018, 9：406.

[32] Yang R, Shim W S, Cui F D, et al. Enhanced electrostatic interaction between chitosan-modified PLGA nanoparticleand tumor. Int J Pharm, 2009, 371(1 − 2)：142 − 147.

[33] Viridén A, Abrahmsén-Alami S, Wittgren B, et al. Release of theophylline and carbamazepine from matrix tablets-consequences of HPMC chemical heterogeneity. European Journal of Pharmaceutics and Biopharmaceutics, 2010, 78(3)：470 − 479.

第四章

药用辅料的功能性

药用辅料是保证药物制剂生产和使用的物质基础,决定药物制剂的性能,也可能会影响制剂的质量、安全性、有效性和稳定性[1]。药用辅料纷繁复杂,分类方法多样,基于"质量源于设计"的理念,将药用辅料按功能分类[2],更贴合药物制剂发展的实际应用。

药用辅料的功能性系指药用辅料帮助改善制剂的生产工艺、质量及药效的特性[3],而且药用辅料也只有在制剂中才能发挥其功能性,二者相辅相成。换而言之,辅料的功能性与制剂密切相关,辅料功能性的变化直接影响制剂性能的稳定性。然而,辅料功能性的变化总是不可避免的,可能源于原材料、辅料生产过程或者制剂制造过程等,因此,掌握影响辅料功能性和制剂性能的辅料功能性相关指标(functionality-related characteristic,FRC),再通过科学地分析工具表征和监测辅料功能性相关指标变化,将因辅料功能变化可能带来的问题前置,最大限度地保障辅料用于制剂前的功能稳定性,为保证制剂性能稳定奠定物质基础。

目前,中国、美国和欧洲的药典均已发布相关功能性研究指导原则,规范药用辅料供应商及其用户研究和评价辅料功能性。但是,需要注意的是,辅料功能种类繁多,现有的功能性研究指导原则并未实现全部覆盖,而且随着新的剂型不断涌现,新型辅料也应运而生。对新型辅料的功能性研究进展并未跟上辅料开发的速度,在很大程度上制约了我国仿制药一致性评价和高端剂型药物的发展。本章将逐一介绍化学修饰辅料、预混合共处理辅料等新型辅料的功能,希望以需求为导向,加强新型辅料基础研究,完善辅料功能评价体系,为保障药物制剂行业快速发展奠定基础。

一、药用辅料功能性研究相关指导原则

按照药用辅料的功能类别,《中国药典》2020 年版[1]药用辅料功能性相关指

标指导原则 9601 介绍了 19 种功能(表 4 - 1)的辅料功能性相关指标及检测方法;《美国药典》药用辅料性能 1059[4] 按照剂型介绍辅料的辅料功能性相关指标,其中收录了 13 种制剂及对应辅料的 41 种功能(表 4 - 2)的辅料功能性相关指标及其检测方法;《欧洲药典》药用辅料功能性相关指标 5.15[5] 强调了辅料功能性相关指标的重要性,并指明辅料的辅料功能性相关指标及检测方法已被引入各论中,但并非强制执行标准。

表 4 - 1　《中国药典》2020 年版药用辅料功能性相关指标
指导原则(9601)收录的 19 种功能

编　号	功　　能	编　号	功　　能
1	稀释剂	11	络合剂(螯合剂、包合剂)
2	黏合剂	12	保湿剂
3	崩解剂	13	成膜剂
4	润滑剂	14	冻干保护剂
5	助流剂和(或)抗结块剂	15	干粉吸入剂载体
6	包衣剂或增塑剂	16	乳化剂
7	表面活性剂	17	释放调节剂
8	栓剂基质	18	压敏胶黏剂
9	助悬剂/增稠剂	19	硬化剂
10	软膏基质		

表 4 - 2　《美国药典》药用辅料性能 1059 收录的药物剂型及辅料功能

编号	药物剂型	辅料功能	编号	药物剂型	辅料功能
1	片剂和胶囊	稀释剂	8	片剂和胶囊	空心胶囊
2		湿黏合剂	9		包衣剂
3		崩解剂	10		塑化剂
4		润滑剂	11		成膜剂
5		助流剂	12		香精香料
6		抗结块剂	13		释放调节剂
7		着色剂			

编号	药物剂型	辅 料 功 能	编号	药物剂型	辅 料 功 能
14	口服液体制剂	pH 调节剂	28	肠外制剂	制药用水
15		润湿剂	29		填充剂
16		增溶剂	30		张力剂
17		抗菌防腐剂	31	气雾剂	抛射剂
18		螯合剂	32	干粉吸入剂	载体
19		络合剂	33		干粉吸收剂用空心胶囊
20		抗氧剂	34	眼用制剂	抗菌防腐剂
21		甜味剂	35		眼用聚合物
22	半固体、外用剂和栓剂	栓剂基质	36	透皮剂和贴剂	吸附剂
23		悬浮剂	37		成膜剂
24		增黏剂	38	放射性药物	还原剂
25		软膏基质	39		转移配体
26		硬化剂	40		胶体稳定剂
27		润肤剂	41		自由基清除剂

通过对比《中国药典》《美国药典》的指导原则,不难发现,两者建立上述指导原则的角度并不相同。《中国药典》直接从药用辅料功能入手,忽视了辅料功能性与制剂的依存关系,而《美国药典》则是以剂型为依托,强调辅料在特定剂型中的功能。无论从辅料用户角度还是监管者角度考虑,后者的切入点均有助于帮助其缩小选择范围,提高工作效率。

二、化学修饰药用辅料

对原有辅料进行化学修饰,是开发新型辅料的一种常用技术手段,其主要目的是改善原有药用辅料的功能性。常用的化学修饰手段包括衍生化、改变高聚物的聚合度和改变聚合单体的官能团等。

(一) 衍生化药用辅料

衍生化药用辅料是原有辅料的氢原子或原子团被其他原子团取代而衍生的

产物,主要包括淀粉衍生物、纤维素衍生物、环糊精衍生物和磷脂衍生物等。

1. **淀粉衍生物** 天然淀粉包括玉米淀粉、小麦淀粉、木薯淀粉等,广泛用作片剂和胶囊剂的崩解剂、填充剂与稀释剂。天然淀粉经过化学变性,可得到诸多衍生物,目前市售的淀粉衍生物药用辅料主要有羧甲淀粉钠、磷酸淀粉钠、辛烯基琥珀酸铝淀粉、乙酰化双淀粉己二酸酯和淀粉水解寡糖等。

羧甲淀粉钠、磷酸淀粉钠和淀粉水解寡糖是常用的淀粉衍生物,羧甲淀粉钠主要用作崩解剂,磷酸淀粉钠主要用作黏合剂,淀粉水解寡糖主要用作稀释剂和甜味剂,其功能性评价可参考国内外药典中已收录的药用辅料功能性研究指导原则。辛烯基琥珀酸铝淀粉和乙酰化双淀粉己二酸酯属于新型淀粉衍生物,目前尚无使用这两种辅料的药品上市,而且无文献报道相关功能性研究。

2. **纤维素衍生物** 纤维素是植物细胞壁的主要成分,在自然界中分布广泛,而且具备无毒无害、可生物降解、相容性好、价格低廉等优势,对纤维素进行改造修饰一直是研究热点。目前市售的纤维素衍生物药用辅料主要有乙基纤维素、羟乙纤维素、羟丙基纤维素、HPMC、醋酸纤维素、羧甲基纤维素钠、羧甲基纤维素钙、羟丙甲纤维素邻苯二甲酸酯、醋酸羟丙甲纤维素琥珀酸酯、交联羧甲基纤维素钠和微晶纤维素等。

乙基纤维素、醋酸纤维素、羟丙甲纤维素邻苯二甲酸酯和醋酸羟丙甲纤维素琥珀酸酯主要用作包衣剂;羟乙纤维素主要用作稳定剂和增稠剂;羧甲基纤维素钠主要用作黏合剂;HPMC、羧甲基纤维素钠和羧甲基纤维素钙主要用作崩解剂与填充剂;交联羧甲基纤维素钠主要用作崩解剂,而且被誉为"超级崩解剂";微晶纤维素主要用作稀释剂和黏合剂。上述药用辅料的功能性评价可参考国内外药典中已收录的药用辅料功能性研究指导原则。

3. **环糊精衍生物** 环糊精包括 α-环糊精、β-环糊精和 γ-环糊精。通过 SciFinder 数据库可检索出 2000 多种 α-环糊精衍生物、8000 多种 β-环糊精衍生物和 1000 多种 γ-环糊精衍生物。目前作为药用辅料使用的环糊精衍生物主要有羟丙基-β-环糊精和磺丁基-β-环糊精钠。β-环糊精的羟丙基化,破坏了 β-环糊精的刚性结构和环形氢键,使 β-环糊精水溶性增大,它与难溶性药物制成包合物后可增加药物的溶解度和溶出速率,提高药物口服生物利用度和体内稳定性,同时可减轻或消除药物的某些不良反应[6]。而磺丁基-β-环糊精钠因为磺丁基基团提供的多阴离子环境和疏水烷烃链,相对 β-环糊精,它具备了更亲水的外表面和更大的疏水腔,能更好地与药物包合,提高药物的溶解度和稳定性,从而达到提高药物疗效和安全性的目的[7,8]。

羟丙基-β-环糊精和磺丁基-β-环糊精钠主要用作包合剂,除了《中国药典》2020年版9601指导原则阐述的常规包合剂功能性评价指标外,其取代度及其分布也是影响其功能与功能稳定性的关键指标。目前对羟丙基-β-环糊精的取代度及其分布尚无有力的评价方法,磺丁基-β-环糊精钠的取代度及其分布测定可参考《美国药典》[9]收录的"磺丁基倍他环糊精钠"品种中的毛细管电泳法。

4. 磷脂衍生物　衍生化磷脂是顺应靶向制剂发展的产物,其中应用成熟度较高的是PEG衍生化磷脂,其具备长循环和免疫特性,是载药体系实现靶向性的重要材料,主要用作长循环脂质体、长循环纳米粒等药物的载体。目前,在上市药物中较为常用的是培化磷脂酰乙醇胺(MPEG2000－DSPE),它是二硬脂酰磷脂酰乙醇胺(distearoyl-phosphatidylethanolamine,DSPE)与分子量约为2 000的PEG制备而成的高纯化脂类化合物,主要用作脂质体膜材。

PEG衍生化磷脂作为新型的功能性药用辅料,目前对其功能性评价尚无系统的指标和成熟的方法,导致无法准确衡量辅料功能稳定性,这也是PEG衍生化磷脂应用难度大的主要原因之一。

（二）改变高聚物的聚合度类药用辅料

对于高聚物药用辅料,常通过改变聚合度来改善药用辅料的功能性。近年来基于该手段开发出来的新型药用辅料主要是丙交酯乙交酯共聚物[poly(lactide-co-glycolide),PLGA]系列辅料。

PLGA是丙交酯、乙交酯的环状二聚合物在亲核引发剂催化作用下的开环聚合物,具备生物相容性高、可在生物体内完全降解等特点,在药物制剂领域主要用作微球制剂的缓释材料。通过调整丙交酯和乙交酯摩尔百分比,可制得适用于药物不同释放模式的药用辅料。目前市售的PLGA包括PLGA(5050)、PLGA(7525)、PLGA(8515)和PLGA(9505),其中已被应用于上市药物的是PLGA(5050)和PLGA(7525)。

PLGA的$L:G$值、分子量和封端是影响其自身降解与药物释放的主要因素,而且已被广泛研究。此外,通常容易被忽视的PLGA的嵌段性和嵌段长度也是影响PLGA降解的主要因素之一[10],目前PLGA嵌段性和嵌段长度的测定主要依靠核磁共振波谱技术[11]。

（三）改变聚合单体官能团类药用辅料

改变聚合单体官能团也是改善高聚物药用辅料功能性的手段之一,如近年来应用较多的包衣材料和释放阻滞剂聚丙烯酸树脂。通过改变聚丙烯酸树脂的聚合单体的某些基团就能得到不同型号和不同溶解性的树脂,如甲基丙烯酸与甲基丙烯酸甲酯以 1∶1 的比例共聚得到的是聚丙烯酸树脂Ⅱ,属于肠溶型树脂;甲基丙烯酸二甲氨基乙酯与甲基丙烯酸甲酯、甲基丙烯酸丁酯共聚得到的是聚丙烯酸树脂Ⅳ,属于胃溶型树脂。

聚丙烯酸树脂Ⅱ和聚丙烯酸树脂Ⅳ虽已被广泛应用于缓控释制剂,但对其功能性评价研究仍较少,未建立起系统的功能性指标和评价方法。

三、预混与共处理药用辅料

预混与共处理药用辅料系将两种或两种以上药用辅料按特定的配比和工艺制成具有一定功能的混合物,作为一个辅料整体在制剂中使用。既保持每种单一辅料的化学性质,又不改变其安全性。根据处理方式的不同,分为预混辅料与共处理辅料。

(一) 预混药用辅料

预混药用辅料是指两种或两种以上药用辅料通过简单物理混合制成的、具有一定功能且表观均一的混合辅料。预混辅料中各组分仍保持独立的化学实体。与辅料的简单物理混合物相比,预混药用辅料具有更佳的物理机械性能,更好的稀释能力,更小的装量差异,对润滑剂的敏感性更低等特点。现有辅料的多样性也使得预混辅料能满足某种特殊功能需求,如提高可压性。

目前市售的预混药用辅料包括包衣预混剂、着色预混剂、制剂溶媒预混物、直压预混辅料、羟醇甘脂预混物、羟微烯钛预混物、羟丙甲微晶纤维素预混物等,其中,包衣预混剂主要有肠溶型薄膜包衣预混剂和胃溶型薄膜包衣预混剂两种类型,是应用最多的预混辅料,能够起到控释功能。另外,直压预混辅料、羟醇甘脂预混物、羟微烯钛预混物和羟丙甲微晶纤维素预混物主要依赖进口,尚无国产产品上市。

(二) 共处理药用辅料

共处理药用辅料系由两种或两种以上药用辅料经特定的物理加工工艺(如喷雾干燥、制粒等)处理制得,以达到特定功能的混合辅料。共处理辅料在加工过程中不形成新的化学共价键。与预混辅料的区别在于,共处理辅料无法通过简单的物理混合方式制备。共处理药用辅料使辅料处于亚颗粒状态,在反应、混合后产生协同作用,可克服单个辅料功能的不足,从而改善辅料性能[12]。共处理药用辅料在固体制剂中应用较多,能够改善物料流动性、可压性、崩解性等,更适用于粉末直接压片工艺。

目前应用较多的共处理药用辅料包括微晶纤维素胶态二氧化硅共处理物、微晶纤维素羧甲基纤维素钠共处理物、微晶纤维素和瓜尔胶共处理物、乳糖微晶纤维素共处理物、甘露醇微晶交聚钙共处理物、甘露醇微晶交聚果硅共处理物、甘露醇交聚共聚麦山共处理物及微晶纤维素、胶态二氧化硅、交联羧甲基纤维素钠和精制滑石粉共处理物等。

四、展望

药用辅料的功能性是药物制剂发挥性能的真正推动者。药用辅料的功能性优劣不单受药用辅料自身变化的影响,也受药物制剂的活性成分和其他辅料成分的影响,这就导致了无法建立简单、统一的标准来界定药用辅料功能性的好坏,但这并非意味着不需要控制药用辅料的功能性。通过加大对药用辅料的基础研究,深入了解辅料组成、物化性质等对辅料功能和制剂性能的影响,明确辅料的关键功能性指标并加以控制,不仅可以保障辅料功能的稳定性,还可为药物制剂生产企业提供更多的科学选择依据。

目前,对于传统的药用辅料,基于历史应用经验和研究数据,已有较系统的功能性评价方法,且已被国内外药典收录。然而,对于近年发展起来的药用辅料,如 PEG 衍生化磷脂、预混药用辅料和共处理药用辅料,主要依靠制剂企业需求进行优化,功能性研究工作滞后且不充分,在一定程度上阻碍了药物制剂的研发进程,而且也给药品监管带来更大挑战。

由于每种辅料多是对应多种功能,而且辅料的功能性评价又离不开制剂,因此,不仅需要制剂企业和辅料生产企业通力合作,也需要科研院校和国家重点科研机构围绕产业发展的共性关键问题,大力开展应用基础研究,提升开发力度,促进研究成果转移转化,为辅料产业高质量发展提供动力支持。

(王晓锋)

参考文献

[1] 国家药典委员会.中国药典四部.北京:中国医药科技出版社,2020:539 - 545.

[2] Paul J Sheskey B C H, Gary P Moss, David J Goldfarb. Handbook of Pharmaceutical Excipients, Great Britain, 2020, xxiii - xxiv.

[3] 于丽娜,孙会敏,杨锐,等.功能性辅料的发展和应用.中国药事,2013,27(6):628 - 634.

［4］ The United States Pharmacopieial Convention. The United States Pharmacopeia：General Chapter <1059>. The United States Pharmacopieial Convention，2024.

［5］ European Directorate for the Quality of Medicines & HealthCare. The European Pharmacopoeia 11.0Edition：5.15.Functionality-related-characteristics-of-excipients. European Directorate for the Quality of Medicines & HealthCare, 2022, 829－830.

［6］ Malanga M, Szemán J, Fenyvesi É, et al. "Back to the future"：A new look at hydroxypropyl beta-cyclodextrins. Journal of Pharmaceutical Sciences, 2016, 105(9)：2921－2931.

［7］ 胡裕迪,赵雁,赵陶.磺丁基醚-β-环糊精的增溶机制及在难溶性药物制剂中的应用.中国医药工业杂志,2018, 49(3)：292－300.

［8］ Stella V J, Rajewski R A. Sulfobutylether-beta-cyclodextrin. International Journal of Pharmaceutics, 2020, 583：119396.

［9］ The United States Pharmacopieial Convention. The United States Pharmacopeia：Betadex Sulfobutyl Ether Sodium. The United States Pharmacopieial Convention, 2024.

［10］ Washington M A, Swiner D J, Bell K R, et al. The impact of monomer sequence and stereochemistry on the swelling and erosion of biodegradable poly(lactic-co-glycolic acid) matrices. Biomaterials, 2016, 117：66－76.

［11］ Sun J, Walker J, Beck-Broichsitter M, et al. Characterization of commercial PLGAs by NMR spectroscopy. Drug Delivery and Translational Research, 2022, 12(3)：720－729.

［12］ 孙道,谢升谷,陶巧凤.预混与共处理药用辅料应用进展及其质量控制要点探讨.中国现代应用药学,2021,38(11)：1397－1403.

第五章

我国药用辅料质量与产业概况

药用辅料是生产药品和调配处方时使用的赋形剂与附加剂；是除活性成分或前体以外，在安全性方面已进行合理评估，一般包含在药物制剂中的物质。对于大多数药品，按照质量计算的主要成分不是 API，而是药用辅料。过去，药用辅料被认为是惰性物质，药用辅料受重视程度低，我国药用辅料生产企业的质量管理良莠不齐。2006 年发生的亮菌甲素注射液事件和 2012 年的毒胶囊事件给药用辅料质量管理敲响了警钟。更重要的是，随着科技发展，业界对药用辅料的认识不断加深，认识到药用辅料并非惰性物质，而是可能具有生物活性的成分，药用辅料的质量会直接影响药物制剂的安全性。因此，药用辅料的高质量发展的关注度日益提高。药用辅料的高质量发展不仅是药物制剂高质量发展的需求，也是辅料企业得以生存的基础。

药用辅料的高质量发展需要完善的基础设施、高质量的配套产业、良好的生产管理、强大的创新驱动内生动力和优秀的专业技术人才队伍等。由于我国药用辅料产业起步晚，上述方面与其他发达国家相比均有一定差距。本章主要从我国药用辅料质量和行业状况方面呈现我国药用辅料的行业发展现状和未来发展机遇。

一、概述

（一）药用辅料质量标准

我国《药品管理法》第四十五条规定："生产药品所需的原料、辅料，应当符合药用要求、药品生产质量管理规范的有关要求。"药用辅料质量标准作为控制药用辅料质量的重要手段，对于确保药物制剂的性能和安全性具有重要意义。我国药用辅料的质量标准主要有 4 种存在形式：辅料生产企业的内控标准、辅料企业和用户的协议标准、辅料的登记标准和辅料的国家标准。

1. 辅料生产企业的内控标准　药用辅料生产企业的内控标准是药用辅料的放行标准，一般是最高标准。辅料生产企业往往会根据制剂企业的使用要求，针对同一种辅料制订不同的内控标准,以满足不同规格、不同级别的制剂需求,从而提高辅料产品的附加值。

2. 辅料企业和用户的协议标准　辅料生产企业和用户的协议标准是辅料生产企业为满足用户需求"度身定制"的辅料质量标准,一般倾向在已有标准的基础上增加功能性相关指标。功能性相关指标是药用辅料的特色项目,近年来功能性相关指标逐渐被各国药典收载,已成为药用辅料的重要质量指标,而且优化药用辅料功能性相关指标也是辅料生产企业提高竞争力的关键所在。

3. 辅料的登记标准　我国对药用辅料管理实行的是登记备案制,药品监管部门可以接触到的质量标准更多的是登记标准。辅料生产企业对登记标准具有自主权,对于同一品种不同规格可以设置不同登记标准,从而呈现产品优势。

4. 辅料的国家标准　《中国药典》是国家标准,具有法律地位。《中国药典》对药用辅料质量标准的收录工作起步较晚,辅料标准的收载数量在较长历史时期始终维持在较低水平。近年来,随着药用辅料对药物制剂的重要性被广泛认同,我国药用辅料质量标准研究得到快速发展。从《中国药典》2005 年版将辅料标准在二部中单独列出,称为"正文品种第二部分",到《中国药典》2015 年版将辅料标准与通用技术要求合并单独成册,形成《中国药典》第四部。在《中国药典》对辅料收载形式进行优化的同时,也在大力扩大药用辅料品种标准的收载数量。《中国药典》2020 年版已收载 335 个药用辅料品种,药用辅料的收载数量虽与《美国药典》还有一定差距,但也基本覆盖了国内常规制剂使用的辅料。不过,需要正视的问题是《中国药典》的药用辅料标准与我国高端制剂和创新药物的发展需求之间仍存在较大差距,继续扩充药典辅料标准数量和完善辅料标准体系也是推动药用辅料高质量发展的题中之义。

另外,《中国药典》的辅料质量标准是基础标准,在我国上市的药品中使用的同一名称的药用辅料均应满足药典标准要求,如有不满足药典标准和相应要求的,应证明其合理性。由于同一种辅料可应用于不同类型药物,而且不同国家和地区的辅料与药物发展情况也不一致,因此,不同国家和地区的药典辅料标准不尽相同。任何一个国家和地区的药典辅料标准都难以实现通用性,有可能导致药品研发成本进一步提高、药品研发周期延长、药品上市速度延缓,甚至影响新药上市。近年来,国家药典委员会不断加强与美国、欧洲和日本等药典机构的沟通交流,组织召开药典论坛,积极参与推动药典标准协调工作,为《中国药典》的辅料质量标准紧跟国际水平发展,提高与各国药典标准的协调性奠定基础。未来,我国还应继续加强药典标准协调,努力参与国际标准制定,以提升话语权。

（二）药用辅料产业发展现状

在我国药用辅料实行单独审评审批制度时，国产药用辅料的审批权在省级药品监督管理部门。由于缺乏权威的药用辅料信息汇总平台，各省药用辅料信息共享不充分，无法获取我国药用辅料全面、实际的发展状况。我国药用辅料关联审评审批制度实施后，国家药品监督管理局药品审评中心（Center for Drug Evaluation，CDE）搭建了"原辅包登记信息"平台，汇总了国内全部登记辅料的基本信息，对登记信息的分析，可从侧面反映我国药用辅料的发展现状。

截至 2022 年 3 月，在原辅包信息平台登记的药用辅料信息有 5 077 条，与制剂共同审评审批结果为"A"的有 2 566 条。在关联审评审批制度实行的过渡阶段，有部分企业存在同品种重复登记的现象。仅以登记名称和产品来源为依据，合并同一单位重复登记品种后，登记平台上国产药用辅料有 2 290 条登记信息，共涉及 574 个品规，而相应的进口辅料信息有 688 条，涉及 455 个品规。国产辅料中同品种登记数量大于等于 30 个的有 17 个品种，共计 984 条品规信息，其中登记数量最多的明胶空心胶囊、普通 PEG 类、普通淀粉类、微晶纤维素、乙醇等五类产品登记信息数量约占总登记数量的 16%，国产普通辅料呈现高度同质化现象。同时，在国产辅料涉及的 574 个品种中，登记数量小于等于 3 个的有 352 个品种，独家登记的有 242 个品种。根据登记信息中产品来源区分统计，有 693 家境内企业、244 家境外企业或其境内代理机构参与登记。其中，境内企业登记品种数量小于等于 5 个的有 628 家，仅登记 1 个品种的有 400 家，而登记品种数量大于等于 30 个的有 13 家。仅以在平台登记的企业离散程度来看，我国药用辅料产业高度分散，专业的药用辅料企业还比较少[1]。

（三）药用辅料产业发展的局限性

近年来，随着我国药品审评审批制度改革，尤其是仿制药一致性评价和原辅包与制剂关联审评审批的深入推进，制药行业得到快速发展。与此同时，药用辅料行业也得到前所未有的关注和推动，原辅包信息平台上近 700 家国内企业的登记信息从侧面体现关联审评审批制度的实行对我国药用辅料产业发展的积极促进作用。由于我国药用辅料产业起步晚，仍然存在诸多方面的困境和难点[1]。

1. 国产药用辅料产品结构较单一　我国药用辅料行业长时间存在低端药用辅料领域竞争惨烈，而高端药用辅料领域几近空白的问题。截至 2021 年 7 月 9 日，国家药品监督管理局药品审评中心的原辅包信息平台上 44 个品种（表 5-1）仅有进口产品，包括常释制剂使用的功能性预混辅料、直压型淀粉，缓控释制剂用的甲基丙烯酸共聚物、季氨基甲基丙烯酸酯共聚物等,外用制剂用压敏胶等。此外,生物制品中使用的高纯度小分子辅料等产品领域严重依赖进口,如我国生物制品生产用冻干保护剂蔗糖,国内能够参与竞争的国产辅料品牌寥寥无几。国产辅料的产品结构单一还表现在同类品种品规单一的问题。以聚维酮为例,国产品种只有聚乙烯醇,而聚乙烯醇(4‑88)、聚乙烯醇(18‑88)、聚乙烯醇(40‑88)、聚乙烯醇(MXP)、聚乙烯醇(SRP80)等规格无国产产品。

2022 年 1 月 30 日,工信部等 9 部门联合印发《"十四五"医药发展规划》,强调了要加快高端制剂产品创新和提高产业化技术水平。这意味着对辅料的功能性提出了更高需求。

表 5‑1　国家药品监督管理局药品审评中心登记备案仅有进口的辅料品种

编号	辅 料 名 称	编号	辅 料 名 称
1	季氨基甲基丙烯酸酯共聚物 A 型	24	羟微脂钛预混物
2	季氨基甲基丙烯酸酯共聚物 B 型	25	乳糖、聚维酮和交聚维酮直压预混辅料
3	甲基丙烯酸氨烷基酯共聚物 E 型	26	乳糖和聚维酮直压预混辅料
4	甲基丙烯酸‑丙烯酸乙酯共聚物(1∶1)	27	乳糖和微晶纤维素丸芯
5	甲基丙烯酸共聚物 A 型	28	乳糖‑羟丙甲纤维素复合物
6	甲基丙烯酸共聚物 B 型	29	乳糖微晶纤维素共处理物
7	30%甲基丙烯酸‑丙烯酸乙酯共聚物(1∶1)溶液	30	聚醋酸乙烯酯聚维酮混合物
8	15‑羟基硬脂酸聚乙二醇酯	31	聚乙烯醇聚乙二醇共聚物与聚乙烯醇混合物
9	有机硅压敏胶	32	羟醇甘脂预混物
10	丙烯酸酯压敏胶	33	氢化大豆磷脂酰胆碱培化磷脂酰乙醇胺与胆固醇混合物
11	硅酮压敏胶(氨基相容型)	34	微晶纤维素‑羧甲基纤维素钠
12	聚卡波菲	35	精制蓖麻油(供注射用)
13	聚克立林钾	36	油酰聚氧乙烯甘油酯
14	聚克立林	37	中链甘油三酸酯
15	聚维酮	38	精制菜籽油
16	聚氧乙烯 40 氢化蓖麻油	39	氢化大豆磷脂酰胆碱
17	聚乙烯醇聚乙二醇共聚物	40	阿朴胡萝卜素醛(干粉型)
18	卡波姆共聚物 A 型	41	直压型淀粉
19	卡波姆均聚物 B 型	42	精制芝麻油
20	邻苯二甲酸羟丙甲基纤维素酯	43	聚甘油脂肪酸酯
21	纤维素‑乳糖	44	硫酸鱼精蛋白
22	淀粉乳糖		
23	羟微烯钛预混物		

在国家大力推进药物创新发展的大环境下,制剂企业对新型辅料和高端辅料的需求持续增加,而国内辅料企业的产品及技术还跟不上制剂的发展需求。受技术难度等因素限制,国内绝大多数的药用辅料企业难以对高端药用辅料进行深入的研究,新型、复杂的功能性药用辅料主要依赖进口,部分辅料仍处于被进口产品"卡脖子"的状态。然而,对于吸入制剂、脂质体制剂、缓控释制剂、生物制品、疫苗、血液制品等制剂中使用的功能性辅料,国内研发及产业化基础仍非常薄弱[1]。

2. 国内药用辅料产业基础薄弱 药用辅料的原材料种类繁多,大部分来源于精细化工、农产品、动植物、矿物质等。因此,国内精细化工基础薄弱也成为限制药用辅料创新发展的一个重要因素。全球头部化工企业中陶氏杜邦、巴斯夫等均把药用辅料作为其产业结构的一部分,由于缺乏相匹配的原材料的生产控制,国产药用辅料生产企业不得不通过外购化工粗品再精制等手段使产品达到药用要求。这种生产模式造成生产链条断层,无法做到源头设计,不利于实现全程控制产品质量。也就是说,国内药用辅料产业上下游产业链衔接性差,尚未形成产业链闭环,这也是阻碍国产药用辅料高质量发展的重要原因[1]。

3. 国内药用辅料企业创新动能不足 新型制剂,特别是高端制剂的成功开发,很大程度上依赖于功能性药用辅料的功能实现。在药用辅料关联审评审批制度实施前,我国长期处于药用辅料注册审批制管理阶段。在这一阶段,国产药用辅料只能由具有药品生产许可证的专业生产企业生产,限制了制药行业以外的行业、企业生产药用辅料,也导致了药用辅料生产企业缺乏内生动力对辅料产品进行长期持续的资金投入和研发投入。近年来,随着药用辅料关联审评审批制度的持续推进,虽然药用辅料行业发展态势积极,但是面对技术难度大,投资风险高的高端药用辅料,主动作为的辅料企业仍屈指可数。另外,由于制药行业对辅料的需求量远远低于食品化妆品行业,较低的投入产出比也在一定程度上制约了非专业药用辅料生产企业在药用辅料领域的深入研究[1]。

4. 药用辅料高端人才匮乏 药用辅料因其自身的多样性和复杂性,涉及食品、化工、生物等多个行业,需要化学、材料学、高分子、制剂学等多学科的专业知识,应鼓励通过学科交叉方式培养人才,从源头上解决高端应用型人才匮乏问题,提高我国高端辅料和创新辅料的研发效率。

5. 药用辅料安全性风险评估体系薄弱 辅料风险评估是基于科学知识并最终与保护患者利益相联系,强调了辅料使用者和辅料生产商在评估过程中的密切合作。目前中国仅对辅料生产商提出 GMP 要求以确保辅料质量,但尚未建立完善的辅料风险评估体系与指南。无论是辅料生产商、使用者,还是监管方,都应当建立风险评估机制,对辅料采取"适当"的管理。目前已有以辅料安全性、质量和功能为参数的辅料风险评分模型,还有以制剂生产工艺、剂型及辅料功能为参数进行辅料风险评估的模型,但这些辅料风险评估模型较片面,无法实现全链条管理,仍不能解决辅料应用的复杂性问题。理想的辅料风险评估模型应涵盖辅料生产商、使用者和监管方,但因涉及面太广,需要考虑的因素纷繁复杂,目前尚无可靠的技术手段可以解决这一问题。随着对辅料风险评估的探索和积累,计算机系统建模评估可能会成为未来辅料风险管理的重要技术手段[2]。

（四）药用辅料发展机遇

1. 仿制药一致性评价推动药用辅料高质量发展　2016 年 3 月 5 日,国务院办公厅印发《关于开展仿制药质量和疗效一致性评价的意见》(国办发〔2016〕8号),标志我国仿制药一致性评价工作全面展开。仿制药一致性评价要求仿制药应与原研药的质量和疗效一致,而药用辅料是保证药物以一定的方式和程序选择性运输到特定组织部位,并控制药物的释放速度,是直接影响药物体外溶出曲线和体内生物等效性的重要因素。因此,一致性评价的全面推行,促使企业对药用辅料的质量要求提升,倒逼药用辅料生产企业提高产品质量。仿制药一致性评价驱使药用辅料生产企业由追求低成本向高质量、高稳定性转变。同时,随着通过一致性评价药品品种销量的增加,以及通过一致性评价药物数量的增加,加快推动国内辅料行业从低端大宗辅料向精细化高端辅料转型升级。

2. 特定需求推动药用辅料精细化发展

（1）生物制剂需求:生物制剂有其自身的特殊性,适用于化学药物的辅料控制标准不一定适用于生物制剂,如吐温 20 和吐温 80 广泛用作单抗制剂的稳定剂[3],而其氧化产生的甲醛和乙醛会加速蛋白质的聚集,继而诱发过敏反应[4~6],因此,有必要控制吐温 20 和吐温 80 的醛类杂质含量,这就要求对吐温 20 和吐温 80 进行精细化管理,生产满足不同药品类型需求的产品。随着对生物制剂的研究逐步深入,制剂企业对辅料的质量要求也在逐步提高,倒逼辅料生产企业推动精细化管理,以满足市场需求。

（2）高风险给药途径制剂需求:2016 年 8 月 10 日国家食品药品监督管理总局发布《总局关于药包材药用辅料与药品关联审评审批有关事项的公告》(2016 年第 134 号)首次将药用辅料划分级别,其中点明注射给药、吸入给药和眼部给药等给药途径用辅料属于高风险药用辅料。因此,对注射剂、吸入制剂和眼用制剂用的药用辅料质量要求更高。也就是说,对于同一品种药用辅料,不同风险给药途径的制剂对药用辅料的质量要求也不尽相同。例如,乳糖药用辅料,已被细分出供注射用、供吸入用及非注射剂用和非吸入制剂用不同质量等级。将药用辅料按照不同风险给药途径进行细化,不仅方便监管部门进行安全性评估,也利于制剂企业的选择,已是大势所趋。

目前,《中国药典》2020 年版收载的 335 种药用辅料,已有 27 种药用辅料设有注射级质量标准,虽与实际需求仍有一定差距,但也体现了不断完善的态势。此外,不容忽视的是,药用辅料种类繁多,每种辅料可被应用的给药途径也不止一种,期望《中国药典》全部涵盖是不切合实际的,因此,建立囊括给药途径等信息的药用辅料数据库,如参考美国 FDA 的非活性成分数据库(Inactive Ingredient Search for Approved Drug Products),也是一种有效方案。

(3)儿童制剂需求:我国儿童用药匮乏和发展滞后。近年来相关部门陆续出台法规政策、技术指南等,鼓励和促进国内制药企业开发生产儿童制剂。同时,随着药用开发经验的不断积累,儿童制剂中辅料的安全性愈发受重视。然而,辅料种类庞杂,且在儿童群体中使用的安全性与目标年龄儿童的生理和病理特点、给药途径、持续治疗时间等因素密切相关,很难建立统一的标准来界定儿童用药品中辅料种类和用量的安全性[7]。因此,即使是已常规用于成人药品或已获批儿童药品中使用的辅料,仍然需要评估是否支持在拟定儿童人群中使用。

根据《国家药监局关于进一步完善药品关联审评审批和监管工作有关事宜的公告》(2019 年第 56 号)规定,药品制剂所用的部分香精、色素、pH 调节剂等药用辅料可不按照国家食品药品监督管理总局《关于调整原料药、药用辅料和药包材审评审批事项的公告》(2017 年第 146 号)要求进行登记,香精香料、色素(着色剂)应符合现行版食品添加剂相关国家标准。然而对于儿童用药品而言,香精香料、着色剂与成人用药相比,均可能引入额外的安全性风险,如偶氮染料的致敏性、香精香料对幼龄儿童潜在毒性[《食品安全国家标准 食品添加剂使用标准》(GB2760—2014)规定:凡使用范围涵盖 0~6 个月婴幼儿配方食品不得添加任何食品用香料]等。因此,这两类辅料使用的必要性、辅料安全性、可接受的安全用量范围等均需进行合理的论证,对于辅料的质量控制则应酌情考虑进一步加强。例如,香精香料中可能含有醛类遗传毒性警示结构,如果该类辅料用量较大,则对其中可能引入的醛类成分应进行必要的安全性评估和合理的控制[7]。

目前,国际上还没有公认的有关儿童药用辅料的指南或目录,我们应尽可能在已有的可利用的数据基础上,加大药用辅料安全性研究,加强儿童用辅料质量控制,切实保障患儿安全用药。

3. 国家规划聚焦药用辅料高质量发展　2021年《江苏省"十四五"医药产业发展规划》中明确提出药用辅料技术发展重点——"药用辅料及功能性材料:重点发展纤维素及其衍生物等功能性药用辅料,交联羧甲基纤维素钠、胶态二氧化硅、压敏胶等用于高端制剂的功能性药用辅料,发展合成磷脂、PEG化磷脂等功能性磷脂,PLGA、聚乳酸等高分子材料,以及玻璃酸钠靶向衍生物及壳聚糖靶向衍生物等具有生物相容性的功能材料";强调支持功能型辅料的开发,力争解决"卡脖子"辅料的国产化问题,从而满足国内口服缓控释制剂、长效缓释微球、脂质体、缓控释贴剂等高端制剂发展需求。2022年1月30日,工信部等9部门联合印发《"十四五"医药工业发展规划》,强调了要加快高端制剂产品创新和产业化技术,对辅料的功能性提出了更高的要求。[8]

4. 技术支持保障药用辅料高质量健康发展　国家药品监督管理局在高端辅料、新型辅料、复杂辅料、仿制药一致性评价常用辅料及辅料功能性评价等领域布局建设药用辅料重点实验室,充分发挥科研院校、检验机构及第三方实验室等在制剂专业、分析专业、高分子材料专业等不同领域的专长,一方面集中技术优势,解决企业实际面临的技术难题;另一方面深入开展前瞻性研究,为保证药用辅料健康发展和保障公众用药安全保驾护航。

二、展望

《中共中央关于制定国民经济和社会发展第十四个五年规划和二○三五年远景目标的建议》强调了"要提升产业链供应链现代化水平……坚持自主可控、安全高效,分行业做好供应链战略设计和精准施策,推动全产业链优化升级。"聚焦到制药行业,《"十四五"国家药品安全及促进高质量发展规划》提出基本实现由制药大国向制药强国跨越的明确要求。药用辅料是药品不可或缺的组成部分,制药行业高质量发展的需求势必会延伸到药用辅料产业。我国药用辅料产业因历史发展的局限性,与制药发达国家有一定差距,正视各种问题,补齐短板,才有可能实现建设制药强国的远景规划。

(肖新月)

参考文献

[1] 陈蕾,张阳洋,郑爱萍,等.我国药用辅料产业高质量发展的思考.中国药事,2021,35

（9）：972－977.

［2］马骏威,安娜.药用辅料风险评估及管理的策略.中国医药工业杂志,2020,51（8）：1080－1084.

［3］Martos A, Koch W, Jiskoot W, et al. Trends on analytical characterization of polysorbates and their degradation products in biopharmaceutical formulations. Journal of Pharmaceutical Sciences, 2017, 106(7)：1722－1735.

［4］Kerwin B A. Polysorbates 20 and 80 used in the formulation of protein biotherapeutics：structure and degradation pathways. Journal of Pharmaceutical Sciences, 2008, 97(8)：2924－2935.

［5］van Beers M M, Sauerborn M, Gilli F, et al. Oxidized and aggregated recombinant human interferon beta is immunogenic in human interferon beta transgenic mice. Pharmaceutical Research, 2011, 28(10)：2393－2402.

［6］Lagergard T, Lundqvist A, Wising C, et al. Formaldehyde treatment increases the immunogenicity and decreases the toxicity of Haemophilus ducreyi cytolethal distending toxin. Vaccine, 2007, 25(18)：3606－3614.

［7］刘涓,任连杰.儿童用药化学药品药学开发指导原则试行解读.中国新药杂志,2021,30（23）：2147－2152.

［8］贺刘莹,杨锐,王晓铎等.高端药物制剂用特殊功能辅料的研究进展.中国药学杂志,2023,58（3）:197－204.

第六章

国内外药用辅料法规

本章对我国药用辅料与药品关联审评审批制度的法律依据、程序、药用辅料监管进行了回顾。本章还包括美国药用辅料的药品主文件（drug master file, DMF）与关联审评制度、日本药用辅料的主文件登记（master file, MF）制度、欧盟药典专论收载辅料的适用性证书（certificate of suitability, CEP）证书制度，以及新型辅料申请与审评制度相关内容。本章供辅料研发者和以药品注册为目的为国内企业提供辅料的单位进行相关辅料登记或者递交注册资料参考。

一、我国药用辅料法规

（一）概述

辅料是指生产药品和调配处方时所用的赋形剂与附加剂。药用辅料在药品中除了具有赋形、稳定、增溶、助溶、缓控释等重要功能外，还是影响制剂的质量、安全性和有效性的重要非活性成分。

2015年8月18日，国务院发布《国务院关于改革药品医疗器械审评审批制度的意见》（国发〔2015〕44号），其中第十四条将"实行药品与药用包装材料、药用辅料关联审批，将药用包装材料、药用辅料单独审批改为在审批药品注册申请时一并审评审批"作为简化药品审批程序，完善药品再注册制度的措施。2016年8月10日，国家食品药品监督管理总局发布《总局关于药包材药用辅料与药品关联审评审批有关事项的公告》，公告决定将药包材和药用辅料由单独审批改为在审批药品注册申请时一并审评审批，并且不再单独核发相关注册批准证明文件。

2019年12月1日，新修订的《中华人民共和国药品管理法》第二十五条规定："对申请注册的药品，国务院药品监督管理部门应当组织药学、医学和其他技术人员进行审评，对药品的安全性、有效性和质量可控性以及申请人的质量管理、风险防控和责任赔偿等能力进行审查;符合条件的,颁发药品注册证书。国务院药品监督管理部门在审批药品时,对化学原料药一并审评审批,对相关辅料、直接接触药品的包装材料和容器一并审评,对药品的质量标准、生产工艺、标签和说明书一并核准。"第九十八条将"擅自添加防腐剂、辅料的药品"作为劣药的一种情形。

2017年11月30日,国家食品药品监督管理总局发布《关于调整原料药、药用辅料和药包材审评审批事项的公告》:"自本公告发布之日起,各级食品药品监督管理部门不再单独受理原料药、药用辅料和药包材注册申请。国家食品药品监督管理总局药品审评中心(以下简称药审中心)建立原料药、药用辅料和药包材登记平台(以下简称登记平台)与数据库,有关企业或者单位可通过登记平台按本公告要求提交原料药、药用辅料和药包材登记资料,获得原料药、药用辅料和药包材登记号,待关联药品制剂提出注册申请后一并审评。""药品制剂申请人仅供自用的原料药、药用辅料和药包材,或者专供特定药品上市许可持有人使用的原料药、药用辅料和药包材,可在药品制剂申请中同时提交原料药、药用辅料和药包材资料,不进行登记。""药品制剂申请人应当对选用原料药、药用辅料和药包材的质量负责,充分研究和评估原料药、药用辅料和药包材变更对其产品质量的影响,按照国家食品药品监督管理总局有关规定和相关指导原则进行研究,按要求提出变更申请或者进行备案。"各省级食品药品监管部门负责对本行政区域内的原料药、药用辅料和药包材生产企业的日常监督管理。药品制剂申请审评审批过程中,国家食品药品监督管理总局根据需要组织对涉及的原料药、药用辅料和药包材进行现场检查和检验。"

2020年新修订《药品注册管理办法》正式发布,规定:"国家药品监督管理局建立化学原料药、辅料及直接接触药品的包装材料和容器关联审评审批制度。在审批药品制剂时,对化学原料药一并审评审批,对相关辅料、直接接触药品的包装材料和容器一并审评。"药用辅料关联审评的相关法规文件尚在不断修改完善或者征求意见当中(表6-1)。

表6-1 我国辅料关联审评相关文件

	发布日期	文 件 名 称
1	2020-4-30	关于公开征求《化学原料药、药用辅料及药包材与药品制剂关联审评审批管理规定(征求意见稿)》意见的通知

	发布日期	文　件　名　称
2	2018-6-5	关于公开征求《药用辅料登记资料要求(征求意见稿)》和《药包材登记资料要求(征求意见稿)》意见的通知
3	2017-12-8	关于公示在审"原料药、药用辅料和药包材"信息的通知
4	2017-11-23	关于调整原料药、药用辅料和药包材审评审批事项的公告(2017年146号)
5	2016-11-23	食品药品监管总局关于发布药包材药用辅料申报资料要求(试行)的通告(2016年第155号)
6	2016-8-9	关于药包材药用辅料与药品关联审评审批有关事项的公告(2016年第134号)

(二)关联审评审批制度

1. **实行关联审评审批的药用辅料的范围**　《关于药包材药用辅料与药品关联审评审批有关事项的公告》(2016年第134号)适用于在中华人民共和国境内研制、生产、进口和使用的药用辅料。进口药品中所用的药用辅料按照《药品注册管理办法》的相关规定执行。国家药品监督管理局按照风险管理的原则在审批药品注册申请时对药用辅料实行关联审评审批。

实行关联审评审批的药用辅料:① 境内外上市制剂中未使用过的药用辅料;② 境外上市制剂中已使用而在境内上市制剂中未使用过的药用辅料;③ 境内上市制剂中已使用,未获得批准证明文件或核准编号的药用辅料;④ 已获得批准证明文件或核准编号的药用辅料改变给药途径或提高使用限量;⑤ 国家药品监督管理局规定的其他药用辅料。高风险药用辅料一般包括动物源或人源的药用辅料;用于吸入制剂、注射剂、眼用制剂的药用辅料;国家药品监督管理局根据监测数据特别要求监管的药用辅料。境内外上市制剂中未使用过的药用辅料按照高风险药用辅料进行管理。已在批准上市的药品中长期使用,且用于局部经皮或口服途径风险较低的辅料,如矫味剂、甜味剂、香精、色素等执行相应行业标准,不纳入关联审评范围。

已批准的药包材、药用辅料,其批准证明文件在有效期内继续有效。有效期届满后,可继续在原药品中使用。如用于其他药品的药物临床试验或生产申请时,应按要求报送相关资料。

自2018年1月1日起,用于其他药品的药物临床试验或生产申请时,应当按 2016 年第 134 号公告报送相关资料。在已上市药品中历史沿用的其他符合药用要求的药用辅料,可继续在原药品中沿用。但用于其他药品的药物临床试验申请或生产申请时,应当按关联审评审批报送相关资料。

2. 关联审评审批的程序　原则上原辅包登记人应当为原辅包生产企业,境外原辅包企业应当指定中国境内的企业法人办理相关登记事项,按要求在化学原料药、辅料及直接接触药品的包装材料和容器登记平台(以下简称登记平台)登记相关产品信息并提交登记资料,外文资料应当按照要求提供中文译本。

各类药品上市注册申请所用的药用辅料(包括包装系统及不直接接触药液的功能性配件)及补充申请涉及变更的药用辅料应在登记平台登记,也可与药品制剂注册申请一并提交符合要求的相关资料。全新药用辅料登记要求与原料药相同。已登记的化学原料药可作为药用辅料使用。

药品审评中心在审评药品制剂申请时,对药品制剂所用的药用辅料和药包材进行关联审评,如需补充资料的,按照补充资料程序要求药品制剂申请人或药用辅料、药包材登记人补充资料,补充资料时间不计入审评时限。必要时可基于风险提出对药用辅料和药包材开展延伸检查及检验。

3. 药用辅料的监管　药用辅料发生改变处方、工艺、质量标准等影响产品质量的变更时,其生产企业应当主动开展相应的评估,及时通知药品生产企业,并按要求报送相关资料。药用辅料生产企业应当对产品质量负责,在满足相应生产质量管理要求的条件下组织生产,配合药品生产企业开展供应商审计。

药品注册申请人应当确保所使用药用辅料符合药用要求,加强药用辅料供应商审计,及时掌握药用辅料的变更情况,并对变更带来的影响进行研究和评估,按照《药品注册管理办法》等有关规定办理变更事宜。

二、美国药用辅料法规

(一) 概述

在美国,药用辅料的监管是药品监管的重要组成部分。主要依据是联邦法规 21CFR 210.3(b)的规定,辅料(非活性成分)是指药品中活性成分之外的其他成分。药用辅料主要用作最终制剂的生产和保护,其监管理念与制剂并不相同。在药品通用技术文档(CTD)文件中原辅料包材申报资料主要体现在质量部分,药用辅料关注其与活性成分的相容性、质量标准、分析方法等方面;而制剂申请资料在关注质量的同时,更关注其安全性和有效性,并且最终发挥药品预防、诊断、缓解、治疗作用的是制剂,因此 FDA 并不单独对辅料进行上市批准。

（二）辅料药品主文件管理的法规要求

1. 辅料 DMF 备案　药用辅料 DMF 制度是 FDA 对药用原辅料、包材等进行备案管理的一种制度。药用辅料 DMF 是监管信息的备案，是相关监管信息的确认和公示，当有新药临床试验申请（IND）、新药上市申请（NDA）、简略新药申请（ANDA）、其他 DMF、出口申请或者前述申请的修订和补充申请需要引用参考该 DMF 时，FDA 才对 DMF 中的信息进行实质性的关联审评。DMF 资料与制剂申请资料彼此独立，避免向制剂申请人不当泄露 DMF 的知识产权信息。

DMF 分五种类型，其中，Ⅳ型为辅料 DMF，包括赋形剂、着色剂、矫味剂、香精或制备它们所用的材料。

2. DMF 的内容　通常情况下，DMF 持有人是指拥有某个 DMF 所有权的个人、合伙企业、公司和协会。DMF 持有人可以自行提交 DMF，或者可以委托代理人提交 DMF，委托时应当在其 DMF 中提交签名的委托授权书，委托授权书中包括代理人名称、地址、责任范围。FDA 鼓励国外 DMF 持有人委托美国代理人，代理人应当熟悉 FDA 法规、指南及程序，以便于 FDA 和 DMF 持有人之间的沟通。

持有人应当用英文提交递交信、行政信息（administrative information）和技术信息。行政信息包括 DMF 持有人和代理人的信息、持有人签署的最新版本承诺声明。技术信息主要包括药用原辅料包材的化学、制造、控制（CMC）信息。Ⅳ型辅料 DMF 中，对于单一辅料，按照《ICH M4Q：The CTD—质量》中"原料药"部分的要求提交资料；对于预混辅料，则按照《ICH M4Q：The CTD—质量》中"制剂"部分的要求提交。

3. DMF 行政审查　美国药品评价和研究中心（CDER）下属的药品质量办公室（OPQ）中的 DMF 审查职员负责 DMF 的行政审查。DMF 职员检查 DMF 的格式和内容是否符合规定的最基本要求。最常见的错误有缺乏承诺声明和完整的原始签名。

如果审评合格，药品质量办公室将向持有人发送通知信。通知信中，应当告知持有人 DMF 编号、类型和主题，并提醒持有人的责任。此时该 DMF 的状态变为"活跃"（ACTIVE），可以被申请人引用参考；如果审评不合格，则向持有人发送行政归档缺陷信告知持有人缺失的信息，待持有人对其做出完整回复之后，向持有人发送通知信，该 DMF 的状态也变为"活跃"，可以被申请人引用参考。

4. DMF 的关联审评　FDA 在收到制剂申请，对之与 DMF 进行关联审评之前，必须得到 DMF 持有人的授权。DMF 持有人须向 DMF 登记中补充提交授权信,授权 FDA 对该 DMF 进行技术审评;同时还须向制剂申请人发送授权信的副本,授权其参考该 DMF。撤销制剂申请人的授权应当提交撤销授权信。

收到授权信后,药品质量办公室即可对其进行技术审评,技术审评主要对持有人提交的技术资料进行审评,并作出 DMF 适合或不适合支持某个特定的制剂申请的审评结论。如果该 DMF 曾在其他制剂申请中审评过,且无新增信息则豁免审评[1]。

此外,通常已被《美国药典/国家处方集》收载的辅料也可豁免对其 CMC 信息的审评。对于非处方药(OTC)产品,通过 OTC 专论途径而未经 FDA 批准上市的产品,可豁免对其所参考的 DMF 进行审评。

持有人应当在初次提交申请的周年日提交年度报告。该报告应当包含被授权的制剂名单及变更和补充信息。

当持有人转让 DMF 所有权时,应当书面告知 FDA 和被授权人。持有人自愿关闭 DMF 时应当提交请求,并说明关闭的原因。该请求应当包含持有人已告知所有被授权的企业将关闭其 DMF 的声明。

为了确保 DMF 是最新版,持有人 36 个月不提交年度更新报告时,FDA 将向其发送逾期通知信,持有人在收到之日起 90 天内不提交年度报告,DMF 将被关闭而变为"不活跃"状态。如果被关闭的"不活跃"DMF 重新提交符合当前指南的完整 DMF,则该 DMF 将变为"活跃"状态。

三、日本辅料监管法规

(一) 概述

日本药用辅料实行 MF 制度,该制度始于 2005 年 4 月日本《药事法》的修订,新法在改革药品制剂生产和上市许可体系的基础上,为保护生产者的技术机密,理顺上市许可管理程序,在药用原料和辅料的管理中引入 MF 制度。2014 年,《药事法》进行修订,该法律被更名为《关于确保药品和医疗器械的质量、有效性和安全性的法律》(Pharmaceutical and Medical Device Act),简称《药品和医疗器械法》。

《药品和医疗器械法》第八十条所规定的原料药等登记制度(MF),是指日本国内或国外的原辅料等生产企业事先登记原料、辅料的制造方法、生产、质量等相关的审查所需的信息,对制剂申请人等不公开审查所需的信息中与知识产权(技术诀窍)相关的信息,而关联审查 MF 信息的审查制度[2]。

MF 登记制度准许日本或者国外辅料生产厂商自愿地对用于制剂生产

的辅料的品质和生产工艺进行登记,提交 MF 给药品及医疗器械审评机构(Pharmaceuticals and Medical Devices Agency,PMDA)的审查部门。在使用该已经登记的辅料的制剂申请上市时,需要参考引用辅料的 MF 数据。另外,根据《药品和医疗器械法》,国外的辅料等生产企业在申请 MF 登记时,必须事先通过 PMDA 获得国外生产企业认定,国外生产企业认定与国内生产企业申请生产销售许可的条件相同。根据生产药械种类的不同,生产企业认定也分为不同类别。在制剂涉及相关企业均符合 GMP 要求的前提下,该认定的必要条件是生产销售企业符合药物警戒质量管理规范(good vigilance practice,GVP)和药品质量管理规范(good quality practice,GQP)要求。赋予国外生产厂商代码和生产场地代码,认定类别、认定编号和国外生产厂商的场地认定日期都必须登记在 MF 申请表中。MF 登记时列出国外生产厂商代码和生产场地代码。国外生产企业不能直接提交 MF,必须指定日本国内代理人来负责 MF 登记相关工作[3]。

药用辅料等生产商向日本 PMDA 进行 MF 登记是自愿行为,对于在 MF 适用范围内的药用原辅料,政府建议其生产商进行 MF 登记,但不强制。一方面,PMDA 对所提交的 MF 登记申请只进行形式审查,符合要求即可发给 MF 登记证书,而科学审评必须等到审查引用该 MF 的药品上市许可申请时,审评人员才会根据上市许可申请人所提交的 MF 登记证书复印件及与 MF 登记人之间的协议调阅有关 MF;另一方面,如果药品上市许可申请中可以提供规定的药用原辅料等生产及质量控制的详细信息,药用原辅料等也可以不进行 MF 登记。如果不登记 MF,原料药等企业需要向生产、销售许可申请者(制剂企业)提供有关生产方法等的详细信息,以便制剂企业在上市许可申请资料中一同提交。

(二)药用辅料登记管理

日本关于 MF 的法律法规主要是《药品和医疗器械法》《药品和医疗器械法施行规则》《日本 MF 指南》《MF 应用指南》及其他相关指南。

《MF 应用指南》对 MF 定义、应用范围、过渡期管理、变更等作了详细规定,对 MF 的要素及实施程序进行进一步补充和完善。

由于动物制品不属于 MF 登记范围,相关内容可查询《关于血液采集和捐献服务控制法律》(2002 年 No. 96 法律)。

1. MF 登记的辅料范围 按照《药品和医疗器械法实施规则》及《MF 应用指南》的规定,新辅料及改变现有辅料组成比例的预混辅料可申请 MF 登记[3];但用于非处方药(OTC)的(不包括有新活性成分的 OTC)原料药、中间体和辅料不需要进行 MF 登记,因为在现有的质量标准和检测方法下,上述材料的质量和安全性已经确定。

2. **MF 持有人与国内代理人职责** 当国外辅料企业拟提交 MF 时,必须指定日本国内代理人代理 MF 注册相关事项办理。国内代理人应当在日本有固定住址[3]。

在制剂的审评审批过程中,PMDA 可能会询问有关 MF 注册的事项。国外生产商作为登记人时,PMDA 与其国内代理人直接沟通,不直接联系国外生产商。国内代理人担当着联络人、相关注册事务代理、注册后管理者的角色。辅料企业可以更换国内代理人。若国内代理人发生变更,需要向 PMDA 提交微小变更通知书。

代理人需掌握药事法规、GMP 管理、生产技术等方面知识,并且与本国企业充分沟通,否则 MF 注册容易出现问题。通常应当关注以下问题。

(1)如果涉及技术机密,须慎重登记,谨防泄密。

(2)选择专业能力强和尽责的代理人。

(3)为确保药品的质量,辅料企业和制剂企业之间需要签订协议。协议里需要对下列内容进行规定:信息公开部分的详细内容;进入审查阶段后如何回答 PMDA 的询问事项;日常联系和信息交换的机制;出现问题时的对策等。

(4)发生变更时,一定要积极慎重地和代理人、日本制剂企业取得确认后再实施。

3. **MF 实施程序**

(1)MF 申请的内容:辅料 MF 的登记内容包括辅料的控制等内容,包括如下。

1)辅料名称。

2)生产厂商的名称和其他信息。

3)质量标准和分析方法。

4)质量标准制订依据。

5)源于动物或者人体的辅料。

6)非临床研究(主要针对新辅料)。

7)安全性信息。

8)生产销售许可分类或国外生产企业认定分类。

9)生产销售许可编号或国外生产企业认定的编号及日期。

10)国外生产厂商在日本国内代理人的名称和地址、生产厂商代码及生产厂址代码。

登记项目中有关内容的公开部分及保密部分见表6-2。

表6-2　辅料 MF 登记内容的公开部分和保密部分

类　　别	内　　容	公开/保密
辅料的控制	质量标准	公开
	分析方法	公开
	分析方法的验证	公开
	质量标准制定依据	公开或者保密
	源于动物和人体的辅料	公开或者保密
其　　他	新辅料、属性(properties)等、生产方法和控制过程等	公开或者保密

（2）MF 申请：申请人登记辅料 MF 时,需要向 PMDA 审查部门——审查行政办公室的 MF 管理小组递交申请表和附件。当国外生产商登记 MF 时,生产商代表和代理人应当手写签名。

另外,当递交申请表时应当注意以下内容：辅料的名称,注明通用名和商品名;可以披露给制剂申请人或者上市许可持有人的信息说明;辅料生产方法的概要;如需生产许可,MF 登记直到获得许可后才能进行。通过登记后,PMDA 将核发 MF 登记证书,并在 PMDA 网站上公布 MF 登记号,登记日期,登记项目变更日期,登记者的名称和地址等。

制剂在获得上市许可批准前接受 PMDA 的批准前检查,根据检查结果,如果 MF 登记项目有变更,MF 持有人应当与药品上市许可持有人提前讨论变更类型,并根据变更类型递交 MF 变更申请或微小变更通知。

当 MF 登记文件转让给第三方时,依照《药品和医疗器机械法施行规则》的程序办理。MF 的持有人仅能为一个人,涉及 MF 的继承、合并或拆分时,如有两个或两个以上的继承人时,必须选出一个继承人。转让 MF 登记文件时,需要递交转让人与受让人合同的复印件,在其中详细列明登记项目的试验数据和所有登记相关文件。同时要求声明生产场地和生产技术等没有发生改变。

在日本,PMDA 在药品上市许可批准前通常需要对企业进行批准前检查,除非有特定的原因,一般不检查辅料的生产场地(表6-3)。

表 6‑3　PMDA 对获得上市许可前后的药品企业进行 GMP 检查内容

生 产 场 地	检 查 与 否
处方药的原料药、新获得上市许可的非处方药的原料药、药品、中间体生产场地	检查
药品包装、药品标识、存储设施、外部测试实验室	检查
包材、辅料生产场地	除非有特定原因,通常不检查这些场地

四、欧盟药用辅料监管

(一) 概述

根据欧盟指令 Dir.2011/62/EU 规定,辅料是药品中除原料药和包装材料以外的其他组分。《药品上市许可申请文件中辅料指南》规定,新型辅料是指在药品中首次使用或者首次用于某种新的给药途径的辅料。

指令 Dir.2001/83/EC 和《药品上市许可申请文件中辅料指南》规定:提交药品上市许可申请时,新型辅料应当按照原料药 CTD 格式提交,在上市许可申请中提供新型辅料的详细生产信息、特性和控制方法及安全性支持数据。

对于《欧洲药典》专论收载的辅料,Dir.2001/83/EC 规定,若辅料已获欧盟药品质量管理局(EDQM)核发的 CEP 证书,则在上市许可申请中辅料部分可以用 CEP 证书代替。辅料生产企业应当向制剂申请人作出书面证明,证明该辅料获得 CEP 证书后其生产工艺未曾变更。对于《欧洲药典》和成员国药典中均未收载的辅料,遵循第三国药典专论也是可接受的,这种情况下制剂申请人应当提交相应药典专论的复印件,并附上药典中收录的检验方法验证及适当的译文。

(二) 欧盟的药品上市申请中的辅料信息

《药品上市许可申请文件中辅料指南》适用于人用药品所有辅料在上市许可申请时或许变更时的有关事项,但不适用于临床药物研究中使用的辅料。辅料包括填充剂、崩解剂、润滑剂、着色剂、抗氧剂、防腐剂、佐剂、稳定剂、增稠剂、乳化剂、增溶剂、促渗剂、香料和芳香物质等,以及药品外覆成分,如明胶胶囊。用于药品制剂的辅料信息应包括在上市许可申请文件 CTD 格式的 3.2.P.1、3.2.P.2、3.2.P.4.1 和 3.2.P.4.4 等部分。

1. 制剂外观和组成(3.2.P.1)　辅料列表应当指明其通用名、数量、功能和对相关标准的引用。如果通用名不足以说明其功能特性,则需要指明其商标名称和商业级别。如果辅料以混合物形式使用,则要提供各成分的质量和数量。

2. 药品研发(3.2.P.2) 应当确定辅料与原料药和其他辅料的相容性。所选用的辅料,其浓度和特性会对制剂性能(如稳定性、生物利用度)或成药性产生影响,应当结合各辅料的相应作用进行讨论。

3. 质量标准(3.2.P.4.1) 《欧洲药典》或欧盟成员国药典中收载的辅料:在上市许可申请文件中要包括对现行药典的引用,如果《欧洲药典》专论包括了一组相关物质,则应当提交作为辅料的特定质量标准及选择的合理原因。如果采用了药典以外的检测方法,则要提供证据证明所用的检测方法至少与药典方法等同。根据辅料的预期用途,可能需要增加药典质量标准以外的测试和可接受标准。

第三国药典中收载的辅料:如果辅料未在《欧洲药典》和成员国药典中收载,符合第三国药典(如《美国药典》和《日本药局方》)专论时也可接受。药品申请人应当说明对药典的引用,并提交符合《欧洲药典》通用专论"药用物质"的质量标准。

未在任何药典中收载的辅料:辅料应当建立适当的质量标准,标准应当基于以下类型的检测:物理特性;鉴别试验;纯度检测,包括总杂和单杂限度,单杂应进行命名,如根据色谱的相对保留时间。纯度检测可以采用物理、化学、生物方法,或适当时采用免疫方法;其他相关的测试,如被认为影响剂型性能的定量参数测试。

4. 质量标准(3.2.P.4.4) 质量标准要考虑辅料的选择和特殊使用。如果辅料收载在《欧洲药典》或欧盟成员国药典中,则不需要对其质量标准进行论证;如果对辅料性质已有很好的认识,则不需要对质量标准进行全面论证;如果一种辅料已在类似的制剂中长期使用,且其特征和性质未发生重大改变,则不需要全面论证。对于关键辅料,则要论证其与药品相关特性的质量标准,如对于固体和半固体剂型,需证明辅料的乳化和分散能力,或具有适当的黏度。

(三)药用辅料的风险评估

指令 Dir.2011/62/EU 规定,药品上市许可持有人应当保证辅料适用于其在药品中的用途,确认适当的 GMP 要求。2015 年 3 月 19 日,欧盟委员会发布《人用药所用辅料确定 GMP 水平正式风险评估指南》(2015/C 95/02)[4]。该指南是通过风险评估,确定每一个辅料生产和供应的适当 GMP,从而保证患者安全。药用辅料适当的 GMP 要求应当基于正式的风险评估进行确定。风险评估应当考虑在适当质量体系下的要求,以及辅料来源和辅料用途和曾经的质量缺陷情况。辅料风险评估及风险管理程序应当结合在上市许可持有人的药品质量体系中。上市许可持有人应当有针对辅料所用的适当的 GMP 要求的风险评估和管理文件记录,并能供 GMP 检查人员审核。应当考虑与辅料生产企业共享风险评估所产生的相关信息,以促进持续改进。自 2016 年 3 月 21 日起,人用药品的辅料应当实施该指南中要求的风险评估。

1. 药用辅料风险评估指南适用范围 《人用药品所用辅料的 GMP 水平确定正式风险评估指南》适用于适当的 GMP 要求下的辅料风险评估,不包括添加入药品中但不能单独存在,而是在原料药中添加的稳定剂成分。

2. 基于辅料类型和用途确定适当的 GMP 在欧盟药品 GMP 指南和 GMP 相关文件,以及 ICH Q9 质量风险管理指南中,可以找到能够应用于药品,包括辅料的,不同的质量风险管理的原则和工具实例。质量风险管理原则可以用于评估每种辅料所呈现的质量、安全和功能方面的风险。每个生产企业的每种辅料,药品上市许可持有人应从其动物、矿物、植物、合成等来源,以及在制剂中的作用识别每种辅料的质量、安全和功能风险。

3. 确定辅料生产的风险概况 在确定了适当的 GMP 后,应当针对辅料生产企业的活动和能力进行 GMP 合规性评价。通过对辅料生产企业 GMP 检查获得,或者从辅料生产企业处获得偏差数据。药品上市许可持有人应当进一步评估风险,以确认辅料生产企业的风险状况,如低风险、中等风险或高风险。药品上市许可持有人应当制订系统的评估策略,对可接受风险和不可接受风险作出对应的控制策略,如审计和检测。

五、展望

辅料是药物制剂的组成部分,除活性药物外,辅料是决定药品质量的重要组成部分。辅料的研发创新与关联审评制度关系密切。在关联审评制度下,辅料仍作为单独的产品管理,辅料的前置性备案与关联审评可以分开进行,有利于辅料的研发创新和知识产权保护。

自 2015 年药品审评审批制度改革以来,药品实行上市许可持有人制度,使药物研发与生产得以分离,更利于药物的创新。业内也在期待关联审评制度的进一步优化,允许辅料实行持有人制度,进一步鼓励辅料的研发创新,提升我国药用辅料行业的整体水平和实力。

(杨悦)

参考文献

［1］ FDA. DRUG MASTER FILES Quick Guide to Creating a Structure-Data File（SD File）for Type Ⅱ Drug Master File（DMF）Submissions，https://www. fda. gov/media/151718/download?attachment.［2024－03－31］.

［2］ PMDA. MF 制度概要-承认审查. https//pmda.go.jp/files.000227202.pdf［2023－03－31］.

［3］ PMDA. Guideline on Utilization of Master File for Drug Substances, etc. http://www. pmda.go.jp/files/000153843.pdf.［2022－08－16］.

［4］ EMA. Guidelines of 19 March 2015 on the formalised risk assessment for ascertaining the appropriate good manufacturing practice for excipients of medicinal products for human use. EUR-Lex-52015XC0321（02）-EN-EUR-Lex（europa.eu）.［2024－04－09］.

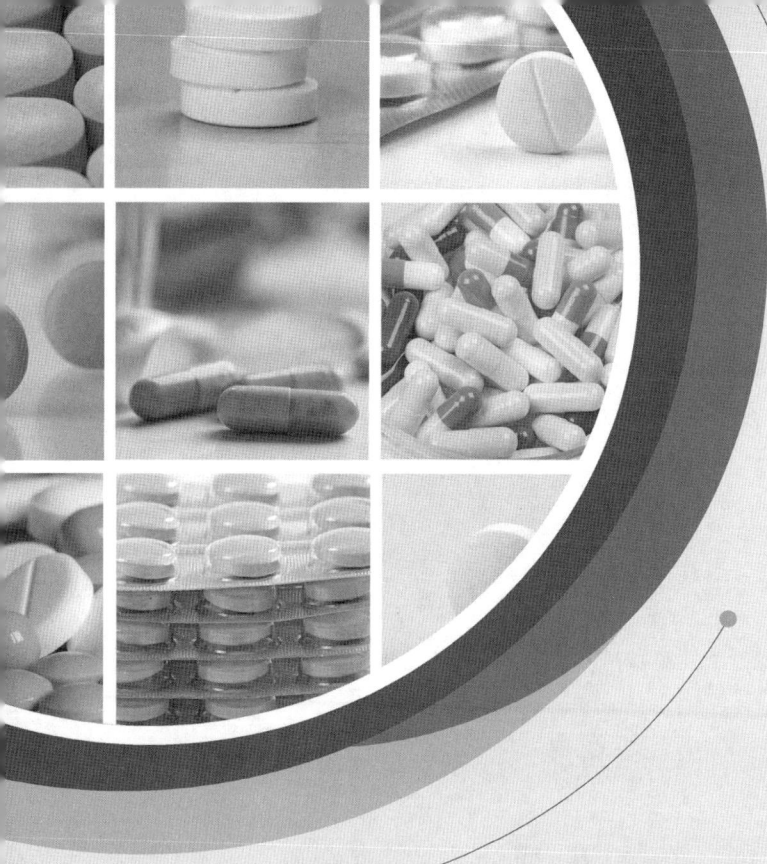

第二篇
药用辅料的评价

第七章

大分子药用辅料的结构确证

大分子药用辅料(macromolecular pharmaceutical excipient)是生产药品及调配处方时所用的赋形剂和附加剂,是构成药物制剂不可缺少的基本成分,直接影响制剂的稳定性和疗效,同时会对疾病的治疗产生协同作用。大分子药用辅料来源多样,结构与组成复杂,分子量分布不均一,具有多分散性的特点,且其含量和检测方法复杂,研究体系和质量控制体系尚有不完善之处。另外,随着新型给药载体和药物递送系统的发展,尤其是对制剂的靶向等功能的需求,功能性新型大分子类药用辅料的结构和组成更加多样化、复杂化。明确大分子药用辅料的结构组成、区分性评价结构相似辅料和监测其稳定性,是提高药物制剂性能和质量、开发大分子药用辅料新功能的前提。

一、大分子药用辅料的表征手段

随着药物制剂行业的发展和现代分析技术的进步,大分子药用辅料的结构确证分析技术也在不断拓展精进,常见的表征手段包括核磁共振、质谱、高效液相色谱、凝胶色谱和红外光谱等(图7-1)。各种分析方法均有一定的局限性,如色谱法能很好地分离,但不能实现有效的结构确证,而质谱、红外光谱、核磁共振等具有对组成和结构较强的鉴别能力。因此,将多种检测方法的优势结合起来,可实现对复杂混合物结构的有效确证和区分。本章简要分析概括不同分析技术之间的特点、区别及其相互联用,结合大分子药用辅料的研究实例,为大分子药用辅料结构确证和组成结构高度相似辅料的区分性评价提供参考。

(一)核磁共振

核磁共振(nuclear magnetic resonance, NMR)由分子中具有磁矩的原子核能级间的跃迁产生。核磁共振可以获得某些元素在分子中的类型、数目、相互连接

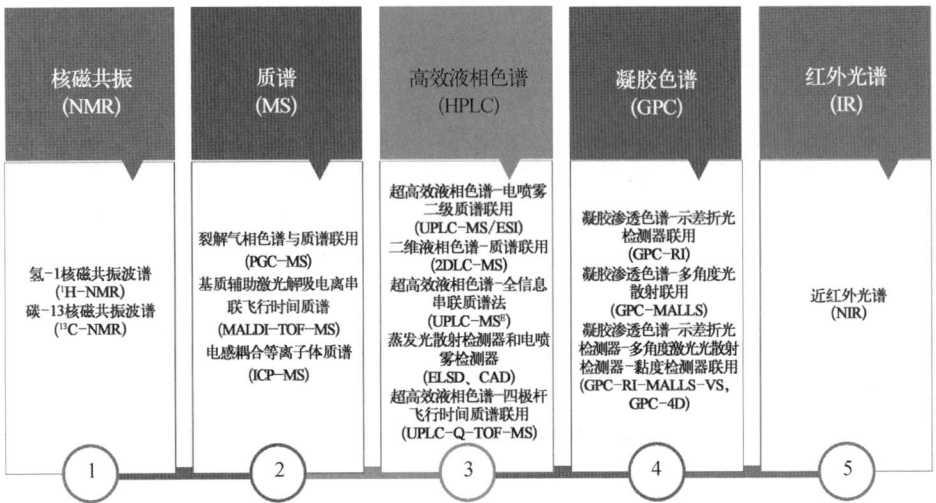

核磁共振 (NMR)	质谱 (MS)	高效液相色谱 (HPLC)	凝胶色谱 (GPC)	红外光谱 (IR)
氢-1核磁共振波谱 (¹H-NMR) 碳-13核磁共振波谱 (¹³C-NMR)	裂解气相色谱与质谱联用 (PGC-MS) 基质辅助激光解吸电离串 联飞行时间质谱 (MALDI-TOF-MS) 电感耦合等离子体质谱 (ICP-MS)	超高效液相色谱-电喷雾 二级质谱联用 (UPLC-MS/ESI) 二维液相色谱-质谱联用 (2DLC-MS) 超高效液相色谱-全信息 串联质谱法 (UPLC-MS^E) 蒸发光散射检测器和电喷 雾检测器 (ELSD、CAD) 超高效液相色谱-四极杆 飞行时间质谱联用 (UPLC-Q-TOF-MS)	凝胶渗透色谱-示差折光 检测器联用 (GPC-RI) 凝胶渗透色谱-多角度光 散射联用 (GPC-MALLS) 凝胶渗透色谱-示差折光 检测器-多角度激光光散射 检测器-黏度检测器联用 (GPC-RI-MALLS-VS, GPC-4D)	近红外光谱 (NIR)
①	②	③	④	⑤

图 7 - 1　大分子药用辅料常见的表征手段

方式、周围化学环境、空间排列等信息,进而推测出化合物相应官能团的连接状况及初步结构。核磁共振按照被测定对象,分为 ^{1}H、^{13}C、^{19}F、^{31}P 及 ^{15}N 等核磁共振谱,其中氢-1 核磁共振波谱(^{1}H - NMR,简称氢谱)和碳-13 核磁共振波谱(^{13}C - NMR,简称碳谱)应用最为广泛。

^{1}H - NMR 和 ^{13}C - NMR 具有制样简单、依据信号峰对应特定基团的特点,可用于大分子辅料的结构表征[1~4]。吐温是常用的药用辅料之一,是一类主要由聚乙氧基山梨醇脂肪酸酯组成的非离子表面活性剂,具有良好的稳定性和较低的毒性,常被用作药物中的润湿剂、乳化剂、增溶剂和稳定剂[5,6]。吐温的制备过程是将山梨醇脱水后与聚氧乙烯反应,随后将乙氧基化的低聚物与脂肪酸混合物反应。不同类型的吐温区别在于脂肪酸混合物,如吐温 20 制备中的脂肪酸主要为月桂酸,其次还含有肉豆蔻酸、棕榈酸、己酸、辛酸、癸酸、硬脂酸、油酸和亚油酸等,而吐温 80 由硬脂酸、油酸和亚油酸等制成[7~9]。以吐温 20 为例,其合成过程和相关结构[10]如图 7 - 2 所示,第一步反应不仅会产生聚氧基糖的低聚物,还会生成 PEG 低聚物,随后与不同的脂肪酸混合物进行反应,其组成复杂性进一步提高,导致结构确证具有高挑战性。

吐温 20 中非酯化乙氧基山梨醇的存在会影响其作为表面活性剂的亲水亲脂平衡,甚至可能会诱导产生反絮凝,破坏表面活性剂的预期稳定效果。因此,为了精确确证吐温 20 中亲水性(即不与脂肪酸残基结合)乙氧基化合物的存在,Verbrugghe 等[11]利用 ^{1}H - NMR 扩散序谱测定吐温 20 溶于重水(D_2O)中各

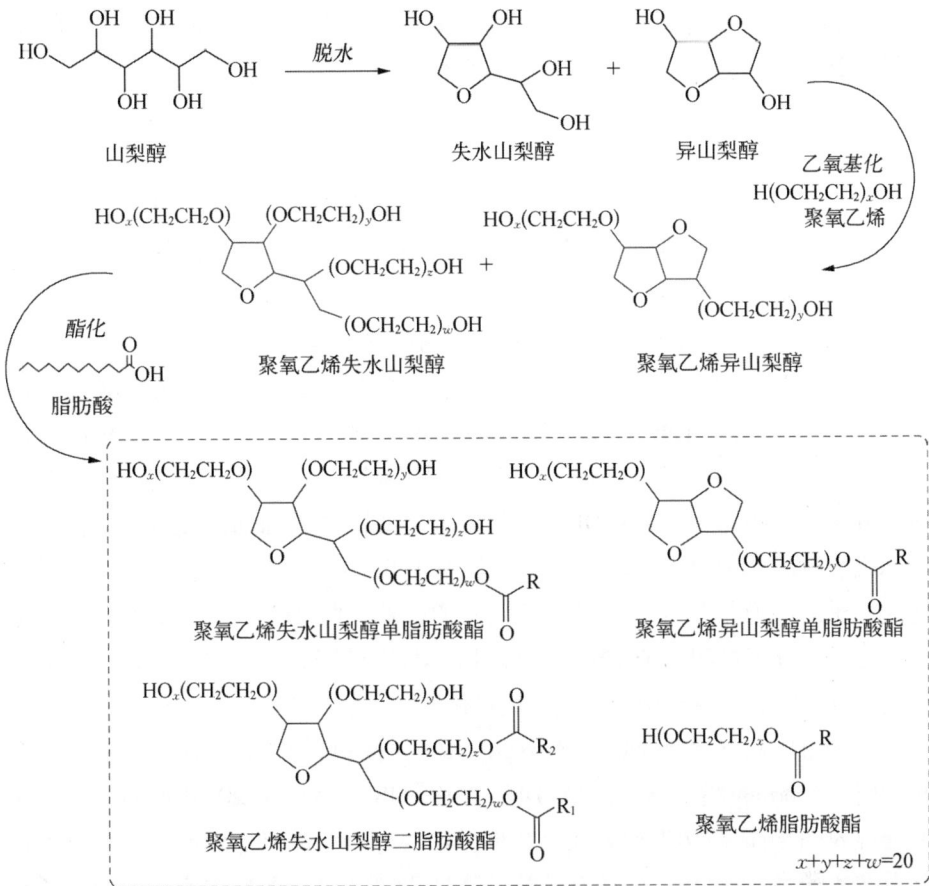

图 7-2 吐温 20 的合成过程

组分的自扩散系数,通过分析扩散系数反映复杂系统中各组分信息。结果显示环氧乙烷的亚甲基部分具有两个明显不同的扩散系数,这表明溶液中存在两个不同状态的环氧乙烷。其中扩散最慢的环氧乙烷具有与脂肪酰基相同的扩散系数,说明其对应胶束乙氧基化合物,而扩散最快的环氧乙烷对应水溶性非酯化乙氧基化合物。因此,^{1}H-NMR 可以原位测定表面活性剂样品的整体组成,推断出吐温 20 中至少存在两大类物质,包括亲水性的未酯化环氧乙烷和两亲性的酯化环氧乙烷。为了测定吐温 80 中的聚合物组分,Zhang 等[2]利用 ^{13}C-NMR 对吐温 80 进行组分量化,结果显示吐温 80 是一种复杂的低聚物混合物,包括聚氧乙烯失水山梨醇酯、聚氧乙烯异山梨醇酯和聚乙二醇酯,其中聚乙二醇系列聚合物为主要组分。虽然核磁共振技术可以提供辅料的主要结构信息,但由于独立的核磁共振技术不具备分离能力,对于大分子辅料这类结构复杂、组分相似的物质的最终确证,还需要和其他技术进行联用结合。

(二) 质谱

质谱分析法(mass spectrometry,MS)是在高真空系统中测定化合物样品受到电子流冲击后形成的带正电荷分子离子及碎片离子质量,按照其质量 m 和电荷 z 的比值 m/z(质荷比)大小依次排列记录,通过谱图分析确定样品分子量及分子结构,具有应用范围广、灵敏度高、分析速度快等特点。

1. 基质辅助激光解吸电离串联飞行时间质谱 基质辅助激光解吸电离串联飞行时间质谱(matrix assisted laser desorption ionization,time of flight mass spectrometry,MALDI-TOF-MS)可以用来检测、鉴定和定量分析生物大分子与有机大分子化合物[12,13]。MALDI-TOF-MS 主要由基质辅助激光解吸电离离子源和飞行时间质量分析器两部分组成。MALDI-TOF-MS 适合于蛋白质等生物大分子的高通量筛选,用于分析寡核苷酸、基因的单核苷酸多态性,也可以分析高分子的分子量和分子量分布。此外,它具有分子离子峰强、灵敏度高、准确度高、分辨率高、质量范围广及速度快等优势[14]。

对于组成配方相似的吐温,MALDI-TOF-MS 可用于其组成成分和相对含量测定。Ayorinde 等[15]通过 MALDI-TOF-MS 法对吐温 20、吐温 40、吐温 60 和吐温 80 的组成结构进行表征。结果显示四种吐温谱图中均有两簇明显的钟状分布离子峰,经解析后确证有七类组分,分别为 PEG、聚乙二醇酯、聚氧乙烯异山梨醇、聚氧乙烯失水山梨醇、聚山梨酯单酯、聚山梨酯二酯和山梨醇聚氧乙烯酯。此外,光谱的复杂性与吐温配方中的脂肪酸组分有关。吐温 20 显示存在聚山梨酯单月桂酸酯、聚山梨酯单肉豆蔻酸酯和聚山梨酯单棕榈酸酯,吐温 40 含有聚山梨酯单棕榈酸酯和二棕榈酸酯,吐温 60 含有聚山梨酯单棕榈酸酯和聚山梨酯单硬脂酸酯。但对于吐温 80,由于聚山梨酯单油酸酯和聚山梨酯二油酸酯具有与聚氧乙烯失水山梨醇相同的分子量,其质量分配是不确定的。Zhang 等[16]将吐温 20 和吐温 40 按设定的比例混合,实验结果显示吐温 20 和吐温 40 的峰面积比与浓度比之间具有良好的线性关系,表明 MALDI-TOF-MS 不仅可以定性分析不同种类大分子药用辅料吐温的组成成分,还可定量分析吐温混合物含量。另外针对组成较为复杂的吐温 20,通过对实验数据模型简化,只考虑聚氧乙烯失水山梨醇、聚山梨酯单酯、聚山梨酯二酯、聚山梨酯三酯和聚山梨酯四酯五种聚合物系列,获得其五种组分含量为 18%~48%、32%~44%、10%~34%、

6%~11%和0.2%~2.4%。虽然MALDI–TOF–MS具有较多的优点,但由于样品不经过分离,直接被电离化使质谱图产生叠加,会出现后期的质谱图解析信息丢失、无法区分同分异构体等缺点。

2. 电感耦合等离子体质谱　电感耦合等离子体质谱(inductively coupled plasma mass spectrometry, ICP-MS)将电离特性和四极杆质谱的优点相结合,可以对重金属、微量元素进行分析,不仅干扰小、分析速度快,而且灵敏度高、简单易操作。大分子药用辅料的各个制备环节均可能受到重金属的污染,进而带入药品中,过量的重金属会对人体的神经系统、血液系统及脏器产生严重的影响,因此,大分子药用辅料中的重金属元素的检测对药用辅料的质量控制具有重要意义。朱鸭梅等[17]将样品用稀硝酸溶解,加入元素钪和铋为内标,以外标法定量,建立了ICP–MS法测定药用辅料山梨醇中重金属铅和镍残留量的方法。谢莹莹等[18,19]利用ICP–MS对大分子药用辅料"木糖醇"中的12种微量金属元素和黄凡士林中11种微量元素含量进行测定,操作简便快速、灵敏度和准确度高,适用性好。

3. 裂解气相色谱与质谱的联用　裂解气相色谱(pyrolysis gas chromatography, PGC)和质谱联用(PGC–MS)可以很好地结合色谱分离混合物的优点及质谱对样品鉴定较为方便的特点,对有机混合物的分析鉴定起到重要作用。当在对未知样品进行归类时,PGC–MS可以确定裂解谱图中特征碎片的结构,再进行分析。PGC–MS可用于确定共混物或共聚物中不同结构单元的组成比,也可区分共聚物和均聚物,表征聚合物的链结构[20]。

(三) 高效液相色谱

高效液相色谱(high performance liquid chromatography, HPLC)以液体为流动相,采用高压输液系统,将具有不同极性的单一溶剂或不同比例的混合溶剂、缓冲液等流动相泵入装有固定相的色谱柱,待测样品由流动相带入柱内,各成分被分离后,进入检测器进行检测,从而实现对样品的分析。高效液相色谱具有分离效能高、分析速度快、灵敏度高、样品量少、适用范围广等优点。

1. 高效液相色谱-电喷雾检测器/蒸发光散射检测器联用　蒸发光散射检测器(evaporative light-scattering detector, ELSD)和电喷雾检测器(charged aerosol detector, CAD)都是液相色谱分析物质通用型检测器,适用于梯度洗脱,可用于复杂样品的测试。CAD和ELSD均基于气溶胶原理,但其检测信号不同,前者基于待分析样品和带电荷的氮气碰撞所产生的电信号,而后者基于待测样品的光散射强度。以吐温 20 为例,两者可利用面积归一化法对吐温 20 的相对含量进行测量,根据不同色谱峰峰面积的变化情况,对其降解趋势进行检测。Lippold 等[21]利用高效液相色谱混合模式联用 CAD/ELSD 对制剂中吐温 20 的单酯和聚酯及在 40℃持续降解 12 周的降解产物进行定量分析。结果显示,HPLC‐CAD/ELSD 可以确定更广泛的吐温亚种的含量,特别是对水溶性较差的吐温酯化亚种(如单酯类)具有较高的准确性。这两种检测器可以和质谱进行联用,以确定不同色谱峰的组成成分[22~25]。

2. 二维液相色谱-电喷雾检测器-质谱联用技术　二维液相色谱(two‐dimensional liquid chromatography,2DLC)是在一维液相色谱的基础上通过多种阀控接口技术构建的集成化多维液相色谱系统。常用的一维液相色谱分离复杂样品时会出现分离不完全,色谱峰分辨率低等问题。而多维液相色谱通过将分离机制不同且相互独立的色谱柱串联,使整个系统的峰容量、分辨率和分离能力得以提高,有效降低由于基体干扰引起的信号抑制。吐温 20 用于治疗性单克隆抗体的配方,以防止蛋白质变性和聚集。但吐温 20 会发生降解失去表面活性,导致蛋白质聚集,影响制剂的稳定性;其降解产物会和人体中的蛋白质结合,使制剂的免疫原性提高;降解产物中游离的脂肪酸也可能导致生物制剂形成颗粒,诱导机体产生过敏反应。因此,研究蛋白质对吐温的干扰作用和确证其分子结构具有重大意义。Li 等[10]利用二维液相色谱-电喷雾检测器-质谱联用技术(2DLC‐CAD‐MS)对单抗配方样品基质存在下的吐温 20 的结构组成和稳定性进行研究。首先利用阴离子交换和反相特性的缓和模式柱分离配方样品中的蛋白质和吐温,同时在线捕获吐温 20,避免预处理造成的损失,缩短分析时间,然后用反相超高效液相色谱(RP‐UHPLC)进行分析,进一步分离酯类,最后利用质谱解析和鉴定吐温亚种。结果显示吐温 20 的酯类组成主要有 10 种,分别为聚氧乙烯失水山梨醇单脂肪酸酯(月桂酸、肉豆蔻酸、棕榈酸),聚氧乙烯异山梨醇单脂肪酸酯(月桂酸、肉豆蔻酸),聚氧乙烯脂肪酸酯(月桂酸、肉豆蔻酸)和聚氧乙烯失水山梨醇二脂肪酸酯(月桂酸、月桂酸/肉豆蔻酸、月桂酸/棕榈酸)。

3. 超高效液相色谱-全信息串联质谱法　超高效液相色谱(ultra performance liquid chromatography,UPLC)基于高效液相色谱的原理,增加了分析的通量、灵敏度及色谱峰容量。全信息串联质谱法(tandem mass spectrometry,MS^E)是在一次液质分析中同时获得高精确的母离子及碎片离子信息的串联质谱方法,由"无碰撞能"与"高碰撞能"两种扫描交替构成,分别记录母离子及碎片信息。超高效液相色谱-全信息串联质谱法(UPLC‐MS^E)将两者相结合,不仅具有超高分离效能,还可以实现复杂混合物较好的色谱分离。因此,UPLC－MS^{E}技术被广泛应用于生物制药、蛋白质组学、化学材料分析、食品检测、环境分析、法医毒理学分析等众多领域。Borisov 等[26]采用该技术对吐温 20 进行分析,利用准确的质量测量和脂肪酸的特定二氧戊环离子进行归属,使质谱解析相对简单化,通过提取吐温 20 的色谱峰,确证吐温 20 中脂肪酸的组成。

4. 超高效液相色谱-四极杆飞行时间质谱联用仪　四极杆-飞行时间质谱(quadrupole time-of-flight mass spectrometry, Q-TOF-MS)是一种具有高分辨率的质谱,其具有较高的灵敏度(pg~fg 级)和较强的选择性,可以获得化合物的全扫描数据,因此被广泛用于药物开发、药代动力学研究和蛋白质组学领域,在定性和定量分析等方面具有重要作用。将其和超高效液相色谱联用,能以较高的效率、更高的灵敏度和分离度实现复杂样品的分离。王晓锋[27]通过优化高效液相色谱的实验条件,对吐温 20 进行组分分析获得 17 个色谱峰,随后利用 UPLC－Q－TOF－MS 法对这 17 个色谱峰进行精确的结构确证后得到 29 类组分共 418 个结构明确的化合物,并建立了吐温 20 的质量控制预测模型。

(四) 凝胶渗透色谱

凝胶渗透色谱(gel permeation chromatography, GPC)又称为体积排阻色谱,依据溶液中分子体积(流体力学体积)大小对其进行分离。凝胶渗透色谱中溶质的保留时间反映了其分子体积,可以对聚合物平均分子量、分子量分布及分子量分布宽度进行测定。

1. 凝胶渗透色谱-示差折光检测器联用　凝胶渗透色谱与示差折光检测器(differential refractive index detector,RI)联用是常用的分子量测定方法,可以通过待检测溶液和标准溶液折射率的变化强度反映待检测溶液中分子浓度,确定分子种类。还可根据不同分子量分子在凝胶渗透色谱保留时间和分子量对数呈线性关系的原理,配制已知分子量的标准溶液,获得标准曲线,在相同测试条件下测得待检测样品的保留时间,带入标准曲线,可获得待检测物质的分子量。多糖是大分子药用辅料的一种,由于分子量及分布影响到多糖类药用辅料的功能,其标准测定具有重要意义。白及药材中的原型多糖与杂质分离差导致难以准确定量。李楠等[28]采用 GPC－RI 测定白及多糖分子量和含量,利用水作为流动相,考察了不同柱温和流速对检测结果的影响。结果显示该实验方法准确高效且具有快速、操作简单的优点。虽然该方法可以测定待检测样品的分子量,但利用该方法无法获得聚合物的分子尺寸或支化结构。

2. 凝胶渗透色谱-示差折光检测器-多角度激光散射检测器联用　聚合物稀溶液的光散射强度和重均分子量及均方根半径有相应的联系，其中光散射强度正比于重均分子量。多角度激光光散射检测器（multi-angle laser light scattering detector，MALLS）利用这一原理可以直接测量分子量，并且可以准确地检测均方根半径。因此，对于难以得到对照品的多糖，将多检测器凝胶渗透色谱与多角度激光光散射检测器联用，可测得多糖的绝对分子量，不依赖色谱柱校准提供分子量，不需要校正曲线，还可获得分子的尺寸（R_g）、高分子支化度等信息。Laurent等[29]利用静态光散射法研究了透明质酸钠，获得其重均分子量和回转半径。He等[30]利用 GPC-RI-MALLS 联用技术对芦荟中多糖的分子量和分子量分布进行检测，可测定芦荟多糖的绝对分子量和均方根半径。仲宣惟[31]等采用该技术通过调整流动相和流速，测定壳聚糖分子量及分子量分布，发现该方法快速简便，且测定结果准确性高。

3. 凝胶渗透色谱-示差折光检测器-多角度激光光散射检测器-黏度检测器联用　凝胶渗透色谱还可与示差折光检测器、多角度激光光散射检测器及黏度检测器（viscosity detector，VS）联用，同时结合黏度检测器和多角度激光光散射检测器的优点，获得较为全面的化合物信息，包括相对分子尺寸、特性黏度及支化度等。GPC-4D 被认为是多检测器联用凝胶色谱的最先进形式。大分子药用辅料 PLGA 被美国 FDA 批准应用于可注射长效制剂中[32~34]。PLGA 是通过乳酸和乙二醇单体的开环聚合合成的，使用辛酸亚锡作为催化剂激活羟基以引发开环聚合，羟基通过一个酯键连接到生长中的 PLGA 链上。另外，水、十二醇、葡萄糖、环糊精均可以作为引发剂。线性 PLGA 可以很容易地通过确定乳糖：羟基乙酸（$L:G$）、分子量、端基和 $L:G$ 排列的均匀性来获得其结构特征。但对于星形或分支的 PLGA，确定其分子支化度的方法还不完善。GPC-4D 通过聚合物分子的流体力学尺寸对其进行分离，可以确定具有强折射率的聚合物的形变系数和分支参数，在测定星形 PLGA 的分支单位中具有相对优势[35,36]。因此，Hadar 等[37,38]从注射用醋酸奥曲肽微球（Sandostatin LAR）中提取葡萄糖引发的 PLGA（glucose-initiated PLGA，Glu-PLGA），结构式如图 7-3，利用 GPC-4D来确证其分支参数。依据不同分子支链单元随着摩尔质量变化不同，获取 Glu-PLGA 的分支参数，建立并定义了分支 PLGA 表征的数学参数实验方法，随后利用 GPC-4D 合成了一系列分子分支单元已知的支化 PLGA。结果表明大部分从醋酸奥曲肽微球中提取的 Glu-PLGA 的分支单元在 2~4 内，同时 GPC-4D 分析显示，每一个参数都是准确获取分支结果的关键，必须仔细选择分支标准和系统的验证方法,使用可比较的标准物、合适的装载浓度、溶剂和流速等来提供可以正确测定分子分支单元的测量数据。

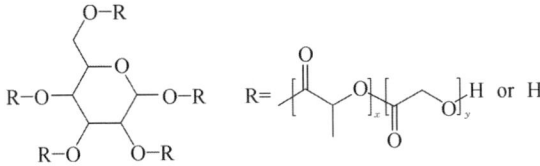

图7-3　Glu-PLGA 的结构式(R 代表 PLGA 或氢)

(五) 红外光谱

红外光谱(infrared spectroscopy, IR)是一种分子吸收光谱,又称为有机分子的振-转光谱,通过测定分子能级跃迁的信息来研究分子结构。其中近红外光谱(near infrared spectrum, NIR, $10\,000\sim4000\ cm^{-1}$)的产生与氢基团中的化学键有关,是由化学键的伸缩振动倍频和合频吸收所产生。近红外光谱分析技术具有快速、无损、环保、操作简单的特点,样品不需要进行预处理,是一种具有较高准确度的物理分析方法。

吐温 20 中含有水分及其非定义组分中的单酯和二酯组分。王晓锋等[27]利用近红外光谱法结合主成分分析技术及相关性分析法,识别出吐温 20 组分与近红外光谱的相关性,结果显示吐温 20 中的水分和其单酯及二酯组分会在近红外光谱的 $7200\sim5970\ cm^{-1}$ 和 $5600\sim4480\ cm^{-1}$ 波段产生吸光度差异,并且不同类别的吐温 20 引起差异的组分是显著不同的。用于治疗高血压药物硝苯地平的药用辅料具有光敏性,在光照条件下会产生氧化杂质,产生不良反应。刘兰玲[39]利用近红外光谱对硝苯地平进行表征,验证了共晶表征的可行性,实现了共晶形成过程可视化及终点的有效判断。郭庆丽[40]利用近红外光谱分析技术建立了常用的两大类药用辅料淀粉类和纤维素类辅料的定性判别模型,分析结果准确度良好。韩君等[41]对近红外光谱采用反向区间偏最小二乘法优选光谱特征区间,对常用于片剂药用辅料的糊精建立近红外光谱模型,实现较高的预测准确性。

二、展望

大分子药用辅料在药物制剂方面的应用日益广泛,但研究体系和质量控制体系仍存在较多不完善之处,亟须建立准确合适的区分性结构确证方式。基于此,本章详细介绍了核磁共振、质谱、液相色谱、凝胶色谱和红外光谱五大类表征手段,分析其优缺点和适用范围,为大分子药用辅料、组成结构高度相似药用辅料的结构确证和区分性评价研究提供参考。

(廖霞)

参考文献

[1] Martos A, Koch W, Jiskoot W, et al. Trends on analytical characterization of polysorbates and their degradation products in biopharmaceutical formulations. Journal of Pharmaceutical Sciences, 2017, 106(7): 1722 - 1735.

[2] Zhang Q, Wang A F, Meng Y, et al. NMR method for accurate quantification of polysorbate 80 copolymer composition. Analytical Chemistry, 2015, 87(19): 9810 - 9816.

[3] Vu Dang H, Gray A I, Watson D, et al. Composition analysis of two batches of polysorbate 60 using MS and NMR techniques. Journal of Pharmaceutical and Biomedical Analysis, 2006, 40(5): 1155 - 1165.

[4] Bramham J E, Podmore A, Davies S A, et al. Comprehensive assessment of protein and excipient stability in biopharmaceutical formulations using ^{1}H NMR spectroscopy. ACS Pharmacology & Translational Science, 2021, 4(1): 288 - 295.

[5] Garidel P, Hoffmann C, Blume A. A thermodynamic analysis of the binding interaction between polysorbate 20 and 80 with human serum albumins and immunoglobulins: A contribution to understand colloidal protein stabilisation. Biophysical Chemistry, 2009, 143(1 - 2): 70 - 78.

[6] Patapoff T W, Esue O. Polysorbate 20 prevents the precipitation of a monoclonal antibody during shear. Pharmaceutical Development and Technology, 2009, 14(6): 659 - 664.

[7] Solak Erdem N, Alawani N, Wesdemiotis C. Characterization of polysorbate 85, a nonionic surfactant, by liquid chromatography vs. ion mobility separation coupled with tandem mass spectrometry. Analytica Chimica Acta, 2014, 808: 83 - 93.

[8] Mondal B, Kote M, Lunagariya C, et al. Development of a simple high performance liquid chromatography (HPLC)/evaporative light scattering detector (ELSD) method to determine Polysorbate 80 in a pharmaceutical formulation. Saudi Pharmaceutical Journal, 2020, 28(3): 325 - 328.

[9] Zhang R, Wang Y, Ji Y, et al. Quantitative analysis of oleic acid and three types of polyethers according to the number of hydroxy end groups in Polysorbate 80 by hydrophilic interaction chromatography at critical conditions. Journal of Chromatography A, 2013, 1272: 73 - 80.

[10] Li Y, Hewitt D, Lentz Y K, et al. Characterization and stability study of polysorbate 20 in therapeutic monoclonal antibody formulation by multidimensional ultrahigh-performance liquid chromatography-charged aerosol detection-mass spectrometry. Analytical Chemistry, 2014,

86(10)：5150－5157.

[11] Verbrugghe M, Cocquyt E, Saveyn P, et al. Quantification of hydrophilic ethoxylates in polysorbate surfactants using diffusion ^{1}H NMR spectroscopy. Journal of Pharmaceutical and Biomedical Analysis, 2010, 51(3)：583－589.

[12] Abrar S, Trathnigg B, Javed S, et al. Characterization of Tween® surfactants by MALDI TOF-MS and high performance liquid chromatography in a ternary mobile phase. Tenside Surfactants Detergents, 2018, 55(6)：447－454.

[13] Frison-Norrie S, Sporns P. Investigating the molecular heterogeneity of polysorbate emulsifiers by MALDI-TOF MS. Journal of Agricultural and Food Chemistry, 2001, 49(7)：3335－3340.

[14] Abrar S, Trathnigg B. Separation of polysorbates by liquid chromatography on a HILIC column and identification of peaks by MALDI-TOF MS. Analytical and Bioanalytical Chemistry, 2011, 400(7)：2119－2130.

[15] Ayorinde F O, Gelain S V, Johnson J H, et al. Analysis of some commercial polysorbate formulations using matrix-assisted laser desorption/ionization time-of-flight mass spectrometry. Rapid Communications in Mass Spectrometry, 2000, 14(22)：2116－2124.

[16] Zhang Q, Meng Y, Yang H X, et al. Quantitative analysis of polysorbates 20 and 40 by matrix-assisted laser desorption/ionization time-of-flight mass spectrometry. Rapid Communications in Mass Spectrometry, 2013, 27(24)：2777－2782.

[17] 朱鸭梅,董耀,胡蓉,等.电感耦合等离子体质谱法同时测定药用辅料山梨醇中的铅和镍.化学分析计量,2019,28(06)：39－42.

[18] 谢莹莹,刘雁鸣,龙海燕.ICP－MS 法测定药用辅料"木糖醇"中 12 种微量元素含量.海峡药学,2020,32(05)：56－59.

[19] 谢莹莹,龙海燕,刘雁鸣,等.ICP－MS 法测定药用辅料黄凡士林中 11 种微量元素的含量.中南药学,2017,15(07)：955－959.

[20] 吴惠勤,黄晓兰,黄芳,等.PGC－MS 鉴别乙烯-辛烯共聚物.分析测试学报,2005,24(2)：45－47.

[21] Lippold S, Koshari S H S, Kopf R, et al. Impact of mono- and poly-ester fractions on polysorbate quantitation using mixed-mode HPLC-CAD/ELSD and the fluorescence micelle assay. Journal of Pharmaceutical and Biomedical Analysis, 2017, 132：24－34.

[22] Ilko D, Braun A, Germershaus O, et al. Fatty acid composition analysis in polysorbate 80 with high performance liquid chromatography coupled to charged aerosol detection. European Journal of Pharmaceutics and Biopharmaceutics, 2015, 94：569－574.

[23] Zhang R, Wang Y, Tan L, et al. Analysis of polysorbate 80 and its related compounds by RP-HPLC with ELSD and MS detection. Journal of Chromatographic Science, 2012, 50(7)：598－607.

[24] Moreau R A. Lipid analysis via HPLC with a charged aerosol detector. Lipid Technology, 2009, 21(8/9)：191－194.

[25] Moreau R A. The analysis of lipids via HPLC with a charged aerosol detector. Lipids, 2006, 41(7)：727－734.

[26] Borisov O V, Ji J A, Wang Y J, et al. Toward understanding molecular heterogeneity of

polysorbates by application of liquid chromatography – mass spectrometry with computer-aided data analysis. Analytical Chemistry, 2011, 83(10): 3934 – 3942.

[27] 王晓锋.多组分聚山梨酯20精确质量控制及其安全性结构探究.北京：中国食品药品检定研究院,2018.

[28] 李楠,李卓,张燕,等.高效分子排阻色谱法同时测定白及多糖分子量和含量.药物分析杂志,2012,32(10): 1801 – 1803.

[29] Laurent T C, Gergely J. Light scattering studies on hyaluronic acid. Journal of Biological Chemistry, 1955, 212(1): 325 – 333.

[30] He K, Mergens B, Yatcilla M, and Zheng Q Y. Molecular Weight determination of aloe polysaccharides using size exclusion chromatography coupled with multi-angle laser light scattering and refractive index detectors. Journal of AOAC International, 2018, 101(6): 1729 – 1740.

[31] 仲宣惟,黄清泉,奚廷斐.多角度激光光散射检测器和示差折光检测器联用测定壳聚糖分子量及分子量分布.药物分析杂志,2006(09): 1258 – 1260.

[32] Faisant N, Siepmann J, Benoit J P. PLGA-based microparticles: elucidation of mechanisms and a new, simple mathematical model quantifying drug release. European Journal of Pharmaceutical Sciences, 2002, 15(4): 355 – 366.

[33] Wang H, Zhang G X, Ma X Q, et al. Enhanced encapsulation and bioavailability of breviscapine in PLGA microparticles by nanocrystal and water-soluble polymer template techniques. European Journal of Pharmaceutics and Biopharmaceutics, 2017, 115: 177 – 185.

[34] Butreddy A, Gaddam R P, Kommineni N, et al. PLGA/PLA-based long-acting injectable depot microspheres in clinical use: Production and characterization overview for protein/peptide delivery. International Journal of Molecular Sciences, 2021, 22(16): 8884.

[35] Bly D D. Resolution and fractionation in gel permeation chromatography. Journal of Polymer Science Part C-Polymer Symposium, 2010, 21(1): 13 – 21.

[36] Potschka M. Universal calibration of gel-permeation chromatography and determination of molecular shape in solution. Analytical Biochemistry, 1987, 162(1): 47 – 64.

[37] Hadar J, Skidmore S, Garner J, et al. Characterization of branched poly (lactide-co-glycolide) polymers used in injectable, long-acting formulations. Journal of Controlled Release, 2019, 304: 75 – 89.

[38] Hadar J, Skidmore S, Garner J, et al. Method matters: Development of characterization techniques for branched and glucose-poly (lactide-co-glycolide) polymers. Journal of Controlled Release, 2020, 320: 484 – 494.

[39] 刘兰玲.近红外与拉曼光谱技术在硝苯地平原辅料及其溶出过程中的应用研究.济南：山东大学,2021.

[40] 郭庆丽.近红外光谱分析技术用于两类辅料的鉴别分析与羟丙甲纤维素质量分析研究.硕士.济南：山东大学,2017.

[41] 韩君,孙长海,方洪壮.近红外光谱结合反向区间偏最小二乘法检测药用辅料糊精.计算机与应用化学,2016,33(2): 205 – 208.

第八章

药用辅料标准物质

标准的形式分为文字标准和实物标准,其中药用辅料标准物质则为实物标准,是开展药用辅料检验检测必不可少的基础。2019 年实施的《中华人民共和国药品管理法》第二十八条规定,国务院药品监督管理部门设置或者指定的药品检验机构负责标定国家药品标准品、对照品。目前《中国药典》中所需的药用辅料标准物质由中国食品药品检定研究院标定提供,在保障现有标准物质可及、准确的同时,将不断开发多种形式的数字标准物质,促进绿色、环保检验的发展。

一、概述

(一)标准物质

标准物质是指具有足够均匀性和稳定性的特定特性的物质,其特性是用于测量或标称特性检查中的预期用途。附有由权威机构发布的文件,提供使用有效程序获得的具有不确定度和溯源性的一个或多个特性值的标准物质则为有证标准物质。

标准物质可用于测量过程的各个阶段,如方法确认、校准和质量控制等,也可维持与改进全球一致的测量系统。标准物质作为计量标准,其功能是复现、保存和传递量值,保证不同时间、空间下的量值具有可比性和一致性。溯源性是保障标准物质功能的重要属性。

(二)标准物质管理依据

我国按照《中华人民共和国计量法》和《标准物质管理办法》的规定,将标准物质作为计量器具施行法制管理。

(三)标准物质分级介绍

根据标准物质量值溯源的级别及计量学有效性的高低,标准物质可被分

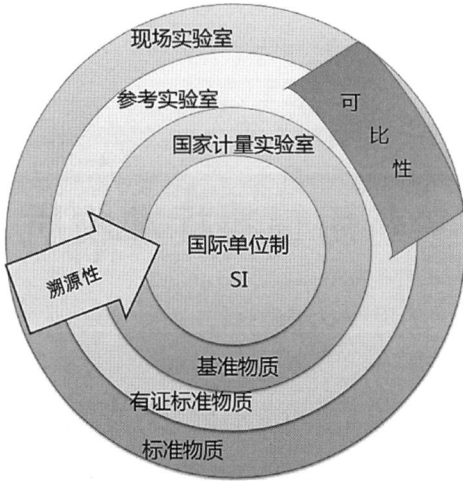

图 8-1 标准物质溯源体系图

为有证标准物质（certified reference material，CRM）和其他标准物质。国际标准化组织/标准物质委员会（international organization for standardization/committee on reference material，ISO/REMCO）通过图标的形式，给出了标准物质溯源体系图示，见图 8-1。

各国标准物质的分级体系虽均以 ISO/REMCO 提出的基本模式为基础，但也存在一定差异[1~4]。

1. 我国标准物质分级 我国有证标准物质分为一级标准物质和二级标准物质，均需经过国家计量行政审核。其中一级标准物质定值准确度高，主要用于评价标准方法、进行仲裁分析和作为传递量值的依据等；二级标准物质则主要用于现场测定，作为工作标准直接使用。目前我国标准物质溯源组织及分级体系分别见图 8-2 和图 8-3[1~4]。

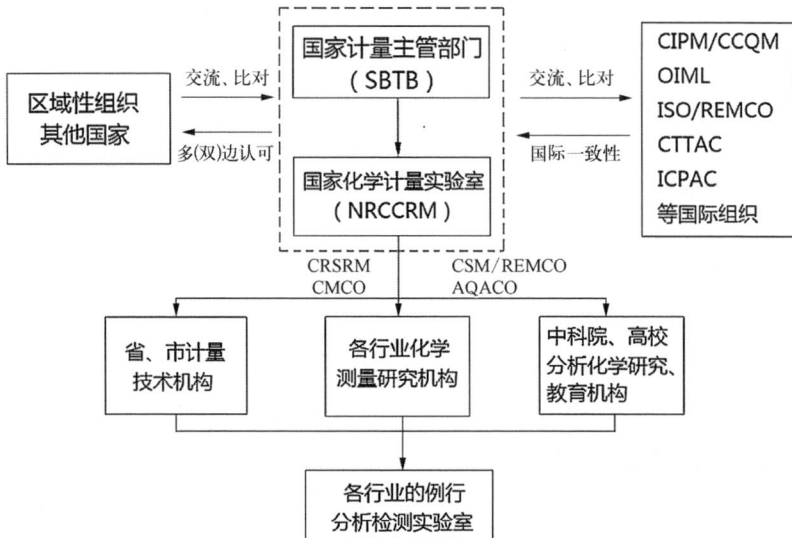

图 8-2 我国标准物质溯源组织体系图

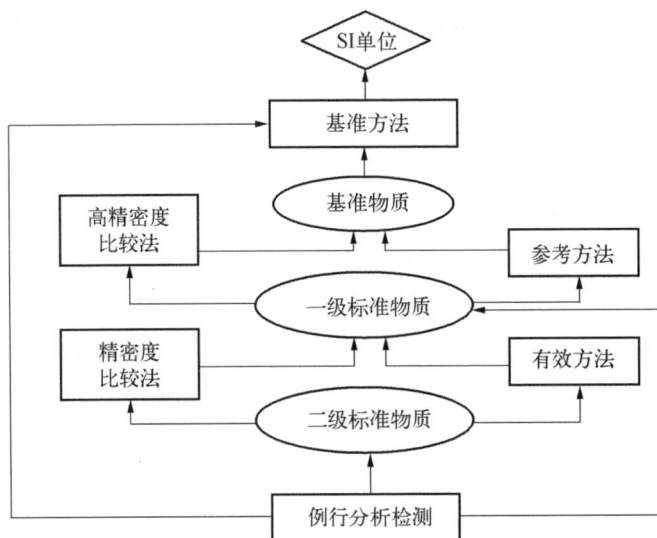

图 8-3 我国标准物质量值溯源分级体系图

2. 国外标准物质分级 各国对标准物质分级均不相同,对于特性量值、不确定度等描述也存在差异,如美国国家标准与技术研究院(national institute of standards and technology, NIST)将标准物质分为四级,欧洲国家计量院部分学者将标准物质分为三级。

(四) 药用辅料标准物质

我国《中国药典》2020 年版所用的药用辅料标准物质为非有证标准物质,属于其他标准物质,即根据相关质量标准和要求,定制生产出的性质均匀、稳定且特性值确定,用于药用辅料的检验检测和质量控制的物质。

《中国药典》所用的药用辅料标准物质由中国食品药品检定研究院研制提供,此类标准物质无有效期,当新批上市时,原有批次在 180 天后自动失效,如需继续使用,需使用人自行证明其适用性。药用辅料标准物质发放品种目录、批次更新情况、既往批次停用通知、相关服务通知及常见问题等均可在中国食品药品检定研究院官网国家标准物质与菌毒种栏目下进行查询(https://www.nifdc.org.cn/nifdc/bshff/bzhwzh/bzwztzgg/index.html)。

《美国药典》(the United States Pharmacopeia, USP)及《欧洲药典》所使用的药用辅料标准物质也均是非有证标准物质,可分别在 USP(https://www.usp.org/)及欧洲药品质量管理局(https://www.edqm.eu/en)网站查询并进行购买,此外,如 Toronto Research Chemicals 等国外机构(https://www.trc-canada.com/)也可提供标准物质用于研究。

二、药用辅料标准物质的分类

(一)按用途分类

根据用途,药用辅料标准物质可用于鉴别、检查、系统适用性和含量测定等。其中鉴别用标准物质主要用于红外光谱鉴别和薄层色谱鉴别等;检查用标准物质主要用于有关物质检查或残留单体、残留溶剂检查用,也可用于分子量考察用等;含量测定用标准物质通常标注所对应的特性量值,用于代入计算含量。

(二)按原料来源分类

根据标准物质的来源,可将其分为天然来源及化学合成标准物质。天然提取的各类标准物质(如磷脂类、油脂类等)通常为混合物,组成成分复杂多变。天然产物种属、来源等均可能对最终标准物质质量产生影响,因此在研制过程中需关注其批间一致性。

(三)按属性分类

根据标准物质的组成及分子量,可将其分为大分子标准物质及小分子标准物质。其中大分子标准物质多为聚合物,需要考虑其组成单体、聚合度等。

三、药用辅料标准物质生产者的基本要求

标准物质在测量工作中是重要的组成部分,因此对其生产研究也应遵循一定的程序,其生产者也应通过相应的资质认证和认可。国际通用的《标准样品生产者能力的通用要求》ISO17034 中规定了相关要求,中国合格评定国家认可委员会将其翻译为中文,以 CNAS‑CL04《标准物质/标准样品生产者能力认可准则》来规范我国标准物质的生产。

国家市场监督管理总局也发布了一系列国家计量技术规范,以更好地明确和指导标准物质研制过程中涉及的均匀性稳定性评估、定值方法、测量不确定度的评定与表示、计量溯源性的相关要求、研制报告撰写要求、证书及标签要求,以及专门针对有机物纯度标准物质的定制计量要求等[5~8]。

四、药用辅料国家药品标准物质研制主要内容[5~8]

药用辅料国家药品标准物质的研制主要包含以下七部分内容。

（一）化学结构或组分的确证

无论对于何种用途、何种来源或组成及何种分子量范围的标准物质，结构准确和组成固定等是保证其准确性的重要指标之一，因此有必要开展化学结构或组分的确证工作。同时，在对各类标准物质开展定性研究时，均应采用两种及以上原理不同的方法进行定性考察。

1. 单一化合物的化学结构确证方法　通常所用的化学结构确证方法有核磁共振、质谱和红外光谱等，其中对于存在顺反异构的化学结构，还可采用二维核磁共振等对其进行结构确证；根据化学性质不同，可采用不同离子源的质谱进行结构确证的研究。除上述方法外，还可采用紫外-可见分光光度法、拉曼光谱、荧光光谱和 X 射线衍射法等方法对化学结构进行确证。对于可能存在的异构体、不同成盐形式、结晶形式和结晶水含量等，也需要采用适宜的方法进行确证。

2. 混合物或聚合物组分确证方法　对于混合物或聚合物采用常规核磁共振、质谱等方法较难有效区分其组分，红外光谱也多反映了聚合物中重复单元的结构特性，因此，要不断研究混合物或聚合物的组分分析方法，以保障这类标准物质的准确性、可靠性及批间一致性。

聚合物由单体聚合而成，其黏度在一定程度上可反映聚合物本身的聚合度及纯度，因此，可采用测定聚合物的黏度进行组分鉴别，但该方法准确性较差。随着分析方法的不断研究、开发、产生及应用，越来越多的新技术被应用到混合物或聚合物的分析当中，如核磁共振定量技术被应用于聚合物中碳链长度的测定和聚合物组成比例、聚合度的测定等。还有文献报道可采用一维核欧沃豪斯效应谱（nuclear Overhauser effect spectroscopy, NOESY）选择性激发核磁共振法、近红外吸收光谱法、镜面反射红外光谱法、基质辅助激光解吸电离飞行时间质谱法、同步荧光法、液质联用法、拉曼光谱法、超高效液相色谱法、飞行时间二次离子质谱（time of flight secondary ion mass spectrometry, TOF - SIMS）法、特征谱区筛选法结合太赫兹时域光谱（THz-time domain spectrometer, THz - TDS）技术等对混合物、聚合物进行分离及组分确定。在确定组分组成之后，应选择适宜的方法，建立快速筛查混合物或聚合物组成的方法，以用于后续批间一致性考察等[9~23]。

（二）理化性质检查

标准物质原料本身的理化性质影响其质量及最终特性量值，因此应对其开展相关检验工作。密度、旋光等常数的测定在一定程度上可反映原料结构及纯度、水分和炽灼残渣等，影响最终标准物质特性量值的准确性。

（三）方法确认

在开展标准物质纯度等相关研究时，有必要对采用的方法进行方法确认或验证，方法准确可靠才能保证最终数据的准确可信。通常需进行线性范围考察、精密度及限度考察等。

（四）纯度分析及有关物质检查

采用适宜的、经过验证或确认的方法考察标准物质纯度及有关物质，如副产物、反应中间体、残留单体等。常见的杂质检查方法见表 8-1[24,25]。

表 8-1　常见的杂质检查方法

杂质类型	液相色谱	气相色谱	顶空气相色谱	热重分析	费休氏法水分	离子色谱	电感耦合等离子体原子发射光谱	X射线荧光	尺寸排除色谱
有机杂质	√	√							
溶剂		√	√	√					
水				√	√				
无机杂质-金属元素						√	√		
无机杂质-非金属元素						√	√	√	
非挥发性聚合物残留									√

对于未知杂质，还应进行结构鉴定并进行定量。此部分研究是目前杂质研究中的主要难点，除上述常规分析方法外，还可采用超高效液相色谱与各种类型检测联用的方法，如超高效液相色谱-二极管阵列检测器法（ultra performance liquid chromatography-diode array detector，UPLC-DAD）、超高效液相色谱-高分辨率质谱（ultra performance liquid chromatography-high resolution mass spectrum，

UPLC‐HRMS）等，也可关注各类新型检测器的应用，如电喷雾检测器、纳克级激光计数检测器（nano quantity analyte detector，NQAD）等。

（五）均匀性评估

被分装后的标准物质每个单元成分均匀时才能保证测量的可靠，才可用于质量控制。因此，均匀性检验必不可少。通常考察待测标准物质的特性量值或易受环境影响而发生变化的项目，且选择被测指标的测定方法应被验证，以保证其方法精密度不会引入误差。根据样品性质及分装情况采用合适的方法抽样，如可简单随机抽样，也可进行分层随机抽样或系统抽样等，抽取的单元数量、重复测定次数及测定时的最小取样量应具有代表性并有科学依据。在开展测定时，测定顺序、方式等也应经过科学的设计，最终，应选用适宜的统计学方法对所得测量值进行分析，并判断其均匀性。

（六）稳定性评估

所有标准物质均应进行稳定性评估，且一般应在均匀性评估之后进行，评估方式除实验研究外，还可通过查阅参考相关文献资料、相关评估或监测数据等实现。

稳定性研究包含多种类型，如在不同时间对同样条件下的独立样品开展的经典稳定性研究、同时储存一段时间后分批取出考察的同步稳定性研究、用于设计保存或运输条件的实时稳定性研究、用于预测标准物质稳定性的加速稳定性研究、用于预测运输或其他条件下标准物质是否稳定的稳定性研究、用于评估储存条件下标准物质寿命周期的长期稳定性研究及考察不同储存和处理条件下的稳定性研究等。在开展各类稳定性研究时，均需要选择具有代表性的样品，选择合适的并具有足够精密度的测量程序，也要选择使用适宜、有效的统计学方法。

（七）定值

药用辅料标准物质虽来源多样、部分标准物质组成也较为复杂，但其基质并不复杂，更接近有机纯度标准物质，因此，可参考其相关要求开展定值工作。

首选定值方式为采用两种及以上不同原理的方法进行定值，当仅有一种方法，且该方法经国际计量比对验证确认可靠时，可采用该方法，还可利用溯源至SI单位的纯度有证标准物质进行比较法定值[26,27]。

常见的定值方法主要有以下八种。

（1）质量平衡法：此方法认为被测物质量分数总和为100%，从其中扣除相关杂质、水、挥发性及不挥发性组分后，即得待测物的值。

（2）定量核磁共振法：此方法为近年来新兴的方法，可用于测定含有氢、氟、磷等能产生准确定量信号的化合物，可分为内标法和外标法，通常采用内标法进行定量。

（3）热分析法：此方法基于范霍夫方程，通过物质的熔点及纯度关系进行定量。

（4）库仑法：此方法要求待测物能定量的进行某一电极反应，并具有100%的电流效应和100%的化学反应效率，以用于定量。

（5）滴定法：此方法要求滴定剂与被测物存在确切的化学计量关系，需要证明不存在任何其他副反应或副反应可忽略不计或被定量。

（6）密度法：此方法基于物质的密度与其纯度之间存在对应的数据表格，此类物质可采用此方法定值。

（7）分子光谱法：此方法通常通过采用紫外、可见、红外、拉曼等各类光谱与色谱联用来确定含量。

（8）协作标定法：此方法为联合多家具有资质的实验室，开展同一或同样多个项目的考察，通过统计学方法处理数据，确定含量。

五、药用辅料标准物质发展前景

（一）提高研制水平

目前我国药用辅料国家药品标准物质并不在国家有证标准物质范围内，主要是由于用途等较为固定，但随着研究水平不断提高，有必要不断提升药用辅料标准物质的质量和水平，主要应从以下两方面进行提升。

1. 不确定度　标准物质不确定度主要由三部分组成，分别为通过测量数据的标准偏差、测量次数及要求的置信概率按统计方法计出，通过测量影响因素的分析估计出其大小，以及通过物质的均匀性和物质在有效期内的变动性引起的不确定度。具体操作过程中，输入量的概率分布为对称分布、输出量的概率分布近似为正态分布或t分布，并且在测量模型为线性模型或可用线性模型近似表示的情况下，应参考《规程测量不确定度评定与表示》JJF1059.1中所述的技术规范开展不确定度的评定与表示，当不能满足上述适用条件时，可考虑采用蒙特卡洛法（Monte Carlo method，MCM）评定测量不确定度，即采用概率分布传播的方法，应参考JJF1059.2所述的技术规范开展不确定度的评定与表示[28~35]。

2. 量值溯源性　溯源性即为通过具有规定的不确定度的连续比较链,使测量结果或标准的量值能够与规定的参考基准(通常是国家基准或国际基准)联系起来的特性。标准物质的研制过程,就是赋予标准物质准确量值溯源性的过程。各类测量中,物理测量结果的溯源性主要通过校准链建立,而分析测量结果的溯源性则更主要依靠化学成分标准物质来建立。要更好地把握溯源性的问题,首先需要认真考虑量值传递过程中的不确定度,标准物质的溯源性本质就是量值传递的不确定性,因此在最终定值时,也应考虑量值传递链中各种不确定度的总和[36,37]。

(二)新型药用辅料标准物质的研制

药用辅料标准物质会随着各种新型药用辅料的使用而不断发展,如应用于脂质体、缓控释制剂等高端制剂中的新型辅料,登记备案中逐渐增多的共混物、共聚物等新型辅料,根据客户使用需求而定向生产的辅料等。随着各类药用辅料的使用需求、组成及形式的不断扩展,其标准也会随之被研究并陆续收载于《中国药典》中,因此需要根据新市场、新技术、新要求及新标准等,逐步增加药用辅料标准物质的研制数量,扩大研制范围,切实保证更多的药用辅料可被更广泛地投入实际应用中。

(三)数字标准物质的研究

在部分药用辅料生产过程中,可能使用危险化学品或易制毒、易制爆及部分剧毒化学品作为生产原料、溶剂或催化剂等。在标准中涉及使用此类有毒有害或危险化学品等相关管控分类下的药用辅料标准物质时,该类标准物质较难获得研制资质,也可能对研制人员身体健康产生影响。除此之外,部分药用辅料标准物质生产本身原料提取、提纯或合成工艺复杂,因此价格较高,导致无论研制还是购买最终标准物质,其成本均较难承受。综上所述,有必要逐渐开发研究数字药用辅料标准物质以代替毒性较大或原料单价较高的标准物质[38~42]。

(四)药用辅料数据库的建立

目前我国发放的药用辅料标准物质中,约50%用于各类鉴别或系统适用性等,无须给出特性量值。部分药用辅料标准如油脂类药用辅料等,需使用十余个定位用标准物质,而部分标准物质价格较高,在此情况下会增加生产单位的成本,因此,有必要根据数字药用辅料标准物质建立、健全药用辅料数据库,用于提供准确、直观的定性结果,也可有效地减轻生产企业的负担,减少标准物质的用量。

六、药用辅料标准物质应用中的常见问题[43]

(一)标准物质的选择

首先要根据实际用途选择标准物质;其次明确标准物质应用时对应的标准方法及其在标准中的使用目的,弄清楚标准物质用途等。有证书的标准物质并非有证标准物质,有证标准物质具有溯源性和不确定性声明,同时符合 ISO 或 JJF 等相关要求。采购时,需要考虑标准物质包装形式、稳定性、最小取样量等。

(二)标准物质的使用

有证标准物质需在有效期内使用,国家药品标准物质等需及时关注发放单位通告,当标准物质超过有效期用户仍计划继续使用时,需自行承担责任。使用标准物质时如取样量低于标注的最小取样量时,证书中标明的标准物质特性量值、不确定度等均可能不再有效。在使用部分金属元素溶液时,需注意容器材质,避免因材质引起误差。

(三)标准物质的储存

标准物质标明的储存条件是经过验证稳定的条件,因此当改变储存条件时,标准物质特性量值等可能不再有效;标明"一次性使用完毕"的标准物质在开封后不可留存反复使用;可多次使用的标准物质也需要注意封存及保存方式、储存条件等。

七、展望

随着我国药用辅料行业的不断发展及药用辅料标准的逐年递增,市场对于药用辅料物质的需求及要求也将不断提高,在不断提高药用辅料标准物质数量、质量的同时,也应不断开发多种形式的数字标准物质,促进绿色、环保检验的发展。

(李樾)

参考文献

[1] 卢晓华.标准物质的溯源性与分级.中国计量,2007,(7):39-41.

［2］韩永志,韩冰.标准物质量值的溯源性及不确定度.化工标准.计量.质量,2002,(10)：22-24.

［3］刘清贤.标准物质的管理与量值溯源.现代科学仪器,2002,(1)：30-31.

［4］马颖,祁景琨,王冠杰,等.标准物质特性分析和量值溯源中应注意的事项.中国药事,2012,26(11)：1228-1231.

［5］国家药典委员会.中华人民共和国中国药典·四部.北京：中国医药科技出版社,2020.

［6］中国合格评定国家认可委员会.标准物质/标准样品生产者能力认可准则 CNAS-CL04.2007.

［7］国家市场监督管理总局.标准物质的定值及均匀性、稳定性评估 JJF 1343-2022. 2022.

［8］国家市场监督管理总局.纯度标准物质定值计量技术规范有机物纯度标准物质 JJF1855-2020. 2020.

［9］国家市场监督管理总局,国家标准化管理委员会.标准物质生产者能力的通用要求 ISO17034：2016. 2021.

［10］李婷,王珏,袁铭,等.聚氧乙烯 35 蓖麻油的 UPCC-Q-TOF-MS 成分分析与安全性初探.药学学报,2020,55(11)：2688-2694.

［11］郝多虎,梁汉东,杨陆武.TOF-SIMS 用于有机混合物分析的数据处理方法.中国矿业大学学报,1999,(1)：81-84.

［12］张何,黄桂兰,袁铃,等.一维 NOESY 技术在醇胺混合物分析中的应用.分析试验室,2018,37(10)：1197-1203.

［13］刘哲,罗宁宁,史久林,等.拉曼及近红外吸收光谱的燃油混合物量化分析.光谱学与光谱分析,2020,40(6)：1889-1894.

［14］陈涛,李智,莫玮,等.特征谱区筛选在多元混合物的太赫兹光谱定量分析中的应用.光谱学与光谱分析,2014,34(12)：3241-3245.

［15］薛晓康,李晓宇,丁卯.基于逆检索-非负最小二乘法的拉曼混合物分析方法研究.中国无机分析化学,2018,8(4)：65-70.

［16］颜凡,朱启兵,黄敏,等.基于拉曼光谱的已知混合物组分定量分析方法.光谱学与光谱分析,2020,40(11)：3599-3605.

［17］胡昌勤.β-内酰胺抗生素聚合物分析技术的展望.中国新药杂志,2008,17(24)：2098-2102.

［18］耿曼璐,赵贝贝,兰韬,等.食用油甘油三酯及其氧化聚合物分析方法研究进展.中国油脂,2017,42(1)：134-138.

［19］林福华.拉曼光谱技术在聚合物分析中的应用.塑料工业,2018,46(6)：132-135.

［20］李仕诚,李明慧,陈子龙,等.基质辅助激光解吸电离飞行时间质谱法用于非极性聚合物的分析.分析化学,2022,50(1)：82-91.

［21］蔡其洪,杨子峰,朱航,等.同步荧光法同时快速测定水中多环芳烃混合物.安徽大学学报(自然科学版),2012,36(5)：97-102.

［22］刘影.苯乙醇苷类化合物及其混合物组分群的质谱分析方法以及 LC-MS/NMR 相关谱分析方法研究.北京：中国协和医科大学,2009.

［23］季明强,朱启兵,黄敏,等.利用已知混合物拉曼光谱改善混合物成分识别精度的方法.中国激光,2020,47(11)：283-290.

[24] 韦英亮,潘艳坤.标准物质期间核查溯源性定值分析方法.化学分析计量,2012,21(5): 101-103.

[25] 张庆合,杨吉双,焦慧,等.基于质量平衡法的有机物纯度测量技术进展.化学试剂, 2020,42(8): 931-939.

[26] 陈桂良,徐新元,王依婷.新药开发研究过程中药品标准物质的标定.上海计量测试, 2002,29(2): 18-20.

[27] 刘淑华,王冰玥,王骏,等.气相色谱-质谱联用仪校准质量准确性用异辛烷中硬脂酸甲酯溶液标准物质研制及不确定度评定.化学分析计量,2021,30(7): 1-7.

[28] 刘金涛,李玲,董家吏,等.柚皮素标准物质的研制及不确定度评定.分析测试学报, 2020,39(2): 190-197.

[29] 李全发,于寒松,王敏,等.染料木素纯度标准物质定值及不确定度评估.食品与机械, 2020,36(4): 95-101.

[30] 刘淑华,张宜文,吴红,等.甲醇水中咖啡因溶液标准物质的研制及不确定度评定.计量科学与技术,2021,65(7): 28-33.

[31] 巩佳第,孙玉梅,葛磊,等.电感耦合等离子体质谱法测定饲料标准物质中总砷、铅、镉及其不确定度评定.农产品质量与安全,2020,(2): 42-48.

[32] 姚尧,常子栋,王志鹏,等.激光粒度分析仪测量聚苯乙烯微球标准物质的校准结果不确定度评定.科技与创新,2020,(2): 72-73.

[33] 宋增良,冯金淼,郭硕,等.甲苯中苯溶液标准物质的研制及不确定度分析.广州化工, 2020,48(20): 97-98,116.

[34] 辛宏杰,卜庆伟,杨小凤.标准物质特性统计检验及量值不确定度评定.计量技术,2012, (9): 64-66.

[35] 倪晓丽.标准物质量值溯源性初探.计量技术,2002,(11): 45-61.

[36] 李纪辰.标准物质量值溯源性的理解和应用.中国计量,1999,(2): 41-42.

[37] 刘刚.生物标准物质的发展与应用.质量与标准化,2021,(7): 1-4.

[38] 汤慧,葛文超,张萍,等.数字对照品法检测镇静安神类中成药和保健食品中非法添加的5种西药成分.安徽医药,2012,16(11): 1601-1603.

[39] 李世忠,刘艳英,周扬霞.试析数字对照品法检测镇静安神类中成药和保健食品中非法添加的5种西药成分.中国医药指南,2013,(15): 468.

[40] 张萍.基于HPLC-DAD方法的数字对照品库快速筛查镇静安神类中药制剂及保健食品中的8种非法添加精神类药物.2012年中国药学大会暨第十二届中国药师周论文集, 2012: 1-12.

[41] 张伟清.不稳定杂质对照品的数字化表征.北京: 中国食品药品检定研究院,2010.

[42] 张萍,吴敏,汤慧,等.基于HPLC-DAD方法建立的数字对照品库检索平台用于鸡蛋中四环素类药物残留的快速筛查.安徽医药,2015,(2): 252-256.

[43] 卢晓华,李红梅.标准物质使用中的常见问题解答.中国计量,2013,(6): 32-34.

第九章

药用辅料的多分散性及其评价

本章从药用辅料的组成、分子量、取代度、支化和交联及粒径等角度分析了导致药用辅料多分散性的影响因素。同时，本章针对上述不同影响因素的评价技术进行了总结，为表征药用辅料多分散性特征提供参考。

一、药用辅料的组成多分散性

药用辅料的组成多分散性与其性质及应用关系密切。化学结构明确的小分子药用辅料质量易于控制，因而组成多分散性并非其关键属性。而对于天然、半合成或合成大分子药用辅料，组成多分散性受到多方面因素的影响，是大分子药用辅料的关键质量属性之一。以半合成或合成大分子药用辅料为例，由于大分子反应的复杂性和不均匀性，通常会导致所制备的大分子药用辅料无论在聚合度还是在取代度上均存在着差别，从而出现明显的组成多分散性。同时，大分子药用辅料除了化学结构复杂性外，聚集态特征的复杂性也是造成组成多分散性的重要原因。

（一）影响药用辅料组成多分散性的因素

对于半合成或合成大分子药用辅料，凡是影响聚合度的因素都会影响组成多分散性。常见影响聚合度的因素包括单体配料比、反应程度、反应温度、聚合时间、杂质、催化剂等。对于自由基聚合反应，单体和引发剂的比例直接影响聚合物的聚合度，加大引发剂的用量，往往会导致整体聚合度的下降，而提高聚合反应的反应程度可以增加聚合度。反应温度对聚合反应影响较大，反应温度过高会加速大分子链的断裂，增加反应活性中心，链终止速度也会加快，导致聚合度降低。反应时间也是影响大分子聚合度的一个重要因素。另外，杂质和催化剂对聚合度的影响较为复杂。一般杂质含量低时对聚合反应影响较小，而含量高时杂质可作为链转移剂而影响聚合度。在聚合反应过程中,催化剂的用量对聚合反应有很大的影响,合理选择催化剂种类及用量可确保适宜的聚合度。

（二）药用辅料组成多分散性的常用评价方法

1. 傅里叶变换红外光谱　傅里叶变换红外光谱(Fourier transform infrared spectroscopy, FTIR)常用于药用辅料定性分析,对分析大分子药用辅料的组成多分散性具有重要作用[1]。对大分子药用辅料,其特征 FTIR 谱带数目、位置、形状和强度均随大分子药用辅料种类及其聚集态结构的不同而不同,因此可根据这些特征谱带分析大分子的链结构和聚集态结构等性质,如链组成、排列、构型、构象、支化、交联、结晶度和取向度等。Yang 等采用 FTIR 分析了聚乙烯醇结构中 C—O—C 的谱带,观察到 1 190 cm^{-1} 处 C—O—C 基带的形成和 1 649 cm^{-1} 处 C＝O 基带的形成及 1 093 cm^{-1} 处 C—O 带的形成,这表明聚乙烯醇结构中存在一定的化学交联[2]。

2. 拉曼光谱　拉曼光谱(Raman spectroscopy, RS)是一种散射光谱,对于入射光频率不同的散射光谱进行分析,可以得到分子振动、转动方面信息,从而对大分子药用辅料的分子结构进行表征。拉曼光谱对碳-碳、硫-硫、氮-氮等不饱和及共轭结构振动特别敏感,可用于研究不饱和大分子化学组成、碳链骨架、长度、构象和异构,尤其适合研究由相同原子组成的大分子非极性键和对称分子结构[3]。另外,拉曼光谱还能表征化合物的结晶度,如 Du 等采用拉曼光谱对淀粉结晶度进行研究,谱图中在 2 910 cm^{-1}、1 264 cm^{-1}、943 cm^{-1}、865 cm^{-1} 和 480 cm^{-1} 处出现清晰条带,且带宽与结晶度相关,随着淀粉结晶度的增加,条带的带宽下降[4]。

3. 核磁共振法　核磁共振法是表征大分子结构和链间相互作用的有力工具,涵盖了大分子研究的所有领域,适用于不同的大分子体系,包括溶液、熔体、凝胶、液晶、结晶和无定型固体等[5]。Horii 等采用核磁共振对纤维素进行研究,根据化学位移 88~90 ppm 附近的 C4 共振峰的多样性,发现纤维素Iα 有两个特征峰,而纤维素Iβ 只有一个特征峰,从而区分了纤维素Iα 和Iβ[6]。

4. X 射线衍射　在药用辅料分析中,X 射线衍射(X-ray diffraction, XRD)主要用于物相分析,包括结晶度、取向度、晶粒与微孔大小等结构参数测定[7]。Kalita 等采用 X 射线衍射研究淀粉及其衍生物的结构特征,与天然淀粉相比,乙酰化淀粉的 X 射线衍射图谱峰高和宽度增加,表明乙酰化淀粉的结晶度增加[8]。

5. **质谱法** 质谱法得到的质谱图,可以获得样品成分、结构、分子量、裂解规律等信息,与色谱、核磁共振或红外光谱联合使用,可分析和鉴定复杂化合物结构[9]。电喷雾电离质谱法(electrospray ionization mass spectrometry, ESI‑MS)可用于大分子药用辅料的尺寸和组成的分析,但该方法无法检测到聚合物中的低聚物。离子迁移光谱质谱(ion mobility spectrometry-mass spectrometry, IMS‑MS)可克服单用质谱无法表征大分子中低聚物的局限。Clemmer 等利用 IMS‑MS 对平均分子质量在 6 550~17 900 Da 的 PEG 进行表征,结果显示 IMS‑MS 可检测到低丰度低聚物的电荷状态和尺寸大小[10]。

二、药用辅料的分子量

(一) 分子量常用表达方法

大分子药用辅料一般而言都是长度不均匀的分子链的组合体,因此,大分子药用辅料的分子量不是单一的值,而是被描述为平均分子量,具有明显的多分散性。基于不同统计方法,大分子药用辅料平均分子量常用以下几种方法表示[11]。

1. **数均分子量** 数均分子量($\overline{M_n}$)是指采用依数性为实验原理的方法所测得的平均分子量。假设某种大分子药用辅料,分子量为 $M_1, M_2, \cdots, M_i$ 的分子数分别为 $n_1, n_2, \cdots, n_i$ 个。按分子数目统计得到平均分子量为

$$\overline{M_n} = \frac{M_1 n_1 + M_2 n_2 + \cdots + M_i n_i + \cdots}{n_1 + n_2 + \cdots + n_i + \cdots} = \frac{\sum M_i n_i}{\sum n_i} = \sum N_i M_i \quad (9-1)$$

式中,N_i 为分子量为 M_i 的组分的数量分数。

2. **重均分子量** 重均分子量($\overline{M_w}$)是指按重量分布所测得的平均分子量:

$$\overline{M_w} = \frac{\sum W_i M_i}{\sum W_i} = \frac{\sum n_i W_i^2}{\sum n_i M_i} \quad (9-2)$$

式中,W_i 为分子量为 M_i 的组分的重量分数。

3. **黏均分子量** 黏均分子量($\overline{M_\eta}$)是指采用溶液黏度法测得的分子量:

$$\overline{M_\eta} = \left[\sum \frac{W_i}{\sum M_i} M_i^\alpha \right]^{1/\alpha} \quad (9-3)$$

式中，α 为分子量常数，与大分子药用辅料和溶剂的性质有关，一般为 0.5~1，在一定分子量范围内 α 为常数，其值可由马克-豪温克（Mark – Houwink）方程 $[\eta] = kM^{\alpha}$ 求得。

（二）分子量的测定方法

由于大分子药用辅料性能受其分子量的影响，控制大分子药用辅料的分子量在制造和加工的过程中极其重要，因此测定大分子药用辅料的分子量及分布是十分必要的。

1. **数均分子量的测定方法**　数均分子量的测定方法有端基分析法、冰点下降法、沸点升高法和渗透压法等。冰点下降法、沸点升高法可以检测的数均分子量范围为 $<10^4$，但其检测成本较高，且需要较大体积已知浓度的样品。渗透压法适合检测的数均分子量范围为 $10^4 \sim 10^6$，同样需要已知浓度的样本。端基分析法适用于大分子药用辅料中分子链一端或两端有明确的可以用化学法定量测定的端基，如羟基、羧基和氨基等，但该法仅适用于分析数均分子量小于 10^5 的大分子药用辅料。壳聚糖溶于稀酸后 $\beta - 1,4 -$ 糖苷键会缓慢水解，生成分子量低的低聚糖，其低聚糖中的还原糖使 $K_3Fe(CN)_6$ 褪色程度与还原糖含量呈线性关系，因此可以采用端基分析法测定低聚糖的相对数均分子量[12]。采用齐姆-迈耶松（Zimm – Meyerson）渗透计测量半透膜两边高分子溶液与溶剂间的渗透压，计算得到聚维酮的数均分子质量为 35~75 kDa[13]。

2. **重均分子量的测定方法**　重均分子量一般的测定方法有光散射法、超速离心沉降速度法及凝胶排阻色谱法等。光散射法是利用溶液的光散射性质来测定溶质的分子量、分子大小及形状的一种方法，包含静态和动态光散射，可以检测的重均分子量范围为 $10^2 \sim 10^8$。溶液中大分子药用辅料的大小、形状和分子间的相互作用决定了散射光的角度分布与强度。采用光散射法测定不同浓度的壳聚糖溶液散射光强度的角度分布后，采用齐姆（Zimm）绘图法可以直接得到壳聚糖溶液的重均分子量[14]。采用激光光散射仪在 25℃ 条件下检测 0.02 g/mL 聚维酮水溶液或者聚维酮三氯甲烷溶液的散射光强度，得到聚维酮的重均分子质量为 7.3~227 kDa[13]。凝胶排阻色谱法是基于溶质分子大小进行分离的分析方法，可以同时测得大分子药用辅料的分子量及其分布，具有快速、有效等优点，可以检测大分子药用辅料的重均分子量范围为 $10^2 \sim 10^7$。大分子药用辅料在色谱柱内基于凝胶的排阻效应进行不同分子大小的分离，可用示差折光仪、紫外吸收检测器和红外吸收检测器等检测。纤维素是常见的天然聚合物，由 $\beta - 1,$

4-糖苷键连接的 D-吡喃环形葡萄糖单元组成,通过凝胶排阻色谱法可以在检测纤维素的重均分子量的同时测得其摩尔质量分布函数[15]。商用明胶的分子量分布具有多分散性,通过联合光散射法及凝胶排阻色谱法联合应用,可以检测该商用明胶中重均分子质量分布从小于 50 kDa 到大于 2 MDa 的明胶分子均存在[16],同样方法也可用于检测聚乙烯[17]及聚异丁烯[18]的分子组分和不同组分的重均分子量。

3. 黏均分子量的测定方法　黏均分子量可以通过黏度法检测,该法一般适用的大分子药用辅料黏均分子量范围为 $10^2 \sim 10^8$。实验证明,当大分子药用辅料、溶剂及温度一定后,大分子药用辅料的特性黏数 $[\eta]$ 数值仅与其分子量 (M) 有关,即 Mark-Houwink 方程:

$$[\eta] = kM^\alpha \tag{9-4}$$

式中,α 和 k 值为在一定的分子量范围内与分子量无关的常数。确定每种大分子药用辅料-溶剂体系的 α 和 k 值后,即可通过黏度测定大分子药用辅料的黏均分子量。常见的大分子药用辅料-溶剂体系的 α 和 k 值可以从常用物理化学手册查阅。无法查阅的大分子药用辅料-溶剂体系的 α 和 k 值,需先用渗透压法、光散射法或超速离心法等方法测定一系列大分子药用辅料溶液的平均分子量,基于《中国药典》2020 年版黏度测定法测出 $[\eta]$ 值,再根据 Mark-Houwink 方程求出 α 和 k 值。黏度法常用的仪器为乌氏黏度计,采用乌氏黏度计可测定分子质量为 100~500 kDa 的壳聚糖[19]。采用流变仪检测一系列海藻酸钠水溶液的包括特性黏度在内的流变学性质,检测到了分子质量为 12~180 kDa 的海藻酸钠[20]。

(三)影响分子量及其分布的因素

对于天然大分子药用辅料,辅料来源、处理过程、衍生化反应等均会对其分子量及其分布产生较大的影响。角叉菜胶是从不同种类的红海藻中提取的一系列亲水线性硫酸半乳聚糖,不同来源的角叉菜胶由不同的半乳糖及脱水半乳糖组成,平均分子质量分布在 100~1 000 kDa[21]。而对于合成大分子药用辅料,尤其是通过聚合反应所制备的大分子药用辅料,聚合反应类型和反应条件等与其最终产物的分子量密切相关。由于聚合反应的反应机制不同,在反应过程中影响聚合物分子量的因素会有所差别,因此导致产物的分子量及分子量的分布不同。在自由基聚合过程中,影响分子量的因素可以分为内在因素及外在因素。

内在因素包括单体的结构和浓度,取代基的性质、位置和数量,引发剂的种类、浓度及加入时间等。在没有链转移反应和除去杂质的条件下,自由基聚合产物的分子量与单体的浓度成正比;与引发剂浓度的平方根成反比;温度升高会提高单体自由基的活性,加快聚合反应的速度,但是会影响聚合度,导致分子量较低。对于离子型聚合反应,由于其快引发、快增长、无终止等特点,一般得到的产物分子量分布较窄。影响产物分子量的影响因素主要为引发剂种类及用量、反应物配比、温度及反应时间。对于缩聚反应,由于在反应过程会不断析出小分子副产物而影响反应进程,因此控制单体反应基团的摩尔比,同时不断除去生成的小分子,可以提高产物的分子量。

(四) 分子量及其分布对性质和应用的影响

大分子药用辅料的物理状态(液体或固体)、机械性能(强度、弹性、韧性、硬度等)和黏度等物理性能与其分子量及其分布密切相关。一般来说,大分子药用辅料的机械性能,如抗拉强度、冲击强度、弹性模量、硬度和黏合强度等,随着大分子药用辅料的分子量的增加而增加。当分子量达到一定程度时,上述性能的提速会减慢,最终趋于一定的极限。对于聚合物薄膜,分子量的增加往往会增加薄膜的抗拉强度、伸长率和柔韧性。这可以解释为,聚合物链越长,弹性越大。因此,与短聚合物链相比,它们可以在断裂前进一步延伸。乙基纤维素作为缓释包衣控制药物释放,其释放动力学特征与乙基纤维素的分子量有关,乙基纤维素分子量越高,包衣膜强度增强,药物释放越慢[22]。

三、药用辅料的取代度

对药用辅料进行化学改性是赋予其新功能和拓宽应用范围最有效的手段之一。例如,针对淀粉和纤维素等天然大分子进行酯化、醚化、酰化、交联和氧化等反应,引入特定的官能团可获得功能丰富的衍生物,从而满足各种制剂的需求[23]。官能团的修饰程度直接影响药用辅料的理化性质,通常以取代度(degree of substitution, DS)来表示药用辅料每个重复单元中特定基团被给定取代基取代的平均数量。取代度的高低受药用辅料重复单元中可被取代的特定基团的总数量的限制,同时也受取代基空间位阻影响。另外,一些取代基如羟烷基,其本身所带的羟基也可以进行化学修饰,因此在这些情况下需要用摩尔取代度(molar substitution, MS)来表示引入每个重复单元的取代基平均数。摩尔取代度可以超过每个重复单元可被取代的特定基团的总量,其数值取决于改性合成条件和取代基结构,因而可以在很大范围内变化。此外,由于药用辅料自身的空间位阻的限制,取代基在反应过程中也会出现分布不均匀的现象。由此可见,药用辅料取代基的取代度或摩尔取代度差异及分布不均匀性亦是多分散性的重要特征。

(一)影响取代度的因素

影响取代度的因素有很多,取代基的结构、反应介质、催化剂、反应物的比例、反应温度及时间等因素都会对药用辅料的取代度产生影响。以淀粉乙酰化为例,通常将对应的酸酐加入淀粉,在催化剂的存在下使脱水葡萄糖单元上的部分羟基被乙酰基取代,从而获得改性淀粉。该过程中淀粉与酸酐的比例、催化剂的选择、反应过程的温度与时间都会使得改性淀粉上乙酰基的取代度发生变化[24~26]。同时,以上反应条件也会影响取代基在分子链上的取代位置[27]。另外,取代基的自身性质如空间位阻也会影响取代反应的难易程度,从而影响取代度[28]。

(二)药用辅料取代度的评价方法

测量取代度的常用方法有水解法。水解法的原理为先将改性的药用辅料水解,然后根据水解产物的性质用高效液相色谱法、比色法和滴定法等方式对水解产物进行定量分析,从而计算取代度。化学滴定法是经典的测量水解产物含量从而计算取代度的方式,如用于取代基中含有酯键的改性药用辅料的酸碱滴定方法,该方法操作简单结果可靠,但通常需要相对大量的样品并且滴定过程比较耗时[29]。对于水解后可产生醛类物质的药用辅料可采用茚三酮比色法测定其取代度。例如,羟丙基淀粉在酸消化过程中水解产生丙二醇,经脱水后形成丙醛,可与茚三酮反应生成紫色络合物,可在 595 nm 处通过分光光度法测量[30,31]。另外,高效液相色谱法也是常用于定量测定药用辅料水解产物的有效方式[32]。

气相色谱法是另一类简单快速的用于测定改性药用辅料取代度的方法。例如,经典的蔡塞尔(Zeisel)气相色谱法利用羟乙基与氢碘酸反应将取代的烷氧基单元定量转化为相应的碘化物,通过检测碘化物含量,测定羟乙基淀粉中羟乙基的取代度[33]。核磁共振也是快速分析改性药用辅料取代度的手段之一。例如,醋酸纤维素可通过 ^1H-NMR 和 $^{13}C-NMR$ 得到 ^1H 和 ^{13}C 化学位移数据,从而计算每个葡萄糖单位上 2 -位、3 -位和 6 -位乙酰基的取代情况[34]。然而,核磁共振的样品必须完全溶解在特定的核磁试剂中才能获得准确的结果,因此该方法不适用于不能溶于核磁试剂中的改性药用辅料。对于大多数低取代度的纤维素酯这一类不溶于核磁试剂的改性药用辅料,也可以用元素分析法对其进行取代度的测定。例如,对于纤维素纳米晶体,可以通过计算乙酰化后碳元素的增加量与纤维素纳米晶体表面活性羟基含量的比率来确定取代度[35]。FTIR 是一种相对简单但间接的测量方法,已被用于分析不同改性药用辅料(如醋酸纤维素、淀粉乙酸酯、壳聚糖等)的取代度。通过计算代表乙酰基的条带与代表纤维素的条带的高度比或面积比,从而测定纤维素的乙酰化取代度[36]。

（三）取代度的多分散性对大分子药用辅料的性质和应用的影响

取代基的加入会改变药用辅料的物理、化学或生物方面的性质,同时取代度的不同也会使得药用辅料的性质存在差异,而这些性质的改变使得药用辅料更加顺应实际应用中的需求,从而拓宽其适用范围。对药用辅料的改性最常见的是改变其溶解度,甲基化和羟丙基化是最常见的 β-环糊精改性手段,这些基团的取代破坏了天然 β-环糊精分子内的氢键网络,增加了它们与周围水分子相互作用的能力,提高了 β-环糊精的溶解性[37]。取代度还会影响 β-环糊精在药用辅料方面的应用,取代度的增大会使得羟丙基-β-环糊精对药物的增溶能力减弱,但同时会增加安全性,因此在选用不同取代度的羟丙基-β-环糊精时需综合考虑这两方面因素[38]。药用辅料改性还可以满足工业生产上的需求,以改性淀粉为例,在淀粉的热加工中需要达到其玻璃化转变温度(T_g),然而天然淀粉的 T_g 约为 225℃,高于典型的热加工温度 150℃,在实际生产中存在困难。取代基的加入可以降低淀粉的 T_g,通过改变不同取代基和取代度得到的改性淀粉更加适用于工业生产[39]。随着淀粉上羟基被取代数量的增加,减少了加热时发生脱水反应的羟基数量,使得改性淀粉的热稳定性比天然淀粉更高[40]。纤维素通过脂肪链取代可得到脂肪酸纤维素酯(fatty acid cellulose ester, FACE),取代度介于 1.7 和 3 的脂肪酸纤维素酯对酸性和碱性溶液具耐受性,可应用于化学品涂层或酸碱保护膜[41]。

四、药用辅料的支化和交联

（一）药用辅料的支化

1. 支化的定义　在大分子的链节结构中,如果每个重复单元仅与另外两个单元相连接,形成的分子犹如一根线形长链,这类大分子称为线形大分子。而当大分子分子内重复单元并不都是线形排列时,分子链上带有一些长短不一的支链,这类大分子称为支化大分子。与线形大分子相比,支化大分子的特殊结构赋予了其更多的性能,包括高表面性能、球状构象、低特性黏度、高溶解度和流变特性等[42]。

2. 支化大分子的评价方法　大分子的支化可以用核磁共振进行表征。例如,淀粉的核磁共振波谱(^1H 和 ^{13}C)含有多个可分辨的共振,可用于全谱分析,因此可以无损地测定支链淀粉、天然淀粉和降解淀粉的支链程度,也可以定量测定降解淀粉的还原残基[43]。场流分离技术(field flow fractionation,FFF)利用分子尺寸差异也能对支链淀粉和直链淀粉进行表征。通过交叉流速的突然下降,直链淀粉(首先洗脱)和支链淀粉之间实现有效的分离[44]。尺寸排除色谱法(size exclusion chromatography,SEC)也是一种利用分子尺寸差异区分直链淀粉和支链淀粉的方法[45]。此外,溶解度也是表征支化大分子的手段之一。例如,支链淀粉在二甲基亚砜和 NaOH 溶液中的溶解度比直链淀粉低,并且随着支链淀粉含量的增加而降低[46]。

3. 支化对性质和应用的影响　用普鲁兰酶酶解分离直链淀粉和支链淀粉,发现支链淀粉为无定型,没有明显的衍射花样,而直链淀粉呈现 A 型和 B 型衍射花样的叠加。对淀粉的热性质分析表明,直链淀粉的熔融焓高于支链淀粉,这可能与该组分的螺旋结构和较高的结晶度有关[47]。

（二）交联的定义

线形大分子或支化大分子上若干点彼此通过支链或化学键相接可形成三维网状结构的大分子,该类大分子称为体型大分子、交联大分子或网状大分子。交联是分子链之间键合形成网状结构的过程,分为物理交联和化学交联。物理交联可通过如静电作用、形成微晶交联点、形成氢键及主客体相互作用等多种物理相互作用来实现[48]。物理交联往往条件温和,特定诱导下可自发交联且时间短,但相互作用较弱。化学交联则通过形成共价键来实现,包括紫外线照射、酶功能反应、金属配位作用及通过交联剂与大分子链之间的反应或大分子链之间相互键接[49]。

1. 交联大分子的评价方法　交联大分子可以通过 FTIR 和核磁共振等常规的方法进行结构表征。另外,大分子交联后分子间相互作用力会增强,因此可利用原子力显微镜(atomic force microscope,AFM)表征交联前后分子间相互作用力的强弱变化[50]。另外,大分子交联后会增加 T_g,因此可用差示扫描量热法(differential scanning calorimetry,DSC)和热重分析(thermogravimetric analysis,TG 或 TGA)进行表征[51]。

2. 交联对性质和应用的影响 大分子交联可以获得新特性,如溶胀性、渗透性、药物释放性、吸水性、机械性能、化学稳定性、海绵结构及生物降解率等[51]。例如,戊二醛气相交联是形成纳米淀粉纤维膜和提高其力学性能的关键,与非交联淀粉纤维相比,交联纤维的抗拉强度提高了近10倍,且交联淀粉纤维膜毒性低,可应用于组织工程、药物治疗和医学领域[52]。而以丙二酸为交联剂来交联玉米淀粉和马铃薯淀粉,能提高机械性能和降低亲水性[53]。此外,海藻酸钠微球网络内引入生物相容性阴离子纤维素形成的交联二级网络可有效改善海藻酸钠微球的机械性能,并增强抵御耐外界恶劣环境的能力,从而长期保持结构完整性[54]。

五、药用辅料的粒径及其多分散性

药用辅料的粒径及其多分散性与其自身结构特征和加工处理过程有关。通常来说,粒径又称为粒子大小,描述粒子的几何尺寸。而粒径的多分散性则表示不同粒径的粒子在总粒子群的分布情况,反映粒子大小的均匀程度。药用辅料的粒径及其多分散性是药用辅料的关键参数,对其性质和应用均存在显著影响。

（一）药用辅料粒径的测定方法

药用辅料粒径的测定方法可根据测定原理来分类,同时用不同方法测定粒径的范围也有所差异。在《中国药典》中常用的测定方法包括第一法显微镜法、第二法筛分法和第三法光散射法[55]。

1. 第一法显微镜法 本法中的粒径是以显微镜下观察到粒子的长度表示,主要测定几何学粒径。一般光学显微镜可以测定微米级别,而电子显微镜则可测定纳米级别。虽然显微镜法是粒度分析最基本的技术,但是存在着定量不准确的问题,需要与其他技术联用。此外,用于区分制剂中活性成分和非活性成分的显微成像技术亦在不断发展,其中包括激光共聚焦显微镜、拉曼光谱成像技术和原子力显微镜等。目前,拉曼光谱成像技术已用于分析皮质类固醇混悬鼻喷剂中的颗粒粒径及其分布[56];而原子力显微镜可以提供关于颗粒表面性质的信息[57],以上技术也可用来分析药用辅料。

2. 第二法筛分法 筛分法为最早用于测定粒径及其多分散性的方法,一般分为手动筛分法、机械筛分法与空气喷射筛分法。机械筛分法系采用机械方法或电磁方法,产生垂直振动、水平圆周运动、拍打、拍打与水平圆周运动相结合等振动方式,使粒子分布于不同层的筛网中。而空气喷射筛分法则采用流动的空气流带动颗粒运动,可避免当筛孔较细时常规方法易堵塞筛孔而导致粉末不能快速通过筛孔的问题。一般来说,手动筛分法和机械筛分法适用于测定大部分粒径大于 75 μm 的样品。对于粒径小于 75 μm 的样品,则应采用空气喷射筛分法或其他适宜的方法。此外,筛分试验时需注意环境湿度,防止样品吸水或失水。对易产生静电的样品,可加入 0.5% 胶体二氧化硅或氧化铝等抗静电剂,以减小静电作用产生的影响[58]。

3. 第三法光散射法 单色光束照射到颗粒供试品后会发生散射现象。由于散射光的能量分布与颗粒的大小有关,通过测量散射光的能量分布(散射角),依据米氏散射理论和弗朗霍夫近似理论,即可计算出颗粒的粒径及其分布。目前,光散射法已经广泛用于检测纳米药物的粒径及其分布,以及探索粒径等理化参数对纳米药物靶向能力的影响[59]。本法的测量范围可达 0.02~3 500 μm。根据供试品的性状和溶解性能,可选择湿法测定或干法测定[55]。

(1)湿法测定:湿法测定主要用于测定混悬供试品或不溶于分散介质的供试品,湿法测定的检测下限通常为 20 nm。根据供试品的特性,选择适宜的分散方法,必要时可加入适量的化学分散剂或表面活性剂,使供试品分散成均一稳定的混悬液,以保证供试品能够均匀稳定地通过检测窗口,得到准确的测定结果。湿法测定不仅可用于检测可溶性药用辅料的粒径及粒径分布[60],也可用于难溶性辅料如乙基纤维素的粒径分析[61],但是要求使用合适的分散介质,使得难溶性辅料可以形成均匀的混悬液。此外,分散体系的双电层电位(ζ 电位)会直接影响体系的稳定状态,因此,在制备供试品的分散体系时,应注意测量体系的 ζ 电位,以保证分散体系的重现性。

(2)干法测定:干法测定用于测定水溶性或无合适分散介质的固态供试品。干法测定的检测下限通常为 200 nm。通常采用密闭测量法,以减少供试品吸潮。选用的干法进样器及样品池需克服偏流效应,根据供试品分散的难易,调节分散器的气流压力,使不同大小的粒子以同样的速度均匀稳定地通过检测窗口,以得到准确的测定结果。干法测定可用于纤维素[62]、微晶纤维素[63]等药用辅料的粒径及粒径分布测定,此法还可结合库尔特计数法进行药用辅料粒径分析[64]。

4. 其他粒径及其多分散性的测定方法 库尔特计数法是将粒子群混悬于电解质溶液中,在电压驱动下粒子通过两侧有电极板的细孔,此时粒子容积排除孔内电解质而使电阻发生改变。利用电阻与粒子的体积成正比的关系将电信号换算成粒径,从而测得粒径及其分布。本法测得的粒径为等体积球相当径,可以求得以个数为基准的粒度分布或以体积为基准的粒度分布。近年来,一种新型的高速电压库尔特计数器被用于测定聚苯乙烯纳米粒的粒度,其尺寸分辨率远远高于传统的库尔特计数器[65]。

沉降法是液相中混悬的粒子在重力场中恒速沉降时,根据斯托克斯(Stokes)方程求出粒径的方法。适用于 100 μm 以下的粒径测定。常用安德烈亚森(Andreasen)吸管法,这种装置设定一定的沉降高度,在此高度范围内粒子以等速沉降,并在一定时间间隔内再用吸管取样,测定粒子的浓度或沉降量,可求得粒度分布。本法测得的粒度分布以重量为基准。

比表面积法是利用粉体的比表面积随粒径的减少而迅速增加的原理,通过粉体层中比表面积的信息与粒径的关系求得平均粒径的方法,但本法不能求得粒度分布,可测定的粒度范围为 100 μm 以下。

（二）药用辅料粒径及其多分散性对性质和应用的影响

药用辅料的粒径及分布,可能对最终制剂的含量均匀性、稳定性、释放特征及生物利用度等性质产生影响[66]。除此之外,药用辅料的粒径及分布也会影响各组分的可压性、流动性等[67]。一般来说,粒径越大,粉末的流动性越好[68]。在直接压片的过程中,如果各种药用辅料如填充剂、崩解剂、润滑剂的粒度、密度、形状存在显著性差异时,混合物可能会出现分层而导致制剂的含量不均匀;而当所有组分都具有相似的粒度、形状和密度时,混合效率就会提高[69]。例如,阿司匹林与填充剂乳糖和微晶纤维素混合后直接压片时,当各组分的粒径差异较大时,将会影响制剂的均匀性和稳定性[70,71]。通常来说,物料的粒径降低会增加片剂的抗张强度,随着压片时压力的增加,片剂的孔隙减小,粒径较低的辅料粉末填充到孔隙中导致片剂的拉伸强度增加[63]。但是,也有研究证明,颗粒较大的微晶纤维素在较小的压片压力下,对于片剂的拉伸强度无明显影响,故药用辅料粒径对拉伸强度的影响不能一概而论[72]。在制粒的过程中,药用辅料和原料药制备成粒径不同的颗粒,颗粒的大小、形状均会影响最终制剂的孔隙大小,以至于影响最终制剂的释放行为[66]。例如,不同粒度分布的 HPMC 会对亲水凝胶骨架片中阿司匹林释放行为产生影响,当 HPMC 粒径低于 113 μm 时阿司匹林释放机制为一级动力学,平均粒径大于 113 μm 时释放机制偏离一级动力学;同时,具有相似平均粒径但不同粒径分布的 HPMC 会影响药物释放速率,但不会影响释放机制[73]。

六、展望

药用辅料的组成多分散性研究对了解其性质和应用至关重要,然而大分子药用辅料的化学结构和聚集态特征的复杂性限制了对药用辅料组成多分散性的准确评价。为此,从源头上可控制备大分子药用辅料是降低药用辅料组成多分散性,提高质量的关键。

(苏志桂)

参考文献

[1] Song Y, Cong Y, Wang B, et al. Applications of Fourier transform infrared spectroscopy to pharmaceutical preparations. Expert Opinion on Drug Delivery, 2020, 17(4): 551－571.

[2] Yang E, Qin X, Wang S. Electrospun crosslinked polyvinyl alcohol membrane. Materials Letters, 2008, 62(20): 3555－3557.

[3] Hess C. New advances in using Raman spectroscopy for the characterization of catalysts and catalytic reactions. Chemical Society Reviews, 2021, 50(5): 3519－3564.

[4] Li J T, Han W F, Zhang B J, et al Structure and physicochemical properties of resistant starch prepared by autoclaving-microwave. Starke, 2018, 70(9－10): 1800060.

[5] Wen J L, Sun S L, Xue B L, et al. Recent advances in characterization of lignin polymer by solution-state nuclear magnetic resonance (NMR) methodology. Materials (Basel), 2013, 6(1): 359－391.

[6] Horii H Y, Fumitaka H. CP/MAS I3C NMR Analysis of the crystal transformation induced for vdonia cellulose by annealing at high temperatures. Macromolecules, 1993, 26(6): 1313－1317.

[7] Khan H, Yerramilli A S, D'Oliveira A, et al. Experimental methods in chemical engineering: X-ray diffraction spectroscopy-XRD. Canadian Journal of Chemical Engineering, 2020, 98(6): 1255－1266.

[8] Kalita D, Kaushik N, Mahanta C L. Physicochemical, morphological, thermal and IR spectral changes in the properties of waxy rice starch modified with vinyl acetate. Journal of Food Science and Technology, 2014, 51(10): 2790－2796.

[9] De Bruycker K, Welle A, Hirth S, et al. Mass spectrometry as a tool to advance polymer science. Nature Reviews Chemistry, 2020, 4(5): 257－268.

[10] Trimpin S, Plasencia M, Isailovic D, et al.. Resolving oligomers from fully grown polymers with IMS-MS. Analytical Chemistry, 2007, 79(21): 7965－7974.

[11] 徐晖.药用高分子材料学.5版.北京: 中国医药科技出版社,2019: 32.

[12] 孟显丽,陈国华,侯进,等.关于端基分析法测定壳低聚糖的相对数均分子质量问题的探讨.中国海洋大学学报(自然科学版),2005,1: 142－144.

[13] Levy G B, Frank H P. Determination of molecular weight of polyvinylpyrrolidone. II. Journal of Polymer Science, 1955, 17(84): 247－254.

[14] Shaheen M E, Ghazy A R, Kenawy E R, et al. Application of laser light scattering to the determination of molecular weight, second virial coefficient, and radius of gyration of chitosan. Polymer, 2018, 158: 18-24.

[15] Potthast A, Radosta S, Saake B, et al. Comparison testing of methods for gel permeation chromatography of cellulose: coming closer to a standard protocol. Cellulose, 2015, 22(3): 1591-1613.

[16] Farrugia C A, Farrugia I V, Groves M J. Comparison of the molecular weight distribution of gelatin fractions by size-exclusion chromatography and light scattering. Pharmacy and Pharmacology Communications, 1998, 4(12): 559-562.

[17] MacRury T B, McConnell M L. Measurement of the absolute molecular weight and molecular weight distribution of polyolefins using low-angle laser light scattering. Journal of Applied Polymer Science, 1979, 24(3): 651-662.

[18] Puskas J E, Chen Y H, Kulbaba K, et al. Effect of the molecular weight and architecture on the size and glass transition of arborescent polyisobutylenes. Journal of Polymer Science Part A: Polymer Chemistry, 2006, 44(5): 1770-1776.

[19] Czechowska-Biskup R, Wach R A, Rosiak J M, et al. Procedure for determination of the molecular weight of chitosan by viscometry. Progress on Chemistry and Application of Chitin and its Derivatives, 2018, (23): 45-54.

[20] Johnson F A, Craig D Q M, Mercer A D. Characterization of the block structure and molecular weight of sodium alginates. Journal of Pharmacy and Pharmacology, 1997, 49(7): 639-643.

[21] Campo V L, Kawano D F, da Silva Jr D B, et al. Carrageenans: Biological properties, chemical modifications and structural analysis-A review. Carbohydrate Polymers, 2009, 77(2): 167-180.

[22] Andersson H, Häbel H, Olsson A, et al. The influence of the molecular weight of the water-soluble polymer on phase-separated films for controlled release. International Journal of Pharmaceutics, 2016, 511(1): 223-235.

[23] Liu X L, Zhu C F, Liu H C, et al. Quantitative analysis of degree of substitution/molar substitution of etherified polysaccharide derivatives. Designed Monomers and Polymers, 2022, 25(1): 75-88.

[24] Ding J, Li C, Liu J, et al. Time and energy-efficient homogeneous transesterification of cellulose under mild reaction conditions. Carbohydrate Polymers, 2017, 157: 1785-1793.

[25] Sweedman M C, Tizzotti M J, Schäfer C, et al. Structure and physicochemical properties of octenyl succinic anhydride modified starches: A review. Carbohydrate Polymers, 2013, 92(1): 905-920.

[26] Ačkar Đ, Babić J, Jozinović A, et al. Starch Modification by Organic Acids and Their Derivatives: A Review. Molecules (Basel, Switzerland), 2015, 20(10): 19554-19570.

[27] Xu J, Shi Y C. Position of acetyl groups on anhydroglucose unit in acetylated starches with intermediate degrees of substitution. Carbohydrate Polymers, 2019, 220: 118-125.

[28] Crépy L, Miri V, Joly N, et al. Effect of side chain length on structure and thermomechanical

properties of fully substituted cellulose fatty esters. Carbohydrate Polymers, 2011, 83(4):
1812 – 1820.

[29] Senna A M, Novack K M, Botaro V R. Synthesis and characterization of hydrogels from cellulose acetate by esterification crosslinking with EDTA dianhydride. Carbohydrate Polymers, 2014, 114: 260 – 268.

[30] Liu W, Xu J, Jing P, et al. Preparation of a hydroxypropyl Ganoderma lucidum polysaccharide and its physicochemical properties. Food Chemistry, 2010, 122 (4): 965 – 971.

[31] Liu W, Xie Z, Zhang B, et al. Effects of hydroxypropylation on the functional properties of psyllium. Journal of Agricultural and Food Chemistry, 2010, 58(3): 1615 – 1621.

[32] Sarkar A B, Kochak G M. HPLC analysis of aliphatic and aromatic dicarboxylic acid cross-linkers hydrolyzed from carbohydrate polyesters for estimation of the molar degree of substitution. Carbohydrate Polymers, 2005, 59(3): 305 – 312.

[33] Man X L, Peng W K, Chen J, et al. Analysis of molar substitution of hydroxybutyl group by zeisel reaction in starch ethers. Molecules, 2021, 26(18): 5509.

[34] Kono H, Hashimoto H, Shimizu Y. NMR characterization of cellulose acetate: Chemical shift assignments, substituent effects, and chemical shift additivity. Carbohydrate Polymers, 2015, 118: 91 – 100.

[35] Hu F, Lin N, Chang P R, et al. Reinforcement and nucleation of acetylated cellulose nanocrystals in foamed polyester composites. Carbohydrate Polymers, 2015, 129: 208 – 215.

[36] Li W, Cai G, Zhang P. A simple and rapid Fourier transform infrared method for the determination of the degree of acetyl substitution of cellulose nanocrystals. Journal of Materials Science, 2019, 54(10): 8047 – 8056.

[37] Saokham P, Muankaew C, Jansook P, et al. Solubility of cyclodextrins and drug/cyclodextrin complexes. Molecules, 2018, 23(5): 1161.

[38] Li P. Song J. Ni X, et al. Comparison in toxicity and solubilizing capacity of hydroxypropyl-β－cyclodextrin with different degree of substitution. International Journal of Pharmaceutics, 2016, 513(1): 347 – 356.

[39] Shogren R L. Preparation, thermal properties, and extrusion of high-amylose starch acetates. Carbohydrate Polymers, 1996, 29(1): 57 – 62.

[40] Winkler H, Vorwerg W, Rihm R. Thermal and mechanical properties of fatty acid starch esters. Carbohydrate Polymers, 2014, 102: 941 – 949.

[41] Duchatel-Crépy L, Joly N, Martin P, et al. Substitution degree and fatty chain length influence on structure and properties of fatty acid cellulose esters. Carbohydrate Polymers, 2020, 234: 115912.

[42] Cook A B, Perrier S. Branched and dendritic polymer architectures: functional nanomaterials for therapeutic delivery. Advanced Functional Materials, 2020, 30(2): 1901001.

[43] Gidley M J. Quantification of the structural features of starch polysaccharides by NMR spectroscopy. Carbohydrate Research, 1985, 139: 85 – 93.

[44] Roger P, Baud B, Colonna P. Characterization of starch polysaccharides by flow field-flow

fractionation-multi-angle laser light scattering-differential refractometer index. Journal of Chromatography A, 2001, 917(1 - 2): 179 - 185.

[45] Chen M H, Bergman C J. Method for determining the amylose content, molecular weights, and weight- and molar-based distributions of degree of polymerization of amylose and fine-structure of amylopectin. Carbohydrate Polymers, 2007, 69(3): 562 - 578.

[46] Chen Y F, Fringant C, Rinaudo M. Molecular characterization of starch by SEC: Dependance of the performances on the amylopectin content. Carbohydrate Polymers, 1997, 33(1): 73 - 78.

[47] Wang Z Z, Chen B R, Zhang X, et al. Fractionation of kudzu amylose and amylopectin and their microstructure and physicochemical properties. Starch-Starke, 2017, 69(3 - 4): 93 - 101.

[48] Hu W, Wang Z, Xiao Y, et al. Advances in crosslinking strategies of biomedical hydrogels. Biomaterials Science, 2019, 7(3): 843 - 855.

[49] Li H, Yang P, Pageni P, et al. Recent advances in metal-containing polymer hydrogels. Macromolecular Rapid Communications, 2017, 38(14): 10.

[50] Ghorbani S, Eyni H, Bazaz S R, et al. Hydrogels based on cellulose and its derivatives: applications, synthesis, and characteristics. Polymer Science Series A, 2018, 60(6): 707 - 722.

[51] Rimdusit S, Jingjid S, Damrongsakkul S, et al. Biodegradability and property characterizations of Methyl Cellulose: Effect of nanocompositing and chemical crosslinking. Carbohydrate Polymers, 2008, 72(3): 444 - 455.

[52] Wang W Y, Jin X, Zhu Y G, et al. Effect of vapor-phase glutaraldehyde crosslinking on electrospun starch fibers. Carbohydrate Polymers, 2016, 140: 356 - 361.

[53] Dastidar T G, Netravali A N. 'Green' crosslinking of native starches with malonic acid and their properties. Carbohydrate Polymers, 2012, 90(4): 1620 - 1628.

[54] Lee K, Hong J, Roh H J, et al. Dual ionic crosslinked interpenetrating network of alginate-cellulose beads with enhanced mechanical properties for biocompatible encapsulation. Cellulose, 2017, 24(11): 4963 - 4979.

[55] 国家药典委员会.中国药典.北京: 中国医药科技出版社,2020.

[56] Doub W H, Adams W P, Spencer J A, et al. Raman chemical imaging for ingredient-specific particle size characterization of aqueous suspension nasal spray formulations: a progress report. Pharmaceutical Research, 2007, 24(5): 934 - 945.

[57] Young P M, Cocconi D, Colombo P, et al. Characterization of a surface modified dry powder inhalation carrier prepared by "particle smoothing". Journal of Pharmacy and Pharmacology, 2002, 54(10): 1339 - 1344.

[58] 吴正红,周建平.工业药剂学.北京: 化学工业出版社,2021.

[59] Salvati A, Pitek A S, Monopoli M P, et al. Transferrin-functionalized nanoparticles lose their targeting capabilities when a biomolecule corona adsorbs on the surface. Nature Nanotechnology, 2013, 8(2): 137 - 143.

[60] Adeoye O, Bártolo I, Conceição J, et al. Pyromellitic dianhydride crosslinked soluble

cyclodextrin polymers: Synthesis, lopinavir release from sub-micron sized particles and anti-HIV-1 activity. International Journal of Pharmaceutics, 2020, 583: 119356.

[61] Božič M, Elschner T, Tkaučič D, et al. Effect of different surface active polysaccharide derivatives on the formation of ethyl cellulose particles by the emulsion-solvent evaporation method. Cellulose, 2018, 25(12): 6901-6922.

[62] Yeasmin M S, Mondal M I. Synthesis of highly substituted carboxymethyl cellulose depending on cellulose particle size. International Journal of Biological Macromolecules, 2015, 80: 725-731.

[63] Wünsch I, Finke J H, John E, et al. The influence of particle size on the application of compression and compaction models for tableting. Int J Pharm, 2021, 599: 120424.

[64] Xu X, Bean S, Wu X, et al. Effects of protein digestion on in vitro digestibility of starch in sorghum differing in endosperm hardness and flour particle size. Food Chem, 2022, 383: 132635.

[65] Edwards M A, German S R, Dick J E, et al. High-speed multipass coulter counter with ultrahigh resolution. ACS Nano, 2015, 9(12): 12274-12282.

[66] Shekunov B Y, Chattopadhyay P, Tong H H Y, et al. Particle size analysis in pharmaceutics: principles, methods and applications. Pharmaceutical Research, 2007, 24(2): 203-227.

[67] Sun Z, Ya N, Adams R C, et al. Particle size specifications for solid oral dosage forms: a regulatory perspective. American Pharmaceutical Review, 2010, 13(4): 68-73.

[68] Liu L X, Marziano I, Bentham A C, et al. Effect of particle properties on the flowability of ibuprofen powders. International Journal of Pharmaceutics, 2008, 362(1-2): 109-117.

[69] Charoo N A. Critical excipient attributes relevant to solid dosage formulation manufacturing. Journal of Pharmaceutical Innovation, 2020, 15(1): 163-181.

[70] Swaminathan V, Kildsig D O. Polydisperse powder mixtures: effect of particle size and shape on mixture stability. Drug Development and Industrial Pharmacy, 2002, 28(1): 41-48.

[71] Sun C, Grant D J. Influence of crystal shape on the tableting performance of L-lysine monohydrochloride dihydrate. Journal of Pharmaceutical ciences, 2001, 90(5): 569-579.

[72] Almaya A, Aburub A. Effect of particle size on compaction of materials with different deformation mechanisms with and without lubricants. AAPS PharmSciTech, 2008, 9(2): 414-418.

[73] Heng P W, Chan L W, Easterbrook M G, et al. Investigation of the influence of mean HPMC particle size and number of polymer particles on the release of aspirin from swellable hydrophilic matrix tablets. Journal of Controlled Release, 2001, 76(1-2): 39-49.

第十章

药用辅料的粉体学评价与粉体设计

固体制剂的制备实际是粉体的处理过程,故辅料的粉体学性质在固体制剂的制备中尤为重要。制剂在体内发挥作用的前提是药物的溶解与吸收,因此,固体制剂的制备过程中首先将原料药粉碎过筛使成均匀的粉末状,有利于提高药物的溶出速率、提高药物和辅料的均匀性等。然而粉末状的原料药黏附性增加,流动性差,需要与适宜的辅料混合改善流动性或制成颗粒增加流动性。粉体流动性是制剂过程顺利进行的保障,流动性差不仅影响混合均匀度,而且影响剂量准确性。压缩成形性是制备片剂的重要粉体性质,原料药的压缩成形性一般较差,配伍压缩成形性好的辅料是制备优良片剂的有效措施。因此,药用辅料的粉体性质对固体制剂的制备过程及产品质量具有重要影响。值得注意的是,粉体性质的测定方法不同,其表达方式也不同,所代表的粉体学意义也不同。

一、药用辅料的粉体性质及评价方法

(一)概述

粉体是指无数个固体粒子的集合体,粒子是粉体运动的最小单元。在药物固体制剂中,常用的药学领域的粒度范围为 $1 \mu m \sim 10 mm$(片剂)。在制剂中通常将 $\leqslant 100 \mu m$ 的粒子称为"粉", $>100 \mu m$ 的粒子称为"粒"[1]。组成粉体的单元粒子称为一级粒子(primary particle,图 10-1 左);多个单体粒子聚集在一起的粒子,称为二级粒子(second particle,图 10-1 右)。通常把粒子几何学性质称作粉体的第一性质(primary propertie),把粉体集合体的性质称作粉体的第二性质(second propertie)。粉体的第一性质有粒子的大小、形状和表面积等。粉体的第二性质有堆密度、空隙率、吸湿性、润湿性、黏附性、流动性、充填性、压缩成形性等。

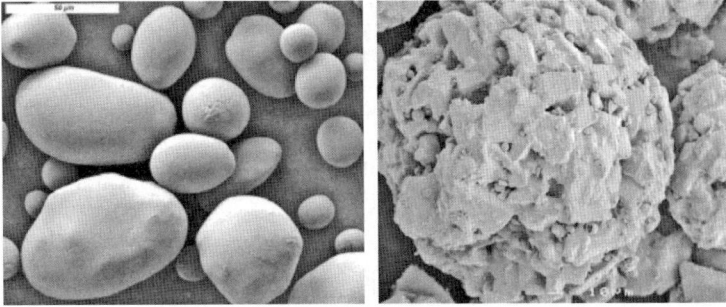

图 10-1　一级粒子(大米淀粉,左)和二级粒子(喷雾乳糖,右)

(二) 粉体学性质的评价方法

1. 粒度　粒度是粉体的最基本性质,直接影响其他粉体性质。很多药用辅料的形态是不规则的,颗粒大小的表达方式有多种,如筛分径、几何学径、相当径、有效径等。目前的医药品的粒径分布及测定方法有光散射法、动态光散射法、安德森(Andersen)多级碰撞器法、沉降法、库尔特计数法、筛分法、电子显微镜法及光学显微镜法等[2]。在粉体学领域中,具有普适性的粒径测定法有显微镜法、筛分法、光散射法。

(1) 显微镜法:利用光学显微镜或电子显微镜观察粒子的投影图像的方法,通过图像处理可得到几何学径或相当径及粒度分布。

(2) 筛分法:筛分法测得的粒径称为筛分径。筛分径是在固体制剂生产过程中使用最广泛的测定方法。筛分法分为手动筛分法、机械筛分法、空气喷射筛分法。手动、机械法适用于粒径大于 75 μm 的粒子,小于 75 μm 粒子应选用空气喷射法[3]。

(3) 光散射法:光散射法的粒度测定范围在 0.02~3 500 μm[3],具有操作简便,测定时间短,重现性好等特点,是最常用的粒度测定方法。粒径分布特征值 $d(0.1)$、$d(0.5)$、$d(0.9)$ 分别代表在粒径的累积分布图中占 10%、50%、90% 所对应的粒度大小。也可通过跨度(Span)= [$d(0.9)$ - $d(0.1)$]/$d(0.5)$,判断粒径分布,跨度值越小,说明粒子的粒径分布越窄。光散射法有干法和湿法两种测定方法。采用湿法时,需要注意用于测量的分散溶剂的选择。光散射法的测量原理是假设颗粒为球形,所测得粒径属于有效径,实际上它受颗粒形状和表面条件的影响,计算粒径的方法因设备型号而异[2]。

2. 形态　粒子形态的表示方法有术语表示法和数据表示法。粒子形态的常用术语,如球状、片状、柱状、粒状、块状、针状和纤维状等。用数据表示规则形状的粒子,如球体、正方体,可用他们的特征长度,如直径和边长分别表示其形状特征及大小。不规则形状的粒子很难精确地描述。目前可用长宽比、形状指数（球形度、圆形度）和形状系数（体积形状系数、表面积形状系数、比表面积形状系数）描述颗粒的形状。

3. **密度** 粉体学中，因所使用的体积不同给出不同概念的密度：真密度（true density）、有效颗粒密度（effective particle density）、表观颗粒密度（apparent particle density）、表观粉体密度（apparent powder density）。表观粉体密度亦称松密度，通常称为堆密度（bulk density）和振实密度（tap density），以下介绍真密度、粒密度、堆密度和振实密度。

（1）真密度：是物质的固有性质，是去掉所有空隙后纯物质的体积来计算的密度。真密度的测定方法多采用氦气置换法，在测定前应充分干燥物料，避免水分含量对测定结果的影响。

（2）粒密度：是指颗粒质量除以颗粒体积（包括颗粒内部孔隙）来求得的密度。通常采用水银置换法测定颗粒体积。

（3）堆密度：是粉体质量除以该粉体所占体积来求得的密度，是在制剂过程中应用最广泛的表观粉体密度。在药典中，堆密度的测定方法有三种，分别为固定质量法（Ⅰ法）、体积计法（Ⅱ法）和固定体积法（Ⅲ法），其中Ⅱ法为了防止物料下落时受冲力的影响设有缓冲装置。在考察三种方法对微晶纤维素的堆密度的测定结果表明，Ⅱ法测定的密度小于Ⅰ法和Ⅲ法测定的密度，Ⅰ法和Ⅲ法的测定结果无显著差异。

（4）振实密度：经轻敲后，粉体体积不再发生变化时的密度。振实密度通常用于计算压缩度和豪斯纳（Hausner）比，用其大小来评价物料的流动性。

4. **粉体流动性** 粉体的流动形式分为重力流动、振动流动、搅拌流动、压缩流动和流态化流动等，其相应的流动性评价方法也有所不同[4]。影响粉体流动性的因素很复杂，很难从理论上准确评价和预测粉体的流动性。因此，一般结合粉体性质、粉体操作及流动特性选择适宜的评价方法。以下介绍几种常用的流动性评价方法及新的研究进展。

（1）休止角：休止角（angle of repose，θ）是粉体堆积层的自由斜面与水平面所形成的夹角。常用的测定方法有注入法、排出法和动态休止角法等，如图10-2所示。θ是粒子在粉体堆积层的自由斜面上滑动时所受重力和粒子间摩擦力达到平衡而处于静止状态下测得的，θ越小，摩擦力越小，流动性则越好。θ常用于药用辅料的粉体流动性评价。根据经验，$\theta<40°$就可满足生产过程中的流动性的需求，$\theta>45°$时流动性差[5]。

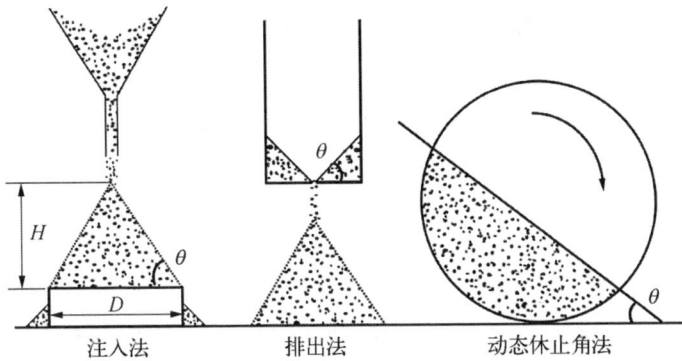

图 10 - 2 休止角测定方法的分类

H. 高度,cm;*D*. 直径,cm;*θ*. 休止角,(°)

注入法是测定药用辅料 *θ* 的最常用方法,但粉体锥体的形成过程极大地依赖于所使用的测试方法、条件及人员操作的差异。粉体锥形貌及 *θ* 的测量方法是导致测量结果偏差较大的主要因素。在研究药用辅料的 *θ* 测定法中发现,黏附性较强的辅料更易形成凹型(图 10 - 3A)、流动性好或密度较大的物料更易形成凸形(图 10 - 3C),而构建一个较为理想的粉体锥(图 10 - 3B)并不容易。粉体锥的不规则性是导致休止角测量误差大的原因之一。基于图像处理技术开发的多层分段式测量技术(PT - X 型粉体测定仪;HOSOKAWA MICRO COPORATION)显著改善了对凹凸型粉体锥的休止角测定结果的精度及测量的便捷性[6]。

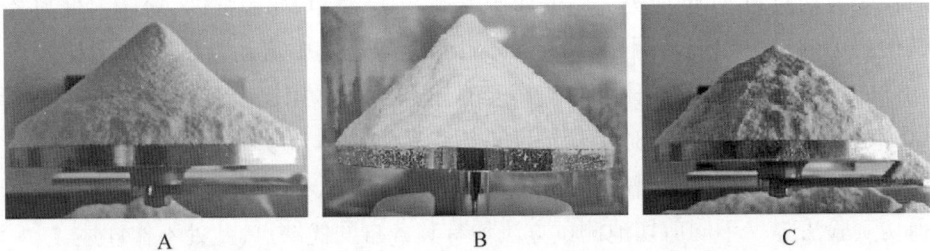

图 10 - 3 注入法测定休止角时常见的粉体锥形态图

(2) 压缩度和豪斯纳比:压缩度(compressibility, *C*)指将一定量的粉体轻轻装入量筒后测量最初松体积 V_0;采用轻敲法(tapping method)使粉体处于最紧状态,测量最终的体积 V_f;计算最松密度 ρ_0 与最紧密度 ρ_f;计算压缩度 *C* 的公式如下:

$$C = \frac{(V_0 - V_f)}{V_0} \times 100\% = \frac{(\rho_f - \rho_0)}{\rho_f} \times 100\% \qquad (10-1)$$

豪斯纳比(Hausner ratio, HR)与压缩度密切相关:

$$HR = \frac{V_0}{V_f} = \frac{\rho_f}{\rho_0} \qquad (10-2)$$

压缩度与豪斯纳比是粉体流动性的重要指标之一。在实际应用中,粉体压缩度在20%以下时流动性较好,压缩度增大时流动性下降,当压缩度达到38%以上时粉体很难从容器中自动流出。相应地,豪斯纳比值也能反映流动性,即粉体豪斯纳比值在1.25以下时流动性较好,大于1.60时无法操作。压缩度与豪斯纳比的测定结果易受测定方法的影响。物料的装填速度直接影响物料的松散状态,影响松密度的测定结果。

(3)流出速度:流出速度是指单位时间内从容器底部孔中流出的粉体量。测定流出速度时常使用圆筒、漏斗或料斗等容器。圆筒状的容器壁对粉体的流出基本无影响,因此最常用。通常,粉体从容器中可自由流出的孔径越小,或在同等孔径下流速越大,粉体的流动性越好。该方法仅适用于流动性较好的粉体。容器形状对不同的物料的流出速度的影响也不同。因此,贴近生产用的容器形态所测得流速度更具有参考价值。

(4)剪切池法——流动性因子:剪切池法已被广泛应用于药用原辅料的流动性评价中。从剪切池法中可得到不同的粉体流动特性参数,包括在流动初期时代表剪切应力-正向应力关系的屈服轨迹、内摩擦角、屈服强度、粉体内聚力及其他相关的参数如流动因子(flow factor, FF)等。其中流动性因子作为粉体流动性的评价标准被收载于欧洲、美国及日本药典中。相比于其他粉体流动性测试方法,剪切池法更易于对实验条件进行控制。粉体流动性评价的剪切池法有耶尼克(Jenike)剪切实验法、环形剪切实验法、旋转式剪切实验法和平行平板型剪切实验法[7]。不同剪切池测试方法均有其各自的优缺点,此处不作详述。

固体粉末的剪切特性是评估粉末流动性的重要指标。与休止角和压缩度等代表着由动态到静态的极限值不同,从剪切池法中可得到不同的粉体流动特性参数,表达了由静态到动态的极限值,也被称为动态流动性,更适合于评价实际生产过程中粉体流动性。

(5)综合评价法——卡尔(Carr)指数法:单一的流动性评价指标往往无法预测实际粉体操作过程中的粉体流动性。有时需要根据几种不同方法的测定结果进行综合评价。Carr 指数法是目前粉体流动性评价中最常用的一种综合评价方法[8]。该法将粉体的休止角、压缩度、刮铲角(平板角)、均一度(或凝聚度)、差角、崩溃角等实验参数换算成相应的单项流动性、喷流性指数,流动性好的粉体单项最高分为 25 分,然后将休止角、刮铲角、压缩度、凝聚度(或均一度)的指数相加,得出 Carr 流动性综合指数。流动性指数得分为 90~100 的粉体的流动性非常好;介于 70~89 的为流动性良好;介于 60~69 的为普通;介于 20~59 的为流动性差;介于 0~19 的为流动性非常差。此外,将崩溃角、差角、分散度和各项 Carr 流动性综合指数所对应的喷流性指数相加,可得出 Carr 喷流性综合指数。Carr 指数法并没有被广泛收载于各国药典中,美国 FDA 承认该方法,日本的制药企业普遍使用该方法测定物料的流动性。

5. 粉体的充填性　粉体的堆密度与空隙率等可直观地反映出其充填性,而这些性质直接受颗粒大小、形状和粒度分布等因素的影响。可从川北方程或久野方程中分别求得充填速度常数 b 值或 k 值,充填速度常数越大,充填速度越快[9]。在粉体操作中辅料的充填性并不一定是恒定的,会影响物料流出速度的稳定性。因此,物料的充填性对分剂量较小的片剂或胶囊制剂等的准确性产生重要影响。

6. 黏附性与内聚　黏附性(adhesion)系指不同分子间产生的引力,如粉体中粒子与器壁间的黏附;内聚(cohesion)系指同分子间产生的引力,也称凝聚,如粒子与粒子间发生的粘连。一般情况下,粒径越小,密度越小,粉体越易发生黏附与内聚,因而影响流动性、充填性及压缩成形性。Geldart 根据流化行为将具有黏附性的粉体归类 C 组粉体,当粉体的粒径小于 30 μm 时,颗粒间的作用力(f_{coh})大于重力,粉体具有内聚性[10,11]。粉体流变仪(FT4)是考察粉体内聚性的有效手段,具有检测手段丰富,样品量少,重现性好等特点。丰富的测定手段帮助我们更好地了解从流化状态到固结状态下的粉体内聚性变化[12~15],更具有实际参考价值。

7. 压缩成形性　片剂生产过程中经常会遇到裂片、黏冲、松片和涩冲等不良现象发生。因此,粉体的压缩成形性对于处方筛选与工艺选择具有重要意义。当药物和辅料压缩成片剂时,压缩压强(compression pressure)与片剂的抗张强度(tensile strength)及片剂中固相分数(solid fraction)之间的关系是了解和评价压缩成形性的重要参数[16]。

(1)可压缩性(compressibility):表示粉体在给定压力下减少体积的能力,即压缩力和固相分数(或孔隙率)之间的关系。压缩时,体积的减少是通过颗粒间隙的空气逸出而实现的。因此体积的减少伴随着孔隙率的减小。式(10-3)可用于描述片剂固体组分的可压缩性,其中 a 和 b 为经验常数:

$$\lg 压缩压强 = a \times 固相分数 + b \qquad (10-3)$$

当物料较少时,也可通过将不同物料压至固体分数为 0.85 所需的压片力来表示压缩性好坏。也可使用 Heckel 方程[式(10-4)]描述可压缩性,该方程预测了片剂孔隙率(porosity)的对数与压缩力的线性关系,K 和 B 是经验常数。

$$-\ln 孔隙率 = K \times 压缩压强 + B \qquad (10-4)$$

(2)可成形性(compactibility):表示物料紧密结合形成一定形状的能力,即片剂的抗张强度和固相分数之间的关系。成形性表示颗粒之间结合的坚固性,直接影响着片剂的硬度和脆碎度。通常,片剂的抗张强度随固相分数的增加呈指数增长,可由 Ryshkewitch - Duckworth 方程[式(10-5)]描述,其中 k 和 A 是经验常数:

$$\lg 抗张强度 = k \times 固相分数 + A \qquad (10-5)$$

这种关系突出了片剂孔隙率对粉体压片性的重要性。当低抗张强度与高孔隙率(固相分数)相关联时,克服压片问题的有效策略是添加成形性更好的赋形剂。

(3)可压片性(tabletability):表示在给定压力下把粉体压缩成具有一定强度的片剂的能力,通过压缩力和抗张强度的关系表示。一般情况下,压缩力增大时,片剂的抗张强度也随之增大,但过高的压力反而使片剂的强度降低。可压片性提供物料的压缩力和片剂机械特性的信息。在一定的压缩力范围,物料的可压片性通常可用式(10-6)来描述,其中 K 和 B 是经验常数:

$$\lg 抗张强度 = K \times 压缩压强 + B \qquad (10-6)$$

8. 吸湿性与润湿性

(1)吸湿性(moisture absorption):系指在固体表面吸附水分的现象。空气中的水分含量(空气相对湿度)引起粉末的含水量增加,这会导致粉体的凝聚、固结、流动性下降。对于水溶性物料,其吸湿现象发生在临界相对湿度(critical relative humidity, CRH)以上的湿度环境。CRH 是水溶性物料的固有属性。CRH 越大,物料越不易吸湿。两种水溶性物料的混合物的 CRH 等于各自 CRH 的乘积,与质量无关。水溶性物料的操作必须在湿度低于物料 CRH 的环境下进行。水不溶性物料的吸湿性不存在临界点,随着空气中水分含量增加而增加。吸湿性可用粉末吸湿法或饱和溶液法测定。

(2)润湿性(wetting):系指固体界面由固-气界面变为固-液界面的现象。这关系到片剂、颗粒的崩解性和药物的溶出性,如硬脂酸镁的润湿性差,会影响片剂的吸水崩解性。物料的润湿性用接触角表示,接触角最小为 0°(完全润湿),最大为 180°(完全不润湿)。90° 为润湿性的临界值。接触角的测定方法有液滴法和毛细管法。毛细管法更适用于粉体的接触角测定,但粉体颗粒间的毛细管径不好测定,常用于比较不同物料的润湿性。

二、药用辅料的粉体设计

粉体设计是药物制剂粒子设计的一部分,通常是指在不改变其化学性质的情况下,通过控制、改变粒子的物理性质来创造新的粒子及粉体性质[17]。使不可能的粉体操作(如直接压片)成为可能,并可赋予新的制剂功能。粒子的物理性质包括一级粒子的物理性质(如粒径、形态、晶型、结晶度和粒密度等)和二级粒子的物理性质(如粒径、形态、密度、孔隙率、流动性及压缩成形性等)。

(一)单一成分的粉体设计——辅料精细化(规格)分类

1. 粒径 与原料药和制剂相同,在药用辅料的粉体设计分类中最重要的尺度是粒径,原因如下。① 粒度是粉体的最基本性质,影响表观密度、流动性及压缩成形性等。② 生产工艺可控。③ 粉体操作及生理上存在临界粒径:在粉体操作中,粉末粒径小于 100 μm 时,流动性和填充性变差,通常以粒度 100 μm 为标尺,区分物料的流动性;在生理学上,粒径小于 150 μm 时口腔中颗粒的沙粒感减少;肺部给药的适宜空气动力径在 0.5 ~ 7 μm 内等。以临界粒径为指标的药物制剂设计服务于临床用药需求。实际上,固体药用辅料的规格分类大部分以粒度划分,以满足改善流动性或压缩成形性等方面的需求。近年来,为满足口腔速崩片的压缩成形性或崩解性、口感等需求,药辅企业把水不溶性辅料的粒径控制在 20 ~ 50 μm,如微晶纤维素 OD - 20P 或 105 型、低取代羟丙基纤维素 NBD 系列。

2. 形态 除球形外,以形态划分药用辅料规格方式并不多。通过喷雾干燥或挤出滚圆法等生产工艺较易获得球形辅料。一般来讲,辅料的原材料、生产工艺及粒度范围的不同,粉体形态也有所不同。以微晶纤维素为例,在 38 ~ 75 μm 内多为柱状结构,在 100 μm 以上时多为类球形颗粒。大生和博等发现微晶纤维素的长宽比越大,粒子在径向的结晶配向度会越高,成形性越好,如成形性更为优异的 KG 系列[18]。

3. 密度　密度影响辅料的重力流动性。一般情况下,粉体密度大于 0.4 g/cm^3 时,粉体的重力流动性可满足生产需要[19]。粉体的密度对于物料的混合、填充、流化和压片等粉体操作的顺利进行至关重要,在物料的混合过程中,受重力作用,原辅料间的粒度及密度差异会影响其混合均匀性。因此,应根据原料药的粉体性质及所需的粉体操作选择适宜的粒度与密度的辅料。以堆密度区分的辅料有微晶纤维素 UF711 型(堆密度 = 0.22 g/cm^3)、PH101 型(堆密度 = 0.32 g/cm^3)与 301 型(堆密度 = 0.41 g/cm^3)、PH102 型(堆密度 = 0.3 g/cm^3)和 302 型(堆密度 = 0.43 g/cm^3)。另外,密度影响粉体的孔隙率,也影响其压缩成形性。采用喷雾干法制备的孔隙率较大(低密度)的球形颗粒,如球形乳糖、球形甘露醇等,更适用压片工艺。高密度球形颗粒更适用流化床包衣和层积包衣工艺,如蔗糖淀粉、微晶纤维素的空白丸芯等。

4. 水分　水分的分类有两种,一种是以结合水分类,如无水乳糖与乳糖一水合物,无水磷酸氢钙与磷酸氢钙二水合物等;另一种是按自由水分含量分类。对于水分敏感的原料药,控制辅料的水分含量是有必要的。例如,泛用型微晶纤维素 Avicel® PH101 型、102 和 301 型的含水量约为 5.0%,而其相应低水分型号如 PH103、PH112 和 PH113 的水分含量低于 1.5% 或 3.0%。

5. 比表面积　比表面积反映一级粒子的粒度,也可看作粒度分类的一种。这种分类方法特别适用于黏附性强,分散困难,难以测得一级粒子粒度的辅料,如胶态二氧化硅。

(二)多成分的粉体设计——共处理辅料

共处理辅料系由 2 种或 2 种以上药用辅料经特定的物理加工工艺(如喷雾干燥、制粒等)处理制得的具有特定功能的混合辅料[20],旨在产生功能上的协同作用,优势互补,掩盖原有辅料的不良性质。共处理物的制备方法包括喷雾干燥方法、流化床造粒、热熔法、干/湿法制粒和共结晶法等。共处理物通常作为直压用赋形剂,具有改善物料的流动性、可压性、降低润滑敏感性、药物容纳量等粉体学性质,在改善片剂的崩解性、口感与减少片重差异等方面有优势[21]。常用于制备共处理物的赋形剂有微晶纤维素、淀粉和多元糖醇等。以下,按处方的最大用量分类,分别介绍微晶纤维素类、乳糖类及甘露醇类共处理物。

1. 微晶纤维素类共处理物　微晶纤维素被认为是已知成形性最好的辅

料[22],在固体制剂处方中常作为改善片剂硬度的成分来使用。与甘露醇等辅料不同,微晶纤维素的流动性和压缩成形性受粒径及形态的影响,如球形流动性好,压缩成形性变差。通过制备其与胶态二氧化硅的共处理物(Prosolv® SMCC,JRS)可兼备流动性及压缩成形性,为直接压片提供更好的选择。另外,在研究中发现这种硅化微晶纤维素可降低润滑剂敏感性[23]。微晶纤维素也可与甘露醇、乳糖形成共处理物以满足不同制剂功能性的需求。另外,微晶纤维素与羧甲基纤维素钠的共处理物(CEOLUS™ RCA591,旭化成)作为优化的助悬剂使用,可应用于干混悬剂中。

2. 乳糖类共处理物　喷雾乳糖是一种优良的直接压片用辅料,但崩解性差,无法满足速崩的需求。目前,已上市与乳糖形成共处理物的辅料如淀粉(StarLac®)、粉状纤维素(Cellactose80®)、微晶纤维素(MicroceLac100®)、交联聚维酮(Ludipress®)等都是为改善其崩解性而开发的。

3. 甘露醇类共处理物　甘露醇口感好,对湿度不敏感,常用作口腔速崩片的赋形剂。甘露醇本身的成形性差,易黏冲,可通过喷雾干燥法(Pearitol®;Roquette)或流化造粒法(Granfiller-D, Daicel)制备高孔隙率的颗粒,以达到改善其成形性的目的。目前已上市的产品处方成分汇总于表 10-1。共处理物的形成进一步优化了甘露醇的成形性和崩解性,这为直压法制备口腔速崩片提供更宽泛的处方设计空间。

表 10-1　用于口崩片的甘露醇共处理物成分汇总

商品名	主成分	改善成形性成分	崩 解 剂
Pearlitol® flash	甘露醇	—	淀粉
Prosolv® ODT	甘露醇+果糖	微晶纤维素、胶态二氧化硅	交联聚维酮
LudiFlash®	甘露醇	聚维酮、聚醋酸乙烯酯	交联聚维酮
Fmelt®	甘露醇+木糖醇	微晶纤维素、硅酸铝镁或磷酸氢钙	交联聚维酮
Granfiller-D	甘露醇	微晶纤维素	交联聚维酮,羧甲基纤维素
Parteck ODT	甘露醇	—	交联羧甲基纤维素钠

三、展望

药用辅料因不同的粉体学性质使制备过程顺利进行,可以提高制剂产品质量,在固体制剂的制备过程中起着至关重要的作用。粉体操作在药物制剂中的应用比较早,但作为技术与科学应用比较晚,因此使制剂的粉体操作带有一定的盲目性和经验化。随着对制剂产品质量的要求越来越高,GMP 规范化和 QbD 理念的推广,粉体的理论和处理方法不断地被引入药物制剂的各个单元操作中,使固体药物制剂的研究、开发和生产逐步走上量化控制的科学化、现代化轨道,引起了药学工作者的广泛兴趣和关注。期待新型药用辅料的粉体学性质的开发与应用为制剂技术的发展提供更广阔的应用前景。

（朴洪宇）

参考文献

[1] 釜兼人,川岛嘉明,松田芳久.新しい制剤学.东京:广川书店,1999.

[2] 小口敏夫.医薬品粉体の基礎的特性についての評価法-粒子径の測定.フアルマシア,2008,44(4):315-320.

[3] 国家药典委会.中华人民共和国药典第四部.北京:中国医药科技出版社,2020:145.

[4] 松阪修二.粉体流動性測定法[J].日本画像学会誌,2007,46(6):472-477.

[5] 崔福德.药剂学.2 版.北京:中国医药科技出版社,2011.

[6] Kitamura T, Sasabe S. Technical note of a minor changed powder tester "PT-X"[J]. The Micromeritics. 2017, 60:76-80.

[7] 王亮,潘静,袁颖,等.医药粉体流动性评价方法研究进展.中国粉体技术,2016,22(5):28-34.

[8] 崔灵,笹边修司,清水健司,等.粉体流动性及喷流性测量方法及其应用.中国粉体技术,2012,18(1):72-77.

[9] 荒川正文,冈田隆夫,水渡英二.粒子特性と充てん性.材料,1965,144(14):764-771.

[10] Geldart D. Types of gas fluidization. Powder Technology, 1973, 7(5):285-292.

[11] Sarkar S, Mukherjee R, Chaudhuri B. On the role of forces governing particulate interactions in pharmaceutical systems:A review. International Journal of Pharmaceutics, 2017, 526(1-2):516-537.

[12] 吴福玉.粉体流动特性及其表针方法研究.上海:华东理工大学,2014.

[13] Wang Y, Snee R D, Meng W, et al. Predicting flow behavior of pharmaceutical blends using shear cell methodology:A quality by design approach. Powder technology, 2016, 294:22-29.

[14] Leturia M, Benali M, Lagarde S, et al. Characterization of flow properties of cohesive powders:A comparative study of traditional and new testing methods. Powder Technology, 2014, 253:406-423.

[15] Ludwig B, Millington-Smith D, Dattani R, et al. Evaluation of the hydrodynamic behavior of powders of varying cohesivity in a flfluidized bed using the FT4 Powder Rheometer®.Powder Technology, 2020, 371:106-114.

[16] 美国药典委员会.美国药典(43 版).美国:USP,2020:801.

［17］ 川島嘉明.医薬品製剤開発のための粒子設計.フアルマシア,2001,37(5)：375－377.

［18］ 大生和博,飯嶋秀樹,今田清久.結晶セルロース粒子の配向性が圧縮成形特性に及ぼす影響.高分子論文集,1999,56(3)：141－150.

［19］ 日本粉体工业技术协会编.造粒ハンドブツク,东京：オーム社印刷,1991.

［20］ 王淼,陈英,伍伟聪,等.预混与共处理药用辅料的发展与质量管理现状.中国医药工业杂志,2022,53(4)：581－584.

［21］ 黄紫玉,王博,张祥瑞.共处理技术制备直接压片高功能辅料的方法及应用进展.药物评价研究,2015,38(5)：581－584.

［22］ 宫本公人.新规医薬品添加剤と最近の動き.薬剤学,2005,65(2)：98－105.

［23］ Bolhuis G K, Armstrong N A. Excipients for Direct Compaction-an Update. Pharmaceutical Development and Technology, 2006, 11(1)：111－124.

第十一章

辅料-辅料、药物-辅料间相互作用

药物制剂通常由 API 和辅料共同组成,而辅料对药物制剂的稳定性、有效性、安全性等均有重大影响。在处方设计时,辅料的选择除考虑剂型因素、辅料本身的功能外,还应考虑辅料-辅料、药物-辅料间的相互作用。《中国药典》(2020 年版)中对药用辅料定义为生产药品和调配处方时使用的赋形剂和附加剂;是除活性成分或前体以外,在安全性方面已进行合理的评估,一般包含在药物制剂中的物质。该定义中特意强调了药用辅料的安全性。药典中收载了 335种药用辅料(其中新增 65 种、修订 212 种)及制剂生产中常用药用辅料标准,并提出进一步加强对药用辅料安全性的控制[1]。目前,药物-辅料相互作用研究即相容性研究,已是产品研发阶段必不可少的一项重要内容。

一、药物-辅料相互作用

(一)辅料中存在的反应性杂质与药物的相互作用

辅料常见的反应性杂质主要包括还原性糖、醛类、过氧化物、有机酸、硝酸盐以及金属等。辅料中存在的反应性杂质与药物的相互作用详见表 11 - 1。

表 11 - 1　辅料中存在的反应性杂质与药物的相互作用[2]

杂质类型	杂质参与反应基团	参与反应的药物类型	反应类型	常见含相关杂质的辅料	实　例
还原性糖(乳糖和葡萄糖)	羰基	含伯胺、仲胺类药物等	美拉德(Maillard)反应、克莱林-施密特(Claisen-Schmidt)缩合反应、Amadori 重排反应等	乳糖、微晶纤维素、淀粉、蔗糖等	盐酸氟西汀与乳糖中的还原糖成分发生美拉德反应[3]

杂质类型	杂质参与反应基团	参与反应的药物类型	反应类型	常见含相关杂质的辅料	实　例
醛类	醛基	含胺类药物、含有 α-氢的羰基的药物等	缩合反应、交联反应、亲核加成反应等	微晶纤维素、淀粉、羟丙基纤维素、PEG等	PEG高温下产生甲醛与厄贝沙坦反应[4]
过氧化物	烷氧基自由基和羟基自由基	易被氧化的药物等	氧化反应等	聚维酮、交联聚维酮、吐温等	聚维酮中的残留过氧化物与盐酸雷洛昔芬形成 N-氧化物衍生物[5]
有机酸类	羧基	含有羟基或氨基的药物等	酯化反应、酰化反应等	聚乙烯醇、羧甲基淀粉钠、PEG等	伐尼克兰片剂中残留的甲酸杂质与其反应生成 N-甲酰基伐尼克兰[6]
金属类杂质	金属离子	易受金属离子催化降解或氧化的药物等	氧化反应等	大部分辅料	铜离子会催化氧化卡托普利上的巯基转化为二硫化物[7]
硝酸盐或亚硝酸盐	NO^+、N_2O_3	含氮药物等	亚硝化反应等	交联羧甲基纤维素钠、预胶化淀粉等	溴己新与亚硝酸盐发生亚硝化反应[8]

（二）辅料本身与药物的相互作用

1. 物理作用

（1）吸附作用：吸附作用在药物制剂生产中较为常见，药物分子通过范德瓦耳斯力或静电作用等与辅料分子相互吸附，以影响药物溶解度和润滑性。例如，通过将吲哚美辛吸附在高岭土或微晶纤维素表面来增大药物表面积，以提高其溶出速度，改善其生物利用度[9]。但是如果吸附力过强，反而不利于低剂量药物的溶出或扩散，甚至影响药物的稳定性和药理活性。例如，表面带正电的药物（如止痛剂羟吗啡酮）与带负电的纤维素类（如交联羧甲基纤维素）会发生强静电吸附导致药物溶出降低；胶体二氧化硅与尼群地平的吸附会影响偶氮基团的电子密度，从而促进尼群地平水解。另外，溶出介质的离子强度也可能会影响药物-辅料间的吸附作用。

（2）络合作用：有些辅料借助氢键等分子间作用力与药物形成络合物，通过改变药物的理化性质从而影响制剂的质量，这一过程可影响药物的溶解度。

137

例如,碘化钾与碘形成分子间络合物,可使碘溶解度增加约150倍;然而,苯巴比妥与PEG4000形成不溶性复合物,反而导致苯巴比妥溶解度下降[10]。药物与辅料间的络合作用还可增加药物稳定性。例如,咖啡因可与苯佐卡因形成络合物从而抑制苯佐卡因的水解[8]。另外,这一过程可能影响药物的渗透性,有研究采用扩散池法考察不同添加剂对氯丙嗪通过二甲基聚硅氧烷扩散膜的影响,发现十二烷基硫酸钠会与氯丙嗪形成不溶性络合物,导致氯丙嗪渗透性降低,难以透过扩散膜[11]。

(3)包埋作用:药物-辅料间包埋作用有多种表现形式。药物分子与包合材料通过范德瓦耳斯力等形成包合物,能提高药物的溶解度和稳定性,并调节药物的释放速率等。例如,硝酸异山梨酯的甲基-β-环糊精包合物在体内具有明显的缓释性;表面活性剂通过形成胶束增加难溶性药物的溶解度;而两亲性脂质分子将药物包封于脂质双分子层中形成脂质体,可提高药物的稳定性和改变药物的体内生物学行为。另外,以药物为囊心物,外层包裹高分子聚合物形成微囊等过程,这在一定程度上都体现了包埋作用。

(4)形成共晶:共晶是由两种或两种以上的化学物质通过非离子键结合形成的晶态物质。共晶不同于多晶型,前者往往是两种不同固体物质分子相互作用形成的,而后者是指一种物质在不同结晶条件下形成两种或两种以上的不同固体物质状态(即晶型)。从物理化学角度,共晶被视为溶剂化物和水合物的一种特殊情况,但是共晶形成物通常是非挥发性的。美国FDA在药用共晶监管分类行业指南中指出API与辅料形成共晶后不视为新的API,监管分类与API的多晶型相似,由两种或多种API(有或没有额外的非活性共形成剂)组成的共晶将被视为固定剂量组合产品,而不是新的单一API。药物共晶可提高药物的溶解度、溶出速率、生物利用度及制剂的稳定性。例如,吲哚美辛可与脯氨酸形成共晶,增加吲哚美辛的溶解度和渗透性[12];抗抑郁药阿戈美拉汀可与间苯二酚通过氢键作用形成共晶,其溶解度显著提高[13]。

(5)形成固体分散体:固体分散体是指药物高度分散在适宜的载体材料中所形成的一种固态物质。通常药物以分子、无定型或微晶等形式分散于载体材料(如聚维酮、PEG等)中。这种方法可以显著提高难溶性药物的溶出速率、吸收速率及生物利用度,如吡罗昔康、诺氟沙星、硝苯地平等药物与不同分子量的PEG制成固体分散体后,溶出速率明显提高[11]。

2. 化学作用

(1)Maillard反应:系指还原性糖的活性羰基与伯胺类或仲胺类药物的亲

核胺发生的复杂反应[14],可以导致制剂变色、药物降解失活等。该反应受还原性糖的类型、药物中胺的类型、水分、pH 及温度等诸多因素影响。实际上,制剂中 Maillard 反应的发生非常缓慢,生成的产物极其微量,通常需要联用多种分析手段进行检测[14,15]。目前研究发现可发生 Maillard 反应的药物主要有氯丙嗪、盐酸氟西汀、甲基多巴[16]、二甲双胍、酮洛酚、阿昔洛韦[17]、氢氯噻嗪、盐酸氟西汀、氨茶碱和雷尼替丁等;常见还原糖包括乳糖、甘露醇、葡萄糖和麦芽糖等。因此,还原性糖通常不与伯胺类或仲胺类药物配伍使用,如甲氧氯普胺与乳糖、奥美拉唑与甘露醇等,存在配伍禁忌。

（2）催化反应：辅料有时并不会直接与药物发生相互作用,而是充当一种催化剂,加速各种反应的发生,使药物的药理活性发生改变,进而影响治疗效果。许多酯类、酰胺类药物容易发生水解反应,一些辅料可以通过改变环境 pH 而对水解反应产生不同程度的影响。例如,磷酸盐、乙酸盐和硼酸盐等缓冲剂作为广义酸会催化毛果芸香碱的水解;硬脂酸镁通常不用于阿司匹林片剂制备,因为硬脂酸镁能与阿司匹林形成水溶性更好的乙酰水杨酸镁,会加速阿司匹林的水解,同时,呈弱碱性的硬脂酸镁有一定的催化水解作用。一些含多羟基的辅料会产生亲核催化作用,促进药物水解。例如,葡萄糖和葡聚糖可加速氨苄西林在碱性溶液中的水解[18]。此外,有些辅料可促进氧化反应的发生,如二氧化硅会催化己烯雌酚氧化生成过氧化物和共轭醌等降解产物[19]。

（3）酯化反应：含羟基或羧基的药物分子可以通过与辅料分子上的羟基或羧酸基团发生酯化反应生成对应的酯。例如,卡维地洛上的羟基可与柠檬酸上的羧基发生酯化反应,生成相对应的柠檬酸酯[20];西替利嗪可与山梨糖醇和甘油形成单酯[21]。

（4）其他化学反应：乙醇与头孢类等抑制乙醛脱氢酶的药物发生药源性双硫仑样反应;聚维酮与磺胺噻唑、水杨酸、苯巴比妥等在溶液中易形成分子加合物;氟伏沙明与马来酸发生迈克尔加成反应形成马来酸氟伏沙明[2]。他克莫司在硬脂酸镁的存在下会发生二苯乙醇酸型重排反应,形成 α-羟基酸[21]。

二、辅料-辅料相互作用

在药物制剂的处方设计阶段,往往对制剂中辅料-辅料间相互作用的研究相对较少。然而,辅料-辅料间的相互作用可能对药物的溶出或释放、产品质量(尤其是制剂的安全性、有效性或稳定性)及制剂的加工过程等产生有利或不利的影响。

（一）辅料间相互作用对制剂加工过程的影响

流动性是制剂加工过程中决定能否形成稳定制剂的重要因素之一。粒子大小对流动性有很大的影响，一般粉状物料流动性差，大颗粒物料可降低粒子间黏附力和凝聚力等，有利于流动。但是并不是粒径越大越好，较小的粒径有利于提高药物含量的均匀性，因此可以利用辅料间的相互作用来形成流动性良好的辅料。例如，经二氧化硅干包衣的微晶纤维素在较小粒径（<40 μm）时表现出更好的堆密度和流动性[22]。

粒子形状也会影响粉体的流动性，其中接触面积小的球形粒子的流动性比较好，一些细长或不规则的非球形颗粒容易互相纠缠在一起，增加颗粒间摩擦力，从而阻碍粉体流动。另外，颗粒的表面粗糙度也会影响流动性。实际应用中可以混用不同辅料进行表面改性以改善粉体流动性，如在辅料中加入微粉硅胶等助流剂，粒径较小的助流剂可填入粒子粗糙表面的凹面中形成光滑表面，能够减少阻力、提高流动性。

此外，在重力作用下流动时，粒子的密度越大越有利于流动。密度过低的辅料可借助辅料间相互作用提高密度，如微晶纤维素与碳酸钙共加工时，其堆密度显著增加[23]。

（二）辅料间所产生的功能性相互作用

基于辅料在剂型中的不同功能，可以利用辅料间的相互作用达到预期效果。在固体剂型中，泡腾崩解剂利用柠檬酸、酒石酸等酸与碳酸氢盐在与水环境接触时产生的泡腾作用（二氧化碳气泡），来触发固体制剂崩解；聚维酮和羟丙基纤维素作为黏合剂会增加片剂的溶出，原因可能是单用聚维酮时，其吸附水分降低了 T_g 而增加片剂致密性，导致药物溶出减少，联用羟丙基纤维素能减少该现象发生[18]；此外，许多包衣材料是脆性很高的聚合物，单用无法形成均匀的薄膜，在处方中加入低浓度的增塑剂，可提高包衣膜的弹性和柔韧性[24]。一些表面活性剂与聚合物产生的相互作用会影响药物的溶出速率，如低浓度的阴离子型表面活性剂多库酯钠会吸附在聚维酮的聚合物链上形成聚集体，随着多库酯钠浓度的增加，它和聚合物间的相互作用会越来越强并形成分子间网络，增加药物颗粒的周围微环境黏度和扩散路径长度，从而降低药物溶出速率。但当聚合物上的结合位点达到完全饱和后，游离的多库酯钠单体浓度在达到临界胶束浓度后又可以增大药物溶出速率[25]；在制备茶碱缓释片时，可以利用辅料海藻酸钠和葡萄糖酸钙相互交联所形成的缓释基质实现茶碱的缓慢释放[26]；在冻干保护剂的选用方面,将蔗糖与甘露醇按一定比例联用,蔗糖可以抑制甘露醇的结晶,有利于冻干制剂的形成[27]。

复杂制剂中的辅料间相互作用也普遍存在。例如,以甲醛、戊二醛为交联剂制备的微囊和微球是利用胺醛缩合反应使明胶分子相互交联而固化;在聚合物胶束体系中,聚乙二醇-聚天冬氨酸共聚物和聚乙二醇-聚赖氨酸共聚物混合后,可通过静电作用聚集形成复合胶束。

（三）辅料间相互作用对产品质量的影响

由于辅料间相互作用而对产品质量产生影响的原因可分为两种情况。

1. 辅料自身与其他辅料发生的反应,即配伍禁忌。在卡波姆凝胶剂中加入苯甲酸及其钠盐、苯扎氯铵时,会使凝胶黏度减小,甚至产生沉淀;甲基纤维素可与对羟基苯甲酸酯类防腐剂形成复合物,且与硝酸银等有配伍禁忌;吐温类表面活性剂与对羟基苯甲酸酯类防腐剂合用时,由于吐温类表面活性剂在达到临界胶束浓度时形成内部疏水、外部亲水的胶束,其内部的疏水区与对羟基苯甲酸酯类防腐剂相结合,会降低对羟基苯甲酸酯类防腐剂的抑菌能力;壳聚糖中脱乙酰基上的氮原子可与碳酸钙、磷酸氢钙二水合物及硬脂酸镁中的二价阳离子形成配位化合物[28];若阴离子表面活性剂和阳离子表面活性剂混合比例不合适,会由于强烈的静电作用形成沉淀析出。

2. 辅料中存在的反应性杂质所导致的负面作用。微晶纤维素、乳糖中可能含有葡萄糖杂质,会与含有游离氨基的辅料发生 Maillard 反应;PEG、聚维酮、羟丙基纤维素和吐温等辅料中常见过氧化物杂质会导致敏感辅料氧化[18]。但是,一般情况下辅料中的杂质含量是痕量的,往往不会产生较强的相互作用。

三、药物-辅料相容性研究方法设计

在国家食品药品监督管理总局发布的《化学药物制剂研究基本技术指导原则》中提出药物-辅料相容性研究为处方中辅料的选择提供了有益的信息和参考。药品申请人可以通过前期调研,了解辅料与辅料间、辅料与药物间相互作用情况,以避免处方设计时选择不宜的辅料。对于缺乏相关研究数据的,可考虑进行相容性研究。应用多种辅料制备口服固体制剂时,辅料用量较大的(如稀释剂等),可按主药∶辅料=1∶5 的比例混合;用量较小的(如润滑剂等),可按主药∶辅料=20∶1 的比例混合。取一定量,参照药物稳定性指导原则中影响因素的实验方法或其他适宜的实验方法,重点考察性状、含量、有关物质等,必要时,可用原料药和辅料分别做平行对照实验,以判别是原料药本身的变化还是辅料的影响。但有时在试验中常提高辅料的比例,以明显体现药物-辅料间的相互作用,并对预测结果进行验证。此外,样品与辅料的混合方式和处理方法、温度和相对湿度等因素都会影响药物-辅料相容性研究结果[29]。

实际上,在使用常规分析方法进行药物与辅料相互作用研究时,有可能会得到一些片面的结果,从而误导药物辅料相互作用的研究结论。因此,近年来涌现了因子分析法[30,31]、人工神经网络[32]、主成分分析法、分层聚类分析法[33]等多变量统计分析方法,可以改进、补充和验证常规的分析方法所得的结果,以达到准确检测药物-辅料相容性的目的。

四、药物-辅料相互作用的常用分析方法

(一)热分析法

热分析(thermal analysis, TA)法是在程序控制温度条件下,测定物质的物理化学特性随温度而变动的函数关系的技术。传统的兼容性测试方法需要多次制样和较长的储存时间才能获得有意义的结果,但是热分析法允许在短时间内进行大量辅料筛选实验,并且根据所得结果直接判断药物与辅料是否相容,减少了样品用量,且节省时间,是目前最常用的研究药物-辅料相互作用的研究方法。

常见的热分析法有 TG 法、差热分析法(differential thermal analysis, DTA)和 DSC 法。其中最常用的是 DSC 法,常用于原料药鉴别、处方前辅料筛选及药物-辅料相互作用等方面研究。DSC 法是将纯组分的曲线与药物辅料混合物的曲线进行比较,若组分彼此相容,混合物的熔点、熔变等热学性质是各个组分的总和。若不相容,混合物在分熔化时出现显著变化或者出现新的吸热、放热峰,以及相对应的熔变等。

等温微量热法是一种新兴的药物辅料相容性分析方法,其主要基于组分在物理和化学反应过程中与周围环境的热交换进行分析。它可以确定微量的放热或吸收热量,并检测到微瓦级别的热流信号。由于该方法灵敏度非常高,是药物-辅料相容性分析的有力工具之一[34]。通过将药物与辅料混合物置于热量计中,并监测恒温下的热学性质,然后将混合物的输出数据与各个组分单独构建的曲线进行比较。如果观察到显著差异,则认为药物与辅料不相容。

热台显微镜(hot stage microscopy, HSM)将传统的热分析技术与成像技术相结合,能够检测样品中的微小变化,可用于对 DSC 法和 TG 法所得的数据进行补充验证。HSM 用于表征材料随温度和时间变化的固态特性,用来研究各种物理

和化学性质,如样品形态、结晶性质、多晶型、去溶剂化、混溶性、熔化、固态转变和各种药物间的不相容性等[35]。

(二)高效液相色谱法

高效液相色谱法具有分离效率高、灵敏度高等优点,广泛应用于定量分析经过等温应力测试的药物辅料样品的相容性。等温应力测试指在高温等条件下放置一定时间,以加速药物与辅料间的相互作用,然后通过高效液相色谱法测定储存样品中的药物含量来判别药物辅料相容性。若测定的结果与单独药物组分时结果相似,则可能表明药物与辅料间没有相互作用。高效液相色谱法也可作为DSC 的互补技术,对 DSC 的结果进行验证。若需对药物-辅料相互作用的产物(如降解产物)进行化学结构确认,则通常与 LC－MS、GC－MS、核磁共振、红外光谱等技术联用[36]。

(三)傅里叶变换红外光谱法

FTIR 对有机化合物的结构很敏感,可检测药物与辅料混合物中成盐、水合物形成、脱水、多晶型变化等相互作用,是检测药物-辅料相容性的有力工具之一。FTIR 是一种计算机技术与红外光谱相结合的分析方法,其原理是将样品放入干涉仪获取干涉图,然后对干涉图进行傅里叶变换从而得到红外光谱图。该技术通过比较红外光谱图上不同官能团上吸收峰的差异,从而判定药物与辅料之间是否发生了相互作用。其优点是精确度高、分析速度快,是考察固体药物与辅料间相互作用的优良方法之一[37]。但有的时候,吸收峰会出现重叠,影响分析结果[36]。对于 FTIR 获得的但又无法被分辨利用的数据,可以使用因子分析法重新处理以得到明确的相容性信息[38]。

(四)X 射线粉末衍射法

X 射线粉末衍射法(X-ray powder diffraction, XRPD)是一种借助 X 射线衍射仪对样品进行非破坏性分析的方法,通常用于样品晶体结构的分析。这种技术通过比较不同样品衍射图中衍射峰的差异,进而判断药物与辅料间是否发生了相互作用[29]。这种方法对于判断在湿法制粒等过程中是否发生药物与辅料的不相容性非常有帮助,而且也可以作为热分析法的互补技术,对热分析法所得结果进行验证。其优点在于大部分情况下样品无须前处理,操作方便快捷,所得结果准确。

（五）固态核磁共振技术

固态核磁共振技术（solid state nuclear magnetic resonance，SSNMR）通过分析碳原子处的电子密度变化所引起的化学位移变化，以探测药物与辅料相互作用的存在，在药物-辅料相容性分析中显示出巨大的潜力。该法可以基于分子结构来研究药物-辅料相容性，在检测混合物中药物的晶型方面具有独特的优势。但是由于其较长的数据采集时间和需要大量的样品等缺点，限制了它的应用范围[34]。

（六）显微镜技术

近年来也有利用扫描电子显微镜（scanning electron microscopy，SEM）技术来判断药物与辅料的相容性，SEM 可以观察到药物和辅料粒子的几何形状与大小，以及药物粒子在辅料基质中的分散情况等，这些对发现药物与辅料物理相互作用起到重要的作用。但该技术不提供有关药物与辅料的化学结构或热学相关的任何信息，故往往作为如 DSC、FTIR 等技术的补充检测。

五、药物-辅料相互作用研究的最新进展

（一）数据库的建立

专家系统（expert system，ES）是一种计算机模型，可以将人类专家的知识和经验整合到一个知识库中，以处理现实世界中的专业问题，是人工智能中最活跃、最广泛的领域之一。PharmDE 是一个基于规则的药物辅料不相容性风险评估专家系统，由一个知识库和一个推理引擎所组成。首先，人工收集以往研究的数百份药用辅料不相容性报告，形成药用辅料不相容性数据库，为药物制剂开发人员提供有用的信息。然后，将根据不相容性数据库、先前研究人员的发现及经验创建药物-辅料相互作用规则库。数据库和规则库构成 PharmDE 的知识库。用户只需要输入候选药物分子或辅料或者两者的组合，即可获取配伍信息及配伍风险评估。目前为止，PharmDE 的药用辅料不相容性数据库包含 532 个数据项，涉及 200 种药物和 123 种辅料。同时，作者还创建了第一版药用辅料相互作用规则库，包含 60 条相互作用规则、22 种特征结构、17 种相互作用类型[39]。除了上述数据库以外，还有文献报道了一种辅料知识库，可用于药物-辅料相互作用的前瞻性预测[40]。

（二）预测药物-辅料相容性新方法

1. 计算机建模　通过使用特定的软件如 Vlife MDS 等，构建药物分子与辅

料分子间的定量构效关系(quantitative structure-activity relationship, QSAR)模型或定量结构性质关系(quantitative structure-property relationship, QSPR)模型,借助模型可以预测药物与辅料间的物理、化学及生物方面的相互作用。此外还有使用离散元建模(discrete element modeling, DEM)与有限元法(finite element method, FEM)或与计算流体动力学(computational fluid dynamics, CFD)相结合等方式来模拟制剂加工过程(如压片过程),从而发现药物与辅料间可能发生的相互作用[41,42]。

除了上述模型以外,近年来也涌现了一些新颖的模型,如采用机器学习算法构建模型。机器学习算法(machine learning approaches)是一种可用于分析模拟结果以寻找交互趋势的算法。目前有文献将其用于模拟抗体与辅料的相互作用。首先创建一个以数值描述的抗体局部表面区域的特征集,然后借助机器学习算法使用这些特征构建机器学习模型(machine learning models),以预测抗体-辅料间相互作用[43]。此外还有研究提出了一种二维点阵模型(Ant-Wall模型)来研究药物-辅料间相互作用。蚂蚁(即药物分子)在迷宫(即辅料基质)中的随机游走,药物-辅料相互作用视为蚂蚁穿过墙壁(即辅料分子)的概率。对这个模型进行蒙特卡罗模拟,并采用威布尔(Weibull)函数拟合整个时间范围内的药物释放,根据所得结果判断药物-辅料相互作用[44]。

虽然计算机构建模型很便利,但是只有实验验证的模型才是一个成功的模型。一旦构建出一个成功的模型,就可以在无须进行实验的情况下预测相互作用,减少所需的实验次数,从而降低制剂开发的总成本。

2. 计算机预测软件 Zeneth 是一款由多家制药公司联合研发,于2010年发布的用于预测药物降解的商用软件,这款软件可在考虑反应条件的情况下预测药物-辅料相互作用。此外还有像 CAMEO、DELPHI 等软件都可以预测药物-辅料相互作用,但是由于存在一些缺陷,目前都已停产[9]。

(三) 研究蛋白质与辅料间相互作用的新方法

识别和表征蛋白质与辅料间的相互作用往往是难点,常规的分析方法具有很高的挑战性。计算机分子对接通过使用计算机软件扫描蛋白质三维结构,确定与辅料可能的相互作用区域,再使用特定的分子对接软件模拟辅料分子,与蛋白质上的作用位点相互对接并分析数据,进而预测蛋白质与辅料的相互作用。此外,氢氘交换质谱(hydrogen deuterium exchange-mass spectrometry, HDX-MS)可对计算机分子对接所获得的结果进行验证和优化[45]。另外,分子动力学模拟

(molecular dynamics，MD)也可用于研究蛋白质与辅料间的相互作用[46]。

(四)研究药物-辅料相互作用新装置

目前研究药物-辅料相互作用的方式往往耗时且无法考虑所有可能的因素，如氧气的影响。有研究开发出了一种快速研究药物-辅料相容性的装置，即RapidOxy®。它在一个特定温度的封闭烘箱中，使用加压氧气顶空方式处理固体样品，进而在短时间内研究氧化降解反应。由于该装置具有完全封闭的特性，可以避免副反应(如光降解)的产生，且能方便地调节氧气和温度来模拟药品生产过程中的各种条件[47]。

六、展望

我国医药市场需求持续增长，亦推动了药用辅料的快速发展。药用辅料对于药物制剂的质量控制至关重要，不断探索更高效精准的检测技术和提升检测能力，充分了解辅料-辅料、辅料-药物间的相互作用必将推动药品研发进程，促进医药领域的发展。

(姚静)

参考文献

［1］兰奋,宋宗华,洪小栩,等.2020年版《中国药典》编制工作和主要内容概述.中国食品药品监管,2020,10(201)：10-17.

［2］Gorain B, Choudhury H, Pandey M, et al. Chapter 11 – Drug – Excipient Interaction and Incompatibilities. In：Tekade RK, editor. Dosage Form Design Parameters：Academic Press, 2018：363-402.

［3］Wirth D D, Baertschi S W, Johnson R A, et al. Maillard reaction of lactose and fluoxetine hydrochloride, a secondary amine. Journal of Pharmaceutical Sciences, 1998, 87(1)：31-39.

［4］Wang G, Fiske J D, Jennings S P, et al. Identification and control of a degradation product in Avapro™ film-coated tablet：Low dose formulation. Pharmaceutical Development and Technology, 2008, 13(5)：393-399.

［5］Hartauer K J, Arbuthnot G N, Baertschi S W, et al. Influence of peroxide impurities in povidone and crospovidone on the stability of raloxifene hydrochloride in tablets：identification and control of an oxidative degradation product. Pharmaceutical Development and Technology, 2000, 5(3)：303-310.

［6］Waterman K C, Arikpo W B, Fergione M B, et al. N-methylation and N-formylation of a secondary amine drug (varenicline) in an osmotic tablet. Journal of Pharmaceutical

Sciences, 2008, 97(4): 1499 – 1507.

[7] Zhang K, Pellett J D, Narang A S, et al. Reactive impurities in large and small molecule pharmaceutical excipients — A review. TrAC Trends in Analytical Chemistry, 2018, 101: 34 – 42.

[8] Wu Y M, Levons J, Narang A S, et al. Reactive Impurities in Excipients: Profiling, Identification and Mitigation of Drug-Excipient Incompatibility. AAPS PharmSciTech, 2011, 12(4): 1248 – 1263.

[9] Patel P, Ahir K, Patel V, et al. Drug-Excipient compatibility studies: First step for dosage form development. The Pharma Innovation Journal, 2015, 4(5): 14 – 20.

[10] Jackson K, Young D, Pant S. Drug-excipient interactions and their affect on absorption. Pharmaceutical Science and Technology Today, 2000, 3(10): 336 – 345.

[11] Chaudhari S P, Patil P S. Pharmaceutical excipients: a review. International Journal of Advances in Pharmacy, Biology and Chemistry, 2012, 1(1): 21 – 34.

[12] Nugrahani I, Parwati R D. Challenges and Progress in Nonsteroidal Anti-Inflammatory Drugs Co-Crystal Development. Molecules, 2021, 26(14): 4185.

[13] Lee M J, Chun N H, Kim H C, et al. Agomelatine co-crystals with resorcinol and hydroquinone: Preparation and characterization. Korean Journal of Chemical Engineering, 2018, 35(4): 984 – 993.

[14] Ghaderi F, Monajjemzadeh F. Review of the physicochemical methods applied in the investigation of the maillard reaction in pharmaceutical preparations. Journal of Drug Delivery Science and Technology, 2020, 55: 101362.

[15] Chowdhury D K, Sarker H, Schwartz P. Regulatory Notes on Impact of Excipients on Drug Products and the Maillard Reaction. AAPS PharmSciTech, 2018, 19(2): 965 – 969.

[16] Siahi M R, Rahimi S, Monajjemzadeh F. Analytical investigation of the possible chemical interaction of methyldopa with some reducing carbohydrates used as pharmaceutical excipients. Advanced Pharmaceutical Bulletin, 2018, 8(4): 657 – 666.

[17] Monajjemzadeh F, Hassanzadeh D, Valizadeh H, et al. Compatibility studies of acyclovir and lactose in physical mixtures and commercial tablets. European Journal of Pharmaceutics and Biopharmaceutics, 2009, 73(3): 404 – 413.

[18] Narang A S, Desai D, Badawy S. Impact of Excipient Interactions on Solid Dosage Form Stability. Pharmaceutical Research, 2012, 29(10): 2660 – 2683.

[19] Fathima N, Mamatha T, Qureshi H K, et al. Drug-excipient interaction and its importance in dosage form development. Journal of Applied Pharmaceutical Science, 2011, 1(6): 66 – 71.

[20] Larsen J, Cornett C, Jaroszewski J W, et al. Reaction between drug substances and pharmaceutical excipients: formation of citric acid esters and amides of carvedilol in the solid state. Journal of Pharmaceutical and Biomedical Analysis, 2009, 49(1): 11 – 17.

[21] Hotha K K, Roychowdhury S, Subramanian V. Drug-excipient interactions: case studies and overview of drug degradation pathways. American Journal of Analytical Chemistry, 2016, 7(1): 107 – 140.

［22］ Johansson B, Nicklasson F, Alderborn G. Effect of pellet size on degree of deformation and densification during compression and on compactibility of microcrystalline cellulose pellets. International Journal of Pharmaceutics, 1998, 163(1-2): 35-48.

［23］ Charoo N A. Critical excipient attributes relevant to solid dosage formulation manufacturing. Journal of Pharmaceutical Innovation, 2020, 15(1): 163-181.

［24］ Darji M A, Lalge R M, Marathe S P, et al. Excipient stability in oral solid dosage forms: A Review. AAPS PharmSciTech, 2018, 19(1): 12-26.

［25］ Parikh V, Gumaste S G, Shivaji P. Effect of the interaction between an ionic surfactant and polymer on the dissolution of a poorly soluble drug. AAPS PharmSciTech, 2018, 19(7): 3040-3047.

［26］ Panakanti R, Narang A S. Impact of excipient interactions on drug bioavailability from solid dosage forms. Pharmaceutical Research, 2012, 29(10): 2639-2659.

［27］ Thakral S, Sonje J, Munjal B, et al. Stabilizers and their interaction with formulation components in frozen and freeze-dried protein formulations. Advanced drug delivery reviews, 2021, 173: 1-19.

［28］ Pereira M A V, Fonseca G D, Silva-Júnior A A, et al. Compatibility study between chitosan and pharmaceutical excipients used in solid dosage forms. Journal of Thermal Analysis and Calorimetry, 2014, 116(2): 1091-1100.

［29］ 曹筱琛,贾飞,陶巧凤.药物与辅料相容性研究进展.中国现代应用药学,2013,30(2): 223-228.

［30］ Rojek B, Wesolowski M. FTIR and TG analyses coupled with factor analysis in a compatibility study of acetazolamide with excipients. Spectrochimica Acta Part A: Molecular and Biomolecular Spectroscopy, 2019, 208: 285-293.

［31］ Rojek B, Wesolowski M. DSC supported by factor analysis as a reliable tool for compatibility study in pharmaceutical mixtures. Journal of Thermal Analysis and Calorimetry, 2019, 138 (6): 4531-4539.

［32］ Rojek B, Suchacz B, Wesolowski M. Artificial neural networks as a supporting tool for compatibility study based on thermogravimetric data. Thermochimica Acta, 2018, 659: 222-231.

［33］ Rojek B, Gazda M, Wesolowski M. Quantification of compatibility between polymeric excipients and atenolol using principal component analysis and hierarchical cluster analysis. AAPS PharmSciTech, 2022, 23(1): 3.

［34］ Chadha R, Bhandari S. Drug-excipient compatibility screening-Role of thermoanalytical and spectroscopic techniques. Journal of Pharmaceutical and Biomedical Analysis, 2014, 87: 82-97.

［35］ Kumar A, Singh P, Nanda A. Hot stage microscopy and its applications in pharmaceutical characterization. Applied Microscopy, 2020, 50(1): 12.

［36］ 张婷,彭红,肖飞,等.药用辅料与药物活性成分相互作用及其分析技术研究进展.中国新药杂志,2018,27(3): 322-328.

［37］ Wartewig S, Neubert R H H. Pharmaceutical applications of Mid-IR and Raman spectroscopy. Advanced Drug Delivery Reviews, 2005, 57(8): 1144 – 1170.

[38] Akkermans W G M, Coppenolle H, Goos P. Optimal design of experiments for excipient compatibility studies. Chemometrics and Intelligent Laboratory Systems, 2017, 171: 125 – 139.

[39] Wang N N, Sun H M, Dong J, et al. PharmDE: A new expert system for drug-excipient compatibility evaluation. International Journal of Pharmaceutics, 2021, 607: 120962.

[40] McFeely S J, Yu J J, Wang Y, et al. Excipient knowledgebase: Development of a comprehensive tool for understanding the disposition and interaction potential of common excipients. CRT: Pharmacometrics and Systems Pharmacology, 2021, 10(8): 953 – 961.

[41] Mehta C H, Narayan R, Nayak U Y. Computational modeling for formulation design. Drug Discovery Today, 2019, 24(3): 781 – 788.

[42] Gaikwad V L, Bhatia N M, Desai S A, et al. Quantitative structure property relationship modeling of excipient properties for prediction of formulation characteristics. Carbohydrate Polymers, 2016, 151: 593 – 599.

[43] Cloutier T K, Sudrik C, Mody N, et al. Machine learning models of antibody-excipient preferential interactions for use in computational formulation design. Molecular Pharmaceutics, 2020, 17(9): 3589 – 3599.

[44] Singh K, Satapathi S, Jha P K. "Ant-Wall" model to study drug release from excipient matrix. Physica A: Statistical Mechanics and Its Applications, 2019, 519: 98 – 108.

[45] Wood V E, Groves K, Cryar A, et al. HDX and in silico docking reveal that excipients stabilize G-CSF via a combination of preferential exclusion and specific hotspot interactions. Molecular Pharmaceutics, 2020, 17(12): 4637 – 4651.

[46] Cloutier T, Sudrik C, Mody N, et al. Molecular computations of preferential interaction coefficients of IgG1 monoclonal antibodies with sorbitol, sucrose, and trehalose and the impact of these excipients on aggregation and viscosity. Molecular Pharmaceutics, 2019, 16(8): 3657 – 3664.

[47] Saraf I, Modhave D, Kushwah V, et al. Feasibility of rapidly assessing reactive impurities mediated excipient incompatibility using a new method: A case study of famotidine-PEG system. Journal of Pharmaceutical and Biomedical Analysis, 2020, 178: 112893.

第十二章

辅料微粒结构与制剂内分布评价

药用辅料的粉体性质影响制剂的产品质量,从而影响药物的崩解行为、释放行为、释药机制,甚至影响药物疗效的发挥。不同辅料微粒的三维结构存在巨大差异,而辅料的内在结构差别直接影响辅料的粉体结构。因此,解析药用辅料的微观结构与辅料性质的关联性至关重要。本章主要概述了药用辅料结构研究的方法、辅料微观结构的可视化,以及制剂过程中辅料精细结构的变化和三维空间分布。

一、药用辅料结构存在形式及特征

(一)药用辅料产品初始形态结构

药物辅料在产品制备过程中的初始形态结构是决定辅料质量和性能的重要因素,即便同一药用辅料的化学背景完全相同,不同的制备工艺往往会造成辅料在体积、表面积、比表面积及球形度等结构性质上的差异,进一步影响其制剂的体外溶出和体内药效。固体制剂药用辅料形态结构主要分为粉体和微粒两种,可用于不同的药物制剂制备过程中,如润滑剂常用粉体形态的辅料,可以提供更高的接触面积及更小的摩擦力;而稀释剂常用微粒形态的辅料,微粒形态具有更高的流动性和可压性,有助于药物分布和成型。因此,辅料的初始结构对辅料质量控制和辅料应用水平的提高十分重要。

(二)加工过程中的制剂基本单元形态结构

在制剂加工过程中,由于对药物释放或成分分布的不同要求,会进行制丸或制粒等操作。例如,微丸胶囊和微丸压制片等典型的多单元缓释(multiple-unit sustained-release,MUSR)给药系统,具有延长释放的特性,并可用于更为灵活的给药方案。与单单元缓释系统相比,MUSR系统具有更高的生物利用度和更低的毒性,可实现最大的吸收和最小的副作用[1]。制粒是将药物与辅料混合后,进行制软材,随即经过筛处理得到大小均一的药物颗粒的加工过程,常用于片剂的制备,是将药物、辅料混合均匀的一种快捷、有效的方法。

（三）制剂内辅料形态结构

制剂内部的辅料除均匀混合外,还可以形成包衣膜、丸芯或骨架的形态结构。包衣膜是指在制备完成的片剂外层均匀地包上糖衣、薄膜衣或肠溶衣等,以达到矫味、缓控释的效果;丸芯则为微丸的核心,在制备过程中为药物提供聚集中心,丸芯的体积和球形度是十分重要的微丸结构参数;骨架主要是为药物提供支撑,同时在释放过程中,骨架片可以更好地控制释放时间和释药量,无论可溶蚀或不溶性骨架,都不会对人体造成损害,很大程度上避免了辅料的不良反应。

（四）体内/体外动态变化中的辅料形态结构

药物辅料的形态结构在体外溶出和体内分布中也起着至关重要的作用,稀释剂、崩解剂和黏合剂在体外溶出过程中对药物的释放时间及速率都有不同程度的影响。例如,在释放过程中,微丸丸芯虽然不随药物的释放而发生直接的变化,但丸芯的体积变化会同时改变微丸粒径及比表面积,从而间接影响释放;在药物设计过程中,部分药物辅料会影响药物的体内分布,如使药物漂浮在胃液中,发挥长时间给药的效果;以环糊精为主要辅料模板合成的交联环糊精金属有机骨架(crosslinking cyclodextrin metal-organic frameworks, CL－MOF)在进行小鼠肺部吸入给药后,大部分吸入颗粒聚集在气管和支气管表面,在终末细支气管出口和肺泡管区域同样可观察到颗粒团簇,不同的分布模式除了受肺的解剖生理结构影响外,还取决于药物颗粒/辅料的形态结构。

二、药用辅料结构研究表征方法

（一）二维形貌成像

光学显微镜是最常用的颗粒结构表征方法,可以观察、测量单颗粒并确定其形态。光学显微镜一直以来都是微米范围可视化的基本技术,可以获得二维表面信息,但很难确定微粒内部三维精细结构。例如,在测量微粒的粒径时,光学显微镜只能获取微粒的长度和宽度,不能获取微粒厚度的数据。另外,即便是具有较高分辨率的激光扫描共聚焦显微镜,也只能聚焦于较小区域的药物分布信息。

电子显微镜主要包括 SEM 和透射电子显微镜(transmission electron microscopy, TEM),是观察辅料粉末表面二维结构特征应用最广泛的方法,也是粒度分析的基本技术。它还具有在固体环境和液体环境中直接研究纳米微粒表面结构特征的能力,与电信号放大器和数字模拟转换器联用可以达到更高的分辨率。该技术与光学显微镜分析类似,大多数只能测定样品的二维结构,不能直接获得三维信息,难以检测固体剂型及药用辅料内部的三维结构细节。

(二)光谱化学成像

FTIR 常被用于无染色和无标记样品的结构与功能的表征。作为一种非破坏性的表征方法,FTIR 可以保持样品晶体结构和形态,并能够在超兼容分辨率下探索分子化学的微观结构。该技术能够提供样品中化学成分和官能团的数量、组成、结构和分布等信息。最近也被用于监测单个活细胞的化学变化,并通过定量分析蛋白质、核酸和磷脂成分,用于药物的体外细胞摄取研究[2,3]。

拉曼光谱则是一种散射光谱,对与入射光频率不同的散射光谱进行分析后,可以得到分子振动、转动等方面的信息,并可应用于分子结构研究。拉曼光谱也是一种非侵入性的分析技术,目前已越来越多地应用于药物开发的不同阶段,包括化学鉴定、分子生物学研究与诊断、固体形态筛选、过程分析、质量控制、原材料鉴定和假药劣药鉴定等,可提供相对较高的空间分辨率,可以与不同样品区域的成分或混合成分的识别相结合[4]。

太赫兹脉冲光谱和太赫兹脉冲成像是两种新的太赫兹光谱(THz spectroscopy)技术,利用了远红外区域的光谱信息,用于药物材料和固体剂型的物理表征[5]。太赫兹脉冲光谱同样可用于表征药物和辅料的结晶性质。太赫兹脉冲成像的应用包括测量包衣药片的涂层厚度和均匀性、固体剂型的结构成像和三维化学成像[6]。目前,其在药学领域的应用仅限于化学映射和片涂层成像[7,8]。能够穿透大多数药物辅料涂层而不具有破坏性,同时可通过检测折射率的细微变化来检测制剂的内部结构。

光学相干层析成像(optical coherence tomography, OCT)是一种新兴的光学技术,它可以生成三维物体的深度轮廓,是一种响应样品中折射率变化的无损干涉测量方法,可以达到几毫米的穿透深度。OCT 采用近红外光(near infrared, NIR),因此提供了 NIR 光谱和太赫兹测量数据之间的联系。在分析各种不同形状、配方和涂层的片剂方面是一种可靠及实用的工具。OCT 的测量速度快、操作难度低也使其成为制造过程中质量控制技术[9,10]。

(三) 磁共振波谱成像

波谱成像是近年来一种新型的高科技影像学检查方法,是 20 世纪 80 年代初才应用于临床的医学影像诊断新技术。它具有无电离辐射性(放射线)损害的优点。磁共振成像(magnetic resonance imaging, MRI),是药物溶解研究领域的一种新方法,为在现实系统中实时、无损和原位可视化过程提供了可能性[11]。与其他通常需要调整片剂的几何形状和成分的成像方法相比,MRI 允许在 USP4 型流式仪器中可视化真实的产品和完整的处方。经典的溶解曲线(药物释放数量作为时间的函数)与图像分析获得的信息,如固体核心厚度或凝胶层厚度,可能是更好理解和最终预测处方成分对药物释放机制影响的关键[12]。MRI 技术灵敏度高且能实时在线成像,太赫兹波成像利用光子能量低的太赫兹辐射作为信号源可以实现高信噪比、高灵敏度的无损伤检测,因技术本身的限制,MRI 和太赫兹波成像的分辨率尚不足以提供药物制剂内部的精细结构,并不适合广泛地运用于制剂结构的三维成像研究。

(四) 三维结构成像

显微计算机断层扫描(micro computed tomography, Micro - CT)是一种具有(亚)微米分辨率的 X 射线断层扫描技术,通常使用锥束的 X 射线管作为光源和一个旋转的样品支架。传统 CT 在生命科学中保持了强势地位,低分辨率高能 CT 则在工业质量控制中广泛应用[13,14],而 Micro - CT 在过去十年中同样引起了材料科学界的兴趣。关键原因是作为一种表征方法,Micro - CT 具有多功能、无损的性质,开发了原位和操作方面的可能性,且 Micro - CT 在开发和验证计算材料模型中也已成为不可或缺的技术[15]。

同步辐射微计算机断层扫描(synchrotron radiation X-ray micro-computed tomography, SR - μCT)利用具有高光子通量和偏振的同步辐射 X 射线作为光源,实现高速、高能量和高空间分辨率成像。作为一个有价值的研究工具可以非破坏性地实现样品的原位三维可视化。此外,该技术允许在任何方向上虚拟切片样品,以便在微米分辨率下直接可视化内部结构。在药剂学领域,它已被用于揭示 API 分布和剂型、药物释放动力学[16,17]、药物表征[18,19]和药品质量的关键信息。

三、药用辅料粉体微粒结构表征

（一）不同厂家型号的微晶纤维素

微晶纤维素（microcrystalline cellulose，MCC）是纤维素的重要改良产物，是由天然纤维素经稀无机酸水解而得的棒状或颗粒状的晶体。不同厂家及不同规格的微晶纤维素在结晶性、粒度和形态上有差异，从而影响其流动性、片剂的崩解等性质。SR－μCT 技术，能够测定并获得微晶纤维素单颗粒的结构，从而区分同一型号、不同生产企业的微晶纤维素产品，并比较其物理质量差异，将微晶纤维素的粉体结构性质与可压性、片剂崩解特征等药剂学行为关联。微晶纤维素压制成片后，片剂中的空腔结构对药物分布的均匀程度及片剂崩解模式存在一定的控制作用。此外，用作固体制剂稀释剂的乳糖大多是 α-乳糖一水合物，形状不规则，流动性较差。因此，辅料微粒的结构参数对辅料质量控制和提高辅料的应用水平具有重要的意义。

针对市场上五个厂家的 102 型号 MCC 产品，将其分别编号为 A、B、C、D、E。采用 SEM 观测，难以区分其相互之间的粉体特征差异。以共聚维酮为稀释剂，与微晶纤维素充分混合后，以 SR－μCT 测定混合粉体。通过二维切片断层结构图可以看出，不同型号的微晶纤维素之间差异明显：A 颗粒较小且紧实；B、C、D、E 颗粒较粗糙且形状不规则，有大颗粒聚集，存在空壳结构（图 12－1）。

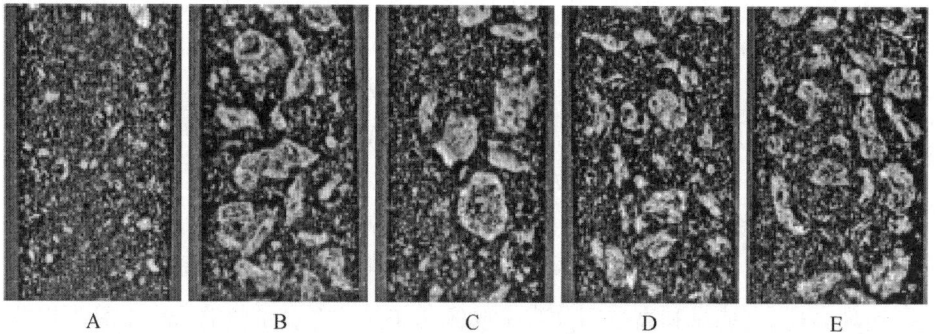

A   B   C   D   E

图 12－1　用共聚维酮稀释的微晶纤维素颗粒的二维切片（其中亮区域表示微晶纤维素颗粒，灰色区域表示共聚维酮）

（二）硬脂酸镁

硬脂酸（stearic acid，SA）常用作片剂的润滑剂，其粒度和表面积等结构特征极大影响其功能的发挥，而辅料的预处理和压片过程会影响片剂中辅料的结构和空间分布。因此,研究硬脂酸形貌、结构与其润滑效果、空间分布和片剂特征的关系具有重要意义。为了对形态规则和不规则的硬脂酸微粒进行比对分析,采用热熔法优化硬脂酸辅料的微粒结构。未优化的硬脂酸(图 12-2,A~C)尺寸大小不一,呈表面光滑的扁平状;而优化的硬脂酸(图 12-2,D~F)尺寸相对均一,呈规则的球状。相比于未优化的硬脂酸,优化后其形态更加规则,据此可以对二者进行区分。

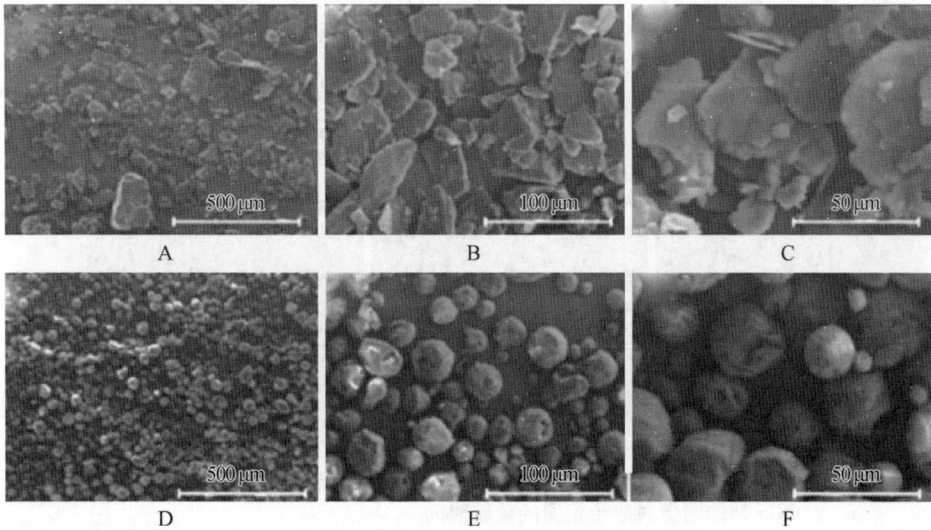

图 12-2　不同放大倍数下未改性硬脂酸(A~C)和再加工 SA(D~F)的 SEM 显微照片

四、制剂加工过程及制剂基本单元形态结构

(一)颗粒混合

二元混合体系的混合均匀度对研究固体制剂生产、运输、储存过程中的颗粒分布情况有巨大潜力。利用 SR-μCT 分别表征微晶纤维素丸芯和淀粉颗粒,根据颗粒间球形度的差异利用统计学方法计算颗粒的频次分布,研究容器旋转时间和振动时间对混合均匀度的影响。结果表明,颗粒体系的混匀度随着旋转时间的增加而增加。不同颗粒混合时,颗粒体系的分离度随着振动时间增加而变大。振动过程中,粒径较大的淀粉颗粒有向上运动的趋势,而较小的微晶纤维素丸芯更倾向于沉积在容器底部,可以成功研究三维颗粒的混合与分离效应(图 12-3)。

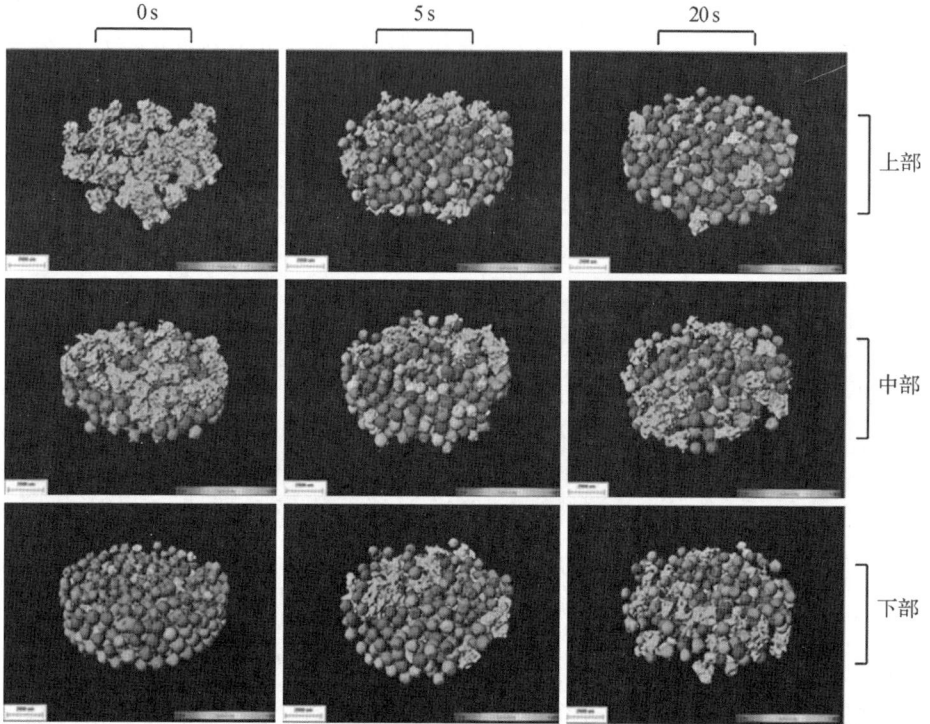

图 12-3 旋转时间对混合颗粒体系的影响。每一行对应于圆柱形容器的相同水平面。每一列的图像对应于相同的旋转时间

（二）蔗糖脂肪酸在微球中的分布

表面活性剂是影响微球形态结构与释放行为的重要因素,精确表征微球内辅料的立体分布可以指导微球制剂的处方设计和制备工艺参数的优化。以蔗糖脂肪酸酯为表面活性剂,通过油包油包固法制备了载牛血清白蛋白的尤特奇L100 微球。采用同步辐射 X 射线断层显微成像技术,对微球进行 CT 扫描,并利用蔗糖脂肪酸酯与微球中其他物质的密度差异,将蔗糖脂肪酸酯与其他物质进行"物理分离",获得蔗糖脂肪酸酯在各个微球内的三维分布(图 12-4)。得到表面活性剂在微球的立体分布特征后,将其与模型药物蛋白质的释放特征进行关联,进一步阐明表面活性剂的空间分布对药物释放的影响(图 12-5)。研究表明,蔗糖脂肪酸酯在微球内部的分布特征是控制微球释放的主要因素,蔗糖脂肪酸酯的空间分布由其含量和浓度决定,对蛋白质的释放动力学有着显著的影响。

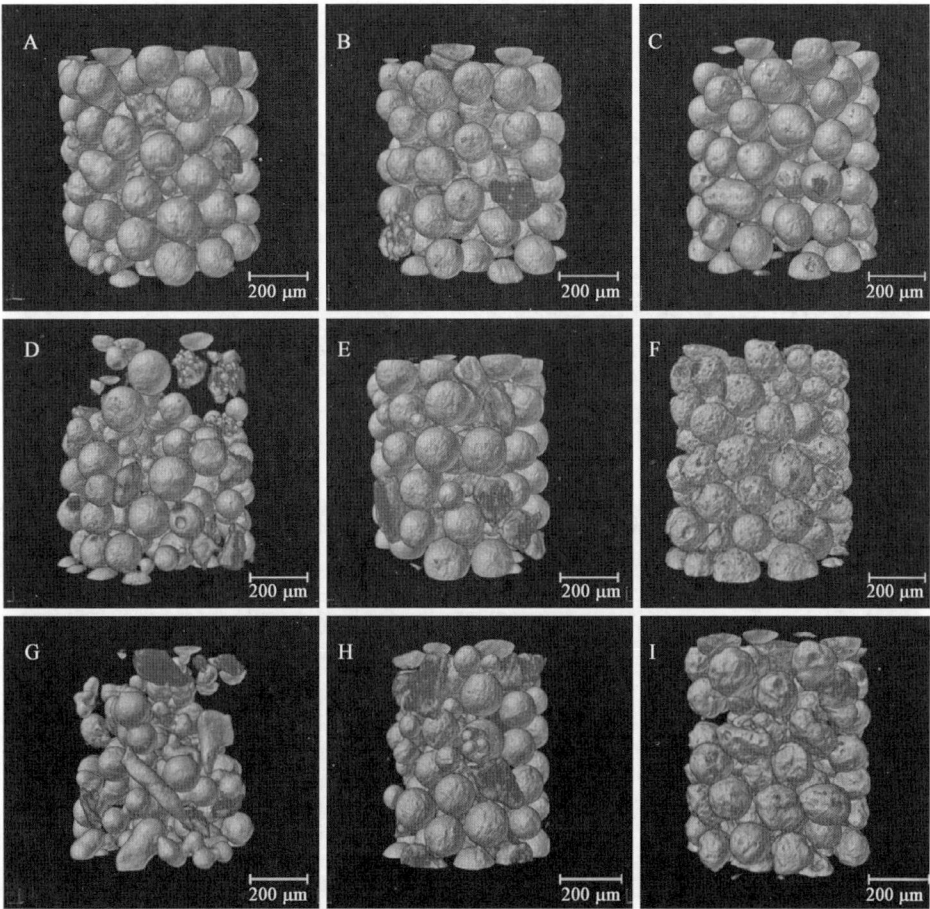

图 12-4 显示了在不同浓度的蔗糖脂肪酸酯和尤特奇下的形态。蔗糖脂肪酸酯浓度为 1%，尤特奇浓度分别为 4.5%（A）、7.5%（B）和 10.5%（C）；蔗糖脂肪酸酯浓度为 4%，尤特奇浓度分别为 4.5%（D）、7.5%（E）和 10.5%（F）；蔗糖脂肪酸酯浓度为 7%，尤特奇浓度分别为 4.5%（G）、7.5%（H）和 10.5%（I）。颜色从蓝色到红色代表从低到高的密度

彩图 12-4

（三）包衣工艺

应用同步辐射-傅里叶变换红外光谱（SR-FTIR）技术，研究布洛芬脂质微丸的层层自组装包衣机制。壳聚糖为阳离子、明胶为阴离子的离子交互作用，通过单谱分析各物质的吸收及微丸表面膜组成物质的吸收，再对微丸横切面采集 SR-FTIR Mapping 图像，用 Ominic 软件进行平滑处理和基线自动校准后，分别对壳聚糖峰和明胶峰进行峰面积的积分，获得两种物质在微丸横切面的积分分布图（图 12-6）。壳聚糖积分分布图与明胶积分分布图展示二者在微丸内部和

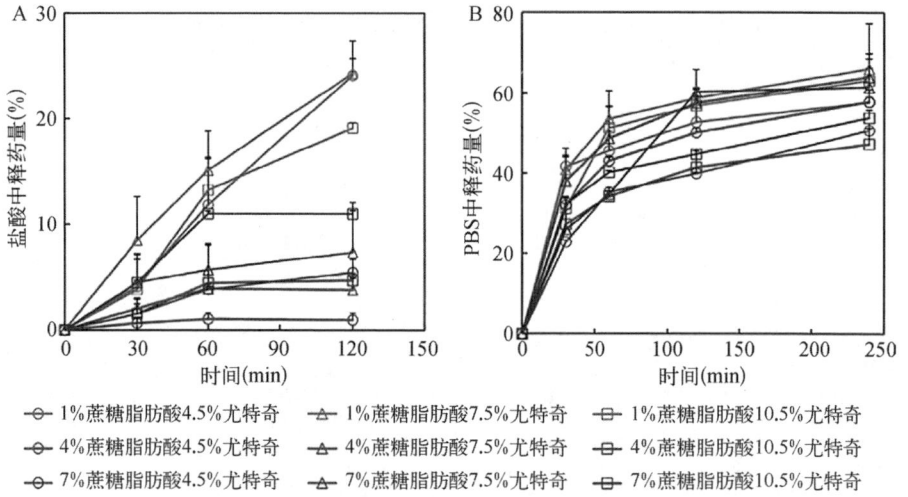

图 12-5 微球的体外药物释放 pH 1.2 盐酸(A)和 pH 6.8 PBS(B)中微球的蛋白释放折线图

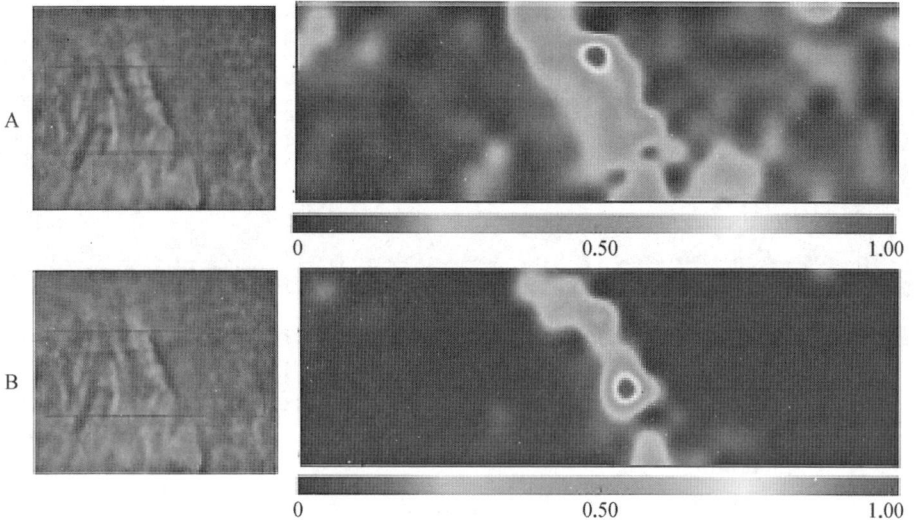

图 12-6 用积分分布图法测定壳聚糖和明胶的分布
(蓝色和红色代表强度,蓝色为弱,红色为强)

A. 扫描区域典型壳聚糖峰的积分分布图;B. 扫描区域明胶典型峰的积分分布图。左图表示 SR - FTIR 显微镜成像的区域;右图表示壳聚糖或明胶的部分

微丸外部均无吸收,仅在微丸表面上有明显吸收且密集连续,证实壳聚糖与明胶在微丸表面形成膜。证实单独包裹壳聚糖或明胶时,几乎无法在微丸表面形成包衣膜;交替包裹壳聚糖与明胶时,明胶与壳聚糖均存在于膜上,通过静电作用

吸附在微丸表面沉积形成包衣膜,延缓药物在口腔中的释放,掩盖药物的不良口感。

(四) 微晶纤维素粉末压片

根据性能不同微晶纤维素分为不同型号,MCC 102 粉体的硬度、压缩度、抗张强度和崩解时间有显著差异,而休止角、堆密度和振实密度上的差异较小。硬度越大,抗张强度越大,崩解时间越长。而 MCC 102 的流动性好,压片成型性好,崩解较好(表 12 - 1)。

针对图 12 - 1 中五种 MCC 102 产品 A、B、C、D、E 在抗张强度、崩解时间、川北方程和片剂径向压力-位移分布方面显著不同;盒比值和 Feret 比值等不规则结构参数对主成分分类的影响较大;休止角、堆密度和振实密度对主成分分类影响较小。微晶纤维素的结构差异和空腔差异研究证实了不同厂家的 MCC 样品在单颗粒水平上具有形态学的多样性,进而导致微晶纤维素粉末性质和压片性能的差异。

通过对微晶纤维素单颗粒的定量结构研究,可以在单颗粒水平上对辅料粉体单颗粒的内部结构进行量化分析,将辅料结构差异与单颗粒粉体和制剂的性质相关联。基于 SR - μCT 高分辨率表征技术,结合主成分分析方法,关联辅料单颗粒结构、空腔差异、粉体性质和制剂行为,并可探究其中的定量关系。

五、高端制剂的三维结构与辅料的空间分布

(一) 微丸

埃索美拉唑镁和奥美拉唑镁多单元微丸压制片制备工艺复杂,该类产品的设计是为了确保微丸肠溶衣在胃中保持完整,并在肠中释放药物。其制备工艺如下:采用喷雾干燥或喷雾凝固技术制备丸芯,将原料药、黏合剂与其他辅料混合,喷在丸芯表面形成药物层,再包隔离衣层及肠溶衣层。微丸结构由内而外分别为丸芯、药物层、隔离层及肠溶衣层[20]。

琥珀酸美托洛尔缓释片为薄膜包衣片,口服给药时,琥珀酸美托洛尔缓释片可迅速分解,释放数百个美托洛尔微丸。片剂内的微丸决定了该产品的药物释放可控性。从 X 射线横截面下的密度差可知,颗粒结构分为丸芯、含药层和外膜三层。微丸的结构分析表明,微丸的平均体积为(0.09±0.01)mm^3,直径为(0.55±0.03)mm,球形度为 0.87±0.06。丸芯占球体积的 7.26%±1.84%,丸芯的形状影响了微丸的形状(图 12 - 7),说明了丸芯性质的重要性[21]。

表12-1 微晶纤维素粉末和压片性能（$n=3$，平均值±SD）

性能		AR(°)	BD(g/mL)	TD(g/mL)	DC	H(kN)	TS(MPa)	DT(min)
A	s	35.59±0.44	0.34±0.01	0.45±0.00	24.31±0.69	0.10±0.01	2.09±0.29	1.00±0.00
	r	37.75±0.48	0.42±0.01	0.57±0.01	24.42±1.01	0.11±0.01	2.15±0.12	1.00±0.00
B	s	37.69±1.05**	0.31±0.01*	0.39±0.02*	20.99±0.99*	0.18±0.02**	3.53±0.44*	28.67±0.58**
	r	45.39±0.48*	0.35±0.02	0.49±0.03*	29.01±1.10*	0.16±0.03	3.17±0.62**	17.00±1.00**
C	s	40.23±0.77**	0.36±0.01*	0.53±0.10	22.00±2.00*	0.14±0.01*	2.76±0.18*	31.33±0.58
	r	36.09±0.28	0.34±0.01**	0.43±0.03	19.90±1.31*	0.18±0.01	3.54±0.11**	61.33±1.53**
D	s	37.43±1.01**	0.38±0.00*	0.47±0.00*	19.44±0.63*	0.13±0.02	2.61±0.29	29.33±1.67
	r	40.23±1.60	0.35±0.01**	0.43±0.01*	19.44±0.63*	0.15±0.01*	3.00±0.25**	66.00±1.00**
E	s	37.62±0.33**	0.33±0.02	0.41±0.02	19.77±0.20**	0.16±0.17	3.23±0.35*	37.33±1.15
	r	35.14±0.88	0.30±0.01*	0.47±0.02*	35.89±0.54	0.20±0.01**	4.06±0.27**	39.00±1.00**

*. 与样品A相比t检验，$P<0.05$。

**. 与样品A相比t检验，$P<0.001$。

注：AR. 休止角；BD. 堆密度；TD. 振实密度；DC. 压缩度；H. 硬度；TS. 抗张强度；DT. 崩解时间；s. 过筛加工的微晶纤维素；r. 未加工的微晶纤维素。

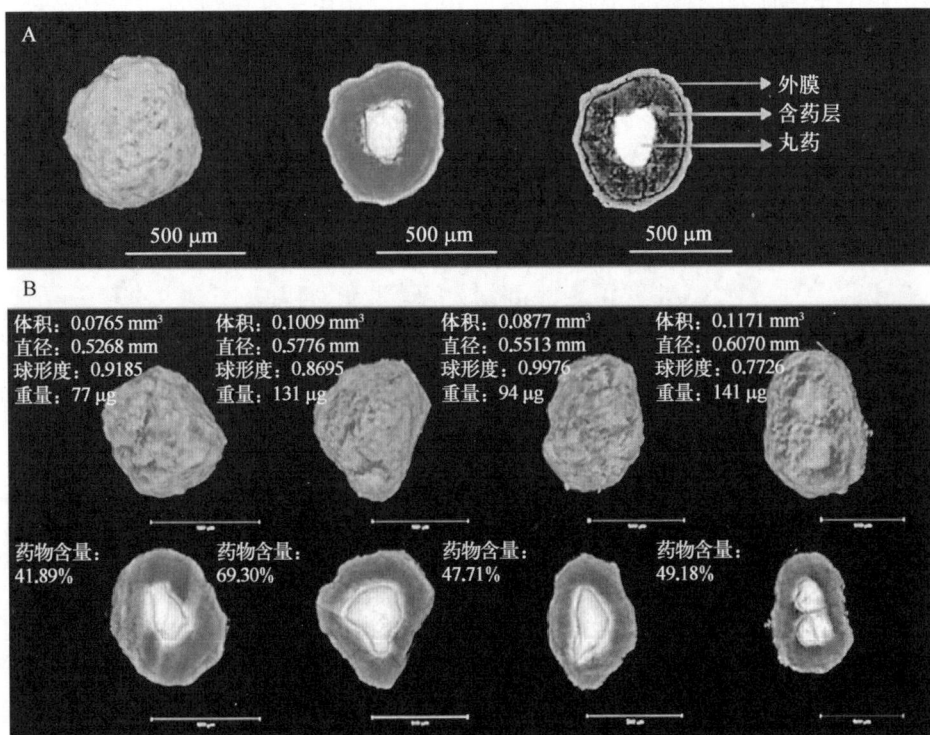

体积: 0.0765 mm³　　体积: 0.1009 mm³　　体积: 0.0877 mm³　　体积: 0.1171 mm³
直径: 0.5268 mm　　直径: 0.5776 mm　　直径: 0.5513 mm　　直径: 0.6070 mm
球形度: 0.9185　　　球形度: 0.8695　　　球形度: 0.9976　　　球形度: 0.7726
重量: 77 µg　　　　重量: 131 µg　　　　重量: 94 µg　　　　重量: 141 µg

药物含量:　　　　　药物含量:　　　　　药物含量:　　　　　药物含量:
41.89%　　　　　　69.30%　　　　　　47.71%　　　　　　49.18%

图 12-7　琥珀酸美托洛尔缓释片的提取及结构分析

微丸为球形,结构可分为丸芯、含药层和外膜三部分(A);单个球的结构分析(B)

彩图 12-7

(二) 缓释片与双室渗透泵片

作为新型多单元给药系统,具有多单元结构的微丸压制片具有灵活的剂量、可选择的释药行为和多层次的结构等特点。以茶碱微丸压制缓释片为研究对象,应用 SR-µCT 技术快速、无损伤地检测片剂内部精细结构。不同化合物对 X 射线的吸收不同,规则圆形的微丸在片剂横向断层(图 12-8A)和径向断层(图 12-8B)中清晰可见。微丸在片剂径向方向上的分布较均匀,但在轴向方向上存在明显的微丸富集区。微丸在片剂中这种不均匀分布的现象可能与制剂中药物的溶出释放密切相关。微丸压制片主要由三部分组成(图 12-8C):灰度值相对较高的浅色基质层(matrix layer, ML)、灰度值较低保护层(protective cushion layer, PCL)和球状微丸(pellets, PL)。微丸单元又至少有三层结构,从微丸外向微丸中心依次定义为丸膜、含药层和丸芯。从 Amira 软件显示的片剂动态断层图中可获知,片剂中微丸的尺寸在 0.5~1.2 mm 内。其中,丸膜较紧实

（丸膜中未发现空隙）且厚度均匀,约为 100 μm;相比之下,微丸的丸芯较疏松,可见明显空隙。

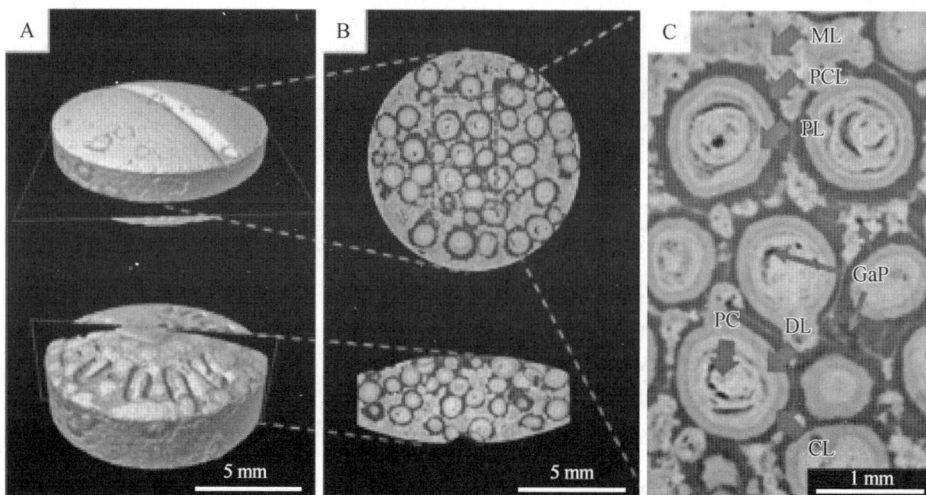

图 12-8　茶碱多单位微丸系统片剂的前和后方向的三维图像(A)、径向和轴向的二维切片(B)和二维切片的部分放大倍数(C)

片剂由 3 个区域组成:基质层(ML)、保护层(PCL)和微丸(PL),微丸从中心到外部由至少三个薄层组成:丸芯、含药层和衣膜;GaP 为空腔;DL 为含药层;CL 为丸膜;PC 为丸芯

双层渗透片的详细原位结构如图 12-9 所示,通过三维微观结构表征可以直接在片内识别出药物层和推层。在推层中可见氯化钠晶体,以产生渗透压,促进吸水。聚氧化乙烯作为溶胀剂在药物层和推层有明确的排列。表面涂层中的锥形孔的直径约为 500 μm。确定了两种涂层类型,内层为半透膜,外层为致密保护层。

（三）原研制剂剖析及仿制药结构一致性

在开发并验证仿制布洛芬(ibuprofen,IBU)多单元缓释微丸在 48 名健康人类志愿者中与参比制剂(RLD)的生物等效性($P<0.001$)后,使用 Micro-CT 比较并评估了通过生物等效性测试的仿制 IBU 微丸及 RLD 的表面和内部三维结构:球形度、微丸体积、丸芯体积与灰度值,首次实现仿制药和原研药的制剂内部结构与人体临床数据相关联。同时,该研究利用 SR-FTIR 对 IBU 微丸的物质分布和组成进行了表征。尽管仿制 IBU 微丸和 RLD 的动态结构并不相似,但具有相同的释放曲线和生物等效性。

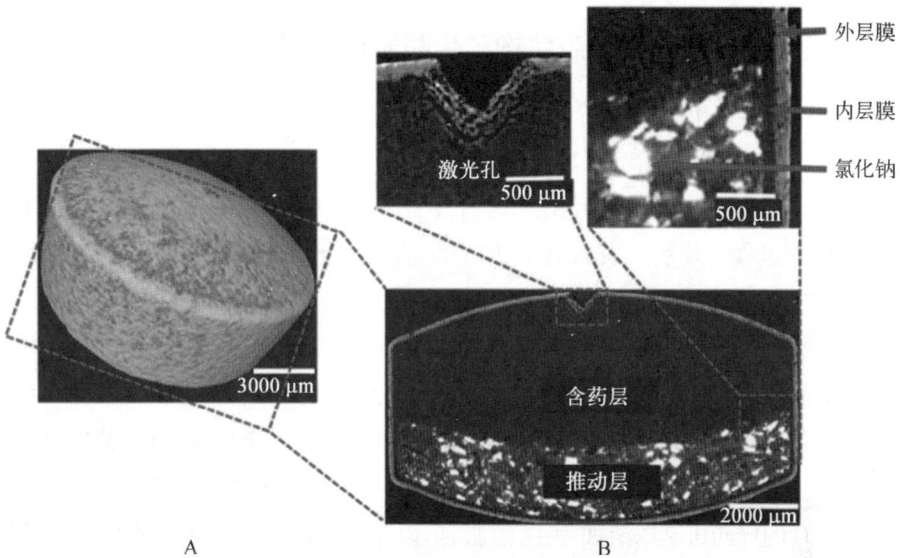

图 12-9 SR-μCT 揭示了双层渗透泵片的原位结构：片剂的
3D 视图(A),片剂的切片正视图(B)

该研究基于一致性评价中生物等效性的共同目标,探究仿制 IBU 微丸和 RLD 的结构相似性和多样性。使用 Micro-CT 比较二者静态和动态条件下的三维结构,并与物质分布和辅料成分相关联,发现结构差异不一定会导致释放和功效差异(图 12-10)。Micro-CT 可实现复杂材料的三维可视化和内部结构的高精度定量分析,具有原位无创的特性和高分辨率,弥补了方法学和相关表征技术的缺失。从基于同步辐射光源的 SR-μCT 向 Micro-CT 的转变有利于在保证成像质量的前提下提高采集效率。更重要的是,建立恰当的结构策略有助于深入分析高端制剂处方和开发高质量的仿制药。

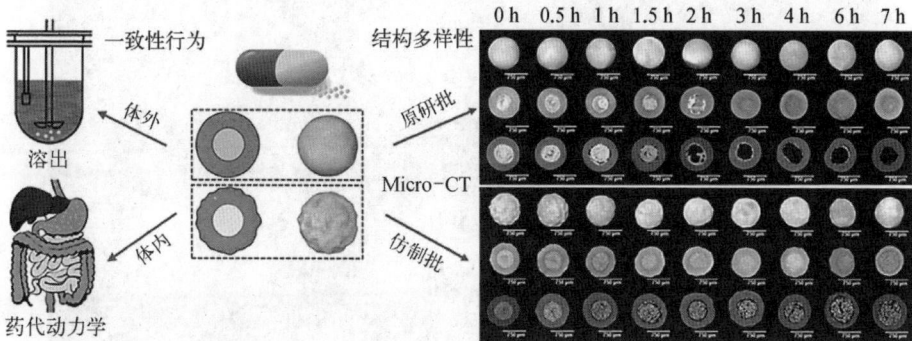

图 12-10 通过 Micro-CT 揭示布洛芬缓释微丸在一致性评价中的结构多样性

163

六、辅料的体内外动态结构变化和空间分布特征

（一）制剂溶出过程中的辅料结构变化

基于 SR－μCT 在精确定量片芯、水化层的立体结构的基础上,定量研究了非洛地平 HPMC 凝胶骨架缓释片的水化动力学与释放的关系。采用 SR－μCT 直接观测了释放过程中片剂的表面形态、内部结构及水化层的动态变化。随着片剂与溶出介质接触后的膨胀,片剂的长度、宽度和高度均在前 1.0 h 内增加。随着 HPMC 矩阵的侵蚀,长度和宽度从 2.0 h 开始减小。然而,片剂的高度却保持不变。药片的体积和表面积随时间的推移而减小[22]。结合三维重构计算,获得了凝胶骨架片片芯、水化层、溶蚀层相关的体积、表面积和比表面积等 20 多个立体参数,筛选出片芯面积、水化层面积、水化层比表面积等关键变量,揭示了难溶性药物非洛地平 HPMC 凝胶骨架片的释药机制以溶蚀为主,溶胀、扩散并存,为难溶性药物给药系统提供了新的研究方法,也为凝胶骨架缓释制剂的剂型设计提供了理论基础(图 12－11)。

通过 SR－μCT 技术研究了在不同溶出时间下,双室渗透泵片干燥前后的微观结构变化(图 12－12),对双层渗透泵片的静态和动态结构进行了全面的表征。基于原位结构,提出了一种新的双层渗透泵片释放模型,确定了药物的释放机制[19]。

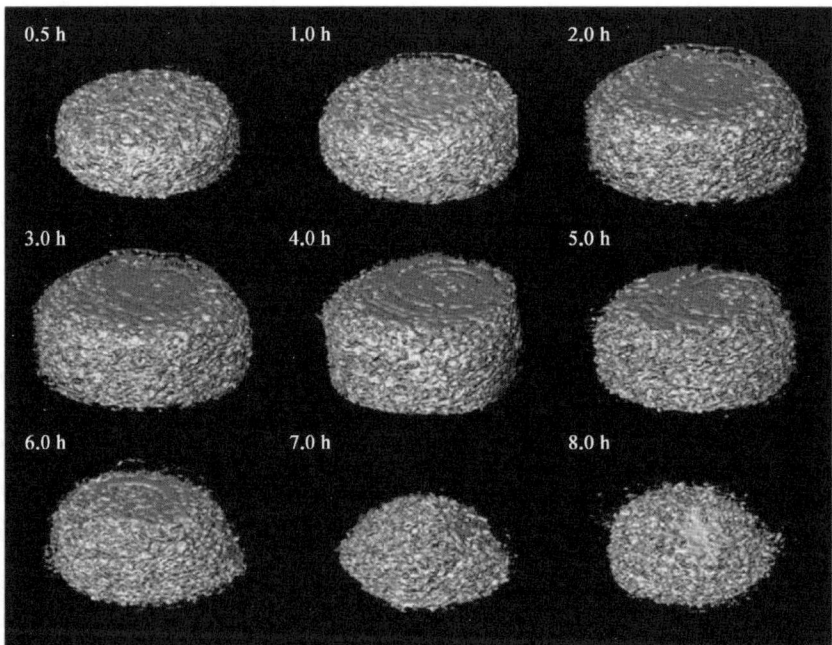

A

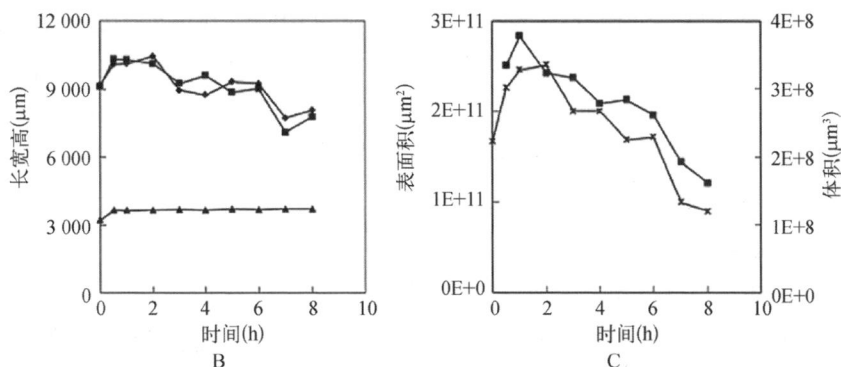

图 12-11　药物溶出过程中整个药片内部结构的变化

A. 重建的三维图像；B. 长度（填充的菱形）、宽度（填充的正方形）和高度（填充的三角形）；
C. 体积（空菱形）和表面积（空方方形）值

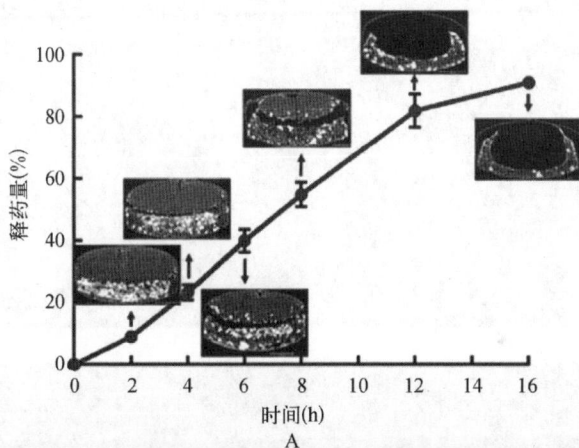

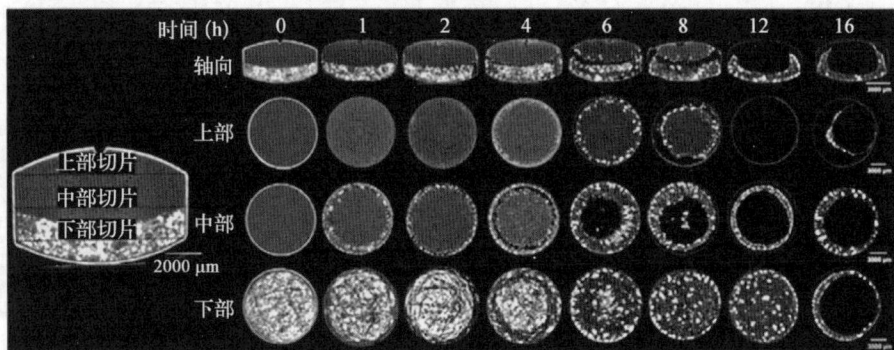

图 12-12　不同时期双层渗透泵片的体外溶出情况（溶出实验片为 $n=6$）

A. 图片表示各自溶出时间点的轴向切面；B. 不同干燥双层渗透泵片在不同溶出时间下的内部结构
可视化。上、中、下分别代表各自位置的径向切片

165

　　埃索美拉唑微丸(ESO)和奥美拉唑镁微丸(OME)：在体外实验中，为了探索肠溶衣包被的微丸在体外溶解过程中的结构转变，从酸性介质中收集微丸并在不同的时间间隔后进行成像。0.5 h 时，中心区域出现了较大的孔洞，1 h 后孔洞数量增多。随着时间的推移，间隙/孔的增加导致 2 h 后的结构坍塌。OME 也有类似的结构变化趋势。随着溶解时间的增加，微丸内的孔洞变大，出现小腔，导致结构松散。

　　应用 SR-μCT 无创地观察 ESO 的原位三维结构(图 12-13)，结果显示，微丸中的所有典型层都被清晰地识别出来。体外溶出结果显示，肠包衣涂层与分

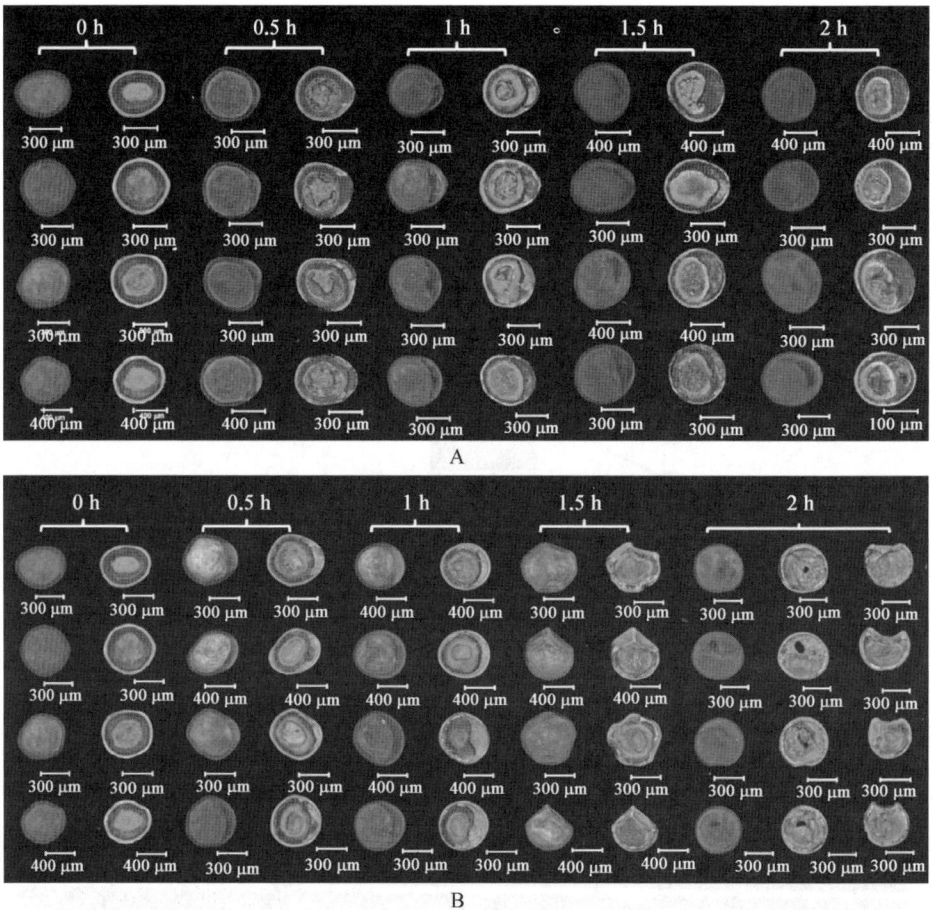

彩图 12-13

图 12-13　通过 SR-μCT 重建了不同溶解时间下 ESO 的三维结构

A. 体外溶出条件下不同时间点的结构。每个时间点包含两种类型的图像：微丸的透明外表面(橙色)和微丸的内部横截面(多种颜色)。B. 体内溶解条件下不同时间点的结构。每个时间点包含两种类型的图像：颗粒的透明外表面和颗粒的内部横截面

离层之间形成空腔,丸芯在 0.5 h 内部分溶解。随着蔗糖丸芯的进一步溶解,空腔随时间而增大,体外介质中分离层厚度减少,药物与分离层之间的差距明显。2 h 后,分离层和蔗糖丸芯被侵蚀,含药层发生变形,表明酸性介质通过肠内涂层部分穿透到微丸中心。

美托洛尔微丸:在药物溶出过程中,微丸表面出现一些凹陷,但整体结构保持为球形。随着溶解时间的增加,颗粒中的药物含量逐渐降低。在 1 h 和 4 h 时,含药层与外涂层之间出现了间隙(图 12-14,黄色箭头),在 4 h 时,含药层的中间出现了一个多孔结构。8 h 时,含药层向膜侧迁移,含药层和丸芯周围出现较大空隙。该药物在 20 h 后完全释放。结果揭示了药物在释放过程中的空间变化,以及药物辅料对药物溶解和释放的控释效应。

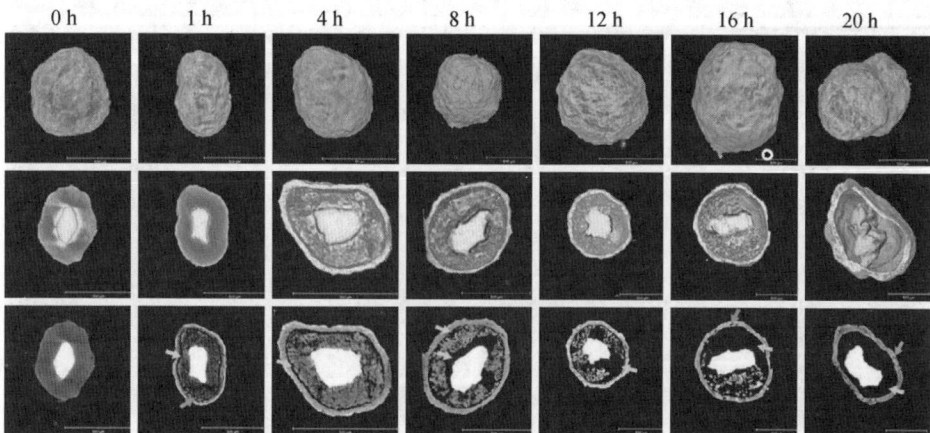

图 12-14　微丸在溶解过程中的动态结构。在片剂溶出过程中,每个时间点取 20 个微球进行 SR-μCT 分析。证明了单微丸在每个时间点的代表性结构。揭示了涂层中孔隙的结构(红色箭头)和含药层与涂层之间的间隙(黄色箭头)

彩图 12-14

（二）药物递送载体的肺内分布

利用显微切片断层扫描(micro-optical sectioning tomography,MOST)和荧光显微切片断层扫描(fluorescence-micro-optical sectioning tomography,f-MOST)系统共同重建多尺度肺结构及吸入颗粒分布。获取未吸入颗粒的小鼠肺,后进行染色和脱水。然后将树脂包埋的小鼠肺固定在样品池内进行 MOST 成像和数据采集。CL-MOF-A488 通过气管插管,给小鼠肺注射 1 mg 颗粒和 1 mL 的空气。在此条件下,在小鼠肺吸入 CL-MOF-A488 后灌流取材,进行 f-MOST 成像和数据采集。

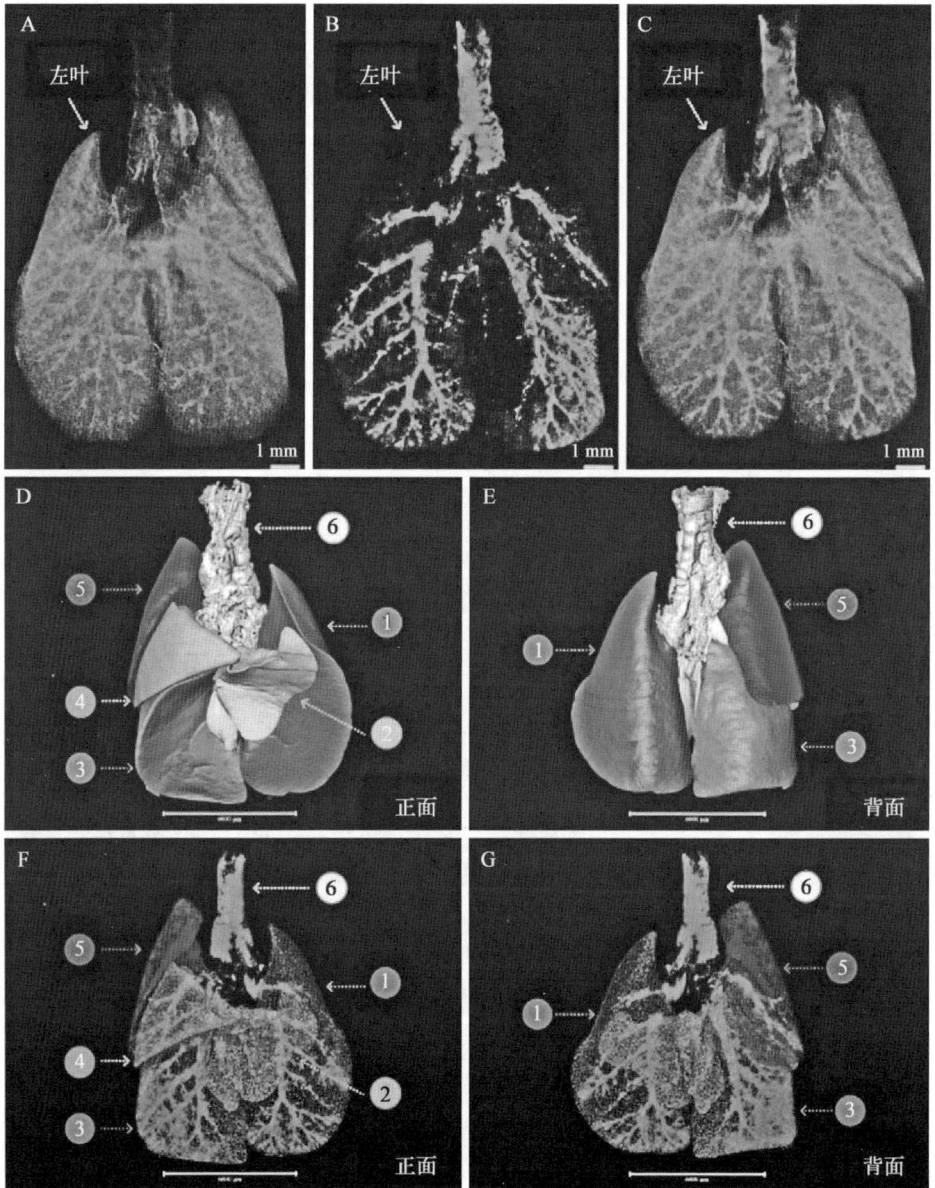

图 12-15　全肺尺度下吸入颗粒的分布规律

A. 肺内气管;B. CL-MOF-A488 在小鼠肺中的空间分布;C. 合并全肺结构和 CL-MOF-A488 的分布图像;D、E. 小鼠肺分为左叶、副叶、右尾叶、右中叶、右脑叶、肺外气管 6 部分;F、G. 在不同部分沉积的颗粒。沉积分数分别为 27.00%(左叶)、2.50%(副叶)、47.05%(右尾叶)、3.21%(右中叶)、4.70%(右颅叶)和 15.52%(肺外气管)

彩图 12-15

结合 MOST/f-MOST 系统,获取了小鼠肺脏高分辨三维结构和 CLMOF-A488 吸入颗粒的分布模式(图 12-15A~C)。肺内不同区域,颗粒分布也不同:颗粒沿呼吸道分布,大部分颗粒黏附在气管表面(图 12-15B),只有 18.6% 的吸入颗粒被输送到腺泡区。此外,肺被分为 6 个部分,包括 5 个肺叶和肺外气管(图 12-15D,E)。定量结果显示,近一半的颗粒(47.05%)沉积在右尾叶。左叶颗粒的百分比排名次之(27.00%),再其次是肺外气管,占 15.52%(图 12-15F,G)[23]。

七、展望

辅料作为药物制剂的重要组成部分,其质量、性能、微粒结构和制剂内分布影响制剂的体外溶出和体内药效。针对辅料的初始结构特征、加工过程中形成的单元结构、成型后制剂内的分布状态及体内/体外溶出过程中的动态变化,均需要采用不同的技术方法进行必要的结构表征与评价。本章总结了包括二维形貌成像、光谱化学成像、磁共振波谱成像、三维结构成像等常用的影像学表征技术在制剂辅料结构分析方面的应用。尤其以同步辐射微计算机断层扫描技术为代表的新方法,在制剂内部精细结构的三维高分辨可视化、制剂成型过程中的辅料分布变化与药物立体释放动力学分析方面展现出了巨大的方法学优势和应用潜力。

(殷宪振)

参考文献

[1] Yost E, Chalus P, Zhang S, et al. Quantitative X-ray microcomputed tomography assessment of internal tablet defects. Journal of Pharmaceutical Sciences, 2019, 108(5): 1818-1830.

[2] Wu L, Yin X Z, Guo Z, et al. Hydration induced material transfer in membranes of osmotic pump tablets measured by synchrotron radiation based FTIR. European Journal of Pharmaceutical Sciences, 2016, 84: 132-138.

[3] Wang M L, Lu X L, Yin X Z, et al. Synchrotron radiation-based Fourier-transform infrared spectromicroscopy for characterization of the protein/peptide distribution in single microspheres. Acta Pharmaceutica Sinica B, 2015, 5(3): 270-276.

[4] Čapková T, Pekárek T, Hanulíková B, et al. Application of reverse engineering in the field of pharmaceutical tablets using Raman mapping and chemometrics. Journal of Pharmaceutical and Biomedical Analysis, 2022, 209: 114496.

[5] Ho L, Müller R, Gordon K C, et al. Terahertz pulsed imaging as an analytical tool for sustained-release tablet film coating. European Journal of Pharmaceutics and Biopharmaceutics, 2009, 71(1): 117-123.

[6] Zeitler J A, Taday P F, Newnham D A, et al. Terahertz pulsed spectroscopy and imaging in

the pharmaceutical setting — a review. Journal of Pharmacy and Pharmacology, 2007, 59 (2): 209 – 223.

[7] Zeitler J A, Shen Y, Baker C, et al. Analysis of coating structures and interfaces in solid oral dosage forms by three dimensional terahertz pulsed imaging. Journal of Pharmaceutical Sciences, 2007, 96(2): 330 – 340.

[8] Novikova A, Markl D, Zeitler J A, et al. A non-destructive method for quality control of the pellet distribution within a MUPS tablet by terahertz pulsed imaging. European Journal of Pharmaceutical Sciences, 2018, 111: 549 – 555.

[9] Mauritz J M A, Morrisby R S, Hutton R S, et al. Imaging pharmaceutical tablets with optical coherence tomography. Journal of Pharmaceutical Sciences, 2010, 99(1): 385 – 391.

[10] Dong Y, Lin H, Abolghasemi V, et al. Investigating intra-tablet coating uniformity with spectral-domain optical coherence tomography. Journal of Pharmaceutical Sciences, 2017, 106(2): 546 – 553.

[11] Gajdošová M, Pěček D, Sarvašová N, et al. Effect of hydrophobic inclusions on polymer swelling kinetics studied by magnetic resonance imaging. International Journal of Pharmaceutics, 2016, 500(1 – 2): 136 – 143.

[12] Kulinowski P, Dorożyński P, Mlynarczyk A, et al. Magnetic resonance imaging and image analysis for assessment of HPMC matrix tablets structural evolution in USP Apparatus 4. Pharmaceutical Research, 2011, 28(5): 1065 – 1073.

[13] Harvey T, Honeyands T, Evans G, et al. Analogue iron ore sinter tablet structure using high resolution X-ray computed tomography. Powder Technology, 2018, 339: 81 – 89.

[14] Bouxsein M L, Boyd S K, Christiansen B A, et al. Guidelines for assessment of bone microstructure in rodents using micro-computed tomography. Journal of Bone & Mineral Research, 2010, 25 (7): 1468 – 1486.

[15] Schomberg A K, Diener A, Wünsch I, et al. The use of X-ray microtomography to investigate the microstructure of pharmaceutical tablets: Potentials and comparison to common physical methods. International Journal of Pharmaceutics: X, 2021, 3: 100090.

[16] Yang S, Yin X Z, Wang C F, et al. Release behaviour of single pellets and internal fine 3D structural features co-define the in vitro drug release profile. The AAPS Journal, 2014, 16(4): 860 – 871.

[17] Yin X Z, Li L, Gu X Q, et al. Dynamic structure model of polyelectrolyte complex based controlled-release matrix tablets visualized by synchrotron radiation micro-computed tomography. Materials Science and Engineering: C, 2020, 116: 111137.

[18] Wu L, Qin W, He Y Z, et al. Material distributions and functional structures in probiotic microcapsules. European Journal of Pharmaceutical Sciences, 2018, 122: 1 – 8.

[19] Maharjan A, Sun H Y, Cao Z Y, et al. Redefinition to bilayer osmotic pump tablets as subterranean river system within mini-earth via three-dimensional structure mechanism. Acta Pharmaceutica Sinica B, 2022, 12(5): 2568 – 2577.

[20] Sun H Y, He S Y, Wu L, et al. Bridging the structure gap between pellets in artificial dissolution media and in gastro-intestinal tract in rats. Acta Pharmaceutica Sinica B, 2022,

12(1)：326－338.

[21] Sun X, Wu L, Maharjan A, et al. Static and dynamic structural features of single pellets determine the release behaviors of metoprolol succinate sustained-release tablets. European Journal of Pharmaceutical Sciences, 2020, 149：105324.

[22] Yin X, Li H Y, Guo Z, et al. Quantification of swelling and erosion in the controlled release of a poorly water-soluble drug using synchrotron X-ray computed microtomography. The AAPS Journal, 2013, 15(4)：1025－1034.

[23] Sun X, Zhang X C, Ren X H, et al. Multiscale co-reconstruction of lung architectures and inhalable materials spatial distribution. Advanced Science, 2021, 8(8)：2003941.

第十三章

药用高分子辅料代谢动力学

本章介绍了药用高分子辅料代谢动力学主要分析方法的原理及优缺点,对十一种常见的药用高分子辅料如PEG、PLGA、D-α-生育酚聚乙二醇琥珀酸酯、聚氧乙烯蓖麻油、泊洛沙姆、聚维酮等的代谢动力学行为进行了总结和归纳,并对药用高分子辅料代谢动力学研究进行了展望。

一、药用高分子辅料代谢动力学的分析方法

(一)荧光标记法

荧光标记法是将荧光染料共价结合或物理吸附在目标分子基团上,其荧光特性能实现对辅料的体内示踪。该方法具有成本低、侵入性低等特点。常见的荧光标记探针包括异硫氰酸荧光素、二烷基碳菁类染料和花青素荧光染料等。目前,发光范围为近红外区域的荧光探针被广泛使用,这是由于生物基质在可见光(350～700 nm)和红外(>900 nm)范围内均具有较高的吸收率,而近红外(700～900 nm)波长段吸收较弱,背景干扰低。因此,近红外荧光染料能够显著提高荧光成像的选择性和分辨率。

然而,该方法的应用存在一些限制。荧光标记在体内循环过程中通常是不稳定的,有可能与辅料发生解离,导致荧光成像无法准确表征辅料在体内的行为。另外,荧光试剂对生物体的毒性也限制了荧光成像的应用。

(二)放射性核素示踪法

放射性核素示踪法是利用放射性核素作为示踪剂来研究药代动力学规律的一种方法。常用的放射性核素包括^{14}C、^{3}H、^{32}P、^{131}I等。该方法能广泛应用于体内示踪的原因有两点:一是放射性核素与其对应的非放射性核素在化学和生物学行为上具有高度一致性,不会扰乱和破坏体内外生理过程的平衡状态;二是放

射性核素的原子核会不断衰减，发出可被探测仪捕捉的射线，实现对目标物的定位及定量[1]。目前，放射性核素的检测手段主要有三种：液闪测量技术、放射自显影技术和正电子发射断层扫描技术。

1. 液闪测量技术　液闪测量（liquid scintillating counting, LSC）是一种利用液体闪烁计数器进行体外放射性测量的方法。它是将放射源置于某种闪烁液中，通过闪烁剂将放射能转变为光能，再利用光电倍增管将光能转变为电脉冲，从而达到分析射线能量和数量的目的。该方法对低能量、射程短的射线具有较高的探测效率。

2. 放射自显影技术　放射自显影（autoradiography，ARG）是利用放射性核素示踪原理，探测放射性核素在生物组织中分布状态的一种显影方法，具有定位准和灵敏度高的优点。放射自显影可分为宏观自显影、光镜自显影和电镜自显影三种类型。其中，宏观自显影中的整体放射自显影（quantitative whole-body autoradiography，QWBA）可以提供整个实验动物体内药物相关放射性空间分布的图像，目前已成为临床前生物分布研究的行业标准方法。

3. 正电子发射断层扫描技术　正电子发射断层扫描（positron emission computed tomography，PET）是一种利用^{11}C、^{13}N、^{15}O、^{18}F 等缺中子核素在衰变过程中释放正电子的特性，在能量转换后，经计算机处理可动态、连续、无创伤地观察到待测物在体内分布和变化的方法。该方法具有较高的灵敏度和空间分辨率，是美国 FDA 批准的可用于临床的分子成像技术之一。

综上所述，放射性核素示踪法可用于高分子辅料代谢动力学的研究，但是仍存在一些不足：首先放射性物质的能量分辨率较差，无法实现多种放射性同位素的同时监测；其次，放射性标记可能改变高分子辅料的药代动力学行为，从而降低结果的准确性[2,3]；另外，单独的放射性检测无法区分高分子辅料及其代谢产物，不过目前可通过色谱与放射性检测器的联合使用实现分离[4]。

（三）酶联免疫吸附测定法

免疫分析是一种利用抗体与抗原发生特异性识别和结合的特性，对待测抗体或者抗原进行分析测定的方法。酶联免疫吸附测定法（enzyme-linked immunosorbent assay，ELISA）属于免疫分析的一种，Richter 等通过免疫兔子获得了抗 PEG 的抗体，这些抗体可用于定量 PEG 化药物[5]。为了提高灵敏度，研究人员又陆续开发了多种 ELISA 方法。例如，使用夹心 ELISA 法，将针对 PEG 分子抗原决定簇的单克隆抗体分别用作固相抗体和酶标抗体，可以检测到低至

1.2 ng/mL 的 PEG。Danika 等建立了一种间接 ELISA 方法,即通过检测酶标记的抗抗体来间接定量 PEG 化蛋白[6]。此外,Chuang 等通过比较 PEG、生物素化的 PEG5000 与 PEG 抗体的竞争性结合,完成了 PEG5000 的药代动力学研究[7]。该方法不能区分高分子辅料及其代谢产物,故其特异性仍存在争议。

(四)液相色谱-串联质谱法

液相色谱-串联质谱法(liquid chromatography-tandem mass spectrometry,LC-MS/MS)集色谱的高分离能力与质谱的高灵敏度、高专属性能力于一体,已成为体内药物分析的首选分析方法。与其他分析方法相比,LC-MS/MS 在准确度、精密度、选择性、灵敏度和定量动态范围等各方面均显示出较大优势。目前,该方法在高分子药用辅料生物分析方面也取得了快速的发展。与小分子药物不同,药用高分子辅料的分子量呈多分散性,即包括一系列具有不同聚合度、排列顺序及侧链的同系物。在电喷雾质谱离子化过程中,高分子药用辅料会因其质量分布、电荷分布及加合离子的多分散性而形成无以计数的前体离子,这给高分子辅料及其代谢物的全轮廓精准分析带来了极大的挑战。为了克服这一挑战,研究人员发现,采用三重四极杆质谱的源内裂解-多反应监测或 Q-Q-TOF 全信息串联质谱等非数据依赖的扫描方式,可将纷繁复杂的前体离子裂解,进而产生屈指可数的共有碎片[8]。随后,选择其中专属性好、灵敏度高的碎片用作定量离子,成功地建立了药用高分子辅料的全轮廓药代动力学分析方法[9,10]。

二、药用高分子辅料代谢动力学研究

(一)聚乙二醇

PEG 是由环氧乙烷单元构成的亲水中性聚合物,基本化学结构式为 $HO(CH_2CH_2O)_nH$,主要作为药物辅料或药物载体被广泛应用。PEG 的分子量、粒径、电荷和结构等理化性质,都会影响 PEG 的药代动力学行为[11]。

不同给药途径下,PEG 的吸收均与分子量密切相关。例如,随着分子量的增加,口服 PEG 的吸收呈下降趋势。在人体内,PEG500 的生物利用度为 57%,而 PEG1000 的生物利用度则仅有 9.8%,当分子质量增大到 6 kDa 时,已基本没有吸收[12]。在局部给药试验中,低分子量 PEG 可以部分通过完整皮肤进入体内,而分子质量高于 4 kDa 的 PEG 只有在皮肤屏障受损时才可被机体吸收[13]。

由于血管通透性的差异,PEG 的体内分布受其分子量及时间变化的影响。低分子量 PEG 经过扩散后在血液和组织之间自由分布,而高分子量 PEG 分布较慢。研究显示,静脉注射 100 mg/kg 的不同分子质量 PEG(10 kDa、20 kDa 和 40 kDa),三个月后仍可在肾、脾、肝、肺、心和脉络膜丛中检测到 PEG。其中,40 kDa PEG 在脉络丛和脾中分布较多,而 10 kDa PEG 则更多分布于肺和肾中。随着 PEG 分子量的增加,它们在肾小管中分布量会下降[14],并且组织/器官的清除率也会降低。这意味着长期给予大剂量的高分子量 PEG 后,可能会导致组织蓄积,引发毒性。

PEG 的代谢主要是通过末端羟基氧化反应和磺酸化反应实现的。在猫的胆汁和烧伤受试者的血液及尿液中均发现了酸性代谢产物,在大鼠和豚鼠肝脏中发现了硫酸化的代谢产物。在哺乳动物体内,氧化作用主要由醇脱氢酶、醛脱氢酶介导,其中细胞色素 P450(cytochromeP450,CYP450)和磺基转移酶的作用较小。代谢效率也与 PEG 的分子量大小相关,分子量越低,越容易被代谢,如 PEG400 的代谢率为 25%,而 PEG6000 的代谢率只有 4%。

PEG 的排泄途径与其分子量相关。低分子量 PEG 主要通过肾小球被动滤过清除,而高分子量 PEG 主要经胆汁排泄。有研究认为,PEG 的肾清除阈值为 30 kDa,但也有研究称,即使 PEG 分子质量增加到 190 kDa 时,肾脏仍然是排泄的主要途径[15]。在静脉注射给药途径中,随着 PEG 分子量的增加,其肾清除率会降低,在血中的循环时间会延长。

(二) 丙交酯-乙交酯共聚物

PLGA 由乳酸(lactic acid, LA)和羟基乙酸(glycolic acid, GA)两种单体随机聚合而成,具有良好的生物相容性和可降解性,目前广泛应用于抗癌药物、蛋白质或多肽药物的递送中。

组成单体的比例(L : G)、分子量、浓度和末端基团的差异都会改变 PLGA 的性质,进而影响 PLGA 微球的封装效率和药物释放动力学[16]。通常,增加 PLGA 聚合物中 GA 单体的含量可以提高聚合物的亲水性及结构的无定型程度[17,18]。当两种单体比为 50:50 时,聚合物将以最快的速度降解。除单体比例外,封端官能团的不同也会影响 PLGA 的亲水性和降解速率。一般来说,含有游离羧基的聚合物更具亲水性,酯封端 PLGA 比酸封端 PLGA 具有更好的耐水解性,降解较慢[19]。

PLGA 的分布与其自身理化性质及动物种属有关。有研究显示,大鼠口服给予 PLGA 纳米颗粒后,主要分布于脾,其次是肾、肠、肝、肺、脑和心脏[20],但在小鼠进行的类似研究中却发现肝中纳米颗粒的浓度最高,其次是肾、脑、心脏、肺和脾[21]。上述两个结果产生的差异可能主要源于 PLGA 粒径大小，前者纳米颗粒较大，大部分由脾清除；后者的粒径较小，主要由肝清除。PLGA 经水解会产生乳酸和羟基乙酸，两者都可以进入三羧酸循环并被降解成 H_2O 和 CO_2。

（三）D-α-生育酚聚乙二醇琥珀酸酯

D-α-生育酚聚乙二醇琥珀酸酯（D-alpha-tocopheryl polyethylene glycol succinate，TPGS）是由维生素 E 琥珀酸酯与 PEG 的羟基酯化合成的水溶性衍生物，TPGS 可以抑制 P-gp 的活性，故可被用于抑制肿瘤的多药耐药性。TPGS 在药物递送中的应用具有多种优势，如优良的生物相容性、良好的药物溶解度和选择性抗肿瘤活性等[22]。

任天明等开发了一种 TPGS 及其代谢产物的 LC-MS/MS 分析方法，并将其成功地用于 TPGS 在大鼠体内的药代动力学研究[23]。结果表明：在口服给药后，TPGS 显示出极低的生物利用度；静脉给药后，TPGS 能够广泛分布到组织中，并缓慢地从体循环中消除，在脾、肝和肺等血液灌注率较高且单核巨噬细胞系统高表达的器官中，发现了高浓度的 TPGS 及其代谢产物 PEG1000，而在心脏和肾等血液灌注率高但单核巨噬细胞系统表达较少的器官中，检测到的 TPGS 和 PEG1000 却相对较低。这提示，巨噬细胞在聚合物材料的吸收与消除过程中可能有重要作用。排泄方面，只有少量 TPGS 从粪便中排出，大部分 TPGS 被代谢为 PEG1000，然后从尿液和粪便中排出。此外，TPGS 对活性影响较小，仅对其有弱抑制作用。

（四）聚氧乙烯蓖麻油

聚氧乙烯蓖麻油是由蓖麻油（或氢化蓖麻油）与环氧乙烷以不同比例在高压加热反应条件下形成的多组分聚合物，在药物制剂中受到广泛的应用，其中最为常用的是聚氧乙烯（35）蓖麻油（cremophor® EL，CrEL）。作为一种可注射的两亲性表面活性剂，CrEL 对难溶性药物（如紫杉醇）具有显著的增溶效果，同时它也是良好的胶束纳米载体材料，临床上一般采取静脉注射的方式给药。

白瑞峰等采用 LC-MS/MS 法，对 CrEL 及其代谢产物在大鼠体内的药代动力学过程进行了研究[24]。在静脉给药后的 24 h 内，CrEL 在血浆中以原型为主，同时也能检测到酯酶代谢产物，分别为聚乙二醇甘油醚和蓖麻油酸。其中，蓖麻油酸在血浆中的消除最快，其次是聚乙二醇甘油醚，消除最慢的为 CrEL。组织分布研究发现，部分 CrEL 能够透过血脑屏障，CrEL 在肺和肝中浓度最高，提示长期用药时有可能产生潜在的肝肺毒性。排泄方面,聚乙二醇甘油醚经肾排出体外,蓖麻油酸可在小肠中被检测到,这提示蓖麻油酸作为一种脂肪酸,可能被机体再吸收以氧化供能。

（五）泊洛沙姆

泊洛沙姆(poloxamer),商品名为普朗尼克(Pluronic),是一类由聚氧乙烯(polyethylene oxide, PEO)、聚氧丙烯(polyoxypropylene, PPO)组成的两亲性非离子型三嵌段共聚物[25],分子式为 $HO(CH_2CH_2O)_x[CH_2CH(CH_3)O]_y$ $(CH_2CH_2O)_xH$,x 和 y 分别代表亲水性的 PEO 和亲脂性的 PPO 单元的数量。依据其分子量大小和 PEO 与 PPO 的比例可获得不同类型的泊洛沙姆,如泊洛沙姆 188(poloxamer 188, P188)的 x 值约为 80,y 值约为 27。泊洛沙姆具有独特的理化性质和良好的生物相容性,被 FDA 批准作为食品添加剂、药物赋形剂和递送载体,已被美国、英国和中国等多国药典收录[26]。

Grindel 等使用凝胶渗透色谱-蒸发光散射检测器与放射性同位素标记技术对大鼠、兔、犬和人静脉注射后的泊洛沙姆 188 进行了毒代动力学研究,同时进行了大鼠和犬中泊洛沙姆 188 的组织分布研究[27]。结果显示:泊洛沙姆 188 的稳态血药浓度与给药剂量呈正相关,没有出现明显的雌雄差异和不良反应;48 h后,泊洛沙姆 188 在大鼠和犬体内广泛分布,在肾中浓度最高;泊洛沙姆 188 在经大鼠、兔、犬和人体中代谢后,可产生分子质量约为 16 kDa 的单一代谢产物;对于静脉注射的泊洛沙姆 188,肾是人体消除的主要途径,约占总体清除率的 90%。

冯译萱等使用 LC - MS/MS 法,对大鼠体内泊洛沙姆 188 的药代动力学行为进行了研究[28]。泊洛沙姆 188 经尾静脉注射后,可快速分布于各组织器官,3 h后在大鼠血浆中完全消除。泊洛沙姆 188 在大鼠体内广泛分布,其中,肾中分布浓度最高,其次是肝和胃,并且在这三种器官中的消除速度较慢。口服给药的泊洛沙姆 188 不会被胃肠道吸收进入血液循环,这可能与其分子量较大,难以跨膜转运吸收有关。

（六）聚维酮

聚维酮是由乙烯基吡咯烷酮聚合而成的非离子聚合物,聚维酮与纤维素类衍生物、丙烯酸类化合物并称为当今三大合成高分子药用辅料,在医药领域中有广泛应用[29]。聚维酮可分为线性的可溶聚维酮、交联的不溶性交联聚维酮及共聚维酮,其中,交联聚维酮常被用作崩解剂,使不溶性活性成分水溶性增强或吸附形成复合物等,共聚维酮可作为优良的可溶性黏合剂和成膜剂而使用[29]。

经腹腔注射聚维酮后,聚维酮(分子质量>30 kDa)易蓄积在大鼠肾、骨髓和肺中,引起全身血细胞减少、肾功能下降和肺纤维化。组织中聚维酮的蓄积浓度会随分子量增大而增加,清除率也随分子量的增加而降低。郭智琼等使用 LC-MS/MS 对大鼠体内聚维酮 PVP K12 的药代动力学进行了研究。研究发现,大鼠静脉注射后,PVP K12 主要分布在血浆和细胞外液中,2.5 h 后 PVP K12 在大鼠血浆中消除完全[30]。

(七)聚乙烯醇

聚乙烯醇[poly(vinyl alcohol),PVA]是一种应用广泛的水溶性高分子聚合物,常用作乳化剂,也可用于制备 PLGA 纳米粒。目前用于聚乙烯醇的体内分析主要有放射性同位素标记和荧光探针标记方法。Sanders 等研究了 ^{14}C 标记的聚乙烯醇在大鼠体内吸收、分布和排泄过程[31]。口服给药后,大鼠胃肠道吸收的聚乙烯醇极少,基本没有组织蓄积,48 h 内粪便中累计排泄率大于 98%,尿液中的检测含量占给药剂量的 0.2%。Zhang 等采用荧光探针标记技术,对连续使用160 日的由聚乙烯醇制成的可溶性微针在小鼠体内的安全性、生物分布和毒理学进行了评价[32]。结果表明,聚乙烯醇在小鼠体内溶解后主要蓄积在皮肤组织中,植入部位的聚乙烯醇浓度随时间逐渐降低。

(八)环糊精

环糊精(cyclodextrin,CD)是由葡萄糖单元组成的环状寡糖,具有略微疏水的空腔和亲水的外表面。天然环糊精包括 α-环糊精、β-环糊精、γ-环糊精,它们分别由 6、7、8 个吡喃葡萄糖组成。环糊精能够改善药物的水溶性、体内稳定性和递释能力。常见的水溶性环糊精衍生物,如羟丙基-β-环糊精、磺丁基醚-β-环糊精钠盐和甲基化-β-环糊精已被用于上市药品。

β-环糊精可在大鼠的胃肠道中被吸收,但由于其较大的分子量和较强的亲水性,吸收较少,使得 β-环糊精的口服生物利用度非常低,甚至小于 1%。研究发现,口服 β-环糊精后,在 36 h 内几乎完全从大鼠血浆中消除,高浓度 β-环糊精给药后可迅速分布于脾、肝、肾等血流速度快的器官[33];环糊精的代谢途径与其种类相关,γ-环糊精主要在胃肠道中被消化,而 α-环糊精和 β-环糊精主要被结肠中的细菌消化,β-环糊精可被代谢为麦芽糊精,并进一步被代谢吸收,最

终以 CO_2 和 H_2O 的形式排出[33];环糊精主要通过肾清除,静脉注射 β-环糊精后可通过尿液回收大约 90%。

（九）壳聚糖

壳聚糖(chitosan)是一种线形多糖,由氨基葡萄糖和 N-乙酰葡糖胺通过 β-1,4 糖苷键随机组合而成。在药物递送中,壳聚糖可作为活性化合物的载体或功能性赋形剂(如渗透促进剂)使用。为实现壳聚糖的体内追踪,目前,已有研究人员使用 FITC、9-蒽醛、^{99m}Tc 或放射性标记^{125}I 对壳聚糖的生物分布进行了监测[34~40]。

Li 等通过荧光分光光度法和组织学检测,研究了 FITC 标记的壳聚糖在大鼠体内的药代动力学、组织分布和排泄行为。结果表明,肌内注射后,壳聚糖会逐渐降解,分布在肝、肾、心脏、大脑、脾中;静脉注射后,壳聚糖会迅速从血液清除,肝的蓄积则与壳聚糖的分子量有关[38]。分子质量小于 65 kDa 的壳聚糖降解产物主要通过尿液排泄[2]。

（十）透明质酸

透明质酸(hyaluronan, HA)是一种由双糖(D-葡萄糖醛酸及 N-乙酰葡糖胺)基本结构组成的糖胺聚糖,具有低免疫反应、高生物相容及人体可吸收等特性,可用于眼睛外科手术、关节内注射、伤口愈合及外科手术防黏剂等。常见的给药方式包括静脉、口服和关节内给药,其体内代谢研究主要采用放射性标记法。

大鼠静脉给予放射性标记透明质酸后,血浆中的放射性会迅速下降,随后被肝快速摄取并消化成低聚糖亚基,进一步代谢用于产生能量[41]。透明质酸主要以低分子量形式经肾消除[42],关节内给予的透明质酸能够长时间停留在关节内并被缓慢吸收入血[43]。

研究过程中使用的放射性核素示踪种类不同,得到的结果也可能略有差异。例如,大鼠口服^{14}C-透明质酸后,可在血液中监测到^{14}C-透明质酸并在 8 h 到达峰值,在给药 24 h 和 96 h 后,皮肤中的放射性高于血液中的放射性[3]。而口服^{99m}Tc-透明质酸后,中央室没有监测到吸收过程[44],另外,口服透明质酸也可分布到关节、椎骨和唾液腺中[45]。在代谢方面,口服的透明质酸会被盲肠内容物降解,产生的寡糖可分布到皮肤[46]。

（十一）吐温 80

吐温 80 由山梨聚糖和油酸通过乙氧基化制得,在超过临界胶束浓度时可形成胶束而将药物包裹或嵌合,从而增加药物溶解度并改变其生物分布。吐温 80 对 P-gp 具有抑制作用,可能影响药物在体内的生物学效应[47]。

吐温 80 的血浆浓度与时间的关系曲线为双指数曲线。静脉注射后,吐温 80 从血浆中的清除速率很快,可能是循环系统中羧酸酯酶介导的水解作用导致的。另外,吐温 80 在稳态下的表观分布容积与总血容量相似,这说明其组织分布行为并不明显,可能以胶束的形式进行血液循环[48]。

三、展望

近年来,越来越多的高分子辅料被应用于新型药物递释系统,但是一些公认的惰性辅料却表现出了生物学效应或毒性,可在体内发生较强的基于药代动力学的辅料-药物、辅料-机体的相互作用。目前,尚无完全适用于药用高分子辅料的药代动力学评价的标准化方法与方案,这导致难以比较相同辅料不同试验单位获得的药代动力学研究结果。因此,开发适用于高分子辅料体内全轮廓精准分析的定性定量方法,是突破辅料代谢动力学研究瓶颈的关键。另外,药用高分子辅料的生物相容性、安全性、惰性、降解性与排泄等性质,应是辅料选择时需要考虑的重要参数。

（顾景凯）

参考文献

[1] 边诣聪,胡海红,曾苏.放射性同位素标记药物在吸收、分布、代谢、排泄研究中的应用.药物分析杂志,2012,32(5):906-911.

[2] Li H, Jiang Z, Han B, et al. Pharmacokinetics and biodegradation of chitosan in rats. Journal of Ocean University of China, 2015, 14(5):897-904.

[3] Oe M, Mitsugi K, Odanaka W, et al. Dietary hyaluronic acid migrates into the skin of rats. Scientific World Journal, 2014, 2014:378024.

[4] Nassar A E, Bjorge S M, Lee D Y. On-line liquid chromatography-accurate radioisotope counting coupled with a radioactivity detector and mass spectrometer for metabolite identification in drug discovery and development. Analytical Chemistry, 2003, 75(4):785-790.

[5] Richter A W, Akerblom E. Antibodies against polyethylene glycol produced in animals by immunization with monomethoxy polyethylene glycol modified proteins. International archives of allergy and immunology, 1983, 70(2):124-131.

[6] Danika C, El Mubarak M A, Leontari I, et al. Development and validation of analytical

methodologies for the quantification of PCK3145 and PEG-PCK3145 in mice. Analytical Biochemistry, 2019, 564 – 565: 72 – 79.

[7] Chuang K H, Tzou S C, Cheng T C, et al. Measurement of poly (ethylene glycol) by cell-based anti-poly (ethylene glycol) ELISA. Analytical Chemistry, 2010, 82 (6): 2355 – 2362.

[8] Zhou X, Meng X, Cheng L, et al. Development and Application of an MS (ALL)-Based Approach for the Quantitative Analysis of Linear Polyethylene Glycols in Rat Plasma by Liquid Chromatography Triple-Quadrupole/Time-of-Flight Mass Spectrometry. Analytical Chemistry, 2017, 89(10): 5193 – 5200.

[9] Meng X, Zhang Z, Tong J, et al. The biological fate of the polymer nanocarrier material monomethoxy poly(ethylene glycol)-block-poly(d, l-lactic acid) in rat. Acta Pharmaceutica Sinica B, 2021, 11(4): 1003 – 1009.

[10] Yin L, Pang Y, Shan L, et al. The In Vivo Pharmacokinetics of Block Copolymers Containing Polyethylene Glycol Used in Nanocarrier Drug Delivery Systems. Drug Metabolism And Disposition, 2022, 50(6): 827 – 836.

[11] Sharda N, Khandelwal P, Zhang L, et al. Pharmacokinetics of 40 kDa Polyethylene glycol (PEG) in mice, rats, cynomolgus monkeys and predicted pharmacokinetics in humans. European Journal of Pharmaceutical Sciences, 2021, 165: 105928.

[12] Baumann A, Tuerck D, Prabhu S, et al. Pharmacokinetics, metabolism and distribution of PEGs and PEGylated proteins: quo vadis? Drug Discovery Today, 2014, 19(10): 1623 – 1631.

[13] Fruijtier-Polloth C. Safety assessment on polyethylene glycols (PEGs) and their derivatives as used in cosmetic products. Toxicology, 2005, 214(1 – 2): 1 – 38.

[14] Rudmann D G, Alston J T, Hanson J C, et al. High molecular weight polyethylene glycol cellular distribution and PEG-associated cytoplasmic vacuolation is molecular weight dependent and does not require conjugation to proteins. Toxicologic Pathology, 2013, 41 (7): 970 – 983.

[15] Yamaoka T, Tabata Y, Ikada Y. Distribution and tissue uptake of poly(ethylene glycol) with different molecular weights after intravenous administration to mice. Journal of Pharmaceutical Sciences, 1994, 83(4): 601 – 606.

[16] Li X, Wei Y, Wen K, et al. Novel insights on the encapsulation mechanism of PLGA terminal groups on ropivacaine. European Journal of Pharmaceutics and Biopharmaceutics, 2021, 160: 143 – 151.

[17] Koerner J, Horvath D, Groettrup M. Harnessing Dendritic Cells for Poly (D, L-lactide-co-glycolide) Microspheres (PLGA MS)-Mediated Anti-tumor Therapy. Frontiers in Immunology, 2019, 10: 707.

[18] Essa D, Kondiah P P D, Choonara Y E, et al. The Design of Poly (lactide-co-glycolide) Nanocarriers for Medical Applications. Frontiers in Bioengineering and Biotechnology, 2020, 8: 48.

[19] Su Y, Zhang B, Sun R, et al. PLGA-based biodegradable microspheres in drug delivery:

recent advances in research and application. Drug Delivery, 2021, 28(1): 1397-1418.

[20] Navarro S M, Darensbourg C, Cross L, et al. Biodistribution of PLGA and PLGA/chitosan nanoparticles after repeat-dose oral delivery in F344 rats for 7 days. Therapeutic Delivery, 2014, 5(11): 1191-1201.

[21] Semete B, Booysen L, Lemmer Y, et al. In vivo evaluation of the biodistribution and safety of PLGA nanoparticles as drug delivery systems. Nanomedicine, 2010, 6(5): 662-671.

[22] Yang C, Wu T, Qi Y, et al. Recent Advances in the Application of Vitamin E TPGS for Drug Delivery. Theranostics, 2018, 8(2): 464-485.

[23] Ren T, Li R, Zhao L, et al. Biological fate and interaction with cytochromes P450 of the nanocarrier material, d-alpha-tocopheryl polyethylene glycol 1000 succinate. Acta Pharmaceutica Sinica B, 2022, 12(7): 3156-3166.

[24] Bai R, Sun D, Shan Y, et al. Disposition and fate of polyoxyethylene glycerol ricinoleate as determined by LC-Q-TOF MS coupled with MSALL, SWATH and HR MS/MS techniques. Chinese Chemical Letters, 2021, 32(10): 3237-3240.

[25] 史健艺,朱鹤云,朴慧顺,等.温敏型原位凝胶剂在抗癌领域的研究与应用.吉林医药学院学报,2019,40(5): 359-361.

[26] 周巧云,张朝晖,潘俊芳,等.泊洛沙姆为载体的疏水性药物新剂型研究进展.中国现代应用药学,2011,28(4): 315-319.

[27] Grindel J M, Jaworski T, Emanuele R M, et al. Pharmacokinetics of a novel surface-active agent, purified poloxamer 188, in rat, rabbit, dog and man. Biopharmaceutics & Drug Disposition, 2002, 23(3): 87-103.

[28] Feng Y, Li L, Li Y, et al. Tissue Distribution Study of Poloxamer188 in Rats by Ultra-High-Performance Liquid Chromatography Quadrupole Time of Flight/Mass Spectrometry with MS (ALL)-Based Approach. Molecules, 2021, 26(18): 5644.

[29] Bühler V. Polyvinylpyrrolidone excipients for pharmaceuticals: povidone, crospovidone, and copovidone. Berlin: Springer, 2005.

[30] 郭智琼.聚乙烯吡咯烷酮 PVP K12 在大鼠体内的药代动力学研究. 长春:吉林大学, 2020.

[31] DeMerlis C C, Schoneker D R. Review of the oral toxicity of polyvinyl alcohol (PVA). Food and Chemical Toxicology, 2003, 41(3): 319-326.

[32] Zhang X P, Wang B B, Li W X, et al. In vivo safety assessment, biodistribution and toxicology of polyvinyl alcohol microneedles with 160-day uninterruptedly applications in mice. European Journal of Pharmaceutics and Biopharmaceutics, 2021, 160: 1-8.

[33] Mu K, Jiang K, Wang Y, et al. The Biological Fate of Pharmaceutical Excipient beta-Cyclodextrin: Pharmacokinetics, Tissue Distribution, Excretion, and Metabolism of beta-Cyclodextrin in Rats. Molecules, 2022, 27(3): 1138.

[34] Onishi H, Machida Y. Biodegradation and distribution of water-soluble chitosan in mice. Biomaterials, 1999, 20(2): 175-182.

[35] Mingming Y, Yuanhong W, Fugang M, et al. Pharmacokinetics, Tissue Distribution and Excretion Study of Fluoresceinlabeled PS916 in Rats. Current Pharmaceutical Biotechnology,

2017, 18(5): 391-399.

[36] Dong W, Han B, Feng Y, et al. Pharmacokinetics and biodegradation mechanisms of a versatile carboxymethyl derivative of chitosan in rats: in vivo and in vitro evaluation. Biomacromolecules, 2010, 11(6): 1527-1533.

[37] Tommeraas K, Strand S P, Tian W, et al. Preparation and characterisation of fluorescent chitosans using 9-anthraldehyde as fluorophore. Carbohydrate Research, 2001, 336(4): 291-296.

[38] Richardson S C, Kolbe H V, Duncan R. Potential of low molecular mass chitosan as a DNA delivery system: biocompatibility, body distribution and ability to complex and protect DNA. International Journal of Pharmaceutics, 1999, 178(2): 231-243.

[39] Kuntner C, Wanek T, Hoffer M, et al. Radiosynthesis and assessment of ocular pharmacokinetics of (124)I-labeled chitosan in rabbits using small-animal PET. Molecular Imaging and Biology, 2011, 13(2): 222-226.

[40] Banerjee T, Mitra S, Kumar Singh A, et al. Preparation, characterization and biodistribution of ultrafine chitosan nanoparticles. International Journal of Pharmaceutics, 2002, 243(1-2): 93-105.

[41] Nimrod A, Ezra E, Ezov N, et al. Absorption, distribution, metabolism, and excretion of bacteria-derived hyaluronic acid in rats and rabbits. Journal of Ocular Pharmacology and Therapeutics, 1992, 8(2): 161-172.

[42] Svanovsky E, Velebny V, Laznickova A, et al. The effect of molecular weight on the biodistribution of hyaluronic acid radiolabeled with ^{111}In after intravenous administration to rats. Eur J Drug Metab Pharmacokinet, 2008, 33(3): 149-157.

[43] Fonsi M, El Amrani A I, Gervais F, et al. Intra-Articular Hyaluronic Acid and Chondroitin Sulfate: Pharmacokinetic Investigation in Osteoarthritic Rat Models. Current Therapeutic Research, Clinical and Experimental, 2020, 92: 100573.

[44] Laznicek M, Laznickova A, Cozikova D, et al. Preclinical pharmacokinetics of radiolabelled hyaluronan. Pharmacological Reports, 2012, 64(2): 428-437.

[45] Balogh L, Polyak A, Mathe D, et al. Absorption, uptake and tissue affinity of high-molecular-weight hyaluronan after oral administration in rats and dogs. Journal of Agricultural and Food Chemistry, 2008, 56(22): 10582-10593.

[46] Kimura M, Maeshima T, Kubota T, et al. Absorption of Orally Administered Hyaluronan. Journal of Medicinal Food, 2016, 19(12): 1172-1179.

[47] Sparreboom A, van Asperen J, Mayer U, et al. Limited oral bioavailability and active epithelial excretion of paclitaxel (Taxol) caused by P-glycoprotein in the intestine. Proceedings of the National Academy of Sciences, 1997, 94(5): 2031-2035.

[48] Sparreboom A, Zhao M, Brahmer J R, et al. Determination of the docetaxel vehicle, polysorbate 80, in patient samples by liquid chromatography-tandem mass spectrometry. Journal Of Chromatography B-Analytical Technologies In The Biomedical And Life Sciences, 2002, 773(2): 183-190.

第十四章

环糊精‑药物相互作用的分子模拟

本章主要从药剂结构和理论计算角度对环糊精(cyclodextrin, CD)及其包合物进行阐述。首先介绍了 CD 及其衍生物的结构特征及可以被其包合的药物特征,进而介绍了用于药物‑CD 体系的常见分子模拟方法和相关技术背景。在此基础上,针对药物‑CD 体系的相互作用特点详细地介绍了应用于该领域的具体方法和技术。最后以几个具体的案例对其应用进行了补充说明。

一、概述

(一)环糊精的种类和分子特征

CD 是纤维素在细菌消化过程中形成的一类由吡喃葡萄糖单元通过 $\alpha-1,4$ 糖苷键连接而成的环状寡糖的总称。其中,最常见的是含有 6、7、8 个吡喃葡萄糖单元的 CD,分别被称为 α‑环糊精(α‑CD)、β‑环糊精(β‑CD)和 γ‑环糊精(γ‑CD)。此外,为了改善天然 CD 络合药物的能力等,人们通过甲基、羟丙基、磺丁基等基团取代羟基制备出它们的衍生物。由于构成 CD 的吡喃葡萄糖单元呈椅子构象,它们的主体结构呈锥状的圆筒形。羟基或取代基团朝向锥体外部,导致分子外壁呈现不同程度的亲水性;而中心腔内衬有葡萄糖残基的骨架碳和醚氧键,使其内腔具有较强疏水性(图 14‑1)。

(二)可被环糊精包合的药物分子特征

CD 可充当分子容器,将客体分子捕获在其腔内。这些 CD 的葡萄糖单位数量、空腔直径不同,因而可以包合不同种类的药物。α‑CD 及其衍生物适合与低分子量的脂肪型客体形成包合物,β‑CD 及其衍生物可与芳香和杂环分子包合,γ‑CD 及其衍生物具有更大的疏水腔,可以包埋分子量较大的大环化合物和类固醇等分子。

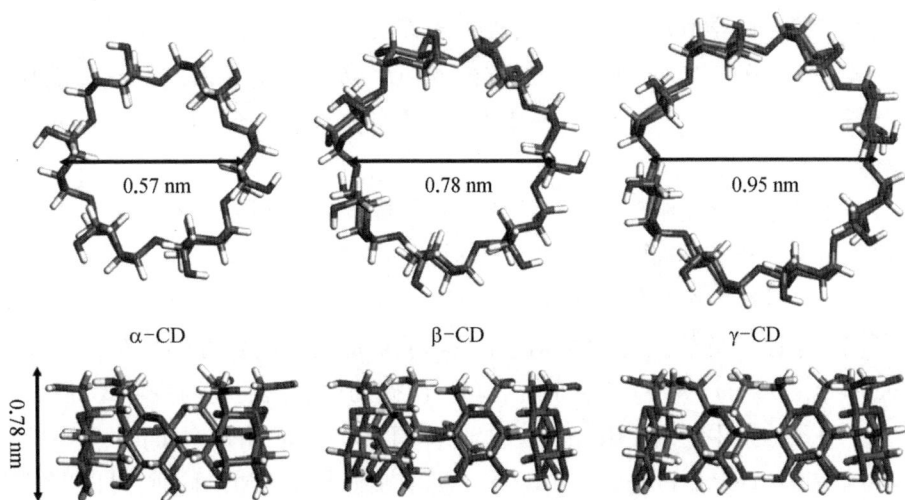

图 14-1 三类天然 CD 的分子结构

彩图 14-1

（三）环糊精与药物分子的作用机制

CD 与药物分子形成稳定包合物一般取决于几个因素。首先是空间因素，即 CD 的空腔与药物分子或其关键官能团的相对大小。如果药物的尺寸太大，则不能进入腔内；太小则不能产生较强的结合力。另一个关键因素是 CD 的基团与药物分子间存在相互作用。不同的药物基团可与 CD 形成氢键、范德瓦耳斯力及疏水相互作用等，这些驱动力中的一种或数种共同发挥作用，最终促进包合物形成。

二、分子模拟方法背景

材料的微观结构决定其宏观性质。CD 作为典型的药剂学超分子辅料，传统的实验方法在确定其包合物的三维结构特征、深入了解包合物的动态形成过程上存在局限性。随着量子化学、统计力学和计算科学等相关学科的发展，分子模拟作为计算化学的重要组成部分，可以为 CD 包合物研究提供合理的分子结构、分子行为，并能在分子、原子甚至电子水平上模拟 CD -药物分子的相互作用过程，为实验提供理论基础。

（一）基于第一性原理的分子模拟

量子力学不仅是近现代物理学的重要支撑，还是微观化学物质所遵循的基本规律。量子化学利用量子力学的理论和方法来解决化学问题,获得准确的分子结构和电子分布。基于薛定谔方程的各种近似,计算方法的发展主要分为基于波函数的哈特里-福克方程和基于电子密度的密度泛函理论(density functional theory, DFT)两类。

量子化学中的基组是用于描述体系原子轨道的波函数,也是量子化学从头计算的基础。对于不同的体系,需要选择不同的基组。在量子力学建立初期提出的原子轨道线性组合(linear combination of atomic orbitals, LCAO)基组将组成分子的各个原子的轨道选为基函数,即原子轨道线性组合近似。斯莱特基组(Slater-type orbital, STO)是最原始的具有明确物理意义的基函数形式,但是在多原子分子体系中使用受限,随后被高斯基组(Gaussian type orbital, GTO)所取代。压缩型高斯基组(contracted GTO)在具有良好数学性质的同时,可以更好地模拟原子轨道波函数的形态,并可简化计算。为进一步提高量化的精度,劈裂价键基组的构建可以增加基组规模,在此基础上发展的弥散基组和极化基组,可以分别完成对非键相互作用体系和强共轭体系的计算。

近年来,随着DFT在量子化学领域中的不断发展,各种泛函算法层出不穷,其中以局域密度近似(local density approximation, LDA)和广义梯度近似(generalized gradient approximation, GGA)的应用最为广泛。与基于单电子波函数的哈特里-福克方法相比,基于DFT的方法效率更高且简便,对复杂的分子体系更为适用,有利于从微观尺度上深入了解材料的结构和性能。

(二)基于牛顿力学的分子模拟

量子力学方法仅适用于简单的分子或电子数量较少的体系,对于电子数目较多的复杂体系或长时间的动力学体系往往难以胜任[1],通常需要借助分子力学方法。分子力学是通过合适的力场计算分子各种构象的势能,分子势能最低的构象是最稳定的优势构象。势能面最初源于薛定谔方程,通过奥本海默近似(Oppenheimer approximation)后,可以求解势能,并且只取决于核的位置。通过牛顿运动力学原理对势能面进行经验拟合再次简化,即用经典力场代替势能原子核运动势场,而力场正是由实验数据和高级量子力学计算出的一种"公式"(势函数)。在选择了合适的力场之后,对体系进行几何优化以实现能量最小化,在达到平衡状态之后,再通过足够步数的动力学计算,获得体系的宏观性质。

力场是经典分子力学模拟的核心,它代表着结构中每种类型的原子与它周围的原子是如何相互作用的。早期的第一代传统分子力场包括广泛用于处理生物大分子的 AMBER 力场,可完成小分子到大分子体系经验化能量计算的 CHARMm 力场,可用于有机小分子、多肽、蛋白质体系的 CVFF 力场等。第二代的势函数比传统力场更为复杂,涉及的参数更多,如 CFF 力场可实现从有机小分子、生物大分子到分子筛等诸多体系的计算。为了进一步减少分子动力学模拟与实验真实值间的误差,在 CFF 力场基本模式基础上开发的 COMPASS Ⅱ/Ⅲ 力场是首个将有机分子和无机分子体系一处理的分子力场。虽然通用力场具有较广的使用范围,但精度有限,为了改善模拟计算和实验数据之间的拟合性,可编辑并修改通用力场,对其实现参数化。总之,不同的分子力场适用于不同的分子体系,分子力场的不断发展始终是分子动力学模拟的核心[2]。

(三) 基于蒙特卡罗算法的分子模拟

蒙特卡罗模拟(Monte Carlo simulation)是一种基于概率论和统计学的计算方法。需要先构建一个概率模型,再完成已知概率分布的随机抽样,最后确定用于考察模拟实验结果的多种估计量。蒙特卡罗模拟程序和分子动力学模拟程序的核心部分较为相似,主要目的都是计算经典多体体系的平衡物性。该方法可以生成一系列满足统计分布函数的构象,通过这些构象可以获取系统的平均能量或性能数据,从而对微观结构、相图、自由能、结合反应等进行预测,其在生物医学、计算物理学等领域中有着广泛应用,部分分子对接程序的核心也基于此。

(四) 分子模拟中的其他重要技术

1. 系综　系综(ensemble)是一系列约束条件相同的独立系统的集合,用于表示系统占据状态的数学方法。例如,一个由 N 个粒子组成的系统,它占据一个体积为 V 的容器,哈密顿方程下演化,E 是系统的总能量,假设粒子数和体积是固定的,所有粒子随时间形成的动态轨迹(位置和动量变化)将产生一系列具有常数 N、V 和 E 的经典状态,对应于微正则系综。在统计力学的框架中,所有系综都可以通过其配分函数的拉普拉斯变换从微正则 NVE 系综获得。正则系综 NVT 具有确定的粒子数(N)、体积(V)和温度(T),通过调整原子的速度来保持系统动能恒定。还有等温等压系综(NPT)、等压等焓系综(NPH,其中 P 为压力;T 为温度;H 为焓)等。在分子动力学模拟中,选择系综的常规思路一般是先在 NPT 系综下进行预平衡,当体系大致步入稳态后,再使用 NVT 系综进行长时间的动力学采样。在分子动力学的众多应用中,保持压力或温度恒定是较为理想的特征:在 NVT 系综内,需要通过恒温器(如 Nose)维持系统温度恒定;而在

NPT 系综内,往往需要通过恒压器(如 Berendsen)来调控体系的压力。

2. 周期性边界条件　原子或分子体系的分子动力学模拟和蒙特卡罗模拟的目的都是为一个宏观样本提供结构、热力学性质等物性信息,鉴于硬件条件的限制,往往很难直接模拟整个宏观样本。在对主体相的模拟过程中,一般需要设定周期性边界条件,即在具有边界条件的方向上模型(如晶胞)是不断重复的,粒子从一个周期性边界出去时,会以相同的状态从另一个周期性边界上进入计算单元。用单独的结构单元(周期性盒子)近似整个系统,来研究给定粒子与无限周期体系内的其他全部粒子之间的相互作用,有利于避免有限边界造成的系统误差并大大缩减计算量、提高计算效率,是分子模拟中常用的技术手段之一。

3. 常用软件　分子模拟软件是分子动力学模拟研究的有力工具,计算方法和软件的选择高度依赖于需要研究的系统类型和研究假设[2],按照运作机制主要分为基于量子力学的 VASP、Gaussian、HyperChem、CASTEP 等软件,它们特点是计算精度高,但速度较慢;运作模式基于量子力学方法但部分数据已经验化的半经验模块,如 PM3、AM1、DMol^3、DFTB+和 VAMP 等,它们的特点是运行速度快、精度高,但适用于部分体系;基于牛顿力学的 AMBER、NAMD、GROMACS、YASARA 等软件,其特点是运行速度较快,适合较大规模的分子动力学计算;基于蒙特卡洛或遗传算法的分子对接软件,如 Autodock、Vina、CDOCKER、GOLD等。这些理论模拟工具与实验表征方法高度互补,相辅相成,为在原子水平上表征 CD 包合系统提供了可能。

三、分子模拟研究环糊精-药物相互作用的具体方法

由于 CD 的包合物体系一般为化学成分较简单的有机物,对其进行 DFT 量化计算时可选 B3LYP 泛函下的 6-31G 基组。如果体系涉及氢键等较弱相互作用,则需要采用更大的基组,如 6-311++G(d,p) 等。无论如何,对于具体的体系,都需要在使用基组前进行必要的验证。在配置为 2.5 GHz 的个人计算机上,成功优化一个 CD 包合物构象一般需要三天到一周时间。但实施较复杂的模拟任务(如溶剂中的分子动力模拟或自由能计算)时,即便使用超级计算机,效果也不够理想,这时一般采用分子力学方法,继而要面对力场的选择。如果对精度要求不高,可直接使用 COMPASS Ⅱ/Ⅲ 及 CVFF 或 CHARMm 等力场。如果对模拟精度有相对较高的要求,可以使用 Gaussian 等量化软件优化结构并计算 ESP/RESP,然后采用 AmberTools 中的 antechamber 等工具将每一种分子的电荷导入后制作力场文件。特别地,对于天然 CD 包合物的模拟,可以采用专门针对葡萄

糖设计的 GLYCAM 力场(最新的力场参数可从网站 http://glycam.org/docs/forcefield/parameters/ 下载),将其适当修改后能够较好地匹配 GAFF 力场格式,此时只需对药物小分子单独使用 Gaussian+AmberTools 制作力场文件[3]。面对 CD 的衍生物体系,则需采用 Gaussian+AmberTools 制作 Amber 力场。近年来,也有学者对 CD 衍生物使用 GLYCAM 力场[4]。采用上述方法制作的 Amber 力场不仅可以在 Amber 软件中使用,还可以在运行效率较高的 GROMACS、NAMD 等软件使用。尽管 Materials Studio、Discovery Studio 或 Schröödinger 等大型商业软件的效率较低,但这些商业软件优势是使用方便、建模效率较高且帮助文件丰富,在分子动力学方面还拥有较为准确的 COMPASS Ⅱ/Ⅲ 和 OPLS3e 等通用力场。

对于 CD 包合物体系,分子模拟的最常见用途是预测它们的构象信息,包括相互作用位点及相互作用力大小等。针对此类应用,一般在正确的分子力场或量化参数配置下运行分子动力学或仅仅结构优化即可。在此基础上,较常见的用法是对热动力学参数的预测,其核心是计算体系的吉布斯自由能。自由能是评价超分子相互作用的程度与速度的一个重要物理量。目前计算 CD-药物相互作用自由能的方法很多。如果只需粗略估计包合自由能,可以通过分子对接的方法。若进一步获取较可靠的自由能数据,则应当使用分子动力学方法。准确计算自由能富有挑战性,特别是获取包合路径每一处的自由能数据。若不考虑包合路径,常用的方法有 MM-GB/PBSA,更准确的是自由能微扰(free energy perturbation,FEP)和热力学积分(thermodynamic integration,TI)等。目前 Amber、GROMACS、NAMD、Materials Studio 和 Schrödinger 等软件都支持这些方法中的一种或数种。在计算过渡态自由能时,尤其需要获取包合路径上的自由能数据,采用基于 Jarzynski 恒等式的非平衡态增强抽样方法则较方便。具体地,其典型代表为伞状抽样和自适应偏执力(adaptive biasing force,ABF)等基于重要自由度的方法。这些方法也都需要大量采样才能获得比较可靠的数据。目前在一些常用软件如 GROMACS 和 NAMD 中都包含这些功能。

由统计物理学可知,获取了每个状态的自由能后,按照玻尔兹曼分布可以对应到每个状态的分子数量。因而,可以通过如下方法计算体系的平衡常数:

$$K = e^{-\frac{\Delta G}{RT}} \tag{14-1}$$

式中,ΔG 为超分子形成前后的自由能之差,R 为理想气体常数,T 为开氏温度。如果已知整个包合过程中每一个位置 ξ 上的自由能 $\Delta G(\xi)$,通过下面的方法能更准确地预测体系的平衡常数：

$$K = \pi N_A \int_{\text{ini}}^{\text{equ}} r_{\text{ave}}{}^2 \mathrm{e}^{-\frac{\Delta G(\xi)}{RT}} \mathrm{d}\xi \quad\quad (14-2)$$

式中，N_A 为阿伏伽德罗常数，r_{ave} 为 CD 的平均半径，ξ 为积分路径，ini 代表初始态，equ 代表平衡态。进一步将其推广，当体系处于碱性状态且两个或多个包合物构型的平衡常数值比较接近时，可通过如下公式更准确地获取整个体系的表观平衡常数，从而和宏观的实验值相对应：

$$K = \frac{\sum_{i=0}^{m} \left(10^{(i-m)\cdot\text{pH}} \prod_{j=1}^{i} 10^{-\text{p}K_{a_j}} \sum_{j=1}^{n_i} K_{ji} \right)}{\sum_{i=0}^{m} \left(10^{(i-m)\cdot\text{pH}} \prod_{j=1}^{i} 10^{-\text{p}K_{a_j}} \right)} \quad\quad (14-3)$$

式中，m 为药物分子含有的可电离氢原子总数；i 表示第 i 个电离体或带电荷数为 $i-$ 的电离体；j 表示与 CD 形成的第 j 个同分异构体；pH 为体系的 pH 大小；K_{a_j} 为第 j 个电离体电离平衡常数，n_i 表示第 i 个电离体与 CD 形成的同分异构体总数；K_{ji} 为第 i 个电离体与 CD 形成的第 j 个同分异构体的平衡常数。

进一步地，当获取了整个包合过程的自由能信息后，同时也获得了过渡态的自由能，通过艾林（Eyring H）方程可计算 CD 包合物的解离速率常数：

$$k_{\text{off}} = \kappa \frac{k_B T}{h} \mathrm{e}^{-\frac{\Delta G^{\neq}}{RT}} \quad\quad (14-4)$$

式中，κ 是传递因子；k_B 是玻尔兹曼常数；h 是普朗克常数；$\Delta G^{\neq}$ 是过渡态的自由能。表征超分子形成的包合速率常数 k_{on} 可用类似的方法得到：

$$k_{\text{on}} = \kappa \frac{k_B T}{hc^{\ominus}} \mathrm{e}^{-\frac{\Delta G_{\text{on}}^{\neq}}{RT}} \quad\quad (14-5)$$

此时，$\Delta G_{\text{on}}^{\neq}$ 为超分子形成方向的过渡态自由能，$c^{\ominus}$ 是标准浓度。另外，k_{on} 也可根据 k_{off} 直接由平衡常数 K 获取。更准确地：

$$k_{\text{off}} = \kappa \frac{k_B T}{h} \frac{1}{c^{\ominus} N_A \pi \int_{\text{ini}}^{\text{equ}} r^2(\xi) \mathrm{e}^{\frac{\Delta G^{\neq}(\xi)}{RT}} \mathrm{d}\xi} \quad\quad (14-6)$$

当体系处于碱性状态时，和获取平衡常数 K 相同的原因，可通过如下公式更准确地获取动力学参数[3]：

$$k_{on} = \frac{\sum_{i=0}^{m} \left(10^{(i-m) \cdot pH} \prod_{j=1}^{i} 10^{-pK_{a_j}} \cdot \sum_{j=1}^{n_i} k_{off,j_i} K_{on,j_i} \right)}{\sum_{i=0}^{m} \left(10^{(i-m) \cdot pH} \prod_{j=1}^{i} 10^{-pK_{a_j}} \right)} \tag{14-7}$$

$$k_{off} = \frac{\sum_{i=0}^{m} \left(10^{(i-m) \cdot pH} \prod_{j=1}^{i} 10^{-pK_{a_j}} \cdot \sum_{j=1}^{n_i} k_{off,j_i} K_{on,j_i} \right)}{\sum_{i=0}^{m} \left(10^{(i-m) \cdot pH} \prod_{j=1}^{i} 10^{-pK_{a_j}} \cdot \sum_{j=1}^{n_i} K_{on,j_i} \right)} \tag{14-8}$$

对于以 CD 为主要成分的 CD – MOF,可以先预测药物分子与特定环境下特定排列的 CD 之间的自由能数据,再通过如下方法预测药物分子在 MOF 中的扩散系数:

$$D = \frac{1}{18} a^2 \cdot k_{off} \tag{14-9}$$

式中,a 为晶格参数。k_{off} 可以通过 ABF 方法获得 $\Delta G(\xi)$ 后由式(14-4)计算而得。扩散系数 D 可与实验值对应起来。相反地,也可以通过测定药物分子在 CD – MOF 中的扩散系数 D,估计其在每个 CD 限速部位的过渡态自由能。利用关系式式(14-9),还可以通过一些约束关系估计难分离体系的载药量及药物在 CD – MOF 中 CD 部位的过渡态自由能等。

一般地,CD 包合物的解离半衰期一般在 $10^{-9} \sim 10^{-6}$ s,即便考虑扩散的影响也在 10^{-5} s 的级别[3]。在实验中,这是一个极其敏感和难测定的过程[5]。在分子模拟中,由于包合/解离过程的过渡态自由能较低,同样是一个极其难准确模拟的量,需要设计特殊的模型及进行大样本采样。需要注意的是,在实验中随着溶液中药物浓度的降低,包合速率(速率常数和浓度的乘积)会明显变慢。对于一些难溶性药物,其达到平衡的时间甚至多达数天。

除了上述自由能等重要物理量之外,核磁共振、红外光谱、拉曼光谱等常见的光谱信息也可以通过建立相应的分子模型获取。红外和拉曼光谱信息可用于确定主、客分子的相互作用形式和部位,尤其是对分子间短程力的分析,能更好地验证复杂的超分子结构[6]。此外,包合物系统的相容性和稳定性也可以通过分子模拟获取:如内聚能密度/溶度参数可反映多元混合物的相容性,是"相似相溶"的定量表达,包括 FEP、Widom 插入法等在内的多种经典模拟方法均可用于计算和预测溶解度[7,8]。

四、分子模拟方法的优势与局限性

尽管光谱方法、等温量热滴定、核磁共振等手段可以从宏观实验现象分析CD与药物间的相互作用信息,但是分子模拟方法却可以从分子、原子甚至电子水平全面揭示相互作用细节,是理解CD-药物分子微观相互作用的有力工具。随着计算机性能日新月异的发展,分子模拟方法逐渐成为获取主客体化学重要信息不可或缺的一环,其构筑的系列模型与算法成为连接实验与理论的枢纽,可微观、多尺度地预测或揭示含CD超分子体系相互作用的某些复杂宏观性质。更明确的是,由于CD主客体相互作用体系规模较小,在显著降低实验成本的基础上,分子模拟可以轻松捕获实验难以获得的主、客体包合计量比、结合自由能、静态结合最佳构象等数据,且能快速、直观地提供溶液状态下包合物的运动状态,以及客体分子进入CD的关键残基、特定位点和方向等信息,进而为包合物的化学本质提供理论依据,这是传统仪器实验表征难以媲美之处。

不可否认,理论与实验的高度一致性对分子模拟技术而言仍是个巨大挑战。分子模拟主要从优势构象或包合驱动力等微观层次分析CD主客体相互作用,较少考虑药物溶解度、熔点等固有性质及溶液体系中温度、pH、杂质等对CD包合物形成的影响,一定程度上限制了模拟和实验结果的统一性。另外,正确的主客体三维结构是保证分子模拟可靠性的前提,但对于复杂的CD超分子体系或其功能化衍生物,难以获取主分子的核心立体拓扑结构,进一步导致包合物系统的精确模拟面临重重阻碍。值得注意的是,分子对接、分子动力模拟等建模方法是模拟CD包合物微观分子行为的普适工具,但其难以模拟键的断裂和形成,更不能清楚地解释复杂CD-药物在电子水平上的相互作用。此外,现研究主客体交互机制的计算机算法较为复杂,算法持续优化及增进其精准度有助于突破复杂主客系统模拟的枷锁,这就要求实验人员在基础理论和相关软件操作处理等方面具有扎实的功底,入门门槛较高。

五、分子模拟技术在环糊精超分子中的药学应用

(一)解释环糊精体系的增溶机制

药物被CD疏水空腔有效包合是目前难溶性药物增溶的主要策略之一。传统理论认为药物和CD以1:1、1:2等包合比例进行包合以改善溶解度,但此包合形式一般存在于真正意义的稀溶液中。研究发现,药物经CD-MOF分散处理后,其表观溶解能力可远超一般的CD包合物(即1:1),单个CD分子甚至

能够"增溶"多个药物分子,可以将缬沙坦、叶酸在水中的表观溶解度分别提高
39.5 倍、1453 倍。针对 CD - MOF 这一"增溶超能力",张继稳团队首次提出药物
以纳米团簇和包合物共存的双模式增溶机制[9,10]。分子模拟结果证明缬沙坦、
叶酸分子不仅分布在平行、口对口的双 γ - CD 分子对中,还可以在 CD - MOF 的
亲水纳米笼中形成纳米团簇(图 14 - 2),DSC、粉末 X 射线衍射、固态核磁、小角
X 射线散射等宏观表征手段也佐证了这种包合物与纳米团簇的共存体系。

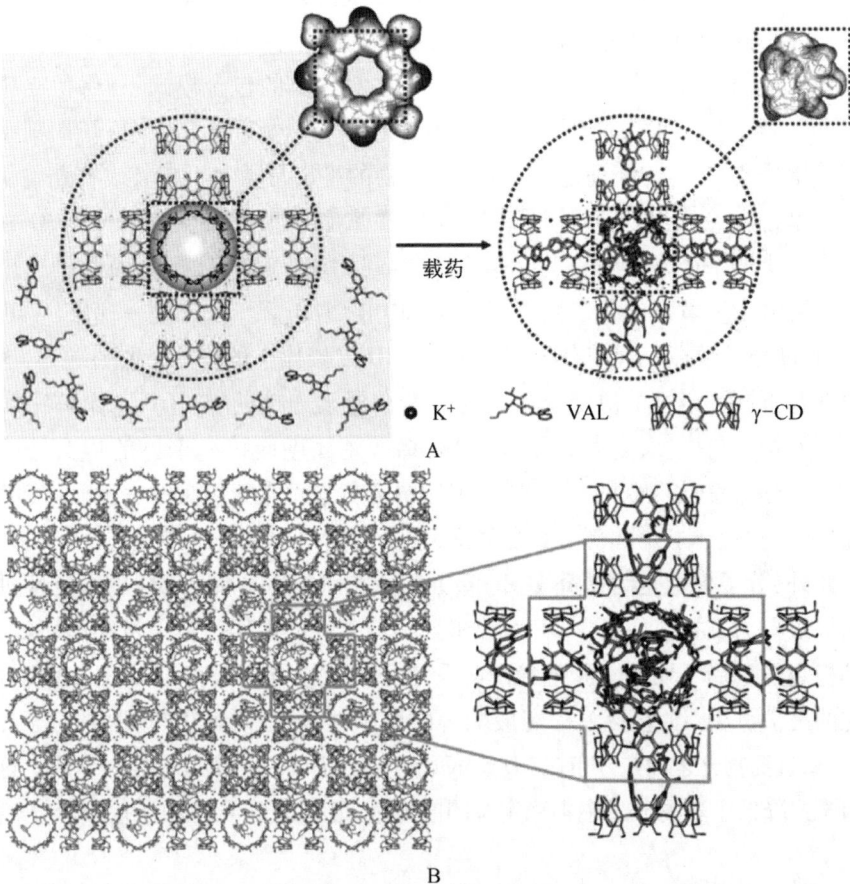

**图 14 - 2 分子模拟解释 CD - MOF 对缬沙坦(A)与叶酸(B)的高效表观增溶
机制为纳米团簇和包合物双模式共存[9,10]**

此外,分子模拟还可以帮助解释 CD 通过聚集方式形成类似胶束的结构对
药物的增溶机制。比例为 10∶10 的格列吡嗪- CD 分子体系的分子模拟结果表
明,通过氢键相互作用,格列吡嗪- CD 溶液形成纳米级聚集体,其中氢键作用力

的大小直接影响聚集体模式,高浓度下格列吡嗪与 β-CD、γ-CD 相互作用体系比 HP-β-CD 和 Me-β-CD 体系具有强氢键相互作用,使之聚集能力更强,粒径更大。另外,聚集体中药物以游离分子、药物-CD 包合物和非包合物形式存在,这与胶束状结构理论一致[11]。

(二)协助分析环糊精改善药物稳定性机制

CD 用于改善药物稳定性时,相互作用类型很大程度上决定 CD 的稳定化效果。研究不同 CD 改善药物伏立康唑在水中的稳定性时,Miletic 等通过分子对接模拟发现 HP-β-CD、2-O-M-β-CD 对药物的包合模式不同,伏立康唑和 2-O-M-β-CD 主要通过疏水相互作用力包合,而与 HP-β-CD 则主要通过氢键作用[12]。传统理论认为 CD 包合物的平衡常数大小与其改善药物稳定性显著呈正相关,但是主客计量比 1∶1 时尿素和琥珀酰胺偶联的 γ-CD 二聚体与姜黄素的平衡常数分别为 $2.0×10^6$ L/mol 和 $8.7×10^6$ L/mol,而两种二聚体却将水溶液中姜黄素的稳定性分别提高 780 倍、180 倍。针对这一现象,Wallace 等[13]通过分子模拟发现姜黄素在两种 γ-CD 二聚体中的构象有明显差异,这是导致发挥不同稳定性的决定要素。姜黄素在尿素连接的 γ-CD 二聚体中表现出更大的构象自由度,姜黄素不稳定酮-烯醇基团朝向该二聚体的接头处($\varphi=0°$),但在琥珀酰胺偶联的 γ-CD 二聚体中姜黄素垂直于接头的一侧($\varphi=90°$),进而导致姜黄素酮-烯醇部分容易暴露,较易与体系中水分子接触。

此外,分子模拟也为探究多 CD 单元的 CD-MOF 体系改善药物稳定性机制方面提供有力支撑。CD-MOF 对改善药物稳定性的作用已被大量实验所证实,但其稳定机制尚不明确。张继稳团队采用分子对接方法研究了 CD-MOF 对不稳定的三氯蔗糖、维生素 A 棕榈酸酯等的保护机制,发现药物与 CD 的分子比例为 1∶2,且药物分子优先分布在 CD-MOF 的 γ-CD 双分子对中(图 14-3)。这种结构模式降低了药物分子中不稳定基团的能量,显著提升了药物的稳定性[14,15]。

(三)探索环糊精手性分子识别作用细节

由于具有手性识别特征,CD 被广泛用于手性药物色谱分离领域。正确理解 CD 的手性分子识别机制是选择合适手性分离剂的关键。Suliman 等[16]利用分子对接和分子动力学方法研究巴氯芬对 α-CD 和 β-CD 的手性分离行为,结果表明巴氯芬与 α-CD、β-CD 包合比均为 1∶1,但 β-CD 比 α-CD 具有更好的手性识别潜力,该优势主要归功于主客体络合物在水环境中的氢键网络差异。

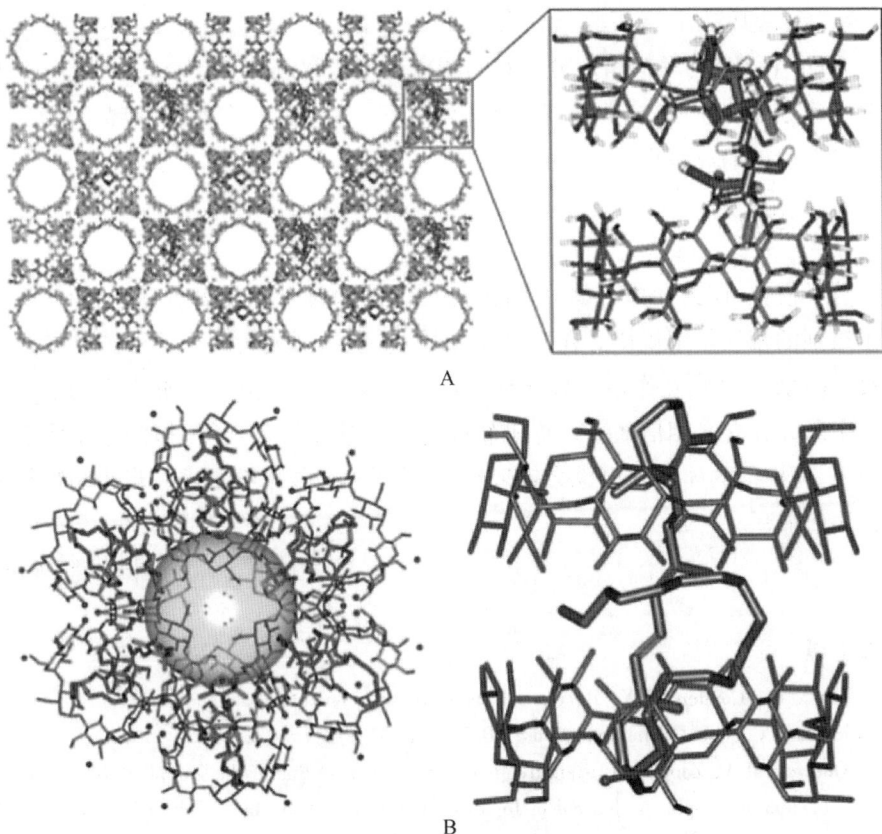

A

B

图 14-3　CD-MOF 中 CD 双分子与三氯蔗糖(A)、维生素 A
棕榈酸酯(B)的相对位置关系[14,15]

彩图 14-3

类似地,半经验的 PM3 计算程序配合分子动力学模拟可帮助揭示 β-CD 对普萘洛尔的分子识别机制。分子模拟结果表明,两种对映体在 β-CD 空腔的取向不同,R-普萘洛尔与 S-普萘洛尔的萘基分别朝向 CD 的较宽、较窄的边缘,从而导致 R-普萘洛尔包合物在气相中比 S-普萘洛尔具有更高的稳定性,而 S-普萘洛尔包合物在液相中具有较高的分子扩散行为[17]。

(四)　计算环糊精包合物体系的热动力学性质

建立分子模拟结果与宏观热动力学性质之间更准确的关系对了解 CD-药物间相互作用具有重要的科学意义。Guo 等[3]采用分子动力学方法计算了 CD 与氟比洛芬和布洛芬的同分异构包合物形成过程的自由能。然后通过数学关系式获取了不同 pH 情况下氟比洛芬和布洛芬包合物体系的热动力学参数(K、

ΔG、k_{on}、k_{off}),其结果与实验值仅存在较小的偏差。在此基础上,Han 等[18] 将 CD – MOF 中 SF_6 与环糊精双分子对的解离速率常数进一步扩展,并与 SF_6 的扩散速率常数建立联系,成功预测了 SF_6 分子在 CD – MOF 中的扩散规律,与实验结果具有较好的一致性。

六、展望

分子模拟,作为计算科学的一部分,可以帮助科研人员揭示分子、原子甚至电子级别的相互作用规律。在药剂学领域,它也逐渐成为一个不可或缺的研究工具。药物 – CD 相互作用的分子模拟即为采用分子模拟方法解决药剂学问题的一个研究分支。相信随着计算机软硬件的快速发展,分子模拟的结果将会更加精准、可模拟的体系规模也会越来越大,分子模拟技术会更进一步为药物辅料设计添砖加瓦。

(张继稳,郭涛)

参考文献

[1] Fraux G, Coudert F X. Recent advances in the computational chemistry of soft porous crystals. Chemical Communications, 2017, 53(53): 7211 – 7221.

[2] Quevedo M A, Zoppi A. Current trends in molecular modeling methods applied to the study of cyclodextrin complexes. Journal of Inclusion Phenomena and Macrocyclic Chemistry, 2017, 90(1 – 2): 1 – 14.

[3] Guo T, Li H Y, Wu L, et al. Prediction of rate constant for supramolecular systems with multiconfigurations. The Journal of Physical Chemistry A, 2016, 120(7): 981 – 991.

[4] Shityakov S, Salmas R E, Durdagi S, et al. Characterization, in vivo evaluation, and molecular modeling of different propofol-cyclodextrin complexes to assess their drug delivery potential at the blood-brain barrier level. Journal of Chemical Information and Modeling, 2016, 56(10): 1914 – 1922.

[5] Al-Soufi W, Reija B, Novo M, et al. Fluorescence correlation spectroscopy, a tool to investigate supramolecular dynamics: inclusion complexes of pyronines with cyclodextrin. Journal of the American Chemical Society, 2005, 127(4): 8775 – 8784.

[6] Cid-Samamed A, Rakmai J, Mejuto J C, et al. Cyclodextrins inclusion complex: preparation methods, analytical techniques and food industry applications. Food Chemistry, 2022, 384: 13246.

[7] Liu Y J, Zhou P P, Cao Z Y, et al. Simultaneous solubilization and extended release of insoluble drug as payload in highly soluble particles of γ-cyclodextrin metal-organic frameworks. International Journal of Pharmaceutics, 2022, 619: 121685.

[8] Hossain S, Kabedev A, Parrow A, et al. Molecular simulation as a computational

pharmaceutics tool to predict drug solubility, solubilization processes and partitioning. European Journal of Pharmaceutics and Biopharmaceutics, 2019, 137: 46 – 55.

[9] Zhang W, Guo T, Wang C F, et al. MOF capacitates cyclodextrin to mega-load mode for high-efficient delivery of valsartan. Pharmaceutical Research, 2019, 36(8): 117.

[10] Xu J, Wu L, Guo T, et al. A "ship-in-a-bottle" strategy to create folic acid nanoclusters inside the nanocages of γ-cyclodextrin metal-organic frameworks. International Journal of Pharmaceutics, 2019, 556: 89 – 96.

[11] Huang T H, Zhao Q Q, Su Y, et al. Investigation of molecular aggregation mechanism of glipizide/cyclodextrin complexation by combined experimental and molecular modeling approaches. Asian Journal of Pharmaceutical Sciences, 2019, 14(6): 609 – 620.

[12] Miletic T, Kyriakos K, Graovac A, et al. Spray-dried voriconazole-cyclodextrin complexes: solubility, dissolution rate and chemical stability. Carbohydrate Polymers, 2013, 98(1): 122 – 131.

[13] Wallace S J, Kee T W, Huang D M. Molecular basis of binding and stability of curcumin in diamide-linked gamma-cyclodextrin dimers. The Journal of Physical Chemistry B, 2013, 117 (41): 12375 – 12382.

[14] Lv N N, Guo T, Liu B T, et al. Improvement in thermal stability of sucralose by gamma-cyclodextrin metal-organic frameworks. Pharmaceutical Research, 2017, 34(2): 269 – 278.

[15] Zhang G Q, Meng F Y, Guo Z, et al. Enhanced stability of vitamin A palmitate microencapsulated by gamma-cyclodextrin metal-organic frameworks. Journal of Microencapsulation, 2018, 35(3): 249 – 258.

[16] Suliman F O, Elbashir A A. Enantiodifferentiation of chiral baclofen by β – cyclodextrin using capillary electrophoresis: A molecular modeling approach. Journal of Molecular Structure, 2012, 1019: 43 – 49.

[17] Ghatee M H, Sedghamiz T. Chiral recognition of propranolol enantiomers by β – cyclodextrin: quantum chemical calculation and molecular dynamics simulation studies. Chemical Physics, 2014, 445: 5 – 13.

[18] Han L P, Guo T, Guo Z, et al. Molecular mechanism of loading sulfur hexafluoride in gamma-cyclodextrin metal-organic framework. The Journal of Physical Chemistry B, 2018, 122(20): 5225 – 5233.

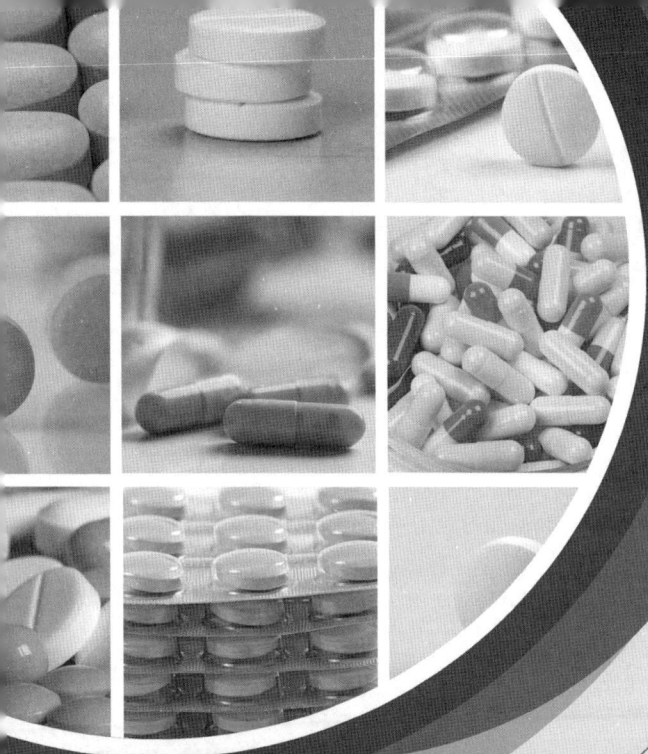

第三篇
先进的递药系统的药用辅料

第十五章

口服缓控释制剂用辅料

《中国药典》2020 年版对缓释、控释、迟释制剂的定义："缓释、控释制剂与普通制剂比较,药物治疗作用更持久、毒副作用可能降低、用药次数减少,可提高患者用药依从性。迟释制剂可延迟释放药物,从而发挥肠溶、结肠定位或脉冲释放等功能。"与普通制剂相比,以上三种制剂可通过技术手段调节药物的释放速率、释放部位或释放时间,相关辅料在其中起着重要作用。

一、膜控型缓控释制剂常用辅料

膜控型缓控释制剂,是指在片剂或微丸的表面上包一层衣膜,使其在特定条件下被溶解而释放药物,达到缓控释药物的目的。薄膜衣通常是这种制剂的唯一控释结构,常见于口服缓释制剂包括聚合物薄膜包衣的微丸、片剂及胶囊剂。根据菲克(Fick)第一扩散定律,稳态下药物从储库系统中的释放速率为

$$\frac{\mathrm{d}M_t}{\mathrm{d}t} = \frac{DSK\Delta c}{L} \qquad (15-1)$$

式中,M_t 是在 t 时间内释放的药物总量,D 是药物的扩散系数,S 是药物扩散膜的有效面积,L 是扩散路径长度(如膜厚度),K 是药物在阻隔膜和扩散介质之间的分配系数,Δc 是药物在储库中的溶解度 c_s 与扩散介质中的浓度 c_e 之差。由于包衣膜的成分和厚度基本均匀,因此在漏槽条件下,式(15-1)中 D、S、K、L 和 Δc 是恒定的。通过积分可以得到随时间变化的药物释放量:

$$M_t = \left[\frac{DSK\Delta c}{L}\right] t = kt \qquad (15-2)$$

式中,k 是释放速率常数。这种剂型的释药动力是储库和扩散介质间的药物浓度差。只要 Δc 保持不变,药物释放就能符合零级动力学。因此该制剂常用于可溶性药物,

而难溶性药物 c_s 值过低,无法提供足够的释药动力,导致药物释放缓慢或不完全。

在实际应用中,包衣的药物释放机制可分类如下:① 药物通过充满溶解介质的毛细管网络结构转运($K=1$);② 药物通过均匀的膜屏障扩散转运;③ 药物通过水化溶胀膜转运;④ 药物通过包衣膜上的裂缝、缺孔扩散释放($K=1$)。影响药物扩散的关键因素是膜层材料、膜孔道、载药量和药物溶解度。首选的膜控型制剂通常由许多包衣单元组成,如小型片、微丸和微球。事实上大多数市售的膜控型产品都是多单元制剂,这样可以减少乃至消除由单元数少而带来的包衣缺陷的影响。多单元制剂的一个重要特点是,将具有不同释放特性的单元混合起来,可得到某种特定的释药行为。此外,多单元制剂也可以在不改变处方的情况下获得不同的剂量规格,这适用于根据临床结果调整剂量的新药临床研究阶段。

对于溶解度具有 pH 依赖性的药物,要实现非 pH 依赖性释放,储库内部的溶解度需保持不变。加入缓冲剂可以维持储库内部 pH 稳定,当然其有效性也取决于缓冲剂的缓冲能力、相对用量、溶解度和分子量。必须指出,储库内的药物与可溶性赋形剂的溶解,可能产生高渗透压而对药物释放产生重要影响,渗透压过大可能导致包衣膜的破裂。

膜控型缓控释制剂常用辅料主要是不溶性成膜材料,其在水中呈惰性,不溶解,部分材料可溶胀,所制得的膜呈现一定刚性结构,体积形状不易变化,因此最适宜制成以扩散和渗透为释药机制的膜控型缓控释制剂,且易获得稳定的体外零级释药效果。不同成膜材料的组合使用,可以调节衣膜的机械性能,灵活地获得理想的释药速率。

(一) 乙基纤维素

乙基纤维素(ethyl cellulose,EC)是纤维素的乙基醚,取代度为 2.25~2.60,相当于乙氧基含量 44%~51%(图 15-1),已收载于《中国药典》《英国药典》《欧洲药典》《国家处方集》。

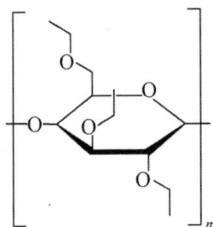

图 15-1 乙基纤维素

乙基纤维素是最常用的纤维素类缓释包衣材料,具有良好的成膜性能和机械性能。使用时常需加入一些亲水性材料调节包衣膜的渗透性。乙基纤维素是目前广泛采用的缓控释包衣材料,早期主要采用乙基纤维素的有机溶剂包衣方法,目前较为成熟的是水分散包衣技术。

乙基纤维素在外观上是一种白色至黄色的粉末及颗粒,流动性较好,真密度为 1.12~1.15 g/cm³,松密度为

$0.4~g/cm^3$。乙基纤维素不溶于水、甘油和丙二醇,其溶解性还与取代度有关,乙氧基含量低于 46.5% 时,乙基纤维素易溶于乙酸乙酯、四氢呋喃、芳烃及乙醇(95%)的混合物;乙氧基含量在 46.5% 以上时,易溶于乙醇(95%)、乙酸乙酯、甲醇及甲苯。乙基纤维素在 25℃ 时的有机溶剂溶液,因聚合度不同,黏度有较大差异。

乙基纤维素的 T_g 为 106~133℃,软化点为 152~162℃。乙基纤维素不易吸湿,25℃ 相对湿度为 80% 的空气中,平衡吸湿量为 3.5%;浸于水中时,吸水量极低,且吸收的水分极易蒸发。乙基纤维素耐碱、耐盐溶液,可短时间内耐稀酸。乙基纤维素在较高温度及受日光照射时易发生氧化降解,故宜在 7~32℃ 避光保存于干燥处[1]。

(二)丙烯酸树脂

聚丙烯酸树脂(polyacrylic resins)是一类由甲基丙烯酸、甲基丙烯酸酯、丙烯酸酯、甲基丙烯酸二甲氨基乙酯等单体按不同比例共聚而成的一大类聚合物,国产的有聚丙烯酸树脂 Ⅰ、Ⅱ、Ⅲ、Ⅳ 等(表 15-1、表 15-2),尤特奇(Eudragit)是一种丙烯酸树脂的商品名,它是目前最常用的丙烯酸树脂类成膜材料,常用于缓控释包衣(RL100、RLPO、RL30D、RS100、RSPO、RS30D、NE30D、RD100)。根据其溶解度不同分为 pH 依赖型(Eudragit L/S 型)和非 pH 依赖型(Eudragit RL/RS 及 NE 系列)两种,其中非 pH 依赖型(Eudragit RL/RS 型)可用于缓控释制剂的包衣材料。

Eudragit RL 和 RS 是含季铵的甲基丙烯酸酯与丙烯酸酯、甲基丙烯酸酯的共聚物(图 15-2),Eudragit RL 含 10% 季铵基团,Eudragit RS 含 5% 季铵基团,Eudragit RL 为高渗透性,而 Eudragit RS 为低渗透性。Eudragit RL 30D 和 Eudragit RS 30D 是低含量季铵基团的甲基丙烯酸酯与丙烯酸酯、甲基丙烯酸酯共聚物的水分散体。Eudragit NE 30D 是中性的甲基丙烯酸酯共聚物,不溶于水,中等渗透性,塑性较好,易成膜,无须加增塑剂。胃崩型聚丙烯酸树脂和渗透型聚甲丙烯酸铵酯中的酯基及季氨基在酸性和碱性环境中均不解离,故不溶解。

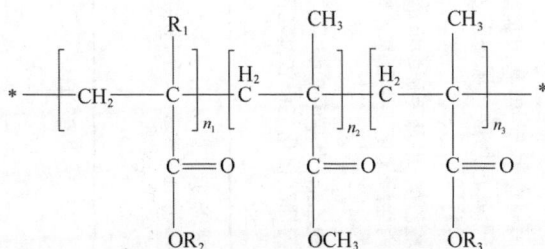

图 15-2　甲基丙烯酸酯共聚物通式

表 15 - 1　甲基丙烯酸酯共聚物

共聚单体 ($n_1 : n_2 : n_3$)	分子质量 (g/mol)	R_1	R_2	R_3	国产树脂名	国外品名	黏度 (mPa·s)[a]	T_g (℃)
丙烯酸乙酯-甲基丙烯酸甲酯[b] (2:1:0)	7.5×10^5	H	C_2H_5	—	胃崩型聚丙烯酸树脂[c]	Eudragit NE30D	—	-8
甲基丙烯酸丁酯-甲基丙烯酸甲酯-甲基丙烯酸二甲氨基乙酯(1:1:2)	4.7×10^4	CH_3	C_4H_9	$C_2H_5N(CH_3)_2$	聚丙烯酸树脂Ⅳ	Eudragit E100	3~6	45
丙烯酸乙酯-甲基丙烯酸甲酯-甲基丙烯酸氯化三甲氨基乙酯(1:2:0.2)	3.2×10^4	H	C_2H_5	$C_2H_5N(CH_3)_3^+Cl^-$	聚甲基丙烯酸铵酯Ⅰ(30:60:10)	Eudragit RL100	1~15	63
丙烯酸乙酯-甲基丙烯酸甲酯-甲基丙烯酸氯化三甲胺基乙酯(1:2:0.1)	3.2×10^4	H	C_2H_5	$C_2H_5N(CH_3)_3^+Cl^-$	聚甲基丙烯酸铵酯Ⅱ(30:65:5)	Eudragit RS100	1~15	65

a. 黏度为《美国药典》标准;b. 国产产品为丙烯酸乙酯-甲基丙烯酸甲酯(2:1)共聚物的水分散体;c. 本品为非 pH 控制型甲基丙烯酸酯聚合物,不含增塑剂,具有膨胀性及渗透性,适于制备骨架片或缓释片包衣。

表 15 - 2　甲基丙烯酸共聚物

共聚单体 ($n_1 : n_2$)	分子质量 (g/mol)	R_1	R_2	国产树脂名	国外品名	黏度 (mPa·s)[a]	T_g (℃)	溶解 pH
甲基丙烯酸-丙烯酸乙酯(1:1)	3.2×10^5	H	C_2H_5	聚丙烯酸树脂Ⅰ	Eudragit L30D-55	2~15	96	>5.5
甲基丙烯酸-甲基丙烯酸甲酯(1:1)	1.25×10^5	CH_3	CH_3	聚丙烯酸树脂Ⅱ	Eudragit L100	60~120	>130	4.0~6.0
甲基丙烯酸-甲基丙烯酸甲酯(1:2)	1.25×10^5	CH_3	CH_3	聚丙烯酸树脂Ⅲ	Eudragit S100	50~200	>130	4.0~6.0

a. 黏度为《美国药典》标准。

二、骨架型缓控释制剂常用辅料

在真实情况下,药物的释放速度往往受多种因素的制约。严格地讲,其释放不可能单纯地取决于控制溶出或扩散原理,通常是多种缓控释机制的组合。在骨架体系中,药物的释放受骨架的溶蚀速度与药物扩散速度的控制(表 15 - 3)。释药机制可以用 Peppas 方程来表述:

$$Q_t/Q_\infty = kt^n \tag{15-3}$$

式中,Q_t、Q_∞ 分别为 t 和 ∞ 时间的累计释放量;k 为骨架结构和几何特性常数;n 为释放指数,用以表示药物释放机制。

表 15 - 3　不同几何形状骨架药物的释放指数及释放机制

释放指数(n)			释放机制
薄片状	圆柱体	球　体	
0.5	0.45	0.43	Fick 扩散
0.5<n<1.0	0.45<n<0.89	0.43<n<0.85	不规则转运
1.0	0.89	0.85	Ⅱ 相转运

当 n 介于 0.5 和 1.0 时,表示释放规律是扩散和溶蚀综合作用的结果,为不规则转运(anomalous transport)。

（一）亲水凝胶骨架材料

亲水凝胶骨架材料指遇水或消化液后能够膨胀,形成凝胶屏障,从而控制药物释放的材料,释药机制包括控制药物通过凝胶层的扩散及凝胶的溶蚀,其特点是骨架最后可以完全溶解,药物全部释放,因此该制剂的生物利用度较高。此类材料主要包括天然胶类(黄原胶、虫胶、海藻酸钠和西黄蓍胶)、纤维素类[HPMC、甲基纤维素(MC)、羟乙纤维素(HEC)等]、非纤维素多糖(壳聚糖、半乳糖甘露聚糖等)、乙烯聚合物和丙烯酸树脂(卡波姆、聚乙烯醇、Eudragit)。

1. 西黄蓍胶　西黄蓍胶是一种天然物质,是从分布于亚洲西部的西黄蓍胶树属类植物中提取出来的天然树胶,干燥凝固后即为西黄蓍胶。西黄蓍胶由水溶性多聚糖和非水溶性多聚糖组成,还含有少量纤维素、淀粉、蛋白质和炽灼残渣。

西黄蓍胶为平板状、层薄片状的弯曲碎片,或者直线或螺旋扭曲的片状物,厚度为 0.5~2.5 mm。西黄蓍胶不溶于水、95% 乙醇溶液和其他有机溶剂。虽然不溶于水,但西黄蓍胶在热水和冷水中按重量计迅速膨胀 10 倍,形成黏稠的溶胶或半凝胶。遇水或消化液膨胀形成凝胶后,可以通过控制凝胶层的扩散及凝胶的溶蚀来控制药物的释放。西黄蓍胶的黏度随温度、浓度的增加而增加,随 pH 的升高而降低,在 pH 5 左右时黏度值最稳定。

西黄蓍胶作为乳化剂和助悬剂广泛应用于多种药物制剂中,如乳膏剂、凝胶剂和乳剂,也作为稀释剂应用于片剂中。因其吸水膨胀的特性,多用于制备亲水凝胶骨架片,具有优良的缓释作用。

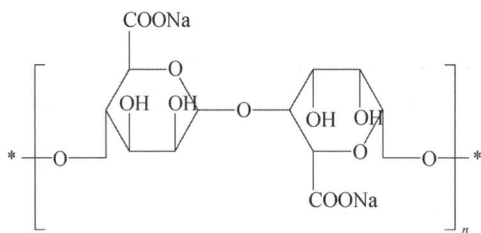

图 15-3 海藻酸钠

2. 海藻酸钠 海藻酸钠是从褐藻类的海带或马尾藻中提取碘和甘露醇之后的副产物,是由 $\beta-D$-甘露糖醛酸和 $\alpha-L$-古洛糖醛酸按 (1→4) 键连接而成,是无味、无臭、白色至微黄白色的纤维状粉末(图 15-3)。

海藻酸钠的分子量较大,分子链也较长,高分子链呈无规则线团,因此可以用作缓控释制剂的控释辅料。海藻酸钠的凝胶作用应用广泛,海藻酸钠与钙离子反应,很快形成凝胶、成膜,减缓药物的溶出和释放。海藻酸钠溶液的一个重要特点是具有较高的溶液黏度,可以溶解在氢氧化钠碱溶液中,形成黏溶液,其黏度随浓度的增加而增加,随温度的上升而降低。利用这一特点,可将其作为增稠剂和增黏剂。海藻酸钠还具有良好的成膜性能,由海藻酸钠溶液薄层蒸发除去水分制成的薄膜,对油和脂肪是不渗透的,但是可以透过水蒸气,并且置于水中可以重新溶解。一般采用低分子量、低钙含量的海藻酸盐作辅料制备缓控释制剂。

海藻酸钠用于各种口服和局部制剂。因其吸水膨胀但不溶解的特性,在片剂和胶囊剂处方中,海藻酸钠以 1%~5% 用量作黏合剂和崩解剂。然而,海藻酸钠对片剂性质的影响取决于处方中的用量,并且在一些情况下,海藻酸钠可促进片剂的崩解。海藻酸钠可以在制粒的过程中加入,而不是在制粒后以粉末的形式加入,这样制作过程更简单。所制的成片与使用淀粉制的成片相比,机械强度更大。在控释制剂领域,有人研究用海藻酸钠和明胶水性胶体共凝聚物制备吲哚美辛缓释微粒。

3. HPMC　HPMC 是纤维素部分甲基化和部分聚羟丙基化的醚。HPMC 已收入各国药典,其甲基取代度为 1.0~2.0,羟丙基取代度为 0.1~0.34(图 15-4)。美国《国家处方集》和《日本药局方》收载 4 种型号,其分子量在 10 000~150 000。HPMC 在官能团上带有羟基的高分子线形结构,可以与水分子形成氢键,增加黏度。HPMC 长链分子链互相吸引,使 HPMC 分子相互交织在一起,形成网状结构。

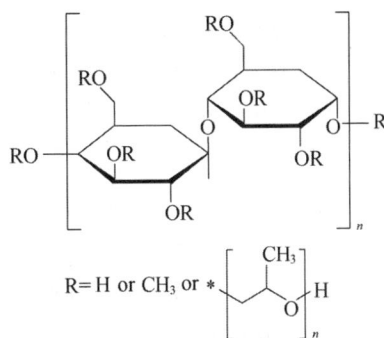

图 15-4　HPMC

HPMC 的制法与甲基纤维素、乙基纤维素相似,系以棉绒为原料、氢氧化钠膨化的碱纤维素,经氯甲烷与环氧丙烷同时醚化、纯化、干燥制得。HPMC 有不同黏度和不同取代度的各种级别产品。级别加附数字表示,即其 2% 水溶液在 20℃ 的表观黏度,单位是 mPa·s。《美国药典》用通用名后附四位数字来表示 HPMC 的取代基含量。例如,HPMC 1828,前两位数字代表甲氧基的平均百分比含量,后两位数字代表的是羟丙基的平均百分比含量(表 15-4)。

表 15-4　《美国药典》收载的 4 种型号的 HPMC 的取代基含量

取代型	含　量(%)		应　　用
	甲氧基	羟丙氧基	
1828	16.5~20.0	23.0~32.0	作片剂黏合剂和崩解剂
2208	19.0~24.0	4.0~12.0	应用于缓控释制剂骨架片
2906	27.0~30.0	4.0~7.5	作肠溶性包衣隔离层
2910	28.0~30.0	7.0~12.0	湿法制粒的黏合剂,常规薄膜包衣材料,封闭片芯

HPMC 通常制成水溶液,用有机溶液配制的 HPMC 溶液黏度一般较大。HPMC 溶于冷水形成黏性溶液,其 1% 的水溶液 pH 为 5.8~8.0,分子量不同的 HPMC,其溶液的黏度也不同,分子量越大,则黏度也越大。HPMC 在热水中的溶解性也略有不同,HPMC 2208 不溶于 85℃ 以上的热水,HPMC 2906 不溶于 65℃ 以上的热水,HPMC 2910 不溶于 60℃ 以上的热水。

HPMC 的胶凝温度视型号不同而异,它的水溶液加热时,最初黏度下降,然后随着加热时间延长,黏度上升,形成白色浑浊的凝胶。HPMC 的甲氧基取代度越低,胶凝温度越高,如 HPMC 2208 的胶凝温度为 80℃,HPMC 2906 为 65℃,HPMC 2910 为 60℃。在加热或冷却的过程中,HPMC 的溶胶与凝胶能够发生可逆的变化。

在口服制剂中,HPMC 主要作为片剂黏合剂、薄膜包衣材料和缓释片的骨架材料。HPMC 骨架遇水后,表面水化形成凝胶层,表面药物进行释放,随着水分进一步向内渗透,凝胶层增厚,阻滞了药物从骨架中释出。随着时间延长,片剂外层骨架逐渐水化并溶蚀,内部再形成凝胶、溶解,直至骨架完全溶蚀,药物完全释放。

HPMC 的黏度、粒度、用量、稀释剂及制备工艺会影响药物的释放。高黏度 HPMC 与低黏度者相比,水化速度快,吸水能力强,形成的凝胶层黏度大,因而药物通过凝胶层的扩散慢,凝胶层溶蚀也慢,凝胶层对片芯的保护作用强。高黏度级别的 HPMC 的使用浓度为 10%~80%(w/w)时作为片剂和胶囊剂骨架的阻滞剂,有延缓药物释放的作用。根据不同的黏度级别,2%~20% 的浓度可作为片剂膜包衣溶液。低黏度级别可作为水性薄膜包衣溶液,高黏度级别可作为有机溶剂系统包衣溶液。

由于较小颗粒更有利于片剂表面凝胶层的形成,HPMC 颗粒小,则释药速率慢;而较大的颗粒间空隙较大,水分极易在片剂表面形成凝胶屏障之前通过毛细现象迅速渗入片芯,片芯因得不到有效保护而快速释药甚至崩解。HPMC 骨架片的释药速率随着 HPMC 用量的增加而减小,这是因为随着骨架片 HPMC 用量增加,片剂水化速率加快,可在片剂表面迅速形成凝胶层,且凝胶层增厚,凝胶强度增大。当 HPMC 含量较低时,片剂表面快速形成的凝胶层为非连续性的,反而导致片剂局部膨胀,在一定意义上起到了崩解剂的作用,药物迅速释放;当 HPMC 的含量增大到一定程度,骨架片释药速率会出现一个突变,即药物的释放速率变化曲线存在一个拐点;进一步增大 HPMC 含量,则药物的释放速率减慢、趋缓。

(二) 生物溶蚀性骨架材料

生物溶蚀性骨架材料指材料本身不溶解,但是在胃肠环境下可以逐渐溶蚀的惰性蜡质、脂肪酸及其酯类等物质,主要包括蜡质类(蜂蜡、巴西棕榈蜡、蓖麻蜡、硬脂醇等)、脂肪酸及其酯类(硬脂酸、氢化植物油、单硬脂酸甘油酯、甘油三酯等)。这类材料制成的骨架片通过通道扩散与固体脂肪或蜡的逐渐溶蚀控制药物的释放,具有以下优点:① 可避免胃肠局部药物浓度过高,减小刺激性; ② 小的溶蚀性分散颗粒易于在胃肠黏膜上滞留从而延长胃肠转运时间,提供了更持久的作用;③ 受胃排空和食物的影响较小。

疏水性的溶蚀性材料不能被环境中的水分迅速凝胶化,而不能使片芯的药物溶解、溶出,但可被胃肠液溶蚀,并逐渐分散为小颗粒,从而释放出其所含的药物。在释药过程中,由于骨架的释药面积随时间在不断变化,故难以维持零级释放,常呈一级释放速率释药。

1. 巴西棕榈蜡　巴西棕榈蜡从巴西棕榈树的叶芽和叶子中获得,将叶子干燥并粉碎,然后加入热水,分离得蜡状物质。巴西棕榈蜡主要由酸和羟基酸的酯组成,为淡棕色至灰黄色的粉末、薄片或形状不规则且质地硬脆的蜡块(图15-5)。

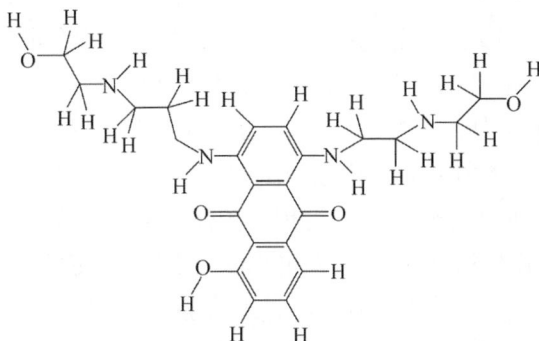

图 15-5　巴西棕榈蜡

在各种蜡质辅料中,巴西棕榈蜡的硬度最大且熔点最高。用巴西棕榈蜡包衣的片剂具有良好的光泽而且不起皱。巴西棕榈蜡也可以以粉末的形式用于糖衣片抛光。巴西棕榈蜡几乎不溶于水,用巴西棕榈蜡包衣的片剂,不会被环境中的水分凝胶化而逐渐溶蚀,其可以在胃肠环境下逐渐溶蚀,通过控制药物的扩散控制药物的释放。巴西棕榈蜡(10%~50%)也可单独或与羟丙基纤维素、海藻酸盐/果胶-明胶、丙烯酸树脂和硬脂醇合用,用于制备缓释固体制剂。

2. 单硬脂酸甘油酯　单硬脂酸甘油酯的感官特性和油脂相似,其稠度与脂肪酸基团有关,一般可为油状、脂状或蜡状。一般来说,单硬脂酸甘油酯比其所用的油脂或脂肪酸有更高的稠度和熔点,单硬脂酸甘油酯的熔点的变化规律:随着脂肪酸的碳链的延长,单硬脂酸甘油酯的熔点增加(图15-6)。

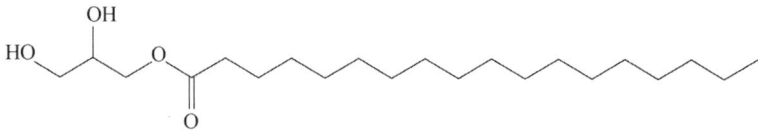

图 15-6　单硬脂酸甘油酯

按照主要组成脂肪酸的名称可将单甘酯分为单硬脂酸甘油酯、单月桂酸甘油酯、单油酸甘油酯等,其中产量最大、应用最多的是单硬脂酸甘油酯。单硬脂酸甘油酯有 α、β 两种异构体,具备良好乳化性能。α 异构体更为稳定,β-单硬脂酸甘油酯较之不稳定,在紫外线照射下或者受热时会发生变化,转变为 α-单硬脂酸甘油酯。

单硬脂酸甘油酯是白色或乳白色、小球状薄片状或是粉末状的蜡状固体,摸起来像蜡,并微有脂肪臭味,可溶于热的乙醇、乙醚、三氯甲烷、热丙酮、矿油、脂肪油,不溶于水,但借助少量肥皂或其他表面活性剂,可以分散于水。

单硬脂酸甘油酯是一种亲脂物质,它的加入可以使基质体系更加亲脂。亲脂性可能是单硬脂酸甘油酯基质体系阻滞药物的作用机制。亲脂性的增加会降低水的渗透速率,使制剂在胃肠内逐渐溶蚀分解,导致药物释放速率减慢,从而控制药物的释放。单硬脂酸甘油酯可用作固体剂型的缓释骨架,包括制备片剂和栓剂,也可以用作生物可降解、植入用控释剂型的骨架成分。

3. 山嵛酸甘油酯　山嵛酸甘油酯是山嵛酸(正二十二碳烷酸)与甘油经酯化而得,主要成分为山嵛酸单甘油酯(含量为 $12\% \sim 18\%$,w/w)、山嵛酸二甘油酯(含量为 $45\% \sim 54\%$,w/w)及山嵛酸三甘油酯(含量为 $28\% \sim 32\%$,w/w)的混合物,为白色粉末或片状固体。大部分常用脂肪酸甘油酯均为液态,山嵛酸甘油酯作为一种长链脂肪酸甘油酯,由于其高熔点、两亲性,以固体粉末的形式存在,更易引入制剂,具有良好的润滑、乳化、骨架缓释性能。而且,由于它是三种甘油酯的混合物,形成有缺陷的晶格结构,作为载体材料,对药物有更高的相容性和包封效果。

因其不同的性质,山嵛酸甘油酯广泛地应用于各个领域:① 山嵛酸甘油酯有较低的剪切应力、合适的熔点、较高的比表面积及两亲性和成膜倾向,因此可以作为固体制剂中的润滑剂;② 由于其熔融和流变特性,以及较低的亲水亲油平衡值,在热熔工艺中,可作为亲脂性黏合剂;③ 山嵛酸甘油酯可作为一种脂质缓释基质,使用方便,可适用于直接压片、湿法制粒、干法制粒和热熔制粒等多种制备工艺;药物释放是通过不溶性骨架基质实现,从基质中扩散是药物释放的主要机制,可避免药物的突释效应等。除此之外,山嵛酸甘油酯还可用作掩味剂及包衣材料等。

(三) 不溶性骨架材料

不溶性骨架材料通常是一些不溶于水或水溶性极小的高分子聚合物或无毒塑料等。不溶性骨架片系指骨架材料(如乙基纤维素、丙烯酸树脂等)作为阻滞剂,通过粉末直接压片、干法制粒或湿法制粒制备而成的一类药物缓释制剂。不溶性骨架材料有乙基纤维素、聚乙烯、聚氯乙烯、聚丙烯、甲基丙烯酸酯共聚物、聚硅氧烷、乙烯乙酸乙烯共聚物等,这些材料形成的骨架在整个药物释放过程中几乎不改变,在药物释放后骨架整体随粪便排出体外。

不溶性骨架片的药物释放主要分为三步:消化液渗入骨架孔内、药物溶解和药物自骨架孔道释出。由于脂溶性药物自骨架内释出的速度过缓,因而只有水溶性药物适于制备成此种骨架制剂。

1. 乙基纤维素 乙基纤维素(EC)不仅可以用于膜控型缓控释制剂,也可用于骨架缓释片的制备。不同黏度的乙基纤维素制得的骨架片释放速度不同。低黏度乙基纤维素比高黏度乙基纤维素易压缩,当压成一定硬度的片剂时,低黏度乙基纤维素中的药物释放速度较高黏度乙基纤维素快。一般来说乙基纤维素在骨架型缓控制剂中可通过不同的制剂技术制成微球、胶囊、缓释片、固体分散物颗粒等多种剂型[2]。

乙基纤维素无毒,一般不溶于水,热稳定性好,燃烧时灰分极低,很少有黏着感或发涩;有极强的抗生物性能、代谢惰性、防老化性能好,对化学品稳定,长期储存不变质;有优良的耐吸湿性、耐碱性、耐弱酸性、耐盐性、耐低温性。这些优点体现了乙基纤维素作为缓释片骨架的优势;同时,作为流动性粉末,乙基纤维素在操作简便的全粉末压片中有很好的推广价值。但乙基纤维素在阳光下或紫外光下易发生氧化降解,在强碱性环境和受热条件下易变色,所以在制备、运输和储存过程中,应加强乙基纤维素骨架缓释片的保护措施。

2. 乙烯-乙酸乙烯共聚物 乙烯-乙酸乙烯共聚物(ethglene-vinylacetate copolymer, EVA)为在不同条件下合成的乙酸乙烯(VA)单体含量不同的一系列共聚物,是一类非生物降解疏水性聚合物(图 15-7)。具有生物相容性好、加工成型方便、机械性能好、通透性小及理化

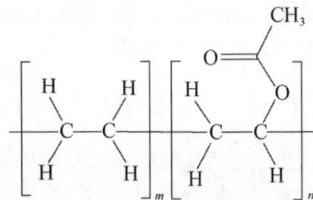

图 15-7 乙烯-乙酸乙烯共聚物

性质稳定等特点,在控释给药体系中用途广泛。乙酸乙烯含量不同时,乙烯-乙酸乙烯共聚物的性质有较大差异,应用也不同。根据乙酸乙烯含量,乙烯-乙酸乙烯共聚物可分为三类(表15-5)。在控释给药体系中,多用低、中乙酸乙烯含量的乙烯-乙酸乙烯共聚物作为控释材料[3]。

表15-5 乙烯-乙酸乙烯共聚物的分类

	乙酸乙烯含量(%)		
	低含量10~40	中含量40~75	高含量75~95
平均分子量	20 000~50 000	100 000~200 000	>200 000

为了获得理想的释药速度,除选择乙酸乙烯含量不同的乙烯-乙酸乙烯共聚物外,还可在乙烯-乙酸乙烯共聚物中加入增塑剂或与其他聚合物共混来改变它的通透性。

三、渗透泵控制释药

渗透泵控释制剂作为缓控释制剂的典型代表,以渗透压为释药动力、以零级释放动力学为特征,口服渗透泵片进入胃肠道后,衣膜的半透性只允许胃肠道中的水分子进入渗透泵中,而泵内的药物溶液则不能通过半透膜进入胃肠道。

渗透泵内含有渗透活性药物或辅料,溶解后产生的渗透压高于胃肠液渗透压,即渗透泵内外存在着渗透压梯度,使药物从释药孔泵出。此外,释药孔的大小也需要控制,以达到既能防止药物释放过快,又可降低流体静压力作用的要求。

口服渗透泵多由片芯和包衣膜两部分组成,按其结构特点通常可以分为单层渗透泵和双层渗透泵两种。其中,单层渗透泵多为水溶性药物与渗透促进剂相结合制成片芯,再外包一层半透膜,膜上打一个或多个孔;双层渗透泵的片芯则由含药层和助推层两部分组成,再外包半透膜,膜上打孔[4,5]。下面对片芯和包衣膜两部分的常用辅料进行介绍。

(一)片芯常用辅料

无论是单层渗透泵片还是多层渗透泵片,在制备片芯时,通常都要加入渗透促进剂,这些物质能够产生渗透压,包括促渗透剂和促渗透聚合物,当药物本身的渗透压较小时,向其中加入促渗透剂,便可以产生渗透压,以维持药物的释放,常用的促渗透剂包括氯化钠、硫酸镁、氯化镁、硫酸钾、硫酸钠、D-甘露醇、尿素等。促渗透聚合物能够吸水膨胀,当与水或液体接触时可膨胀或溶胀,膨胀后的促渗透聚合物的体积可增长 2~50 倍。另外,促渗透聚合物可以是交联的或非交联的亲水性聚合物,一般以共价键或氢键形成的轻度交联为佳。常用的促渗透聚合物有分子量为 10 万~500 万的聚氧乙烯聚合物(PEO),分子量为 13 万~500 万的聚羟基甲基丙烯酸烷基酯,分子量为 1 万~36 万的聚维酮,分子量为 45 万~400 万的卡波姆均聚物及分子量为 8 万~20 万聚丙烯酸等,但最为常用的是聚氧乙烯。

聚氧乙烯(polyethylene oxide, PEO)[6],又称聚环氧乙烷,是一种结晶性、热塑性的水溶性聚合物为白色粒状和粉末状物质,分子量范围广(图 15-8)。

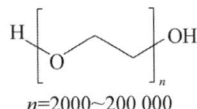

$n=2000~200 000$

图 15-8　聚氧乙烯

由于其存在 C—O—C 键,通常具有柔顺性,可与电子受体或某些无机电解质形成缔合物。此外,因氢键的形成,又使其成为一种水溶性聚合物。室温下,聚氧乙烯可以与水以任意比例互溶,聚氧乙烯水溶液的黏度主要取决于溶液的浓度、温度、溶液中无机盐的浓度及剪切速率等因素。聚氧乙烯能溶于乙醇、三氯甲烷、二氯甲烷、二氯乙烷、苯等部分有机溶剂。低黏度的聚氧乙烯主要用作片剂黏合剂、包衣材料;高分子量聚氧乙烯对悬浮水中的固体颗粒有很好的絮凝作用,分子量越高,其絮凝性能越好。高黏度的聚氧乙烯主要作为缓控释给药系统骨架基质、生物黏合剂、经皮给药基质。

(二) 包衣膜常用辅料

渗透泵控释制剂外包衣所用的半透性成膜材料有醋酸纤维素、乙基纤维素、聚氯乙烯、聚碳酸酯、乙烯醇-乙烯基乙酸酯和乙烯-丙烯聚合物等,但由于醋酸纤维素形成的包衣膜具有一定的韧性,且衣膜不易变形,故成为渗透泵片外包衣的首选材料。

醋酸纤维素是指以乙酸作为溶剂,醋酐作为乙酰化剂,在催化剂作用下进行酯化而得到的一种热塑性树脂,是纤维素衍生物中最早进行商品化生产,并且不断发展的纤维素有机酸酯(图 15-9)。

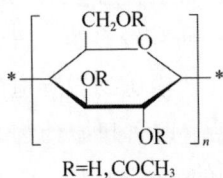

R=H,COCH₃

图 15-9　醋酸纤维素

包于片芯表面的醋酸纤维素膜对水的渗透性是控制药物从渗透泵制剂中释放出来的主要因素,醋酸纤维素是纤维素分子中羟基用乙酸酯化后得到的一种化学改性的天然高聚物,其性能取决于乙酰化程度。醋酸纤维素的乙酰化率决定了醋酸纤维素对水的渗透性,随着乙酰化率的增加,醋酸纤维素的亲水性逐渐减小。通过调整不同乙酰化率醋酸纤维素的比例,可以控制包衣膜的渗透性,从而控制药物的释放速率。不同酯化度醋酸纤维素的溶解性存在显著差异(表 15 - 6)。

表 15 - 6 不同酯化度醋酸纤维素的溶解性

酯化度	乙酰基含量(%)	溶　解　性
180～190	30.0～31.5	溶于水-丙酮-三氯甲烷
220～230	36.5～38.0	溶于丙酮、三氯甲烷、乙醇
230～240	38.0～39.5	溶于丙酮、三氯甲烷、丙酮-甲醇
240～260	39.5～41.5	溶于丙酮、三氯甲烷、丙酮-甲醇
280～300	42.5～44.8	溶于三氯甲烷,不溶于丙酮、乙醇

另外,在包衣膜中还可以加入增塑剂和致孔剂。其中,增塑剂可以提高包衣材料的成膜能力,增强衣膜的柔韧性和强度,由于膜内片芯中渗透促进剂会产生较大的渗透压,适量的增塑剂能使包衣膜对这股较强的压力更加耐受,从而保证用药的安全性,还可以调节衣膜的释药速率。常用的增塑剂有柠檬酸三乙酯、甘油酯、琥珀酸酯类等。加入的致孔剂通常为多元醇及其衍生物或水溶性高分子材料,可以形成海绵状的膜结构,药物溶液和水分子均可以通过膜上的微孔,这种结构所导致的药物释放机制也遵循以渗透压差为释放动力的渗透泵式释药过程。常用的致孔剂有 PEG400、PEG600、PEG1000、PEG1500、PEG4000、HPMC、聚乙烯醇、尿素等。

四、口服定位给药常用辅料

口服定位给药系统(site controlled drug delivery system)是指利用制剂的物理化学性质及胃肠道局部 pH、胃肠道酶、制剂在胃肠道的转运机制等生理学特性,制备的能使药物于胃肠道的特定部位释药的给药系统。目前研究较多的是胃内滞留制剂及结肠定位给药系统,其特点是能够将药物选择性地输送到胃肠道的某一特定部位,以速释或缓释的形式释放药物。其主要优点:改善口服药物在胃肠道的吸收,避免药物在胃肠生理环境下失活;提高药物的生物利用度;改善个体差异/胃肠运动造成的药物吸收不完全现象[7]。

（一）胃溶性材料和肠溶性材料

胃溶性材料和肠溶性材料可在特定的 pH 范围保持惰性，不释放药物，适用于制备各种定位释药制剂。

1. **胃溶性材料** 这类材料主要有纤维素类衍生物（如 HPMC、羟丙基纤维素、甲基纤维素等）、聚维酮、聚丙烯酸树脂（Eudragit E 型）等。

2. **肠溶性材料** 肠溶性材料有耐酸性，而在肠道很容易溶解，常用的有醋酸纤维素酞酸酯（CAP）、聚乙烯醇酞酸酯（PVAP）、醋酸纤维素苯三酸酯（CAT）、羟丙甲基纤维素酞酸酯（HPMCP）、聚丙烯酸树脂（Eudragit L100－55、L30D－55、L100 和 S100）等。

胃溶型及肠溶型聚丙烯酸树脂：Eudragit E 是阳离子型的甲基丙烯酸二甲氨基乙酯与其他两种中性甲基丙烯酸酯的共聚物（图 15－10），为胃溶型，溶于 pH<5 的胃液。Eudragit L 型和 S 型是阴离子型的甲基丙烯酸与甲基丙烯酸甲酯的共聚物，L 型中酸和酯的比例为 1∶1，S 型中的则约为 1∶2；Eudragit L 30D－55 是甲基丙烯酸和丙烯酸乙酯共聚物的水分散体，溶于 pH>7 以上肠液，是肠溶性药物的良好辅料。

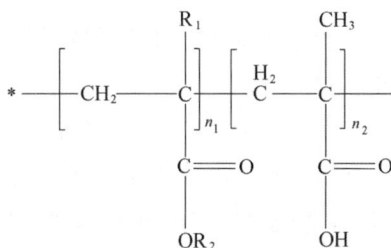

图 15－10 甲基丙烯酸酯共聚物

肠溶型聚丙烯酸树脂在酸性环境中羧基不发生解离，大分子保持卷曲状态；当溶液 pH 升高时，羧基解离，卷曲分子伸展而发生溶剂化，溶解速度加快。分子中羧基比例越大，需在 pH 更高的溶液中溶解。胃溶型聚丙烯酸树脂在胃酸环境中的溶解度取决于其叔胺基团。

（1）T_g：聚丙烯酸树脂的 T_g 取决于其取代基的柔性。Eudragit L100 和 Eudragit S100 结构中 α 位甲基阻碍了大分子链段的运动，刚性较强，使 T_g 升高，在 160℃以上才能成膜，且膜的脆性大。胃崩型聚丙烯酸树脂结构中的丙烯酸酯可起内增塑作用，增强大分子的柔性，T_g 低达-8℃，更易成膜。聚甲丙烯酸铵酯的 T_g 介于聚丙烯酸树脂 E 型和 L 或 S 型。当丙烯酸酯的碳链越长且不含支链时，聚合物的柔性越大，具有越好的成膜性。用于薄膜衣制备时，胃崩型聚丙烯酸树脂、聚丙烯酸树脂Ⅳ可不加或只加很少量的增塑剂；聚甲丙烯酸铵酯一般添加 10% 以下增塑剂；聚丙烯酸树脂Ⅱ、Ⅲ需加较大比例的增塑剂。

（2）最低成膜温度：最低成膜温度（minimum film-forming temperature，MFT）

是指树脂胶乳液在梯度加热干燥条件下形成连续性均匀且无裂纹薄膜的最低温度。温度低于最低成膜温度时，聚合物粒子不能发生熔合变形成膜。最低成膜温度太高的树脂不适合做薄膜包衣，一般使最低成膜温度降低至15~25℃利于薄膜衣形成。对于聚丙烯酸树脂Ⅱ、Ⅲ，必须加入增塑剂。增塑剂的种类对最低成膜温度的影响很不同，一些疏水性增塑剂使聚丙烯酸树脂Ⅰ的最低成膜温度升高，而亲水性增塑剂可较好地降低最低成膜温度。

（3）机械性质：除胃崩型和一些型号的肠溶型聚丙烯酸树脂外，其他树脂很少能制成具有一定拉伸强度及柔性的独立薄膜。聚丙烯酸树脂在药片上形成薄膜衣主要依赖于分子中酯基与药片表面分子中带负电的原子形成氢键、分子键，对药片缝隙的渗透及包衣液中其他成分的吸附。聚合物中酯基碳链越长，分子聚合度越大，薄膜衣对药片的黏附性就越强，薄膜具有更大的拉伸强度和断裂伸长。可通过混合应用不同性质的树脂及加入适宜的增塑剂改善薄膜的机械性能。

（4）渗透性：虽然渗透型的聚甲基丙烯酸铵酯在水中不溶，但由于季铵盐基具有很强的亲水性，因此具有一定的水渗透溶胀性。季铵基团比例越高，渗透性越大。胃崩型聚丙烯酸树脂的结构中的酯链侧基具有一定的疏水性，渗透性很小，单独应用时在胃肠液中既不溶解也不崩解，必须添加适量亲水性物质（如糖粉、淀粉等），使树脂成膜时形成孔隙，利于水分渗入。在纯水和稀酸溶液中，肠溶型聚丙烯酸树脂不溶解，且对水分子的渗透有一定的抵抗作用，可用作隔离层以阻滞水分或潮湿空气渗透。胃溶型聚丙烯酸树脂对非酸性溶液和潮湿空气亦有类似阻隔作用[1]。

（二）胃滞留型缓控释给药系统常用辅料

胃滞留型缓控释给药系统是一类能滞留于胃液中，延长药物在胃肠道中的释放时间，改善药物吸收，或增强药物在胃局部的治疗作用，减少不良反应和服药次数，提高临床疗效的新型给药系统[8]。根据其释药原理，主要包括胃漂浮辅料、胃内膨胀辅料和生物黏附辅料。

1. 胃漂浮辅料　胃漂浮制剂基于给药系统与胃液密度的差异设计，使之呈现漂浮状态，在胃内的滞留时间延长，从而延长了药物在吸收窗之上部位的停留时间，产生缓控释作用，且该类制剂不影响胃排空[9~11]。胃漂浮制剂分为泡腾型、非泡腾型2种：① 泡腾型胃漂浮制剂利用具有膨胀性质的材料及泡腾剂来包载药物，实现胃内漂浮；② 非泡腾胃漂浮制剂通常由凝胶或高度溶胀辅料制备而成,药物包封于凝胶中形成胶体到达胃部,聚合物发生溶胀作用,使体积变大同时吸附胃部的空气来获得浮力,实现胃内漂浮。常用辅料有 HPMC、甲基纤维素(MC)、羟丙基纤维素、羧甲基纤维素(CMC)、卡波姆等[12]。为提高漂浮力,还可以加入其他添加剂:① 疏水、相对密度较小的辅料,如高级醇、蜡质和油类(单硬脂酸甘油酯、十八烷醇、硬脂酸、蜂蜡)等;② 发泡剂,如碳酸氢钠、碳酸钙或碳酸镁,也可以与酸性物质(柠檬酸或酒石酸)联合使用,遇胃酸产生气体,包被于表面凝胶层,以达到减小制剂密度的目的。

2. **胃内膨胀辅料** 胃内膨胀制剂与胃液接触后,经扩展或膨胀后,制剂体积增大,而被幽门截留,也称为塞子系统,可分为溶胀型与展开型,常用膨胀材料有聚乙烯醇(PVA)、交联聚维酮、羧甲基淀粉钠等。

3. **生物黏附辅料** 借助于某些高分子材料对生物黏膜产生的特殊黏合力而黏附于黏膜上皮部位,从而延长药物在重点部位的停留时间和释放时间,促进药物的吸收,提高生物利用度[12]。其主要以三种机制实现黏附作用:① 机械嵌合;② 与黏蛋白发生黏附;③ 辅料与细胞表面结合。目前,黏附材料主要有以下三类:① 天然黏附材料类,如明胶、植物凝集素、玻尿酸、葡聚糖、海藻酸及其钠盐等;② 半合成黏附材料类有纤维素衍生物类(如羟乙基纤维素)和甲壳胺衍生物类(如甲壳胺);③ 合成生物黏附材料类(如卡波姆等),其中以卡波姆934p毒性最小,应用最广[13]。其中,阴离子聚合物比中性和阳离子聚合物的结合力更好。

（三）口服结肠定位给药常用辅料

口服结肠定位给药系统(OCDDS)多为肠溶制剂,通过药物修饰、包衣等手段,避免口服后药物在胃肠道前端直接吸收[14],运送到肠道回盲部后释放而发挥局部或全身治疗作用,是一种定位在结肠释药的制剂。根据释药原理可将口服结肠定位给药系统分为时间控制型、pH 依赖型、时控和 pH 依赖结合型、压力控制型、酶解或细菌降解型[15~17]。目前,最常用的载体材料有丙烯酸酯共聚物、偶氮类化合物、多糖类化合物(如壳聚糖、果胶、瓜尔胶等)[18,19]。其中丙烯酸酯共聚物可以通过改变 R 基团获得不同的 pH 灵敏度[20]。例如,基于纳米混悬液的 pH 依赖性肠溶包衣 Eudragit S100 具有粒径小、比表面积大的特点,可有效提高药物渗透性和药物溶出率[14]。

五、展望

口服给药既方便又经济,相对安全,是当今最主要的给药方式,而口服缓控释制剂的疗效持久、不良反应低及患者依从性高,是口服制剂中较受欢迎的高端制剂,具有巨大的开发前景和临床应用价值。

口服缓控释制剂高度依赖具有特殊功能的药用辅料,而这些辅料大多由生产技术较成熟的大型化工企业生产。与国外企业相比,我国的药用辅料生产起步较晚,产品种类、规格较少,很多缓控释药用辅料质量检验仅停留在理化性质的检查,缺少对功能性指标的深入评价,造成辅料批次之间存在差异,进而影响缓控释制剂的体外释放。

当前,我国在制剂技术上与国外差距不大,主要是生产设备与辅料的差距,这在仿制药一致性评价过程中表现得尤为突出。例如,国产的一些关键性辅料性能不及国外的辅料,而国外的辅料公司又不愿意关联审批,大大增加了仿制难度。同时,有些关键性辅料被一些大型制药公司所垄断。这些因素都不同程度地制约着我国缓控释制剂的发展,因此突破国外缓控释辅料的技术壁垒具有重要意义。近年来,药用辅料的发展得到国家高度重视,药用辅料关联审批不断推行,药用辅料标准体系和质量规范日趋完善,将打破国外的技术壁垒,开发出性能优异的国产缓控释辅料。

(张宇)

参考文献

[1] 方亮.药用高分子材料学.4 版.北京：中国医药科技出版社,2015：114 - 115,148 - 151.

[2] 王丽,阎雪莹.乙基纤维素在药物制剂中的应用.黑龙江医学, 2015, 39(5):588 - 590.

[3] 林武,金昭英.乙烯-醋酸乙烯共聚物及其在控释给药体系中的应用.中国医药工业杂志,1990,21(8)：375 - 379.

[4] 安欣欣,周洪雷,李传厚,等.口服渗透泵控释制剂的研究进展.中国药房,2018,29(22)：3165 - 3168.

[5] 陈伶俐,罗燕娜,朱翠霞,等.口服渗透泵缓控释给药系统的研究概况.中国民族民间医药,2017,26(14)：61 - 65.

[6] 董振鹏,赵春雨,贾宏菲,等.聚氧化乙烯研究开发进展及展望.山东化工,2022,51(4)：72 - 74.

[7] 李颖寰,朱家壁.口服定位释药系统.国外医药合成药生化药制剂分册,2002,(4)：225 - 228.

[8] 吴天一,胡宁,孙淑萍.胃滞留型缓控释给药系统的研究进展.中国当代医药,2020,27(2)：15 - 17.

[9] Zhao Q, Gao B, Ma L, Lian J, et al. Innovative intragastric ascaridole floating tablets：Development, optimization, and in vitro-in vivo evaluation. International Journal of Pharmaceutics, 2015, 496(2)：432 - 439.

［10］ Geetha T, Deol P K, Kaur I P. Role of sesamol-loaded floating beads in gastric cancers: a pharmacokinetic and biochemical evidence. Journal of Microencapsulation. 2015, 32(5): 478 – 487.

［11］ Huanbutta K, Nernplod T, Akkaramongkolporn P, et al. Design of porous Eudragit® L beads for floating drug delivery by wax removal technique. Asian Journal of Pharmaceutical Sciences, 2017, 12(3): 227 – 234.

［12］ 张梅君,王志强,吴继禹.胃滞留型给药系统研究概况.医药导报,2009,28(8): 1062 – 1064.

［13］ 曲莉,王智民,仝燕.胃滞留漂浮型缓控释制剂的研究概况.中国实验方剂学杂志,2006, (7): 66 – 70.

［14］ Cheng H, Huang S, Huang G. Design and application of oral colon administration system. Journal of Enzyme Inhibition and Medicinal Chemistry, 2019, 34(1): 1590 – 1596.

［15］ Vemula S K, Veerareddy P R. Development, evaluation and pharmacokinetics of time-dependent ketorolac tromethamine tablets. Expert Opinion on Drug Delivery, 2013, 10(1): 33 – 45.

［16］ Oshi M A, Naeem M, Bae J, et al. Colon-targeted dexamethasone microcrystals with pH-sensitive chitosan/alginate/Eudragit S multilayers for the treatment of inflammatory bowel disease. Carbohydr Polym, 2018, 198: 434 – 442.

［17］ Bourgeois S, Harvey R, Fattal E. Polymer colon drug delivery systems and their application to peptides, proteins, and nucleic acids. Advanced Drug Delivery Reviews, 2005, 3(3): 171 – 204.

［18］ Sarangi M K, Rao M E B, Parcha V. Smart polymers for colon targeted drug delivery systems: a review. International Journal of Polymeric Materials and Polymeric Biomaterials, 2021, 70(16): 1130 – 1166.

［19］ 方勇兵,崔升淼.口服结肠定位给药系统中辅料的应用.中国医药工业杂志,2014,45 (1): 83 – 87,94.

［20］ Khan M Z, Prebeg Z, Kurjaković N. A pH-dependent colon targeted oral drug delivery system using methacrylic acid copolymers. I. Manipulation Of drug release using Eudragit L100 – 55 and Eudragit S100 combinations. Journal of Controlled Release, 1999, 58(2): 215 – 222.

第十六章

注射型缓控释给药系统辅料

一、概述

注射型缓控释给药系统(injectable controlled/sustained drug delivery systems, IC/SDDS)是缓控释制剂的一个重要分支,脱胎于20世纪初出现的植入剂[1,2],但其与早期植入剂的最大区别在于可通过门诊注射或患者自行注射完成给药,且制剂中的关键辅料均为生物可降解材料,从而免去了手术植入与取出造成的痛苦与不便。此外,IC/SDDS 经注射给药形成药物储库(drug depot)[2],改善了胃肠道排空时限对口服缓控释制剂吸收时间窗口的限制,故释药持续时间较口服缓控释制剂更长;与经皮缓控释制剂相比,IC/SDDS 直接注入体内,起效时滞更短。这些独特的优势填补了其他缓控释制剂无法覆盖的生物药剂学空白,使得 IC/SDDS 成为广受关注的小分子化药[3~5]、蛋白类药物[6,7]、核酸药物[8,9]递送新剂型。目前,并无官方机构对 IC/SDDS 进行定义,但根据其给药方式、释药特征和作用特点,可以认为 IC/SDDS 是经注射(肌内注射、皮下注射、眼内注射、静脉注射、动脉注射、鞘内注射等)给药后,药物依从不同机制从制剂中以适宜的速率释放,进而在数日、数周甚至数月的时间内维持局部或全身治疗作用的制剂[2,10,11]。目前,已有大量 IC/SDDS 应用于临床或见诸文献报道,为包括精神性疾病、癌症、内分泌系统疾病等慢性病的治疗提供了新的选择[11]。

"长效注射剂"(long-acting injectables, LAI)与 IC/SDDS 常用于指代相同制剂,但 LAI 主要突出"长效"作用,即药物可在较长的时间范围内维持药效,但这一药效作用的维持并不一定依赖药物从某种缓控释结构中的持续释放,如以 PEG 化腺苷脱氨酶(Adagen®)及尿酸酶(Krystexxa®)为代表的一系列前药型长效药物[11,12];IC/SDDS 则依赖药物从某些缓控释结构(微球、微囊、凝胶甚至药物的微纳米晶)中的持续释放来维持平稳血药浓度,其最终目的仍然是维持长

时间药效。本章以辅料特性-剂型结构-作用特点间的关系为脉络,对各类
IC/SDDS展开探讨。

二、注射型缓控释给药系统的分类

根据其剂型结构、给药方式、释药机制、释药持续时间等参数,IC/SDDS 可分
为多个种类。本章以剂型结构为线索,将 IC/SDDS 分为包括微包埋型、微纳米
晶与复合物型、油基型、凝胶型与在体成形多囊脂质体型与药物自组装型在内的
六大体系,各体系所涉及的辅料种类上既有差异也有所交叉。本部分对代表性
辅料进行介绍,受篇幅限制,一些常见辅料(如油脂、用于微晶稳定的亲水性高
分子)和与其他章节高度重合的辅料(如磷脂等)不在本部分做过多赘述。

(一) 微包埋型注射型缓控释给药系统

1. 概述　微包埋型 IC/SDDS 指将药物以适宜的形式(图 16-1)包埋于高
分子材料中并通过适宜的工艺制成的微球,以高分子膜将含药核心包裹形成
的微囊,或具有特定形状的(预成形)且可通过注射植入的制剂[11]。在相关研
究中,微球与微囊的界限不甚明晰[13],如基于水/油/水(W/O/W)或固/油/水
(S/O/W)体系的制剂虽在拓扑结构上与微囊一致,但仍将其归类为微球制剂。
单核微囊(mononuclear microcapsules)拥有明确且相互分离的膜结构与载药结
构,因而可能实现药物的零级释放,如 Park 等[14]报道的联合 ink-jet 技术与界面
相分离法,制备了具有水性内核和 PLGA 外壳的微囊。但可以想象的是,基于生
物可降解材料的单核微囊随着聚合物外壳降解,可能出现剂量的倾泻,进而影响
其安全性。可注射的预成型植入剂是新型植入剂的代表之一,因其可免去手术

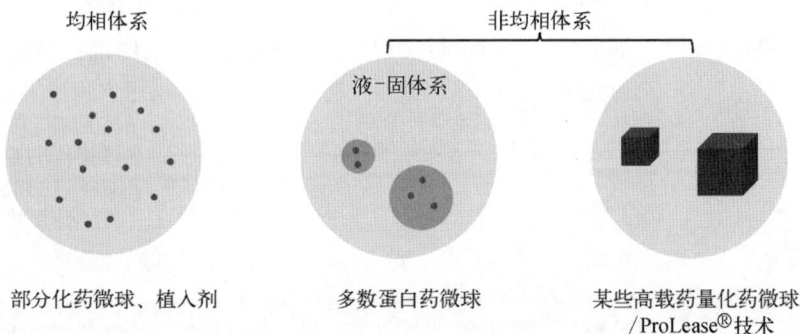

均相体系　　　　　　　　　　　　　非均相体系

液-固体系

部分化药微球、植入剂　　　　多数蛋白药微球　　　某些高载药量化药微球
　　　　　　　　　　　　　　　　　　　　　　　　/ProLease® 技术

图 16-1　微包埋型 IC/SDDS 中的药物担载形式

彩图 16-1

植入的麻烦而成为传统植入剂的改良品种,如Zoladex®(乙酸戈舍瑞林 PLGA 小棒,长约 13 mm,直径约 1.2 mm)。但是,受尺寸限制,此类制剂需要较粗的特制注射器给药,注射疼痛感强并常伴随出血,影响患者用药体验。目前,微球与可注射植入剂均为目前广泛应用的微包埋型 IC/SDDS,并有多个品种上市(表 16-1)。

表 16-1 已上市微包埋型 IC/SDDS 一览表

商品名	药　物	主要辅料	给药途径	适 应 证
Nutropin® Depot	生长激素	PLGA	皮下注射	生长激素缺乏症
Arestin®	盐酸米诺环素	PLGA	龈下注射	牙龈感染
Trelstar® LA	曲普瑞林	PLGA	肌内注射	前列腺癌
Signifor® LAR	帕莫酸帕瑞肽	PLGA 55∶45(L∶G)星形聚合物 + PLGA 50∶50(L∶G)	肌内注射	肢端肥大症
Sandostatin® LAR	醋酸奥曲肽	PLGA 55∶45(L∶G)星形聚合物	肌内注射	肢端肥大症,类癌瘤
Lupron® Depot	醋酸亮丙瑞林	PLGA	肌内注射	乳腺癌,前列腺癌
Zilretta®	曲安奈德	PLGA 75∶25(L∶G)	关节腔注射	镇痛
Vivitrol®	纳曲酮	PLGA 75∶25(L∶G)	肌内注射	乙醇、阿片类药物成瘾
Risperdal Consta®	利培酮	PLGA 75∶25(L∶G)	肌内注射	精神分裂症
Suprecur® MP	醋酸布舍瑞林	PLGA	皮下注射	子宫内膜异位症
Bydureon®	艾塞那肽	PLGA 75∶25(L∶G)	皮下注射	2 型糖尿病
Somatulin® LA	兰瑞肽	PLGA 75∶25(L∶G)	肌内注射	肢端肥大症
贝依	醋酸亮丙瑞林	PLGA 75∶25(L∶G)	皮下注射	子宫内膜异位症、子宫肌瘤、雌激素受体阳性的绝经前乳腺癌、前列腺癌、中枢性性早熟
瑞欣妥	利培酮	PLGA 50∶50(L∶G)、PLGA 75∶25(L∶G)	肌内注射	精神分裂症
Iluvien®	氟轻松	聚酰亚胺管、PVA、硅酮生物胶	玻璃体内注射	慢性糖尿病黄斑水肿

商品名	药　物	主要辅料	给药途径	适　应　证
Ozurdex®	地塞米松	PLGA 50∶50($L∶G$)	玻璃体内注射	黄斑水肿,非感染性葡萄膜炎
Suprefact® Depot	醋酸布舍瑞林	PLGA 75∶25($L∶G$)	皮下注射	前列腺癌
Scenesse®	阿法诺肽	PLGA	皮下注射	红细胞生成性原卟啉病
Zoladex®	醋酸戈舍瑞林	PLGA	皮下注射	乳腺癌、前列腺癌

2. 微包埋型 IC/SDDS 辅料

（1）PLGA：PLGA 是由乳酸（若无特殊声明,PLGA 中的乳酸均为消旋体）和羟基乙酸经酯键连接形成的无规共聚物（图 16-2）,生物相容性与生物可降解性良好,是目前应用最为广泛的 IC/SDDS 制备辅料,可用于微球、植入剂或在体成形系统（*in situ* forming system, ISFS）制剂的制备。PLGA 的合成通常采用开环聚合法,以羟基乙酸和乳酸为单体,以辛酸亚锡为催化剂,在水或醇的引发下形成聚合物,通过两种单体的投料比控制 $L∶G$,通过引发剂与单体的投料比,控制聚合物分子量。此外,还可以乳酸和羟基乙酸为单体,通过缩聚反应制备 PLGA,但该方法获取的产物分子量往往较低,通过开环聚合法可获取较高分子量的聚合物[15]。

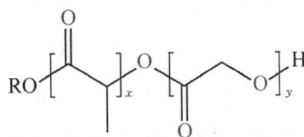

图 16-2　PLGA 结构式,其中 R 为 H 或对应引发剂

PLGA 型号众多,各型号间通过对包括分子量、$L∶G$、封端基团种类（酯封端、羧基封端）与分子形状（线形、星形）等在内的基本特性进行区分,上述参数可影响 PLGA 的加工性能、载药能力与降解时限,进而影响药物的释放特征。但是,鉴于 PLGA 这种无规共聚物内在的异质性[16],目前供应商所提供的分类参数（如比浓对数黏度与 $L∶G$）难以对 PLGA 的基本特性实现精细区分,这对相关制剂的开发与仿制带来了较大的挑战。例如,Wan 等[17]以特性黏度约 0.7 dL/g、重均分子质量 90 kDa、$L∶G$(75∶25)、酯封端为指标从四个供应商处采购 PLGA,同法制备四种利培酮微球（处方 E、P、L、M）并对其体外释药行为进行对比,发现四种微球制剂的体外释放行为并不一致,其中处方 P 的释药明显快于其他制剂,而处方 E、L、M 在释药拐点与释药持续时间上也有差异。在选择同

类型号的 PLGA 进行释药对比时,不同 PLGA 在分子量与 $L:G$ 上细微的差异已不足以影响释药行为,因此释药持续时间与释药曲线拐点与二者的相关性不强,但不同 PLGA 样品在残留溶剂等其他因素上的差异造成了处方 P 具有更小的粒径、更高孔隙率与更大的孔径,进而引起释药行为的不同[17]。类似的,以醋酸亮丙瑞林为模型药物时也可观察到类似的情形[18]。上述结论表明,微球的微观结构影响其大致释药特征,而 PLGA 的分子特征则影响释药的细节。

因此,对 PLGA 的分子特征进行精细表征,将有利于相关 IC/SDDS 的研究。目前报道的 PLGA 精细表征参数包括嵌段度、嵌段长度、准确 $L:G$、支化型 PLGA 分支单元数等 PLGA 结构相关参数,以及酸值这一非结构相关参数。

1) 嵌段度(blockiness, R_c):嵌段度指 PLGA 中 G‑G 链接出现的概率,可通过^{13}C‑NMR 法测定聚合物在化学位移约 166.41 处(G‑L)与化学位移约 166.33 处(G‑G)的峰面积并计算二者比值得到($R_c = A_{G-G}/A_{G-L}$)[16]。PLGA 为无规共聚物,两种单体随机排列,因此聚合物中会出现富 L 嵌段及富 G 嵌段,并在制剂成型后形成若干富 L 区域与富 G 区域,富 L 区域疏水性强,降解缓慢,结晶度低(消旋体)且易于溶解,而富 G 区域亲水性强,降解迅速,结晶度高并难以溶解。上述差异可造成两种区域在载药、释药及降解行为上的差异。不同品牌与型号的 PLGA 因生产条件的差异,很可能在 $L:G$ 接近的前提下在 R_c 上呈现较大差异,如 Sun 等[19]对 7 种不同型号的 PLGA(50:50)和 7 种不同型号的 PLGA(75:25, $L:G$)进行 R_c 值测定,发现 $L:G$ 为 50:50 的 7 种 PLGA 中,R_c 最大值接近最小值的 4 倍,而 $L:G$ 为 75:25 的 7 种 PLGA 中,R_c 最大值是最小值的 3 倍有余。理论上 R_c 值越高,释药速率越快,如前述处方 P,其 PLGA 的 R_c 值为 0.60,是释药缓慢的处方 L 的约 1.5 倍[17]。因此,关注不同型号甚至不同批号间可能存在的 R_c 差异,有望成为解释 PLGA 相关 IC/SDDS 释药特征的关键手段之一。

2) 嵌段长度(block length):在了解了嵌段度的概念后,人们不免对 PLGA 分子中各个微嵌段的长度及其表征手段产生好奇。嵌段长度的表征也可通过^{13}C‑NMR进行,Grijpma 等[20]借助在六氟‑2‑丙醇中 PLGA 羰基碳对单体序列较为敏感的特征,通过羰基碳原子的分裂峰强度对 PLGA 的嵌段长度进行表征,并通过以下公式表达 PLGA 的嵌段长度[19,20]:

$$\overline{L}_L = \frac{I_{LL}}{I_{LG}} + 1 \qquad (16-1)$$

$$\overline{L}_G = \frac{I_{GG}}{I_{GL}} + 1 \qquad\qquad (16-2)$$

式中, $\overline{L}_L$ 和 $\overline{L}_G$ 分别为乳酸和羟基乙酸单体单元平均序列长度, I_{LL} 为乳酸-乳酸键羰基的信号强度, I_{LG} 为乳酸-羟基乙酸键羰基的信号强度, I_{GG} 为羟基乙酸-羟基乙酸键羰基的信号强度, I_{GL} 为羟基乙酸-乳酸键羰基的信号强度。

对应 $L:G$ 为 50:50 的 PLGA,在乳酸、羟基乙酸随机分布的情况下, $\overline{L}_L$ 和 $\overline{L}_G$ 的理论值应为 2[19,20]。此外,嵌段长度还受 $L:G$ 及聚合方式的影响:高乳酸含量 PLGA(如 PLGA75-25)的 $\overline{L}_L$ 相对更高;通过缩聚法制备的 PLGA(Wako® 7515, $L:G$ 为 75:25)的 $\overline{L}_G$ 仅为 1.4,而其他开环聚合制备的同 $L:G$ PLGA 的 $\overline{L}_G$ 值基本处于 2~3;分子量与嵌段长度间无明显对应关系,这意味着聚合反应条件是影响嵌段长度的关键因素[19]。综上,可通过嵌段度与嵌段长度测定对参数接近的 PLGA 进行精细表征,从而实现对降解行为乃至释药行为的预测。

3) 准确 $L:G$:PLGA 的 $L:G$ 是其分类的基础参数之一,往往通过两种单体的投料比控制。准确 $L:G$ 可通过 ¹H-NMR 法测定 PLGA 中乳酸的物质的量占比(M_L)表示,其计算公式为

$$M_L = \frac{P_L}{P_L + \dfrac{P_G}{2}} \qquad\qquad (16-3)$$

式中, P_L 为乳酸单体中次甲基氢的峰面积,其化学位移约为 5.2 ppm, P_G 为羟基乙酸单体中亚甲基氢的峰面积,其化学位移约为 4.8 ppm。

对购买的 PLGA 进行准确 $L:G$ 测试后,发现测得值与生产商提供的数值间差异基本在 3% 以内,表明商品化 PLGA 在 $L:G$ 控制方面已较为成熟[17~19]。但对于实验室自制的 PLGA,其准确 $L:G$ 可能存在批次间差异,相关差异可能被后续药物性质、加工成型参数、制剂结构参数等因素放大或缩小,进而造成体内外释药特性变化,因此有必要对 PLGA 的准确 $L:G$ 进行监控。

准确 $L:G$ 测定可与 PLGA 的溶解性质配合,用于市售制剂的逆向工程研究。PLGA 的 $L:G$、封端基团与分子量测定是逆向工程中必要的测定项目。目前常用的 PLGA 提取手段主要为采用溶解 PLGA 但不溶解药物或其他辅料的溶剂(如二氯甲烷、乙酸乙酯或四氢呋喃等),通过固液分离的手段,获取、纯化 PLGA,并对其进行上述参数的测定[21]。但是,鉴于 PLGA 固有的异质性,该方

法获取的参数较为笼统,为参比制剂中 PLGA 的平均值,对处方组成的指导性不强。Skidmore 等[16]借助不同溶剂对不同 $L:G$ PLGA 在各类有机溶剂中的溶解行为差异构建了具有乳酸比例选择性的溶剂筛选体系,并采用已知配比的 PLGA 混合物,对溶剂体系进行了验证。随后,他们对 22.5 mg 规格的 Trelstar® 进行了逆向工程研究,并对比普通提取法(二氯甲烷提取)与逐级提取法在 PLGA 信息获取丰富度上的差异。研究表明,采用二氯甲烷提取得到的 PLGA,其 $L:G$(^{1}H-NMR 法测定)为 80:20,但逐级提取后发现,原研制剂中的 PLGA 由 $L:G$ 为 85:15、75:25 及 70:30 的 PLGA 组成,质量占比分别为 47.3%、27.2% 和 25.5%。上述结果表明准确 $L:G$ 测定与逐级溶解的联用可从原研制剂中获取更为丰富的信息,此外,建立基于溶解行为的"PLGA 指纹图谱",有望为指导相关制剂的质量控制与处方重现性提供重要依据。

4)支化型 PLGA 分支单元数:当选择多羟基化合物为引发剂合成 PLGA 时,即可获取支化型 PLGA。在分子量相同的前提下,因分子内存在分支结构,在同等浓度下支化型 PLGA 的溶液黏度更低,进而降低了制剂加工成型方面的难度。此外,相较线性 PLGA,支化型 PLGA 分子内的化学修饰位点更多,有利于载药或材料改性。目前,典型的商品化支化型 PLGA 是以葡萄糖为引发剂制备的(Glu-PLGA),该辅料已应用于醋酸奥曲肽微球(sandostatin LAR depot)的生产。

Glu-PLGA 面临分支数量的问题:聚合物链增长带来的巨大位阻能否满足葡萄糖分子中的 5 个羟基都参与 PLGA 链的引发,是 Glu-PLGA 精细表征需解决的主要问题。针对该问题,Hadar 等[22]以系列不同分支数的 PLGA 为外标,根据星形聚合物模型建立了基于黏度的分支比(branching ratio)表征方法,以及基于 Mark-Houwink 曲线的分支比表征方法,并对提取自 Sandostatin LAR Depot 的 Glu-PLGA 进行表征,发现其分支单元数为 3.2,即平均每个 Glu-PLGA 分子中含有 3.2 条 PLGA 链。上述方法为支化型 PLGA 的分支单元数表征提供了范例,但针对各分支链的支化型 PLGA 表征手段仍较为缺乏,目前仍无法得知诸如每条 PLGA 链间长度差异等参数。

5)酸值:酸值指 1 g PLGA 中所含酸性物质消耗氢氧化钾的质量或物质的量,可通过非水滴定测定,计算公式如下:

$$酸值 = \frac{V_{KOH} \times C_{KOH} \times M_{KOH}}{m_{PLGA}} \qquad (16-4)$$

与上述参数不同,酸值并不反映 PLGA 的分子结构特征,但可作为 PLGA 纯度(酸性单体含量)或降解程度的量度。理论上经醇引发的 PLGA 中不含羧基,水引发 PLGA 羧基含量极低,其酸值应处于较低水平。但 PLGA 的降解产生的酸性降解产物也会造成 PLGA 的自催化降解[23],进而影响释药行为。此外,微球基质内酸性物质的存在也会通过次级键作用乃至酰化的方式影响药物的稳定与释放[7]。在一项对 Sandostatin LAR Depot 释放机制的研究中[24],研究人员发现通过滴定测得提取自原研药物的 PLGA 的酸值为 181 μmol/g,随后他们通过药物萃取试验和吸附位点竞争试验,得出了奥曲肽与酸性 PLGA 基质间存在非共价相互作用,且上述作用起到了延缓药物释放的作用,但也使得部分药物以酰化产物释放。因此,在构建基于 PLGA 的制剂时,还需考虑药物与相关降解产物的相互作用。

(2)聚乳酸及其衍生物:聚乳酸(PLA)是由左旋和(或)右旋乳酸组成的均聚物(图 16-3),也具有良好的生物相容性与生物可降解性,但因其疏水性强,降解速率通常较 PLGA 慢,可用于需要更长释药时间的场景,如释药持续时间为 1 个月的醋酸亮丙瑞林微球(Lupron Depot)以 PLGA 为辅料,而持续时间为 3 个月和 4 个月的 Lupron Depot 则选择聚乳酸为辅料[25]。整体上聚乳酸在药物递送领域应用不及 PLGA 广泛,但作为器械材料在骨科和整形科有较多应用[26]。聚乳酸的合成与 PLGA 类似,但根据单体的旋光性,聚乳酸可分为左旋(PLLA)、右旋(PDLA)和消旋(PDLLA)型,左/右旋型聚乳酸为半结晶性聚合物,消旋型为无定型物。聚乳酸的分类依据还包括分子量(或黏度)、封端基团种类(酯封端、羧基封端)等。上述参数及制剂的孔隙率均可影响聚乳酸的降解:分子量越大、结晶度越高、采用酯键封端及制剂孔隙率低均被认为是可延缓聚乳酸降解的因素[27~29]。

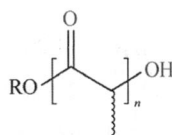

图 16-3
聚乳酸结构式,
其中 R 为 H 或
对应引发剂

当混合不同旋光性的聚乳酸时,L-乳酸片段与 D-乳酸片段间强烈的相互作用确保了立体异构复合物(stereocomplex, SC)的形成,由 PLLA 和 PDLA 形成的 SC 晶体在熔点、力学性质与降解行为上均与由 PLLA 或 PDLA 单独组成的晶体不同[30],使得 SC 成为聚乳酸乃至相关制剂改性的重要手段,并影响到了 IC/SDDS构建,如 Yu 等[27]采用乳化法制备不同 PLLA-PDLA 质量比的微球,发现微球基质中 SC 晶体与聚乳酸晶体含量的变化会对微球的释药速率产生影响,原因则在于微球表面/内部结构及降解行为的改变。

聚乳酸的疏水性强,降解速率慢,降解过程中酸性降解产物蓄积,且药物释放对材料降解依赖性强的特性造成了相关制剂释药行为规律性差的问题[31]。向聚乳酸聚合物中掺入短 PEG 链,制备多嵌段共聚物,可实现聚合物亲疏水性的调节,进而实现材料 T_g 与降解行为的控制。此外,PEG 的引入赋予材料一定的溶胀性,为药物与酸性降解产物的排出提供了水性通道[31,32],进而缓和酸性产物对药物的影响,并改善释药,是拓展聚乳酸类辅料应用范围的有效方法。［PDLLA－PEG－PDLLA］－b－PLLA 多嵌段共聚物(图 16－4)是聚乳酸衍生物之一,该共聚物的合成分为两个步骤,第一步为预聚体制备,即以双羟基 PEG 为引发剂合成 PDLLA－PEG－PDLLA,以丁二醇为引发剂合成 PLLA;第二步,将两种预聚体按照适宜的比例与 1,4－二异氰酸丁酯混合,形成多嵌段共聚物。

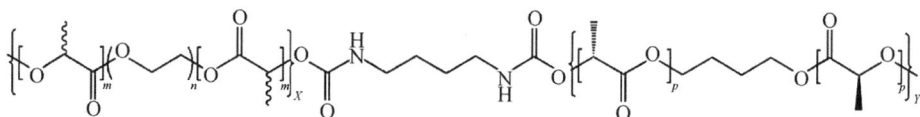

图 16－4　［PDLLA－PEG－PDLLA］-b－PLLA 多嵌段共聚物的结构式

Ramazani 等[32]制备了拥有不同预聚体比例的［PDLLA－PEG－PDLLA］－b－PLLA 多嵌段共聚物,并以共聚物中的 PEG 占比,对聚合物进行分类;以三种不同 PEG 占比的聚合物,通过乳化法,制备载舒尼替尼的微球。三种微球显示出扩散与溶蚀依赖性释药特征:低 PEG 含量的微球 A 在初期突释后以扩散释药为主,释药曲线呈现零级特征;中等 PEG 含量的微球 B 在前 30 日以扩散释药为主,30 天后则受溶蚀控制,但在 90 天后,因大量 PEG 随降解排出,微球基质内结晶度升高,释放速率趋于缓慢;高 PEG 含量的微球 C 与微球 B 的释药行为基本一致,但因微球基质亲水性强,初期突释较高,达到总含药量的 37%。综上,可通过调节 PEG 分子量、PDLLA 聚合度、PLLA 聚合度及两种预聚体的投料比,对聚合物基质亲水性与降解行为进行调控,进而满足不同递送需求。

（3）聚己内酯及其衍生物:聚己内酯[poly(ε－caprolactone), PCL]具有良好生物相容性与生物可降解性,是由己内酯在水或醇的引发下,在辛酸亚锡的催化下合成的均聚物(图 16－5),具有半结晶性。与聚乳酸和 PLGA 相比,同等条件下聚己内酯的降解速率最低,且存在等容积降解特性[33],即在其 I 相降解过程中,长链聚合物断裂,形成结晶性更强的寡聚己内酯,故此时聚合物结晶度呈升高趋势[34],使得聚合物块的体积在分子量不断下降时仍保持不变,当分子量降低到临界

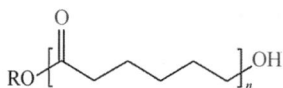

图 16－5　聚己内酯结构式,其中 R 为 H 或对应引发剂

值后发生本体降解,体积下降。这一特性使聚己内酯在骨修复、创口敷料、皮肤填充等组织工程相关领域应用广泛[35]。

已有一定数量的研究采用聚己内酯作为微包埋型 IC/SDDS 的辅料,如以含 F68 的聚己内酯制备小管装载左炔诺孕酮,作为长效避孕植入剂[36],或以纯聚己内酯为辅料制备缓释微球[37,38],但由于其疏水性强、释药缓慢的原因,目前暂无基于聚己内酯的 IC/SDDS 产品上市。针对上述问题,目前有基于材料共混合材料改造两种方案用于调节药物释放行为。材料共混利用向聚己内酯基质中引入亲水性材料,如淀粉[39]或 PLGA - PEG - PLGA[40],增加水分向微球内的渗透,从而实现释药速率的调控。而材料改造方案则需对聚己内酯的化学结构进行改变,如 Chang 等[34]使用分子质量约 2 000 Da 的寡聚聚己内酯与草酰氯反应制备多嵌段聚合物(PCL - Ox,图 16 - 6),成功制备了具有活性氧簇(ROS)响应行为的快速降解材料。Chang 等对比了分别由 PLGA 和 PCL - Ox 制备紫杉醇微球的体内外释药行为,发现 PCL - Ox 微球体外释放仍然慢于 PLGA 微球,但二者的药时曲线差异不大,结合降解实验结果,说明 PCL - Ox 微球在体内存在释药与降解加速行为,而降解的加速则与给药部位炎性细胞释放 ROS 有关[34]。因此,制剂与机体免疫系统间的相互作用也是 IC/SDDS 研究中的重要环节。

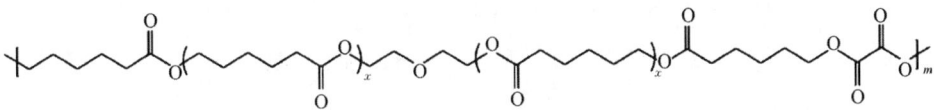

图 16 - 6　PCL - Ox 结构式

(二) 微纳米晶与复合物型注射型缓控释给药系统

将药物制成粒径适宜的微纳米晶,是另一常见且较为成熟的 IC/SDDS 制备策略,其最大优势在于制剂载药量高,更适用于剂量较大的药物。微纳米晶型 IC/SDDS 属溶出依赖型缓控释体系,其释药行为主要依赖于药物微纳米在注射部位体液中的溶解度与其表面积[41]。因此,药物微纳米晶策略往往适用于难溶性药物或可溶性药物的难溶性盐或酯[5]。对于溶解度无法满足缓控释要求的药物,还可借助离子键、氢键、疏水相互作用等方式制备难溶性复合物,进而实现溶出依赖型缓释,如以阿巴瑞克注射用混悬液(Plenaxis™)为代表的药物-羧甲基纤维素钠复合物型 IC/SDDS。蛋白类药物通常含有一定的可电离基团,而复合物的形成过程往往无须大量能量输入,且可避免非水溶剂参与,这样则有望避免载药过程中的药物降解,为蛋白类药物的稳定担载提供新的选择。目前,已有多个药物微纳米晶型 IC/SDDS 应用于临床,并多集中在精神分裂症治疗领域(表 16-2)。药物微纳米晶型 IC/SDDS 的辅料多为起微纳米晶稳定作用的亲水性高分子材料或表面活性剂,以及起缓冲作用的盐类,相关辅料与其他剂型广泛交叉,故不在本章做过多介绍。

表 16-2 已上市微纳米晶与复合物型 IC/SDDS 一览表

商品名	药物	主要辅料	给药途径	适应证
Abilify Maintena®	阿立哌唑	羧甲基纤维素钠	肌内注射	精神分裂症
Invega Trinza®	帕利哌酮棕榈酸酯	吐温 20、PEG4000	肌内注射	精神分裂症
Invega Sustenna®	帕利哌酮棕榈酸酯	吐温 20、PEG4000	肌内注射	精神分裂症
Kenalog®	曲安奈德	羧甲基纤维素钠、吐温 80	肌内注射、玻璃体内注射	关节炎、炎症疾病
Agofollin Depot®	雌二醇苯甲酸酯	羧甲基纤维素钠、吐温 80	皮下注射	雌激素缺乏
Zyprexa®	帕莫酸奥氮平	羧甲基纤维素钠、吐温 80	肌内注射	精神分裂症
Relprevv®	帕莫酸奥氮平	羧甲基纤维素钠、吐温 80	肌内注射	精神分裂症
Aristada®	月桂酰阿立哌唑	吐温 20	肌内注射	精神分裂症
Betason L.A®	倍他米松	—	肌内注射、关节腔注射、皮内注射	炎症、过敏
Depo-Medrol/Lidocaine®	醋酸甲泼尼龙/利多卡因	PEG3350	关节腔内/关节腔周注射	上髁炎
Depo-subQ Provera 104® and Depo-Provera	醋酸甲羟孕酮	吐温 80	肌内注射	避孕、子宫内膜异位症
Plenaxis™	阿巴瑞克	羧甲基纤维素钠(复合物)	肌内注射	前列腺癌

（三）油基型注射型缓控释给药系统

油基型 IC/SDDS 包括以油为溶剂的溶液型或为分散介质的混悬型注射剂,

该类制剂出现的时间相对较早[42]，可能是由于早先缺乏改善难溶性药物溶解与释放的辅料与手段，故选择植物来源的油脂为溶剂以溶解药物、制成注射剂。油在注射部位的清除非常缓慢，注射后可形成药物储库，但油同时具有流动性，故药物储库的三维形貌受油的黏度、表面张力、注射部位（或深度）、注射体积、肌肉运动、针头粗细、注射力度等因素的共同影响，这会造成储库-体液间接触面积的改变，进而影响释药速率与吸收速率[43]。目前市售油基型 IC/SDDS 多以油溶液型为主（表 16-3），但重组人生长激素长效注射剂 Somatropin biopartners® 的研发也为新型油基型 IC/SDDS 的开发提供了思路。Somatropin biopartners® 包含一瓶含药粉末与一瓶稀释剂（中链甘油三酯），据报道含药粉末为喷雾干燥制剂，组成为透明质酸钠、蛋黄磷脂及无机盐（欧洲药品管理局公布[5,44]），推测为蛋白类药物与透明质酸钠及磷脂形成了离子复合物颗粒，并由磷脂确保颗粒在油相中的分散性。该方案同时也为蛋白类药物的稳定制剂成型提供了新的思路。

表 16-3　已上市油基型 IC/SDDS 一览表

商品名	药　　物	主要辅料	给药途径	适应证
Androcur Depot®	醋酸环丙孕酮	芝麻油	肌内注射	前列腺癌
Clopixol Depot®	珠氯噻醇癸酸酯	中链油	肌内注射	精神分裂症
Delatestryl®	睾酮庚酸酯	芝麻油	肌内注射	乳腺癌、性腺功能减退
Lyogen Depot®	氟奋乃静癸酸酯	芝麻油	肌内注射	精神分裂症
Haldol Depot®	氟哌啶醇庚酸酯	芝麻油	肌内注射	精神分裂症、抽动秽语综合征
Fluanxol Depot®	三氟噻吨癸酸酯	分馏椰子油	肌内注射	精神分裂症
Makena®	羟孕酮己酸酯	蓖麻油	肌内注射	早产
Faslodex®	氟维司群	蓖麻油	肌内注射	乳腺癌
Naldebain ER®	癸二酸双纳布啡酯	芝麻油	肌内注射	镇痛
Somatropin biopartners®	生长激素	透明质酸、磷脂、中链油	肌内注射	生长激素缺乏

（四）凝胶型与在体成形注射型缓控释给药系统

1. 概述　受益于生物医学材料的进步，凝胶型与在体成形 IC/SDDS 在 21 世纪发展迅速，并有多个品种上市（表 16-4）。凝胶体系内含丰富的溶剂与三维堆砌的凝胶材料,其中的药物通过扩散与凝胶储库的溶蚀逐步释放,因此凝胶型 IC/SDDS 的缓控释效果对其中凝胶材料用量极为敏感,而高浓度凝胶材料的使用则会造成注射困难。针对这一问题,曲安奈德眼内注射制剂 Trivaris® 采用透明质酸钠为凝胶材料,并将药物微晶分散于凝胶内[45],通过微晶缓慢溶解与凝胶控制药物扩散相结合的方式实现缓释,但该策略不适用于水溶性较好的药物。在 ISFS 指可在注射部位自发固化或胶凝的液体或可注射半固体制剂,目前上市的 ISFS 制剂在体内均通过物理变化实现缓释,基于化学反应的 ISFS 也有报道[5,46]。

表 16 - 4　已上市凝胶型与在体成形 IC/SDDS 一览表

商品名	药物	主要辅料	给药途径	适应证
Sustol®	格拉司琼	三乙二醇聚原酸酯(TEG - POE)	皮下注射	镇吐
Trivaris®	曲安奈德	透明质酸钠	玻璃体内注射	眼内炎症
Buvidal®	丁丙诺啡	大豆磷脂酰胆碱、二油酸甘油酯、乙醇	皮下注射	阿片类药物成瘾
Perseris®	利培酮	PLGA 80∶20 ($L∶G$)、N-甲基吡咯烷酮(NMP)	皮下注射	精神分裂症
Fensolvi®	醋酸亮丙瑞林	PLGA 85∶15 ($L∶G$)、NMP	皮下注射	中枢性性早熟
Sublocade™	丁丙诺啡	PLGA 50∶50 ($L∶G$)、NMP	皮下注射	阿片类药物成瘾
Eligard®	醋酸亮丙瑞林	7.5 mg∶羧基封端 PLGA 50∶50 ($L∶G$);22.5 mg 与 30 mg∶PLGA 75∶25 ($L∶G$);45 mg∶PLGA 85∶15 ($L∶G$)	皮下注射	前列腺癌
Atridox®	盐酸多西环素	PDLLA、NMP	龈下给药	牙周炎
Posimir®	布比卡因	乙酸-异丁酸蔗糖酯(SAIB)、苯甲醇	肩峰下给药	术后镇痛

(1) 温敏体系:低临界溶液温度(low critical solution temperature, LCST)体系是广为研究的 ISFS 之一。聚合物依赖于和水间的氢键作用而溶解,随着温度提升,分子热运动加剧,造成氢键断裂,引起相分离,进而导致溶胶向凝胶转变

（sol-gel transition），发生转变的温度则可由聚合物浓度、分子量及疏水程度等参数控制[47]。而诸如降解时间、孔隙尺寸、疏水性等凝胶性质则可通过选择适宜凝胶材料或通过混合不同凝胶材料实现[48]。ReGel 技术是基于 LCST 体系的代表性技术，而 OncoGel®（载紫杉醇的 PLGA－PEG－PLGA 凝胶）则是基于该技术的产品实例。OncoGel® 可在不使用表面活性剂的前提下大幅提升紫杉醇的溶解度，并在瘤内注射或置于肿瘤切除后形成的空腔中注射，给药后迅速形成含药储库，并维持 6 周的持续释药。Ⅰ期临床研究结果表明，患者对 OncoGel® 的耐受性良好，且药物可在注射部位持续滞留[49]。但在评价其食管癌术前疗效的Ⅱb期临床试验中，OncoGel® 因未能实现预期效果而暂停研发[47]。尽管 OncoGel® 未能成功上市，ReGel 技术在 IC/SDDS 的研发中仍有用武之地，如在制备担载艾塞那肽的 W/O/W 型 PLGA 微球时，在内外水相添加 ReGel 材料，以外水相中的凝胶材料为二级储库吸纳从微球中突释药物，以降低整体突释并弥补微球释药平台期的释药不足，同时内水相中的凝胶材料则通过扩散控制的方式降低了末期的释药速率[50,51]。

（2）溶致液晶体系：液晶体系是由水不溶但可溶胀的两亲性脂质在水性环境中自组装形成的，该体系可实现对不同分子量药物的包载与缓释，应用范围较广[52,53]。溶致液晶体系在注射前以低黏度液体形式存在，注射后因体液稀释作用而形成黏稠的液晶相，如层状相、六方相、立方相或反立方相等，并产生缓释作用[42,46]。影响溶致液晶体系架构的因素较为复杂，通常认为溶致液晶的架构受包括两亲性分子结构、两亲性分子与添加剂的组合、温度、介质、pH、水含量、压力、离子与盐浓度在内的诸多因素调控[54]。而架构的不同则决定了溶致液晶体系中水性通道的直径及其与外水相间的联通程度，进而对释药速率产生影响。通常情况下溶致液晶体系因含水量较高，其释药速率较快且释药持续时间较短（约 1 周），但也可通过改变组成以实现数周乃至数月的缓释效果[55]。目前，丁丙诺啡长效注射剂（Buvidal®）是已知的上市溶致液晶型 IC/SDDS：该制剂由大豆磷脂酰胆碱、甘油二油酸酯和乙醇（每周给药）或 NMP（每月给药）组成，给药后有机溶剂扩散进入体液，同时脂质材料形成包裹药物的液晶凝胶，伴随注射部位脂肪酶对凝胶基质的酶解，药物逐步释放[5]。

（3）载体材料沉淀体系：载体材料沉淀法是一类较为成熟的 IC/SDDS 构建方法，该方法借助生物安全性良好的溶剂溶解载体材料，药物溶解或以颗粒形式分散于其中，从而确保制剂可通过较细的针头注射。而溶剂在注射部位扩散，载体材料沉淀，形成包埋药物的储库并逐步释放药物。各类因溶剂扩散造成载体材料在注射部位沉淀的体系包括基于 PLGA 的 NMP 溶液体系(AtriGel 技术)、SAIB 溶液体系等。

AtriGel 技术由 Dunn 等在 1987 年开发,广泛应用于包括 Perseris®、Fensovi®、Sublocade®、Eligard® 等在内的一系列 IC/SDDS 产品[47],其缓释材料以 PLGA 为主,还包括聚乳酸和更为疏水的丙交酯-己内酯共聚物[46]。除 NMP 外,AtriGel 技术可使用的溶剂还包括与水混溶的二甲基亚砜、四甘醇、2-吡咯烷酮、乳酸乙酯等,以及不与水混溶的碳酸丙烯酯、乙酸乙酯、三乙酸甘油酯等。当选择疏水性溶剂时,基质材料的沉淀速度更慢,整个体系在注射部位呈现与油基型 IC/SDDS 类似的释药状态。可通过改变聚合物疏水性或调节聚合物浓度来实现 AtriGel 体系的释药速率调控,如选择更为疏水的丙交酯-己内酯共聚物可进一步降低释药速率[47]。提高聚合物的分子量是微球类制剂研究中常见的调控释药速率手段,但在以纳曲酮为模型药物的研究中,高分子量 PLGA 造成了严重的药物突释,而中分子量 PLGA 的使用则获取了接近 0 级的释药行为[56]。因此,相关调节的实质可理解为对沉淀过程中聚合物材料对药物包埋效果的控制。

SAIB 是另一种常见的沉淀体系辅料,其纯品黏度极大,但在受热或与有机溶剂混合后黏度急剧下降并可满足注射要求,故被用作载体材料。目前,有基于 SAIB-苯甲醇体系的布比卡因长效制剂(Posimir®)获批上市,给药方法为关节镜直视下应用于肩峰下空腔,用于关节镜下进行肩峰下减压手术的术后镇痛(72 h)。

2. 凝胶型与在体成形 IC/SDDS 辅料

(1)温敏凝胶材料:用于 IC/SDDS 的温敏凝胶材料均属于具有低温溶解、高温胶凝的 LCST 体系,从而确保制剂的可注射性。温敏凝胶材料种类多样,根据其嵌段组成可大致分为均聚物型、AB 型、ABA 型与 BAB 型(图 16-7)。此外,还可通过共混法制备温敏凝胶,如 Kim 等[57]以低分子量甲基纤维素与泊洛沙姆 407 为凝胶材料,借助硫酸铵对聚合物的盐析作用,实现了低凝胶材料浓度下(二者浓度均为 5%)的迅速胶凝,改善了制剂的通针性与前期突释问题。

LCST 型温敏凝胶材料的胶凝机制一般为形成氢键的对象的改变,温敏凝胶材料通常含有一定量的疏水基团,在低温环境下,聚合物链与周围的水分子广泛地形成氢键,而聚合物分子内与分子间氢键的形成处于抑制状态,此时材料在水中呈现溶解(均聚物型)或分散(共聚物型)状态;随着温度的升高,聚合物与水间的氢键断裂,转而形成广泛的分子内与分子间氢键,聚合物疏水性增加,在宏观上即体现胶凝的状态[58,59]。在微观水平凝胶材料的构象转变则与材料化学结构有关,如聚 N-异丙基丙烯酰胺(PNIPAM)在温度升至其 LCST 以上时发生

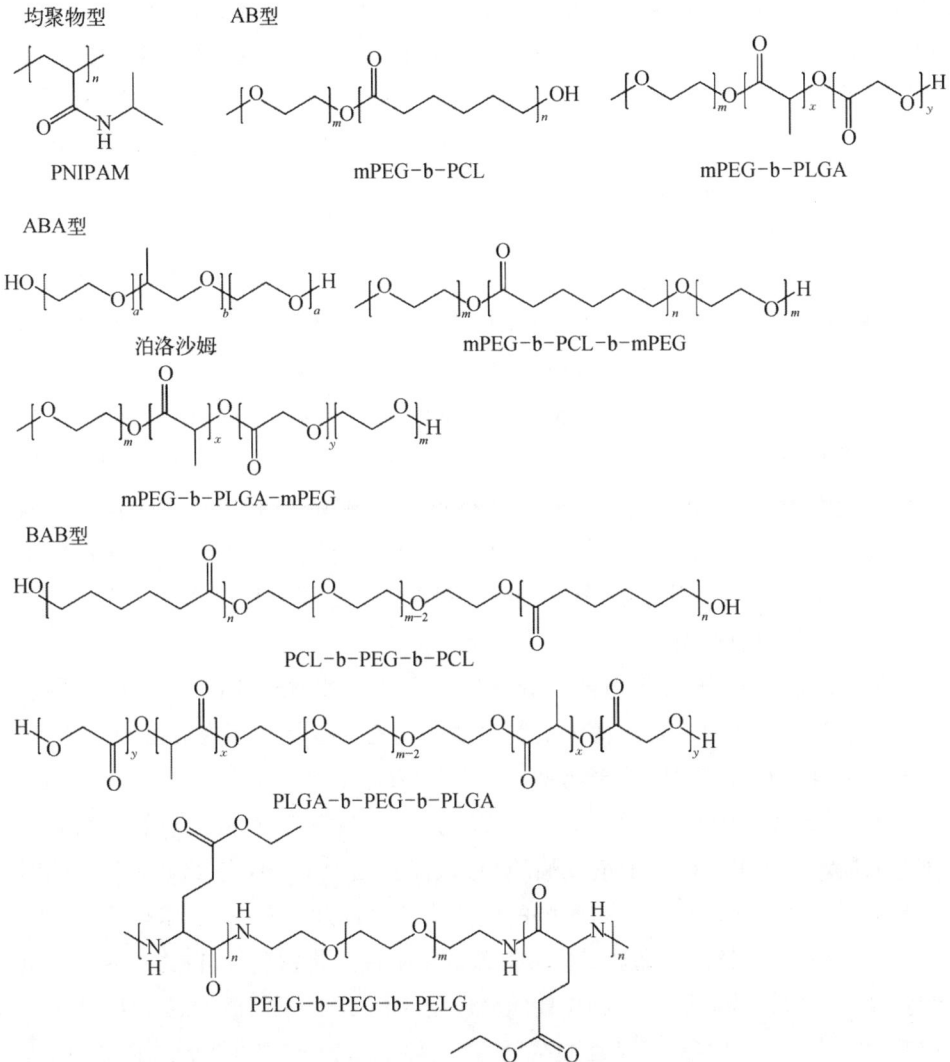

图 16-7　部分 LCST 型温敏凝胶材料的结构式

卷曲-球体转变（coil to globule transition），疏水的异丙基暴露使聚合物链坍缩成球体结构，亲水的酰胺基团埋入球体中并呈现疏水性质[59]。而基于以 PEG 为亲水部分的两亲性嵌段共聚物类材料的胶凝则以胶束为基本结构单元，通过单独胶束堆砌、胶束间架桥堆砌与胶束亲水壳坍缩堆砌（常见于亲水嵌段为 PNIPAM 的共聚物）实现胶凝[60]：单独胶束堆砌发生于由低分子量二嵌段或 ABA 型三嵌段共聚物构成的胶束体系，温度提升降低胶束外壳亲水性，拉近胶束颗粒间距离并通过胶束间的相互缠绕实现物理交联,低分子量泊洛沙姆即采取该机制胶凝;胶束间架桥堆砌常见于 BAB、BAC 及多嵌段共聚物胶束体系,当温度升高时,聚合物的疏水嵌段外伸造成胶束颗粒间架桥实现胶凝,该类体系具有临界胶凝浓度低、胶凝强度高的特点;胶束亲水壳坍缩堆砌常见于以 PNIPAM 为亲水嵌段的胶束体系,具有聚集速度快的特点。

温敏凝胶材料胶凝行为的调控可通过改变材料组成与改变处方参数实现。材料组成的调控主要包括改变总分子量和亲疏水嵌段在聚合物中占比,如 Lee 等[61]通过不同分子量的双羧基 PLLA 和双羟基 PEG600 制备了一系列多嵌段共聚物,并对其进行胶凝温度与凝胶强度考察,发现将 PLLA 的分子质量从 1300 Da 降低至 1100 Da 会使胶凝温度升高 5~7℃,且凝胶储能模量下降 90%。处方参数则包括材料浓度、盐浓度、表面活性剂与潜溶剂等[58]。材料浓度是胶凝的决定性因素,制备温敏凝胶需要在材料的胶凝窗口内进行,否则体系不胶凝,甚至产生沉淀。在添加剂方面,总体上有利于材料溶解或使材料亲水的添加剂(潜溶剂、表面活性剂、盐溶现象)会提高胶凝温度,而对材料的盐析作用则可降低材料的临界胶凝温度与浓度。

温敏凝胶型 ISFS 的药物释放受药物性质和凝胶材料性质及浓度的影响。Cheng 等[62]以双氨基聚乙二醇为引发剂,以 γ-乙基谷氨酸环内酸酐为单体,采用开环聚合法制备三嵌段共聚物聚(γ-乙基谷氨酸)共聚乙二醇共聚(γ-乙基谷氨酸)(PELG-PEG-PELG,图 16-7),并制备担载紫杉醇的温敏凝胶体系。该体系展示出了 PELG 分子量依赖的释药行为,因为 PELG 分子量的升高同时提高了材料对药物的亲和力与凝胶的储能模量。因此,与材料疏水嵌段亲和力高的药物释放相对缓慢,而通过扩散释放的水溶性药物,其释放行为则取决于凝胶强度。例如,Chen 等[63]以利拉鲁肽为模型药物,对比了泊洛沙姆 407、PLGA-PEG-PLGA、聚己内酯-羟基乙酸共聚乙二醇共聚聚己内酯-羟基乙酸(PCGA-PEG-PCGA)作为温敏凝胶材料的释药行为。研究发现,泊洛沙姆 407 组在 48 h 内即释药完全,这与泊洛沙姆 407 凝胶机械强度差、溶解速度快有关[64]。而基于聚酯类材料的温敏凝胶的溶蚀依赖于材料的水解,故凝胶维持时间更长,故 PLGA-PEG-PLGA 组与 PCGA-PEG-PCGA 组 9 日累积释药量分别为 56% 和 85%。而此二者间的释药行为差异,则与聚酯链的 T_g 有关[63]。综上,影响温敏凝胶体系释药的因素包括药物-辅料相互作用水平、凝胶机械强度与凝胶材料的链运动能力。

(2)SAIB:SAIB 是一种水不溶性蔗糖酯,其中乙酸酯与异丁酸酯的比例为

2:6(图 16-8),是 IC/SDDS 领域为数不多的小分子辅料。与聚合物体系相比,SAIB 的优势在于:① 可供选择的有机溶剂范围更广(如乙醇),而 AtriGel 体系当使用 NMP 为溶剂时,可能需考虑安全性问题(NMP 在药品中的日最大暴露剂量仅为 5.3 mg/日[5]);② 有机溶剂需求量更低,SAIB-有机溶剂体系中的 SAIB 含量在 85%~90% 时的黏度与植物油接近,改善了 AtriGel 体系高聚合物浓度带来高体系黏度的困境;③ 可耐受辐照灭菌,灭菌前后释药行为几乎无改变,而聚酯类辅料则存在辐照降解现象[65]。药物直接

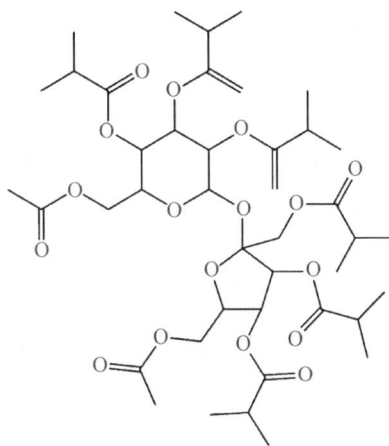

图 16-8　SAIB 结构式

分散在 SAIB 体系中时,其释药行为与 AtriGel 体系类似,并可通过药物浓度、溶剂种类与溶剂用量进行调节。此外,SAIB 还可与其他缓释辅料联合使用,如基于 PLGA-SAIB 体系的 Saber 技术,或作为外层阻滞层,与其他缓控释结构配合使用,以改善释药行为[66]。

(3) 三乙二醇聚原酸酯:三乙二醇聚原酸酯(TEG-POE)(图 16-9)是基于 Biochronomer 技术体系的新型生物可降解材料,该材料目前应用于一种长效镇吐制剂(商品名 Sustol)的生产[67],Sustol 中的 TEG-POE 分子质量约 6 000 Da,羟基乙酸嵌段的平均聚合度约为 2 左右[67]。在各类聚原酸酯类聚合物中,TEG-POE 因其易于合成放大、隔水条件下稳定性良好、机械性能与降解行为可调控的特性而最适于商品化[68]。

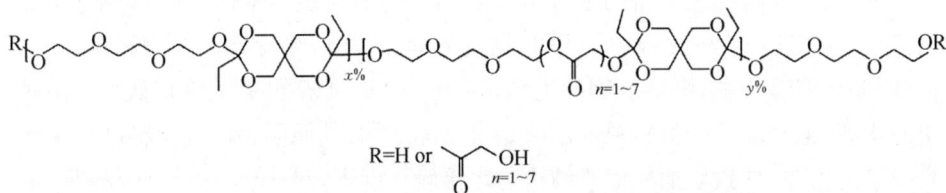

图 16-9　TEG-POE 结构式

聚原酸酯类聚合物的合成(图 16-10)始自二醇与交酯经开环聚合得到不同聚合度的预聚体,随后该预聚体与二醇和双烯酮缩醛间在酸性催化剂(如对甲苯磺酸)的作用下进行加成反应,得到最终的聚合物。该聚合反应进行迅

速,可通过本体聚合或溶液聚合实施,在公斤级水平重现性良好[68]。根据上述合成过程可知 TEG‑POE 结构中存在二醇结构(TEG)、聚酯结构(羟基乙酸)与双烯酮缩醛结构:双烯酮缩醛结构为材料提供刚性;而材料的柔性则受二醇结构的影响,在合成中选择具有柔性的脂肪二醇可降低材料的 T_g 及黏度,从而满足不同制剂的需求;聚酯结构则作为"潜酸"(latent acid)存在于聚合物主链中,在降解过程中,基于聚羟基乙酸或聚乳酸的聚酯结构首先降解产生酸性产物,进而为双烯酮缩醛结构的酸解提供酸源,故可通过聚酯结构的亲水性与在聚合物中的质量占比对聚合物的降解行为进行调节,增加药物释放的灵活度[69]。

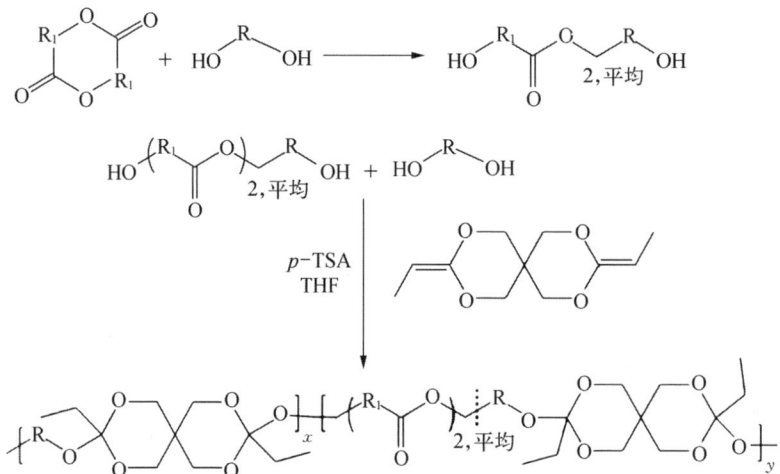

图 16‑10　聚原酸酯类材料的合成路线

因此,聚原酸酯类材料的水解始自聚酯结构的断裂(图 16‑11),释放出的 α‑羟基羧酸进一步催化残留的 POE 结构的降解,其最终降解产物为异戊四醇、丙酸和 α‑羟基羧酸,降解产物的生物相容性良好。原酸酯键通常被认为比酯键更易水解,但聚原酸酯类材料的水解始自聚酯结构,其原因为该类材料高度疏水且吸水能力差,导致双烯酮缩醛结构与水接触程度不及聚酯结构,因此材料中的酯键先于原酸酯键水解[70]。

（五）多囊脂质体型注射型缓控释给药系统

多囊脂质体(multivesicular liposomes, MVL)是一类较为特殊的微包埋型 IC/SDDS,其在结构与辅料组成上与微球或可注射植入剂均有较大不同,因此将

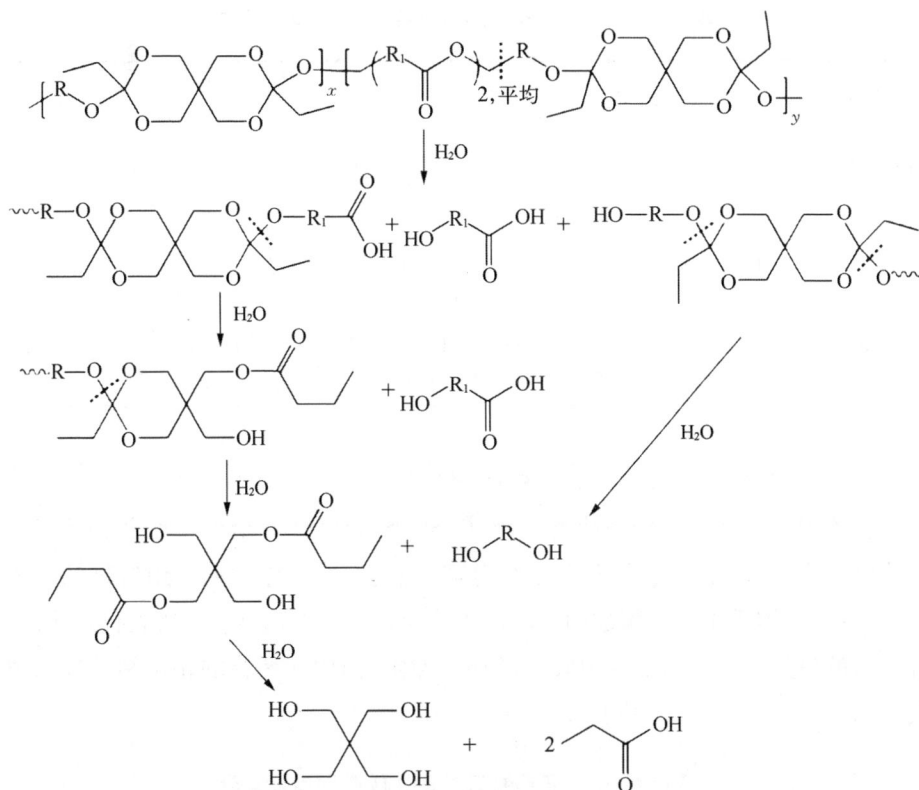

图 16-11 聚原酸酯类聚合物的水解过程

其单独介绍。多囊脂质体为由大量非同心囊泡聚集形成的多隔室结构,单个含药隔室的破裂仅能释出少部分药物,从而在宏观上展示出缓慢释药的特征[71]。而基于同心球结构的单/多室脂质体中,每个隔室含药量高,外层膜破裂后所担载的药物大量释放(剂量倾泻),实现缓释的难度较大。

多囊脂质体的配方通常由中性脂质(甘油三酯)和具有不同电性的复配磷脂(两性磷脂,如二油酰基磷脂酰胆碱;阴离子磷脂,如二棕榈酰基磷脂酰甘油)组成(表 16-5)[72]:两性磷脂为膜材,负责形成稳定的磷脂双分子层;中性脂质填充于各个隔室的磷脂双分子层交汇处,起到稳定多囊脂质体蜂窝状结构的作用,若未添加中性脂质则无法形成多囊脂质体;阴离子磷脂可在制备过程中离子化,通过静电斥力防止乳滴聚集,从而提高收率[72,73]。此外,多囊脂质体需采用复乳法工艺制备,若采用常规脂质体制备方法(薄膜水化法、注入法等),即便配方中含有中性脂质也无法形成多囊脂质体[74]。

表 16-5 已上市多囊脂质体型 IC/SDDS 一览表

商品名	药 物	主要辅料	给药途径	适 应 证
DepoCyte®	阿糖胞苷	胆固醇,三油酸甘油酯,二油酰磷脂酰胆碱(DOPC),二棕榈酰磷脂酰甘油(DPPG)	鞘内注射	淋巴癌性脑膜炎
DepoDur®	吗啡	胆固醇,三辛酸甘油酯,三油酸甘油酯,DOPC,DPPG	硬膜外注射	术后镇痛
Exparel®	布比卡因	胆固醇,三辛酸甘油酯,二芥酰磷脂酰胆碱(DEPC),DPPG	术区使用	术后局部镇痛

（六）药物自组装型注射型缓控释给药系统

药物自组装体系为新型肽类药物 IC/SDDS,该类体系借助多肽药物分子间的次级键作用力（氢键、π-π 相互作用）实现具有特定结构的自组装体的形成并实现缓释,体系中无须添加制剂成形相关辅料。该体系要求药物既有疗效,又在合适的位置存在可满足自组装需求的官能团,因此对药物的化学结构提出较高要求。目前,有 2 个品种上市（表 16-6）。

表 16-6 已上市药物自组装型 IC/SDDS 一览表

商 品 名	药 物	给药途径	适 应 证
Somatuline Depot®	醋酸兰瑞肽	皮下注射	肢端肥大症
Firmagon®, Gonax®	醋酸地加瑞克	皮下注射	前列腺癌

Somatuline Depot® 是基于醋酸兰瑞肽自组装纳米管的长效注射剂,其自组装过程始自两个药物分子在 π-π 相互作用与疏水相互作用下的二聚体的形成,随后二聚体间在氢键的作用下形成带状组装体并体封闭形成管状聚集体（管径 244 Å,管壁厚度 18 Å）,管状聚集体则在适宜浓度下（10%~15%）紧密排列形成六方柱状结构[75,76]。该自组装过程可逆,在自组装体进入稀释环境后（如皮下注射）,管状聚集体可缓慢解组装并释放出活性药物[77],确保给药后可快速起效并持续释药。药代动力学研究结果表明,Somatuline Depot® 在给药后 7 h 达峰,但血清药物峰浓度较低（6.79 ng/mL）,且清除半衰期较长,可达 30.1 天[78]。Somatuline Depot® 的药动学行为确保其给药间隔为 4 周。

三、展望

注射剂解决了经黏膜系统吸收困难药物的给药问题[7],但事实上注射给药并非理想的给药方式:去医疗机构接受注射对时间与精力的消耗及疼痛是多数人可预见的但也较易克服的不便,而"恐针症"[79]这种更难以克服的心理障碍则可能造成部分患者病情的进一步恶化[80]。因此,从患者的角度看,一种注射给药频率更低,同时治疗效果相当甚至更好的注射剂势必更受青睐,这也是IC/SDDS开发的初衷。而制剂工作者则更关注"制剂结构-血药浓度-治疗效果"间的关系,通过适宜的制剂结构稳定血药浓度,进而改善疗效并降低不良反应发生率是IC/SDDS的首要优势。例如,一项对比艾塞那肽缓释微球(每周注射一次)与艾塞那肽注射液(每日注射两次)的临床研究结果表明[81],治疗30周后,微球组受试者糖化血红蛋白下降达1.9%,并有77%的受试者达到了目标糖化血红蛋白水平,而注射液组的这两项数据分别为1.5%和66%,且治疗相关的恶心、呕吐发生率更高。长效抗精神病制剂则通过维持平稳的血药浓度而有效降低复发频率并改善长期预后[82]。此外,与患者自行服药相比,医疗机构参与的注射给药具有一定强制性,因此IC/SDDS可有效防止需长期用药的患者因各种原因导致的漏服(dose skipping),进而确保药物对疾病的有效控制[11]。当用于局部治疗时,通过在患处注射IC/SDDS可降低药物系统暴露,并且在疗效持续时间相同的前提下降低总用药剂量。

尽管IC/SDDS在慢性病治疗上优势明显,但其仍然存在以下不足。① 成本高昂:IC/SDDS漫长的释药过程推高了其综合研发成本,而IC/SDDS普遍无法耐受终端灭菌,其生产成本也相应提高[7]。② 生物利用度降低:肌内注射/皮下注射型IC/SDDS在给药后可能引发注射部位反应(injection site reaction),造成巨噬细胞富集并吞噬部分含药粒子,降低储库中药物含量[83,84]。③ 注射相关不良反应:在针对艾塞那肽微球[85]与生长激素抑制素类似物长效注射剂[86]的临床研究中发现了注射部位结节、疼痛等现象,对患者用药体验产生影响,但通常为一过性现象,基本无须特殊处理。④ 中断治疗困难:每日给药的制剂在观察到不良反应后可立即停药,但这对IC/SDDS是几乎不可能的。剂量倾泻(dose dumping)是缓控释制剂在研发与生产过程中需着重控制的风险,常见于拥有高药物密度储库的膜控型制剂。但几乎未见关于IC/SDDS剂量倾泻的报道,推测其原因可能为各类IC/SDDS均属多单元颗粒系统(multiple-unit particulate system),少量颗粒的缺陷不会对整体释药行为产生影响。而对于拥有更高药物密度储库结构的药物微纳米晶体系,药物微纳米晶常选择难溶性药物制备,或对药物进行修饰降低其溶解度以降低释药速率[5,84],即便以结晶颗粒的形式吸收,这些颗粒也会在淋巴中形成二级储库[5,87],对血药浓度升高进行缓冲。

IC/SDDS 历经数十年的发展已取得卓越的成就。但是,相关研究在长足发展的背景下,仍需在新辅料、新工艺、新制剂结构及机体对注射物的免疫与炎症反应形式和程度等领域继续发展并补齐短板,进而推动 IC/SDDS 新的发展以满足更广泛的临床需求。

（苟靖欣,唐星）

参考文献

[1] Deanesly R, Parkes A S. Biological properties of some new derivatives of testosterone. Biochemical Journal, 1937, 31(7): 1161 – 1164.

[2] Abdelkader H, Fathalla Z, Seyfoddin A, et al. Polymeric long-acting drug delivery systems (LADDS) for treatment of chronic diseases: Inserts, patches, wafers, and implants. Advanced Drug Delivery Reviews, 2021, 177: 113957.

[3] Cao Z, Tang X, Zhang Y, et al. Novel injectable progesterone-loaded nanoparticles embedded in SAIB-PLGA in situ depot system for sustained drug release. International Journal of Pharmaceutics, 2021, 607: 121021.

[4] Guo Y, Yang Y, He L, et al. Injectable Sustained-Release Depots of PLGA Microspheres for Insoluble Drugs Prepared by hot-Melt Extrusion. Pharmaceutical Research, 2017, 34(10): 2211 – 2222.

[5] Nkanga C I, Fisch A, Rad-Malekshahi M, et al. Clinically established biodegradable long acting injectables: An industry perspective. Advanced Drug Delivery Reviews, 2020, 167: 19 – 46.

[6] Qi P, Bu R X, Zhang H, et al. Goserelin Acetate Loaded Poloxamer Hydrogel in PLGA Microspheres: Core-Shell Di-Depot Intramuscular Sustained Release Delivery System. Molecular Pharmaceutics, 2019, 16(8): 3502 – 3513.

[7] Schwendeman S P, Shah R B, Bailey B A, et al. Injectable controlled release depots for large molecules. Journal of Controlled Release, 2014, 190: 240 – 253.

[8] Zhao M, Zhu T, Chen J, et al. PLGA/PCADK composite microspheres containing hyaluronic acid-chitosan siRNA nanoparticles: A rational design for rheumatoid arthritis therapy. International Journal of Pharmaceutics, 2021, 596: 120204.

[9] Présumey J, Salzano G, Courties G, et al. PLGA microspheres encapsulating siRNA anti-TNFalpha: Efficient RNAi-mediated treatment of arthritic joints. European Journal of Pharmaceutics and Biopharmaceutics, 2012, 82(3): 457 – 464.

[10] Chaudhary K, Patel M M, Mehta P J. Long-Acting Injectables: Current Perspectives and Future Promise. Critical Reviews™ in Therapeutic Drug Carrier Systems, 2019, 36(2): 137 – 181.

［11］ Shi Y, Lu A, Wang X, et al. A review of existing strategies for designing long-acting parenteral formulations: Focus on underlying mechanisms, and future perspectives. Acta Pharmaceutica Sinica B, 2021, 11(8): 2396 - 2415.

［12］ Hershfield M S, Buckley R H, Greenberg M L, et al. Treatment of Adenosine Deaminase Deficiency with Polyethylene Glycol-Modified Adenosine Deaminase. New England Journal of Medicine, 1987, 316(10): 589 - 596.

［13］ Degim I T, Celebi N. Controlled delivery of peptides and proteins. Curr Pharm Des, 2007, 13(1): 99 - 117.

［14］ Yeo Y, Basaran O A, Park K. A new process for making reservoir-type microcapsules using ink-jet technology and interfacial phase separation. Journal of Controlled Release, 2003, 93 (2): 161 - 173.

［15］ Erbetta C, Alves R J, Resende J M, et al. Synthesis and characterization of Poly(D, L-lactide-co-glycolide) copolymer. Journal of Biomaterials and Nanobiotechnology, 2012, 3(2): 208 - 225.

［16］ Skidmore S, Hadar J, Garner J, et al. Complex sameness: Separation of mixed poly(lactide-co-glycolide)s based on the lactide: glycolide ratio. Journal of Controlled Release, 2019, 300: 174 - 184.

［17］ Wan B, Bao Q, Zou Y, et al. Effect of polymer source variation on the properties and performance of risperidone microspheres. International Journal of Pharmaceutics, 2021, 610: 121265.

［18］ Wan B, Andhariya J V, Bao Q, et al. Effect of polymer source on in vitro drug release from PLGA microspheres. International Journal of Pharmaceutics, 2021, 607: 120907.

［19］ Sun J, Walker J, Beck-Broichsitter M, et al. Characterization of commercial PLGAs by NMR spectroscopy. Drug Delivery and Translational Research, 2022, 12(3): 720 - 729.

［20］ Grijpma D W, Nijenhuis A J, Pennings A J. Synthesis and hydrolytic degradation behaviour of high-molecular-weight l-lactide and glycolide copolymers. Polymer, 1990, 31(11): 2201 - 2206.

［21］ Hua Y, Wang Z, Wang D, et al. Key Factor Study for Generic Long-Acting PLGA Microspheres Based on a Reverse Engineering of Vivitrol®. Molecules, 2021, 26(5): 1247.

［22］ Hadar J, Skidmore S, Garner J, et al. Characterization of branched poly(lactide-co-glycolide) polymers used in injectable, long-acting formulations. Journal of Controlled Release, 2019, 304: 75 - 89.

［23］ Walker J, Albert J, Liang D, et al. In vitro degradation and erosion behavior of commercial PLGAs used for controlled drug delivery. Drug Delivery and Translational Research, 2022, 13(1): 237 - 251.

［24］ Beig A, Feng L, Walker J, et al. Physical-Chemical Characterization of Octreotide Encapsulated in Commercial Glucose-Star PLGA Microspheres. Molecular Pharmaceutics, 2020, 17(11): 4141 - 4151.

［25］ FDA, U. Lupron Depot Highlights of prescribing information. https://www. accessdata. fda.gov/drugsatfda_docs/label/2014/020517s036_019732s041lbl.pdf. [2022 - 2 - 10]

［26］ Tyler B, Gullotti D, Mangraviti A, et al. Polylactic acid (PLA) controlled delivery carriers for biomedical applications. Advanced Drug Delivery Reviews, 2016, 107: 163 - 175.

［27］ Yu B, Meng L, Fu S, et al. Morphology and internal structure control over PLA microspheres by compounding PLLA and PDLA and effects on drug release behavior. Colloids and Surfaces B: Biointerfaces, 2018, 172: 105 - 112.

［28］ Pistner H, Bendi D R, Mühling J, et al. Poly (l-lactide): a long-term degradation study in vivo: Part III. Analytical characterization. Biomaterials, 1993, 14(4): 291 - 298.

［29］ Anderson J M, Shive M S. Biodegradation and biocompatibility of PLA and PLGA microspheres. Advanced Drug Delivery Reviews, 2012, 64(Suppl.): 72 - 82.

［30］ Tsuji H. Poly(lactic acid) stereocomplexes: A decade of progress. Advanced Drug Delivery Reviews, 2016, 107: 97 - 135.

［31］ Sandker M J, Duque L F, Redout E M, et al. Degradation, intra-articular retention and biocompatibility of monospheres composed of [PDLLA-PEG-PDLLA]-b-PLLA multi-block copolymers. Acta Biomaterialia, 2017, 48: 401 - 414.

［32］ Ramazani F, Hiemstra C, Steendam R, et al. Sunitinib microspheres based on [PDLLA-PEG-PDLLA]-b-PLLA multi-block copolymers for ocular drug delivery. European Journal of Pharmaceutics and Biopharmaceutics, 2015, 95(Pt B): 368 - 377.

［33］ Kim J. Isovolemic Degradation of Polycaprolactone Particles and Calculation of Their Original Size from Human Biopsy. Plast Reconstr Surg Glob Open, 2020, 8(6): e2866.

［34］ Chang S H, Lee H J, Park S, et al. Fast Degradable Polycaprolactone for Drug Delivery. Biomacromolecules, 2018, 19(6): 2302 - 2307.

［35］ Teoh S H, Goh B T, Lim J. Three-Dimensional Printed Polycaprolactone Scaffolds for Bone Regeneration Success and Future Perspective. Tissue Engineering Part A, 2019, 25(13 - 14): 931 - 935.

［36］ Ma G, Song C, Sun H, et al. A biodegradable levonorgestrel-releasing implant made of PCL/ F68 compound as tested in rats and dogs. Contraception, 2006, 74(2): 141 - 147.

［37］ Kaur L, Sinha V R. Long Acting Polycaprolactone Based Parenteral Formulation of Aripiprazole Targeting Behavioural and Biochemical Deficit in Schizophrenia. Journal of Pharmaceutical Sciences, 2021, 110(5): 2185 - 2195.

［38］ Hernán Pérez de la Ossa D, Ligresti, A, Gil-Alegre M E, et al. Poly-ε-caprolactone microspheres as a drug delivery system for cannabinoid administration: Development, characterization and in vitro evaluation of their antitumoral efficacy. Journal of Controlled Release, 2012, 161(3): 927 - 932.

［39］ Balmayor E R, Tuzlakoglu K, Azevedo H S, et al. Preparation and characterization of starch-poly-ε-caprolactone microparticles incorporating bioactive agents for drug delivery and tissue engineering applications. Acta Biomaterialia, 2009, 5(4): 1035 - 1045.

［40］ Wang S, Feng X, Liu P, et al. Blending of PLGA-PEG-PLGA for Improving the Erosion and Drug Release Profile of PCL Microspheres. Current Pharmaceutical Biotechnology, 2020, 21 (11): 1079 - 1087.

［41］ Merisko-Liversidge E, Liversidge G G. Nanosizing for oral and parenteral drug delivery: A perspective on formulating poorly-water soluble compounds using wet media milling technology. Advanced Drug Delivery Reviews, 2011, 63(6): 427 − 440.

[42] Rahnfeld L, Luciani P. Injectable Lipid-Based Depot Formulations: Where Do We Stand? Pharmaceutics, 2020, 12(6): 567 − 594.

[43] Weng Larsen S, Larsen C. Critical Factors Influencing the In Vivo Performance of Long-acting Lipophilic Solutions — Impact on In Vitro Release Method Design. The AAPS Journal, 2009, 11(4): 762 − 770.

[44] EMA. Somatropin Biopartners Annex I Summary of product characteristics. https://ec. europa.eu/health/documents/community-register/2014/20141215130525/anx _130525_en. pdf [2022 − 2 − 25]

[45] FDA, U. Trivaris™ Highlights of prescribing information. https://www.accessdata.fda.gov/ drugsatfda_docs/label/2008/022220lbl.pdf.[2022 − 2 − 25]

[46] Agarwal P, Rupenthal I D. Injectable implants for the sustained release of protein and peptide drugs. Drug Discovery Today, 2013, 18(7 − 8): 337 − 349.

[47] Jain A, Kunduru K R, Basu A, et al. Injectable formulations of poly(lactic acid) and its copolymers in clinical use. Advanced Drug Delivery Reviews, 2016, 107: 213 − 227.

[48] Elstad N L, Fowers K D. OncoGel (ReGel/paclitaxel) — Clinical applications for a novel paclitaxel delivery system. Advanced Drug Delivery Reviews, 2009, 61(10): 785 − 794.

[49] Vukelja S J, Anthony S P, Arseneau J C, et al. Phase 1 study of escalating-dose OncoGel® (ReGel®/paclitaxel) depot injection, a controlled-release formulation of paclitaxel, for local management of superficial solid tumor lesions. Anti-Cancer Drugs, 2007, 18(3): 283 − 289.

[50] Wang P, Wang Q, Ren T, et al. Effects of Pluronic F127-PEG multi-gel-core on the release profile and pharmacodynamics of Exenatide loaded in PLGA microspheres. Colloids and Surfaces B: Biointerfaces, 2016, 147: 360 − 367.

[51] Wang P, Zhuo X, Chu W, et al. Exenatide-loaded microsphere/thermosensitive hydrogel long-acting delivery system with high drug bioactivity. International Journal of Pharmaceutics, 2017, 528(1 − 2): 62 − 75.

[52] Rizwan S B, Boyd B J, Rades T, et al. Bicontinuous cubic liquid crystals as sustained delivery systems for peptides and proteins. Expert Opinion on Drug Delivery, 2010, 7(10): 1133 − 1144.

[53] Shah J C, Sadhale Y, Chilukuri D M. Cubic phase gels as drug delivery systems. Advanced Drug Delivery Reviews, 2001, 47(2 − 3): 229 − 250.

[54] Otte A, Soh B K, Yoon G, et al. Liquid crystalline drug delivery vehicles for oral and IV/ subcutaneous administration of poorly soluble (and soluble) drugs. International Journal of Pharmaceutics, 2018, 539(1 − 2): 175 − 183.

[55] Camurus. FluidCrystal® injection depot. https://www.camurus.com/technologies/#injectiondepot. [2022 − 2 − 27]

[56] Dunn R L. The Atrigel Drug Delivery System, in Modified-Release Drug Delivery Technology, 2002, CRC Press: Boca Raton. 647 − 655.

[57] Kim J K, Won Y W, Lim K S, et al. Low-Molecular-Weight Methylcellulose-Based Thermo-

reversible Gel/Pluronic Micelle Combination System for Local and Sustained Docetaxel Delivery. Pharmaceutical Research, 2012, 29(2): 525 - 534.

[58] Matanović M R, Kristl J, Grabnar P A. Thermoresponsive polymers: Insights into decisive hydrogel characteristics, mechanisms of gelation, and promising biomedical applications. International Journal of Pharmaceutics, 2014, 472(1): 262 - 275.

[59] Doberenz F, Zeng K, Willems C, et al. Thermoresponsive polymers and their biomedical application in tissue engineering — a review. Journal of Materials Chemistry B, 2020, 8(4): 607 - 628.

[60] Zhang K, Xue K, Loh X J. Thermo-Responsive Hydrogels: From Recent Progress to Biomedical Applications. Gels, 2021, 7(3): 77 - 93.

[61] Lee J, Bae Y H, Sohn Y S, et al. Thermogelling Aqueous Solutions of Alternating Multiblock Copolymers of Poly(l-lactic acid) and Poly(ethylene glycol). Biomacromolecules, 2006, 7(6): 1729 - 1734.

[62] Cheng Y, He C, Ding J, et al. Thermosensitive hydrogels based on polypeptides for localized and sustained delivery of anticancer drugs. Biomaterials, 2013, 34(38): 10338 - 10347.

[63] Chen Y, Li Y, Shen W, et al. Controlled release of liraglutide using thermogelling polymers in treatment of diabetes. Scientific Reports, 2016, 6(1): 31593.

[64] Klouda L, Mikos A G. Thermoresponsive hydrogels in biomedical applications. European Journal of Pharmaceutics and Biopharmaceutics, 2008, 68(1): 34 - 45.

[65] Loo J S, Ooi C P, Boey F Y. Degradation of poly(lactide-co-glycolide) (PLGA) and poly(l-lactide) (PLLA) by electron beam radiation. Biomaterials, 2005, 26(12): 1359 - 1367.

[66] Lin X, Xu Y, Tang X, et al. A Uniform Ultra-Small Microsphere/SAIB Hybrid Depot with Low Burst Release for Long-Term Continuous Drug Release. Pharmaceutical Research, 2015, 32(11): 3708 - 3721.

[67] Ottoboni T, Gelder M S, O'Boyle E. Biochronomer™ technology and the development of APF530, a sustained release formulation of granisetron. J Exp Pharmacol, 2014, 6: 15 - 21.

[68] Heller J, Barr J. Biochronomer™ technology. Expert Opinion on Drug Delivery, 2005, 2(1): 169 - 183.

[69] Sintzel M B, Heller J, Ng S Y, et al. Synthesis and characterization of self-catalyzed poly (ortho ester). Biomaterials, 1998, 19(7 - 9): 791 - 800.

[70] Ng S Y, Vandamme T, Taylor M S, et al. Synthesis and Erosion Studies of Self-Catalyzed Poly(ortho ester)s. Macromolecules, 1997, 30(4): 770 - 772.

[71] He Y, Qin L, Huang Y, et al. Advances of Nano-Structured Extended-Release Local Anesthetics. Nanoscale Research Letters, 2020, 15(1): 13.

[72] Chaurasiya A, Gorajiya A, Panchal K, et al. A review on multivesicular liposomes for pharmaceutical applications: preparation, characterization, and translational challenges. Drug Delivery and Translational Research, 2022, 12(7): 1569 - 1587.

[73] Maltseva E, Shapovalov V L, Möhwald H, et al. Ionization State and Structure of l - 1,2-Dipalmitoylphosphatidylglycerol Monolayers at the Liquid/Air Interface. The Journal of

Physical Chemistry B, 2006, 110(2): 919 – 926.

[74] Mantripragada S. A lipid based depot (DepoFoam® technology) for sustained release drug delivery. Progress in Lipid Research, 2002, 41(5): 392 – 406.

[75] Valéry C, Paternostre M, Robert B, et al. Biomimetic organization: Octapeptide self-assembly into nanotubes of viral capsid-like dimension. Proceedings of the National Academy of Sciences, 2003, 100(18): 10258 – 10262.

[76] Wolin E M, Manon A, Chassaing C, et al. Lanreotide Depot: An Antineoplastic Treatment of Carcinoid or Neuroendocrine Tumors. J Gastrointest Cancer, 2016, 47(4): 366 – 374.

[77] Gobeaux F, Fay N, Tarabout C, et al. Structural Role of Counterions Adsorbed on Self-Assembled Peptide Nanotubes. Journal of the American Chemical Society, 2012, 134(1): 723 – 733.

[78] Trocóniz I F, Cendrós J M, Peraire C, et al. Population Pharmacokinetic Analysis of Lanreotide Autogel® in Healthy Subjects. Clinical Pharmacokinetics, 2009, 48(1): 51 – 62.

[79] Yu M, Benjamin M M, Srinivasan S, et al. Battle of GLP – 1 delivery technologies. Advanced Drug Delivery Reviews, 2018, 130: 113 – 130.

[80] Fu A Z, Qiu Y, Radican L. Impact of fear of insulin or fear of injection on treatment outcomes of patients with diabetes. Current Medical Research & Opinion, 2009, 25(6): 1413 – 1420.

[81] Drucker D J, Buse J B, Taylor K, et al. Exenatide once weekly versus twice daily for the treatment of type 2 diabetes: a randomised, open-label, non-inferiority study. The Lancet, 2008, 372(9645): 1240 – 1250.

[82] Lindenmayer J P, Glick I D, Talreja H, et al. Persistent Barriers to the Use of Long-Acting Injectable Antipsychotics for the Treatment of Schizophrenia. Journal of Clinical Psychopharmacology, 2020, 40(4): 346 – 349.

[83] Darville N, van Heerden M, Erkens T, et al. Modeling the Time Course of the Tissue Responses to Intramuscular Long-acting Paliperidone Palmitate Nano-/Microcrystals and Polystyrene Microspheres in the Rat. Toxicologic Pathology, 2015, 44(2): 189 – 210.

[84] Darville N, van Heerden M, Mariën D, et al. The effect of macrophage and angiogenesis inhibition on the drug release and absorption from an intramuscular sustained-release paliperidone palmitate suspension. Journal of Controlled Release, 2016, 230: 95 – 108.

[85] DeYoung M B, MacConell L, Sarin V, et al. Encapsulation of exenatide in poly-(D, L-lactide-co-glycolide) microspheres produced an investigational long-acting once-weekly formulation for type 2 diabetes. Diabetes Technol Ther, 2011, 13(11): 1145 – 1154.

[86] Strasburger C J, Karavitaki N, Störmann S, et al. Patient-reported outcomes of parenteral somatostatin analogue injections in 195 patients with acromegaly. European Journal of Endocrinology, 2016, 174(3): 355 – 362.

[87] van't Klooster G, Hoeben E, Borghys H, et al. Pharmacokinetics and Disposition of Rilpivirine (TMC278) Nanosuspension as a Long-Acting Injectable Antiretroviral Formulation. Antimicrobial Agents and Chemotherapy, 2010, 54(5): 2042 – 2050.

第十七章

吸入粉雾剂的药用辅料

吸入粉雾剂兼具肺部局部病灶靶向优势与高效全身系统给药潜力。但肺部复杂的生理结构与微环境对吸入粉雾剂粉体颗粒的物理化学属性提出了较高要求。吸入粉雾剂药用辅料处方用量大,很大程度上赋予了吸入粉雾剂粉体颗粒功能特性,是影响其雾化和肺部沉积的重要决定性因素。因此,吸入粉雾剂研发的核心难点之一在于合适的辅料选择。本章对吸入粉雾剂辅料包括乳糖、硬脂酸镁、亮氨酸、甘露醇、磷脂、聚合物的研究进展进行介绍,阐明其核心物理化学属性,概述包括粉体颗粒粒径、形状与形貌、吸湿性、表面电荷、结晶度等表征方法。基于辅料理化性质,优选适宜辅料,以开发高品质吸入粉雾剂。

一、概述

哮喘、慢性阻塞性肺疾病、肺癌等呼吸系统疾病的发病率逐年攀升,严重急性呼吸综合征(SARS)、新冠感染的相继暴发流行对社会、医疗系统产生了严重冲击,肺部药物递送系统获得了前所未有的关注,也使人们重新审视其深层社会意义。肺黏膜生理结构与微环境适于药物递送,包括肺黏膜表面积大(约140 m^2)、酶活性低、渗透性高,肺泡区域毛细血管分布广泛等。肺部吸入制剂的诸多优点使其成为肺局部及系统疾病药物递送研究与开发的热点。① 药物适用性广:小分子、蛋白质、多肽等多类型药物均可吸入给药。② 肺部病灶靶向优势:可高效将药物递送至肺部,最大限度地提高疾病部位的药物浓度,减少药物剂量和给药频率。③ 非侵入性注射给药替代途径:肺深部沉积药物可以快速全身吸收,同时避免首过代谢作用。肺部递药系统包括吸入气雾剂、吸入粉雾剂、吸入喷雾剂、吸入液体制剂。相比其他肺部给药方式,吸入粉雾剂以固态药物颗粒粉体方式进行肺部给药,具有方便携带和储存、药物稳定性好、微生物污染风险低、无抛射剂、手口不协调风险低等诸多优点。

肺部呼吸道呈 23 级"倒树状"分支结构,相对湿度高(近 100%),50%~60% 的颗粒物会沉积在口咽部位;同时肺微环境的黏液纤毛清除屏障机制可以捕获沉降在呼吸道的颗粒物质,借助纤毛摆动,通过咳嗽从气道黏膜中清除;巨噬细胞吞噬清除机制可以使吸入颗粒物通过静电吸附或受体介导作用被肺泡巨噬细胞吞噬并清除。因此,根据呼吸系统生理环境,基于可吸入辅料性质进行吸入粉雾剂处方设计与优化是其成功开发的关键。

吸入粉雾剂具有处方简单但机制复杂的特点,需要合理调控复杂的辅料粉体颗粒性质[1]。吸入粉雾剂通常包括药物-辅料物理混合物及通过粒子工程制备的载药微粒两种制剂策略。物理混合型吸入粉雾剂根据其处方组成可进一步分为药物-载体二元体系与药物-载体-力调控辅料(如乳糖细粉,硬脂酸镁)三元体系。吸入粉雾剂的临床疗效受呼吸系统的生理结构、干粉颗粒的物理化学特性及吸入装置等多种因素影响。吸入粉雾剂中辅料添加量高(60%~99%),辅料在很大程度上决定了吸入粉雾剂颗粒性质及其空气动力学行为。吸入粉雾剂的辅料选择不当和载体设计不佳将降低肺部沉积效率,降低吸入药物的生物利用度,增加给药次数,降低患者依从性,增加毒性的风险。

为了提高其雾化性能与肺部沉积,吸入粉雾剂辅料必须满足一定物理化学性质,如粒径、形状、密度、表面形貌、电荷和水分含量等。基于肺部生理特点与吸入气体流速,吸入粉雾剂的药物颗粒空气动力学直径需在 0.5~5 μm 内。颗粒的高比表面积和表面能往往因较强的颗粒间相互作用,即同种颗粒之间的内聚力和不同颗粒之间的黏附力,从而导致药物颗粒无法有效分散、药物分布均匀性差、批间差异大等问题。因此,物理混合型吸入粉雾剂通常使用可吸入的微粉化药物颗粒与粗载体辅料(如乳糖一水合物),使颗粒间具有最佳的黏附力与内聚力,既可以满足制造过程和储存过程中的粉体流动性要求,也能使粉体颗粒雾化时有效释放药物并在肺深部沉积。除此之外,吸入粉雾剂中也常加入第三组分作为颗粒间作用力调控辅料,通过改变载体的粗糙度或表面化学性质,提高干粉颗粒雾化能力。粒子工程制备载体颗粒策略可以基于辅料与制备条件有效调控粉雾剂颗粒物理化学性质,可以制备高载药量颗粒,使其有效吸入并沉积在肺部。市售吸入粉雾剂产品及辅料如表 17-1 所示。

因此,吸入粉雾剂辅料选择与优化极为重要,是决定吸入粉雾剂性质的关键因素。尽管吸入粉雾剂已有诸多品种上市,但目前可吸入药用辅料品种仍十分有限,主要包括乳糖、硬脂酸镁、甘露醇、亮氨酸、磷脂、聚合物等,其中 α-乳糖一水合物与硬脂酸镁的应用最为广泛,吸入粉雾剂常用辅料分子结构式如表 17-2 所示。本章将根据吸入粉雾剂肺部递送关键环节,对吸入粉雾剂辅料进行重点介绍。

表 17-1 市售吸入粉雾剂产品及处方

辅料	药物	产品	生产商	吸入装置类型	临床适应证
乳糖—水合物	硫酸沙丁胺醇	ProAir Respiclick	梯瓦	储库、多剂量	哮喘、慢性阻塞性肺疾病
		Pulvinal Salbutamol	凯西	储库、多剂量	哮喘、慢性阻塞性肺疾病
		Easyhaler Salbutamol Sulfate	Orion	储库、多剂量	哮喘、慢性阻塞性肺疾病
	昔萘酸沙美特罗	Serevent Diskus	葛兰素史克	泡草条、多剂量	哮喘、慢性阻塞性肺疾病
	富马酸福莫特罗	Foradil Aerolizer	诺华	胶囊、单剂量	哮喘、慢性阻塞性肺疾病
		Oxis Turbohaler	阿斯利康	储库、多剂量	哮喘、慢性阻塞性肺疾病
		Easyhaler Formoterol	Orion	储库、多剂量	哮喘、慢性阻塞性肺疾病
	马来酸茚达特罗	Arcapta Neohaler	诺华	胶囊、单剂量	哮喘、慢性阻塞性肺疾病
		Onbrez Breezhaler	诺华	胶囊、单剂量	哮喘、慢性阻塞性肺疾病
	噻托溴铵	Spiriva Handihaler	勃林格殷格翰	胶囊、单剂量	哮喘、慢性阻塞性肺疾病
	阿地溴铵	Tudorza Pressair	Forest	储库、多剂量	哮喘、慢性阻塞性肺疾病
		Eklira Genuair	阿斯利康	储库、多剂量	哮喘、慢性阻塞性肺疾病
	布地奈德	Easyhaler Budesonide	Orion	储库、多剂量	哮喘、慢性阻塞性肺疾病
		Pulmicort Flexhaler	阿斯利康	储库、多剂量	哮喘、慢性阻塞性肺疾病
	丙酸倍氯米松	Easyhaler Beclometasone	Orion	储库、多剂量	哮喘、慢性阻塞性肺疾病
		Flovent Diskus	葛兰素史克	泡草条、多单位剂量	哮喘、慢性阻塞性肺疾病
	糠酸氟替卡松	Arnuity Ellipta	葛兰素史克	泡草条、多单位剂量	哮喘、慢性阻塞性肺疾病
	布地奈德+富马酸福莫特罗	Symbicort Turbohaler	阿斯利康	储库、多剂量	哮喘、慢性阻塞性肺疾病
		DuoResp Spiromax	梯瓦	储库、多剂量	哮喘、慢性阻塞性肺疾病
	丙酸氟替卡松+沙美特罗	Advair Diskus	葛兰素史克	泡草条、多单位剂量	哮喘、慢性阻塞性肺疾病
	阿地溴铵+富马酸福莫特罗	Duaklir Genuair	阿斯利康	储库、多剂量	哮喘、慢性阻塞性肺疾病
	扎那米韦	Relenza Diskhaler	葛兰素史克	泡草条、多单位剂量	流感

续 表

辅料	药物	产品	生产商	吸入装置类型	临床适应证
乳糖一水合物、硬脂酸镁	富马酸福莫特罗	Foradil Certihaler	诺华	储库、多剂量	哮喘、慢性阻塞性肺疾病
	格隆溴铵	Seebri Breezhaler	诺华	胶囊、单剂量	哮喘、慢性阻塞性肺疾病
	乌美溴铵	Incruse Ellipta	葛兰素史克	泡罩条、多单位剂量	哮喘、慢性阻塞性肺疾病
	丙酸倍氯米松	Pulvinal Beclometasone Dipropionate	凯西	储库、多剂量	哮喘、慢性阻塞性肺疾病
	二丙酸倍氯米松+富马酸福莫特罗	Fostair Nexthaler	基耶西	储库、多剂量	哮喘、慢性阻塞性肺疾病
	糠酸氟替卡松+维兰特罗	Breo Ellipta	葛兰素史克	泡罩条、多单位剂量	哮喘、慢性阻塞性肺疾病
	乌美溴铵+维兰特罗	Anoro Ellipta	葛兰素史克	泡罩条、多单位剂量	哮喘、慢性阻塞性肺疾病
	格隆溴铵+马来酸茚达特罗	Ultibro Breezhaler	诺华	胶囊、单剂量	哮喘、慢性阻塞性肺疾病
无水乳糖	糠酸莫米松	Asmanex Twisthaler	默克	储库、多剂量	哮喘、慢性阻塞性肺疾病
DSPC、氯化钙	妥布霉素	TOBI Podhaler	诺华	胶囊、单剂量	囊性纤维化感染
富马酰二酮哌嗪、聚山梨醇酯80	胰岛素	Afrezza	赛诺菲安万特	单剂量	糖尿病
甘露醇、柠檬酸钠、甘氨酸、氢氧化钠		Exubera（退市）	辉瑞	泡罩、单剂量	糖尿病

表 17-2 常用吸入粉雾剂辅料的分子结构

辅料种类	分子式	基本性质
载体型粉雾剂辅料 乳糖		白色结晶粉体颗粒,主要包括乳糖一水合物与无水乳糖。乳糖一水合物主要为 α-乳糖,无水乳糖主要为 70%~80% β-乳糖与 20%~30% α-乳糖混合物
硬脂酸镁		主要由硬脂酸、棕榈酸构成的镁盐,其结晶形式包括无水、二水和三水化合物
无载体型粉雾剂辅料 亮氨酸		白色结晶粉末,分子量为 131,等电点为 6.04,溶于水、乙酸、乙醇,几乎不溶于乙醚,安全性好
甘露醇		白色、甜味的结晶性粉末,吸湿性低,分子量为 182,溶于水和乙醇,不溶于乙醚
二棕榈酰磷脂酰胆碱(DPPC)		吸入磷脂辅料,脂肪酸链由两条完全饱和的 C16 脂肪酰基链组成
二硬脂酰磷脂酰胆碱(DSPC)		吸入磷脂辅料,由 18 个碳原子的饱和脂肪酸链构成
聚己内酯(PCL)		脂肪族聚酯,合成的无毒生物可降解聚合物,不溶于水,易溶于多种极性有机溶剂,常用于吸入颗粒粒子工程载体材料

辅 料 种 类	分 子 式	基 本 性 质
聚乳酸 （PLA）	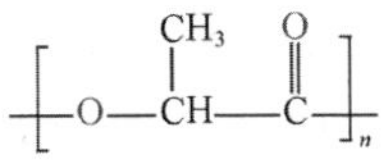	合成的丙酸均聚物，生物可降解聚合物。常用于吸入颗粒粒子工程载体材料
丙交酯-乙交酯聚合物（PLGA）	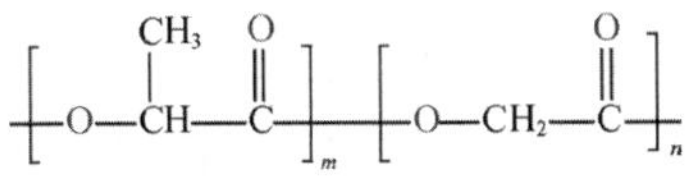	脂肪族聚酯，合成的无毒生物可降解聚合物。乳酸和乙醇酸的共单体比例范围从 85∶15 到 50∶50
壳聚糖	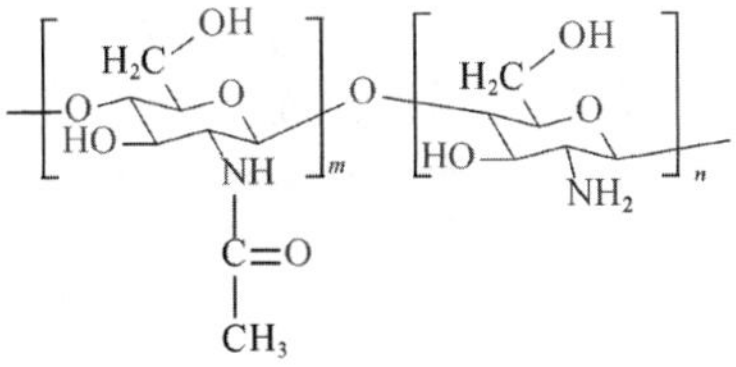	生物可降解正电性葡萄糖胺和 N-乙酰葡萄糖胺共聚物，具有良好的黏膜黏附特性。由壳多糖部分脱乙酰化制备，脱乙酰度大于 80%，分子量在 10 000~1 000 000。不同型号脱乙酰度及黏度差异性大
透明质酸	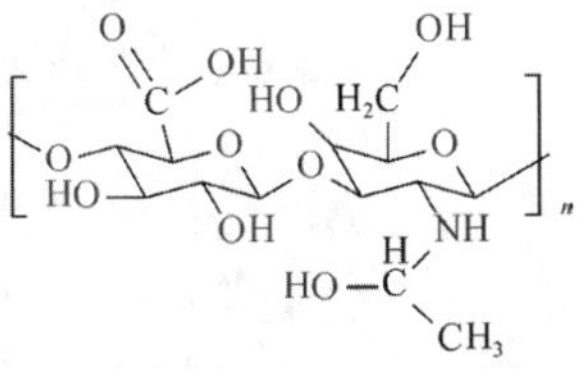	内源性负电性生物可降解多糖，分子质量为 300~2 000 kDa，保湿性好，具有良好黏膜黏附性，可靶向 CD44 等受体

二、吸入粉雾剂辅料及其研究

（一）吸入粉雾剂辅料分类

1. 载体型（物理混合）吸入粉雾剂辅料

（1）乳糖：为白色结晶粉体颗粒，主要包括乳糖一水合物与无水乳糖。其中，乳糖一水合物主要为 α-乳糖，分子量为 360。无水乳糖主要为 70%~80% β-乳糖与 20%~30% α-乳糖混合物，分子量为 342。乳糖作为应用最广泛的吸入粉雾剂辅料，来源易得，价格低廉，粉体物理特性可控，具有极好的安全性和稳定性。目前绝大多数上市吸入粉雾剂产品都以乳糖为载体。吸入给药时，乳糖载体颗粒被流化、悬浮"夹带"到吸入气流中，随后，乳糖载体与药物颗粒解聚，药物变成可肺部沉积的细颗粒形式。乳糖载体颗粒粒径因为大于可吸入范围，绝大部分乳糖会沉积在口腔和咽喉中，经酶水解或随唾液吞咽在肠道代谢，并且由于在吸入制剂中含量低,即使对乳糖不耐受的患者,其影响也十分有限。常用的吸入乳糖辅料可通过研磨或喷雾干燥等方法制备。物理混合型吸入粉雾剂中,乳糖通常包含粗颗粒($40\sim200~\mu m$)和细颗粒($1\sim40~\mu m$)两部分。粗颗粒载体可改善微粉化药物粉末的流动性,便于剂量定量;细颗粒乳糖可提高微粉化药物的解聚效率,促进药物粉末释放。相比于二元体系,乳糖细颗粒常作为吸入粉雾剂中的第三组分,在与药物混合之前或过程中添加。细粉辅料调控物理混合型吸入粉雾剂粒子间的作用机制如图 17-1 所示。例如,乳糖载体表面有易于吸附药物颗粒的高表面能区域即"活性位点",添加第三组分辅料竞争性结合活性位点,减少药物颗粒结合力,可增强药物颗粒雾化效率,其受药物浓度和混合顺序、混合时间等多种因素影响[2]。但需要注意,当药物对乳糖的附着力显著降低,可能会降低乳糖的载体功能,仅改善粉体流动性与流化行为,导致药物与载体分离问题。

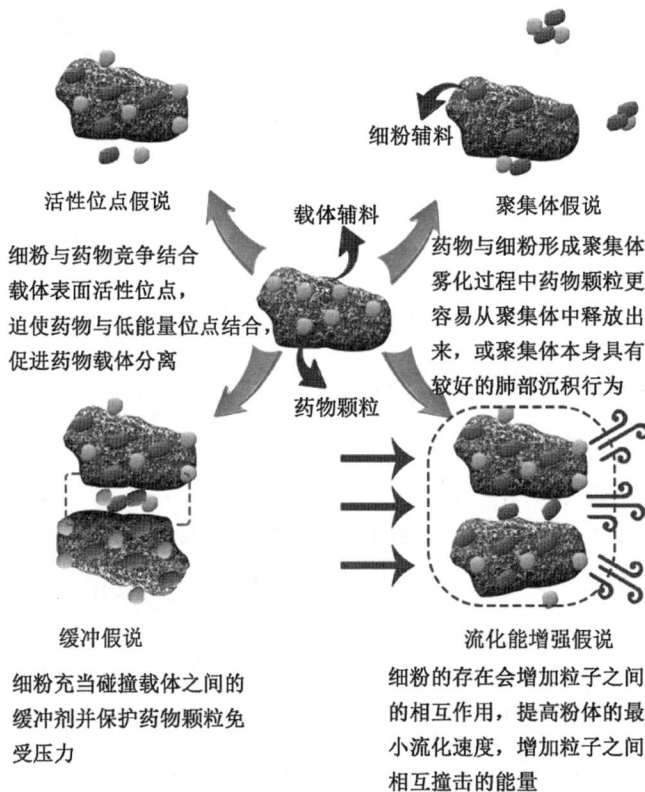

活性位点假说
细粉与药物竞争结合载体表面活性位点,迫使药物与低能量位点结合,促进药物载体分离

载体辅料

药物颗粒

细粉辅料

聚集体假说
药物与细粉形成聚集体雾化过程中药物颗粒更容易从聚集体中释放出来,或聚集体本身具有较好的肺部沉积行为

缓冲假说
细粉充当碰撞载体之间的缓冲剂并保护药物颗粒免受压力

流化能增强假说
细粉的存在会增加粒子之间的相互作用,提高粉体的最小流化速度,增加粒子之间相互撞击的能量

图 17-1 细粉辅料调控物理混合型吸入粉雾剂粒子间作用机制

　　吸入粉雾剂的性能取决于药物颗粒之间的内聚力及药物颗粒与载体表面之间的黏附力的平衡效果。因此,乳糖载体结构、粒径、表面形貌等显著影响药物的吸附与解吸附过程,改变药物雾化沉积行为。不同性质的市售吸入乳糖辅料如表 17 - 3 所示。α-乳糖一水合物是最常用作药物载体的乳糖结晶形式。与结晶乳糖相比,无定型乳糖的表面能高,与药物颗粒表现出强烈的黏附相互作用,导致吸入效率低。另外,吸入级无水乳糖也被开发用于吸入粉雾剂,其密度、表面形貌与乳糖一水合物有明显区别,可改变药物颗粒与载体相互作用,但需要注意储存环境的湿度变化。同时有研究表明,使用吸入级无水乳糖的布地奈德雾化能力显著低于使用吸入级乳糖一水合物的布地奈德[3]。乳糖表面改性常被认为是调控内聚力/黏附力的有效方法,用于调控药物对乳糖表面附着力、改善雾化行为。例如,通过改变乳糖表面粗糙度、增加或减少接触面积来影响颗粒黏附,但这种影响尚未有规律可循,这可能是由于表面工程不仅会改变形态,还会改变其如表面结晶度、成分分布等其他表面特性[4]。

表 17 - 3　部分市售吸入乳糖辅料

辅料品种	D10 (μm)	D50 (μm)	D90 (μm)	堆密度 (g/L)	振实密度 (g/L)	卡尔指数或流动性	说　明
DFE Pharma							
Lactohale 100	58	132	214	840	960	12	筛分结晶乳糖,战斧形颗粒,优良的流动性
Laclohale 200	9.3	72	149	650	940	>25	研磨结晶乳糖,颗粒形状不规则,含有固定比例细颗粒,具有黏附性
Lactohole 201	3.3	22	56	500	700	>25	研磨细粉乳糖,不规则形状颗粒,优化处方流动性和性能
Lactohole 206	33	83	154	720	870	17	严格控制粒径的研磨乳糖,无细颗粒,优良的流动性
Lactohole 210	2.7	16	41	400	680	>25	研磨细粉乳糖,不规则形状颗粒,优化处方流动性和性能
Lactohole 220	2.5	13	34	370	660	>25	研磨细粉乳糖,不规则形状颗粒,优化处方流动性和性能

续　表

辅料品种	D10 (μm)	D50 (μm)	D90 (μm)	堆密度 (g/L)	振实密度 (g/L)	卡尔指数或流动性	说　明
Lactohole 230	1.4	8.4	23	310	500	>25	研磨细粉乳糖,不规则形状颗粒,优化处方流动性和性能
Lactohale 300	—	5	10	260	520	>25	极细的微粉化乳糖,可提高药物沉积率
Lactohale 400	6	102	272	650	920	>29	粗研磨无水乳糖,不规则形状颗粒
Respitose ML001	4.7	48	147	570	880	>25	研磨乳糖,形状不规则,含有固定量的细颗粒,具有黏附性
Respitose ML003	3.7	38	112	560	850	>25	研磨乳糖,形状不规则,有固定比例细颗粒,具有黏附性
Respitose SV001	139	226	312	700	810	14	粗筛分乳糖,战斧形颗粒,表面光滑,极佳的流动性
Respitose SV003	31	61	95	630	780	19	细筛分乳糖晶体,表面光滑,粒度分布较窄,优异的流动性
Respitose SV010	51	109	178	690	830	17	粗筛分乳糖晶体,表面光滑,战斧形颗粒,极佳的流动性
Respitose SV014	245	365	545	720	810	12	筛分大乳糖晶体,极佳的流动性,防止团聚
Meggle GmbH							
InhaLac 70	135	215	301	600	710	15	筛分乳糖
InhaLac 120	88	132	175	720	830	13	筛分乳糖
InhaLac 160	73	108	144	700	835	16	筛分乳糖
InhaLac 230	45	97	144	700	850	18	筛分乳糖
InhaLac 251	13	49	91	640	880	27	筛分乳糖
InhaLac 140	6	49	159	600	920	35	研磨乳糖
InhaLac 150	3	24	76	490	800	39	研磨乳糖
InhaLac 300	2	14	40	430	720	40	研磨乳糖
InhaLac 400	1	8	28	330	530	38	研磨乳糖
InhaLac 500	—	3	8	240	370	35	研磨乳糖

续 表

辅料品种	D10 (μm)	D50 (μm)	D90 (μm)	堆密度 (g/L)	振实密度 (g/L)	卡尔指数或流动性	说 明
Kerry							
Aero Flo® 60S, Monohydrate	30	60	98	640	—	好	研磨/筛分乳糖,细粉含量低
Aero Flo® 25, NF Anhydrous	4	25	72	480	—	低	研磨乳糖,具有最小粒径
Aero Flo® 35, Monohydrate	8	38	84	530	—	低	研磨乳糖,研磨产生"碎片"状的颗粒
Aero Flo® 85S, Anhydrous	30	85	200	620	—	好	研磨/筛分乳糖,细粉含量低
Aero Flo® 55, Monohydrate	11	58	138	590	—	低	研磨乳糖,研磨产生"碎片"状的颗粒
Aero Flo® 65, Monohydrate	12	63	144	610	—	适中	研磨乳糖,研磨产生"碎片"状的颗粒

（2）硬脂酸镁：主要由硬脂酸、棕榈酸构成的镁盐,其结晶形式包括无水、二水和三水化合物。硬脂酸镁具有疏水性,与强酸、强碱、强氧化物和铁盐有配伍禁忌,粉体黏性强、流动性差。在"药物-载体"二元体系的基础上,硬脂酸镁可作为物理混合物型吸入粉雾剂处方的第三组分辅料,多种吸入粉雾剂上市产品采用乳糖一水合物和硬脂酸镁处方(表17-1),以优化吸入粉雾剂处方的性能,如粉体颗粒流动性、雾化能力、防水性和药物稳定性等。通常硬脂酸镁用量为0.1%~1%,最佳用量根据药物的物理化学性质、处方等因素有所不同。

硬脂酸镁的润滑功能特性被广泛接受,其在吸入粉雾剂中最初也是用于改善储库型干粉吸入剂(dry powder inhaler, DPI)装置中机械计量问题。随着硬脂酸镁调节粉体颗粒间相互作用功能被进一步发现,以及 Powderhale® 和 SkyeProtect® 技术平台的出现,硬脂酸镁与乳糖一水合物载体联合应用增强吸入粉体性能得到进一步发展。Powderhale® 技术主要是应用硬脂酸镁或 L-亮氨酸,作为药物和载体颗粒之间的力调节剂,吸附于乳糖表面,使其表面平滑、降低粉末内聚力或减少毛细管相互作用,在吸入气流作用下提高雾化、分散特性。SkyeProtect® 技术主要利用硬脂酸镁的疏水性质,保护粉雾剂免受水分影响,起到"防水"功能。硬脂酸镁也可以抑制或减少药物分子和载体之间的化学相互作用,降低具有仲胺或伯胺分子结构的药物与乳糖发生美拉德反应的可能性,起到"稳定剂"作用。另外,由于硬脂酸钠更易溶于水和乙醇,其已被用作雾化增强剂和水分保护剂,探索应用于吸入粉雾剂辅料,以克服硬脂酸镁不溶于水或乙醇而无法进行喷雾干燥制备吸入颗粒的限制。干燥颗粒表面上的硬脂酸钠结晶层也可以提高干燥颗粒的水分稳定性[5]。

2. 无载体型(粒子工程技术)吸入粉雾剂辅料

(1)亮氨酸:为白色结晶粉末,分子量为131,等电点为6.04,溶于水、乙酸、乙醇,几乎不溶于乙醚。亮氨酸安全性好,已被用于多种上市注射剂辅料,尽管其尚未被批准用于吸入产品,但多项细胞与临床研究表明亮氨酸肺部给药安全性和耐受性良好,预期将逐渐应用于商业化吸入粉雾剂产品中。亮氨酸是一种多用途吸入粉雾剂辅料,可基于粒子工程用于小分子、生物大分子药物的可吸入高剂量药物载体颗粒制备,通过对粒子表面改性,提高粉体颗粒物理稳定性与雾化性能。颗粒表面改性是粒子工程的重要优势,通过制备不同表面形貌粒子可降低颗粒间作用力,形成颗粒表面疏水层、降低水分影响,改善颗粒的雾化分散和稳定性等。在液滴干燥成颗粒过程中,液滴内成分由于蒸发速率和溶质扩散速率之间的差异会重新分布,从而形成不同颗粒特性,达到颗粒表面改性的目的。佩克莱(Peclet)数被广泛用于了解干燥过程中的颗粒形成机制,通常Peclet数高则溶质容易在表面富集,导致中空颗粒,Peclet数低则易制备致密颗粒。作为疏水性氨基酸,亮氨酸的功能优势来源于其结构特性,其具有四碳脂肪族非极性侧链,具有弱表面活性,具有较高的Peclet数。在典型的喷雾干燥条件下,亮氨酸分子倾向于富集在喷雾液滴表面,其疏水分子结构向外,干燥过程形成结晶疏水外壳,随着颗粒进一步干燥,溶剂挥发导致外壳皱缩并形成中空表面褶皱颗粒。亮氨酸发挥粉体颗粒稳定和雾化增强功能主要来源于喷雾干燥过程中形成的疏水结晶外壳对颗粒表面形态与密度的调控作用。亮氨酸喷雾干燥颗粒表面粗糙,减少了颗粒间可接触面积,降低了范德瓦耳斯力和静电力。颗粒表面疏水性亮氨酸也减少了水分吸附,降低了颗粒间毛细作用力。同时,喷雾干燥亮氨酸易形成中空颗粒,低密度颗粒降低了其空气动力学直径,从而改善肺深部沉积行为。

亮氨酸在颗粒表面结晶外壳的分布与性质取决于喷雾干燥过程中处方及工艺条件因素,包括亮氨酸初始浓度、亮氨酸在溶剂中的溶解度、喷干温度等。通常浓度在5%~40%(w/w),颗粒表面的亮氨酸覆盖率随着浓度增加而显著增加。另外,亮氨酸的初始浓度也影响其结晶度,浓度过低容易形成无定型亮氨酸,导致在储存过程中重新结晶,吸入性能发生变化。亮氨酸在不同溶剂、不同 pH水溶液中的溶解度也对其在颗粒表面的分布起着至关重要的作用。例如,添加乙醇可降低亮氨酸的溶解度,使其在干燥过程中较低浓度和较短的时间内达到过饱和并结晶,提高颗粒外壳覆盖率[6]。除了处方因素,提高喷干温度也会增加亮氨酸干燥过程中的Peclet数,有利于亮氨酸在液滴表面结晶并产生空心颗粒,但过高温度可能导致亮氨酸干燥过快而产生无定型颗粒。

亲水性氨基酸精氨酸、天冬氨酸、苏氨酸等和疏水性氨基酸苯丙氨酸等也被尝试用于吸入粉雾剂。但由于氨基酸的疏水性或亲水性不同,往往导致颗粒形态差异。例如,亲水性氨基酸精氨酸、天冬氨酸和苏氨酸的颗粒外壳通常透水性较好,易形成光滑的表面;而疏水性氨基酸苯丙氨酸形成的外壳的透水性较差,其颗粒表面形貌具有一定褶皱[7]。

(2)甘露醇:为白色、具有甜味的结晶性粉末,分子量为182,溶于水和乙醇,不溶于乙醚。甘露醇是一种吸湿性低的非还原糖,可用作吸入粉雾剂辅料,与小分子药物或大分子药物共喷雾干燥制备可吸入颗粒。甘露醇也可用于吸入诊断支气管高反应性(Aridol®)。甘露醇本身具有一定功能特性,如甘露醇吸入粉雾剂用于改善囊性纤维化成年患者的肺功能(Bronchitol®),利用高渗作用可增加黏液清除率,改善具有黏液分泌增加、增稠等临床症状的肺部疾病。另外,甘露醇也被应用于Exubera®药物处方中。

在同等干燥条件下,甘露醇的Peclet数值通常较低,颗粒呈规则的表面光滑球形。甘露醇喷雾干燥颗粒仍以结晶形式存在,但因喷雾干燥条件及药物性质差异,甘露醇颗粒可能存在α、β、δ晶型的转变。许多研究将固体LNP、聚合物纳米颗粒等一级纳米颗粒分布于甘露醇溶液后进行喷雾干燥,纳米颗粒均匀分布在甘露醇微粒载体中。其他葡萄糖一水合物、海藻糖、右旋糖、麦芽糖、山梨糖醇、木糖醇等也作为潜在载体辅料被探索性应用于吸入粉雾剂,但这些糖的湿敏感性容易降低吸入粉雾剂的稳定性和雾化特性[8]。

(3)磷脂:是两亲性内源性辅料,磷酸的两个羟基分别与甘油和胆碱、乙醇胺、丝氨酸、肌醇结合形成磷脂酰胆碱(PC)、磷脂酰乙醇胺(PE)、磷脂酰丝氨酸(PS)、磷脂酰肌醇(PI)等甘油磷酸酯。甘油分子羟基可以与不同的脂肪酸结合,根据脂肪酸链长与不饱和程度可进一步分为DSPC、DPPC、二硬脂酰基磷脂酰乙醇胺(DSPE)、二棕榈酰磷脂酰乙醇胺(DPPE)等。随着阿米卡星吸入脂质体(ARIKAYCE® KIT)在美国获批上市,磷脂辅料在吸入递送系统中的应用也备受关注。对于吸入粉雾剂,磷脂酰胆碱作为内源性肺表面活性剂的主要成分而被广泛探索应用。DPPC 的脂肪酸链由两条完全饱和的 C16 脂肪酰基链组成。DPPC 在喷雾干燥粒子工程中,由于其表面活性特性,可以一定比例定向分布于液滴表面,亲水性头部嵌入液滴内部,疏水性脂肪链朝向空气,形成覆盖颗粒的功能性疏水外壳。不仅如此,DPPC 也可以改变颗粒表面粗糙度,形成球形表面光滑颗粒。

DSPC 是另一种极具应用潜力的吸入粉雾剂磷脂酰胆碱,并已被 FDA 批准用于肺部给药(TOBI Podhaler®,基于 PulmoSphere™ 技术)。相比于 DPPC,DSPC 由 18 个碳原子的饱和脂肪酸链构成,是 PulmoSphere™ 技术的主要核心辅料。该技术通过将全氟辛基溴(PFOB)乳液进行喷雾干燥,处方中少量 $CaCl_2$(摩尔比 2∶1)改变 DSPC 的头部基团结合能力,提高其 T_g,形成小的多孔颗粒。该载体可以灵活采用多种方式进行载药,如将药物分散或溶解在乳液中进行喷雾干燥制粒,也可直接用作微粉化药物颗粒的载体。

(4)聚合物:吸入粉雾剂粒子工程可灵活设计颗粒物理化学特性,在调控颗粒的肺部吸入过程方面表现出多种优势。生物可降解聚合物可在体内有效清除、避免积累,具有较好的肺部递送安全性,是十分有潜力的吸入粉雾剂辅料。探索研究了基于天然和合成生物可降解聚合物的吸入粉雾剂辅料,用以制备多种粒径、形貌、密度的吸入颗粒,以改善颗粒的肺部沉积、黏膜黏附、调控药物溶解和释放速率等。天然生物降解多糖与蛋白质,如透明质酸、壳聚糖和白蛋白等也被作为吸入粉雾剂潜在辅料探索。但与合成聚合物相比,天然生物可降解聚合物在纯度、批间一致性、免疫原性等方面具有的一定限制。相比于天然聚合物,合成聚合物的理化特性可控性与批次间稳定性好,吸入粉雾剂中使用的合成聚合物包括 PLGA、聚己内酯、聚乳酸等。药物与 PLGA 聚合物共同进行喷雾干燥,用于肺部给药研究应用较为广泛。通过粒子工程优化处方,可获得令人满意的吸入颗粒载体特性。PLGA 生物降解速度缓慢,可调控药物释放速率,达到肺部吸入且缓释的目的。但其降解产物乳酸和乙醇酸可能会刺激肺黏膜,引起安全性担忧[9]。

(二)吸入粉雾剂辅料的关键理化特性与表征方法

吸入粉雾剂辅料的理化特性是影响肺部递送效率的决定性因素之一,通过调控颗粒物理化学性质可有效降低口咽部损失、增强肺深部沉积。肺部递送微粉化药物颗粒粒径小,导致表面积与表面能显著增加,粉末流动性差。为了克服微粉化药物的内聚性所引起的各种问题,通常需要借助黏附力通过有序混合,黏附到大粒径可吸入辅料上,在给药过程中利用患者吸气气流来完成解聚和分散。通常认为颗粒吸入过程如下:最初粉末处于静止阶段;在吸入气流的作用下,当颗粒间距增加并开始流动时,粉末进入惯性阶段;当颗粒间距离增加至颗粒粒径时,进入流化阶段;随后颗粒通过湍流、惯性或冲击力分散药物与载体,使药物在呼吸道中沉积。由此过程可知,合适的辅料理化特性与颗粒间作用力是影响吸入粉雾剂递送剂量均一性、微细粒子剂量、空气动力学粒径分布等的关键因素。辅料颗粒间的相互作用,包括范德瓦耳斯力、静电力、毛细管力或机械作用力,既影响药物-辅料混合均匀性和粉雾剂胶囊、泡罩等低微剂量灌装准确性,也决定了粉雾剂肺部递送过程中药物微粒和载体之间的吸附与解吸附行为。颗粒间各种作用力同时受颗粒特性的影响,包括颗粒粒径、颗粒形态与形貌、吸湿性与水分含量、静电荷、结晶度等。深入了解吸入粉雾剂辅料与载体颗粒的物理化学特性,对于成功制备重现性好的吸入产品至关重要[10,11]。

1. 载体颗粒粒径　合适的粉体颗粒粒径是吸入粉雾剂的关键物理特性之一,粒径变化对肺部递送效率产生系统性影响。通常,空气动力学直径为 1 ~ 5 μm 且粉体堆密度<1 g/cm³ 的药物干粉颗粒具有较高的肺深部沉积效率。粒径大于 5 μm 的颗粒由于惯性碰撞很容易在口咽部被截留,粒径小于 0.5 μm 的颗粒易被呼出或在肺泡沉积后可能会被迅速吸收进入体循环。可吸入药物颗粒通常与粗颗粒载体联合使用制备干粉混合物,或者基于粒子工程制备可自由流动的无载体颗粒。对于物理混合型粉雾剂,微粉化药物颗粒分布于粗载体颗粒表面,粗载体颗粒直径为 25 ~ 250 μm,有助于提高药物粉雾剂的流动性、剂量均匀性和分散性。除了粗载体外,通常还包含细颗粒第三组分(粒径<10 μm)调节粉雾剂性能。粉雾剂递送效率受载体粒径及其分布影响[12],因此处方设计阶段应充分表征粗载体和细载体的粒径。激光衍射粒径测定仪可以灵活采用湿法(液体)或干法(气体)对粉雾剂载体颗粒进行有效分散,进而基于米氏(Mie)激光散射理论和夫琅禾费(Fraunhofer)光衍射理论(>50 μm)对其粒径及其分布进行分析。由于吸入粉雾剂常需要分析直径小于 10 μm 的细小颗粒,对于小粒子更加敏感的 Mie 理论通常更为常用。有多种实验方法可用于评价吸入颗粒的粒度和分布,如级联撞击器(Anderson Cascade Impactor、Next Generation Impactor等)、激光衍射、光学显微镜图像分析、SEM 等。通常,吸入粉雾剂的体外肺部沉积评价参数包括微细粒子分数(FPF)、微细粒子剂量(FPD)、质量中值空气动力学直径(MMAD)和几何标准偏差(GSD)等。FPF 通常指小于 5 μm 的细颗粒质量除以发射剂量用于表征粉雾剂雾化性能,高 FPF 表明可以到达肺深处的药物颗粒多,通常使用级联撞击器进行测定。载体颗粒的尺寸及其分布也可以通过颗粒的投影面积图像分析来测量并计算等效径。为了提高测定准确性与代表性,通常需要测定 300 以上颗粒计算平均直径,尽管分析测定技术的进步可以自动化分析大量粒子图像,但与激光衍射分析方法相比仍然费力费时,不仅测定粒子数少,还受像素分辨率、颗粒团聚影响,因此准确性会略低,往往需与激光衍射法粒度数据进行交叉验证。

2. 载体形态与表面形貌　载体形态与表面形貌是影响吸入粉雾剂雾化和肺部沉积的第二个重要因素。载体粒子表面通常是凹凸不平的,在混合过程中药物细粉会被吸附截留于表面。不同形状载体颗粒可以通过合适的粒子工程制备,如花粉状、球形、板状、立方体状和针状等,通过改变颗粒的流动性、雾化能力和沉积模式改善药物在肺部的沉积行为。不规则形状颗粒往往可以通过降低颗粒间接触面积减小范德瓦耳斯力,从而降低聚集趋势。如表 17 - 4 所示,通过显微镜观察,根据粒子的长、宽、投影面积、周长和直径等可计算各种形状因子来评价载体颗粒的形态。

表 17 - 4　载体颗粒形态表征参数

形状指数与系数	公　式	说　明
横纵比	$AR = d_{max}/d_{min}$	最大径 d_{max} 与最小径 d_{min} 之比,球形颗粒横纵比为 1
球形度	$\phi_s = \pi D_v^2/S$	颗粒的球相当径 D_v 计算的球体表面积与粒子的实际表面积 S 之比
圆形度	$\phi_c = \pi D_H/L$	颗粒投影面积相当径 D_H 计算的圆周长与粒子的投影面周长 L 之比
体积形状系数	$\phi_v = V_p/D^3$	粒径为 D,体积为 V_p 球体的形状系数为 $\pi/6$,立方体的形状系数为 1
表面积形状系数	$\phi_s = S/D^2$	粒径为 D,表面积为 S 球体的表面积形状系数为 π,立方体的表面积形状系数为 6
比表面积形状系数	$\phi = \phi_s/\phi_v$	表面积形状系数 ϕ_s 与体积形状系数 ϕ_v 比值,球体、立方体的比表面积形状系数为 6

载体颗粒表面粗糙度在药物颗粒吸附与解吸附过程中起重要作用。载体表面形貌变化不但可以改变粒子间范德瓦耳斯力,也将极大地影响物理机械相互作用。通常采用颗粒工程技术,如表面包衣、重结晶、喷雾干燥制粒、细颗粒机械

混合等方式来调控表面粗糙度。表面粗糙度增加会降低载体和药物之间的接触程度,促进药物从载体表面释放。对于多孔型颗粒,载体表面粗糙度对其肺部递送效率的影响由孔径及药物颗粒大小共同决定。当孔径小于药物粒径,药物-载体的有效接触面积将降低,药物-载体相互作用力减弱,提高药物颗粒的分散性。当孔径大于药物颗粒粒径,药物-载体的有效接触面积增加,增强了药物-载体的黏附性,在雾化过程中降低粉末对气流的阻力,从而减弱雾化过程中的分散力。颗粒表面粗糙度形貌分析可以通过电子显微镜或原子力显微镜对单个颗粒表面形貌直接评价测定;也可以通过压汞法、气体吸附法测量表面积与基于中值粒径计算表面积之间的比率来评价表面粗糙度与孔隙结构。

3. **吸湿性和水分含量** 吸湿性是粉体辅料在环境中吸收水分的能力,受环境条件及辅料性质影响。吸湿性可以影响粉雾剂辅料的多方面性质,如堆密度、表面电荷和颗粒间相互作用,最终影响雾化、肺部沉积行为。当吸附水分的两个颗粒之间发生接触时会产生毛细管相互作用,产生较强的黏附力。当相对湿度超过65%时,颗粒间的毛细管相互作用可能超过范德瓦耳斯力和静电力。另外,水分也会影响其他相互作用力,如吸附的水分层降低了颗粒间的距离,范德瓦耳斯力增加,但导电性增强,静电力降低。动态蒸汽吸附可用于测定水蒸气在粉末上的吸附行为。

4. **表面静电电荷** 吸入粉雾剂辅料颗粒通常表现为不良导体,因此极易产生表面静电。静电荷主要由粒子与粒子、粒子与设备在混合、流化过程中碰撞或摩擦产生。颗粒表面静电荷会直接影响颗粒吸入过程的雾化及呼吸道沉积,因此在药物处方开发、设计过程中优化辅料颗粒表面电荷非常重要[12]。颗粒表面电荷受颗粒粒径和表面性质影响。粒径的降低、活性表面积的增加往往使表面电荷增加,提高粉体内聚性,降低了粉体雾化能力。同样,粒子的形状和表面形态也会影响表面电荷,相比于其他形状,球形颗粒通常表面电荷更低,粗糙颗粒表面增加了颗粒间表面接触而容易带有更高的表面电荷。一般可以应用物理或化学方法来降低电荷,以改善粉末流动特性和分散性。

5. **结晶度** 无定型辅料的亚稳态性质经常引起稳定性问题,不利于在吸入粉雾剂中的应用。对于应用最为广泛的乳糖辅料,无定型乳糖更易与伯胺化合物发生美拉德反应,易产生棕色产物,影响吸入粉雾剂稳定性。另外,乳糖结晶度对吸入粉雾剂的雾化、解离行为也有重要影响。无定型乳糖通常具有高表面能,从而使辅料颗粒表面与药物颗粒黏附相互作用增强,导致药物无法解离,吸入效率低。可以通过改变研磨时间、喷干条件等制备工艺和辅料处方来改善载体颗粒结晶度,结晶度可以使用 X 射线粉末衍射、DSC、拉曼光谱等常用方法测定。

（三）吸入粉雾剂辅料的制备

吸入粉雾剂辅料的关键颗粒特性对于满足药物递送所需的肺部沉积和生物利用度至关重要。为了获得吸入粉雾剂辅料所需的空气动力学粒径、形状、表面形态等特性,需要合适的粒子工程技术。吸入粉雾剂制备过程涉及多种粉体制备处理技术且具有挑战性。通常可吸入辅料颗粒可以通过"自上而下"的研磨方法来制备,如气流粉碎、介质研磨;或者通过"自下而上"的粒子工程方法,如喷雾干燥、喷雾冷冻干燥和超临界流体干燥、结晶等颗粒工程[9]。需要注意的是,研磨和喷雾干燥产生颗粒性质有很大不同。传统使用研磨颗粒,因其具有更好的稳定性和更容易的加工性,气流粉碎产生不规则形状的颗粒,呈较松散的颗粒聚集体,水分含量低,通常不会改变辅料或药物晶型。但喷雾干燥颗粒呈球形,表面粗糙度受干燥条件与辅料性质影响,可能会形成无定型,若干燥条件不合适,颗粒会具有较高的水含量[13]。

1. 研磨破碎技术　目前,研磨技术常用于制备载体型物理混合型吸入粉雾剂。其中,气流粉碎、介质研磨是吸入粉雾剂中最常用的技术,可将颗粒粒径粉碎至可吸入范围($<5~\mu m$)。如表 17 - 3 所示,吸入乳糖辅料通常为研磨方法制备。在气流粉碎中,颗粒被流化,随后利用颗粒之间及颗粒与腔壁之间碰撞,降低颗粒尺寸。在介质研磨中,通过研磨介质、颗粒与腔壁之间碰撞来降低颗粒尺寸。虽然研磨技术过程相对简单、生产成本低,但产生颗粒形态不规则,表面粗糙,表面静电荷高,影响粉体流动性。

2. 粒子工程技术　喷雾干燥技术等粒子工程技术在无载体型吸入粉雾剂辅料制备方面应用广泛。通过处方和制备条件优化可改善吸入辅料的颗粒特性,所制备的颗粒表面形态、粒径分布均一,产率可满足工业生产,高剂量吸入粉雾剂 TOBI® Podhaler 和 Aridol®/Bronchitol® 即采用此方法制备。喷雾干燥制粒过程是将溶液、悬浮液或乳液经雾化器雾化成小液滴、干燥形成颗粒,该过程涉及较为复杂的颗粒干燥动力学。喷雾干燥颗粒的物理化学性质由雾化液滴和干燥气体之间传热及传质的过程共同决定。进料速率、入口温度、喷嘴孔径、雾化器压力等喷雾干燥参数会影响干粉的物理特性。例如,低雾化器压力、高进料速率通常会导致颗粒粒径变大;低入口温度干燥的颗粒可能具有较高的含水量,但表面形态更光滑。与传统的喷雾干燥相似,喷雾冷冻干燥技术也用于制备吸入用干粉,液体雾化成液滴后与液氮接触,经冷冻干燥过程固化,尤其适用于不耐热的药物,如蛋白质、单克隆抗体、疫苗等,未来应用潜力巨大。

基于喷雾干燥粒子工程获得广泛研究,可制备具有优异气溶胶性能的低密度多孔颗粒与表面改性载体颗粒。低密度多孔颗粒或空心粒子的密度较小,与实心固体粒子相比,可在几何直径大于 5 μm 的情况下保持合适的空气动力学直径,带来诸多优点。随着几何粒度的增加,表面积减小,颗粒间内聚力降低,粉体流化和分散增强。另外,低密度多孔颗粒的几何尺寸大,可避免巨噬细胞吞噬清除作用。但粒子结构中空隙的引入可能会限制其在高剂量粉雾剂中的应用。多种方法可以用于制备多孔颗粒,如添加碳酸铵等致孔剂、喷雾干燥包含挥发性辅料的水包油乳液(Pulmosphere™技术)等。

三、展望

吸入粉雾剂研发极具挑战性,优异的吸入粉雾剂质量源于合理的处方与工艺设计,而合理设计则需要深入理解可吸入药用辅料的关键理化属性、制备方法。由于安全性等问题,吸入粉雾剂辅料品种十分有限,但随着粒子工程与辅料科学的进步,已涌现出多种有前景的可吸入功能性辅料。吸入粉雾剂辅料的关键理化属性往往随药物、辅料性质而变化,探索其与雾化及肺部沉积之间的规律,将有力促进吸入粉雾剂质量提高,拓展吸入粉雾剂的应用。

(张欣,毛世瑞)

参考文献

[1] De Boer A H, Hagedoorn P, Hoppentocht M, et al. Dry powder inhalation: past, present and future. Expert opinion on drug delivery, 2017, 14(4): 499 – 512.

[2] Sun Y, Qin L, Li J, et al. Elucidating the Effect of Fine Lactose Ratio on the Rheological Properties and Aerodynamic Behavior of Dry Powder for Inhalation. AAPS Journal, 2021, 23 (3): 55.

[3] Pitchayajittipong C, Price R, Shur J, et al. Characterisation and functionality of inhalation anhydrous lactose. International Journal of Pharmaceutics, 2010, 390(2): 134 – 141.

[4] De Boer A H, Chan H K, Price R. A critical view on lactose-based drug formulation and device studies for dry powder inhalation: Which are relevant and what interactions to expect? Advanced Drug Delivery Reviews, 2012, 64(3): 257 – 274.

[5] Shur J, Price R, Lewis D, et al. From single excipients to dual excipient platforms in dry powder inhaler products. International Journal of Pharmaceutics, 2016, 514(2): 374 – 383.

[6] Lu W, Rades T, Rantanen J, et al. Amino acids as stabilizers for spray-dried simvastatin powder for inhalation. International Journal of Pharmaceutics, 2019, 572: 118724.

[7] Alhajj N, O'Reilly N J, Cathcart H. Leucine as an excipient in spray dried powder for inhalation. Drug Discovery Today, 2021, 26(10): 2384 - 2396.

[8] Anderson S D, Daviskas E, Brannan J D, et al. Repurposing excipients as active inhalation agents: The mannitol story. Advanced Drug Delivery Reviews, 2018, 133: 45 - 56.

[9] Healy A M, Amaro M I, Paluch K J, et al. Dry powders for oral inhalation free of lactose carrier particles. Advanced Drug Delivery Reviews, 2014, 75: 32 - 52.

[10] Kou X, Chan L W, Steckel H, et al. Physico-chemical aspects of lactose for inhalation. Advanced Drug Delivery Reviews, 2012, 64(3): 220 - 232.

[11] Alhajj N, O'Reilly N J, Cathcart H. Designing enhanced spray dried particles for inhalation: A review of the impact of excipients and processing parameters on particle properties. Powder Technology, 2021, 384: 313 - 331.

[12] Sun Y, Cui Z, Sun Y, et al. Exploring the potential influence of drug charge on downstream deposition behaviour of DPI powders. International Journal of Pharmaceutics, 2020, 588: 119798.

[13] Stegemann S, Faulhammer E, Pinto J T, et al. Focusing on powder processing in dry powder inhalation product development, manufacturing and performance. International Journal of Pharmaceutics, 2022, 614: 121445.

第十八章

经皮给药辅料

经皮给药已经发展成一种高效、易操作的给药方式,由于皮肤的屏蔽作用,辅料成为其实现功能的重要决定性因素。本章以功能演进为主线,介绍了经皮给药辅料的发展历程,从辅料的化学成分和形态等方面进行阐述,期望能简洁地展现其发展逻辑。

一、概述

皮肤是人体最大的器官,成人皮肤面积可达 $1.5 \sim 2.0 \ m^2$。作为人体与外界环境的首道物理屏障,皮肤担负起了免疫、代谢、体温调节及分泌与排泄功能。鉴于其较大的面积及独特的解剖学结构,皮肤成为一种广受关注的给药部位。经皮给药(transdermal drug delivery)特指借助特殊的装置(如透皮贴、微针阵列等)或技术(如离子电渗、热消融、微晶磨皮、电穿孔、超声空化等),将药物透过皮肤传递到体循环系统的给药方式[1,2]。严格意义上的经皮给药强调药物最终经由体循环实现药效,与经皮局部给药(topical drug delivery)有所区别。

自从第一款用于治疗晕动症的东莨菪碱(scopolamine)透皮贴(商品名 Transderm Scop®)于 1981 年获 FDA 批准在美国上市后,经皮给药这种独特的给药方式开始进入大众的视野,接下来,尼古丁贴片大获成功,进一步增加了普通民众对经皮给药的接受度。截至 2020 年,已有 260 多种经皮给药制剂获 FDA 批准,用于治疗高血压、心绞痛、晕吐、女性绝经期综合征、男性性腺功能减退症、阿尔茨海默病、重度抑郁症、重度疼痛、尼古丁依赖及尿失禁等疾病。目前,仅贴片类经皮给药制剂的全球市场规模就高达 25 亿~50 亿美元,且在 2025 年之前还将以每年 7%的速度增长[3]。

作为一种无痛、非侵入式的给药方式,经皮给药可以弥补口服、注射等传统给药方式的局限性。经皮给药施药过程具有缓释效果,特别适用于生物半衰期短且需要频繁口服或非胃肠道给药的药物,可以显著减少给药次数,延长给药时间,规避药物浓度峰谷变化引起的药物毒性问题;经皮给药施药过程中一旦有需要还可以自行停止给药,大幅提升患者的依从性;最重要的是经皮给药可以避免类似口服给药可能发生的肝首过效应及胃肠灭活问题,提高药物的生物利用率。

理想的经皮给药系统(transdermal drug delivery system)需要将负载的药物连续、稳定地透过皮肤表层并使其最终被吸收进入体循环系统。虽然皮肤表层也有一些如毛囊、皮脂腺和汗腺等具有孔道结构的附属器(图18-1A),作为药物直接吸收进入体内的通道,但是这些附属器只占不到1%的表皮面积,难以成为药物经皮吸收的主要途径[5~7]。一般认为药物经皮吸收的主要过程如下:① 药物由经皮给药系统释放;② 药物分布到皮肤最外层角质层;③ 药物经由表皮角质层扩散进入水性的活性皮层;④ 药物扩散到达真皮层;⑤ 药物被毛细血管吸收进入体循环系统。角质层(图18-1B)是人体体表的第一道物理屏障,具有防止皮肤深层水分流失和有害物质入侵的功能,同时也是药物经皮转运的主要障碍。角质层由10~25层分化的、无核角质细胞构成,细胞间隙填有以双分子层结构排列的细胞间类酯,其主要组成为近似等摩尔比的神经酰胺、胆固醇及长链游离脂肪酸。这些较为疏水的角质细胞间隙填充物有利于非极性的疏水小分子药物通过。

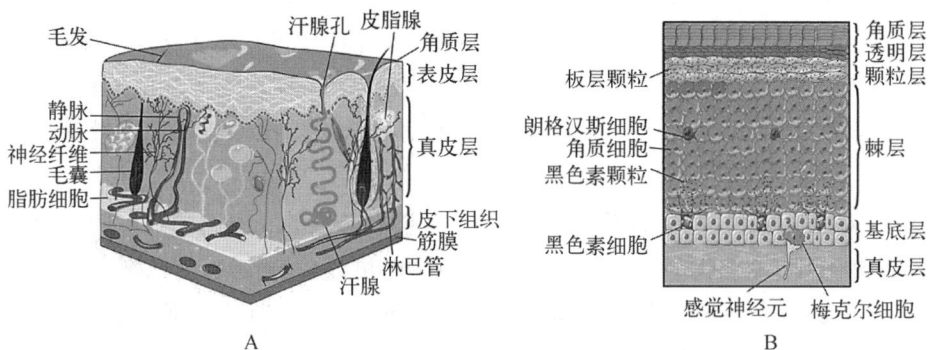

图 18-1 皮肤的解剖学结构(A)及表皮层组成(B)[4]

彩图 18-1

得益于微加工技术及材料领域过去几十年的高速发展,经皮给药系统已由初代的透皮贴[8,9]发展为基于各种化学、物理增透技术的第二代经皮给药系统[10~12]及至当下具备即时治疗效果反馈与调节功能的第三代智能化经皮给药系统[13~16],适用药物也由最初的脂溶性小分子药物扩展到如今的蛋白质、RNA及DNA等大分子药物[17~19],以及各类基于灭活、减活病毒的疫苗[20,21]。由于本书主要涉及药用辅料,故下面将从材料学的角度详细介绍各类经皮给药技术。

二、历代经皮给药系统及其辅料

（一）第一代经皮给药系统透皮贴及其辅料

第一代经皮给药系统主要是针对角质层对油溶性小分子药物的选择性透过而发展的各种经皮给药剂型,目前的主流剂型是透皮贴。虽然市场上有多种类型的透皮贴产品,但是根据药物的储存方式大致可以将它们分为整体型和储库型。一个完整的透皮贴由上而下依次为背衬层、药物储库或骨架层、控释层、黏附层和防黏层。整体型的药物分子储存于透皮贴的黏附层(图 18-2A),而储库型(图 18-2B)则通过一层控释膜将药物储库或骨架层与黏附层隔开。下面以储库型透皮贴为例,详细介绍经皮给药系统中涉及的常见高分子辅料。图 18-3列出了这些高分子材料的分子结构。

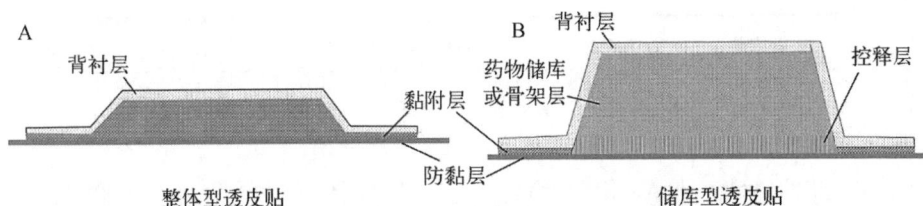

图 18-2 典型的整体型和储库型透皮贴的结构示意图

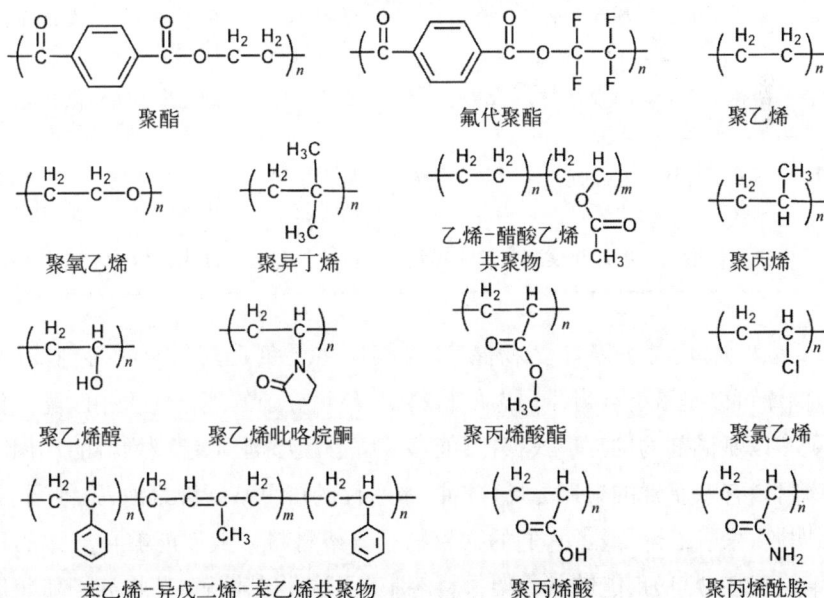

图 18-3 经皮给药系统中涉及的各种常见高分子材料的分子结构

269

1. 背衬层 背衬层的主要作用是将药物与赋形剂等与周围环境隔开,避免使用过程中因赋形剂中的各类易挥发物质流失导致药物结晶析出、相分离等而影响药物正常释放。理想的背衬层材料需要满足以下基本要求:① 满足药用标准的无毒、无刺激、无异味等化学惰性要求;② 具有跟皮肤类似的弹性及可延展性;③ 良好的透气性和较低的溶剂分子透过性;④ 一定的抗撕裂强度。背衬层材料的选择需要综合考虑黏附层的性质、黏附时间和赋形剂理化性质等因素,背衬层厚度为 20~100 μm。目前市售透皮制剂的背衬层材料多为聚合物薄膜,比如聚酯膜、聚乙烯膜或者铝箔/聚合物复合膜(表 18-1)。

表 18-1　国外几款市售透皮贴的材料组成[9]

	药　　物					
	东莨菪碱	芬太尼	硝酸甘油	雌二醇	睾酮	可乐定
商品名	Transderm Scop®	Duragesic®	Deponit®	Estrad erm®	Androderm®	Catapres-TTS®
背衬层	铝箔-聚酯复合膜	聚酯/聚乙烯复合膜	铝塑复合膜	聚酯/EVA复合膜	聚酯/EVA复合膜	聚酯/铝箔复合膜
储库或骨架层	液状石蜡及聚异丁烯骨架	乙醇/羟丙基纤维素	聚异丁烯压敏胶	乙醇/羟丙基纤维素/液状石蜡	乙醇/油酸单甘酯/月桂酸甲酯	液状石蜡/微粉硅胶/聚异丁烯
控释层	微孔聚丙烯膜	EVA	EVA	EVA	微孔聚乙烯膜	微孔聚丙烯膜
黏附层	聚异丁烯压敏胶	硅橡胶压敏胶	聚异丁烯	聚异丁烯压敏胶	聚丙烯酸酯压敏胶	聚异丁烯压敏胶
防黏层	硅化聚酯	氟烃化聚酯	硅化铝膜	硅化聚酯	硅化聚酯	硅化聚酯

2. 药物储库/骨架层 药物储库/骨架层主要负责药物及赋形剂的存储。其中,储库可以是液态或者半固态的材料,与药物分子的理化性质相匹配。储库材料更多以赋形剂的助剂形式存在,能够溶解于赋形剂中,起到增稠的作用。常用储库材料有亲脂性的聚氯乙烯、硅油,亲水性的羧甲基纤维素钠、聚维酮、聚乙烯醇、明胶、聚氧乙烯,或者它们的共聚物。骨架材料一般以能够自支撑的三维网络结构存在,赋形剂能够将骨架材料溶胀但不能将其溶解,药物分子随赋形剂均匀分散于骨架材料中。常用的骨架材料有亲脂性的聚乙烯、聚丙烯、聚酯、聚

氯乙烯及它们的共聚物和亲水性的各类聚丙烯酸酯类水凝胶。

3. **控释层**　控释层的引入能够保证药物以较为稳定、可控的浓度持续地经由储库或骨架层扩散至皮肤表层。控释层的材料一般选用厚度不超过 100 nm 的无孔 EVA 膜或聚乙烯膜(PE 膜)(表 18 - 1)。从扩散的角度看,控释层膜材料的厚度及聚合物分子链之间的致密程度是控制药物释放速率的关键因素。以 EVA 膜为例,增加其厚度或聚乙烯链段的含量均会降低药物释放速率。

4. **黏附层**　黏附层直接与皮肤表层接触,一方面负责实现药物从经皮给药系统到皮肤表层的扩散转运;另一方面要维持经皮给药系统在皮肤表层的长时间贴敷,保证给药的连续性。理想的黏附层材料需要满足以下几方面要求:① 满足药用标准的无毒、无刺激、无异味等化学惰性要求,不与药物分子发生任何形式的化学反应;② 一定的黏附强度,保证施药期间(1~7 天)不发生脱落;③ 内聚能大于黏接能,保证施药完成后能够从皮肤表层完整剥离,无物质残留且不损伤皮肤;④ 具有一定的透气性,对人体皮肤的顺应性好;⑤ 易于加工,成本可控。

黏附层在皮肤表面稳定的贴敷依赖于二者之间较强的相互作用,目前市售经皮给药系统的黏附层多选用高分子材料。通过适当的物理或化学改性,赋予高分子链段一定的流动性,在适当的外力作用下(如按压),借助物理相互作用,实现其在表皮角质层上的黏附。因此,此类材料也俗称为压敏胶(pressure sensitive adhesive, PSA)。根据其与皮肤表面相互作用的不同,大致可以将黏附层材料分为传统的亲脂性聚合物型和水凝胶型两大类。

(1) 传统亲脂性聚合物型黏附层材料:角质层细胞之间由疏水的神经酰胺、胆固醇及长链游离脂肪酸等细胞间类酯填充,亲脂性聚合物材料更容易使二者之间产生持久的作用。此类黏附层材料主要由基底聚合物、增黏剂、增塑剂、填充剂及抗氧剂等组成。

作为主体材料的基底聚合物主要选用具有优异皮肤顺从性的柔性高分子材料,市面上能够见到的主要有弹性体树脂类(天然橡胶及合成橡胶)、聚异丁烯类、有机硅类、聚丙烯酸酯类、聚氨酯类和聚乙烯基醚类等。

增黏剂的作用是为了增加界面黏合能力,一般选用低分子量的天然或合成树脂。增黏剂一方面要能与基底聚合物相容,保证黏附层足够的内聚能(即整体撕裂强度);另一方面要在外力按压作用下具有足够的流动性,以实现黏附层与皮肤的充分接触。以合成橡胶聚苯乙烯-异戊二烯-苯乙烯(SIS)基底材料为例,常用的增黏剂有三大类:① 与 SIS 分子中异戊二烯段具有较好相容性的脂肪族树脂,如松香、氢化松香酯、萜烯树脂等;② 与 SIS 分子苯乙烯段具有较好相容性的芳香族树脂,如各类含 9 个碳的长碳链树脂、芳香族单体改性的萜烯树脂及茚烯树脂;③ 能够在两相中溶解的各类树脂,如萜烯-酚醛树脂、碳五/碳九共聚的石油树脂等。

增塑剂的加入主要是为了改善压敏胶的黏性,调节各组分之间的相容性,以便压敏胶在皮肤表面能够充分浸润,进而保证贴敷效果。增塑剂主要是各类小分子溶剂,如酞酸二丁酯、柠檬酸三乙酯、液状石蜡、各类甘油酯、环烷油等。

填充剂主要是各类化学惰性的无机物颗粒,如二氧化钛、二氧化硅、氧化锌、轻质碳酸钙、滑石粉等,以降低基质材料固化收缩率,提高其内聚能,此外也有助于降低成本。

抗氧化剂的作用主要是避免经皮给药系统使用过程中因光照、氧化作用造成高分子基体材料性质变化而引起的贴敷及药物扩散行为的显著变化。对于含有反应性双键的橡胶类压敏胶、SIS 类压敏胶等的基底材料,抗氧化剂是必需的。常用的抗氧化剂为抗氧剂 1010。

(2)水凝胶型黏附层材料:水凝胶(hydrogel)是一类以水为分散介质的三维交联网络[22~25]。借助化学或物理交联作用,天然或合成亲水性高分子均可形成水凝胶[26~29]。其中天然亲水高分子主要有明胶、淀粉、纤维素、海藻酸钠、透明质酸、壳聚糖等;合成亲水高分子主要有聚乙烯醇(PVA)、端基修饰的聚氧乙烯、聚 L-赖氨酸、聚 L-谷氨酸、基于丙烯酸类单体(丙烯酸、甲基丙烯酸)及丙烯酰胺类单体(丙烯酰胺、N,N-二甲基丙烯酰胺、N-异丙基丙烯酰胺等)的高分子(图 18-4)。

目前市面上的水凝胶类贴剂通常选用聚丙烯酸类树脂作为黏附层。丙烯酸类树脂主要依靠高分子链上的羧基(—COOH)与皮肤表面角质层之间的静电相互作用、氢键相互作用等物理作用贴附于皮肤表面[30~32]。根据水凝胶类黏附层材料的涂布方式可以将其分为颗粒型和整体型。其中颗粒型水凝胶黏附层材料是轻度化学交联的水凝胶脱水颗粒与物理交联剂(主要是高价金属盐,如三氯化铝、氢氧化铝、乙酰丙酮铝等铝化合物)、pH 调节剂、保湿剂(如甘油、丙二醇、山梨醇等)、填料(各类无机颗粒)等的混合物。黏附层涂布时,适量的水会溶胀水凝胶颗粒,高分子链之间的缠结及交联剂与分子链上羧基的络合作用赋予黏附层适当的内聚能,同时,未充分溶胀的水凝胶通过较强的物理作用实现与皮肤

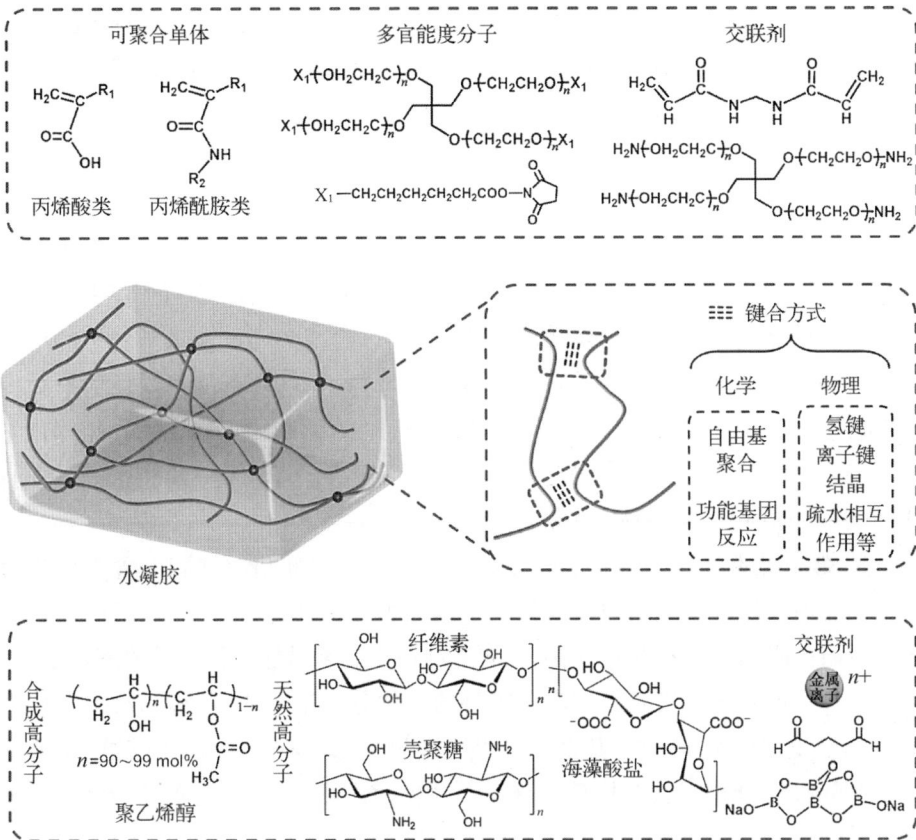

图 18-4　水凝胶类材料常用的键合方式及结构单元

彩图 18-4

表层的稳定贴附。水凝胶材料的一个显著特点是可以吸收大量的水,这些水分子以结合水的方式分散于水凝胶网络。充分溶胀的水凝胶中的高分子链完全失去了作用位点,无法再与物体表面黏附[33,34],因此水凝胶基黏附层材料即便初期与皮肤表层有比较强的黏附力,施药完成后通过适当的水溶液处理即可实现贴剂的无创剥离[35]。整体型水凝胶黏附层一般是水溶性丙烯酸类单体、化学交联剂、光引发剂、保湿剂、无机填料等的水分散混合液经原位光引发聚合制备而成。涂布过程中为了避免出现溢胶现象,会在单体混合物中加入适量的高分子量聚丙烯酸来调节涂布液的黏度。另外,还可以在水凝胶中引入特殊的蛋白质(如黏性蛋白[36])或聚合物(如聚多巴胺[37]),通过特殊的亲和作用进一步提升其与表皮的黏附力。

　　5. 防黏层　透皮贴的防黏层由不透光的金属/聚酯复合膜及一层厚度约

100 nm 的低表面能高分子涂层构成。其中,该高分子涂层直接与黏附层接触,在满足药用标准化学惰性要求的前提下还应该便于从黏附层表面剥离。常用高分子涂层材料有硅酮、含氟硅酮、全氟碳基聚合物等。

(二)基于各类增透技术的第二代透皮贴及其辅料

相比于第一代经皮给药系统,第二代经皮给药系统主要是借助各类小分子或纳米载体[38~41]增透来提升表皮角质层的通透性,以实现小分子(特别是不适用于第一代经皮给药系统的亲水性小分子药物)的高效经皮递送。理想的增透剂需要满足以下几方面要求:① 具有良好的生物相容性,不能引起任何形式的皮肤表层或深层细胞异常反应;② 满足药用标准的无毒、无刺激、无异味等化学惰性要求;③ 不对药物的药代动力学及可持续、稳定释放行为造成明显影响;④ 不能引起任何体液的渗漏。

1. 溶剂型增透剂 溶剂型增透剂主要是通过改变角质细胞的含水量或角质细胞脂质间质的排列结构来降低角质层对小分子药物,特别是水溶性药物透皮扩散时的阻碍作用。此外,溶剂型增透剂还能显著增加药物分子的溶解度,进而在经皮给药系统与皮肤之间建立额外的药物分子浓度梯度驱动力,提升药物分子的经皮递送效率。常用的溶剂型增透剂有水、醇类(乙醇、甲醇)、亚砜类(二甲基亚砜)、酰胺类(二甲基甲酰胺、二甲基乙酰胺)、吡咯烷酮类、氮酮类、挥发油及萜烯类。

2. 表面活性剂 表面活性剂对表皮角质层的增透效果取决于其化学组成(图 18-5)及理化特性。阳离子型表面活性剂(如十六烷基三甲基溴化铵)主要与表层胶质细胞脂质间质作用改变其有序结构实现增透。阴离子表面活性剂(如月桂酸钠、双乙酰磺基琥珀酸酯等)则主要通过与角质细胞、脂质体相互作用,扩张细胞膜,提升皮肤表皮的通透性。由于阳离子表面活性剂对角质细胞脂质间质结构的影响更为显著,所以阳离子表面活性剂表现出更为明显的小分子药物增透效果。此外,还有一些非离子型表面活性剂,如聚氧乙烯-聚氧丙烯-聚氧乙烯三嵌段共聚物(如普朗尼克 127, pluronic 127)可以起到软化角质层的效果,进而显著提升其通透性。

3. 纳米载体 近些年,随着纳米技术的发展,一些特殊的纳米载体也被开发出来,作为增透手段用于小分子药物,特别是亲水性药物分子的经皮递送。这些纳米载体主要有脂质体(liposomes)、醇质体(ethosomes)、传递体(transfersome)等(图 18-6)。这些纳米载体的主体结构均是由卵磷脂双分子层自组装形成的囊

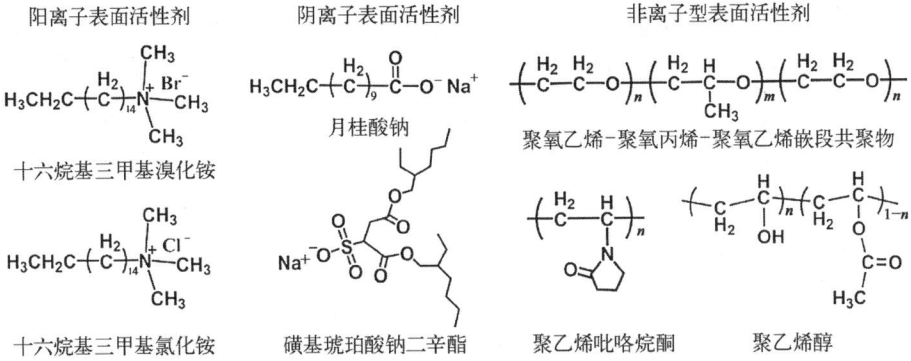

图 18-5　几种代表性表面活性剂的分子结构

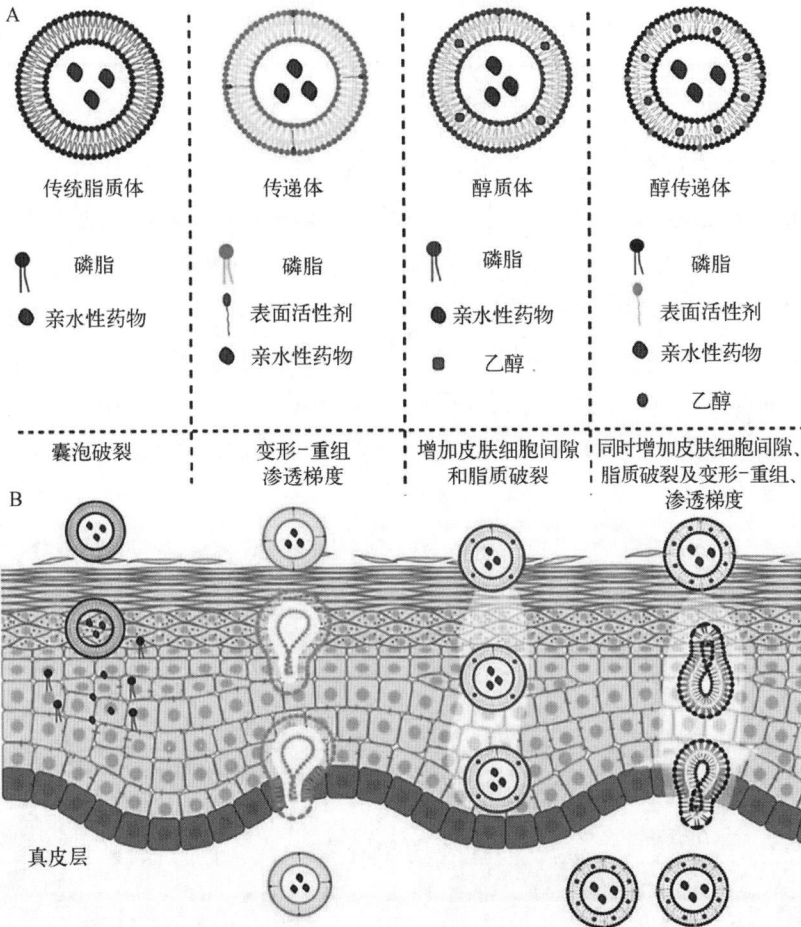

图 18-6　各类纳米载体化学组成及其透皮递送机制示意图[41]

彩图 18-6

泡,其中,传递体是一类性能优异的纳米增透载体[41],是一类由卵磷脂分子与边缘活化剂(edge activator)自组装形成的一种双亲性胶囊状纳米载体。不同于传统的脂质体纳米载体,传递体中引入的边缘活化剂赋予其优异的变形能力,使其可通过变形轻松穿过比其直径小 5~10 倍的孔洞。一旦传递体分散体系涂敷于皮肤表面,皮肤表面水分蒸发引发的渗透压差会驱使其自发变形穿透表皮角质层,并最终进入体循环,实现药物的经皮递送。得益于传递体的双亲特性,水溶性小分子药物、油溶性小分子药物,甚至大分子药物(如蛋白质等),均可借助它实现经皮递送。作为影响增透效果的两个主要因素,传递体的粒径及其变形能力很大程度上受边缘活化剂亲水亲油平衡值(hydrophilic/lipophilic balance)的影响。常用的边缘活化剂有吐温类(Tween)、司盘类(Span)、胆酸钠、脱氧胆酸钠等。此外,向传递体中引入乙醇等小分子增透剂,还能得到一类兼具化学增透效果的传递体,进一步增强其增透效果。

(三)第三代经皮给药系统微针阵列及其辅料

第三代经皮给药系统主要是借助一些物理增透手段大幅降低表皮角质层的屏障作用(如打孔),在不影响深层组织的条件下实现药物特别是大分子药物的高效经皮递送。目前临床上使用的增透技术主要有电穿孔(electroporation)、离子电渗(iontophoresis)、超声空化(cavitational ultrosound)、微晶磨皮(microdermabrasion)、微针阵列(microneedle array)[42~47]等。其中,微针阵列继承了传统透皮贴自主管理的使用便利性,不需要复杂的电子设备,患者依从性更高(图 18-7)。

图 18-7 微针阵列经皮给药系统。图 A 和 B 所示为典型的聚合物微针阵列及微针阵列穿刺后在皮肤表面留下的微孔的扫描电镜图片[42,48]

微针的长度(150~1 500 μm)和直径(底部 50~250 μm,尖部 1~25 μm)为精心设计的,既保证微针阵列能够轻松穿透表皮角质层,又避免其深入真皮层造成神经损伤而引发痛感。根据组成材料的不同,可以大致将微针阵列分为无机微针阵列、金属微针阵列及聚合物微针阵列。无机微针阵列材料构成主要是单晶硅、玻璃及氧化物陶瓷。虽然此类微针阵列具有较强的皮肤穿透能力,但无机材料的易碎特性极大地限制了其应用。金属材质的微针阵列则能有效规避无机微针阵列易碎的缺点,比无机微针阵列更适合于经皮给药。此类微针阵列的材料主要是生物惰性的金属钛、钨及不锈钢。相比于无机材料及金属材料,聚合物材料兼具优异的综合力学性能、可调节的生物降解能力、优异的生物相容性,以及良好的可加工性等优势,是目前应用最为广泛的微针阵列制备材料。目前已见诸报道的用于微针阵列的主要聚合物材料:① 可降解聚合物,如聚乳酸、聚碳酸酯(PC)、聚己内酯、壳聚糖、聚乙醇酸(PGA)或者它们的复合物;② 可溶胀聚合物,如聚乙烯醇(PVA)、聚苯乙烯-丙烯酸共聚物等;③ 具有一定力学强度的可溶解型聚合物,如聚乙烯基吡咯烷酮、普鲁兰多糖、透明质酸(HA)、羧甲基纤维素(CMC)、麦芽糖糊精等。需要指出的是,在实际使用过程中,会考虑使用需求、结合不同材料的优缺点,开发复合材质的微针阵列,并结合一些特殊的药物制备技术(如纳米化),实现不同药物的高效、可控经皮递送。根据药物释放方式(图 18-8),各类材料在微针阵列经皮给药系统中的应用情况如下。

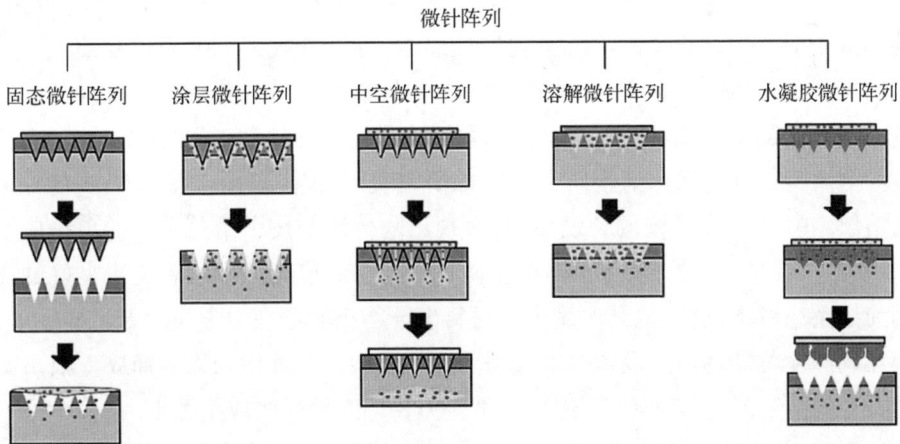

图 18-8　不同类型微针阵列作用于皮肤后药物释放过程的示意图[46]

1. 固态微针阵列(solid microneedle array)　顾名思义,固态微针阵列一般是由无机物、金属或者硬质聚合物制成的经皮给药系统,使用时遵循穿刺-贴敷的步骤。一般是利用微针阵列的穿刺作用,在皮肤表层留下微米级的孔洞,之后将糊状(膏剂、乳剂等)或凝胶状的药剂贴敷在穿刺部位,药物通过被动扩散的方式进入真皮层,并最终进入体循环。

2. 涂层微针阵列(coated microneedle array)　与固态微针阵列不同,涂层微针阵列直接将药物以涂层的方式附着在微针表面,在完成穿刺的同时,借助皮肤层的机械力或者体液的浸润作用,将药物直接截留在皮肤表层内部。此类微针阵列对涂层的质量要求较高:① 药物需要均匀地分布于涂层内部,且涂层厚度要均匀可控;② 涂层与微针基底材料之间需要有适当的结合力,保证药物涂层能适时脱落。药物涂层一般选用生物相容、可降解的生物高分子材料,如明胶/蔗糖混合物、壳聚糖、海藻酸钠、透明质酸等作为基底。在合适的聚合物溶液黏度条件下,小分子药物分散液、乳液、纳米递质、纳米晶及大分子药物等制剂形态的药物均可通过浸涂、喷涂、浸镀等方式负载于微针表层。一项基于涂层固态微针递送大分子模型药物牛血清白蛋白的实验表明,以明胶/蔗糖为涂层基底的涂层微针阵列可以将大分子药物成功经皮递送至体循环系统[49]。此外,不同于传统透皮贴,此类涂层微针阵列经皮给药系统可以在施药早期实现高浓度的药物突释(约 60 wt%在前 3 h 内释放),并在后续的 20 h 内表现出稳定的药物释放速率,药物的生物利用率高达 98%。

3. 溶解型微针阵列(dissolving microneedle array)　溶解型微针阵列一般以可溶解或可生物降解的聚合物为主体材料,微针穿刺进入皮肤表层后无须取出,药物分子随着微针自身的溶解实现透皮递送,可以有效避免因为重复使用而引起的交叉感染风险。目前,借助溶解型微针阵列,已经成功实现了一些大分子药物,如胰岛素、生长激素及抗体等的高效经皮递送。一项基于聚维酮主体材料构建的溶解型微针递送卵清蛋白(OVA)的研究表明,被壳聚糖包覆的 OVA 能够通过溶解、扩散,引发系统的免疫反应,表现出与传统的皮下给药一致的免疫应答水平[50]。需要指出的是,虽然溶解型微针阵列在经皮给药领域表现出良好的应用前景及患者依从性,但其所用主体材料聚合物仍然存在力学强度不足的问题,其穿刺深度可能达不到设计要求;此外,溶解型微针阵列中药物的释放受限于微针自身的溶解或降解速率,不适用于某些需要即时给药的应用场景。

4. 中空微针阵列(hollow microneedle array)　中空微针阵列在结构上类似于传统的皮下注射针头,但是由于其穿透深度未达真皮层,故不会刺激神经引发痛感,因而患者依顺从性较高。中空微针阵列相比于其他微针阵列最突出的优势在于其可以实现传统皮下注射一样的高通量液体药物经皮递送。例如,一款聚合物中空微针阵列可以在短时间内实现将近 1500 μL 小分子盐溶液或蛋白质分散液的快速经皮递送[51]。需要指出的是,中空微针阵列的药物经皮递送速率受微针前端孔径的影响,虽然增加孔径可以显著提高药物输送效率,但同时会影响微针的穿透深度及穿刺效果。此外,中空微针使用过程中的孔道阻塞问题及毛细作用造成的药物剂量不准确问题也制约着此类微针阵列在经皮给药领域的进一步推广。

5. 水凝胶型微针阵列(hydrogel microneedle array)　水凝胶型微针阵列是近十年发展出的一类新型微针型经皮给药系统。第一款此类微针阵列于 2012 年由 Donnelly 等发明[52],其主要材料为化学交联的聚甲基乙烯基醚/顺丁烯二酸酐共聚物和聚氧乙烯的共混物。水凝胶微针阵列一般在水凝胶高度溶胀的状态下成型,不同剂型的药物分子或纳米载体均匀分散在聚合物水凝胶中,之后经过干燥处理,形成具有一定力学强度的含药聚合物微针阵列。一旦在压力作用下穿刺进入皮肤表层后,聚合物微针被体液浸润并充分溶胀。一方面,溶胀后的微针三维方向上的体积变化有利于药物直接接触更深层的皮肤组织;另一方面,充分溶胀后的交联聚合物网络可以起到药物储库的作用,方便小分子药物或纳米递质通过被动扩散的方式从水凝胶微针中缓慢释放。鉴于水凝胶型微针阵列在穿刺皮肤之后由干态转变为溶胀状态,并伴随力学性能的显著变化,此类微针阵列也被称为相变型微针阵列。此外,需要指出的是水凝胶微针阵列还可以通过涂层的方式负载额外的药物(如纳米药物),从而在维持水凝胶微针缓释效果的同时,赋予其类似于涂层微针的突释效果,极大地扩展此类微针阵列的使用范围。

三、不同经皮给药系统的比较

第一代经皮给药系统的首要考虑因素是药物分子本身理化性质对其经皮递送的影响,因为不涉及皮肤角质层的增透,故仅适用于一些亲脂性的小分子药物。第二代和第三代经皮给药系统则主要针对皮肤角质层的理化及解剖结构特点,在充分考量药物有效递送与皮肤组织安全性二者平衡的基础上,有针对性地开发相应的化学或物理增透技术,使水溶性小分子药物、大分子药物及疫苗的高效经皮递送成为可能。

四、展望

在可预见的将来,得益于当前纳米技术的快速发展,越来越多的口服或注射类小分子药物将借助合适的纳米载体、通过透皮贴这一患者高度依从的方式实现经皮递送。适用于第二代经皮给药系统的化学增透剂将继续作为赋形剂,借助特殊的剂型如乳膏、软膏剂或者透皮贴,用于小分子药物的经皮递送。由于化学增透剂及新发展的诸如离子电渗等物理增透技术并未打破皮肤表层角质层的保护屏障,故而尚不适用于大多数亲水性小分子药物及大分子药物。第三代经皮给药技术,特别是基于微针阵列的贴片,由于真正突破了角质层屏障,可以实现大分子药物甚至疫苗的经皮递送。更重要的是,结合某些特殊的物理增透技术,如离子电渗技术,还可以借助微针阵列产生的微米级通道,在短时间内实现不同类型、分子量药物的可控、高效递送。

经皮给药技术提供了一种全新、无痛、自我管理式的给药方式,随着材料学、电子学及各类微加工技术的发展,越来越多智能化、个性化联合经皮给药系统将被开发出来,以满足不同药物的经皮递送需求。在可预见的将来,集成实时监测、反馈功能的新一代经皮递送系统或可实现真正的智能化、个性化给药,这对相关材料及辅料的生物安全性、功能性将提出更高的要求,也势必会对相关学科及医药市场产生深远的影响。

(孟晓辉,邱东)

参考文献

[1] Prausnitz M R, Mitragotri S, Langer R. Current status and future potential of transdermal drug delivery. Nature Reviews Drug Discovery, 2004, 3(2): 115 - 124.

[2] Prausnitz M R, Langer R. Transdermal drug delivery. Nature Biotechnology, 2008, 26(11): 1261 - 1268.

[3] Akhtar N, Singh V, Yusuf M, et al. Non-invasive drug delivery technology: development and current status of transdermal drug delivery devices, techniques and biomedical applications. Biomedical Engineering/Biomedizinische Technik, 2020, 65(3): 243 - 272.

[4] Shang H, Younas A, Zhang N. Recent advances on transdermal delivery systems for the treatment of arthritic injuries: From classical treatment to nanomedicines. WIREs Nanomedicine and Nanobiotechnology, 2022, 14(3): e1778.

[5] Boddé H E, van den Brink I, Koerten H K, et al. Visualization of in vitro percutaneous penetration mercuric chloride; transport through intercellular space versus cellular uptake through desmosomes. Journal of Controlled Release, 1991, 15(3): 227 - 236.

[6] Turner N G, Guy R H. Iontophoretic transport pathways: dependence on penetrant physicochemical properties. Journal of Pharmaceutical Science, 1997, 86(12): 1385 - 1389.

[7] Golden G M, Mckie J E, Potts R O. Role of stratum corneum lipid fluidity in transdermal drug flux. Journal of Pharmaceutical Science, 1987, 76(1): 25 - 28.

[8] Naik A, Kalia Y N, Guy R H. Transdermal drug delivery: overcoming the skin's barrier function. Pharmaceutical Science & Technology Today, 2000, 3(9): 318 - 326.

[9] 梁炳文, 刘淑芝, 梁文权. 中药经皮给药制剂技术. 2 版. 北京: 化学工业出版社, 2013: 1 - 75.

[10] Karande P, Jain A, Ergun K, et al. Design principles of chemical penetration enhancers for transdermal drug delivery. Proceedings of the National Academy of Science, 2005, 102(13): 4688 - 4693.

[11] Kalia Y N, Naik A, Garrison J, et al. Iontophoretic drug delivery. Advanced Drug Delivery Reviews, 2004, 56(5): 619 - 658.

[12] Machet L, Boucaud A. Phonophoresis: efficiency, mechanisms and skin tolerance. International Journal of Pharmaceutics, 2002, 243(1 - 2): 1 - 15.

[13] Denet A R, Vanbever R, Preat V. Skin electroporation for transdermal and topical delivery. Advanced Drug Delivery Reviews, 2004, 56(5): 659 - 674.

[14] Ogura M, Paliwal S, Mitragotri S. Low-frequency sonophoresis: Current status and future prospects. Advanced Drug Delivery Reviews, 2008, 60(10): 1218 - 1223.

[15] Sivamani R K, Liepmann D, Maibach H I. Microneedles and transdermal applications. Expert Opinion on Drug Delivery, 2007, 4(1): 19 - 25.

[16] Herndon T O, Gonzalez S, Gowrishankar T R, et al. Transdermal microconduits by microscission for drug delivery and sample acquisition. BMC Medicine, 2004, 2: 12.

[17] Qin M, Du G, Sun X. Recent advances in the noninvasive delivery of mRNA. Accounts of Chemical Research, 2021, 54(23): 4262 - 4271.

[18] Foldvari M, Babiuk S, Badea I. DNA delivery for vaccination and therapeutics through the skin. Current Drug Delivery, 2006, 3(1): 17 - 28.

[19] Levin G, Gershonowitz A, Sacks H, et al. Transdermal delivery of human growth hormone through RF-microchannels. Pharmaceutical Research, 2005, 22(4): 550 - 555.

[20] Laurent P E, Bonnet S, Alchas P, et al. Evaluation of the clinical performance of a new intradermal vaccine administration technique and associated delivery system. Vaccine, 2007, 25(52): 8833 - 8842.

[21] Zhao Y L, Murthy S N, Manjili M H, et al. Induction of cytotoxic T-lymphocytes by electroporation-enhanced needle-free skin immunization. Vaccine, 2006, 24(9): 1282 - 1290.

[22] Gong J P, Katsuyama Y, Kurokawa T, et al. Double-network hydrogels with extremely high mechanical strength. Advanced Materials, 2003, 15(14): 1155 - 1158.

[23] Vashist A, Vashist A, Gupta Y K, et al. Recent advances in hydrogel based drug delivery systems for the human body. Journal of Materials Chemistry B, 2014, 2(2): 147 - 166.

[24] Wang Q G, Mynar J L, Yoshida M, et al. High-water-content mouldable hydrogels by mixing clay and a dendritic molecular binder. Nature, 2010, 463(7279): 339 - 343.

[25] Sun J Y, Zhao X, Illeperuma W R K, et al. Highly stretchable and tough hydrogels. Nature, 2012, 489(7414): 133 - 136.

[26] Xu L, Wang C, Cui Y, et al. Conjoined-network rendered stiff and tough hydrogels from

biogenic molecules. Science Advances, 2019, 5(2): eaau3442.

[27] Bian G, Pan N, Luan Z, et al. Anti-swelling gradient polyelectrolyte hydrogel membranes as high-performance osmotic energy generators. Angewandte Chemie International Edition, 2021, 60(37): 20294 - 20300.

[28] Kamoun E A, Kenawy E S, Chen X. A review on polymeric hydrogel membranes for wound dressing applications: PVA-based hydrogel dressings. Journal of Advanced Research, 2017, 8(3): 217 - 233.

[29] Gaharwar A K, Dammu S A, Canter J M, et al. Highly extensible, tough, and elastomeric nanocomposite hydrogels from poly (ethylene glycol) and hydroxyapatite nanoparticles. Biomacromolecules, 2011, 12(5): 1641 - 1650.

[30] Haraguchi K, Shimizu S, Tanaka S. Instant strong adhesive behavior of nanocomposite gels toward hydrophilic porous materials. Langmuir, 2018, 34(29): 8480 - 8488.

[31] Xue Y, Zhang J, Chen X, et al. Trigger-detachable hydrogel adhesives for bioelectronic interfaces. Advanced Functional Materials, 2021, 31(47): 2106446.

[32] Peng X, Xia X, Xu X, et al. Ultrafast self-gelling powder mediates robust wet adhesion to promote healing of gastrointestinal perforations. Science Advances, 2021, 7 (23): eabe8739.

[33] Lin P, Zhang R, Wang X, et al. Articular cartilage inspired bilayer tough hydrogel prepared by interfacial modulated polymerization showing excellent combination of high load-bearing and low friction performance. ACS Macro Letters, 2016, 5(11): 1191 - 1195.

[34] Kim J, Zhang G, Shi M, et al. Fracture, fatigue, and friction of polymers in which entanglements greatly outnumber cross-links. Science, 2021, 374(6564): 212 - 216.

[35] Wang C, Xu L, Qiao Y, et al. Adhesives to empower a manipulator inspired by the chameleon tongue. Chinese Chemical Letters, 2020, 31(3): 821 - 825.

[36] Gonzalez M A, Simon J R, Ghoorchian A, et al. Strong, tough, stretchable, and self-adhesive hydrogels from intrinsically unstructured proteins. Advanced Materials, 2017, 29 (10): 1604743.

[37] Han L, Lu X, Liu K, et al. Mussel-inspired adhesive and tough hydrogel based on nanoclay confined dopamine polymerization. ACS Nano, 2017, 11(3): 2561 - 2574.

[38] Shang H, Younas A, Zhang N. Recent advances on transdermal delivery systems for the treatment of arthritic injuries: From classical treatment to nanomedicines. WIREs Nanomedicine and Nanobiotechnology, 2022, 14(3): e1778.

[39] Despotopoulou D, Lagopati N, Pispas S, et al. The technology of transdermal delivery nanosystems: from design and development to preclinical studies. International Journal of Pharmaceutics, 2022, 611: 121290.

[40] Li N, Qin Y, Dai D, et al. Transdermal delivery of therapeutic compounds with nanotechnological approaches in psoriasis. Frontiers in Bioengineering and Biotechnology, 2022, 9: 804415.

[41] Akram M W, Jamshaid H, Rehman F U, et al. Transfersomes: A revolutionary nanosystem for efficient transdermal drug delivery. AAPS PharmSciTech, 2022, 23(1): 7.

［42］ Parka J H, Allenb M G, Prausnitz M R. Biodegradable polymer microneedles: Fabrication, mechanics and transdermal drug delivery. Journal of Controlled Release, 2005, 104(1): 51-66.

［43］ Ebrahiminejad V, Prewett P D, Davies G J, et al. Microneedle arrays for drug delivery and diagnostics: Toward an optimized design, reliable insertion, and penetration. Advanced Materials Interfaces, 2022, 9(6): 2101856.

［44］ Denet A R, Vanbever R, Preat V. Skin electroporation for transdermal and topical delivery. Advanced Drug Delivery Reviews, 2004, 56(5): 659-674.

［45］ Bramson J, Dayball K, Evelegh C, et al. Enabling topical immunization via microporation: a novel method for pain-free and needle-free delivery of adenovirus-based vaccines. Gene Therapy, 2003, 10(3): 251-260.

［46］ Ahmed Saeed Al-Japairai K, Mahmood S, Hamed Almurisi S, et al. Current trends in polymer microneedle for transdermal drug delivery. International Journal of Pharmaceutics, 2020, 587: 119673.

［47］ Prausnitz M R. Microneedles for transdermal drug delivery. Advanced Drug Delivery Reviews, 2004, 56(5): 581-587.

［48］ Ruan S, Zhang Y, Feng N. Microneedle-mediated transdermal nanodelivery systems: a review. Biomaterials Science, 2021, 9(24): 8065-8090.

［49］ Gao Y, Hou M, Yang R, et al. Transdermal delivery of therapeutics through dissolvable gelatin/sucrose films coated on PEGDA microneedle arrays with improved skin permeability. Journal of Materials Chemistry B, 2019, 7(47): 7515-7524.

［50］ Leone M, Priester M I, Romeijn S, et al. Hyaluronan-based dissolving microneedles with high antigen content for intradermal vaccination: Formulation, physicochemical characterization and immunogenicity assessment. European Journal of Pharmaceutics and Biopharmaceutics, 2019, 134: 49-59.

［51］ Burton S A, Ng C Y, Simmers R, et al. Rapid intradermal delivery of liquid formulations using a hollow microstructured array. Pharmaceutical Research, 2011, 28(1): 31-40.

［52］ Donnelly R F, Singh T R, Garland M J, et al. Hydrogel-forming microneedle arrays for enhanced transdermal drug delivery. Advanced Functional Materials, 2012, 22(23): 4879-4890.

第十九章

原位凝胶和原位相变给药系统辅料

原位凝胶（*in situ* forming gel）系以自由流动的液体状态给药，随后立即在用药部位发生相转变，形成凝胶状态的稠厚液体或半固体制剂。原位凝胶的理化性质介于液体与半固体状态，受体内生理因素或体外环境因素的触发，能够在两种状态之间相互转变，因此兼有液体制剂与半固体制剂的优势，是一种用途广泛的"智能型"药物载体。

20 世纪 80 年代，药剂学家首次提出原位凝胶的概念，最初应用的领域是眼部给药，随后被迅速推广至其他黏膜给药途径，包括鼻腔、口腔、阴道和直肠等用药部位，同时也逐渐从实验室研究向临床应用转化。原位凝胶另外一个重要的应用领域是长效注射给药系统。这种制剂可用普通的注射器给药，随后在体内形成药物储库，使药物缓慢释放数天至数周。1997 年，英国《自然》杂志报道了 PEG 和聚乳酸或 PLGA 构成的三嵌段共聚物具有温度敏感的性质，并具有稳定多肽蛋白类药物和改善疏水性药物溶解性的作用[1]。除经黏膜途径和注射途径给药外，原位凝胶也用于口服给药和经皮给药等。

原位凝胶区别于传统凝胶剂的两个主要特征：① 储存条件下和给药时均呈低黏度的液体状态；② 溶液黏度在用药部位急剧增大几个数量级，发生由液体向半固体状态的转变，形成具有缓释或控释功能的凝胶型药物储库。

与传统剂型相比，原位凝胶表现出的独特相转变性质使其融合了溶液型制剂与凝胶制剂各自的优点：① 制备工艺简便，只需将药物溶解或均匀分散于凝胶材料溶液中即可得到，载药过程几乎不受药物分子量和溶解性的限制；② 在制备和储存条件下均呈液体状态，具有良好的流动性，既易于分装又便于应用，可较精确地控制给药剂量；③ 应用后迅速在体内发生相转变，形成凝胶型药物储库，延长制剂在用药部位的滞留时间，从而改善药物吸收；④ 大多具有亲水性的三维网络结构和良好的生物相容性，适用范围广泛，不仅可作为化学药物的递送载体,而且能携载生物大分子药物甚至是活细胞,并可供多种给药途径应用。

一、概述

(一) 聚合物沉淀系统

聚合物沉淀系统是采用能与体液互溶的生物相容性有机溶剂溶解可生物降解材料作为基质,并加入药物和一些用于调节释放速度或其他制剂性能的添加剂。经皮下或肌内注射,聚合物溶液与体液接触并发生溶剂交换,由于不良溶剂比例升高,诱发聚合物沉淀形成凝胶储库,药物被包裹在凝胶储库中。同时药物逐渐溶解在渗入的体液中,并通过固化的聚合物包膜向外扩散和释放。固化后的药物储库有两种可能的形态:一种是快速相转变结构,常见于含有强亲水性溶剂的体系,聚合物固化发生在几秒钟到几分钟时间之内,形成多孔状药物储库,药物释放较快;另一种是缓慢相转变结构,常见于含有弱亲水性溶剂的体系,这些体系中的聚合物固化可能需要数小时乃至数天的时间,形成的药物储库结构均匀致密,空隙很少或不明显,药物释放缓慢。通过强亲水性溶剂和弱亲水性溶剂的混合使用,可以实现对药物释放速度的调节。

影响聚合物沉淀系统药物释放的因素主要包括处方中所用有机溶剂的成分、可生物降解聚合物的类型和浓度等。常用的能与体液互溶的生物相容性有机溶剂主要有 NMP、三乙酸甘油酯、苯甲酸乙酯和苯甲酸苄酯等。可生物降解聚合物主要有无定型的聚乳酸和 PLGA,以及结晶型的聚己内酯等。这些因素会影响相转变的动力学,包括水渗入的速率、凝胶形成的速率、药物储库的形状与强度等,最终影响药物的释放速度和释放程度。

对于处方中有机溶剂的影响,亲水性强的溶剂如 NMP,导致快速相转变,并形成多孔状药物储库,药物迅速释放;而亲水性比较弱的溶剂如苯甲酸乙酯导致缓慢相转变,相应地形成致密的药物储库,药物平缓释放。因此,处方中所用的有机溶剂与水相互混溶的能力降低,可以抑制药物突释,并延缓药物释放。

1987 年 Dunn 团队首次报道了一种名为 ATRIGEL® 的技术:将药物和水中不溶的可生物降解聚合物(常用聚乳酸、PLGA 等)溶解在生物相容性的有机溶剂中,所得溶液经肌内或皮下注射后,由于相转变作用在体内形成植入剂,并随基质降解实现药物缓控释。基于该技术已有一系列聚合物沉淀系统产品实现商品化,如醋酸亮丙瑞林长效注射剂、盐酸多西环素凝胶剂、丁丙诺啡长效注射剂、利培酮长效注射剂等。

（二）温度敏感型原位凝胶

温度敏感型原位凝胶是以自由流动的液体状态给药,在接近体温条件(34～37℃)下黏度急剧增大并发生相转变,形成稠厚液体或半固体的制剂,包括高临界溶液温度系统(upper critical solution temperature,UCST)和LCST。温敏凝胶形成本质是温度改变导致聚合物与水分子间相互作用力(氢键作用力、疏水作用力等)降低,小于聚合物分子间作用力,聚合物溶解度下降,在溶液中发生相分离,导致溶液黏度急剧增加,形成网状凝胶结构。该体系中不需要添加有机溶剂、聚合剂或光照等外界刺激,可避免与此类刺激因素相关的潜在毒性作用。基于嵌段聚合物的温敏凝胶也可以明显改善多种药物的溶解度,如基于BAB型嵌段聚合物材料PLGA－PEG－PLGA的ReGel®体系,在23%质量浓度条件下,可以使紫杉醇溶解度增加400倍以上[2]。

理想的温敏凝胶体系应在室温下为溶液状态,在体温条件下产生胶凝。因此LCST用于药物递送更具优势,其本质是随着温度升高,聚合物发生了由亲水性向疏水性的转变而形成凝胶。此外,由于是在较低温度下载药,LCST较UCST更利于热不稳定药物(蛋白质、多肽等)的包载,注射时也可避免较高温度条件下产生组织损伤甚至在注射点形成瘢痕,阻止药物渗透。用于温敏凝胶体系的典型材料包括合成材料泊洛沙姆、聚N－取代异丙基丙烯酰胺等,以及天然来源的纤维素衍生物、壳聚糖等。

利丙双卡因凝胶,是美国FDA批准的首个也是唯一治疗牙龈疾病过程中使用的非注射局麻药,其油相是利多卡因和丙胺卡因重量比为1∶1的低共熔混合物,在室温条件下呈液体状态,分散在以泊洛沙姆(泊洛沙姆188/泊洛沙姆407)为基质的温度敏感型凝胶中。油相与泊洛沙姆溶液在室温条件下为低黏度可以自由流动的液体,通过一种特殊的非注射给药装置滴入牙周袋中,在体温条件下形成具有弹性的凝胶,并释放出局麻药物。由于泊洛沙姆凝胶的亲水性比较强,因此在体内会逐渐溶蚀。

（三）离子敏感型原位凝胶

离子敏感型原位凝胶是指以自由流动的液体状态给药后,因接触体液中的离子,导致黏度急剧增大并发生相转变,在用药部位形成稠厚液体或半固体的制剂。体液中含有丰富的 Na^+、K^+、Ca^{2+}、Mg^{2+}、H^+、Cl^-、CO_3^{2-}、SO_4^{2-} 等离子,一些多糖类衍生物能与其中的金属阳离子络合而改变构象,在用药部位形成凝胶:壳聚糖在三聚磷酸盐、草酸盐、柠檬酸盐等阴离子基团存在条件下可以发生胶凝,但离子交联作用可逆且弱于共价交联作用,在京尼平存在条件下壳聚糖更易通过化学交联形成凝胶;结冷胶、海藻酸是一类阴离子多糖聚合物,结构中的羧酸基团可以与二价阳离子(如 Ca^{2+})发生离子交联作用形成凝胶。这种离子敏感原位凝胶通常应用于眼部、鼻腔和口腔等黏膜部位,典型的制备材料为去乙酰结冷胶和海藻酸盐。

(四) pH 敏感型原位凝胶

pH 敏感型原位凝胶指以自由流动的液体状态给药后,在体内因 pH 变化而黏度急剧增大并发生相转变,形成稠厚液体或半固体的制剂。这种原位凝胶的特点是能够在接近生理环境(pH 6.8~7.4)的 pH 范围内发生相转变,通常应用于体液丰富的黏膜部位,如眼部给药。pH 敏感聚合物分子骨架中均含有大量的可解离基团,如酸性的羧酸或磺酸基团,碱性的伯胺、仲胺或季铵基团等,其胶凝行为是电荷间的排斥作用导致分子链伸展与相互缠结的结果。典型的 pH 敏感原位凝胶材料包括丙烯酸聚合物、醋酸纤维素酞酸酯和壳聚糖等。

(五) 交联型原位凝胶

利用聚合物分子间可逆或不可逆交联作用实现胶凝,包括化学交联、酶促交联、光敏交联等原位凝胶系统,交联过程中通常需要引入天然或合成交联剂。

在化学交联剂作用下,聚合物分子间形成不可逆共价键,壳聚糖、明胶、聚乳酸、PLGA、聚己内酯均可在交联剂过氧化苯甲酰、戊二醛、乙二醛、草酸等作用下发生共价交联,进而实现胶凝。壳聚糖在戊二醛作用下发生交联反应(图 19 - 1)。化学交联型原位凝胶缺陷在于所采用交联试剂的毒性作用,如过氧化苯甲酰产生自由基,即使在较低浓度条件下也可能诱发癌变,同时在交联反应过程中放热明显,可能造成组织热损伤。天然来源的糖苷配基衍生物京尼平生物相容性好,但交联反应中同样存在导致组织热损伤的问题。对壳聚糖、聚丙烯酸酯、结冷胶等聚合物分子进行巯基衍生化,得到具有形成二硫键功能的巯基聚合物。此类凝胶体系进行黏膜给药时,有利于与含巯基黏蛋白的结合,增加黏膜滞留时间,但胶凝时间较长(数小时),且凝胶形成过程中受体内含巯基蛋白的影响,可能造成药物突释。壳聚糖在京尼平作用下交联,不同 pH 条件下有不同的反应机制:在酸性和中性条件下,京尼平与壳聚糖氨基发生希夫反应,生成单取代胺和叔胺;在碱性条件下,京尼平自身开环形成醛基中间体,自身发生醛醇缩合均聚化反应,作为交联剂介导后续自身末端醛基与壳聚糖氨基的化学交联。

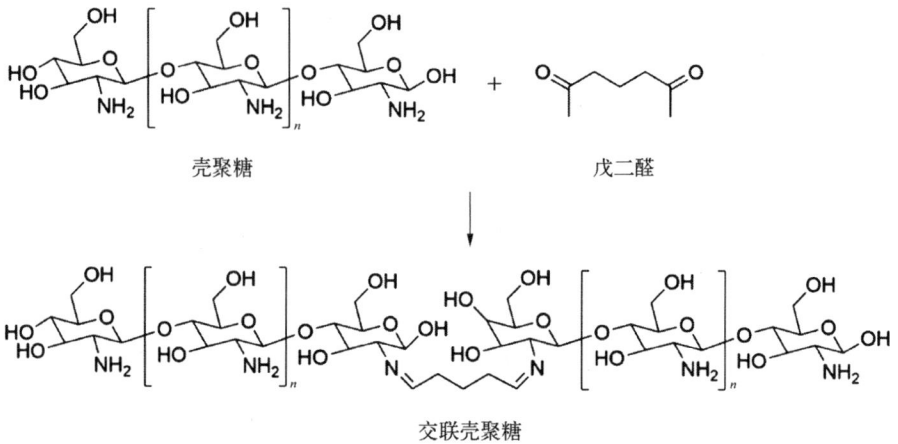

图 19 - 1　壳聚糖在戊二醛作用下交联反应

与化学交联作用相比,酶促交联作用不需引入有毒的引发剂,生物安全性更好。木聚糖是一类水溶性多糖,在 β -半乳糖苷酶作用下发生部分降解后具备温敏相变特性,相变温度与降解程度相关,被用于肠胃外、口服、腹腔、眼科、直肠等多个药物递送领域。另有一种策略是将胰岛素和葡萄糖苷酶同时包载于 pH 敏感型凝胶体系中,体内注射后发生胶凝,由于葡萄糖苷酶可以与体内葡萄糖相互作用而导致构象改变,凝胶结构出现孔隙,引发胰岛素释放,并且胰岛素释放速度与血糖浓度成正比。

光敏原位凝胶所采用聚合物单体结构中至少包含 2 个可发生光诱导聚合反应的自由基,另外还需要加入光敏诱发剂,以及借助光纤导入紫外或可见光至凝胶注射部位。在温敏材料 pHPMAm$_{lac}$(A)与 PEG(B)的 ABA 型三嵌段聚合物侧链引入甲基丙烯酸酯基团,在 37℃、紫外光照 5 min 后发生胶凝,所得凝胶与无光敏特性的温敏凝胶相比,结构强度更高,稳定性更好,生理条件下降解时间延长 5 倍以上,有望实现更好的药物缓释效果[3]。由于光敏原位凝胶系统中需加入光敏诱发剂,以及需外加光照诱导胶凝,可能产生额外不良反应,且组织透光性差阻碍其临床转化,目前多用于可直接见光部位如补牙、骨关节术后应用等。

（六）多重刺激响应型原位凝胶

多重刺激响应型原位凝胶能够对 2 种以上环境刺激因素发生响应实现胶

凝,与单刺激响应型原位凝胶相比,可操控性更强,可以实现更灵活的药物控制释放。通过改变 PEG 与 N-甲基二乙醇胺(N-methyldiethanolamine, MDEA)修饰比,合成一系列可生物降解、多重刺激响应的聚醚氨酯,pH 敏感 MDEA 的引入可以调节材料的温敏性能,即 pH 降低,MDEA 结构中叔胺基团质子化程度增加,一定程度上使得聚合物水溶性增加,因此胶凝温度更高,这样就对凝胶系统的体外储存提供了便利,即在相对较高的温度条件下(低于体温)仍保持液体状态。经皮下注射,该凝胶系统在生理条件下发生胶凝,而在聚合物分子结构中引入 2,2′-二巯基乙醇,由于形成分子间或分子内二硫键,所得凝胶具有更强的机械应力,稳定性更好,可以延长药物缓释时间,在还原型谷胱甘肽作用下,二硫键降解,药物释放加快。经大鼠体内皮下注射,可以使胰岛素实现缓释 28 天以上,并具备还原响应性能,即引入不同量谷胱甘肽可以调控胰岛素释放速度[4]。目前已有较多文献报道多重刺激响应型材料用于药物递送,可以实现对于药物释放的灵活控制,但此类聚合物材料通常结构较为复杂,且质控要求较高,妨碍其临床转化及工业化大规模生产。利用传统单刺激响应型聚合物材料混合也可制备多重刺激响应型原位凝胶,如温敏型材料泊洛沙姆与离子敏感型材料结冷胶或海藻酸盐混合得到温度-离子双敏感原位凝胶,或者泊洛沙姆与 pH 敏感型材料卡波姆混合得到温度-pH 双敏感原位凝胶。与温敏型凝胶相比,混合凝胶系统可以通过改变材料比实现对凝胶性能特别是药物释放性能的灵活调控,此外也可避免温敏凝胶因注射时在针头部位发生胶凝而导致注射失败等问题。

二、原位凝胶和原位相变给药系统应用的辅料分类

（一）相变敏感型聚合物

1. 聚酯　聚酯类材料包括聚乳酸、PLGA 和聚己内酯等,是一类可生物降解材料,只溶于有机溶剂,不溶于水。通过预先将聚酯材料溶解于具有良好生物相容性的有机溶剂如 NMP,注射到体内后,由于 NMP 能够与水混溶,在注射部位将发生溶剂交换,体液渗入注射部位,诱导可生物降解材料发生相分离,沉淀形成药物储库。代表产品即 Dunn 团队开发的 Atrigel® 系统,通过预先将水不溶性可生物降解材料聚乳酸、PLGA、聚己内酯等溶于 NMP,再将药物与聚合物溶液混合,经肌内或皮下注射,聚合物发生相分离而迅速胶凝,实现药物缓释。Atrigel® 可用于多种类型药物体内递送,无论药物水溶性和分子量如何,并适用于多肽、蛋白类药物递送[5]。

对于聚乳酸的制备,首先由农副产品原料(玉米、红薯、土豆等)经微生物发酵得到乳酸,再采用两步法生产聚乳酸,即使乳酸生成环状二聚体丙交酯,再开环缩聚成聚乳酸(图 19-2)。

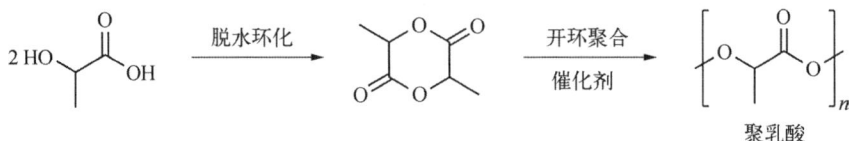

图 19-2　聚乳酸合成路线

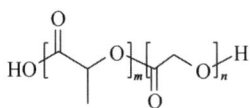

图 19-3　PLGA 化学结构

m. 乳酸单元数目;
n. 羟基乙酸单元数目

对于 PLGA 的制备,多采用开环聚合法,即将乙醇酸和乳酸分别脱水环化,得到乙交酯、丙交酯两种单体,再由二者按一定比例开环聚得 PLGA (图 19-3)。

2. 蔗糖醋酸异丁酸酯　蔗糖醋酸异丁酸酯(图 19-4)是在蔗糖分子中引入 2 个醋酸酯和 6 个异丁酸酯,注册名为 SABER™[6],是一种水不溶性高黏度化合物,用 15%~35%生物相容性有机溶剂稀释后可进行注射,如乙醇、三乙酸甘油酯、NMP 等。此时溶液的黏度比较低,为 50~200 mPa·s。在体液环境中,由于溶剂交换,SABER™发生沉淀,黏度急剧增大,在注射部位形成凝胶。

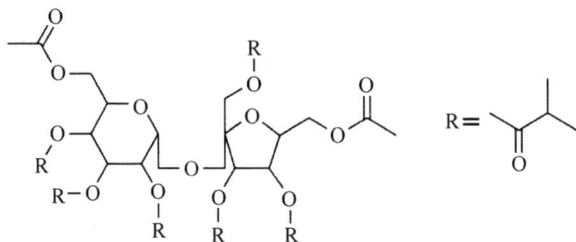

图 19-4　蔗糖醋酸异丁酸酯化学结构图

在 SABER™的处方中也可以加入聚酯类材料进一步增强缓释效果。制备的时候,可以将 SABER™和聚乳酸溶解在乙醇与苯甲醇中,过滤除菌后用作注射溶剂。将蛋白类药物如生长激素过滤除菌,制成锌复合物,喷雾干燥后用作注射用药物。使用前将二者混合,然后注射给药。皮下注射基于 SABER™的处方后,能够在体内持续释放生长激素达一周之久。

（二）温度敏感型聚合物

用于制备温度敏感型原位凝胶的聚合物材料在结构上具有共性特征,即均包含一定比例的疏水和亲水嵌段,其温度敏感的胶凝行为多与不同性质的嵌段间及嵌段与溶剂间的相互作用有关。

1. PEG/聚酯嵌段共聚物

（1）聚乙二醇-聚乳酸-聚乙二醇的 ABA 型三嵌段共聚物（PEG－PLLA－PEG,图 19－5）或 PEG－PLGA－PEG：PEG－PLLA－PEG 具有温度敏感的性质,但其形成的是 UCST 系统。UCST 系统需要在较高温度条件下载药和应用,对于多肽蛋白类药物来说,优势不如 LCST 系统明显[1]。

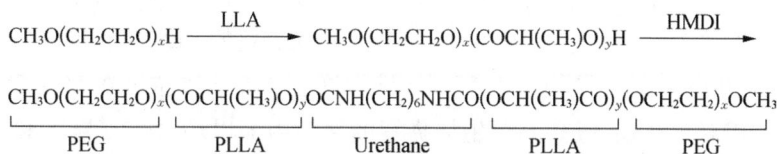

$$CH_3O(CH_2CH_2O)_xH \xrightarrow{LLA} CH_3O(CH_2CH_2O)_x(COCH(CH_3)O)_yH \xrightarrow{HMDI}$$

$$CH_3O(CH_2CH_2O)_x(COCH(CH_3)O)_yOCNH(CH_2)_6NHCO(OCH(CH_3)CO)_y(OCH_2CH_2)_xOCH_3$$

| PEG | PLLA | Urethane | PLLA | PEG |

图 19－5　PEG－PLLA－PEG 合成路线

LLA. L-丙交酯;HMDI. 六亚甲基二异氰酸酯;Urethane. 氨基甲酸乙酯

对于 PEG－PLGA－PEG 的 ABA 型三嵌段共聚物（图 19－6）,当 PEG 链长小于 750 的时候,能够形成 LCST,即在低温条件下是液体,体温条件下转化为凝胶,温度继续升高到 60℃ 左右会发生熔融[7]。

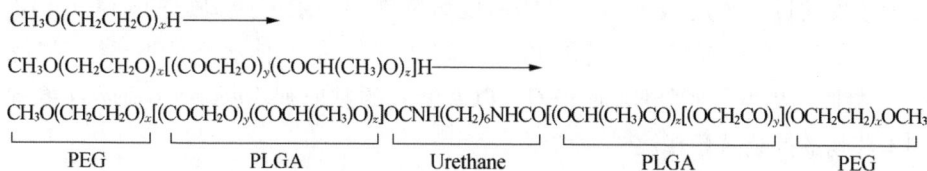

$$CH_3O(CH_2CH_2O)_xH \longrightarrow$$

$$CH_3O(CH_2CH_2O)_x[(COCH_2O)_y(COCH(CH_3)O)_z]H \longrightarrow$$

$$CH_3O(CH_2CH_2O)_x[(COCH_2O)_y(COCH(CH_3)O)_z]OCNH(CH_2)_6NHCO[(OCH(CH_3)CO)_z[(OCH_2CO)_y](OCH_2CH_2)_xOCH_3$$

| PEG | PLGA | Urethane | PLGA | PEG |

图 19－6　PEG－PLGA－PEG 合成路线

（2）PLGA－PEG－PLGA：对于 PLGA－PEG－PLGA 的 BAB 型三嵌段共聚物,当 PLGA 分子量为 1500,PEG 分子量为 1000 时,能形成 LCST[8]。基于此类聚合物成立了一家公司,专门从事原位凝胶的研发,并将由 PLGA－PEG－PLGA 三嵌段共聚物制备的原位凝胶命名为 ReGel®。

PLGA－PEG－PLGA 的 BAB 型三嵌段共聚物和 PEG－PLGA－PEG 的 ABA 型三嵌段共聚物形成凝胶的机制完全相同,都是由于聚酯链段 PLLA 或 PLGA 脱水导致的结果。二者不同的是,BAB 型三嵌段共聚物形成的胶束暴露在外面的亲水链段是一个闭合的圆环,因此不同胶束可能通过这些像锁扣一样的圆环相互咬合,使得形成的凝胶具有更好的缓释效果。

通过改变此类聚合物分子中亲水和疏水链段的长度与比例可以调节它们形成凝胶的温度。在相同分子量的情况下,亲水链段所占比例越大,相同浓度的聚合物溶液形成凝胶的温度就越高。而且随着温度升高,它们溶液的黏度能够急剧增加3个数量级以上,完全转变为半固体状态的凝胶。

(3) PEG‐PLA:聚乳酸是手性聚合物,分为聚 L‐构象乳酸(PLLA)、聚 D‐构象乳酸(PDLA)和聚消旋乳酸三种。在8臂 PEG 每个侧链末端连接上一段聚乳酸,可以得到一对光学异构体 PEG‐(PLLA)$_8$ 和 PEG‐(PDLA)$_8$,它们能够各自溶解在水中,形成溶液,但将二者混合后,PLLA 与 PDLA 聚集,能够形成立构复合物凝胶[9]。用于制备 PEG‐PLA 星形聚合物的 PEG 每条侧链分子量为2500左右,单臂的聚乳酸聚合度<17,形成凝胶的星形聚合物浓度在 5%~25%。

(4) PEG‐PCL:PEG 与可生物降解的聚己内酯以环己烷二异氰酸酯为偶联剂,通过一步缩聚反应生成多嵌段共聚物,其水溶液的临界胶凝浓度随聚己内酯嵌段含量及链长的增加而降低,同时相变温度因共聚物的疏水性增强而降低。该共聚物的胶凝行为可以用相分离诱导的胶凝机制解释,即聚己内酯嵌段在溶液中集结成的疏水区域相互扩散,最终形成物理交联的凝胶网络。

基于 PEG 与聚己内酯二嵌段共聚物的温度敏感型原位凝胶,如分子量750的 PEG 与分子量2500的聚己内酯构成的 A‐B 型二嵌段共聚物 PEG‐PCL,在溶液浓度超过15%时表现出明显的温度敏感性质。浓度为20%的 PEG‐PCL溶液,虽然黏度只有同浓度普朗尼克 F127 的 1/3,但在体温条件下,普朗尼克F127 凝胶的黏度不断降低,而 PEG‐PCL 凝胶的黏度则不断增大,显然这更有利于药物的持续缓慢释放[10]。

2. 聚(N‐取代丙烯酰胺) 聚(N‐异丙基丙烯酰胺)[poly(N‐isopropylacrylamide),PNIPAM]也是常用的具备 LCST 特点的温敏聚合物之一,其相变温度为32℃,当温度高于32℃时,PNIPAM 分子由于疏水作用,由卷曲伸展状态收缩成球状,引发胶凝[11]。采用聚集诱导发光技术考察 PNIPAM 由亲水向疏水转变的过程,证明形成分子内或分子间氢键是 PNIPAM 疏水性增加的重要原因。通过在 PNIPAM 溶液中加入盐或表面活性剂,或在其分子结构中引入其他亲水或疏水单体,可以对 LCST 进行调节,如引入亲水性单体羟乙基丙烯酰胺可以将 LCST 调至50℃左右,引入疏水性单体丙烯酸丁酯及其衍生物可以调低LCST,形成硬度更高的凝胶。调节 LCST 的原理是基于对 PNIPAM 溶解度的调节,通常情况下溶解度与 LCST 呈正相关性。PNIPAM 不可生物降解,通过在其结构中引入可生物降解组分有助于适当改善其生物相容性,包括壳聚糖-g-PNIPAM、多肽-g-PNIPAM 等。

3. 泊洛沙姆　泊洛沙姆一共有 80 多个规格,其中制备原位凝胶的常用规格为泊洛沙姆 407 或普朗尼克 F127,其分子量为 12 600 左右(9840~14 600),在22℃下亲水亲油平衡值为 22。当泊洛沙姆 407 的溶液浓度>15%时,具有受热反向胶凝的性质,即在冷藏温度下为自由流动的液体,而在室温或体温条件下形成澄明的凝胶,其胶凝机制与泊洛沙姆 407 分子聚集形成胶束有关。在低温时,泊洛沙姆分子链上的疏水性 PPO 嵌段与水分子间形成氢键,使整个分子溶解在水中,随着温度升高,氢键被破坏,导致 PPO 嵌段脱水,多个泊洛沙姆分子在水溶液中聚集成以脱水 PPO 链为内核、以水化膨胀的 PEO 链(也就是 PEG)为外壳的球状胶束,这些胶束相互缠结和堆砌导致发生胶凝。利用泊洛沙姆制备的温度敏感原位凝胶适用于黏膜途径给药,凝胶基质在体液中缓慢溶蚀,延长药物在用药部位的滞留时间并实现缓慢释放。由于泊洛沙姆在体内消除的过程可引起血浆中胆固醇和甘油三酯浓度升高,一般不宜采取血管外注射途径给药。

单纯的泊洛沙姆 407 溶液胶凝温度较低,合并应用泊洛沙姆 188 可制备具有适宜相变温度的眼用原位凝胶,使其更方便给药,同时避免了低温对敏感组织的刺激。γ-闪烁照相结果显示,该制剂显著延缓放射性标记物从角膜表面消除。

泊洛沙姆的不足之处在于需要很高的浓度才能形成凝胶。丙烯酸在泊洛沙姆 407 溶液中聚合可得到互穿聚合物网络(IPN),2%的 IPN 水混悬液在体温即可发生胶凝。Bromberg 等认为这是泊洛沙姆胶束对丙烯酸链通过物理缠结所形成的微粒具有桥接作用的结果。

4. 纤维素类衍生物　纤维素类衍生物如甲基纤维素和 HPMC,也具有较弱的温度敏感性质,但通常无法单独用于制备原位凝胶。

乙基羟乙基纤维素(ethylhydroxylethylcellulose,EHEC)是一种水溶性非离子型纤维素醚类聚合物,可根据其脱水葡萄糖单元被取代的羟基数和纤维素骨架上低聚物侧链的烷氧基数分为不同的类型。在离子型表面活性剂或能够形成胶束的两亲性药物(如布洛芬)存在的条件下,低浓度(≤2%)的 EHEC 溶液受热可逆地形成凝胶,其胶凝机制如下:温度升高,离子型表面活性剂与聚合物结合,所形成的混合胶束在不同聚合物链的疏水嵌段间具有连接结点的作用,促使构成三维聚合物网络。进一步升高温度,热运动加剧导致网络结构被破坏。

5. 多糖类衍生物　木聚糖是从罗望子种子中提取的多糖类化合物,由(1-

4)-β-D-葡聚糖骨架和被(1-2)-β-D-半乳木糖部分取代的(1-6)-α-D-木糖侧链构成。木聚糖被β-半乳糖苷酶降解的产物受热后因其枝状链的横向堆积而展现出可逆的胶凝性质。溶液-凝胶转化温度与半乳糖残基的消除程度有关,如半乳糖消除44%、浓度小于2%的木聚糖溶液的相变温度介于22~27℃。

木聚糖凝胶的体外释药特征遵循Higuchi方程,亲水性药物地尔硫草的释放速率及在凝胶中的扩散系数远大于疏水性药物吲哚美辛。直肠和腹膜内注射给以含药凝胶后均能够获得平缓、持久的血药浓度曲线。由于胶凝时间长达数分钟,冷藏的木聚糖溶液经口服后可在胃内形成凝胶,进而延缓药物的吸收,是一种很有潜力的口服给药载体。在眼部应用方面,文献报道含有毛果芸香碱的低浓度木聚糖溶液可达到与25%泊洛沙姆407凝胶相同的缩瞳效果。

(三) 离子敏感型聚合物

体液含有多种离子和蛋白质,某些多糖类衍生物能够与其中的阳离子络合而改变构象,在用药部位形成凝胶。

1. 去乙酰结冷胶　去乙酰结冷胶是伊乐藻假单胞菌(*Pseudomonas elodea*)分泌的阴离子型脱乙酰化细胞外多糖,由一分子α-L-鼠李糖、一分子β-D-葡萄糖醛酸和两分子β-D-葡萄糖的四糖重复单元聚合而成。溶解于90℃的水中,呈无序的线团状,降低温度可逆地转化为半交错并行的逆时针双螺旋连接带。溶液中的一价或二价阳离子与聚合物链上的羧基络合,参与形成稳定双螺旋的链间氢键。每两条双螺旋逆向聚集,构成三维凝胶网络。因而Gelrite®具有温度依赖和阳离子诱导胶凝的特性。

在药剂学领域,人们最感兴趣的是Gelrite®在眼部药物传递系统方面的应用。Gelrite®遇泪液中的阳离子可形成凝胶,抑制药物从角膜前区域消除。马来酸噻吗洛尔长效眼用制剂能够提高眼部生物利用度并减少患者的用药次数。流变学研究表明,浓度0.5%~1%的Gelrite®水溶液仅需泪液中10%~25%的离子即可转变为凝胶,其中Na$^+$对促进胶凝发挥了最重要的作用。降低Gelrite®溶液的渗透压,泪液中的离子迅速渗入使胶凝在更短的时间内完成,导致角膜滞留时间延长。Miyazaki等报道,含有Ca^{2+}-柠檬酸钠络合物的Gelrite®口服溶液能够在胃的酸性环境中释放出游离Ca^{2+}而诱发胶凝,与市售糖浆相比该剂型可以显著提高茶碱的生物利用度达3倍以上。

2. 海藻酸盐　海藻酸盐为褐藻的细胞膜组成成分,是由β-D-甘露糖醛酸(M)和α-L-葡萄糖醛酸(G)残基通过1,4-糖苷键连接构成的线形多糖类嵌段共聚物。降低 pH 或在海藻酸盐的稀水溶液中加入二价或三价金属离子能够形成半透明的亲水凝胶。海藻酸盐的胶凝行为与高价离子和 G 嵌段上相邻葡萄糖醛酸残基间的二聚作用及链间螯合有关。凝胶的特性取决于 G、M 嵌段的比例及离子交联剂的价态和浓度。

利用海藻酸盐的胶凝性质可以开发口服液体缓释制剂,如含有海藻酸钠的茶碱混悬处方遇酸性的人工胃液形成凝胶,使药物以扩散方式释放。Katayama 等报道了用于杀灭幽门螺杆菌的液体缓释制剂,通过分别口服海藻酸钠和钙盐溶液来实现原位胶凝[12]。最近,采取口服溶液中加入 Ca^{2+} 络合物,使其只在胃的酸性环境中释放,并与海藻酸钠形成凝胶的方法获得成功,简化了用药过程。Cohen 等尝试将海藻酸钠用于眼部药物传递系统,发现 G 残基含量超过 65% 的海藻酸钠与模拟泪液混合立即发生胶凝,并显著延长毛果芸香碱的降低眼压效果,为海藻酸钠在控制释放领域的应用开辟了新的途径[13]。

(四) pH 敏感型聚合物

体液具有一定的缓冲容量,能够通过改变高分子溶液的 pH 而诱发胶凝。此类聚合物分子骨架中均含有大量的可解离基团,其胶凝行为是电荷间的排斥作用导致分子链伸展与相互缠结的结果。

1. 醋酸纤维素酞酸酯　醋酸纤维素酞酸酯(cellulose acetate phthalate, CAP)水分散体(30%,w/w)的粒径仅数百纳米,pH 5 时的黏度约为 50 mPa·s,具有假胶乳的性质。由于醋酸纤维素肽酸酯水分散体的缓冲容量非常低,滴入结膜囊内后,因聚合物链上的酸性基团被中和,数秒内即可发生胶凝。所形成的高黏度含药微储库不易被泪液消除,延长了药物与角膜的接触时间。

2. 丙烯酸聚合物　Carbopol® 系列产品是丙烯酸聚合物的代表。由于含有大量的羧酸基团,Carbopol® 分子具有一定的亲水性,可在水中分散并溶胀,形成低黏度溶液。加入无机或有机碱类中和剂使羧基离子化,负电荷间的排斥作用导致分子链膨胀、伸展并相互缠结形成凝胶。

丙烯酸聚合物具有良好的生物黏附及流变学性质,是制备眼用凝胶的理想辅料。早期就有将粒径小于 50 μm 的聚丙烯酸微粒用于原位凝胶的专利报道,但 Carbopol® 酸性较强,不仅刺激眼部组织而且很难被泪液中和,所以不适于单独用作原位凝胶的基质。减少 Carbopol® 用量、改善原位胶凝能力的有效方法是引入另一种环境敏感聚合物,使他们同时对环境变化的多种因素发生响应。人们探索的方向集中于融合 pH 和温度调节的相转变聚合物。甲基纤维素或

HPMC 与 Carbopol®配伍使用,当温度升高、pH 超过 Carbopol®的 pKa 时溶液发生胶凝,大大降低 Carbopol®浓度的同时保持了其凝胶的流变学性质。研究表明,pH 增大是促成溶液向凝胶转变的主要因素,仅在极低的剪切速率下才能观察到温度对胶凝的影响。另有文献报道,水分子作为交联剂可促进 Carbopol®的羧基与温度敏感的泊洛沙姆 407 的酯基形成氢键,二者产生协同胶凝作用。生理条件下,荷负电羧基间的静电排斥使 Carbopol®分子链伸展,增加了与暴露的 PPO 嵌段生成氢键的可能,因而具有更适宜的凝胶强度。

(五)化学交联型聚合物

化学交联型原位凝胶系统是借助分子内或分子间共价连接形成网状结构,稳定性优于物理敏感型原位凝胶。可以通过对聚合物材料进行化学修饰或者将聚合物与交联剂配合使用等方法构建化学交联型凝胶体系。例如,针对聚乳酸、聚己内酯、壳聚糖、明胶等聚合物分子,可以采用过氧化苯甲酰、乙二醛、乙二酸等交联剂,但由于此类交联剂的潜在毒性作用,包括过氧化苯甲酰的致癌性、乙二醛的细胞毒性等,极大阻碍此类凝胶系统的临床转化。天然产物京尼平生物安全性更好,有望成为替代性交联剂,但京尼平介导交联反应速度慢,且反应过程中存在明显放热现象,极大限制其应用。通过对聚合物分子直接进行功能化修饰,可以避免应用交联试剂,目前也有较多研究见于文献报道。此部分将针对这一类功能化聚合物材料进行介绍。

通过对 PEG、聚丙烯酸酯、壳聚糖、去乙酰结冷胶等聚合物进行巯基化修饰,使分子内或分子间的巯基氧化形成二硫键,所得巯基聚合物(thiomers)是一类研究较多的化学交联型聚合物。对于巯基功能化 PEG(PEG-SH),尽管在氧化条件下可形成二硫键发生胶凝,但胶凝速度过慢,实际应用过程中存在药物突释等问题。利用巯基与乙烯砜反应迅速的特点,将乙烯砜功能化 PEG(PEGDVS)与 PEG-SH 混合,体系胶凝速度明显改善并具备 pH 敏感特性,在 pH 8.0 条件下胶凝迅速,而在 pH 6.0 条件下胶凝缓慢。该结果提示,对于化学交联型原位凝胶,开发过程中需考虑适合聚合物材料的实际储存条件,并且这些因素应尽可能方便原位凝胶的后续使用。例如,储存 pH 过高或过低可能造成注射疼痛等问题。有研究者分别以促红细胞生成素(EPO)、趋化因子(RANTES)及 3 种 PEG 修饰的 RANTES 作为模型蛋白药物,考察凝胶经大鼠或新西兰兔皮下注射后的缓释行为。结果表明,凝胶中蛋白类药物释放时间可达到 2~4 周,释放的蛋白类药物在动物体内可维持长效作用[14]。

（六）多重刺激响应型聚合物

多重刺激响应型原位凝胶与单刺激响应型原位凝胶相比,尽管组成较为复杂,但对药物释放的可操控性更强,并可针对不同给药目的或给药部位灵活调整处方组成,极大拓展了原位凝胶的应用范围。多重刺激响应型原位凝胶可以由两种或两种以上单刺激响应型聚合物组成,或者是某一种多重刺激响应型聚合物的溶液。由于上文已详细介绍各类单刺激响应型聚合物,此部分仅对多重刺激响应型聚合物进行介绍。

1. 聚磺胺衍生物/聚酯/PEG 嵌段共聚物　己内酯-乳酸共聚物（PCLA）与 PEG 构成的多嵌段聚合物 PCLA－PEG－PCLA,其溶液具备温敏特性,在37℃条件下可迅速胶凝,但在储存及使用过程中均需保持较低温度。通过在该聚合物两端引入 pH 敏感型磺胺二甲嘧啶低聚物（SMO）,所得产物 SMO－PCLA－PEG－PCLA－SMO 同时具备温度与 pH 敏感特性,单独在较高 pH（pH 8.0）或较高温度（70℃）条件下,聚合物溶液并不会发生胶凝,而在生理条件（pH 7.4,37℃）下可以迅速胶凝。此外,由于 SMO 中的磺胺基团具备一定 pH 缓冲能力,可以有效降低酸性降解产物诱导 PCLA－PEG－PCLA 加速降解的问题,因此这种双重刺激响应应型聚合物解决了温敏聚合物 PCLA－PEG－PCLA 使用中存在的 2 个主要问题:预先胶凝及快速降解。经大鼠皮下注射,双重刺激响应型聚合物体内降解时间在 6 周左右,而 PCLA－PEG－PCLA 生理条件下 1 周时间即基本降解[15]。

2. 聚醚氨酯　由 PEG、2, 2′－二巯基乙醇（DiT）、N－甲基二乙醇胺（MDEA）、己二异氰酸酯（HDI）采用一锅法合成得到,具备温度与 pH 双敏感特性。通过改变 PEG 与 MDEA 投料比,可以对聚合物溶液胶凝特性进行调节,其机制主要是由于:一方面,MDEA 结构中的叔胺基团具备 pH 缓冲能力,在较低 pH 条件下,叔胺质子化使得聚合物溶解度增加;另一方面,随温度升高,聚合物中 PEG 链段脱水导致溶解度下降,两种作用相互拮抗,导致在特定 pH 条件下,即使温度增加,聚合物溶液也不会发生胶凝。体外模拟生理条件下（37℃,pH 7.4）载胰岛素凝胶的释放行为,结果表明,胰岛素在 28 天内释放约 50%,由于凝胶体系中包含二硫键,添加还原剂谷胱甘肽后,胰岛素释放速度加快,28 天内基本释放完全,表明凝胶具备还原敏感型药物释放特性[4]。

3. PEG 衍生物/胱胺嵌段共聚物　采用一锅法合成聚乙二醇二甘油醚[poly（ethylene glycol）diglycidyl ether, PEGDE]与胱胺（cystamine, CA）嵌段共聚物,其中 PEGDE 具备温敏特性,CA 作为交联剂可提供仲胺或叔胺基团,借由质子化作用具备 pH 敏感特性,另外由于该聚合物结构中存在二硫键,亦具备还原敏感特性。该聚合物溶液的胶凝特性与 PEGDE/CA 及 PEGDE 浓度相关,当 PEGDE/CA 大于 1.5、PEGDE 浓度在 30%~50%（w/w）时具备较好胶凝特性。比较不同分子量蛋白类药物［胰岛素,分子量为 5 700;溶菌酶,分子量为 14 300;牛血清白蛋白（BSA）,分子量为 66 000］在凝胶中的包载情况,由于凝胶基质的孔径尺寸固定,蛋白质载药量与蛋白质分子量成反比,即分子量最大的 BSA 载药量相比其他两种蛋白质明显下降。考察不同条件下凝胶中蛋白类药物的释放行为,在 pH 5.4 的磷酸盐缓冲体系中,由于 CA 片段的质子化效应,凝胶结构相对疏松,蛋白类药物的释放速度与蛋白质分子量成反比,即 24 h 后 BSA 释放 10% 左右、胰岛素和溶菌酶释放 20% 左右;在 pH 7.4 的磷酸盐缓冲体系中,凝胶结构更为致密,由于 BSA 分子尺寸大于凝胶孔径,不会产生释放;但在 pH 7.4、添加还原剂二硫苏糖醇（DTT）条件下,由于聚合物中二硫键断裂导致凝胶解散,三种蛋白类药物均在 1 h 左右基本释放完全,表明凝胶中蛋白类药物释放具备还原响应特性[16]。

三、展望

目前关于原位凝胶给药系统在抗肿瘤、基因治疗、组织工程等领域日益受到研究者的关注。尽管发展前景良好,目前关于原位凝胶临床转化仍存在一些有待解决的问题,包括给药部位的制剂形态和释药面积具有不确定性、药物释放行为的可控性仍有待提高、生物安全性和药物稳定性受限于所用溶剂或添加剂、部分结构复杂聚合物材料临床应用尚有待系统评价、体内过程的机制研究仍有待深入等。

原位凝胶给药系统所展现的临床优势是促进其不断发展的原动力。尽管目前关于原位凝胶给药系统的研究尚存一定问题,随着药学、材料学、生物学、影像学等相关学科的发展,相信上述问题在未来研究中会逐渐得以解决,促成更多类型和功能更丰富的原位凝胶给药系统实现临床转化与应用。

（江宽,魏刚）

参考文献

[1] Jeong B, Bae Y H, Lee D S, et al. Biodegradable block copolymers as injectable drug-delivery systems. Nature, 1997, 388(6645): 860 - 862.

[2] Zentner G M, Rathi R, Shih C, et al. Biodegradable block copolymers for delivery of proteins and water-insoluble drugs. Journal of controlled release, 2001, 72(1 - 3): 203 - 215.

[3] Hu Q, Rijcken C J F, van Gaal E, et al. Tailoring the physicochemical properties of core-

crosslinked polymeric micelles for pharmaceutical applications. Journal of controlled release, 2016, 244(Pt B): 314 - 325.

[4] Li X, Wang Y, Chen J, et al. Controlled release of protein from biodegradable multi-sensitive injectable poly(ether-urethane) hydrogel. ACS applied materials & interfaces, 2014, 6(5): 3640 - 3647.

[5] Southard G L, Dunn R L, Garrett S. The drug delivery and biomaterial attributes of the ATRIGEL® technology in the treatment of periodontal disease. Expert opinion on investigational drugs, 1998, 7(9): 1483 - 1491.

[6] Reynolds R C, Chappel C I. Sucrose acetate isobutyrate (SAIB): historical aspects of its use in beverages and a review of toxicity studies prior to 1988. Food and chemical toxicology, 1998, 36(2): 81 - 93.

[7] Jeong B, Bae Y H, Kim S W. Biodegradable thermosensitive micelles of PEG-PLGA-PEG triblock copolymers. Colloids and surfaces B: Biointerfaces, 1999, 63(1 - 2): 155 - 163.

[8] Chen S, Pieper R, Webster D C, et al. Triblock copolymers: synthesis, characterization, and delivery of a model protein. International Journal of Pharmaceutics, 2005, 288(2): 207 - 218.

[9] Hiemstra C, Zhong Z, Li L, et al. In-situ formation of biodegradable hydrogels by stereocomplexation of PEG-(PLLA)$_8$ and PEG-(PDLA)$_8$ star block copolymers. Biomacromolecules. 2006, 7(10): 2790 - 5. doi: 10.1021/bm060630e.

[10] Hyun H, Kim Y H, Song I B, et al. In vitro and in vivo release of albumin using a biodegradable MPEG-PCL diblock copolymer as an in situ gel-forming carrier. Biomacromolecules, 2007, 8(4): 1093 - 1100.

[11] Lai J Y, Luo L J. Chitosan-g-poly(N-isopropylacrylamide) copolymers as delivery carriers for intracameral pilocarpine administration. European Journal of Pharmaceutics and Biopharmaceutics, 2017, 113: 140 - 148.

[12] Katayama H, Nishimura T, Ochi S, et al. Sustained release liquid preparation using sodium alginate for eradication of *Helicobacter pyroli*. Biological & pharmaceutical bulletin, 1999, 22 (1): 55 - 60.

[13] Cohen S, Lobel E, Trevgoda A, et al. A novel in situ-forming ophthalmic drug delivery system from alginates undergoing gelation in the eye. Journal of Controlled Release. 1997, 44 (2 - 3): 201 - 208.

[14] Qiu B, Stefanos S, Ma J, et al. A hydrogel prepared by in situ cross-linking of a thiol-containing poly(ethylene glycol)-based copolymer: a new biomaterial for protein drug delivery. Biomaterials, 2003, 24(1): 11 - 18.

[15] Shim W S, Kim J H, Park H, et al. Biodegradability and biocompatibility of a pH- and thermo-sensitive hydrogel formed from a sulfonamide-modified poly(ε-caprolactone-co-lactide)-poly(ethylene glycol)-poly(ε-caprolactone-co-lactide) block copolymer. Biomaterials, 2006, 27(30): 5178 - 5185.

[16] Komatsu S, Tago M, Ando Y, et al. Facile preparation of multi-stimuli-responsive degradable hydrogels for protein loading and release. Journal of controlled release, 2021, 331: 1 - 6.

第二十章

生物技术药物制剂的辅料与新载体

生物技术药物是指采用 DNA 重组技术或其他生物技术生产的用于预防、治疗和诊断疾病的药物,包括多肽、蛋白质、抗体、疫苗、核酸和聚糖等。生物制药技术是 21 世纪核心的高新技术之一,其中以基因工程、抗体工程和细胞工程产品为主要代表的生物技术药物,已显示出化学药物无法替代的优势,在肿瘤、艾滋病、自身免疫性疾病等很多难治性疾病的治疗中,生物技术药物发挥着越来越重要的作用。

一、概述

生物技术药物具有分子量大,结构复杂,体内外稳定性差,难以跨膜转运等特点,它们通常需要注射给药,经非注射途径给药生物利用度往往较低。由于生物技术药物与化学药物在理化性质、生物学性质和工艺学性质等方面有很大区别,生物技术药物制剂中所选用的辅料具有一定的特殊性。近年来,为了实现提高生物技术药物的疗效、增强其稳定性、延长作用时间、减少给药次数和开发非注射给药系统等目的,大量生物技术药物的新载体不断涌现。开发生物技术药物的新载体,是目前药剂学研究的热点与难点。根据生物技术药物的用途、作用类型和理化特性的不同,本章分别对蛋白类药物、核酸药物和疫苗进行了分类介绍,内容主要涵盖这些药物制剂中选用的重要辅料及具有临床应用前景的新型载体。

二、生物技术药物制剂的辅料与新载体分类

(一)蛋白类药物

1. **蛋白类药物的背景及特点介绍**　自 1982 年,第一款重组蛋白类药物人胰岛素在美国被批准上市以来,越来越多的蛋白类药物逐渐应用于临床治疗中。

至今,蛋白类药物,包括多肽、重组蛋白、酶、单克隆抗体和抗体-药物偶联物等,是增长最快的一类药物分子之一。目前,临床上已有超过 250 种蛋白类药物品种[1],广泛用于各种适应证,甚至在一些难治性疾病的治疗中取得了突破性进展,如癌症、艾滋病等。

蛋白类药物的基本单位是氨基酸,有一级、二级、三级和四级结构。氨基酸按一定的排列顺序由肽键(酰胺键)连接形成肽链,构成了蛋白质一级结构。肽链中主链原子的局部空间构象构成了蛋白质的二级结构,一般有 α 螺旋和 β 折叠等结构形式。肽链在各种二级结构的基础上再进一步盘曲或折叠形成具有一定规律的三维空间结构,称为蛋白质的三级结构。由两条或两条以上独立三级结构的多肽链间通过次级键相互组合而形成的空间结构称为蛋白质的四级结构。因此,蛋白类药物具有独特的化学结构和空间结构。

正是因为这样独特的化学结构和空间结构,蛋白类药物具有以下特点。

(1)较大的分子量:蛋白类药物的分子量大,空间构型复杂,所以相比小分子药物,蛋白类药物具有高特异性和高效价的优势,药理活性高,引起不良反应的可能性比较小。然而,由于蛋白类药物分子量大,还时常以多聚体的形式存在,其通过生物屏障(如皮肤、黏膜和细胞膜)的渗透性差,且口服给药易受胃肠道 pH、菌群及酶系统的破坏,为药物递送带来了挑战。目前,蛋白类药物主要通过注射的方式给药,患者的顺应性差。此外,由于膜渗透性差,将蛋白类药物输送到特定部位,如细胞内靶点,也具有挑战性[2]。

(2)较差的稳定性:蛋白类药物的结构复杂,易发生脱酰胺、异构化、水解、氧化等化学变化,此外,蛋白质的二、三、四级结构的稳定主要依靠次级键,包括氢键、疏水键、离子键及范德瓦耳斯力等非共价键,易发生聚集或沉淀等物理变化,最终造成蛋白类药物的变性或失活。蛋白类药物是否发生这些结构改变主要取决于蛋白质本身的特性及环境因素,包括温度、pH 和离子强度。

(3)潜在的免疫原性:虽然蛋白类药物大多为内源性物质,药理活性高,特异性好,副作用少,较少有过敏反应发生。但是由于蛋白类药物大都是从生物产物中分离、纯化得到的,不可避免地含有微量的外源性蛋白或其他杂质残留,这些杂质的存在就可能引起过敏反应或使药物的治疗作用与预期不同。特别地,重组蛋白药物与内源性蛋白质轻微的差异,便可能会激发强烈的免疫副作用。

(4)特殊的药代动力学:大多蛋白类药物体内分布有组织特异性,分布容积比较小,某些药物还呈现非线性消除的动力学特征。体内降解迅速,从血液中消除较快,在体内的作用时间比较短,从而导致生物半衰期短,体内清除效率高[3]。

早期的蛋白类药物主要是制取于天然来源的蛋白质活性物质,现在随着蛋白质工程技术日新月异的发展,点突变技术、融合蛋白质技术、基因插入及基因打靶等技术使蛋白类药物的品种迅速增加。通过蛋白质工程手段可以提高重组蛋白质的活性,改善制品的稳定性,提高生物利用度,延长在体内的半衰期、降低制品的免疫原性等[3]。

2. 蛋白类药物的常用辅料

(1)稳定剂

1)缓冲剂和 pH 调节剂:pH 对蛋白类药物的稳定性和溶解度具有重要的影响。在较强的酸、碱条件下,蛋白类药物容易发生化学结构的改变,或是构象的可逆或不可逆改变,出现聚集、沉淀或变性等现象。大多数蛋白类药物在 pH 4~10 内比较稳定,在等电点对应的 pH 条件下是最稳定的,但溶解度也是最低的。常用的缓冲剂包括柠檬酸钠/柠檬酸缓冲对和磷酸盐缓冲对等。

2)无机盐类:无机盐对蛋白质的稳定性和溶解度有比较复杂的影响。有些无机盐离子能够提高蛋白质的高级结构的稳定性,但同时使蛋白质的溶解度下降(盐析),而另一些离子却相反,可降低蛋白质高级结构的稳定性,同时使蛋白质的溶解度增加(盐溶)。加入低浓度无机盐离子,一般以蛋白质盐溶为主,而高浓度下则可能使蛋白质发生盐析。在适当的离子种类和浓度下,无机盐可增加蛋白质的表面电荷,促进蛋白质与水的作用,从而增加其溶解度。在蛋白类药物的溶液型注射剂中常用的盐类有氯化钠和氯化钾等。

3)糖类与多元醇:糖类与多元醇等可增加蛋白类药物在水中的稳定性,这可能与糖类促进蛋白质的优先水化有关。常用的糖类包括蔗糖、葡萄糖、海藻糖和麦芽糖;而常用的多元醇有甘油、甘露醇、山梨醇、PEG 和肌醇等。

4)非离子型表面活性剂:蛋白类药物对表面活性剂是非常敏感的,含长链脂肪酸的表面活性剂或离子型的表面活性剂均可引起蛋白质的解离或变性,但少量的非离子型表面活性剂具有防止蛋白质聚集的作用。可能的机制是表面活性剂倾向性地分布于气/液或液/液界面,防止蛋白质在界面的变性等。常用的有低浓度的泊洛沙姆、聚山梨酯类,但也需仔细考虑局部毒性和潜在的免疫原性问题。

5)氨基酸类:一些氨基酸如甘氨酸、精氨酸、天冬氨酸和谷氨酰胺等,可以增加蛋白类药物在给定 pH 下的溶解度,并可提高其稳定性,用量一般为 0.5%~5%,其中,甘氨酸比较常用。这类辅料也有降低表面吸附、保护蛋白质的构象、防止蛋白类药物的热变性与聚集等作用。

6）血清蛋白类：血清蛋白可以保护蛋白质的构象，作为蛋白类药物的稳定剂。人血清白蛋白（human serum albumin, HSA）是一种高度水溶性的蛋白质，分子质量为 67 kDa，由 585 个氨基酸残基、一个巯基和 17 个二硫键组成。HSA 可应用于人体，一般用量为 0.1%~0.2%。此外，HSA 易被吸附，可减少蛋白类药物的损失，还可部分降低产品中痕量蛋白酶对药物的破坏作用。

（2）降低溶液黏度：当蛋白类药物以皮下注射方式给药时，往往注射的体积有限，而一些蛋白类药物的剂量较高（数百毫克或以上），致使蛋白质溶液非常黏稠，这对制剂生产和注射都提出了相当高的要求。为了降低溶液黏度，降低蛋白质之间的非共价相互作用力（如静电斥力或疏水相互作用力），可以考虑添加无机盐（如氯化钠）、疏水性有机盐（如苯磺酸钠）[4]、赖氨酸盐酸盐或精氨酸盐酸盐[5]等。

（3）冻干保护剂：蛋白类药物注射剂分为溶液型注射剂和冷冻干燥型注射剂。溶液型使用方便，但需在低温（2~8℃）下保存，不能冷冻或振摇，取出后在室温下一般要求在 6~12 h 内使用，这对其存储和运输带来了一定挑战。而冷冻干燥型比较稳定，但工艺较为复杂，一般要考虑添加冻干保护剂，常为糖类和多元醇类，如蔗糖、海藻糖、甘露糖和甘露醇等。在冷冻干燥过程中随着周围的水被除去，蛋白质容易发生变性，而糖类和多元醇等多羟基化合物可代替水分子，与蛋白质形成氢键，有利于蛋白类药物的稳定[2]。

（4）填充剂：由于有些单剂量的蛋白类药物剂量较小，为了冻干成型，需要考虑加入填充剂，包括氨基酸类、糖类和多元醇类，如甘露醇、山梨醇、葡萄糖、蔗糖、乳糖、海藻糖和右旋糖酐等，其中，以甘露醇最为常用。

（5）其他辅料：蛋白类药物中还可以加入一些具有特殊功能的辅料，以达到其他目的。例如，为了促进蛋白类药物的皮下递送，临床上采用重组人透明质酸酶（rHuPH20）与蛋白类药物共同皮下注射的方法，利用重组人透明质酸酶对皮下透明质酸的酶解作用，破坏皮肤间质立体结构，降低其结构致密性和黏弹性，进而增加皮下注射药物的扩散速率和输液量。相较于传统皮下注射，这种策略增加了蛋白类药物在注射部位的扩散速率，提高了生物利用度[3]。

3. **蛋白类药物的常见载体**　静脉、肌内和皮下注射是目前蛋白类药物的最常用给药方式。其中，皮下注射较为方便，侵入性最小，而肌内注射通常用于疫苗接种，静脉注射一般用于单克隆抗体给药等。但不管采用怎样的给药方式，大多数蛋白类药物会迅速从体内清除，半衰期短，生物利用度低，这意味着需要频繁注射,患者的顺应性降低。目前开发了以下几种策略以应对这些挑战。

（1）微粒递送载体：微粒常用于药物缓释,多通过肌内或皮下注射给药,可实现长达 1 周或更长时间的药物缓释。微粒制剂可以调控蛋白类药物的体内浓度,并通过缓释来影响药物的药代动力学。PLGA 是包载蛋白类药物最常用的材料,因为其生物相容性较好,可降解为毒理学可接受的产物,并从体内排出。PLGA 聚合物已广泛用于上市产品中,如用于递送小分子药物利培酮以治疗精神分裂症。重组人生长激素 PLAG 微球 Nutropin Depot 是全球首个蛋白质微球制剂,用于治疗内源性生长激素缺乏的儿童生长发育迟缓,于 1999 年在美国被批准上市,但是因为生产成本过高等原因,后于 2004 年退市。此外,常使用的聚合物材料还有聚酐和环糊精等。

微粒的物理化学性质影响着微粒性能的诸多方面,包括蛋白质的包封效率、生物相容性和蛋白质释放速率等。首先,蛋白质的释放速率取决于聚合物的降解速度和（或）蛋白质从微球中的扩散速度,而后者又取决于聚合物和蛋白质的分子量、乳酸/乙醇酸摩尔比、微球内负载的蛋白质量及微粒的粒径和孔隙大小等。其次,微粒的表面特性（如表面 PEG 修饰）显著影响着它们与体内环境的相互作用,尤其是免疫细胞。最后,微粒的形状也影响着其与巨噬细胞的相互作用,细长形状的微粒显示出与巨噬细胞的定向依赖性吞噬[6]。

尽管微粒在蛋白类药物递送方面已取得明显进展,但仍存在着一些挑战。最重要的是避免微粒的突释及由此导致的局部毒性或者其他不良反应。此外,需进一步解决如何以合理成本实现稳健的工艺生产、如何开发对蛋白类药物普遍适用的灭菌策略及微粒的免疫原性等问题。最后,还需考虑注射方便性等问题,如解决冻干产品的复溶和药物载体堵塞针头等问题[3]。以上这些问题,是基于微粒的药物制剂值得关注的共性问题。对蛋白类药物的微粒类制剂,还需要特别关注制备工艺对蛋白类药物稳定性尤其是空间构象的影响,PLGA 等载体在降解过程中形成的酸性环境对蛋白类药物稳定性的影响等。

（2）纳米粒递送载体：纳米粒由聚合物、脂质和树枝状大分子等材料组成,作为药物载体已被广泛研究,特别是用于小分子药物的靶向递送。使用纳米粒递送蛋白质的研究相对较少,且都处于临床前研究阶段。其中一个较有临床应用前景的例子是构建 LNP,联合递送水溶性蛋白类药物和疏水性小分子药物[7]。具体来说,研究者开发了一种可生物降解的核壳结构纳米粒,将细胞因子 IL－2 和小分子的 TGF－β 抑制剂同时封装到纳米粒中,达到持续和同时释放细胞因子与小分子药物的目的,进而有效抑制肿瘤的生长。

一般来说,静脉注射给药的纳米粒在到达靶细胞前会面临多个生理屏障:首先,血液中的纳米粒易被网状内皮系统清除;其次,循环中的纳米粒需穿过血管内皮细胞,进而渗透到病变组织中;再次,纳米粒仍需通过致密的细胞外基质扩散,才能到达位于组织深处的相关靶细胞;最后,纳米粒需通过细胞膜进入靶细胞,且被摄取的纳米粒常位于内体中,有时需逃离内体以释放活性蛋白类药物。克服这些生理屏障对于蛋白类药物的成功递送至关重要,常用策略有 PEG 修饰以延长循环时间,优化颗粒大小以增强组织渗透,修饰配体以增加细胞摄取等。

(3)植入型递送载体:植入剂是经手术植入皮下或经针头导入皮下的缓控释制剂,相关内容参见第十六章注射型缓控释给药系统辅料。当缓释药物的微粒递送系统因体积太大而无法用针头注射时,便可以制备成无菌的植入剂给药,植入剂可用于递送小分子和大分子药物。一个典型的例子是多肽药物醋酸戈舍瑞林的缓释植入剂(商品名 Zoladex®),用于治疗晚期前列腺癌和晚期乳腺癌,皮下植入后每 28 天给药一次。在蛋白类药物的递送中,最常用的载体材料仍是 PLGA 聚合物[8],其他聚合物材料(如透明质酸)正在被逐步探索中[9]。通常来说,可注射植入剂可以有效规避与微粒制剂相关的一些制备工艺问题,如微粒制剂的稳定性或复溶等。另外,作为一个整体,可注射植入剂的比表面积较低,这会极大降低药物突释的可能。

(4)蛋白类药物的化学或生物学修饰:分子质量小于 60 kDa 的大分子药物易通过肾滤过,进而从体内快速清除。因此,可以通过对蛋白类药物的直接化学修饰以增加蛋白类药物的分子量或基于一些生物学原理来降低肾清除率,从而降低注射频率。最常用策略是用亲水性聚合物进行化学修饰以增加药物的流体动力学直径,从而减少或消除肾小球滤过,延长循环半衰期。目前市场上有许多 PEG 化的蛋白类药物,如 1990 年获批的 Adagen® 是第一个 PEG 化的蛋白类制剂,它是用 PEG 修饰的腺苷脱氨酶,用于治疗伴有腺苷脱氨酶缺乏的严重联合免疫缺陷病。此外,也有许多其他常见的聚合物如唾液酸、透明质酸或羟乙基淀粉等,它们修饰的蛋白类药物正处于临床前和临床研究中。类似地,还有高糖基化的长效重组人促红细胞生成素 Arnesp® 等。

进一步,开发了白蛋白或 IgG 抗体修饰的融合蛋白,通过与细胞膜表面的 IgG 受体 FcRn 结合,阻止融合蛋白质被溶酶体降解,起到延长蛋白类药物体内半衰期的作用。IgG 抗体 Fc 段修饰的蛋白类药物,已经有较多上市产品,包括全球第一个全人源的肿瘤坏死因子拮抗剂依那西普（商品名 Enbrel®）。白蛋白修饰的蛋白类药物上市产品相对较少，目前上市的有治疗糖尿病的阿必鲁肽，更多的白蛋白融合蛋白类药物正在临床评估中。

值得注意的是，以上这些化学修饰策略，只能延长药物的循环半衰期，而不能控制释放药物，且由于空间位阻问题，化学修饰可能影响蛋白类药物与同源受体的结合。同时，还需特别注意修饰后的蛋白类药物的免疫原性问题。尽管 PEG 化可以降低蛋白类药物的免疫原性并增加溶解度，延长半衰期，但针对 PEG 的抗体的产生也可能带来一些副作用。

（二）核酸类药物

1. 核酸药物的背景介绍　近几十年来，核酸药物已成为发展迅猛、颇具前景的医学分支之一。核酸是由重复的核苷酸单元组成的长链聚合物，根据化学组成不同主要分为脱氧核糖核酸（DNA）和核糖核酸（RNA）。基于天然或化学修饰的核酸药物可以通过调控靶蛋白的表达从而在基因水平上发挥治疗疾病的作用。核酸药物为癌症、病毒感染和遗传疾病等人类疾病提供了新的治疗方式，有望成为继小分子化药和抗体药物后的第三大类型药物。目前，核酸药物主要包括质粒 DNA（plasmid DNA，pDNA）、反义寡核苷酸（antisense oligonucleotide，ASON）、编码治疗性蛋白或疫苗抗原的信使 RNA（mRNA）、小干扰 RNA（small interfering RNA，siRNA）、微小 RNA（microRNA，miRNA）、调控蛋白活性的 RNA 适配体（RNA aptamer）和其他基因治疗药物等。

近年来，核酸药物取得了长足的发展，许多核酸药物已被批准用于治疗由遗传缺陷、病毒感染和基因突变引起的各种疾病。然而，核酸药物的发展也面临着各种挑战。核酸药物作为聚阴离子的生物活性大分子，由于其大小和负电荷等原因，其体内递送存在诸多障碍。核酸药物入血后，容易被血液中的核酸酶降解，肝肾清除快，导致其在循环中的半衰期短、生物利用度低。同时核酸的治疗作用也受限于细胞摄取和溶酶体逃逸的效率；由于核酸本身的特性，无法自行扩散穿过细胞膜；即使其中一部分能被细胞摄取，仍可能被困在内吞体或溶酶体中，无法逃逸至胞质中发挥治疗作用。

生物材料科学的最新进展为核酸递送开发了新的辅料，它们有可能解决核酸药物稳定性差、免疫原性强、难穿膜、靶组织和靶细胞摄取效率低等缺陷。这些新的辅料与纳米技术的最新发展相结合，可为设计临床适用、安全有效的核酸递送系统提供强大的工具。

2. 核酸药物的常用辅料

（1）脂质材料：脂质是两亲性的分子，由亲水头部、连接片段和疏水尾部组成，其中阳离子脂质、可电离脂质和其他类型脂质可作为关键辅料用于递送核酸药物。阳离子脂质或两性可电离脂质通过亲水头部的正电荷参与包载核酸、促内体逃逸和稳定 LNP 等过程。阳离子脂质虽然广泛用于核酸递送，但由于细胞毒性和体内递送效力问题，已逐渐被可电离脂质所替代。可电离脂质的 pH 依赖性响应特性改善了阳离子脂质的毒性问题，提高了体内转染效率，是目前核酸药物递送中的核心脂质辅料。其他类型脂质主要起到稳定 LNP，改善纳米粒的体内聚集和肝肾清除等作用。下面将针对用于核酸药物递送的关键脂质辅料进行详述。

1）阳离子脂质：阳离子脂质具有带正电荷的亲水头部基团，这些正电荷通过静电作用，与核酸中带负电的磷酸基团相互作用，从而有效缩合核酸[10]。所得的阳离子脂质/核酸复合物可显示净正电荷，促进与带负电荷的膜成分相互作用，促进核酸复合物的胞内释放。氯化三甲基－2,3－二油烯氧基丙基铵（DOTMA）和溴化三甲基－2,3－二油酰氧基丙基铵（DOTAP）是两种常用的阳离子脂质（图 20－1），它们显示出对核酸分子的高包封效率和转染效率。然而，基于阳离子脂质的制剂由于其强正电性，导致其易从血液中快速清除并激活免疫系统，限制了恒定带电的阳离子脂质在临床上的应用。

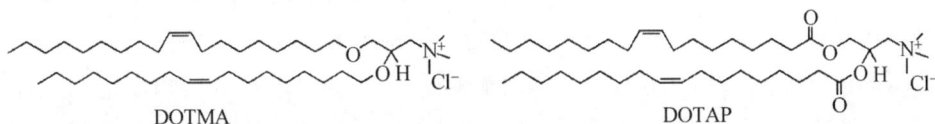

图 20-1 阳离子脂质 DOTMA（左图）和 DOTAP（右图）的结构式

2）可电离脂质：可电离脂质的出现是脂质制剂开发的一个重要突破。可电离脂质含有带正电荷的可电离胺基团，在酸性条件下可电离脂质带正电，可高效包载核酸药物，同时提供正电荷，与溶酶体膜上的带负电磷脂作用形成与脂双层不相容的锥形离子对，实现膜融合/破坏、内体逃逸和核酸药物的胞质释放；在生理条件下可电离脂质不带电荷，从而降低了脂质毒性，提高了生物相容性。尾部基团的饱和度极大地影响可电离脂质的流动性和递送效率，随着尾部不饱和度增加，形成锥形离子对的趋势增加，进而可提高核酸药物的内体逃逸能力[11]。为此，可电离脂质 4－（N,N－二甲基氨基）丁酸（二亚油基）甲酯［DLin－MC3－DMA, pKa = 6.44］的结构中选用了亚油酰基作为疏水尾部。这种可电离的脂质已被用于第一个获批的 siRNA 药物 Onpattro 中。为了减少体内蓄积和潜在的副作用,研究人员将可生物降解的设计融入可电离脂质。与 DLin - MC3 - DMA 相比,十七烷-9-基-8-{(2-羟乙基)[6-氧代-6-(十一烷氧基)己基]氨基}辛酸酯(SM-102,pK_a=6.75)和[(4-羟基丁基)氮杂二烷基]双(己烷-6,1-二基)双(2-己基癸酸酯)(ALC-0315, pK_a=6.09)在脂质尾部具有酯键(图 20-2),不仅可以保存体内效力,而且显示出快速消除和更好的耐受性[12]。这两种生物可降解的可电离脂质已被分别应用于新冠疫苗 mRNA1273 和 BNT162b 的处方中。

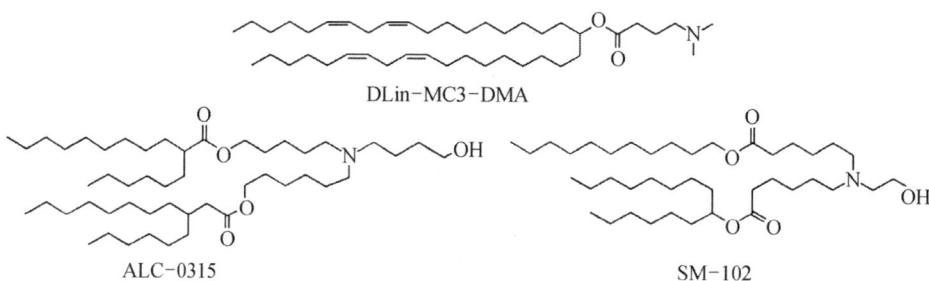

图 20-2 可电离脂质 DLin - MC3 - DMA、ALC - 0315 和 SM - 102 的结构式

3)其他类型脂质:其他类型磷脂主要包括辅助磷脂、胆固醇、PEG 修饰的磷脂[13]。1,2-二硬脂酰-*sn*-甘油-3-磷酸胆碱(DSPC)是一种用于 siRNA 药物 Onpattro 和新冠疫苗 mRNA 疫苗的 LNP 中的结构脂质。在 LNP 中,DSPC 支撑纳米颗粒脂质双层结构的形成,并稳定其结构排列。1,2 二油酰基-*sn*-甘油-3-磷酸乙醇胺(DOPE)是另一种常用辅助磷脂,其尾部基团为两条不饱和烷烃链,在 LNP 中易形成倒六边形,有助于核酸的胞质释放。胆固醇可调节脂质膜的流动性,在维持脂质体稳定性和药物包封率中起重要作用。PEG 修饰的磷脂可以通过调控 LNP 的粒径和电位从而减少粒子聚集,以阻止血清蛋白吸附和单核吞噬细胞系统的摄取,延长了体内的循环时间。常用辅助磷脂、胆固醇、PEG 修饰磷脂的结构式如图 20-3 所示。

(2)稳定剂

1)缓冲液:注射用生物制剂的关键理化指标,如渗透压、pH、离子强度等,应该符合人体的正常生理范围。为了避免局部刺激、炎症反应或疼痛,注射液的 pH 应控制在 4.0~9.0。pH 缓冲系统对维持生物体的正常 pH 和正常生理环境起到重要作用。商用核酸药物中使用的缓冲液或 pH 调节剂包括磷酸盐、乙酸盐、氨基丁三醇。氯化钠作为无机等渗调节剂,常用来调节注射剂的渗透压以确保溶液与细胞等渗[14]。

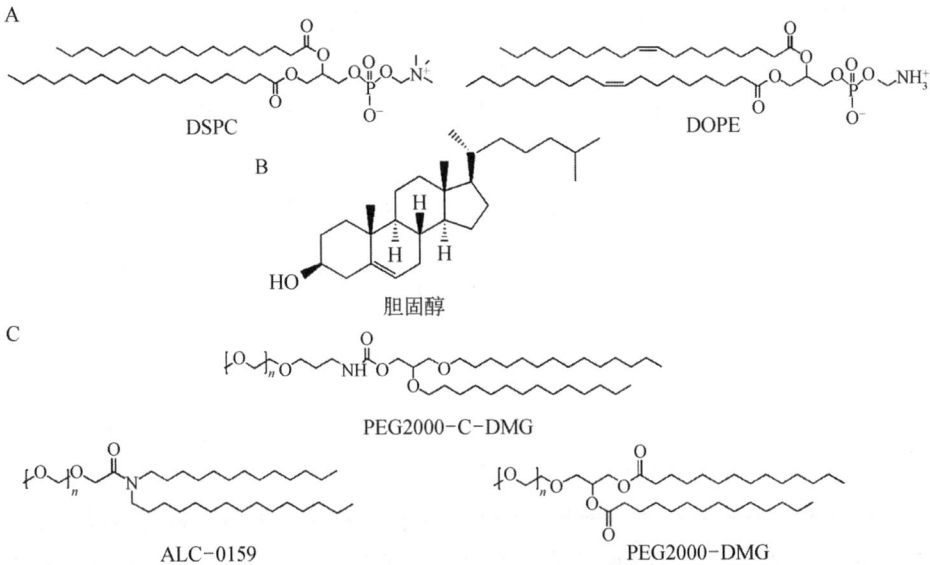

图 20 - 3 常用辅助磷脂(A)、胆固醇(B)、PEG 修饰磷脂(C)的结构式

2）糖类和多元醇：蔗糖和海藻糖是目前最常用的冻干保护剂,被广泛应用于冻干生物制剂及核酸药物脂质递送系统中。蔗糖和海藻糖均属于非还原性二糖,既能在冷冻过程中起到低温保护剂的作用,又能在干燥脱水过程中起到脱水保护剂的作用。含有两个或两个以上羟基的醇称为多元醇。由于糖类和多元醇的官能团均是羟基,所以多元醇也具备低温保护剂和冷冻干燥保护剂的功能。甘油、山梨醇和甘露醇是目前使用较多的多元醇类冻干保护剂[15]。

3. **核酸药物的载体** 为解决核酸药物递送稳定性差、脱靶效应等难题,科学家们致力于开发高效安全的药物递送系统以转运核酸。核酸递送载体主要分为病毒载体和非病毒载体。病毒载体往往具有基因转导效率高和基因表达持久的特点,所以病毒载体仍然是目前基因治疗试验中使用最广泛的递送方法,常用的有腺相关病毒、慢病毒、腺病毒和逆转录病毒。然而病毒载体也存在一些缺陷,如潜在的随机整合、高免疫原性、炎症风险及高成本等[16]。非病毒载体具有低免疫原性、易合成等优势,如 LNP 递送系统、GalNAC 偶联技术平台、基于聚合物的递送系统、肽类递送载体及无机纳米颗粒递送系统,已成为近年来研究的热点。

（1）病毒载体：未受保护的 DNA 在生物环境中不稳定,DNA 本身也难以进入细胞和细胞核,无法发挥其治疗作用。因此,基因治疗的主要问题之一是将效应物递送到细胞中。病毒载体是颇有前途的基因治疗方法之一。数百万年的病毒进化使其发展出各种分子机制,帮助病毒进入细胞,在细胞内长期存活,并在各个层面激活、抑制或修改宿主生物体中的防御机制。病毒的基因组较小,进化可塑性允许对其基因组进行修改,从而成为基因治疗中有效的工具。目前已上市的 DNA 药物主要是基于病毒载体开发的,其中包括腺相关病毒(adeno-associated virus,AAV)、腺病毒(adenovirus,Ad)和 I 型单纯疱疹病毒(herpes simplex virus type I,HSV)。尽管病毒载体在核酸递送系统的临床发展具备广阔的发展前景,但也存在着不容忽视的生物安全问题,包括插入诱变的风险和载体本身的高免疫原性。

(2)非病毒载体

1)LNP:LNP 是一种具有均匀脂质核心的脂质囊泡,已被广泛研究用于核酸药物的递送。LNP 为核酸提供一个保护性外壳,促进核酸进入细胞并提供将核酸释放到细胞质的机会。经典的 LNP 主要由四种类型的脂质材料组成:可电离脂质、结构磷脂、聚乙二醇-脂质和胆固醇(图 20-4)。LNP 的形成始于带负电荷的核酸和带正电荷的脂质之间的静电结合,然后,LNP 通过脂质成分之间的疏水作用和范德瓦耳斯力进行组装。目前有三种基于 LNP 的 RNA 药物获批上市,其中包括用于治疗遗传性甲状腺素介导的淀粉样变性的多发性神经病 RNAi 药物 Patisiran(Onpattro®)及用于新冠病毒感染预防的 mRNA 疫苗 Tozinameran(Comirnaty®)和 Elasomeran(Spikevax®)。

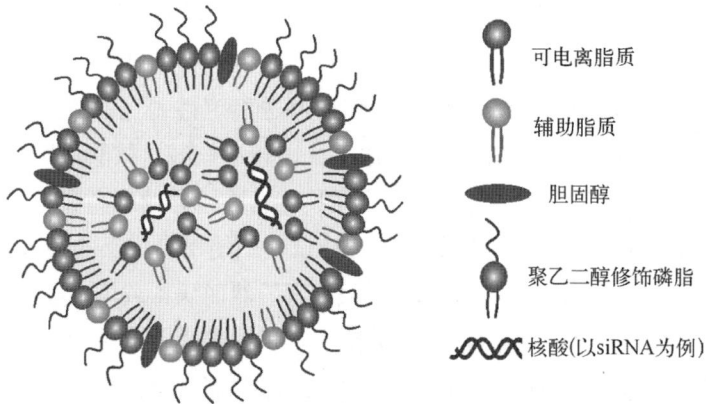

彩图 20-4

	可电离脂质
	辅助脂质
	胆固醇
	聚乙二醇修饰磷脂
	核酸(以siRNA为例)

图 20-4 LNP 的结构和组成

2)N-乙酰半乳糖胺(N-acetylgalactosamine,GalNAc)偶联技术:GalNAc-核酸是 GalNAc 与核酸形成的 GalNAc-siRNA 缀合物,将 GalNAc 以三价态的方式

共价缀合到不同序列的 RNA 的正义链 3′端,形成多糖－RNA 单缀合物(图 20－5)[17]。GalNAc 偶联提供了一种增加 siRNA 在肝积累和促进其细胞摄取的有效策略。在没有保护性递送载体的情况下,通过对 siRNA 进行化学修饰,以确保注射给药后 siRNA 在循环中的稳定性。GalNAc－siRNA 缀合物进一步可以结合肝细胞表达的去唾液酸糖蛋白受体(asialoglycoprotein receptor, ASGPR),将 siRNA 靶向递送至肝[18]。临床研究结果显示 GalNAc－siRNA 更适合用于皮下给药。某公司研发的 GalNAc－siRNA 药物,包括 Givosiran(Givlaari®)、Lumasiran(Oxlumo®)与 lnclisirnan(Leqvio®)等,均是利用了 GalNAc 与 ASGPR 的高亲和力,从而提高其靶向性。

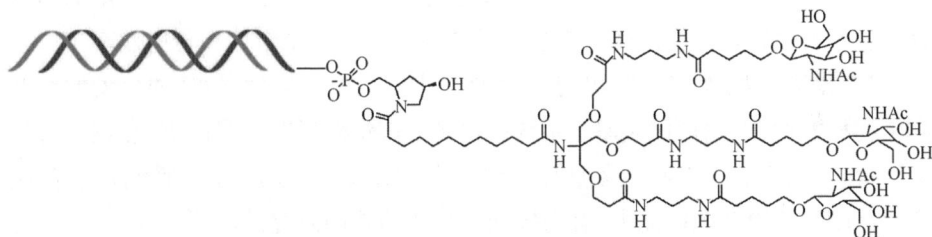

图 20－5　GalNAc－siRNA 偶联物的结构

　　3)基于聚合物的递送系统:聚合物因其易于合成和灵活的结构特性而被广泛用作核酸递送的研究。具体而言,这些聚合物可通过调节分子量、电荷密度、侧链结构、疏水性及自身与核酸之间的比例来优化核酸的递送效率。同时,各种化学基团也可以连接到聚合物载体上,改变其物理化学特性并赋予其新的性质。目前基于聚合物的核酸递送系统主要包括聚合物纳米颗粒、聚合物胶束和树状大分子聚合物[19]。

　　众所周知,合成或天然的阳离子聚合物能够通过聚合物的带正电基团和核酸带负电的磷酸基团之间的静电相互作用结合,从而形成聚合物-核酸复合物;同时,其可以提供强大的质子海绵效应,有利于复合物从内体逃逸。常见的阳离子如聚乙烯亚胺(PEI)、树枝状聚酰胺胺(PAMAM)、聚-β-氨基酯(PBAE)、壳聚糖(CS)等。

　　聚乙烯亚胺是研究最广泛的用于核酸药物递送的聚合物,其可质子化的高密度氨基实现了体内外高效的基因转染效率。然而,聚乙烯亚胺较高的细胞毒性限制了其在基因治疗领域的进一步发展。聚乙烯亚胺介导的毒性取决于其分子量和支化程度。与高分子量聚乙烯亚胺相比,低分子量的线性聚乙烯亚胺或支链聚乙烯亚胺的细胞毒性较低,但低分子量聚乙烯亚胺的转染效率也往往较低[20]。

壳聚糖是天然线性聚阳离子多糖,因其良好的生物相容性、生物可降解性和低免疫原性而适用于基因的递送。此外,壳聚糖具有黏膜黏附特性,可以延长药物在吸收位置的保留时间,从而提高其生物利用度。壳聚糖-核酸复合物的转染效率和稳定性,受其分子量、脱乙酰度、壳聚糖胺与磷酸基团的比值($N:P$ 值)等因素的影响。尽管基于天然壳聚糖的核酸递送系统有广阔的应用前景,但其临床应用仍有较多问题亟待解决。例如,壳聚糖在生理 pH 下溶解度低,缓冲能力减弱并缺乏对组织、细胞的选择性[21]。为了进一步提高壳聚糖的水溶性并赋予更多的生物医学功能特性,科学家们通过衍生化反应合成了多种壳聚糖衍生物。这些衍生物有望提高壳聚糖递送系统在体内外的稳定性和转染效率。

4)肽类基因递送载体:由于多肽具有丰富的生物活性、较低的免疫原性及高生物相容性,因此在核酸递送系统中得到了广泛的研究。多肽类递送载体,如多肽缀合物、多肽复合物及多肽修饰纳米颗粒,表现出增强的膜穿透性、刺激响应性释放和特异性靶向能力,有力推动了核酸药物的研究进展[22]。

细胞穿膜肽(cell penetrating peptides, CPP)是具有穿透细胞膜功能的小分子多肽,能携带核酸等生物活性大分子物质进入细胞,而不会破坏细胞膜的完整性,从而提高核酸的细胞摄取率和转染效率。CPP 根据其物理化学性质主要分为阳离子型和两亲性,这两类 CPP 与细胞膜有着不同的作用方式和摄取机制。由于静电相互作用,阳离子 CPP 对带负电的细胞膜具有高亲和力,因此通过受体非依赖性机制内化到细胞中。两亲性 CPP 由极性和非极性氨基酸区域组成,其与膜磷脂相互作用时经历从无序到折叠状态的构象转变,从而导致细胞膜中的瞬时孔形成。

内体逃逸是提高核酸药物细胞内递送效率的关键步骤。大多数被内化的纳米载体,被截留在内吞体中,并最终被溶酶体中的酶降解。酸敏感多肽是促进核酸药物内体逃逸的有效处方成分,其在生理 pH 下呈现无规则的卷曲结构,在内体的酸性环境中发生构象转变,诱导膜孔形成、膜融合和(或)裂解。许多 pH 响应性多肽模拟病毒衍生肽的融合活性,其中最突出的代表为 GALA、KALA 和 RALA,它们的序列是在非极性丙氨酸-亮氨酸-丙氨酸(ALA)重复单元的基础上分别引入谷氨酸、赖氨酸或精氨酸残基。

与靶向分子抗体或蛋白质相比,肽基配体是靶向递送纳米载体的理想分子。将特定的肽配体结合到基因载体中可以将核酸药物靶向递送到生物体中的特定位置。例如,含有精氨酸-甘氨酸-天冬氨酸(RGD)的肽序列是非病毒递送系统中常用的靶头。RGD 序列对整合素受体具有强亲和力,而后者在血管内皮细胞和许多癌细胞上过表达,可通过受体介导的内吞作用促进细胞内化纳米载体。

尽管肽相关的核酸递送系统在治疗遗传性疾病中显示了巨大潜力,但迄今为止尚未实现临床转化。显然,除了克服膜屏障外,基于肽的基因载体还面临着一系列挑战,如循环半衰期短、血清中物理化学稳定性差、靶点部位药物的低蓄积及不良反应等。毫无疑问的是,作为基因递送系统的一部分,肽在核酸浓缩、靶向和内体逃逸等方面显示了巨大的潜力。但同样,多功能的肽序列组合,存在影响单个功能的风险。因此,还需进行广泛深入的研究,开发适于核酸递送的肽类基因递送载体。

5)无机纳米颗粒递送载体:无机纳米颗粒作为基因递送载体发展迅速,越来越多的无机材料,如介孔二氧化硅纳米粒子(mesoporous silica nanoparticle,MSN)、金纳米粒子(AuNP)、无机钙盐纳米粒和碳纳米管(carbon Nanotube,CNT)等,被广泛用于核酸递送的研究[19]。

MSN 是最常用的无机纳米载体,其具有可控的孔隙、易于功能化、生物相容性高、高比表面积和可生物降解性等特点,这使 MSN 成为递送核酸药物的理想候选者。为了提高核酸的负载效率和 MSN 的细胞摄取效率,MSN 的表面通常采用阳离子聚合物进行包覆。

经过表面衍生化修饰的无机钙盐纳米粒,如磷酸钙纳米颗粒,已被开发用于递送核酸类药物,并能有效转染多种哺乳动物细胞。磷酸钙纳米粒可以迅速溶解在内体的酸性环境中,导致渗透性溶胀,从而使其包载的核酸药物能够在细胞质中释放。

尽管无机纳米颗粒在推进核酸药物的体内递送方面取得了巨大进展,并且大量体内研究显示了它们在基因治疗方面的巨大潜力,但它们的开发仍处于早期阶段,目前临床上还没有基于无机纳米材料递送核酸药物的相关应用。无机纳米粒子仍有许多问题需要解决。例如,碳纳米管的一个重要问题是它们在体内的不可生物降解性,这需要进行更多研究来评估其安全性。纳米粒子的另一个问题是生物分布欠佳,由于网状内皮系统,粒子主要被分布在肝和脾中,这可以通过"隐形"涂层和主动靶向来改善。随着时间的推移,更多基于无机纳米递送系统的持续研究和改进,将加速基于无机纳米递送系统的基因治疗向临床转化。

（三）疫苗

1. 疫苗的背景介绍及分类　疫苗的发明与应用是人类与病原微生物战争的转折点,是具有里程碑意义的事件之一。人类最早的疫苗接种纪录来源于中国,在公元16世纪中国人就开始将天花感染康复者的痂皮塞入健康人鼻腔以预防天花。在18世纪晚期,英国医生Edward Jenner用牛痘病毒实现了对天花的预防,并在1798年发表了相关论文,由此开创了人工主动免疫的先河。早期疫苗为减毒活疫苗和全病毒灭活疫苗,多用于预防感染性疾病,大大降低了感染性疾病的死亡率和致残率。随着现代疫苗的发展,其在非感染性疾病的治疗中也初露锋芒,新型疫苗制剂的开发将为人类对抗各种疾病提供有效的解决途径。

疫苗主要以病原微生物或其组成成分、代谢产物为起始原料,采用生物技术制备而成,是用于预防、治疗人类疾病的生物制品。疫苗接种人体后可刺激免疫系统产生抗原特异性体液免疫和(或)细胞免疫应答,使机体获得对相应病原微生物的免疫力。按照疫苗的组成成分和生产工艺,可以将疫苗分为以下几类。

（1）减毒活疫苗:减毒活疫苗指采用人工定向变异的方法,或从自然界筛选出毒力高度减弱、免疫原性良好的病原微生物制成的疫苗。减毒活疫苗分为细菌性活疫苗和病毒性活疫苗,常用的减毒活疫苗有天花疫苗、狂犬病疫苗、水痘疫苗等。当接种减毒活疫苗后,由于其在机体内有一定的生长繁殖能力,可使机体发生类似隐性感染或轻度感染的反应,但不产生临床症状。

其优点在于只需接种一次,便能持续刺激机体产生免疫应答,免疫效果较好。此外,制备过程简单,一般无须浓缩纯化操作,不需要添加佐剂,生产工艺简单,且用量较小,价格低廉。但减毒活疫苗须在低温条件下保存、运输及使用,有效期相对较短,任何能损伤疫苗活性的物理、化学因素均可导致疫苗诱导的免疫反应减弱。另外,减毒活疫苗存在毒力返祖的风险。例如,由于注射减毒脊髓灰质炎病毒口服疫苗(oral polio vaccine virus, OPV),发生毒力恢复而导致疾病暴发的事件,已发生了几十次,造成了重大的疫苗事故[23]。

（2）灭活疫苗:灭活疫苗指病原微生物经培养、增殖后,用物理或化学(通常是甲醛溶液)方法将其灭活后,再经纯化制成的疫苗。由于经过了灭活过程,该类疫苗安全性较高;同时,灭活疫苗也保留了病原微生物抗原决定簇的完整性,因此具有较强的免疫原性。常用的灭活疫苗有流感疫苗、乙脑灭活疫苗、百白破疫苗等。

灭活疫苗的安全性高,在2~8℃条件下一般可保存一年以上;没有毒力返祖的风险。但灭活疫苗进入人体后不能生长繁殖,对人体刺激时间短,要获得强而持久的免疫力,一般需要加入佐剂,且需多次免疫接种;生产工艺复杂,周期长,成本较高。

(3)亚单位疫苗:亚单位疫苗指利用微生物的某种表面结构成分(抗原)制成、能够诱发机体产生抗体的疫苗,根据其制备方法可以分为如下三种。① 纯化亚单位疫苗,由多个蛋白质或多糖构成,以从致病微生物中分离纯化出来的细菌脂多糖、病毒表面蛋白等作为抗原。② 合成肽亚单位疫苗,如合成的病毒相关肽、肿瘤特异性抗原肽等。③ 基因工程亚单位疫苗,指在分离出病原体特异性抗原编码基因的基础上将外源基因转入另一非致病性微生物/细胞内表达的基因产物,进一步通过分离纯化获得特异的蛋白质抗原。

亚单位疫苗安全、高效、可规模化生产,通常含有一种或几种蛋白质,消除了许多无关抗原诱发的免疫反应,从而减少了疫苗的副反应。例如,A 群脑膜炎球菌多糖疫苗、伤寒 Vi 多糖疫苗是比较早的亚单位疫苗,该类疫苗减少了全菌疫苗使用中所出现的不良反应。在基因工程亚单位疫苗中,它的抗原性会受到所选用表达系统的影响,因此在制备这类亚单位疫苗时需对表达系统进行谨慎选择。再者,亚单位疫苗免疫原性较低,需与佐剂合用才能产生较好的免疫效果。

(4)核酸疫苗:核酸疫苗是 20 世纪 90 年代发展起来的一类新型疫苗,包括 DNA 疫苗和 RNA 疫苗,由能引起机体保护性免疫反应的抗原的编码基因和(或)递送载体构成,其直接导入机体细胞后不与宿主染色体整合,而是通过宿主细胞的转录系统表达蛋白抗原,诱导宿主产生特异性免疫应答。与传统疫苗相比,核酸疫苗具有制备简单、免疫原性良好、效果持久及可产生交叉免疫防护等优点。然而,有观点认为 DNA 疫苗可能有整合入基因组的风险。再者,核酸作为一种生物大分子,其自身体内转染效率低,易被体内的核酸酶降解,需要依靠安全高效的载体才能发挥作用,载体的缺乏也阻碍了核酸疫苗的临床应用。

2. 疫苗的常用辅料

(1)抑菌剂:疫苗中加入抑菌剂是为了避免疫苗在储存和使用过程中被细菌或真菌污染。大多数灭活疫苗都使用抑菌剂如硫柳汞、苯酚等。

随着疫苗生产技术的提高,单剂次疫苗绝大多数都不需要添加抑菌剂,其生产过程本身已经过滤掉杂菌,能保证灌装成品的疫苗接种于人体前不被污染。

(2)稳定剂或冻干保护剂:由于很多疫苗中的抗原对环境温度、光等因素非常敏感,容易变性失活,因此需要加入稳定剂,常用的稳定剂有糖类、氨基酸、蛋白质等;对于冻干疫苗制剂不仅需要加入冻干保护剂,还需要加入糖类、多元醇等为疫苗提供基质,这是因为疫苗中的抗原一般含量较少,冻干后可能会黏附在瓶身上难以观察到,不便于后续使用,加入一定量的基质可以改善该情况。糖类是最常用的冻干保护剂,如葡萄糖、海藻糖、蔗糖等。由于不同疫苗中抗原分子结构不同,所需要的冻干保护剂的种类和浓度也各不相同,实际应用时根据需要选择合适的保护剂。

（3）表面活性剂：表面活性剂能帮助疫苗中的脂溶性成分和水溶性成分充分混合,可防止液体疫苗出现沉淀或结块的现象。这是由于表面活性剂分子在油、水混合液的界面上发生定向排列,使油、水界面张力降低,并在分散相液滴的周围形成了一层保护膜,可防止分散相液滴相互碰撞而聚集合并。最常用的表面活性剂是吐温 80,某些宫颈癌疫苗、轮病疫苗、五联疫苗、肺炎 13 价结合疫苗中使用了吐温 80。

（4）稀释剂：稀释剂指将疫苗在使用前稀释至适当浓度的液体。稀释液一般用生理盐水。例如,已上市的 mRNA 疫苗 Comirnaty 以冷冻悬液的形式储存于−80℃,临用前需用无菌生理盐水稀释至适当体积后使用。

（5）佐剂：1925 年,法国免疫学家兼兽医学家 Gaston Ramon 最早提出佐剂（adjuvant）这一术语,它来源于拉丁语"adjuvare",意思为"帮助或援助"。

佐剂是指预先或与抗原同时注入体内,可增强机体对抗原的免疫应答强度的非特异性免疫增强性物质。佐剂本身没有免疫原性,但有辅佐抗原、增强机体对抗原的免疫应答强度的能力。根据作用机制的不同,佐剂可以分为免疫调节分子和递送系统[24]。

第一类免疫调节分子,主要源于病原体,是真核生物中不常见的分子基序,即病原体相关分子模式（PAMP）。PAMP 可以被机体细胞上的模式识别受体（PRR）所识别从而激活免疫细胞。PRR 主要包括 Toll 样受体（TLR）、NOD 样受体（NLR）、C 型凝集素受体和维 A 酸诱导基因 I（RIG－I）等。此外,还有一些其他免疫刺激分子,如 QS－21 等皂苷类,它们的免疫作用机制还未充分阐明[25]。免疫调节分子类佐剂研究较多的有 TLR4 配体 MPL,是 HPV 疫苗 Cervarix 中的佐剂;TLR9 配体 CpG 寡脱氧核苷酸,是新型乙型肝炎疫苗中的佐剂[26]。

最近的研究还表明一些分子佐剂也可以刺激有效的免疫反应。研究人员在口蹄疫疫苗中测试了 IL－2 和粒细胞-巨噬细胞集落刺激因子（GM－CSF）等细胞因子,发现其具有佐剂效应。此外,在 HIV 疫苗中添加 IL－12 和 IL－15 作为佐剂正在进行 I 期临床试验,这些细胞因子被发现具有刺激 NK 细胞和 T 细胞增殖的功能。

第二类则是递送系统类佐剂。已批准用于人用疫苗的佐剂包括铝盐、病毒体、乳剂（MF59,ISA51 和 AS03）、AS04、CpG 和 AS01。除了 CpG，其余都为递送系统类佐剂。如今开发的大多数先进的佐剂也同时具有递送系统和免疫调节的双重特性。除了兼顾免疫调节分子的作用，疫苗递送系统还能保证抗原的有效递送，避免抗原被快速降解，促进抗原的摄取，提高免疫应答水平。

人用疫苗中最常用的佐剂就是不溶性铝盐，它已在许多商品化疫苗中展示出了安全性和有效性，如百白破疫苗、破伤风疫苗等。铝佐剂分为氢氧化铝佐剂（AH）和磷酸铝佐剂（AP），主要诱导较强的体液免疫应答，而细胞免疫应答较弱。AS04 中的佐剂成分即为 MPL 和铝佐剂，目前用于二价的宫颈癌疫苗和乙肝疫苗中。但铝佐剂会形成抗原储库，可能带来红肿、疼痛、肉芽肿等副作用。

乳剂佐剂在疫苗中有着悠久的使用历史，至少可以追溯到 20 世纪 40 年代"Freund"佐剂。尽管这些佐剂非常有效，但其成分包含不可降解的矿物油，故使用受到限制。而后研制出的 MF59,是一种水包油的乳剂，含有少量的可生物降解和生物相容性良好的角鲨烯作为油相。由于其良好的安全有效性，于 1997 年首次用于人类流感疫苗。相比铝佐剂，MF59 不会形成抗原储库和局部的肉芽肿。AS03 是另一种水包油乳剂，也被批准用于流感疫苗。

脂质体是由磷脂双层组成的囊泡，直径从几十纳米到几微米不等，抗原或免疫调节分子可包封在脂质体中或连接在脂质体表面。AS01 佐剂正是利用脂质体，将 MPL 和皂苷 QS‐21 共载于其中，作为重组带状疱疹疫苗（CHO 细胞）中的佐剂。此外，天然来源的细菌外膜囊泡（outer-membrane vesicle，OMV）也是脂质囊泡结构，它在革兰氏阴性菌中普遍存在，含有细菌毒蛋白、脂质、脂多糖等成分，具有佐剂和抗原的双重特性。OMV 已被批准用于抗脑膜炎奈瑟菌的疫苗。

一些无机纳米材料也可用于疫苗递送，如金纳米粒、量子点、碳纳米管、磷酸钙、MSN 或氧化铁纳米粒（IONP）等[27]。碳酸钙以羟基磷灰石的形式，在法国获得许可用于白喉、破伤风等疫苗。MSN 由于其生物相容性、表面可修饰、粒径可调控和比表面积大等特点，被用于药物递送研究[28]，在 2006 年就被报道具有佐剂的作用[29]。

3. 疫苗的递送载体　针对亚单位疫苗、核酸疫苗存在的稳定性差、体内易降解等问题，利用载体递送疫苗是一种有效的解决方案。载体可以实现抗原的持续释放和靶向递送，使得低剂量的弱免疫原也能有效地刺激免疫应答。疫苗的递送载体，主要分为基于高分子材料的递送载体和基于脂质的递送载体。

（1）基于高分子材料的递送载体：利用天然或合成的高分子材料递送抗原

已有几十年的历史,高分子材料可以通过形成纳米颗粒、聚合物胶束、微球等实现对抗原和佐剂的递送,用于疫苗递送的高分子材料,一般需要具有良好的生物降解性、生物相容性、无毒、无致畸性、降解速率和释药速率可控等特点。

纳米颗粒一般是直径 $10 \sim 1000$ nm 的粒子,其比表面积大,具有较多表面活性中心,可以更好地吸附抗原,且纳米粒子具有很好的生物相容性,能够持续释放抗原,可实现抗原和佐剂的共递送。例如,壳聚糖化学名为 β - (1 - 4) - 2 - 氨基葡聚糖,是一类天然多糖。壳聚糖纳米粒具有良好的生物相容性,可用作抗原载体,促使大分子顺利通过上皮组织屏障,在减少抗原降解的同时延长抗原在体内的停留时间,促进抗原提呈,加强抗原的免疫反应。透明质酸及其衍生物、硫酸葡聚糖等多糖同样可以形成纳米颗粒。人工合成的聚合物材料如聚乳酸、PLGA、聚己内酯、聚乙交酯(PGA)等,也被广泛应用于抗原载体的开发。

(2)基于脂质的递送载体:最常见的脂质递送载体是脂质体。脂质体是一种类似生物膜结构的类脂双层微小囊泡,可以作为药物和抗原的载体[30]。常用的脂质材料有磷脂酰胆碱(PC)、二棕榈酰胆碱(DPPC)、二硬脂酰胆碱(DSPC)等中性脂质,磷脂酸(PA)、磷脂酰甘油(PG)等负电荷磷脂,以及硬质酰胺(SA)、油酰基脂肪胺衍生物等正电荷脂质。正电荷脂质常用于递送核酸,可用作核酸疫苗的载体。

脂质体作为疫苗载体系统的一个关键优势是它的多功能性和可塑性。水溶性抗原(蛋白质、肽、核酸、多糖、半抗原)可被包埋在脂质体的水性内部空间中,而脂溶性抗原肽和抗原蛋白、脂溶性佐剂则可嵌入脂质双层中,同时抗原或其他佐剂可以通过吸附或稳定的化学连接附着在脂质体表面。例如,DNA 疫苗被包裹在脂质体中,可以更有效地穿过细胞膜到细胞内进行表达。脂质体也存在一些不足,如在储存过程中,磷脂中的不饱和脂肪酸会逐渐氧化;脂质体易发生融合,在相互融合过程中可能导致包裹的抗原释放出来;同时脂质体制备的工艺要求较高,生产成本也较高。目前通过对脂质体不断研究,已有几类新型脂质体,如超可变形囊泡、双层间交联的多层囊泡和固体核心脂质体等被用于疫苗递送。

作为近期研究热点的 mRNA 疫苗,其载体多用 LNP[31]。LNP 由两性可电离脂质、中性辅助脂质、胆固醇和 PEG 脂质组成。具体采用的脂质辅料见本章"(二)核酸类药物"。

目前临床使用的疫苗制剂,大部分通过注射给药。注射免疫方式存在很多缺点,如患者顺应性差、注射需要专业人员操作、难以诱导黏膜免疫应答等。因此疫苗的非注射制剂如今已成为人们关注的热点,而递送载体在促进这类剂型的发展中,发挥了重要作用。

例如,利用微针进行经皮免疫,患者可以自行免疫,方便快捷,顺应性高。针对流感病毒的微针疫苗,已处于临床研究阶段。经阴道黏膜的给药方式正处于实验室研究阶段,主要是针对获得性免疫缺陷综合征疫苗。流感减毒活疫苗(LAIV)是唯一获批的通过鼻腔途径接种的疫苗,利用一个带有剂量分配夹的鼻喷雾器,实现每次每个鼻孔给予 0.1 mL 溶液喷雾。随着对脂质体、纳米粒等新型递送载体的不断深入研究,非注射途径免疫的剂型将得到更好的发展。

人们的公共卫生安全离不开疫苗,而疫苗的研发之路是漫长而艰难的,道阻且长,行则将至,行而不辍,未来可期。

三、展望

生物技术药物在体内的递送过程较为复杂,且受体内环境影响较大,目前的药物辅料还远远不能满足生物技术药物发展的要求。因此,亟须汇聚药剂学、材料学、微生物学、分子生物学、细胞生物学、化学等学科的顶尖力量,通过探索解决生物大分子药物传递过程中面临的关键科学问题,设计优化出能够满足临床需要的、具有自主知识产权的药物辅料,实现生物大分子药物在体内的高效递送,推动我国生物大分子药物的发展。

(孙逊)

参考文献

[1] Dingman R, Balu-Iyer S V. Immunogenicity of Protein Pharmaceuticals. Journal of Pharmaceutical Sciences, 2019, 108(5): 1637 - 1654.

[2] 张志荣. 药剂学. 北京: 高等教育出版社, 2014.

[3] Mitragotri S, Burke P A, Langer R. Overcoming the challenges in administering biopharmaceuticals: formulation and delivery strategies. Nat Rev Drug Discov, 2014, 13 (9): 655 - 672.

[4] Du W, Klibanov A M. Hydrophobic Salts Markedly Diminish Viscosity of Concentrated Protein Solutions. Biotechnol Bioeng, 2011, 108(3): 632 - 636.

[5] Inoue N, Takai E, Arakawa T, et al. Arginine and lysine reduce the high viscosity of serum albumin solutions, for pharmaceutical injection. Journal of Bioscience and Bioengineering, 2014, 117(5): 539 - 543.

[6] Champion J A, Mitragotri S. Role of target geometry in phagocytosis. Proceedings of the National Academy of Sciences of the United States of America, 2006, 103(13): 4930 - 4934.

[7] Park J, Wrzesinski S H, Stern E, et al. Combination delivery of TGF-beta inhibitor and IL -

2 by nanoscale liposomal polymeric gels enhances tumour immunotherapy. Nature Materials, 2012, 11(10): 895 – 905.

[8] Ghalanbor Z, Körber M, Bodmeier R. Improved Lysozyme Stability and Release Properties of Poly (lactide-co-glycolide) Implants Prepared by Hot-Melt Extrusion. Pharmaceutical Research, 2010, 27(2): 371 – 379.

[9] Burdick J A, Prestwich G D. Hyaluronic Acid Hydrogels for Biomedical Applications. Advanced Materials, 2011, 23(12): H41 – H56.

[10] Zhi D, Bai Y, Yang J, et al. A review on cationic lipids with different linkers for gene delivery. Advances in Colloid and Interface Science, 2018, 253: 117 – 140.

[11] Han X, Zhang H, Butowska K, et al. An ionizable lipid toolbox for RNA delivery. Nature Communications, 2021, 12(1): 7233.

[12] Buschmann M D, Carrasco M J, Alishetty S, et al. Nanomaterial Delivery Systems for mRNA Vaccines. Vaccines, 2021, 9(1): 65.

[13] Eygeris Y, Gupta M, Kim J, et al. Chemistry of Lipid Nanoparticles for RNA Delivery. Accounts of Chemical Research, 2022, 55(1): 2 – 12.

[14] 国家药典委员会.中华人民共和国药典.北京: 中国医药科技出版社,2020.

[15] 田烨,吴明媛.生物制品冻干保护方法研究进展.中国医药生物技术,2018,13(1): 73 – 76.

[16] Lukashev A N, Zamyatnin A A Jr. Viral vectors for gene therapy: Current state and clinical perspectives. Biochemistry (Moscow), 2016, 81(7): 700 – 708.

[17] Kulkarni J A, Witzigmann D, Thomson S B, et al. The current landscape of nucleic acid therapeutics. Nature Nanotechnology, 2021, 16(6): 630 – 643.

[18] 陈雯霏,伍福华,张志荣,等.已上市核酸类药物的制剂学研究进展.中国医药工业杂志, 2020,51(12): 1487 – 1496.

[19] Ho W, Zhang X Q, Xu X. Biomaterials in siRNA Delivery: A Comprehensive Review. Advanced Healthcare Materials, 2016, 5(21): 2715 – 2731.

[20] Pardi N, Hogan M J, Weissman D. Recent advances in mRNA vaccine technology. Current Opinion in Immunology, 2020, 65: 14 – 20.

[21] Lai W F, Lin M C M. Nucleic acid delivery with chitosan and its derivatives. Journal of Controlled Release, 2009, 134(3): 158 – 168.

[22] Tarvirdipour S, Skowicki M, Schoenenberger C A, et al. Peptide-Assisted Nucleic Acid Delivery Systems on the Rise. International Journal of Molecular Sciences, 2021, 22 (16): 9092.

[23] Stern A, Yeh M T, Zinger T, et al. The Evolutionary Pathway to Virulence of an RNA Virus. Cell, 2017, 169(1): 35 – 46.

[24] Reed S G, Orr M T, Fox C B. Key roles of adjuvants in modern vaccines. Nature Medicine, 2013, 19(12): 1597 – 1608.

[25] Sun H, He S, Shi M. Adjuvant-active fraction from Albizia julibrissin saponins improves immune responses by inducing cytokine and chemokine at the site of injection. International Immunopharmacology, 2014, 22(2): 346 – 355.

［26］ Klinman D M. CpG DNA as a vaccine adjuvant. Expert Review of Vaccines, 2003, 2(2): 305–315.

［27］ Argyo C, Weiss V, Bräuchle C, et al. Multifunctional Mesoporous Silica Nanoparticles as a Universal Platform for Drug Delivery. Chemistry of Materials, 2014, 26(1): 435–451.

［28］ Hong X, Zhong X, Du G, et al. The pore size of mesoporous silica nanoparticles regulates their antigen delivery efficiency. Science Advances, 2020, 6(25): eaaz4462.

［29］ Lee J Y, Kim M K, Nguyen T L, et al. Hollow Mesoporous Silica Nanoparticles with Extra-Large Mesopores for Enhanced Cancer Vaccine. ACS Applied Materials & Interfaces. 2020, 12(31): 34658–34666.

［30］ Schwendener R A. Liposomes as vaccine delivery systems: a review of the recent advances. Therapeutic Advances in Vaccines, 2014, 2(6): 159–182.

［31］ Hou X, Zaks T, Langer R, et al. Lipid nanoparticles for mRNA delivery. Nature Reviews Materials, 2021, 6(12): 1078–1094.

第二十一章

新型制剂工艺的功能性药用辅料

新型制剂可以有效提高药物的安全性、有效性和稳定性,相较于普通制剂具有显著临床优势。新型制剂工艺的发展有赖于功能性药用辅料。本章将详细阐述热熔挤出技术、微针技术、静电纺丝技术、3D打印技术和吸入制剂所涉及的功能性药用辅料。

一、新型制剂工艺的功能性药用辅料研究与应用

(一)热熔挤出技术相关辅料

热熔挤出技术(hot melt extrusion,HME)是指将多相状态的物料在一定温度区段融化或软化,在强烈剪切、混合的作用下,粒径不断减小,同时彼此间进行空间位置的对称性交换和渗透,最终使物料呈单相状态高度均匀地分散于辅料中[1]。热熔挤出技术制备固体分散体的过程中,辅料的选择是关键。通过选择不同性质的载体,制备出的固体分散体能够体现出速释、缓控释等;通过增塑剂及其他辅料的辅助和修饰,提高固体分散体稳定性及释放效率,从而进一步制备成片剂、微丸剂、胶囊剂等终端剂型。

1. 载体 用于热熔挤出技术的载体必须具有适当的 T_g 或熔融温度(T_m)、较高的降解温度(T_{deg})、良好的药物相容性及适宜的熔融黏度[2]。T_{deg} 和 T_g 或 T_m 之间差值越大,越有利于热熔挤出技术制剂工艺的选择。一般采用热熔挤出技术制备固体分散体时,熔融区的温度比载体 T_g 高 30~60℃。而药物与载体的相容性可以用溶解平衡常数(δ)来衡量。当药物和载体材料的溶解度参数 $\Delta\delta < 2.0\,\text{MPa}^{1/2}$ 时,两者容易混匀;当 $\Delta\delta > 10.0\,\text{MPa}^{1/2}$ 时,两者可能无法混匀;当 $\Delta\delta$ 在 2.0~10.0 $\text{MPa}^{1/2}$ 时,其相容性需要用其他方法,如热分析法等,做进一步的判断[3]。此外,熔融黏度过高,在制备时需要的扭转力过大,不能保证物料挤出的连续性和产物的成形性;熔融黏度过低,则造成产物动力学不稳定,使药物在储存过程中发生降解。

　　热熔挤出技术的载体材料可分为合成可生物降解聚合物载体、合成不可生物降解聚合物载体、天然聚合物载体及其衍生物和脂类;依据载体溶解能力的不同,载体还可分为水溶性、难溶性和肠溶性[4]。

　　(1) 合成可生物降解聚合物载体:热熔挤出技术常用的合成可生物降解聚合物载体主要包括脂肪族聚酯、聚原酸酯、可生物降解的聚氨酯和聚酸酐等(表21-1)。

表 21-1　部分可用于热熔挤出技术的合成可生物降解聚合物载体

聚合物类别	部分聚合物名称	英文名称	特　点
脂肪族聚酯	聚乳酸	polylactic acid	难溶性载体;热稳定性、抗溶剂性和耐热性;具有较低的结晶度和熔点
	聚己内酯	polycaprolactone	难溶性载体;有机高聚物相容性和形状记忆温控性
	聚乙醇酸	polyglycolic acid	水溶性载体;优异的耐热性、阻气性和机械强度
聚原酸酯	聚原酸酯Ⅰ 聚原酸酯Ⅱ	poly (ortho ester) Ⅰ poly (ortho ester) Ⅱ	难溶性载体;通过表面溶蚀而降解;在水溶液中不发生溶胀
聚氨酯	可生物降解型聚氨酯	biodegradable poly (ester urethanes)	具有良好的生物性能、机械性能和可加工性
聚酸酐	聚芥酸二聚体-癸二酸	P (FAD-SA)	难溶性载体;具有表面溶蚀特性,更容易维持聚合物本身在降解过程中的整体性和机械强度的长久性

　　(2) 合成不可生物降解聚合物载体:热熔挤出技术常用的合成不可生物降解聚合物载体包括聚乙烯内酰胺聚合物、乙烯-乙酸乙烯酯共聚物、丙烯酸聚合物、乙二醇聚合物和聚氧化乙烯等(表21-2)。表21-3 中列举了部分合成不可生物降解聚合物载体的 T_g、T_m、T_{deg} 和 δ。

　　(3) 天然聚合物载体及其衍生物

　　1) 淀粉、壳聚糖和黄原胶:淀粉、壳聚糖和黄原胶在自然界中广泛存在。其中,淀粉可分为直链淀粉和支链淀粉,淀粉颗粒不溶于冷水,经过化学改性的淀粉可溶于冷水,但溶解后的润胀淀粉不可逆。随着温度的上升,淀粉的膨胀度增加,溶解度增加。壳聚糖是由聚 D-氨基葡萄糖组成的线性亲水性多糖,微溶于水,几乎不溶于乙醇;黄原胶是由 β-D-葡萄糖、甘露糖和葡萄糖醛酸组成的杂多糖,易溶于冷、热水中,溶液中性。

表 21‑2　部分可用于热熔挤出技术的合成不可生物降解聚合物载体

聚合物类别	聚合物名称	英文名称	特　点
聚乙烯内酰胺聚合物	聚维酮	polyvinyl pyrrolidone	水溶性载体;优异的力学性能和良好的加工性
	聚(乙烯基己内酰胺)‑聚乙酸乙烯酯‑聚乙酸乙烯酯接枝共聚物	polyvinyl caprolactam-polyvinyl acetate-polyethylene glycol graft copolymer	水溶性载体;T_{deg}高,可实现较低温度下的物料挤出,易于加工
乙烯‑乙酸乙烯酯共聚物	乙烯‑乙酸乙烯酯共聚物	ethylene-vinyl acetate copolymer	难溶性载体;耐腐蚀性,易于进行热压;其特性与乙酸乙烯酯含量相关,如其结晶度和T_m随着乙酸乙烯酯含量增加而降低
丙烯酸聚合物	聚丙烯酸	polyacrylic acid	水溶性载体;其中,Eudragit E100 具有 pH 依赖的溶解特性,在酸性环境中能够迅速溶解;吸水能力强和性质稳定,能在体液中溶胀但不被吸收
	丙烯酸‑甲基丙烯酸酯共聚物	polymethacrylate	难溶和肠溶性载体;无毒无刺激性;将药物分子高度分散在载体周围,增加难溶性药物的溶出度和溶出速率
乙二醇聚合物	PEG	polyethylene glycol	水溶性载体;无刺激性;具有优良的润滑性、保湿性、分散性、黏结性
环氧乙烷聚合物	聚氧化乙烯	polyethylene oxide	水溶性载体;低浓度溶液即具有很高的黏性;具有柔软性,强度高,耐细菌侵蚀

2) 纤维素衍生物:纤维素衍生物常用作热熔挤出技术的载体,如羟丙基纤维素、HPMC、乙基纤维素(ethyl cellulose, EC)、醋酸纤维素酞酸酯(cellulose acetate phthalate, CAP)和羟丙甲纤维素酞酸酯(hydroxypropyl methylcellulose phthalates, HPMCP)。其中,羟丙基纤维素是一种非离子、水溶性和 pH 不敏感的聚合物;HPMC 是一种非离子水溶性聚合物;乙基纤维素是难溶性载体材料;醋酸纤维素酞酸酯是一种白色流动性粉末,不溶于乙醇,可溶于 pH 6.0 以上的缓冲液,可用作肠溶性载体材料;羟丙甲纤维素酞酸酯不溶于水、酸性溶液和己烷,可在 pH 5.0 以上的缓冲液中溶解,可作为肠溶性载体材料。表 21‑4 中列举了部分纤维素衍生物的 T_g、T_m、T_{deg} 及 δ。

表 21 - 3　部分合成不可生物降解聚合物的相关参数

化 学 名 称	商 品 名	T_g (℃)	T_m (℃)	T_{deg} (℃)	δ (MPa$^{1/2}$)
聚维酮(分子质量 2 000~3 000 Da)	Kollidon® 12 PF	72	—	196	19.40
聚维酮(分子质量 7 000~11 000 Da)	Kollidon® 17 PF	140	—	217	21.75
聚维酮(分子质量 28 000~34 000 Da)	Kollidon® 25	153	—	166	22.5
聚维酮(分子质量 44 000~54 000 Da)	Kollidon® 30	160	—	171	25.12
聚维酮(分子质量 1 000 000~1 500 000 Da)	Kollidon® 90F	177		194	—
PVP/VA 嵌段共聚物：VP：VA(6：4)(分子质量 45 000~70 000 Da)	Kollidon® VA64	105		270	19.60
聚(乙烯基己内酰胺-乙酸乙二醇酯)接枝聚合物(分子质量 90 000~140 000 Da)	Soluplus®	72	—	278	19.35
聚丙烯酸甲基丙烯酸丁酯：甲基丙烯酸二甲氨基乙酯：甲基丙烯酸甲酯(1：2：1)(分子质量约 47 000 Da)	Eudragit® E PO	52		250	18.90
丙烯酸乙酯：甲基丙烯酸甲酯：三甲基氨乙基乙基丙烯酸乙酯(1：2：0.2)(分子质量约 32 000 Da)	Eudragit® RL PO	63	—	166	—
丙烯酸乙酯：甲基丙烯酸甲酯：甲基丙烯酸三甲基氨乙酯(1：2：0.1)(分子质量约 32 000 Da)	Eudragit® RS PO	64	—	170	18.35
甲基丙烯酸：甲基丙烯酸甲酯(1：1)(分子质量约 125 000 Da)	Eudragit® L 100	125~135	—	176	22.75
甲基丙烯酸：甲基丙烯酸甲酯(1：2)(分子质量约 125 000 Da)	Eudragit® S 100	173	—	173	18.38
甲基丙烯酸：丙烯酸乙酯(1：1)(分子质量约 320 000 Da)	Eudragit® L 100 - 55	111	—	176	21.65

（4）脂类：脂类具有较低的熔化温度和黏度,这使得无须添加额外的增塑剂来降低 T_g。脂类属于难溶性载体,药物溶解或混悬于脂类载体中,随着载体的不断酶解或水解,药物逐步、缓慢地从脂类载体中释放出来。热熔挤出技术中常用的脂类载体材料主要有蜡、油和脂肪、聚氧甘油酯、脂肪酸、单甘酯、甘油二酯及甘油三酯等。表 21 - 5 中列出了一些常用于热熔挤出技术加工的脂类及其特性。

表 21-4　部分纤维素衍生物的相关参数

化 学 名 称	商 品 名	T_g (℃)	T_m (℃)	T_{deg} (℃)	δ (MPa$^{1/2}$)
甲基纤维(分子量 14 000)	Methocel^{TM} A	200	—	247	30.0
乙基纤维素 4 cps	Ethocel$^®$ 4P	128	168	200	—
乙基纤维素 7 cps	Ethocel$^®$ 7P	128	168	205	—
乙基纤维素 10 cps	Ethocel$^®$ 10P	132	172	205	20.90
羟丙基纤维素 (分子量 95 000)	Klucel$^®$ LF	111	—	227	21.27
HPMC 100 cps (分子量 25 000)	Methocel^{TM} K100LV	147	168	259	—
HPMC 100 000 cps (分子量 150 000)	Methocel^{TM} K100M	96	173	259	21.10
羟丙甲纤维素醋酸酯	AFFINISOL^{TM} HPMC HME	约 115	—	>250	29.10

表 21-5　脂类及其特性

脂 类	材 料	物理状态(室温)	T_m(℃)
蜡	蜂蜡,巴西棕榈蜡,石蜡	固态	62~86
油和脂肪	氢化可可甘油酯、氢化棕榈油、氢化蓖麻油、氢化菜籽油、氢化棉籽油、硬化大豆油	固态、液态	60~71
聚氧甘油酯	Gelucire 48/16, Gelucire 50/13, Gelucire 44/14, Gelucire 39/01, Gelucire 43/01, Gelucire 50/02, Compritol HD 5	半固态、液态	33~65
脂肪酸	肉豆蔻酸、棕榈酸、硬脂酸、山毛酸	固态(饱和脂肪酸)、液态(不饱和脂肪酸)	60~90
单甘酯	单硬脂酸甘油酯、单油酸甘油酯、单月桂酸甘油酯	固态	55~90
甘油二酯	棕榈酸甘油酯、二苯甲酸甘油酯	固态	50~80
甘油三酯	三油酸甘油酯、三肉豆蔻素、三棕榈酸甘油酯、三硬脂酸甘油酯、三山嵛素、长链脂肪酸甘油三酯	固态、液态	45~73
聚乙二醇脂肪酸酯	PEG6000	固态	58~63
动物脂肪	牛酥油	固态	约 80

2. 增塑剂 增塑剂的主要功能是提高载体的易使用性、弹性及膨胀性;通过增大载体链之间的自由空间,降低了载体的 T_g,使热熔挤出技术工艺可以在较低温度和低扭力矩下进行;增加活性成分和载体的稳定性。常用的增塑剂有柠檬酸酯(柠檬酸三乙酯和柠檬酸三丁酯等)、脂肪酸酯类(三醋丁酯等)和聚丙二醇等。

非常规增塑剂如下。① 药物:马来酸氯苯那敏、酮洛芬、愈创甘油醚、吲哚美辛、尼泊金甲酯、布洛芬和酒石酸美托洛尔等。② CO_2:暂时性增塑剂。③ 表面活性剂:表面活性剂能够增加载体的链流动性,有效地降低载体的 T_g 和熔融黏度,从而降低操作温度和扭转力。

(二)微针技术相关辅料

微针(microneedle,MN)通常由数个针长为 25～1 000 μm 的细小针尖以阵列的方式集成在基座上组成。微针施用于皮肤时,可以直接穿透皮肤角质层形成数个微米级别的机械微孔道,显著提高药物的经皮递送效率。通过控制微针的尺寸,可以避开真皮层内丰富的毛细血管和神经末梢,减少感染,降低或消除疼痛,提高患者顺应性和给药安全性。因此,微针技术兼具经皮给药与传统注射给药的双重优势,在经皮给药领域具应用前景[5]。

根据递药方式的不同,微针可分为固体微针、包衣微针、空心微针和聚合物微针(可溶微针和凝胶微针)。固体微针多由硅、陶瓷、玻璃、金属制备而成,在皮肤形成微孔道后再涂抹药物,药物通过残留孔道被动扩散进入皮肤。包衣微针通常在固体微针表面包覆药物,施用后药物在皮肤内从针尖分离。空心微针一般由金属或硅制成,有与传统注射功能类似的中空针孔,药物通过微孔道注射进入皮肤。聚合物微针由机械性能较好的水溶性材料或生物可降解材料制备而成,药物装载于针尖,针尖刺入皮肤后,聚合物吸收组织液,使得其溶解或溶胀,释放药物。聚合物微针具有载药量高、给药方便和安全性好的优势,近年来被广泛应用于生物医学领域[6]。本节重点介绍制备聚合物微针的辅料。

目前,用于制备聚合物微针的基质材料可分为天然来源辅料和合成辅料[7],具体介绍如下。

1. 天然来源辅料 天然来源的辅料具有优异的生物相容性、可控的力学性能和低免疫原性,是制备聚合物微针的重要材料。天然来源的糖类和蛋白质已被广泛应用于聚合物微针的制备[8]。① 糖类中多糖(如透明质酸)具有良好的机械性能,单糖(如果糖)和寡糖(如海藻糖)通过改变材料的 T_g 和微观结构,可以提高蛋白多肽类药物的稳定性,或与其他辅料联用提高微针机械性能。然而,糖类物质在制备和储存过程中易吸潮,而降低微针机械性能。② 蛋白质类辅料,如丝素蛋白具有良好的成形性和力学性能,并能较好地保护药物活性。

目前常用于制备聚合物微针的糖类和蛋白质类辅料的特点和功能如下所示。

(1) 单糖和寡糖(表 21-6)

表 21-6　代表性单糖和寡糖

中文名称	英文名称	单糖/寡糖	性　质
果　糖	fructos	单糖	水溶
蔗　糖	sucrose	二糖	水溶
麦芽糖	maltose	二糖	水溶
海藻糖	trehalose	二糖	水溶

1) 果糖:葡萄糖的同分异构体。以果糖为基质的微针刺入性能良好,但吸湿性较强。

2) 蔗糖:一分子葡萄糖和一分子果糖以 1,2-糖苷键连接而成的非还原性糖。稳定性好、不易吸湿、具有独特的玻璃过渡和流变特性,可在硬度和弹性方面有效提高微针的机械性能。

3) 麦芽糖:两个葡萄糖分子以 α-1,4-糖苷键构成的还原糖。以麦芽糖为基质的微针具有机械强度高、溶解快、增强药物稳定性等优势。

4) 海藻糖:两个葡萄糖分子以 α-1,1-糖苷键构成的非还原性糖。具有抗脱水、抗冷冻、抗高渗的保护作用,作为蛋白质、酶、疫苗和其他生物制品的优良活性保护剂,适用于含大分子药物的微针的制备。

(2) 多糖(表 21-7)

1) 透明质酸:阴离子线性糖胺聚糖,是皮肤细胞外基质的主要成分。具有良好的生物相容性、非免疫原性和水溶性。以其为基质的微针具有较高的机械强度、较快的溶解性能和良好的皮肤渗透性。

2) 壳聚糖:甲壳素 N-脱乙酰基的产物。无细胞毒性、可生物降解、有免疫刺激活性。但其机械性能较差,通常与其他聚合物联用制备微针。

表 21-7　代表性多糖

中 文 名 称	英 文 名 称	性 质
透明质酸	hyaluronic acid	水溶
壳聚糖	chitosan	酸性条件可溶
葡聚糖	dextran	水溶
支链淀粉	amylopectin	不溶于冷水
硫酸软骨素	chondroitin sulphate	水溶
普鲁兰多糖	pullulan	水溶

3）葡聚糖：葡萄糖单元以糖苷键连接组成的同型多糖。易溶于水,生物相容性好,广泛用作蛋白类药物制剂的保护剂。但脆性较大,与韧性较大的材料复合使用可降低其脆性以免微针断裂。制备微针时,较多使用 α-葡聚糖（右旋糖酐）。

4）支链淀粉：一种无细胞毒性、可生物降解的多糖。具有较高的弹性模量,与其他的材料混用,可改善微针的硬度和释药性能。

5）硫酸软骨素：共价连接在蛋白质上形成蛋白聚糖的一类糖胺聚糖,广泛分布于动物组织的细胞外基质和细胞表面。以其为基质的微针可改善药物的渗透率和释放速率。

6）普鲁兰多糖：由 α-1,6-麦芽三糖残基组成的亲水性线性聚合物。以其为基质的微针具有良好的机械性能。

（3）蛋白质类（表 21-8）

表 21-8　代表性蛋白质

中文名称	英文名称	分子结构	性 质
丝素蛋白	silk fibroin	无固定氨基酸组成	水溶
明　胶	gelatin	无固定氨基酸组成	水溶

1）丝素蛋白：具有较高的抗拉强度和韧性,以丝素蛋白为基质的微针具有良好的机械性能,通过改变丝素蛋白的二级结构可调控药物的释放速率。

2）明胶：水溶性生物聚合物,由皮肤胶原蛋白部分水解形成,具有良好的生物降解性和非免疫原性。但其韧性较差,常与其他辅料联用制备微针。

2. 合成辅料 合成辅料的结构和性能利于调控,制备的微针可获得更好的机械性能和功能性,且合成类辅料的成本相对较低[9]。目前,用于制备微针的代表性合成辅料见表 21-9,各自的特点和功能如下。

表 21-9 代表性合成聚合物辅料

中 文 名 称	英 文 名 称	性 质
聚维酮	polyvinylpyrrolidone	可溶
聚乙烯醇	polyvinyl alcohol	可溶
羧甲基纤维素	carboxymethyl cellulose	可溶
HPMC	hydroxypropyl methyl cellulose	可溶
聚乳酸	polylactic acid	可降解
聚羟基乙酸	polyglycolic acid	可降解
PLGA	poly（lactic-co-glycolic acid）	可降解
聚己内酯	polycaprolactone	可降解
聚甲基乙烯基醚/马来酸（Gantrez®）	polymethyl vinyl ether-alt-maleic anhydride	可降解
聚（乙二醇）二丙烯酸酯	poly（ethylene glycol）diacrylate	可降解
甲基丙烯酰化明胶	methacrylate gelation	可降解
甲基丙烯酰化透明质酸	methacrylate hyaluronic acid	可降解

1）聚维酮:N-乙烯酰胺聚合物,具有良好的生物相容性和溶解性。以其为基质的微针具有较高的机械强度。但其容易吸潮,微针储存和使用过程中需要解决吸潮的问题。

2）聚乙烯醇:水溶性聚合物,具有良好的生物相容性。单独使用制备的微针力学性能较差,通常与其他材料(如聚维酮)复合后制备微针,可增强韧性,使微针不易碎裂。

3）羧甲基纤维素:FDA 批准的注射用辅料,在水中快速溶解。单独使用制备的微针机械强度较差,且易变形,与支链淀粉混合后可改善其力学性能和成形性。

4）HPMC:非离子型纤维素混合醚,是一种半合成、黏弹性的聚合物。以其为基质的微针具有较好的机械性能,以及较快的溶解能力。

5）聚乳酸:FDA 批准可用作人体植入物的材料,具有良好的生物相容性和可生物降解性。常用来制备可降解医用缝合线,具有较高的弹性模量。制备微针时,熔融或有机溶剂溶解通常需要较高的温度(超过170℃)。

6)聚羟基乙酸:具有良好的生物相容性。以其为基质制备的微针机械性能较好,在人体内约60天降解完毕,适用于长期缓释的激素类药物。

7)PLGA:FDA批准的注射用辅料,为聚乳酸和聚羟基乙酸的共聚物。通过控制聚乳酸和聚羟基乙酸比例,可调节其机械性能和降解速率,也可与其他速释材料以不同方式复合调控释药速率。

8)聚己内酯:一种生物可降解聚酯,比聚羟基乙酸降解速度慢。熔点较低,热稳定性良好。以聚己内酯为基质的微针具有较好的机械性能。

9)聚甲基乙烯基醚/马来酸:甲基乙烯基醚和马来酸酐的合成共聚物,具有良好的生物相容性,通常用来制备凝胶微针。所制备的微针具有优异的机械强度和良好的抗菌性能,但溶胀率较低。

10)聚(乙二醇)二丙烯酸酯:广泛使用的生物相容性水凝胶材料,交联度可调节。使用光聚合或快速成型方法制备微针,制备的微针具有可调的机械性能和药物释放动力学。

11)甲基丙烯酰化明胶:一种双键改性明胶,可通过紫外及可见光在光引发剂作用下交联固化成胶。具有优异的生物相容性和可降解性。以其为基质的微针具有可调的溶胀性和机械性能。

12)甲基丙烯酰化透明质酸:在透明质酸分子链中引入甲基丙烯基团,赋予其光固化能力。所制备的微针具有良好的机械强度和较高的溶胀率,微针的机械强度不受交联的影响。

(三)静电纺丝技术相关辅料

静电纺丝(electrospinning)是一种基于高分子流体静电雾化原理的纤维状材料制备技术。该技术将高分子的溶液或熔体在高压电场中进行喷射纺丝处理:在电场作用下,高分子液滴在喷头处由球形变为圆锥形,并从圆锥尖端旋转拉伸,获得纤维状产品。通过静电纺丝制备的纤维状材料直径可为微米级别或纳米级别,可进一步加工为宏观的布状物,特别适合应用于伤口敷料和组织修复制剂的制备[10]。

目前,在药物制剂领域,静电纺丝技术仍主要处于实验室研究阶段,其所涉及的辅料主要包括纤维高分子、助剂和溶剂等。

1. **纤维高分子**　研究表明,小分子的机械性能不利于形成纤维状产品,故静电纺丝技术中选用高分子。纤维高分子材料是核心辅料,它相当于片剂中的填充剂,承担药物载体和赋形基质功能。此外,纤维高分子的性能对液滴成型与拉伸行为具有决定性作用,在制备实践中,针对纤维高分子性能调整优化静电纺丝工艺。常用的纤维高分子分为天然来源高分子、纤维素衍生物、环糊精衍生物和合成高分子四种类型[11]。

(1)天然来源高分子:常用天然来源高分子见表 21 - 10,各自的特点和功能如下。

表 21 - 10　代表性天然来源高分子

中文名称	英文名称	分子量	性质
透明质酸	hyaluronic acid	5 000 ~ 20 000 000	亲水性
胶原蛋白	gollagen	约 300 000	亲水性
明胶	gelatin	15 000 ~ 250 000	亲水性
壳聚糖	chitosan	50 000 ~ 500 000	疏水性
单宁酸	tannic acid	1 701.20	两亲性
丝素蛋白	silk Fibroin	30 000 ~ 450 000	两亲性

1)透明质酸:是细胞外基质的构成成分,生物相容性非常好,可以促进肉芽组织生成,加速伤口修复。

2)胶原蛋白:生物相容性好,给药后自发降解完全。但是,胶原蛋白的热稳定性较差,制备温度需要控制。

3)明胶:亲水性良好,可以用于速释制剂的构建。但明胶本身的机械性能较差,须与其他辅料复配使用。

4)壳聚糖:所制备的纤维状产品孔隙率高,透气性能良好。而且,壳聚糖具有一定的抗菌活性。

5)单宁酸:带有较多阴离子基团,可以赋予体系表面负电属性。此外,单宁酸具有促进伤口修复和沉淀细菌的作用。

6)丝素蛋白:免疫原性较低,机械性能较好。此外,丝素蛋白具有较强的结晶趋向性,微观晶格的结构刚性较高。

(2)纤维素衍生物:常用纤维素衍生物见表 21 - 11,各自的特点和功能如下。

表 21-11　代表性纤维素衍生物分子

中文名称	英文名称	分子量	性质
HPMC	hydroxypropyl methyl cellulose	13 000～200 000	亲水性
醋酸纤维素	cellulose acetate	38 000～60 000	亲水性
醋酸羟丙甲纤维素琥珀酸酯	hypromellose acetate succinate	120 000～150 000	两亲性

1）HPMC：具有高黏度特性，可以作为生物膜黏附材料，用于黏膜给药制剂的制备。

2）醋酸纤维素：水溶性低，可作为释放阻滞剂，减少或消除突释效应，并实现药物缓控释。

3）醋酸羟丙甲纤维素琥珀酸酯：在酸性和中性条件下不溶解，在碱性条件下溶解，可作为 pH 响应性功能辅料。但，醋酸羟丙甲纤维素琥珀酸酯本身的加工性能较差，须与其他辅料复配使用。

（3）环糊精衍生物：常用环糊精衍生物见表 21-12，各自的特点和功能如下。

表 21-12　代表性环糊精衍生物

中文名称	英文名称	分子量	性质
羟丙基-β-环糊精	hydroxypropyl-β-cyclodextrin	1431～1806	两亲性
磺丁基醚-β-环糊精	sulfobutylether-β-cyclodextrin	约 1135	两亲性

1）羟丙基-β-环糊精：水溶性极好，对难溶性药物增溶效果良好，比较适合大规模生产。

2）磺丁基醚-β-环糊精：与羟丙基-β-环糊精性质相似，带有容易解离的磺酸基，可以赋予体系表面负电属性。

（4）合成高分子：常用合成高分子见表 21-13，各自的特点和功能如下。

1）聚维酮：显著提高难溶性药物的溶解度，载药能力较强，且能在静电纺丝中形成完好且均一的液滴。

表 21-13　代表性合成高分子

中 文 名 称	英 文 名 称	分 子 量	性 质
聚维酮	polyvinylpyrrolidone	8000～700 000	亲水性
聚甲基丙烯酸甲酯	polymethyl methacrylate	25 000～200 000	亲水性
聚乳酸	polylactic acid	1000～60 000	疏水性
PLGA	poly（lactic-co-glycolic acid）	5000～30 000	疏水性
聚己内酯	polycaprolactone	55 000～100 000	疏水性
聚乙烯己内酰胺-聚乙酸乙烯酯-聚乙二醇接枝共聚物	polyvinyl caprolactam-polyvinyl acetate-polyethylene glycol graft copolymer	90 000～140 000	两亲性
聚氨基甲酸酯	polyurethane	10 000～1 000 000	两亲性

2）聚甲基丙烯酸甲酯：机械强度高,质地坚硬,化学稳定性强,主要作为强化组分,与其他辅料复配使用,制备外用制剂。

3）聚乳酸：延展性佳,液滴成型与拉伸行为良好,所制备产品具有一定的透气性能。此外,生物安全性良好。

4）PLGA：生物安全性好,具有可控、可预测的体内降解速率,可用于控释制剂的制备。

5）聚己内酯：熔点较低,在体内可以缓慢溶蚀释药,可用于制备缓释纤维状产品。此外,机械性能较好。

6）聚乙烯己内酰胺-聚乙酸乙烯酯-聚乙二醇接枝共聚物：具有较强的表面活性,可改善液滴成型性,还可提高难溶性药物的溶解度。

7）聚氨基甲酸酯：弹性较好,摩擦抗性高,化学稳定性强,主要作为强化组分,与其他辅料复配使用,制备外用制剂。

2. 助剂　静电纺丝技术中有时需要应用一定比例的助剂去调节纤维高分子溶液或熔体的分子排布模式,从而改善其物理化学性质,以助于液滴成型与拉伸。助剂处于辅助地位,如果纤维高分子本身的加工性能足够优秀,可以不额外添加助剂。常用助剂包括聚氧乙烯、PEG、吐温 80 和十二烷基硫酸钠,见表 21-14,各自的特点和功能如下。

1）聚氧乙烯：与部分纤维高分子复配,可插入后者的分子链段间隙,作为增塑剂调控机械性能和加工性能。

表 21‑14　静电纺丝技术代表性助剂

中文名称	英文名称	分子量	性质
聚氧乙烯	polyoxyethylene	50 000~8 000 000	亲水性
聚乙二醇	polyethylene glycol	200~2 000	亲水性
吐温 80	Tween 80	约 400	两亲性
十二烷基硫酸钠	sodium dodecyl sulfate	288.38	两亲性

2）PEG：一方面可以作为增塑剂调控机械和加工性能；另一方面可以作为部分难溶性药物的助溶剂提高其溶解度。

3）吐温 80：作为表面活性剂调节纤维高分子溶液与空气之间的界面张力，改善液滴成型与拉伸行为。同时，通过胶束增溶作用提高难溶性药物的溶解度。

4）十二烷基硫酸钠：也是一种表面活性剂，由于其带正电，故对带负电的纤维高分子具有吸附作用，调节界面张力的效果更为显著，特别适合与带负电的纤维高分子复配。但是，其对难溶性药物的增溶作用劣于吐温 80。

3. 溶剂　静电纺丝中使用纤维高分子的溶液或熔体，其中以溶液形式为主，因为 T_m 通常较高，可能影响装载药物的化学稳定性。为将纤维高分子溶解，应根据其极性差异，寻找良溶剂[12]。常用溶剂主要包括水、甲醇、乙醇、丙酮、N，N‑二甲基甲酰胺、N，N‑二甲基乙酰胺和三氯甲烷等，见表 21‑15。

表 21‑15　静电纺丝技术代表性溶剂

中文名称	英文名称	分子量	性质
水	water	18.02	亲水性
甲醇	methanol	32.04	亲水性
乙醇	ethanol	46.07	亲水性
丙酮	acetone	58.08	亲水性
N，N 二甲基乙酰胺	dimethylacetamide	87.12	亲水性
N，N 二甲基甲酰胺	dimethylformamide	73.10	亲水性
三氯甲烷	chloroform	119.38	疏水性

（四）3D 打印技术及药用辅料

3D 打印技术是一种用于快速成型的新技术，借助电脑程序的控制，采用"分层打印，逐层叠加"的方式制备固态物品[13]。近年来，3D 打印技术被逐步应用于药物开发和生产领域，并获得监管部门的认可。与传统制备方法相比，采用 3D 打印技术制备药品的成形速度快，原料浪费少，能够实现多种材料精确成形与局部精细加工。得益于良好的微观控制和空间设计能力，3D 打印技术可通过灵活设计药物内部三维结构，调控药物释放行为，提高药品开发效率和成功率。该技术不仅常用于口服崩解剂、复方制剂、高载药量制剂的制备，还可根据个体患者需要，"量身定制"具有特定剂量或者形状的个性化药片[14]。

目前，药物制剂领域常用的 3D 打印技术，包括挤出成型印刷技术（extrusion molding printing，EMP）、液滴沉积与粉床打印技术（drop on powder printing，DOP）、选择性激光烧结（selective laser sintering，SLS）、光固化成型（stereo lithography apparatus，SLA）和电流体动力学喷射打印技术（electrohydrodynamic 3D printing，EHD）[15]。3D 打印技术常用的辅料如表 21-16 所示。

表 21-16　3D 打印技术常用辅料

中 文 名 称	英 文 名 称	性　质
聚乙烯己内酰胺-聚醋酸乙烯酯-聚乙二醇接枝共聚物	Soluplus®	两亲性
丙烯酸树脂	Eudragit®	亲水性
聚乙烯醇	polyvinyl alcohol	亲水性
聚维酮	polyvinylpyrrolidone	亲水性
聚乳酸	polylactic acid	疏水性
醋酸羟丙甲纤维素琥珀酸酯	hypromellose acetate succinate	两亲性
磷酸三甲苯酯	tricresyl phosphate	疏水性
HPMC	hydroxypropylmethylcellulose	亲水性
淀粉	starch	亲水性
聚己内酯	polycaprolactone	疏水性
乙烯基吡咯烷酮-醋酸乙烯酯共聚物	Kollidon VA64	亲水性
聚乙烯醇-聚乙二醇接枝共聚物	Kollicoat IR	亲水性
聚乙二醇二丙烯酸酯	poly（ethylene glycol）diacrylate	亲水性
醋酸纤维素	cellulose acetate	亲水性
聚氧化乙烯	polyethylene oxide	亲水性

1. 挤出成型印刷技术　挤出成型印刷技术是目前最常用的 3D 打印技术之一,主要分为熔融沉积成型(fused deposition modeling, FDM)和半固体挤出成型(semi-solid extrusion, SSE)。熔融沉积成型打印技术指药物生产过程中,载药聚合物首先被加热到半流体临界状态,然后根据提前设定的轮廓信息和填充轨迹从打印喷嘴中被挤出,在印刷平台上冷却固化,通过"分层打印,逐层叠加"的方式,最终得到所需的三维产品的方法。与熔融沉积成型打印工艺不同,半固体挤出成型技术直接利用螺旋齿轮旋转的压力将半固体材料通过类似注射器的工具头挤出。由于打印不需要很高的温度,半固体挤出成型技术适用于热敏药物的打印,可以降低热敏药物降解的风险。因此,起始物料的半固体特性,如印刷性、挤出性和形状保留能力等,在半固体挤出成型打印过程中起到重要的作用。挤出成型印刷技术用途较广,常用于缓、控释制剂和靶向制剂的制备,还可用于栓剂、微针贴片及双层片剂等的制备。

适用于挤出成型印刷技术的辅料,应具备良好的热塑性和热稳定性,以及适合的 T_g 和黏度系数[16]。常用的辅料如下。

(1)聚乙烯己内酰胺-聚醋酸乙烯酯-聚乙二醇接枝共聚物:一种可用于熔融沉积成型打印的两亲性非离子型共聚物新型载体材料,具有轻微的表面活性,能提高难溶性药物在体内外的溶出与吸收。

(2)丙烯酸树脂:具有热塑性、低 T_g(9~150℃)、高热稳定性,以及和其他辅料的高混溶性。熔融挤出后,能改变物料的流变学特性,使其适用于 3D 打印。

(3)聚乙烯醇:一种热塑性聚合物,由于具有生物相容性、水溶性高和耐化学性,广泛应用于熔融沉积成型打印,但由于 T_m 较高、载药量低,并不适用于热不稳定且大剂量的药物。

(4)聚维酮:一种水溶性聚合物,具有良好的黏合性和成膜性,可在多种制剂中作黏合剂,在 3D 打印中具有良好的黏合作用。

(5)聚乳酸:一种热塑性、高强度和高模量的可生物降解聚合物,但质地较脆。由于聚乳酸具有较好的抗溶剂性,可减慢药物的释放速度,实现药物的缓慢释放。

(6)醋酸羟丙甲纤维素琥珀酸酯:一种口服固体制剂中常用的功能性聚合物,溶解度具有 pH 依赖性(在 pH 高于 5.5 时可溶),可用于实现 pH 响应性药物释放。常作为赋性剂使用,其物理化学性质,如 T_g、半结晶性质、官能团性质、水分含量及溶液黏度在挤出过程中都不会受到影响。

（7）磷酸三甲苯酯：一种对热稳定的有机化合物，常用作增塑剂使用。

2. 液滴沉积与粉床打印技术　液滴沉积与粉床打印技术是采用打印喷头按照预设的药品形貌，将液滴喷射在预先铺好的粉末层上，使粉末黏接在一起形成截面轮廓，再经过反复的铺粉和黏接过程逐层打印，最终制得具有一定三维结构药品的技术。其生产过程往往从粉末层开始，每层粉末通过滚筒均匀地铺在构建平台上。按照计算机中设计的指定模式，打印头精确地将含有黏合剂（如淀粉、HPMC 或聚维酮 K30）或 API 的液滴喷射到粉末床上。打印一层后，平台沿垂直轴降低一层，然后从进料室中将新的粉末层铺展在前一层之上，如此重复，直到剂型完成。这种技术主要用于制备缓、控释片剂和植入剂。

（1）淀粉：一种价廉易得、黏合性良好的天然高分子材料，是制剂生产中首选的黏合剂，但不适用于遇水不稳定的药物。

（2）HPMC：一种可溶胀的水溶性聚合物，可用于延缓制剂中 API 的释放，提高了药物的溶出度，具有优良的增稠、黏合等性能。这种材料具有特殊的热凝胶性质，其水溶液被加热到一定温度后（约 70℃），产品容易发生凝胶化而析出，从而影响 3D 打印制剂的稳定性。

3. 选择性激光烧结技术　与液滴沉积与粉床打印技术类似，选择性激光烧结技术也是一种基于粉末的加工技术，常使用红外激光束代替液体黏合剂，以高精度烧结每层中选定的粉末区域。选择性激光烧结技术的高分辨率高，无须液体黏合剂，因此节省了溶剂蒸发的时间，而且该技术能一次完成所有打印过程。在打印过程中，通常会填充氮气以保护材料免受氧化。选择性激光烧结技术常用于打印片剂、颗粒剂及具有立方多孔结构的制剂。

任何受热后能融化并黏结的粉末均可作为选择性激光烧结技术打印的材料。常用的材料包括高分子、陶瓷、金属粉末及它们的复合粉末。高分子粉末由于所需烧结能量小、烧结工艺简单、打印制品质量好，在制药领域使用最为广泛。目前，选择性激光烧结技术打印常用的原材料包括聚己内酯、共聚维酮（Kollidon VA64）、聚乙烯醇-聚乙二醇接枝共聚物（Kollicoat IR）、Eudragit®、HPMC、聚乙烯氧化物（PEO）、高密度聚乙烯（HDPE）、醋酸纤维素和乙基纤维素（EC）。

（1）聚己内酯：一种半结晶、生物相容性及生物降解性聚酯，熔点为 55～60℃，T_g 约为 54℃。由于抗拉强度低和断裂伸长率高，具有良好的形状记忆温控性质，被广泛应用于 3D 打印药物。此外，聚己内酯常与 PLLA、PDLLA、PLGA 等共混或共聚，以调控聚合物的降解速率。

（2）共聚维酮：一种经 FDA 批准的水溶性、无定型聚合物，T_g 约为 101℃，通常用作干性黏合剂、包衣成膜剂或缓释剂,可用于改善 3D 打印制剂的多孔结构,延长药物的溶解时间;此外,因其能显著提高药物的溶出度,在 3D 打印中常作为固体分散体等剂型的载体材料使用。

(3)聚乙烯醇-聚乙二醇接枝共聚物:一种半结晶,为聚乙烯醇和 PEG 的接枝共聚物,T_g 约为 45℃,具有黏度低,柔韧性高等特点。因聚乙烯醇具有良好的成膜性与溶解性,Kollicoat IR 在速释制剂中常作为包衣材料使用,实现 3D 打印制剂的快速释放。此外,由于其具有良好的黏合性,可在 3D 打印制剂中作为黏合剂。

4. 光固化成型技术　光固化 3D 打印技术,主要依赖于紫外光源对液体光敏树脂进行选择性光聚合。首先,对一层含有药物和光引发剂的薄层树脂液进行逐点扫描,以引发光聚合,然后将物体下落一段距离,再将平台浸入液体树脂中,如此反复,直到剂型完成。光固化成型技术具有高分辨率,因此在精确结构建模方面具有很大的优势,可用于口服固体制剂、微针贴片和水凝胶的制备。

聚乙二醇二丙烯酸酯是 PEG 的衍生物,可用于光固化 3D 打印,其水溶性好,生物相容性高。通过与光引发剂(如二苯基氧化膦)配合,可在紫外光照射下发生光聚合,从而固化成型。

5. 电流体动力学喷射打印技术　电流体动力学喷射打印技术是一种新兴的 3D 打印技术,与传统喷印技术采用"推"的方式不同,该喷印技术利用外部施加的电场将液体从喷嘴"拉"于收集板上,进而凝固成型。这种打印方式具有很高的分辨率,可用于打印各种个性化的几何图形与复杂的结构,而且适用性广。迄今为止,该技术已成功应用于加工黏度从 1 mPa 到 10 000 mPa 的不同材料。很多挤出成型印刷技术常用的高分子辅料,如聚乙烯醇(polyvinyl alcohol, PVA)、聚己内酯,都适用于电流体动力学喷射打印。此外,常用的材料还有醋酸纤维素(cellulose acetate, CA)和聚环氧乙烷(polyethylene oxide, PEO)等。

(1)醋酸纤维素:纤维素与乙酸酐通过酯化反应制备而成,具有可生物降解性、生物相容性、无毒性、水解稳定性、水溶性、机械坚固性和优异的耐化学性等优点,被成功应用于电流体动力学喷射打印。

(2)聚氧化乙烯:聚氧化乙烯又称聚环氧乙烷,是一种无味、无毒、无刺激的水溶性高分子聚合物,具有结晶性和热塑性。常用于调节射流的黏弹性,避免从喷嘴喷出的带电射流分散为液滴。

(五)吸入制剂药用辅料

吸入制剂系指原料药溶解或分散于合适介质中,以气溶胶形式递送至肺部,发挥局部或全身作用的液体或固体制剂[17]。相较于普通口服制剂,吸入药物可直达吸收部位,快速起效,避免肝脏首过效应,生物利用度高,而与注射制剂相比,患者依从性好,同时可减轻或避免药物不良反应,在呼吸道疾病治疗领域极具应用前景。

根据制剂类型,吸入制剂主要可分为吸入液体制剂(nebulizers)、定量吸入气雾剂(metered dose inhalation, MDI)和吸入粉雾剂(dry powder inhalation, DPI),处方中可通常含有抛射剂、共溶剂、稀释剂、防腐剂、助溶剂和稳定剂等,所用辅料应对呼吸道黏膜或纤毛无刺激、无毒性[18]。本节将对吸入制剂的功能性辅料进行重点介绍。

1. 吸入液体制剂 吸入液体制剂系指供雾化器使用的液体制剂,即通过雾化器产生连续地供吸入用气溶胶的溶液、混悬液或乳液。吸入液体制剂通常以水为介质,可添加适宜辅料以改善处方的性质,常用辅料包括渗透压调节剂、pH调节剂、表面活性剂及金属离子螯合剂等。所用辅料应首选吸入给药常用辅料,应用原则为尽量少用,浓度或用量应符合要求[19]。

(1)渗透压调节剂:吸入液体制剂的渗透压应与生理渗透压相近,常用的渗透压调节剂主要有氯化钠、葡萄糖和甘油,用于吸入液体制剂的渗透压调节剂需满足以下要求:① 不应与主药发生反应;② 不应影响制剂的鉴别、检查和含量测定;③ 药液 pH 下,渗透压调节剂可稳定存在[20]。

(2)pH 调节剂:吸入液体制剂的 pH 应与生理 pH 相近,故常需加入 pH 调节剂及缓冲剂等。吸入液体制剂的 pH 调节剂及缓冲剂应参照注射剂标准,常选用盐酸、氢氧化钠、柠檬酸、苹果酸和氨基酸等,不得用硼酸、硼砂等。

(3)潜溶剂:对于难溶性药物,吸入液体制剂常添加潜溶剂以增大其溶解度,常用的潜溶剂有乙醇、甘油、丙二醇、PEG 等[21]。

(4)其他辅料:除以上辅料外,吸入液体制剂处方中还可能添加表面活性剂、助悬剂以增加处方中的药物含量,或添加金属离子螯合剂作为稳定剂,如表 21-17 所示[22]。

2. 定量吸入气雾剂 定量吸入气雾剂系指含药溶液、乳状液或混悬液与适宜的抛射剂共同封装于具有特制阀门系统的耐压容器中,使用时借助抛射剂的压力将内容物呈雾状喷出,用于肺部吸入的制剂。定量吸入气雾剂一般由药物、抛射剂、定量阀门系统和耐压容器与喷射装置组成,具有装置简单、可靠耐用、便于携带的特点,是应用较广泛的一种吸入制剂,其所涉及的辅料包括抛射剂和附加剂[23]。

表 21－17　FDA 批准用于吸入液体制剂的功能性辅料

中 文 名 称	英 文 名 称	作　　用
吐温 80	polysorbate 80	表面活性剂
泊洛沙姆 188	pluronic F68	O/W 型乳化剂
微晶纤维素	microcrystalline cellulose	助悬剂
羧甲基纤维素钠	sodium carboxymethyl cellulose	助悬剂
乙二胺四乙酸二钠	disodium ethylene diaminetetraacetate	金属离子螯合剂

（1）抛射剂：抛射剂是定量吸入气雾剂的喷射动力，有时也兼具溶解药物的作用。抛射剂在常压下沸点低于室温，灌装于耐压容器内，由阀门系统控制，阀门开启时，借抛射剂的压力将容器内药液以雾状喷出，从而形成可吸入气溶胶。抛射剂一般可分为氯氟烷烃、氢氟烷烃、碳氟化合物、压缩气体及一些新型抛射剂。抛射剂需满足以下要求：① 常温下蒸气压力大于大气压；② 无毒、无致敏反应和刺激性；③ 惰性，不与药物发生反应；④ 不易燃、不易爆；⑤ 无色、无臭、无味[24]。

1）氯氟烃类（chlorofluoroncarbon，CFC）：氟氯烃类衍生物是氟置换卤代烷类的系列产物，俗名氟利昂，但其可加速催化臭氧的降解，从而导致温室效应。2013 年国家食品药品监督管理局规定禁止使用此类物质为药用辅料。

2）氢氟烷烃（hydrofluoroalkane，HFA）：氢氟烷烃由氟原子替代烷烃里的一部分氢原子而成，因其不含氯，成为氯氟烷烃的良好替代品。目前四氟乙烷（HFA－134a）和七氟丙烷（HFA－227ea）已获准用作定量吸入气雾剂的抛射剂，全球大部分市售吸入气雾剂的抛射剂为氢氟烷烃类。但由于氢氟烷烃和氯氟烷烃在理化性质方面差别显著，因此定量吸入气雾剂中的氯氟烷烃替代并非制剂处方中一个辅料的简单替换，而是类似于全新制剂的研发。

3）新型抛射剂：虽然氢氟烷烃类抛射剂不会破坏臭氧层，但其对全球暖化的潜势却是二氧化碳的上千倍。根据《〈蒙特利尔议定书〉基加利修正案》要求，2019 年起逐步淘汰氢氟烷烃，因此，新型抛射剂的开发引起了众多研究者的关注。

目前在研抛射剂主要有碳氢化合物、压缩气体与氢氟烯烃（hydrofluoroolefins，HFO）。碳氢化合物稳定、毒性较小、沸点较低，但其易燃、易爆，不宜单独应用，其中短链异丁烷已被《美国药典》收载用于气雾剂抛射剂，但其吸入毒理数据尚未完善,仍需进一步研究。压缩气体类主要有二氧化碳、氮气、一氧化氮等,化学性质稳定,但液化后的沸点较低,常温时蒸气压过高,对容器耐压性能要求较高[24]。相较于碳氢化合物和压缩气体,HFO 具有无毒、不易燃、不会破坏臭氧层、温室效应小等特点,有望替代 HFA-134a,但其制备成本较高,且难以突破专利壁垒,短期内国内难以实现产业化应用。

（2）附加剂：药物在氢氟烷烃抛射剂中通常不能达到治疗剂量所需溶解度,为制备质量稳定的溶液型、混悬型或乳剂型定量吸入气雾剂通常会加入一些附加剂,如加入潜溶剂与表面活性剂以增大药物溶解度,加入乳化剂以形成乳粒,加入脂质体载体材料等构建新型定量吸入气雾剂,加入金属离子螯合剂以稳定制剂,混悬型定量吸入气雾剂还需添加助悬剂使药物均匀分散,必要时还需添加矫味剂、防腐剂等(表 21-18)[22]。

表 21-18　定量吸入气雾剂常用附加剂

中 文 名 称	英 文 名 称	作　　用
油酸	oleic acid	表面活性剂
三油酸山梨坦	sorbitan trioleate	
泊洛沙姆 188	pluronic F68	O/W 型乳化剂
无水乙醇	ethanol	潜溶剂
甘油	glycerin	
聚乙二醇	polyethylene glycol	
微晶纤维素	microcrystalline cellulose	助悬剂
羧甲基纤维素钠	sodium carboxymethyl cellulose	助悬剂
二硬脂酰磷脂酰胆碱	1,2-distearoyl-sn-glycero-3-phosphocholine	脂质体载体材料
二棕榈酰磷脂酰胆碱	1,2-dihexadecanoyl-rac-glycero-3-phosphocholine	

3. 吸入粉雾剂　吸入粉雾剂系指微粉化药物单独或与合适载体混合后,以泡囊、胶囊或多剂量储库形式,采用特制的干粉吸入装置,由患者主动吸入雾化药物至肺部的制剂。相较于吸入液体制剂与定量吸入气雾剂,吸入粉雾剂具有吸入效率高、易于使用、无抛射剂、无大气污染、辅料量少、载药量高、稳定性好等优点。根据药物与辅料的组成,吸入粉雾剂的处方一般包括微粉化药物、载体与附加剂[25]。

（1）载体：药物通常经气流粉碎制备成适合进入肺部的微米级颗粒,但微粉化颗粒比表面积较高,易内聚,难以精确定量及雾化分散。因此,加入较大粒径的载体颗粒,使小粒径药物吸附其表面,改善吸入粉雾剂流动性与分散性,避免吸入粉雾剂在上呼吸道过早沉积,保证药物成功递送至有效部位。此外,载体的加入增加了单剂量药物的给药剂量,解决低剂量药物难以定量的问题。目前所用载体多为无毒、惰性、具有生物相容性的可溶性物质,但由于毒理学研究有限,FDA 批准或认定安全的载体(generally regarded as safe, GRAS)数量有限,多为小分子糖醇类和极少量的氨基酸(表 21 - 19)[26]。

表 21 - 19　FDA 批准或认定安全的吸入粉雾剂载体

辅　料	功　能	现　状	上市产品/安全级别
乳糖	载体/包衣	被 FDA 批准	Lactopress Anhydrous®
甘露醇	载体/颗粒骨架/稳定剂	被 FDA 批准	Aridol™ Bronchitol™
葡萄糖	载体	Bronchodual®	—
壳聚糖及衍生物	控制释放	生物相容性良好,可生物降解	FDA GRAS
蔗糖	稳定剂	有望用于蛋白质和多肽给药	FDA GRAS
海藻糖	颗粒骨架/稳定剂	有望用于蛋白质和多肽给药	FDA GRAS
右旋糖酐	颗粒骨架/稳定剂	已在动物体中证明安全性	FDA GRAS
棉籽糖	基质/稳定剂	有潜力成为蛋白多肽类载体	—
羟丙基 - β - 环糊精	吸收促进剂/稳定剂	FDA 批准用于注射	—
亮氨基酸	改善雾化效率/包衣/缓冲剂	无肺部毒性数据	Exuber®

1) 乳糖:乳糖是 FDA 唯一批准且应用最广泛的吸入粉雾剂载体材料,具有高度结晶性和良好的流动性,已经成功商业化,可定制不同粒径分布和形态的产品。此外,经过多年的研究,乳糖的安全性和稳定性都已得到确证,且价格较低,是最广泛使用的吸入粉雾剂载体材料[27]。

但乳糖的选择还需综合考虑吸入装置、填充设备和药物特性等。例如,筛分乳糖常用于储库型吸入装置,所有筛分和研磨级别的乳糖均可用于胶囊型吸入装置,黏结性(研磨)乳糖适用于泡罩型吸入装置。目前以乳糖作为载体的已上市的吸入粉雾剂有 Pulmicrot Flexhaler® 和 Pulmicort Turbuhaler®(布地奈德)、

Spiriva®（噻托溴铵）、Arnuity Ellipta®（糠酸氟替卡松）等。

2）甘露醇：甘露醇是一种乳糖的良好替代品，可适用于乳糖不耐受的部分人群，其相较于乳糖不易吸湿，可有效提高吸入粉雾剂的抗湿稳定性。目前已上市的吸入甘露醇为载体吸入粉雾有 Parteck™ Delta，Parteck™ M100 和 Parteck™ M200。此外，与乳糖相比，甘露醇是一种非还原性糖，能最大限度减少与含有胺类的主药或辅料发生美拉德反应，被广泛用作蛋白多肽类吸入粉雾剂的辅料，如治疗 1 型、2 型糖尿病患者的胰岛素（Exubera®）[28]。

3）其他载体：其他的一些小分子糖醇类材料，如海藻糖、棉籽糖、山梨醇和赤藓糖醇等，肺部内源性物质、氨基酸和磷脂等因具有良好的粉末特性也被开发作为吸入粉雾剂的载体，但在处方筛选前需明确其是否能用于吸入给药途径，并高度关注所选用载体的安全性。

（2）附加剂：为改善吸入粉雾剂的粉体学特性、优化载体的表面性质及提高抗静电性，吸入粉雾剂常添加少量润滑剂、助流剂及抗静电剂等以提高粉末的流动性、稳定性和分散性，如乳糖细粉、硬脂酸镁、亮氨酸、蔗糖硬脂酸盐和硬脂酸钠等（表 21－20）。此外，疏水性的硬脂酸镁还可作为水分屏障，改善制剂储存过程中的稳定性，如倍氯米松吸入粉雾剂处方中添加硬脂酸镁以提高制剂的微细粒子剂量。但《吸入制剂质量控制研究技术指导原则》指出，上述辅料需明确其是否可用于吸入给药途径，对于国内外均为批准用于吸入制剂的辅料也需提供相应的安全性数据[29]。

表 21－20　吸入粉雾剂处方常用附加剂

中 文 名 称	英 文 名 称	作　　用
乳糖细粉	lactose	
硬脂酸镁	magnesium distearate	改变药物与载体间的黏附力
亮氨酸	leucine	
硬脂酸钠	sodium stearate	

二、展望

本章对热熔挤出技术、微针技术、静电纺丝技术、3D 打印技术和吸入制剂所涉及的功能性药用辅料进行分类汇总，并阐述其主要功能。新型功能性药用辅料的开发将有力推动新制剂工艺的发展和革新，新制剂工艺的应用也对药用辅料的性能提出了新的要求。通过寻找新结构的药用辅料、将现有药用辅料进行优化,或将多种药物辅料配伍使用,从而获得满足新制剂工艺要求的新功能性药用辅料。

（吴传斌,潘昕,黄莹,权桂兰,陆超,黄郑炜,张雪娟）

参考文献

[1] Lu M, Guo Z, Li Y, et al. Application of Hot Melt Extrusion for Poorly Water-Soluble Drugs: Limitations, Advances and Future Prospects. Current Pharmaceutical Design, 2014, 20(3): 369 - 387.

[2] 张赫然,宋丽明,王彦竹,等.热熔挤出技术制备固体分散体的辅料研究进展.现代药物与临床,2014, 29(5): 557 - 563.

[3] Thakkar R, Thakkar R, Pillai A, et al. Systematic screening of pharmaceutical polymers for hot melt extrusion processing: a comprehensive review. International Journal of Pharmaceutics, 2020, 576: 118989.

[4] Breitenbach J. Melt extrusion: from process to drug delivery technology. European Journal of Pharmaceutics and Biopharmaceutics, 2002, 54(2): 107 - 117.

[5] Waghule T, Singhvi G, Dubey S K, et al. Microneedles: a smart approach and increasing potential for transdermal drug delivery system. Biomed Pharmacother, 2019, 109: 1249 - 1258.

[6] Ye Y, Yu J, Wen D, et al. Polymeric microneedles for transdermal protein delivery. Advanced Drug Delivery Reviews, 2018, 127: 106 - 118.

[7] Zhang X P, He Y T, Li W X, et al. An update on biomaterials as microneedle matrixes for biomedical applications. Journal of Materials Chemistry, B, 2022, 10(32): 6059 - 6077.

[8] Fonseca D F S, Vilela C, Silvestre A J D, et al. A compendium of current developments on polysaccharide and protein-based microneedles. International Journal of Biological Macromolecules, 2019, 136: 704 - 728.

[9] Koyani R D. Synthetic polymers for microneedle synthesis: from then to now. Journal of Drug Delivery Science and Technology, 2020, 60: 102071.

[10] Guo Y J, Wang X Y, Shen Y, et al. Research progress, models and simulation of electrospinning technology: a review. Journal of Materials Science, 2022, 57(1): 58 - 104.

[11] Aziz T, Farid A, Haq F, et al. A Review on the Modification of Cellulose and Its Applications. Polymers, 2022, 14(15): 3206.

[12] Zhuang B L, Ramanauskaite G, Koa Z Y, et al. Like dissolves like: a first-principles theory for predicting liquid miscibility and mixture dielectric constant. Sci Adv, 2021, 7(7): eabe7275.

[13] Norman J, Madurawe R D, Moore C M, et al. A new chapter in pharmaceutical manufacturing: 3D-printed drug products. Advanced Drug Delivery Reviews, 2017, 108: 39 - 50.

[14] Prasad L K, Smyth H. 3D Printing technologies for drug delivery: a review. Drug

Development and Industrial Pharmacy, 2016, 42(7): 1019 - 1031.

[15] Cui M, Pan H, Su Y, et al. Opportunities and challenges of three-dimensional printing technology in pharmaceutical formulation development. Acta Pharmaceutica Sinica B, 2021, 11(8): 2488 - 2504.

[16] 杨晶晶,柴鸿宇,陶涛.热熔融挤出技术在制备口服固体分散体中的应用.中国医药工业杂志,2017,48(4): 583 - 588.

[17] 国家药典委员会.中华人民共和国药典.四部通则.北京: 中国医药科技出版社, 2020: 0111.

[18] Nokhodchi A, Martin G P. Pulmonary drug delivery advances and challenges. Hoboken: Wiley, 2015.

[19] U.S Food & Drug Administration, Center for Drug Evaluation and Research. Guide for industry: Nasal spray and inhalation solution, suspension, and spray drug products - Chemistry, manufacturing, and controls documentation. 2002.

[20] Chen Y, Du S, Zhang Z, et al. Compatible Stability and Aerosol Characteristics of Atrovent (R) (Ipratropium Bromide) Mixed with Salbutamol Sulfate, Terbutaline Sulfate, Budesonide, and Acetylcysteine. Pharmaceutics, 2020, 12(8): 776.

[21] Stevenson C L. Characterization of protein and peptide stability and solubility in non-aqueous solvents. Current pharmaceutical biotechnology, 2000, 1(2): 165 - 182.

[22] U.S Food & Drug Administration. Inactive ingredient search for approved drug products. https://www. fda. gov/drugs/drug-approvals-and-databases/inactive-ingredients-approved-drug-products-search-frequently-asked-questions. [2022 - 01 - 26].

[23] Vallorz E, Sheth P, Myrdal P. Pressurized Metered Dose Inhaler Technology: Manufacturing. Aaps Pharmscitech, 2019, 20(5): 177.

[24] Rogueda P, Lallement A, Traini D, et al. Twenty years of HFA pMDI patents: facts and perspectives. Journal of Pharmacy and Pharmacology, 2012, 64(9): 1209 - 1216.

[25] Ke W R, Chang R Y K, Chan H K. Engineering the right formulation for enhanced drug delivery. Advanced Drug Delivery Reviews, 2022, 191: 114561.

[26] Peng T T, Lin S Q, Niu B Y, et al. Influence of physical properties of carrier on the performance of dry powder inhalers. Acta Pharmaceutica Sinica B, 2016, 6(4): 308 - 318.

[27] Rahimpour Y, Hamishehkar H. Lactose engineering for better performance in dry powder inhalers. Adv Pharm Bull, 2012, 2(2): 183 - 187.

[28] Altay Benetti A, Bianchera A, Buttini F, et al. Mannitol Polymorphs as Carrier in DPIs Formulations: Isolation Characterization and Performance. Pharmaceutics, 2021, 13 (8): 1113.

[29] 国家药品监督管理局药品审评中心.吸入制剂质量控制研究技术指导原则.https://www. cde. org. cn/zdyz/domesticinfopage? zdyzIdCODE = ed73d62bf2ab063ce7645166fec 6d77a. [2007 - 10 - 23].

第二十二章

中药制剂的"药辅合一"

中药制剂的"药辅合一"是指在制剂处方中,一些天然成分既因为有着某种药理作用而充当"辅药"的角色,又因其具有某些理化特性而有着"辅料"的功能,常见的具有"药辅合一"的辅料有甘草汁、吴茱萸汁、姜汁、莱菔子、蜂蜜等。"药辅合一"是传统中药制剂中蕴含的用药理念、制药经验与哲学智慧,揭示其科学内涵并拓展创新,可为中药制剂的新辅料、新制剂、新技术、新递药系统的开发与研究开拓新的思路。

一、概述

"药辅合一"的指导思想促进中药制剂的更深层次发展,对中药制剂有着的深远影响和重要意义。在中医药中,辅料有着至关重要的作用,具有改善形、气、味等理化特征及减毒、增效、矫臭、矫味、提高稳定性、赋予药物一定剂型等功能特点,与药物相辅相成,共同达到治疗和预防疾病的目的。所谓"药辅合一"不仅指的是在处方中的某些药用辅料如酒、醋、蜜、甘草汁等既有着增强处方疗效的作用,又可满足制剂要求等功能,即"辅之为药";还可指处方中某些药物本身除有着某种用药目的之外,还含有帮助制剂成型等功能的成分,即"药之为辅"。"药辅合一"一直是我国中医药中重要的指导思想、应用理念及制药经验,在中药炮制及中药制剂中得到充分体现和广泛应用,也是中药制剂区别于化药制剂、生物制剂的一个鲜明特征。"药辅合一"在我国中医药文化中有着悠久的历史,从古至今,我国药学或医学典籍中都有着众多"药辅合一"的例子。例如,在夏禹时期(公元前2140年),有着"最早药用辅料"之称的"酒",就已经与药物一起配合使用,制成各种"药酒";又如,在我国东汉时期著名医学家张仲景所著《金匮要略》中提到"大黄䗪虫丸"的制法:"大黄十分(蒸),黄芩二两……炼蜜和丸,小豆大,酒服五丸,日三服。"其中炼蜜有甘缓益气和中、增加大黄䗪虫丸治疗

"虚劳羸瘦"的疗效[1],又可充当赋形剂,满足制备丸剂的制剂要求;此外,我国最早的中药炮制学著作《雷公炮炙论》中对中药"远志"的炮制方法中写道:"凡使,先须去心……用熟甘草汤浸一宿,漉出,曝干用之也。"其中甘草汁既缓和中药"远志"之燥性,又可消除"远志"入口的麻味,增强安神益智的功效[2];再有明代陈嘉谟的《本草蒙筌》[3]中对辅料"醋"的阐述:"取效得年久妙。散水气,杀邪毒,消痈肿……煮香附丸服,郁痛能除。"可见用醋炮制香附丸,既引药入肝经,又增强疏肝解郁止痛的疗效;《中国药典》(2020年版)[4]收录僵蚕的饮片种类有僵蚕(净制后)和炒僵蚕两种,其中炒僵蚕制法:"取净僵蚕,照麸炒法(通则0213)炒至表面黄色。"僵蚕麸炒后虽然疏风解表之力稍弱,但长于化痰散结,并能杀菌、除去腥臭气味,便于患者服用[5]。

(一)"药辅合一"的理论内涵

"药辅合一"是中药制剂中重要的制药经验,是中医药文化发展历程中所沉淀的智慧成果。因此,了解"药辅合一"理论内涵,并对其进行科学研究,将对现代制药及辅料应用等方面有着积极作用。

1. "药之为辅"　从制剂学角度看,中药处方中某些药物或天然成分因其理化性质的特殊性,既能充当辅料的角色,又能充分利用其形、色、气、味等理化特征及分散、助磨、吸附、助悬、增稠、润滑和矫臭矫味等功能特征,辅助制剂的成型与稳定,调整制剂的气味与颜色,便于制剂的使用与储存等。这是辅料对药物疗效的被动影响,即"药之为辅"。

2. "辅之为药"　从治疗学角度看,处方中某些具有特殊作用的辅料能改变其他药物的溶解性、溶出性、释放部位、吸收速率或吸收程度、促进药物渗透、协同增效或减毒等。这是辅料对药物疗效的主动影响,即"辅之为药"。

(二)"药辅合一"中辅料的特点

"药辅合一"是中药制剂区别于其他药物制剂的鲜明特点,也是显著优势。"药辅合一"的辅料多种多样,这是由中药处方中药物的多源性、多样性,辅料应用的多面性及"药"与"辅"的可转换性所决定的。中药"药辅合一"中辅料有以下特点。

1. 内源性　现代药用辅料学[6]把药用辅料按作用与用途分类,有固体制剂类辅料、液体制剂用辅料、注射剂用辅料、多用途附加剂、第二代剂型-缓释剂和速释剂、第三代靶向制剂等。现代药用辅料分类明确,种类甚多,但通常是外加物质。而对于中药"药辅合一"的制剂辅料而言,都为处方内的药物或其他成分,故"药辅合一"中辅料具有内源性的特点。例如,山药、芦荟、白及、乳香、没药、阿胶等[7]药材中含有大量的植物多糖、树脂与动物胶原蛋白(此类成分具备制成凝胶剂的能力),这些药材中的成分可直接辅助凝胶剂的成型,无须加入处方外其他辅料。

2. 具有药理活性　一般情况下,药用辅料通常为惰性成分,且对制剂中药物的药效与稳定性无影响,中药"药辅合一"中的辅料具有药理活性。例如,中药制剂或炮制中常用到的辅料蜂蜜,为我国首部本草专著《神农本草经》中一百二十种上品药物之一,具有"益气补中,止痛解毒,除众病,和百药"[8]之功效;蜂蜜作为辅料在丸剂中不但有药理活性,而且具备矫臭、矫味、赋形等作用,在六味地黄丸、清胃黄连丸、槟榔四消丸中具有补中、益气、止痛、润肠通便等功效。甘草汁作为中药制剂中的常用药汁辅料,早在南北朝时期就有记载其使用,如《雷公炮制论》中用甘草汁炮制枸杞根"凡使根……破去心,用熟甘草汤浸一宿,然后焙干用";《中国药典》也有记录用甘草汁炮制巴戟天、吴茱萸、远志、附子等药物;甘草汁在丸剂中具有黏合药物成形作用的同时还有补脾益气、清热解毒、缓急止痛、调和诸药的功效。此外,在中药制剂中的常用辅料如酒、醋、姜汁、盐、米浆等均有一定药理作用。

3. 中药"药辅合一"中辅料具有"双重性"　"药辅合一"中辅料的"双重性"是指在中药制剂中的辅料既有着"药物"的疗效,又有着"辅料"的功能,担任着"药物"与"辅料"的双重角色,这也是"药辅合一"中辅料与其他辅料相比,所具有的优势特点。中药"药辅合一"中辅料具有"双重性"特点的重要原因是中药制剂中"药"与"辅"具有相对性。在中药制剂中,"药"与"辅"的认定,由于疾病类型、制剂类型[9]及物料所存在的处方不同而不同。例如,在白虎汤中,粳米煎煮后溶液的黏稠度大增,有利于钙离子的溶出及悬浮,通过增加钙离子的摄入而增效,以增稠、助悬功效为主[10,11];又如在丁香烂饭丸中,粳米粉碎后作为糊粉,有利于泛制成糊丸;再如在速止水泻冲剂中,粳米占制剂处方总量的63.8%,粉碎后既能作为赋形剂制粒,又能在开水冲服后部分糊化,黏附肠壁,辅助止泻。

4. 辅料的使用与用药目的具有一致性特点　中药制剂在使用时,不少需要使用酒、醋、茶、药液等辅料,一般地,这些辅料的功效与制剂的治疗意图有很强的相关性。例如,川芎茶调散[12]在服用过程中"以茶清调下",改剂型成通天口服液后在处方中加入茶汤,均是充分利用了茶叶既能清利头目,又能制约川芎、白芷等风药过于温燥与升散的特点,使药性平和,增强治疗偏头痛的效果。又如利用丸剂治疗上焦疾病时,一般用水作黏合剂,取其易化;治疗中焦疾病时,一般用稠面糊做黏合剂,取略迟化;而要使丸剂过膈而起效,一般用蜡做丸,取其迟化[13]。随着黏合剂黏合能力的增强,丸剂的溶散时间延长,起效部位逐渐下移。而且在中药炮制过程中,也会使用到生姜汁、甘草汁、吴茱萸汁、胆汁、蜂蜜等炮制常用辅料与药物共制,以改变药物的性能或降低药物的毒性,使炮制后的药物达到临床用药要求,满足治疗疾病的需要。

二、几种常见的"药辅合一"的辅料

中药药用辅料丰富,其按形态可分为液体辅料和固体辅料,均具备良好的安全性和稳定性,且具有作用性强,不降低主药药效甚至可增加疗效等特点。在中药药用辅料从古至今的长期使用过程中,诞生出许多独具特色、优势明显、兼有"药"与"辅"功能的辅料,下面将介绍几种常见的"药辅合一"辅料。

(一) 甘草汁

甘草汁是一种在中药处方中常见的液体辅料,为豆科植物甘草(*Glycyrrhiza uralensis* Fisch)、胀果甘草(*Glycyrrhiza inflata* Bat)或光果甘草(*Glycyrrhiza glabra* L.)的干燥根和根茎经过煎煮去渣而得到的黑棕色至深棕色液体。甘草汁在中药处方和饮片炮制中应用广泛,具有补脾益气、祛痰止咳、缓急止痛、解毒和协调诸药的作用。运用甘草处理药物古来有之,南北朝时期的炮制专著中就有提到运用甘草汁处理药物远志的做法,经过甘草汁制后,远志的燥性降低、药性缓和,且可增强安神益智之效[14]。东汉末年的著名医学家张仲景所著《伤寒论》中也提到治疗营血津液亏虚,肝阴亏损,汗伤营血阳气,肾阳虚衰,则可用芍药甘草汤主之,此方仅由附子、芍药和甘草三味药组成。其中甘草既可缓急补中、益气生津,又能制约附子之毒,调和诸药,甘平安中[15]。除此之外,甘草汁在发挥疗效的同时还可作为黏合剂,把处方中不同的药材黏附在一起便于制剂与疾病的治疗,如元代朱丹溪在《丹溪治法心要》中就有记载治疗阴囊肿痛用"生甘草汁调地龙粪,轻轻敷之"[16]。

甘草汁中主要活性成分包括甘草皂苷类(如甘草皂苷、甘草酸等)、甘草黄酮类(如甘草总黄酮、甘草苷等)及甘草多糖[17],有着多种药理作用如抗炎、抗溃疡、祛痰、抗过敏、抗肿瘤、调节免疫及抗氧化等[18]。例如,现代研究表明吴茱萸对人体具有肝毒性,且不良反应与剂量呈现相关性,但经过甘草汁炮制后,吴茱萸的肝毒作用显著降低[19];又如甘草与雷公藤配伍也能减少雷公藤毒性作用,目前主要认为甘草通过调节生物体代谢通路,调控Ⅰ、Ⅱ相药物代谢,降低毒性成分,药理对抗作用等途径来发挥其减毒功效[20];再如附子,大辛大热有毒,其毒性作用主要表现为心脏毒性和神经毒性,因此,被称为"最有用,最难用之药"。近年来研究发现甘草可以通过调节心脏相关代谢酶来减轻附子导致的心脏毒性[21,22];甘草苷、甘草次酸可以通过调节钙离子(Ca^{2+})转运失调来拮抗乌头碱对心肌细胞的损伤[23];甘草苷、甘草次酸具有很强的抗氧化作用,可增强机体清除自由基的能力,降低氧化损伤[24],因此,甘草可以通过线粒体保护途径和调节抗氧化系统来抑制附子的心肌细胞毒性作用。

(二) 吴茱萸汁

吴茱萸汁呈棕色或褐色并略有清香,带苦味,性热,味辛、苦,有小毒,在《神农本草经》中被列为中品。张仲岩的《修事指南》中记载着:"吴茱萸抑苦寒而扶胃气……"吴茱萸汁作为药物具有散寒止痛,降逆止呕,助阳止泻的功效,常用于治疗厥阴头痛,寒疝腹痛,脘腹胀痛,呕吐吞酸等症[25]。吴茱萸汁作为辅料在传统应用中,常与性味苦寒的药物共制,可缓和药性,多用于调胃厚肠、清气分湿热、散肝胆郁火、止大痛。在明代李梴的《医学入门》中记载:"吴茱萸水炒黄连调胃厚肠,治冷热不调。"在《本草纲目》中记载:"黄连,入手少阴心经,为治火之主药……治气分湿热之火,则以茱萸汤浸炒。"《中国药典》(2020年版)中收载的萸黄连(吴茱萸汁炙黄连),用药性辛热的吴茱萸汁抑制黄连的苦寒之性,使黄连寒而不滞的同时又增强黄连清气分湿热、散肝胆郁火的功效。吴茱萸汁还可用来炒制当归以治久痢[26];用来制黄芩为其入肝而散滞火[27]。

吴茱萸汁中主要有效成分为吴茱萸内酯、吴茱萸碱和吴茱萸次碱[28],现代药理学研究表明,吴茱萸具有抗肿瘤、抗炎镇痛、抑菌、降血脂等药理作用。近年来发现吴茱萸碱对结肠癌、肝癌、骨肉瘤、胃癌、胰腺癌、白血病等癌症[29~32]具有一定的疗效,吴茱萸碱可通过调控 JAK2/STAT3 信号通路[33]、Wnt/β-catenin 信号通路[34]、PI3K/Akt 信号通路[35]、mTOR 信号通路[36]等来达到抑制肿瘤细胞的作用,同时,吴茱萸碱还可通过引发细胞周期阻滞来调控肿瘤细胞增殖与凋亡[37];在抗炎镇痛方面,吴茱萸自古以来都被用作镇痛药,但其镇痛作用机制还不明确[38],有研究发现吴茱萸碱的镇痛作用可能是由于感觉神经元中 TRPV1 的激活和随后的脱敏作用所致[39];对于抑菌作用,研究表明吴茱萸碱和吴茱萸次碱可有效抑制福氏痢疾杆菌、伤寒杆菌、甲型副伤寒杆菌和痢疾志贺菌[40];在降血脂方面,小剂量吴茱萸碱可防止小鼠的体重增加和改善葡萄糖耐量,其中在白色脂肪组织中检测到 AMPK 磷酸化增加和负责调节能量代谢的 mTOR 信号传导的下调,表明吴茱萸碱可以达到预防肥胖的目的[41]。另外,小檗碱和吴茱萸配伍可对高脂血症大鼠的过氧化物酶体增殖物激活受体(如 PPARγ)和肝 X 受体(如 LXRα)蛋白表达产生影响,可以降低高脂血症大鼠的血胆固醇水平[42,43]。

(三)姜汁

姜汁为姜科植物姜 *Zingiber officinale* Rosc.的新鲜根茎加水压榨取汁所得的汁液,为浅黄色或黄白色悬浊液。生姜味辛,性热,具有温中散寒、回阳通脉、燥湿消痰的功效,对于脘腹冷痛、呕吐泄泻、肢冷脉微、痰饮喘咳有很好的疗效。生姜为常用药辅合一、药食两用的中药,来源历史悠久,首次记载姜的典籍为《神农本草经》[9],后来在《名医别录》[44]中首次将生姜与干姜分别收录,从这以后,姜便不再笼统地作为一种药入药,而是分为干姜与生姜区别入药。生姜和干姜虽然都是姜,但二者成分上存在差异,致使功效也有所不同[45]。故在中华人民共和国成立以来,在 1998 版的全国中药炮制规范及后来的各地炮制规范中的"姜炙"法所用到的姜汁也分为生姜汁(鲜姜汁)和干姜汁两种。近年来研究表明[46]作为"姜炙"用姜汁,生姜汁和干姜汁在成分、药性、功效上均存在差异,不可混而用之。在《中国药典》(2020 年版)中提到的"姜炙":"将生姜洗净,捣烂,加水适量,压榨取汁,姜渣再加水适量重复榨取一次,合并液汁,即为姜汁。"这里明确规定"姜汁"的唯一来源就是生姜,为姜汁的科学合理应用、标准统一奠定了基础。姜汁作为辅料在炮制中应用广泛,如姜半夏、姜黄连、姜厚朴等[47]。汉代钱乙所著的《小儿药证直诀》里治疗小儿吐泻胃虚的"梓朴散"中"半夏(一钱,汤洗七次,姜汁浸半日晒干),梓州浓朴(一两细锉)",对于半夏的处理为用姜汁浸泡半日后晒干,其中生姜既能温中止呕、杀半夏之毒,又能与半夏的化痰降逆功效起协同作用,以达去涎去风、化痰通气的功效[48]。《临证指南医案》由清代著名医家叶天士所著,其中记载治疗中风所用方子"人参(二两)、熟半夏(二两)、茯苓(四两,生)、广皮肉(二两)、川连(姜汁炒,一两)、枳实(麸炒,二两)、明天麻(二两,煨)、钩藤(三两)、白蒺藜(鸡子黄拌煮,洗净炒,去刺,三两)、地栗粉(二两)"中以姜汁处理黄连也体现着"药辅合一"的思想[49]。

生姜的成分复杂,其中含有上百种化学成分,除了纤维素、淀粉、脂肪、蛋白质等营养物质外,生姜中含有的功效成分有挥发油类、姜辣素类、二苯基庚烷类等[50]。现代药理学研究发现[51,52]生姜抗肿瘤的主要药效成分存在于姜辣素中,尤其是姜辣素中的 6 -姜酚,对多种癌细胞能够产生细胞毒性并具有抗增殖、抗肿瘤、抗侵袭作用[53]。例如,对于结肠癌、肾细胞癌、肺癌、胃癌,6 -姜酚可通过抑制细胞生存 PI3K - Akt 信号通路和细胞异常增殖相关 EGFR 信号通路[54];减轻 AKT - GSK3 β - cyclinD1 信号通路相关蛋白表达[55];降低自噬相关蛋白 USP14 的表达[56];阻滞 G_2/M 细胞周期抑制癌细胞增殖,活化凋亡蛋白 capase - 9[57] 等机制来达到抗肿瘤作用。研究发现生姜挥发油、姜辣素成分都有很好的抗炎镇痛的功效,可通过降低炎症因子和致痛因子的表达及阻断炎症相关通路的激活,缓解关节炎、神经痛、溃疡等症状[58]。例如,生姜中姜油酮可降低炎症因子PGE、NO、COX - 2、丙二醛(MDA,氧化应激指数)的表达,可减轻角叉莱胶引起的急性炎症水肿[59];生姜挥发油中的雪松酚通过阻断 ERK/MAPK 和 p65/NF - κB 信号通路的磷酸化途径改善炎症细胞浸润和滑膜增生,以治疗类风湿性关节炎[60]。对于生姜的镇吐止呕作用,生姜中的姜酚类及姜酚类化合物通过减少刺激呕吐中枢相关神经递质的释放起到止呕的作用,可以用于治疗化疗、手术、妊娠等造成的恶心呕吐。国外临床试验[61]发现中药生姜可降低术后恶心呕吐的严重程度并达到止吐的需求,而且是安全且耐受的。同时,生姜中的姜辣素成分能通过降低中枢和外周的 5 -羟色胺(5 - HT)、多巴胺、P 物质等神经递质系统相关受体的表达,减轻顺铂诱导的水貂呕吐[62]。另外,生姜乙醇提取物还可以拮抗 5 - HT_3 和 M_3 胆碱受体,缓解 5 - HT_3 刺激催吐化学感受器(CTX)和 M_3 胆碱受体引起的胃肠道平滑肌痉挛,抑制顺铂所致的小鼠胃排空,而发挥抗呕吐作用[63]。

(四) 莱菔子

莱菔子又名萝卜子,晚于莱菔(萝卜)入药,始载于唐末宋初的《日华子本草》,为中医常用消食导滞、降气化痰之品。莱菔子药用历史悠久,在《日华子本草》中有记载莱菔子"醋研消肿毒"的功效;《本草纲目》[64]记载"莱菔子之功,长于利气";《得配本草》[65]将莱菔子列为菜部荤辛类,载其"生则吐痰涎,散风寒,发疮疹"。莱菔子也是诠释中药传统理念"生升熟降"的典型例子,如李时珍概括其功效:"生能升,熟能降。升则吐风痰、散风寒、发疮疹,降则定痰喘咳嗽、调下痢后重、止内痛。"以后医家也多从此说。对于莱菔子"药辅合一"方面的应用多为将药物与莱菔子同炒的方法。在南宋医学家许叔微的《普济本事方》[66]中,羌活与莱菔子同炒,只取羌活碾为末,用以治疗妊娠浮肿,其中,莱菔子用以消除肿胀,还用以缓和羌活药性、增强羌活功效。清朝陈复正所著的《幼幼集成》[67]中治疗伤寒伤湿肿时用"以羌活切片,莱菔子二味等分,同炒香取起,拣去莱菔不用,只以羌活为末",其中莱菔子作用同样为缓和药性,增强羌活功效。

现代研究表明[68],莱菔子中主要含有硫苷类、生物碱类、脂肪酸类、黄酮类、多糖和蛋白质类成分等,具有降血压、降血脂、祛痰镇咳、抗炎、防癌、消食等作用。研究显示[69]莱菔子水溶性生物碱对 $L-NNA$ 诱导的高血压大鼠有降压效用,并能降低高血压大鼠血浆管性血友病因子(vWF)、内皮素-1(ET-1)、细胞间黏附分子-1(ICAM-1)、血管细胞黏附分子-1(VCAM-1)和 P -选择素(P-S)水平,其机制与抑制血管内皮细胞分泌黏附因子、减轻血管壁炎症反应有关。

此外,莱菔子水溶性碱[70]能够提高高密度脂蛋白胆固醇(HDL-C)的含量,可将血液中多余的胆固醇转运到肝,并处理分解成胆酸盐,再通过胆管排泄出去,从而形成一条血脂代谢的专门途径,以达到降血脂的作用。对莱菔子进行网络药理学和分子对接研究显示[71],莱菔子的抗菌、抗炎机制具有多成分、多靶点、多通路的特点,其可能通过参与调节磷脂酰肌醇 3 激酶(phosphatidylinositol3-kinase, PI3K)/蛋白激酶 B(Akt)信号通路(PI3K-Akt)、钙离子信号通路等发挥其抗菌、抗炎作用。莱菔素[72]是莱菔子中主要的抗癌活性物质,莱菔素具有体外广谱抗癌活性,对人胰腺癌细胞 Panc-1、人乳腺癌细胞 MCF-7、人恶性黑色素瘤细胞 A375 均有显著抑制作用。同时,莱菔素对抗癌细胞 NSCLC 的促生长作用较好。

(五) 蜂蜜

"岩蜜""石蜜""石饴""蜂糖",蜂蜜又称性味甘、平,归肺、脾、大肠经,具有补中,润燥,止痛,解毒的功效;外用生肌敛疮。蜂蜜常被用于脘腹虚痛,肺燥干咳,肠燥便秘,解乌头类药毒;外治疮疡不敛,水火烫伤。秦汉时期,蜂蜜始载于《神农本草经》,文中将蜂蜜称为"石蜜"并把"石蜜、蜂子、蜜蜡"列为上品,指出其有"治邪气,安五脏诸不足,益气补中、止痛解毒、除百病、和百药,久服强志轻身,不老延年"之功效[9];明清时期,李时珍的《本草纲目》[64]对蜂蜜的性质和应用作了更为详尽的描写:"蜂蜜,其入药之功有五:清热也,补中也,解毒也,润燥也,止痛也。生则性凉,故能清热;熟则性温,故能补中;甘而和平,故能解毒;柔而孺泽,故能润燥;缓可以去急,故能止心腹肌肉疮疡之痛;和可以致中,故能调和百药而与甘草同功。"蜂蜜作为"药辅合一""药食同源"的重要体现,既是重要的滋养补品与饮食调味品,又是一味传统中药和中药制剂、炮制的常用辅料,在古代医籍中有大量关于蜂蜜单味药用和参与复方配伍使用的记载。东晋时期葛洪所著的《肘后备急方》是中国第一部临床急救手册,其中救卒尸厥方子的制法中提到"真丹方寸匕,蜜三合,和服",就是指蜜药同服,其中蜂蜜发挥了黏合剂的作用,便于制剂。而明代胡濙撰写的《卫生易简方》中用蠡实与升麻同煎后,加入蜂蜜搅匀以治疗喉痹肿痛,其中蜂蜜参与配伍发挥滋阴润燥、补虚润肺的作用,又充当矫味剂的角色,以改善不良气味,便于服用[73]。

蜂蜜主要的活性成分有糖、维生素、有机酸、多酚类物质[74]。现代药理学研究发现[75],蜂蜜具有抗炎、抗肿瘤、抗氧化等多种药理作用。蜂蜜中含有丰富黄酮类、多酚类等较好的抗炎类物质,但蜂蜜抗炎作用的活性成分和作用机制尚未明确。研究表明,蜂蜜中的一些酚类化合物已被单独检测表明具有一定的抗炎活性,如白杨素可抑制脂多糖(LPS)诱导的分离细胞中的环氧合酶-2[76];木犀草素可减少肿瘤坏死因子-α(TNF-α)和白细胞组织浸润[77];槲皮素在体外和体内人体模型中显示出抗炎和抗动脉粥样硬化作用[78]。对于治疗癌症,天然的蜂蜜具有抗突变、促进癌细胞凋亡等作用[79],有学者对结肠和胶质瘤C6细胞系的研究表明[80],未经处理的粗蜂蜜因含有丰富的酚类和色氨酸,可以诱导caspase-3活化和修饰酶PARP(poly ADP-ribose polymerase)裂解。此外,蜂蜜可以调节癌细胞系中p53的水平,p53蛋白在DNA损伤时增加细胞周期蛋白依赖激酶(Cdk),抑制或阻止异常细胞分裂,进而干扰细胞周期和抑制细胞生长,促进癌细胞的凋亡[81]。但此类研究依然尚未明确蜂蜜中的抗肿瘤成分和其作用机制,还需进行进一步的科学研究和临床试验。在抗氧化方面,蜂蜜中含有丰富的抗氧化因子,如多酚(酚酸和类黄酮)、维生素C、维生素E、酶(过氧化氢酶、过氧化物酶)和微量元素,这些抗氧化因子能够向自由基提供电子,中和、减少或消除自由基,破坏细胞和生物分子,如核酸、蛋白质和脂类[82]。

三、展望

"药辅合一"是传统中药制剂中蕴含的用药理念、制药经验与哲学智慧,继承其思想内涵、揭示其科学性及对其拓展创新对于中药新辅料的开发、新技术的形成、新制剂的设计、新载体的设计和新型递药系统的研究都大有裨益。

(一)推动辅料的开发

随着新制剂、新剂型的不断发展,辅料的应用越来越受重视,我国药典收录的药用辅料也在逐年增加,从《中国药典》1991 年版的 31 个增加至现今的 335 个。但是随着辅料安全性问题和相容性问题日益受到关注,尤其是一些之前认为无毒且广泛应用的辅料,也出现了安全性问题。例如,制剂中常用的增溶剂辅料吐温 80,在临床使用时出现了严重类过敏性反应[83]。再如通常认为无毒性的辅料羟丙基-β-环糊精[84] 长期注射也会产生肝肾毒性。因此,着手"药辅合一"辅料的研究与开发,是解决由辅料造成不良反应的有效途径。

三黄汤制炉甘石是中医眼科常用制剂。炉甘石主要成分为 $ZnCO_3$,锻制过程失水分解为多孔状氧化锌,在水飞过程中,除去水溶性杂质,并控制减小细粉粒径及粒径分布,类似多孔二氧化硅[85]。在三黄汤制炉甘石过程中,将煅炉甘石细粉加入三黄汤滤液中拌匀、吸尽后干燥,就是溶剂法制备固体分散体的过程。通过氧化锌孔道物理性吸附三黄汤中的黄芩苷、小檗碱、大黄素等主要成分,形成类似于速释型固体分散体的释药系统[86,87](图 22-1)。在眼部用药时,能确保药效成分的快速释放,同时释药后的孔道又能吸收局部渗出的液体,发挥收湿敛疮的作用。因此,炉甘石有望开发为中药固体分散体的载体。

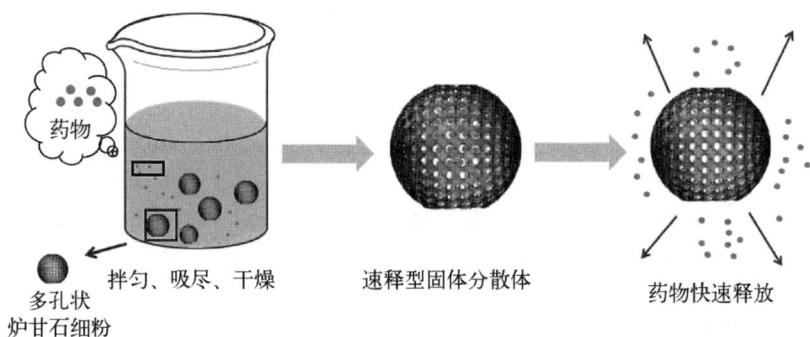

图 22-1 制炉甘石装载三黄汤药效示意图

(二)促进新工艺、新技术的形成

在中药制剂中,对于复方中各药材之间的混合均一性问题及药材的苦涩味、腥臭味的掩蔽问题,传统方法会采用大量的淀粉、环糊精等辅料进行包合处理,这不但给后续的制剂成型增加困难,而且大大增加了制剂成本。韩丽[88]等基于"药辅合一"理念,提出了基于粒子设计原理的粉末包覆处理工艺,利用中药复方配伍特性,将不苦的药物包覆在苦味药物的表面,在不外加辅料的条件下实现对苦味的掩蔽,并且也可以很好地解决混合均一性问题。目前,粒子设计应用较为广泛,如采用无辅料制剂的六味地黄丸(图22－2)、小活络丸(图22－3)等。

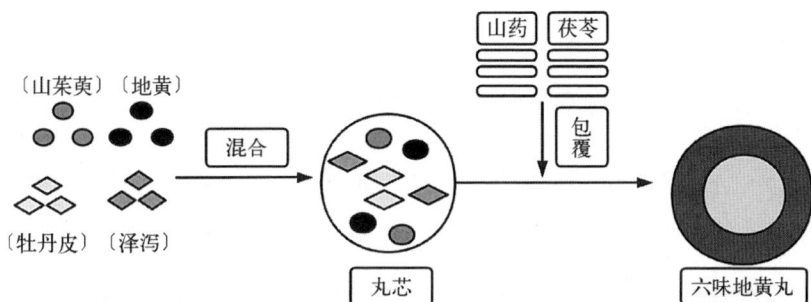

图 22－2　基于粒子设计技术的六味地黄丸

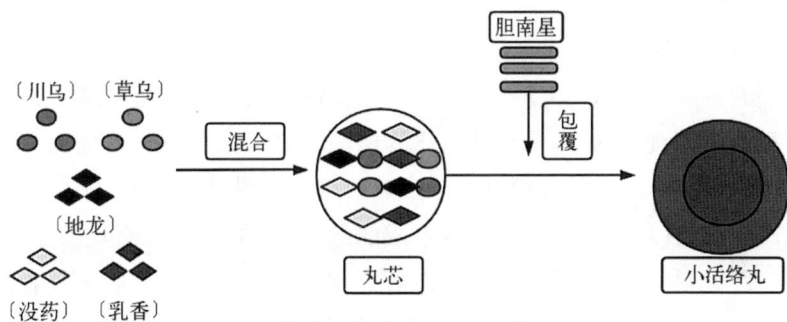

图 22－3　基于粒子设计技术的小活络丸

(三) 指导新制剂的设计

目前癌症治疗的手段中,使用化疗治疗肿瘤居多,然而,采用化疗治疗给患者带来的不良反应及产生的多重耐药性,给肿瘤的临床治疗带来了极大的阻力。中药在治疗癌症方面具有独特优势[89],在肿瘤治疗的传统经方中多用动物药,如全蝎、蜂毒、乌蛇、蜈蚣等,这些动物药具有钻透剔邪、搜风通络的功效。方栋等[90]基于"药辅合一"的思想指导,采用具有抗肿瘤作用的茶多酚为载体与蜂毒多肽相结合,组装成纳米复合物,既减少了无效辅料的应用,又实现了协同增效的用药目的。同时,将一些具有抗肿瘤活性的脂肪油、挥发油等与具有同样抗肿瘤作用的成分结合制成新型制剂,也可发挥较好的治疗癌症的效果。将具有药效活性的薏苡仁油作为脂质载体与药效成分橙皮苷结合制成新型纳米脂质体,显著增强抗肿瘤作用[91]。

(四) 助力新载体与新型递药系统的研究

随着材料科学与生物化学的进一步发展,将治疗疾病的高效药物与具有可生物降解、靶向运输、可控释放等特性的载体相结合已成为现代创新药物与新型制剂制造的重要思路之一。人参皂苷是人参中最主要的活性成分之一,其在抗肿瘤、抗炎、神经保护方面表现突出[92,93]。近年来,对于癌症的治疗,研究者们已经开展了以人参皂苷与其他物质结合成载体而制备形成各种纳米递药系统的研究。另外,人参皂苷[94]可以通过微囊化、结构修饰或与多种物质形成功能性载体与各类治疗癌症药物结合,具有增强抗肿瘤效果,并减弱纳米材料、化疗等带来的副作用;控制药物的释放,提高药物生物利用度;形成配位体修饰药物使其具有靶向性;改善肿瘤免疫缺陷微环境等作用,这些都极大地开拓了抗肿瘤的研究。随着新型递药系统迅速发展,其在控制药物释放、延长半衰期、提高靶向性等方面的特殊优势越发突出,开发具有独特优势的新型递药系统已成为众多学者研究的热点,也是最具希望和前途的给药策略。如今递药系统所采用的递药载体多为 PEG、蛋白质、复合叶酸、硫酸软骨素、透明质酸、β-环糊精、聚乳酸-羟基乙酸共聚物(PLGA)等物质制备形成的纳米粒、脂质体和胶束等,在递送靶向性、提高生物利用度、控释、缓释等方面具有一定的优势。而基于药辅合一的原则开发新型递药系统也已成为研究人员们重要关注的方向,如中药人参中的人参皂苷通过微囊化与结构修饰等可制备成多种具有显著优势的新型递药系统;又如白及多糖(BSP)是中药白及的主要成分之一,具有良好的止血功效,同时,其拥有良好的生物相容性与水溶性,可阻止肿瘤再血管化的形成,达到抗癌效果[95]。在药物递送系统领域,BSP 作为含多羟基的聚合物糖链,具有三螺旋构象的高级结构,根据纳米粒、胶束及微球等剂型不同的设计要求,通过修饰BSP 的羟基基团、结合功能分子或引入特定的刺激响应基团,改变其高级结构,表现出不同的理化特性或具有微环境响应的功能,形成新型递药系统。BSP 基药物载体(表 22-1)与多种物质结合形成纳米粒、胶束等不同剂型的给药系统,用于肿瘤靶向、胃滞留及透皮、透黏膜给药,实现药物的缓释、靶向输送、增效及减毒的功能[96]。

表 22 - 1　BSP 基递药系统

应　　用	原 料 组 成	剂　　型
肿瘤靶向给药	BSP/硬脂酸	纳米粒
	BSP/硬脂酸/水飞蓟宾	纳米粒
	BSP/硬脂酸/多西紫杉醇	纳米粒
	BSP/硬脂酸/组氨酸/多柔比星	纳米粒
	BSP/4 -(羟甲基)苯硼酸频那醇酯/姜黄素	胶束
	BSP/硬脂酸/多西紫杉醇	胶束
	BSP/硬脂酸/组氨酸/多柔比星	胶束
	BSP/硬脂酸/胱氨酸/多西紫杉醇	胶束
	BSP/硬脂酸/叶酸/多西紫杉醇	胶束
	BSP/硬脂酸/叶酸/多柔比星	胶束
	BSP	微球
	BSP/苦参碱	微球
	BSP/壳聚糖/寡聚花青素	微球
	BSP/去甲斑蝥酸钠纳米柔性脂质体	微球
	BSP	微针
透皮透黏膜给药	BSP/聚乙烯醇/胰岛素	微针
	BSP/甘油	薄片
	羧甲基化 BSP/壳聚糖	薄膜
	BSP/壳聚糖/替诺福韦	水凝胶
	BSP/黄藤素纳米柔性脂质体	水凝胶、膜
	BSP/儿黄散	薄膜
胃滞留给药	BSP/海藻酸钠	微球
	BSP/海藻酸钠/PNS	微球
	BSP/乙基纤维素/PCL 电纺膜	薄片
伤口敷料	BSP/卡波姆 940	水凝胶
	BSP/羧甲基壳聚糖/卡波姆 940	水凝胶
	氧化 BSP/聚赖氨酸	水凝胶
	BSP/聚乳酸	薄膜
	BSP/壳聚糖	薄膜

　　然而,"药辅合一"的劣势也较为明显[9],如对于其传统应用经验整理不够、对于"药辅合一"的现代科学研究不足等。对此,我们应该充分认识辅助成分在治疗疾病过程中发挥的作用,阐明其科学性。并且,从药用辅料的结构特点和功

能特征出发,挖掘其在制剂方面的科学应用,以期为中药新型制剂辅料的研究奠定基础。

(伍振峰,朱卫丰)

参考文献

[1] 张玉萍.金匮要略.福州:福建科学技术出版社,2011:26.

[2] 雷公.雷公炮炙论.芜湖:皖南医学院科研科,1983:30.

[3] 陈嘉谟.本草蒙筌.北京:人民卫生出版社,1988.

[4] 国家药典委员会.中华人民共和国药典.一部.北京:中国医药科技出版社,2020:392.

[5] 钟凌云,(美)戴维·卡劳,龚千锋.中药炮制学.北京:中国中医药出版社,2015:120.

[6] 金勇,刘征宙,顾小焱.药用辅料分类及其应用.化学试剂,2013,35(10):904-906.

[7] 邹佳渝,任舒静,段艳冰,等.具有"药辅合一"特性的中药凝胶的研究进展.南京中医药大学学报,2018,34(6):639-644.

[8] (清)孙星衍,孙冯翼.神农本草经.中医临床经典丛书.太原:山西科学技术出版社,2018.

[9] 张定堃,傅超美,林俊芝,等.中药制剂的"药辅合一"及其应用价值.中草药,2017,48(10):1921-1929.

[10] 周鸿飞.白虎汤"煮米熟汤成"煎法解析.中国中医药现代远程教育,2012,10(3):56.

[11] 李春来.白虎汤煎煮技术规范研究.南京:南京中医药大学,2012.

[12] 何翠欢,卫明.清代医家运用茶叶诊治疾病探析.中医药通报,2016,15(2):32-34.

[13] 陈天朝,康冰亚.中药丸剂的缓释制剂特点探讨.中国药业,2009,18(6):17-19.

[14] 高慧,黄雯,熊之琦,等.远志的炮制研究进展.中国实验方剂学杂志,2020,26(23):209-218.

[15] 郭小舟,刘慧敏.芍药甘草附子汤临证探讨.中国中医基础医学杂志,2021,27(3):495-497.

[16] 朱震亨.丹溪治法心要.张奇文,朱锦善,王舒爵,校注.济南:山东科学技术出版社,1985:227.

[17] 李想,李冀.甘草提取物活性成分药理作用研究进展.江苏中医药,2019,51(5):81-86.

[18] 李晓红,齐云,蔡润兰,等.甘草总皂苷抗炎作用机制研究.中国实验方剂学杂志,2010,16(5):110-113.

[19] 王蔚佳.炮制辅料甘草汁制备工艺、质量标准及对吴茱萸肝毒性影响的研究.哈尔滨:黑龙江中医药大学,2021.

[20] 李佳怡,王吉锡,孙杨婷,等.基于药对配伍中甘草减毒功效作用机制的研究进展.嘉兴学院学报,2021,33(6):51-55.

[21] 孙佳,张广平,苏萍,等.人参附子及其有效成分配伍对心脏表氧化酶 CYP2J3、羟化酶 CYP4A3 和 CYP4F11mRNA 表达的影响.中国新药杂志,2019,28(17):2081-2088.

[22] 李晗,张广平,马梦,等.心脏药代酶的附子-甘草配伍减毒机制.中国实验方剂学杂志,2020,26(1):59-64.

[23] 刘巧云.甘草苷、甘草次酸与次乌头碱配伍减毒作用的实验研究.杭州:浙江中医药大学,2013:20-30.

[24] 刘巧云,张宇燕,万海同,等.次乌头碱与甘草苷、甘草次酸配伍的减毒作用.中华中医药

杂志,2013,28(9):2601-2604.

[25] 肖洋,段金芳,刘影,等.吴茱萸炮制方法和功能主治历史沿革.中国实验方剂学杂志, 2017,23(3):223-228.

[26] 郁洋.当归的炮制研究.中国中医药信息杂志,2006,(6):45-47.

[27] 闻永举,杨云.黄芩的炮制沿革及研究.河南中医学院学报,2005,(6):75-78.

[28] 韩旭阳,边宝林,李娆娆,等.炮制辅料吴茱萸汁的质量标准.中国实验方剂学杂志, 2013,19(17):132-135.

[29] 倪晓婷,李兆星,陈晨,等.吴茱萸的化学成分与生物活性研究进展.中南药学,2022,20 (3):657-667.

[30] Huang J, Chen Z H, Ren C M, et al. Antiproliferation effect of evodiamine in human colon cancer cells is associated with IGF-1/HIF-1α downregulation. Oncology Reports, 2015, 34:3203-3211.

[31] 孟子钧.吴茱萸碱抑制人骨肉瘤细胞143B增殖与PI3K/Akt信号关系的研究.重庆:重庆医科大学,2015.

[32] 陈辉,王兆洪,陈龙,等.吴茱萸碱对人胰腺癌SW1990细胞株体内外增殖及凋亡的影响.温州医科大学学报,2017,47(6):431-434.

[33] Zhao L C, Li J, Liao K, et al. Evodiamine Induces Apoptosis and Inhibits Migration of HCT-116 Human Colorectal Cancer Cells. International Journal of Molecular Sciences, 2015, 16(11):27411-27421.

[34] Wen Z, Feng S, Wei L, et al. Evodiamine, a novel inhibitor of the Wnt pathway, inhibits the self-renewal of gastric cancer stem cells. International Journal of Molecular Medicine, 2015, 36(6):1657-1663.

[35] Lv Z C, Zhao D W, Liu R H, et al. Evodiamine inhibits proliferation of human papillary thyroid cancer cell line K1 by regulating of PI3K/Akt signaling pathway. International Journal of Clinical and Experimental Medcine, 2016, 9(8):15216-15225.

[36] Zhang T, Qu S, Shi Q, et al. Evodiamine Induces Apoptosis and Enhances TRAIL-Induced Apoptosis in Human Bladder Cancer Cells through mTOR/S6K1-Mediated Downregulation of Mcl-1. International Journal of Molecular Sciences, 2014, 15(2):3154-3171.

[37] 刘雪珂,王海燕,刘億,等.吴茱萸碱的现代药理研究进展.中华中医药学刊,2019,37 (4):860-863.

[38] 陶兆燕,李涓,盛蓉,等.吴茱萸碱分散片降血尿酸及抗炎、镇痛的实验研究.时珍国医国药,2013,24(5):1147-1148.

[39] Iwaoka E, Wang S, Matsuyoshi N, et al. Evodiamine suppresses capsaicin-induced thermal hyperalgesia through activation and subsequent desensitization of the transient receptor potential V1 channels. Journal of Natural Medicines, 2016, 70(1):1-7.

[40] 王明华,邵明亮,高子怡,等.吴茱萸多酚的酶法提取工艺及其抗氧化抑菌活性.北方园艺,2017,(22):126-131.

[41] Yamashita H, Kusudo T, Takeuchi T, et al. Dietary supplementation with evodiamine prevents obesity and improves insulin resistance in ageing mice. Journal of Functional Foods, 2015, 19(Part A):320-329.

［42］ 周昕，魏宏，沈涛，等.小檗碱与吴茱萸碱配伍对高胆固醇血症大鼠小肠 ACAT2、ApoB48 和 NPC1L1 表达的影响.中成药，2017，39（10）：1993－1999.

［43］ Ge X, Chen S Y, Liu M, et al. Evodiamine inhibits PDGF BB induced proliferation of rat vascular smooth muscle cells through the suppression of cell cycle progression and oxidative stress. Molecular Medicine Reports, 2016, 14（5）：4551－4558.

［44］ 陶弘景.名医别录.尚志钧，辑校.北京：中国中医药出版社，2013：130.

［45］ 张丽，王智民，王维皓，等.作炮制辅料用姜汁的 HPLC 指纹图谱比较.中国中药杂志，2008，33（9）：1010－1013.

［46］ 杨春雨.中药炮制用辅料（姜汁）规范化的探索性研究.北京：中国中医科学院，2018.

［47］ 何平平，钟凌云.干姜、生姜及其炮制辅料姜汁的研究进展.中国实验方剂学杂志，2016，22（6）：219－223.

［48］ 张如青.带您走进《小儿药证直诀》.北京：人民军医出版社，2008：253.

［49］ 叶天士.临证指南医案.孙玉信，赵国强，点校.北京：人民卫生出版社，2006：298.

［50］ Liu Y, Liu J, Zhang Y. Research Progress on Chemical Constituents of *Zingiber Officinale* Roscoe. Biomed Research International, 2019, 2019：5370823.

［51］ De Lima R M T, Dos R A C, De Menezes A P M, et al. Protective and therapeutic potential of ginger（Zingiber officinale）extract and ［6］-gingerol in cancer：a comprehensive review. Phytother Res, 2018, 32（10）：1885－1907.

［52］ 韦秋雨.生姜中活性成分 6－姜酚的纳米制剂研究.镇江：江苏大学，2019.

［53］ Wang S, Zhang C, Yang G, et al. Biological Properties of 6-Gingerol：a brief review. Natural product communications, 2014, 9（7）：1027－1030.

［54］ Ryu M J, Chung H S. ［10］-Gingerol induces mitochondrial apoptosis through activation of MAPK pathway in HCT116 human colon cancer cells. In Vitro Celluar & Developmental Biologyanimal, 2015, 51（1）：92－101.

［55］ Xu S, Zhang H, Liu T, et al. 6-Gingerol induces cell-cycle G1-phase arrest through AKT-GSK 3β－cyclin D1 pathway in renalcell carcinoma.Cancer chemotherapy and pharmacology, 2020, 85（2）：379－390.

［56］ Tsai Y, Xia C, Sun Z. The Inhibitory Effect of 6-Gingerol on Ubiquitin-Specific Peptidase 14 Enhances Autophagy-Dependent Ferroptosis and Anti-Tumor in vivo and in vitro. Frontiers in Pharmacology, 2020, 11：598555.

［57］ 张旭，赵芬琴.生姜提取液抗炎镇痛作用研究.河南大学学报（医学版），2015，34（1）：26－28.

［58］ 史闰均.生姜对半夏所致刺激性炎症反应的影响.南京：南京中医药大学，2011.

［59］ Mehrzadi S, Khalili H, Fatemi I,et al. Zingerone mitigates carrageenan-induced inflammation through antioxidant and anti-inflammatory activities. Inflammation, 2021, 44（1）：186－193.

［60］ Chen X, Shen J, Zhao J M, et al. Cedrol attenuates collageninduced arthritis in mice and modulates the inflammatory response in LPS-mediated fibroblast-like synoviocytes. Food Funct, 2020, 11（5）：4752－4764.

［61］ Wazqar D Y, Thabet H A, Safwat A M. A quasiexperimental study of the effect of ginger tea on preventing nausea and vomiting in patients with gynecological cancers receiving cisplatin-based regimens. Cancer Nurs, 2021, 44(6)：E513 – E519.

[62] Tian L, Qian W, Qian Q, et al. Gingerol inhibits cisplatininduced acute and delayed emesis in rats and minks by regulating the central and peripheral 5-HT,SP,and DA systems. Journal of Natural Medicines, 2020, 74(2)：353 – 370.

[63] 胡许欣,刘晓,楚玉,等.生姜中有效部位及相关活性成分的止呕作用研究.中国中药杂志,2016,41(5)：904 – 909.

[64] 何定杰.本草纲目简编.武汉：湖北科学技术出版社,1978：533.

[65] (清)严洁,(清)施雯,(清)洪炜.得配本草.北京：人民卫生出版社,2007.

[66] (宋)许叔微.普济本事方.上海：上海科学出版社,1959.

[67] (清)陈复正.幼幼集成.大连：辽宁科学技术出版社,1997.

[68] 朱立俏,张元元,于绍华,等.莱菔子炮制前后 HPLC 指纹图谱及主要成分含量变化研究.中药新药与临床药理,2018,29(5)：614 – 621.

[69] 杨金果,李运伦,周洪雷.钩藤和莱菔子生物碱抗高血压血管内皮细胞损伤效应.中成药,2013,35(5)：889 – 893.

[70] 张国侠,盖国忠.莱菔子总生物碱对 ApoE 基因敲除小鼠血脂的影响.中国老年学杂志,2010,30(6)：844 – 845.

[71] 李春晓,范秋雨,王秀敏.基于网络药理学和分子对接探究莱菔子的抗菌作用机制.中国畜牧杂志,2023,27(4)：1 – 14.

[72] 周沐.莱菔素抗癌活性及机制研究.北京：北京化工大学,2013.

[73] (明)胡濙.卫生易简方.北京：人民卫生出版社,1984.

[74] Terzo S, Mulè F, Amato A. Honey and obesity-related dysfunctions：A summary on health benefits. The Journal of Nutritional Biochemistry, 2020, 82：108401.

[75] Ramli N Z, Chin K Y, Zarkasi K A, et al. Areview on the protective effects of honey against metabolic syndrome. Nutrients, 2018, 10(8)：1009.

[76] Woo K J, Jeong Y J, Inoue H, et al. Chrysin suppresses lipopolysaccharide-induced cyclooxygenase – 2expression through the inhibition of nuclear factor for IL – 6(NF-IL6) DNA-binding activity. FEBS letters, 2005, 579(3)：705 – 711.

[77] Kotanidou A, Xagorari A, Bagli E, et al. Luteolin reduces lipopolysaccharide-induced lethal toxicity and expression of proinflammatory molecules in mice. American Journal of Respiratory&Critical Care Medicine, 2002, 165(6)：818 – 823.

[78] Kleemann R, Verschuren L, Morrison M, et al. Anti-inflammatory, anti-proliferative and anti-atherosclerotic effects of quercetin in human in vitro and in vivo models. Atherosclerosis, 2011, 218(1)：44 – 52.

[79] Masad R J, Haneefa S M, Mohamed Y A, et al. The immunomodulatory effects of honey and associated flavonoids in cancer.Nutrients, 2021,13(4)：1269.

[80] Fernandez-Cabezudo M J, El-Kharrag R, Torab F,et al.Intravenous administration of manuka honey inhibits tumor growth and improves host survival when used in combination with chemotherapy in a melanoma mouse model. Plos One, 2013, 8(2)：E55993.

[81] Jaganathan S K, Mandal M. Involvement of non-protein thiols, mitochondrial dysfunction,

reactive oxygen species and p53in honey-induced apoptosis. Investigational New Drugs, 2010, 28(5): 624－633.

[82] Dżugan M, Tomczyk M, Sowa P, et al. Antioxidant activity as biomarker of honey variety. Molecules, 2018, 23(8): 2069－2083.

[83] 李振虎,王化龙,刘艳庭,等.聚山梨酯80诱发类过敏反应机制研究.中国新药杂志, 2016,25(23): 2664－2669.

[84] Healing G, Sulemann T, Cotton P, et al. Safety data on 19vehicles for use in 1 month oral rodent pre-clinical studies: administration of hydroxypropyl-β－cyclodextrin causes renal toxicity. Journal of applied toxicology, 2016, 36(1): 140－150.

[85] 孟祥龙,马俊楠,崔楠楠,等.基于热分析的炉甘石煅制研究.中国中药杂志,2013,38 (24): 4303－4308.

[86] 高蓓,孙长山,支壮志,等.两种难溶性药物-纳米多孔ZnO固体分散体的制备与提高药物溶出度机制的研究.药学学报,2011,46(11): 1399－1407.

[87] Zhang D, Lin J, Zhang F, et al. Preparation and evaluation of andrographolide solid dispersion vectored by silicon dioxide. Pharmacogn Mag, 2016, 12(2): 245－252.

[88] 韩丽,张定堃,林俊芝,等.适宜中药特性的粉体改性技术方法研究.中草药,2013,44 (23): 3253－3259.

[89] 安德兴.抗肿瘤中药在癌症治疗与预防中的应用.中国医药指南,2017,15(9): 16－17.

[90] 方栋,张蕾,孙娟,等."药辅合一"茶多酚-蜂毒肽纳米复合物的制备及抗肿瘤研究.中草药,2017,48(16): 3300－3307.

[91] Zhu J, Huang Y, Zhang J, et al. Formulation, preparation and evaluation of nanostructured lipid carrier containing naringin and coix seed oil for anti-tumor application based on "unification of medicines and excipients". Drug Design, Development and Therapy, 2020, 14: 1481－1491.

[92] 于雪妮,冯小刚,张建民,等.人参化学成分与药理作用研究新进展.人参研究,2019, 31(1): 47－51.

[93] Liu M Y, Liu F, Gao Y L, et al. Pharmacological activities of ginsenoside Rg5 (Review). Experimental and therapeutic medicine, 2021, 22(2): 840.

[94] Wang H, Zheng Y, Sun Q, et al. Ginsenosides emerging as both bifunctional drugs and nanocarriers for enhanced antitumor therapies. Journal of Nanobiotechnology, 2021, 19 (1): 322.

[95] 邓金华,杨超越,龙琼,等.白芨的药效及药理特点分析.贵州农机化,2020,(3): 9－14.

[96] 马子豪,马婕,吕金盈,等.白及多糖在新型递药系统和生物材料中的应用进展.中国中药杂志,2021,46(18): 4666－4673.

第二十三章

药用表面活性剂及其在药物制剂中的应用

表面活性剂分子中特有的两亲性基团结构,使其具有既亲水又亲油的性质,这种两亲性质在药剂学中有着十分重要的用途。在制备乳剂时加入表面活性剂,可以通过降低油水间的界面张力而使乳剂具有良好的物理稳定性。在口服固体制剂中添加适量表面活性剂,能使其中的药物在消化道内更好地润湿、溶解和释放。表面活性剂还可以作为吸收促进剂来提高药物的吸收和生物利用度,最终提高药物临床疗效。

近年来,基于表面活性剂的两亲性质及降低油水界面张力这一基本功能,相继开发了一系列结构新颖的表面活性剂,这类新型表面活性剂在药物制剂中也得到应用,并显示出更高的表面活性。

材料科学的迅速发展极大地丰富了表面活性的来源和种类,目前,除了采用化学合成法制备表面活性剂外,生物发酵法制备的表面活性剂也得到了越来越多的关注,这类生物表面活性剂与药物及机体都具有更好的相容性,在生物药物新剂型的制备中已经显示出了其独特优势。

值得注意的是,长期以来,我们仅关注表面活性剂作为添加剂对药物剂型加工及进入机体后对促进制剂崩解、药物溶解和吸收的影响。其实,体内存在的内源性表面活性剂也会与进入体内的药物产生相互作用,并由此影响药物的疗效发挥。这一点需要引起药学工作者的重视。

一、概述

1. **表面及表面张力的分子机制**　自然界的物质通常以气、液、固三相形态存在,其中,两相或两相以上的物质共存时,便分别形成气-液、气-固、液-液、液-固、固-固,乃至气-液-固多相界面。所谓的固体表面,实际上是指气-固两相界面,而液体表面则是气-液两相界面。

例如,固体表面指的是固体表层一个或数个原子层区域,由于表面粒子(分子或原子)没有邻居粒子,其物理性和化学性与固体内部的粒子都明显不同。表面张力,是指由于分子引力不均衡而沿着液体表面产生的作用于任一界线上的张力,如图 23-1 所示。

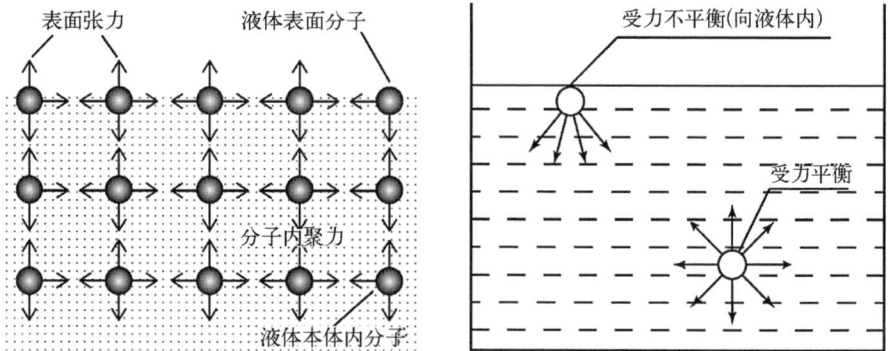

图 23-1 表面张力产生的分子机制

2. 表面活性剂的结构类型 表面活性剂的分子结构由两部分构成,一端为亲水基团,另一端为疏水基团。两类结构与性能截然相反的分子碎片或基团处于同一分子两端并以化学键相连接,形成了一种不对称的极性结构,这种特有的结构通常被称为"两亲结构"(amphiphilic structure)。正是这种特殊结构赋予了此类分子特殊的两亲性能,既亲水、又亲油,但又非整体亲水或亲油。

虽然表面活性剂分子中都兼有亲水和亲油基团,但由于亲水基和亲油基位置、数量及结构等方面的差异,可以依据其结构类型再将表面活性剂细分为以下 5 类。

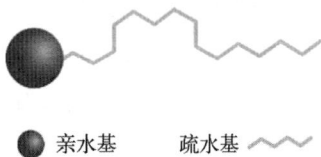

图 23-2 基本型表面活性剂的结构示意图

(1)基本型:在这类表面活性剂的基本分子结构中,一端为亲水基,另外一端为疏水基(图 23-2)。

图 23-2 中给出的是最常见的表面活性剂分子结构,一般的离子型、非离子型表面活性剂,如硫酸酯盐、磺酸盐型表面活性剂中的十二烷基硫酸钠(sodium dodecyl sulfate,SDS)、牛黄胆酸钠便属于这一类型[1]。

(2)双子座型:双子座(Gemini)型表面活性剂,是通过化学键将两个或两个以上相同或结构相近的表面活性剂单体,在亲水基或靠近亲水基附近用连接基团连接在一起,所形成的一种表面活性剂(图23-3)。

依据基团的离子类型,此类表面活性剂可以再细分为阴离子型、非离子型、阳离子型、两性离子型及阴离子-非离子型、阳离子-非离子型等[2]。

双子座型表面活性剂的结构中具有两个亲水基和两个疏水基,两端通

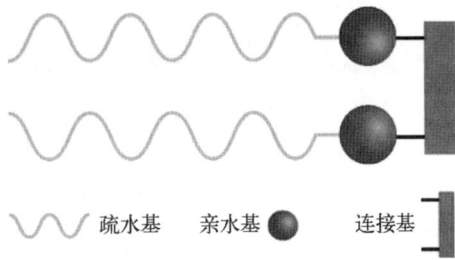

图 23-3 双子座型表面活性剂的结构示意图

过连接基团进行连接,其特殊结构决定了它比传统的直线形表面活性剂具有更优良的性能。例如,可以有效降低两极性间的静电斥力及其水化层间的作用力,此外,双子座型表面活性剂还具有更低的临界胶束浓度(CMC),因此,对水难溶药物能产生更好的增溶效果,对固体药物制剂也具有更好的润湿性和分散性。

(3) 聚合物嵌段型:两亲性高分子表面活性剂具有许多独特性质,如溶液黏度高且成膜性好,具有很好的分散、乳化、增稠、稳定及絮凝等性能[3,4]。

从分子结构上看,AB 型嵌段高分子就是超大号表面活性剂,A 嵌段和 B 嵌段分别类似于表面活性剂的亲水头基和疏水尾链(图 23-4)。A 嵌段可以是酸、胺、醇、酚等官能团,通过离子键、共价键、配位键、氢键及范德瓦耳斯力等相互作用力吸附在颗粒表面,由于含有多个吸附点,因此,可以有效地防止分散剂分子脱吸附,而使其与其他分子的吸附更紧密且持久。B 嵌段可以是聚醚、聚酯、聚烯烃、聚丙烯酸酯等基团。

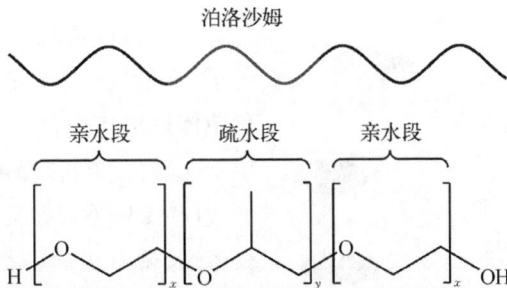

图 23-4 聚合物 AB 嵌段型表面活性剂的结构示意图

聚氧乙烯-聚氧丙烯(PEO-PPO)嵌段聚醚是一类典型的高分子表面活性剂,PPO 在水溶液呈疏水性,而 PEO 呈亲水性,其结果使整个分子表现为两亲性。非离子型表面活性剂泊洛沙姆是此类结构的代表性物质。

增加此类表面活性剂在溶液中的质量浓度,PPO 在溶液界面的吸附量也随之增大,在界面排列更加紧密。增加共聚物链段 PPO 与 PEO 聚合度比值(n_{PPO}/n_{PEO})与增大溶液浓度具有相同的效果,均有利于 PPO 链段在界面紧密堆积,更大程度地将其侧甲基暴露在空气中,使表面张力减小。

相对于 PEO‐PPO‐PEO 共聚物,PPO 位于分子链末端的链结构(PPO‐PEO‐PPO)型表面活性剂可以增大 PPO 表面富集驱动力,具有更高的表面活性[5]。

(4)流星锤型:流星锤(bola)型非离子表面活性剂,是由 2 个极性亲水端基通过一根或多根疏水基链连接键合而成(图 23‐5)。这种特殊结构和形态,在气液界面形成 U 形构象,此种构象的表面能高于传统表面活性剂的表面能,因此,在低于其临界胶束浓度时,流星锤型表面活性剂降低水表面张力的能力较差,然而,在高于其临界胶团浓度时,活性分子在水中伸展并平行排列,疏水基通过分子间作用力形成的单层类脂膜或囊泡,具有与生物膜相似的性质,使其避免被免疫细胞识别吞噬,在降低免疫应答的同时,作为载体材料能起到靶向传递药物的作用。与只有 1 个亲水基团和 1 个亲脂基团的普通表面活性剂相比,尽管流星锤型表面活性剂的临界胶团浓度较高,但仍具有更好的稳定性和优异的自组装能力[6]。

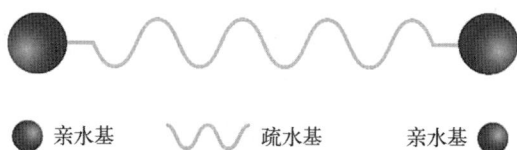

图 23‐5　流星锤型非离子表面活性剂的结构示意图

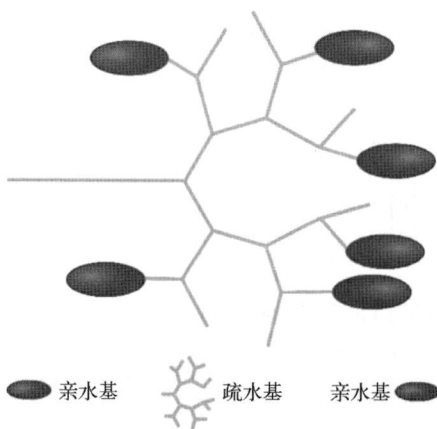

图 23‐6　树枝状大分子的结构示意图

(5)树枝状高分子型:即树枝状大分子,它是从一个中心核分子出发,由支化单体逐级扩散伸展或者由中心核、数层支化单元和外围基团通过化学键连接而成(图 23‐6),如聚醚、聚酯、聚酰胺、聚芳烃、聚有机硅等类型。树枝状大分子的分子结构规整,分子体积、形状和末端官能团可在分子水平上进行设计与控制。树枝状大分子作为分散剂有两方面优势,首先,通过对其端基修饰,可以产生多个亲和基团,加强与其他分子的相互作用。其次,其分子结构的一致性且形状近似椭球形,在分散体系中更容易获得较低的黏度[7]。

二、表面活性剂的来源

1. 化学合成　化学合成法是制备表面活性剂的主要来源,通过化学合成法制备的表面活性剂不仅包括普通型的阴离子表面活性剂,还包括双子座型、流星锤型等新型表面活性剂[8,9]。

2. 生物表面活性剂　生物表面活性剂是表面活性剂家族中的后起之秀,它是微生物代谢产生的一类大分子物质,其分子结构中既有极性基团又有非极性基团,是一类中性两极分子。这类表面活性剂可以同时降低临界胶束浓度和油/水两相的界面张力,与化学合成的表面活性剂相比,生物表面活性剂具有活性高、功能特殊、环境友好等特点,已经被广泛应用在石油工业、制药工业、食品和化妆品等领域[10]。

生物表面活性剂的来源有如下三种途径。① 微生物发酵法:一些细菌、酵母菌、真菌等微生物在繁殖过程中可以产生表面活性剂。但发酵培养液中的表面活性剂含量低,需要经过萃取、盐析、离心沉淀、结晶,以及冷冻干燥等一系列过程才能得到纯品。② 酶法合成:酶法的生产条件不十分苛刻,反应具有专一性,能获得高含量的目标产物。③ 直接提取法。对于那些存在于动植物中的表面活性剂,如大豆和蛋黄中的磷脂、卵磷脂等,可以直接采用物理提取法制得。

3. 内源性表面活性剂　内源性表面活性剂,是存在于机体内的生物表面活性剂,长期以来,此类表面活性剂在传统药剂学研究中常被忽视。与上述生物表面活性剂不同,这类表面活性剂并不是经过提取精制后作为添加剂加入食品、药品、化妆品的配方中,而是在体内与进入体内的物质相互作用。例如,肺表面活性剂(pulmonary surfactant, PS)是一种复杂磷脂蛋白混合物,最初发现其存在于肺泡腔内的液体层中,后来又发现由Ⅱ型肺泡上皮细胞合成并分泌。它由10%蛋白类和90%脂类组成,主要成分为表面活性物质结合蛋白(surfactant-associated protein)、二棕榈酰卵磷脂(dipalmitoyl phosphatidylcholine)和其他脂类。肺部是多种疾病的发病部位,也是药物吸收的一个重要器官,肺部表面活性剂与药物相互作用的结果,会导致药物的药理学和毒理学性质发生改变,药物也可以通过改变肺部表面活性剂的性能来引起肺部功能的变化[11]。

三、表面活性剂在药剂学中的应用

药剂学的根本任务是设计并制备质量优良的药品,在药物制剂的配方中加入表面活性剂也是药品生产中常见的工作。制剂配方中加入的表面活性剂可以通过多种途径来提升药品的质量,如通过加快固体制剂表面的润湿和崩解来改善药物的体内外溶出并促进其吸收。

(一)润湿剂

1. 表面活性剂的润湿机制及表现形式　润湿作用是一种流体从固体表面置换另一种流体的过程,如固体表面上的气体被水或水溶液取代。润湿现象可以分为沾湿、浸湿和铺展三种类型。

沾湿,也称黏附润湿,是液-气界面或固-气界面转变为固-液界面的过程,表现形式是液体在固体表面形成凸透镜的现象;润湿是固体浸入液体后,固体表面气体被液体所置换的过程,表现过程是固体完全被浸渍于液体中;铺展则是固-液界面完全取代固-气界面的过程,表现形式是液体在固体表面完全展开。

在气、液、固三相交界处,气-液界面和固-液界面之间的夹角称为接触角(contact angle),用 θ 表示,它是液体表面张力和液-固界面张力间的夹角。接触角的大小是由在气、液、固三相交界处三种界面张力的相对大小所决定的。

一般将液体在固体表面上的接触角 $\theta = 90°$ 定义为润湿与否的界限标准。若 $\theta > 90°$,认为不能润湿,$\theta < 90°$ 则认为可以润湿,接触角 θ 越小,润湿性能越好。

表面活性剂润湿固体药物表面的机制,是通过其分子中亲水和亲油部分对油水两相的亲和作用,通过桥梁作用使其分子排列在油水两相之间,并使两相均将其看作本相的成分,结果是,油水两相的表面都相当于转入表面活性剂的分子内部,这样一来,油水两相与表面活性剂分子之间就不再具有真正意义上的界面,也就降低或消除了表面张力和表面自由能。

2. 药物的润湿与疗效发挥

(1)片剂的润湿与崩解:润湿对于固体药物在体内的崩解、溶出及吸收和疗效发挥都具有重要意义。以固体口服制剂片剂为例,除了缓释制剂、口含片等特殊剂型,多数片剂的疗效发挥一般都需要经过崩解、药物溶解/溶出及吸收三个阶段。速释片剂与水性介质接触后,迅速破裂成细小颗粒。口服进入胃肠道的片剂,在破裂成细小颗粒后比表面积骤然增大,这有利于药物溶出和吸收。对于普通片剂,崩解是确保其生物利用度的第一步,也是处方设计中首先要考虑的事情,崩解度测试也是片剂生产过程中质量控制的指标之一。

与固体片剂崩解相关的影响因素包括配方组成、制备工艺及介质环境。配方中的辅料类型对片剂崩解起着重要作用;不同制备工艺,如湿法制粒和干粉直接压片对于片剂崩解也有显著影响;溶出介质的组成及其 pH 对药物的崩解和释放也有很大影响[12]。

由图 23-7 可知,接触角是评价润湿效果的关键指标,华东东等[13]考察了 6 种常用表面活性剂对辅料静态和动态的润湿效果,这 6 种表面活性剂分别是十二烷基苯磺酸钠(SDBS)、十二烷基硫酸钠(SDS)、十六烷基三甲基溴化铵(CTAB)、十二烷基三甲基溴化铵(DTAB)、吐温 80 和吐温 20。结果表明:上述表面活性剂无论在溶液中还是混合于固体辅料中,均可明显降低辅料的接触角。

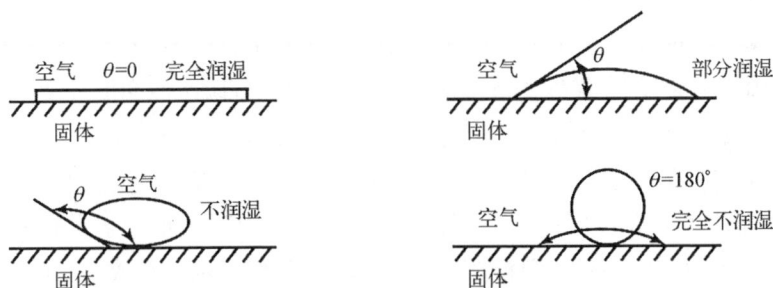

图 23-7 液体在固-液界面的铺展状态与润湿程度示意图

表面活性剂对硬脂酸镁表面的润湿效果和润湿能力从强到弱依次是 DTAB>吐温 20>CTAB>SDS>吐温 80>SDBS;而对于 HPMC 表面,润湿能力从强到弱的顺序则是吐温 20>CTAB>吐温 80>DTAB>SDS>SDBS。硬脂酸镁表面的接触角随时间变化较小,说明其表面结构在溶液作用下变化较小,而 HPMC 表面的接触角则随时间的变化逐步变小,这是因为 HPMC 的结构复杂,在溶剂作用下 HPMC 发生溶胀,其中的基团可发生构象变化,将亲水基团转向表面,使得固体和液体间的界面张力降低。

丛佳亮等[14]考察了四种不同类型表面活性剂对疏水片剂表面的润湿性、崩解时限及药物释放速率的影响。这四种表面活性剂分别是离子型十二烷基硫酸钠(SDS)和十六烷基三甲基溴化铵(CTAB),非离子型泊洛沙姆 407(F127)及泊洛沙姆 188(F68)。HPMC 是部分疏水部分亲水性辅料,表面活性剂对其接触角的变化趋势与疏水性辅料相似。这四种表面活性剂对 HPMC 的润湿能力大小依次为 SDS>CTAB>F127>F68。此外,表面活性剂对疏水辅料的润湿效果并不随其用量增加而无限增大,原因是,在表面活性剂用量较少时,溶液中的分子优先排布于液滴表面来改变界面间的性质。而当表面活性剂浓度达到临界胶束浓度时,表面分子排布饱和,并开始在液滴内部形成胶束。因此,当表面活性剂浓度超过其临界胶束浓度后,增加用量并不能显著提升其对辅料的润湿性能。

改善片剂表面的润湿性有利于将水分子引入片剂内部并加快其崩解。多种辅料混合制成的片剂,其崩解时间随着表面活性剂所占比例的增加而降低。此外,崩解时间还与接触角存在显著线性正相关性,接触角越小,崩解时间越短,说明片面的润湿性直接影响片剂的崩解过程。

表面活性剂在改善混合辅料片剂的润湿性及加快其崩解的同时,也可以加快药物的释放速率。在片剂配方中,十二烷基硫酸钠(SDS)起着双重功能,作为表面活性剂加速片面润湿,起润湿剂(wetting agent)作用,还作为润滑剂来降低片面与冲模之间的黏附力。由于硬脂酸镁是疏水性润滑剂,用十二烷基硫酸钠部分替代硬脂酸镁,在确保润滑效果的同时,可以减轻疏水性润滑剂硬脂酸镁对片剂崩解的影响。然而,十二烷基硫酸钠对片剂崩解和药物释放的影响并不随着其用量增加而不断提高,这是因为,这种表面活性剂的润滑性会导致片剂内部空隙减少,使水分进入片剂内部更加困难,结果反而使片剂的崩解时间延长[12]。

离子型表面活性剂对固体制剂的表面润湿、崩解及药物释放的影响,不仅与其表面活性有关,还与药物本身解离后所呈现的离子状态有关。盐酸氨溴索在水中发生质子化后与阴离子型表面活性剂葵基硫酸钠发生絮凝。类似的情况也出现在离子型表面活性剂对 HPMC 骨架片中药物的溶出和释放的影响。有学者[15]比较了辛基硫酸钠(SOS)、葵基硫酸钠(SDS)、己基葵基硫酸钠(SHDS)、辛基葵基硫酸钠(SODS)对药物释放特性的影响。结果发现,表面活性剂的碳链长度与药物的释放速率无关,而当表面活性剂与药物带有相反电荷时才会影响药物的释放。由于离子型表面活性剂及药物的解离受到环境 pH 的影响,这一因素需要在设计口服制剂时加以注意[16]。由于非离子型表面活性剂如泊洛沙姆系列不受原料药离子形态的影响,因此,在固体制剂中具有更为广阔的应用前景。

(2)液体混悬剂的助悬剂:混悬剂是固体药物微粒均匀分散在液体介质中形成的非均相体系制剂,对于多剂量口服混悬剂,一个主要质量指标就是药物微粒的均匀分散程度。由于水难溶药物混悬剂属于非均相体系,热力学不稳定性造成微粒聚集形成大微粒,动力学不稳定性出现药物微粒沉淀。

表面活性剂提高混悬液稳定性的原理:① 降低微粒表面的自由能防止混悬

液中小微粒聚集成大微粒;② 依靠其空间位阻防止药物颗粒聚集变大;③ 微粒表面被表面活性剂分子包裹后,通过改善润湿性来提高其与周围介质的亲和力。但是,表面活性剂用量过多反而会加快粒子间的碰撞,加速粒子聚集,导致纳米混悬剂的粒径增大,体系的稳定性减小。此外,过多使用表面活性剂也会增加药物的毒性,不利于用药安全。

吴浩天等[17]以莪术醇为药物,用沉淀法联合高压均质法制备纳米混悬剂时发现,在其他因素不变的条件下,表面活性剂卵磷脂:聚维酮:莪术醇的比例为1:1:2时,得到的纳米混悬液的粒径最小。侯冬枝等[18]通过考察离子型和非离子型表面活性剂对 LNP 的稳定性效果,得出结论:离子型脱氧胆酸钠虽然乳化率低,但可以借助提高纳米粒的 Zeta 电位来提高其物理稳定性,非离子型表面活性剂泊洛沙姆 188 可以通过空间稳定作用来避免胶体系统中颗粒的聚集。

（3）舌下含服制剂:舌下片是指置于舌下后能迅速溶化,药物经舌下黏膜吸收并发挥全身作用的片剂。舌下片中的药物经黏膜直接吸收而发挥全身作用,可防止胃肠道中的酸碱及消化酶对其破坏。舌下片中的辅料应该具有良好的水溶性,对于水溶性较低的药物,其制剂配方中需要加入表面活性剂提高药物的润湿性并改善舌下黏膜的通透性来加快药物吸收。

国内有制药公司发明了一种快速高效吸收的硝酸甘油舌下片,其中添加的表面活性剂硬脂酸聚乙二醇甘油酯,可以提高硝酸甘油的稳定性、缩短片剂的崩解时间及降低药物的首过效应[19]。

除传统口含片外,Omer 等[20]采用一步自组装法制备了含有西罗莫司的胶束,该胶束的组成包括维生素 E 聚乙二醇琥珀酸酯（TPGS）、大豆磷脂酰胆碱（SPC）及胆酸钠（SC）。TPGS 对胶束的形成起着重要作用,离体实验表明,胶束中加入大豆磷脂酰胆碱可以显著提升西罗莫司的黏膜穿透能力。

佐米曲坦是治疗偏头痛的药物,为提高其黏膜穿透性,El-Setouhy 等[21]除采用新型混合表面活性剂（pluronic p123/syloid mixture）作黏合剂外,还在片剂中还加入了微囊化的吐温 80,高活性舌下片（bioenhanced sublingual tablets, BEST）中的微囊化吐温 80 不仅能加快片剂崩解,还能提高药物的黏膜穿透性能。

（二）增溶剂

表面活性剂增加药物在水中的溶解度途径包括形成乳剂或胶束,将药物分子包裹在其中。非离子表面活性剂形成胶束的临界胶束浓度较低,阳离子表面活性剂形成的胶束较为蓬松,对药物的溶解能力大于阴离子表面活性剂胶束。

需要注意的是,选择表面活性剂作为增溶剂,还需要考虑其毒性,阳离子表面活性剂的毒性大,一般不作为药用增溶剂,阴离子表面活性剂仅作为口服药物的增溶剂,毒性最小的非离子表面活性剂可以作为肌内注射或静脉给药的增溶剂。

1. 调控药物的体外溶出/释放速率　尽管磺胺嘧啶在沸水中有较好的溶解度(1∶60),但在室温下在水中几乎不溶解。庞秀言等[22]考察了三种表面活性剂在不同用量下对磺胺嘧啶片溶出度的改善情况。结果显示:吐温 80、单脂肪酸甘油酯及烷基酚聚氧乙烯醚(OP‑10)都加速了磺胺嘧啶片剂的崩解,并明显改善了磺胺嘧啶的后期溶出,OP‑10 的增溶作用最佳,优于吐温 80 和单脂肪酸甘油酯。

水难溶药物的无定型固体分散体(amorphous solid dispersion formulations)是提高其生物利用度的有效方法。但该法的局限性之一是其载药量阈值(drug loading threshold),一般用一致性限度表示(limit of congruency, LoC),特别是对于高 T_g 的化合物。固体分散体中的载药量低于阈值,不仅药物可以完全释放,批次间的差异也小。在阿扎那韦与共聚维酮形成的二元固体分散体中加入表面活性剂十二烷基硫酸钠(SDS)或十六烷基三甲基溴化铵(CTAB),药物的总释放量提高了 30 倍。加入司盘 80,不仅提高了载药量,也降低固体分散体的 T_g,固体分散体的吸水量也增加。作者推测,固体分散体中的表面活性剂起到了塑化剂作用,加速了载体材料溶解,并因此加快了药物释放[23]。

冯锁民等[24]采用粉末直接压片法制备了含有不同表面活性剂的阿托伐他汀钙片,体外释药结果表明,含有十二烷基硫酸钠的片剂,体外释药速率显著高于泊洛沙姆 188 组及吐温 80 组。而黄华等[25]研究发现,在葛根素聚维酮 3800 组成的固体分散体中,加入吐温 80 可以进一步加快药物溶出,但是,当吐温 80 用量过多时,形成的固体分散体呈胶状,反而不利于药物溶出。

2. 增加药物稳定性　孔维恺忻等[26]考察了阴离子表面活性剂十二烷基硫酸钠(SDS)和非离子表面活性剂吐温 20 复配体系对姜黄素的增溶和保护作用,结果表明,姜黄素的溶解度得到了显著改善,同时,在十二烷基硫酸钠的比例达到 80%时,可以降低姜黄素的降解速率。

（三）吸收促进剂

1. 口服制剂　表面活性剂对药物在消化道内吸收的影响因素有三个方面,首先,与药物的性质和肠道内的吸收机制有关,如竞争性吸收或非竞争性吸收,以及介质介导吸收或非介质介导吸收;其次,与消化道内的部位有关,包括十二指肠、小肠和大肠;最后,还与表面活性剂的类型及来源有密切关系,如月桂醇硫酸钠对头孢羟氨苄在大肠内的吸收促进效果远高于牛黄胆酸钠,原因是后者为内源性存在的物质。

表面活性剂不仅可以提高小分子药物的吸收,还可以促进大分子蛋白质和多肽类药物的吸收。Tammam 等[27]考察了双子型表面活性剂双氨酰胺内酰胺赖氨酸(sodium dilauramidoglutamide lysine,SLG‑30)对不同分子量的药物在肠道内的吸收促进效果。结果表明,分子量为 3 399.85 的降钙素与 SLG‑30 一起给大鼠服药后,即便不加入蛋白酶抑制剂,血浆中的钙离子水平仍然显著降低,此结果意味着 SLG‑30 对降钙素在小肠内吸收有明显促进作用。然而,对于分子量为 5 807.89 的人胰岛素,在不添加酶抑制剂时,与 SLG‑30 一起在大鼠小肠内给药后几乎看不到血糖降低,这说明 SLG‑30 不能促进胰岛素在小肠内吸收,原因是受蛋白酶的影响,胰岛素在小肠内被分解后失效。由于大肠内蛋白酶的数量和活性明显低于小肠,这一生理学特性可以解释 SLG‑30 与胰岛素同时使用在大肠内可以产生显著降糖效果。由上述结果可知,SLG‑30 仅能促进蛋白类药物在肠内吸收,但无法保护其稳定性不受蛋白酶的影响。然而,需要特别注意的是,只有药物和这种表面活性剂一起服用时才能促进药物吸收,如果用SLG‑30 对小肠或大肠事先进行预处理,并不能保证促进药物吸收,这说明表面活性剂改变肠上皮黏膜对药物的通透性是可逆的。肠壁刺激性结果表明,口服制剂中添加 SLG‑30 以后,肠上皮中的乳酸脱氢酶(LDH)水平并不升高,也没有蛋白质从肠上皮中释放,意味着 SLG‑30 对肠上皮不会造成明显损伤。

吡喹酮(praziquantel,PZQ)是治疗血吸虫病的首选药物,由于该药用量大,一次单剂量口服达到 20 ~ 40 mg/kg。该药属于生物药剂学分类系统(BCS)Ⅱ类,溶解度低,但较容易吸收。制剂中的吡喹酮是消旋体混合物,既含具有治疗活性的 R‑PZQ,也有无治疗作用的 S‑PZQ。口服大剂量吡喹酮通常会引起血液中药物浓度出现较大波动,因此,通过增溶技术改善其水溶性,是一个降低其剂量,同时减少药物吸收和波动的有效途径。Gaggero[28]等分别用泊洛沙姆 F‑127 和蔗糖硬脂酸盐与吡喹酮一起研磨,在泊洛沙姆 F‑127 与吡喹酮(3∶10)、蔗糖硬脂酸盐与吡喹酮(2∶10)的比例下一起研磨 30 min,能显著改善药物的体外溶出特性。PXRD 和 FTIR‑ATR 图谱显示,研磨前后吡喹酮的晶体结构和化学结构均未发生变化。将水难溶性药物与表面活性剂一起研磨有希望通过改善药物的溶解性能来提高其口服生物利用度。

2. 经皮给药　Tomohiro 等[29]考察了一种双子座型表面活性剂双氨酰胺内

酰胺赖氨酸(sodium dilauramidoglutamide lysine，DLGL)对维生素 C_2-葡萄糖苷(AAG)的透皮促进效果。实验用培养的立体人造皮肤，对照组是月桂酰胺钠(sodium lauramidoglutamide，LG)。结果显示，与不含表面活性剂的空白组相比，新型双子座型表面活性剂 DLGL 与传统表面活性剂 LG 都可以促进药物透过皮肤。与 LG 相比，虽然 DLGL 促进维生素 C_2-葡萄糖苷穿透皮肤的能力不如 LG，但是，这种新型表面活性剂所显现出来另外一个特殊功效却值得引起注意，DLGL 可以使维生素 C_2-葡萄糖苷滞留在皮肤内，而不是穿透皮肤。这一结果提示，在软膏类制剂中添加此表面活性剂，预期可以提高浅表性皮肤疾病的疗效。

(四) 提高药物疗效

灰黄霉素难溶于水，虽然作为外用制剂用于皮肤疾病的治疗时有效，但是，由于水溶性低导致口服难以吸收，因此，采用表面活性剂促进药物的吸收可以提高其疗效。研究表明，在不含表面活性剂的灰黄霉素片剂组，治愈率为 56%；含阳离子表面活性剂组的治愈率为 75%，与不含表面活性剂组有显著差异；含二辛磺酚丁二酸钠组的治愈率为 87%，含吐温 80 组的治愈率为 93%。需要说明的是，表面活性剂的用量要足够高才能起到提高疗效的效果[30]。

(五) 基于表面活性剂的药物递送载体

1. 胶束与反胶束　胶束(micelle)，指在水溶液中的表面活性剂达到一定浓度时，分子自组装形成有序排列的热力学稳定胶状团聚体。作为一种自组装结构的胶体，胶束在药物递送领域有着光明前景。胶束作为药物载体，具有许多优点，如粒径小、结构稳定、毒性低，此外，对药物还有一定的增溶性。由于聚合物胶束由亲脂内核和亲水外壳组成，亲水性外壳能与蛋白质、细胞这些生物成分相互作用，并影响药代动力学行为和药物分布，控制药物在体内的递送行为，亲脂性内核用于包载药物和释放。

作为药物载体，胶束的给药途径除口服外[31]，还可以通过舌下给药[20]、眼部应用[32]。作为一种纳米药物载体，胶束更适合用于包载抗肿瘤药物[33]，目前，国内已经有紫杉醇胶束上市。反胶束在结构上与胶束正好相反，由亲水性内壳与疏水性外壳组成，反胶束已在蛋白类药物的递送中显示出了优良性能[34,35]。

2. 乳剂与自乳化给药系统　乳剂及微乳，自乳化及自微乳化药物递送系统在药剂学中得到了越来越多关注，也已经有相关的产品上市。作为药物载体，微乳可以通过增加药物的溶解、减少药物肠外排及促进药物肠吸收来改善水难溶药物和多肽蛋白质药物的生物利用度[36~38]。

粒径较小的乳液(如微乳液、纳米乳液等)通常具有相对较高的物理稳定性,在制备外观透明的水基质产品方面更具优势。然而,乳液液滴粒径越小,比表面积就越大、表面自由能也就越高。为了提高 β-胡萝卜素在乳液体系中的储藏稳定性,郭静等[39]将 β-胡萝卜素乳液的液滴固定在水凝胶网络中,通过减少外界 O_2 分子等向液滴中的扩散,提高了 β-胡萝卜素的稳定性。

提高微乳中水难溶药物的生物利用度,需要保证微乳中的药物在胃肠道中也还能始终处于分散和"溶出"状态,这是预测其体内生物利用度的重要指标。由于自微乳体系中表面活性剂含量较高,因此,对水难溶药物的溶解度也较高,然而,在进入体内后,胃肠道中的体液会对表面活性剂会产生消化降解或将其稀释,这样一来,就有可能会导致药物的溶解度降低而重新析出,从而影响药物的溶出和吸收[40]。

3. 脂质体与囊泡剂　某些两亲性分子如天然或合成的表面活性剂,以及在水中不能简单缔合成胶团的磷脂,在分散于水中时会自发形成一类具有封闭双层结构的分子有序组合体,被称为囊泡(vesicles)或脂质体(liposome)。一般认为,由非化学合成卵磷脂组成的有序组合体称为脂质体,而由合成表面活性剂组成的有序组合体则称为囊泡。

与脂质体相比,非离子表面活性剂囊泡具有成分确定、结构稳定、成本低等优点。由于具有良好的生物相容性和生物降解性,非离子表面活性剂囊泡作为脂质体的替代品,已经成为新型药物传递系统研究的热点之一。

郝兴坤等[41]分别以吐温 60 和吐温 80 为原料,与胆固醇一起采用薄膜水化法制备了两种不同的囊泡剂,并对姜黄素进行了包载。相比于吐温 80 囊泡,吐温 60 囊泡包载的姜黄素表现出更强的紫外吸收和荧光发射强度、缔合常数和 DPPH 自由基清除能力。

之所以出现这样的差异,是因为姜黄素在两种不同吐温表面活性剂囊泡中有不同的缔合微环境和分子相互作用行为。在吐温 60 囊泡双分子层中,姜黄素缔合在吐温 60 分子的亲水头基附近,姜黄素的酚羟基还可以与吐温 60 结构中的酯基形成氢键。而在吐温 80 囊泡中,姜黄素除了与吐温 80 中的酯基产生氢键作用外,还与吐温 80 烷基链尾部和中部的亚甲基发生作用。烷基链中双键的存在使吐温 80 表面活性剂分子具有更大的空间刚性,这会抑制吐温表面活性剂烷基链之间的疏水聚集。

廖士季等[42]采用 pH 梯度法制备秋水仙碱类脂囊泡,最优处方中司盘 60、吐温 80 和胆固醇质量比为 2∶2∶1。类脂囊泡的体外累积透过量、稳态渗透速率和皮肤滞留量分别为水溶液组的 2.08、1.74 和 1.69 倍。大鼠经皮吸收试验表明,秋水仙碱囊泡与其水溶液相比,能显著增强透皮性能,还有一定的缓释作用。

传统囊泡可以作为抗肿瘤药物的载体,而新型环境敏感型囊泡在这一方面更显示了其独特优势。纪秀玲等[43]制备了由阳离子双子座型表面活性剂与阴离子谷氨酸表面活性剂混合体系组成的囊泡,在一定条件下,该囊泡显示了温度刺激响应性。根据其热敏性质,推测其作为药物载体在抗肿瘤药物的靶向递送方面会有较好的应用前景。

（六）表面活性剂在药剂学中的其他用途

表面活性剂在药物制剂中的应用是广泛的,除了化学药物和多肽类药物,还可以用于基因药物的递送。在软膏剂制备、片剂包衣、微丸包衣及药物的微囊化过程中,表面活性剂可以使不同性质的材料能均匀分散,并在干燥后形成致密均匀的薄膜[44]。

四、展望

药剂学发展的动力来自疾病治疗对高质量药品的需求,如疗效高、毒性低、使用方便等;相关学科如化学、物理学、生物学、材料学等学科的发展及其向药剂学中渗透也是推动药剂学发展的重要动力,其中,作为药用辅料之一的表面活性剂,也对药剂学的发展起到了重要作用。对于未来新型表面活性剂的开发和利用,需要牢牢把握表面活性剂的双亲分子结构及降低表面张力这两个基本性质,重点关注毒性更低的新型生物表面活性剂和内源性表面活性剂,以及热敏型等具有特殊性能的新型表面活性剂[43,45],在药物制剂中加入这些表面活性剂,通过调控制剂中药物的体外释放、体内吸收及靶向递送,为在更高层次满足临床治疗需要发挥其应有作用。

（魏振平）

参考文献

[1] 蒋庆哲.表面活性剂科学与应用.北京：中国石化出版社,2006.

[2] 蒲春生,白云,陈刚.双子表面活性剂的研究及应用进展.应用化工,2019,48（9）：2203 - 2207.

[3] 刘佳豪,张旖芝,王一帆,等.PEO - PPO 聚醚嵌段共聚物的表面活性及其在溶液界面的

结构.功能高分子学报,2016,29(4)：449－455.

［4］ 刘腾,汪海洋,徐桂英.PEO－PPO 嵌段聚醚的聚集行为及其在药物载体领域的应.物理
化学学报,2016,32(5)：1072－1086.

［5］ 文少卿,王蕾,王卫,等.ABA 型含氟聚丙烯酸酯-聚醚嵌段共聚物的合成及其表面活性
研究.印染助剂,2016,33(5)：6－10.

［6］ 花昌林,张锐,饶信权,等.PEG－Bola 型非离子表面活性剂的合成与性能研究.中国新药
杂志,2021,30(8)：754－759.

［7］ 高楠,张豪,周晓海,等.新型树枝形表面活性剂在纳米银相转移领域的应用.长春：中国
化学会第二十五届学术年会,16－P－036.2006.

［8］ 赵玉,杜竞,许鸳宇,等.新型两性 Gemini 表面活性剂制备及表界面性能.石油与天然气
化工,2022,51(3)：111－116.

［9］ 胡贝贝,袁悦,周小平,等.基于丝氨酸的 Bola 型表面活性剂的合成及理化性质.沈阳药
科大学学报,2016,33(6)：419－425.

［10］ 刘伦,刘浪浪,刘军海.生物表面活性剂应用概述及其发展前景.化工技术与开发,2009,
38(9)：31－35.

［11］ 黄郑炜,钟子乔,陈智伟,等.肺表面活性剂与吸入纳米药物的相互作用.暨南大学学报
(自然科学与医学版),2021,42(6)：667－674.

［12］ Berardi A, Bisharat L, Quodbach J, et al. Advancing the understanding of the tablet
disintegration phenomenon-An update on recent studies. International Journal of
Pharmaceutics, 2021, 598: 120390.

［13］ 华东东,李鹤然,杨白雪,等.药用辅料接触角的测定及表面活性剂对辅料润湿性的调节
作用.药学学报,2015,50(10)：1342－1345.

［14］ 丛佳亮,杨白雪,马一楠,等.表面活性剂对疏水片面润湿性的调节及其对崩解和药物释
放的影响.沈阳药科大学学报,2020,37(2)：106－112.

［15］ 季志平.表面活性剂对羟丙基甲基纤维素骨架片中药物释放的影响.国外医学药学分
册,1989,(1)：61.

［16］ Jinno J, Oh D M, Crison J R, et al. Dissolution of Ionizable Water-Insoluble Drugs：The
Combined Effect of pH and Surfactant. Journal of Pharmaceutical Sciences, 2000, 89(2)：
268－274.

［17］ 吴浩天,赵京华,贾德超,等.莪术醇纳米混悬剂的制备和体外释药研究.沈阳药科大学
学报,2017,34(8)：623－628.

［18］ Hou D Z, Xie C S, Ping Q N. Preparation of Stable Solid Lipid Nanoparticles (SLNs)
Suspension with Combined Surfactants. Journal of China Pharmaceutical University(中国药
科大学学报), 2005, 36(5)：417－422.

［19］ 张自强,孙军娣,周国才.一种硝酸甘油舌下片及其制备方法：CN112315920A.

［20］ Ömer T, Esra B. Development and characterization of self-assembling sirolimus-loaded
micelles as a sublingual delivery system. Journal of Drug Delivery Science and Technology,
2022, 76：103836.

［21］ El-Setouhy D A, Basalious E B, Abdelmalak N S. Bioenhanced sublingual tablet of drug with
limited permeability using novel surfactant binder and microencapsulated polysorbate：In

vitro/in vivo evaluation. European Journal of Pharmaceutics and Biopharmaceutics, 2015, 94：386 - 392.

[22] 庞秀言,席改卿,孙汉文,等.表面活性剂提高磺胺嘧啶片溶出度研究.河北大学学报(自然科学版),2005,25(5)：498 - 502.

[23] Correa-Soto C E, Gao Y, Indulkar A S, et al. Role of surfactants in improving release from higher drug loading amorphous solid dispersions. International Journal of Pharmaceutics, 2022, 625：122120.

[24] 冯锁民,翟西峰,陈程,等.表面活性剂对阿托伐他汀钙片溶出度的影响.化工科技, 2015,23(5)：30 - 32,55.

[25] 黄华,王显著.表面活性剂对葛根素固体分散体体外溶出的影响.中国药科大学学报, 2005,35(4)：315 - 317.

[26] 孔维恺忻,鄢尤奇,蔡文康,等.十二烷基硫酸钠和吐温 - 20 复配体系对姜黄素的增溶和保护作用.北京大学学报(医学版),2021,53(1)：227 - 231.

[27] Alama T, Kusamori K, Katsumi H, et al. Absorption-enhancing effects of gemini surfactant on the intestinal absorption of poorly absorbed hydrophilic drugs including peptide and protein drugs in rats. International Journal of Pharmaceutics, 2016, 499(1 - 2)：58 - 66.

[28] Gaggero A, Dukovski B J, Radić I, et al. Co-grinding with surfactants as a new approach to enhance in vitro dissolution of praziquantel. Journal of Pharmaceutical and Biomedical Analysis, 2020, 189：113494.

[29] Hikima T, Tamura Y, Yamawaki Y, et al. Skin accumulation and penetration of a hydrophilic compound by a novel gemini surfactant, sodium dilauramidoglutamide lysine. International Journal of Pharmaceutics, 2013, 443(1 - 2)：288 - 292.

[30] 周永华.含表面活性剂的灰黄霉素抗霉菌效果的临床研究.国外医学参考资料皮肤病分册,1978,1：56 - 57.

[31] 耿宇婷,张晓雪,康荷笛,等.甘草次酸修饰细菌纤维素包载紫杉醇口服胶束的构建与评价.中草药,2022,53(20)：6451 - 6461.

[32] 王海涛,刘睿,宋锦,等.提高角膜滞留性的策略：黏附材料及递药系统的应用进展.中国现代应用药学,2022,39(13)：1767 - 1774.

[33] 柯仲成,孙银宇,程小玲,等.基于改善抗肿瘤药物疗效的聚合物混合胶束研究进展.药学学报,2021,56(11)：3047 - 3059.

[34] 孙文平,邓英杰,张睿智,等.胰岛素无水反胶束油溶液的体外性质及对正常大鼠的降血糖作用考察.中国药剂学杂志(网络版),2009,7(6)：442 - 447.

[35] Liu Y, Zhao F, Dun J, et al. Lecithin/isopropyl myristate reverse micelles as transdermal insulin carriers：Experimental evaluation and molecular dynamics simulation. Journal of Drug Delivery Science and Technology, 2020, 59：101891.

[36] 吕娟丽,李彦,沈丹,等.微乳促进药物口服吸收的机理及应用概述.中国药师,2008,11(5)：575 - 578.

[37] Momoh M A, Franklin K C, Agbo C P. Agbo. Microemulsion-based approach for oral delivery of insulin：formulation design and characterization. Heliyon, 2020, 6(3)：e03650.

[38] 胡雄彬,陆秀玲,唐甜甜,等.微乳在多肽、蛋白质类药物口服给药中的应用.中南药学,

2011,9(3)：206－209.

［39］郭静.基于 Tween 类表面活性剂的乳液/水凝胶体系结构转变及对 β－胡萝卜素的稳定作用.扬州：扬州大学,2021.

［40］杨茜,张志伟,高立军,等.自乳化载药系统中脂质和表面活性剂的消化对水难溶性药物在胃肠道内溶出和吸收的影响.国际药学研究杂志,2016,43(5)：899－904.

［41］郝兴坤,郑雨晴,王倩,等.吐温表面活性剂囊泡对姜黄素的包载作用.化学通报,2021,84(11)：1243－1247.

［42］廖士季,廖朗坤,胡艳萍,等.秋水仙碱类脂囊泡的制备及其经皮渗透性考察.中国医药工业杂志,2022,53(3)：352－359.

［43］纪秀玲,王英雄,范雅珣,等.热响应性阴阳离子表面活性剂混合体系囊泡的构筑与稳定性调控.中国科学化学,2022,52(5)：678－688.

［44］Srivastava R C, Nagappa A N. Surface activity in drug action（表面活性与药物作用机制）. 北京：科学出版社,2007.

［45］代朝猛,李彦,段艳平,等.开关表面活性剂调控及增溶机理研究进展.材料导报,2021,35(9)：9218－9222.

第二十四章

药用离子交换材料

形式多样的离子交换材料广泛应用于环保、化工、制药和分析等领域,其离子交换作用也用于药物递送和疾病治疗。本章重点介绍药用离子交换树脂的类型、结构、离子交换原理及其作为药用辅料和治疗用活性成分的应用。水凝胶和无机材料等形式的离子交换材料具有独特的性能,本章也对相关研究进展和应用一并加以介绍。

一、概述

离子交换(ion exchange)是指不溶性固体带有的离子与固体周围溶液中带同类电荷离子之间的一种可逆互换,常应用于软化水、化学物质纯化或物质分离、药物递送等。照此定义,几乎所有带有特定可解离基团的无机材料或有机(高分子)材料,均具备作为离子交换材料的可行性。从实际应用的角度考虑,具有实用性的离子交换材料的组成应包括骨架、可解离基团及与可解离基团结合的交换离子(图 24-1),可解离基团"固定"在不溶于介质的载体(骨架)上。

离子交换树脂(ion-exchange resin)是最常见的离子交换材料,除了粉末或颗粒状的离子交换树脂外,基于骨架形态的不同,离子交换材料还有离子交换纤维、离子交换薄膜和离子交换凝胶等多种形式。而基于材料化学组成的不同,离子交换材料又可分为无机离子交换材料和有机离子交换材料。

药用离子交换树脂大多为聚苯乙烯系和丙烯酸系有机高分子骨架的树脂,酚醛系、环氧系、乙烯吡啶系和脲醛系离子交换树脂在制药领域少用。医药领域也会用到无机材料类型的离子交换材料,如沸石、磺化煤等。

药物制剂中应用的离子交换树脂多为可自由流动的细粉,其在所有溶剂和 pH 条件下均不溶解。树脂结构中的活性基团不仅能与小分子无机离子发生交换,而且能与大分子聚电解质进行交换。例如,阴离子交换树脂$[N^+(R)_3 Cl^-]$与酸性活性成分(API-COONa)的交换平衡反应式如下[1]:

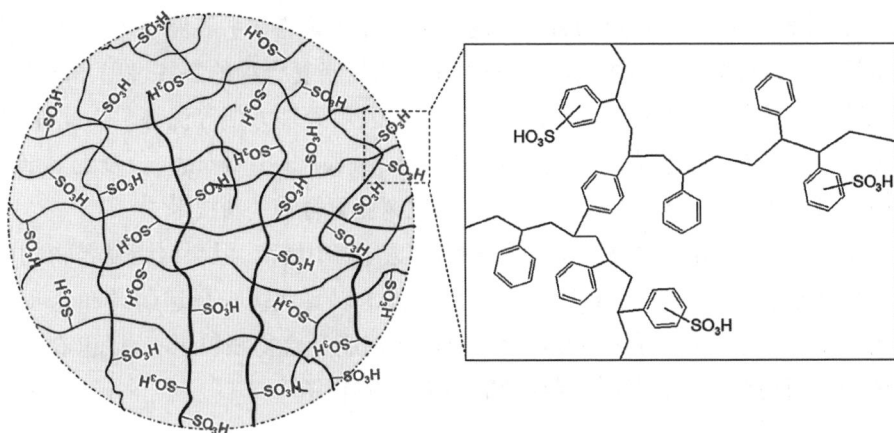

图 24-1　强酸性离子交换树脂结构示意图

$$N^+(R)_3Cl^- + API\text{-}COONa \rightleftharpoons N^+(R)_3{}^-OOC\text{-}API + NaCl$$

类似的,强酸性阳离子交换树脂($R\text{-}SO_3^-H^+$)与碱性活性成分($API\text{-}N^+Cl^-$)的交换平衡反应式如下:

$$R\text{-}SO_3^-H^+ + API\text{-}N^+Cl^- \rightleftharpoons R\text{-}SO_3^-N^+\text{-}API + HCl$$

上述离子交换反应是可逆的,即向右表示载药,向左表示释药。药物的分子量、药物和树脂的 pK_a、溶剂、药物溶解度、温度、油水分配系数及竞争离子的浓度等均会影响反应平衡常数。载药量主要取决于树脂对药物的选择性、药物浓度、交换溶液中竞争离子种类等多种因素,交换速度则受药物分子大小、树脂溶胀度等影响。药物树脂复合物经口服或局部给药后,在生理环境中存在的钠、钾、氢或氯离子等作用下,上述反应逆向进行,离子与药物分子交换,药物被置换至生理环境中(即药物释放过程)并被利用,水不溶性的树脂则不被吸收。由于体内环境中的离子种类及浓度相对恒定,药物释放受生理环境 pH、酶活性及体液的体积等生理因素的影响较弱。

药物树脂复合物的常规制备方法有静态交换法(batch method)和动态交换法(column method)[2]。静态交换法是将药物溶解于适宜的溶剂(常用去离子水),在搅拌下加入离子交换树脂混匀,静置,达到平衡后用去离子水洗去树脂表面吸附的未结合药物,干燥即得药物树脂复合物。动态交换法(柱交换法)是将一定浓度药物溶液从离子交换树脂柱上端缓慢注入,当加入液和流出液的药物浓度大致相等时,说明树脂与药物的交换反应接近平衡,随后用水洗去树脂表面未结合药物,干燥即得复合物。相较于动态法复杂的载药设备和操作工序,静态法载药工艺简便、设备要求低,应用更为普遍。离子交换并非只能在水溶液中进行,离子交换也用于分离有机溶剂中的微量杂质;对于药物树脂复合物的制备过程,醇-水溶剂载药体系具有药物溶解度高、交换平衡时间短、后处理方便等优势[3]。此外,近些年还发展了诸如半连续法、膨胀床吸附法(expanded bed adsorption)及无溶剂连续热熔挤出法(hot melt extrusion)等制备药物树脂复合物的新技术[4]。

如上述,药物分子通过离子反应从树脂复合物中解离,但裸树脂复合物的药物释放通常较快,需要采取包衣或微囊化等技术以实现缓控释递药,Pennkinetic系统即采用水不溶性、可渗透性聚合物对药物树脂复合物颗粒包衣,以包衣膜为屏障调节药物释放,实现液体混悬剂的药物缓释作用。

二、药用离子交换材料的研究与应用

(一)药用离子交换树脂

1. 离子交换树脂概述　　1935年,Adams和Holmas首次合成酚醛树脂骨架的离子交换树脂。1945年,Alelio合成了交联聚苯乙烯型树脂。因其交换容量高、稳定性好等优点,离子交换树脂逐渐在化工、湿法冶金、原子能、食品、医药、分析化学和环保等领域得到广泛应用。

(1)结构、分类和命名:骨架、可解离基团(或官能团)及与可解离基团结合的交换离子构成了离子交换树脂的基本结构。常用离子交换树脂的骨架主要分为苯乙烯系(如苯乙烯-二乙烯基苯共聚物)和丙烯酸系(甲基丙烯酸-二乙烯基苯共聚物)两大类。官能团种类决定了树脂的主要性质和类别,常用的阳离子型和阴离子型交换树脂可分别与溶液中阳离子和阴离子交换,其中阳离子树脂分为强酸性和弱酸性两类,阴离子树脂则分为强碱性和弱碱性两类,此外还有螯合、两性和氧化还原型离子交换树脂。

离子交换树脂按照孔隙结构又可分为凝胶型和大孔型。干燥状态的凝胶型树脂内部无毛细孔,在吸水溶胀后大分子链之间形成微细的孔隙(2~4 nm)。大孔型离子交换树脂需在聚合反应时加入致孔剂从而在树脂内部形成永久性微孔,润湿的树脂孔径达100~500 nm,孔隙的尺寸和数量可在制备过程加以控制。

参考国家标准《离子交换树脂命名系统和基本规范》(GB/T 1631—2008)中离子交换树脂命名系统和基本规范,很容易区分常用离子交换树脂的形态、官能团或骨架类型、基团取代度和交联度及用途等。我国离子交换树脂型号的命名包括6个字符组(表24-1),根据这一命名规则,D001XMB-NR为大孔型苯乙烯系强酸型阳离子混床用核级离子交换树脂。

表 24-1　离子交换树脂的分类与命名[5]

字符组 1		字符组 2		字符组 3		字符组 4		字符组 5		字符组 6	
树脂形态	代号	官能团类型	代号	骨架类型	代号	基团、交联剂差异	代号	用途	代码	特殊用途	代码
凝胶型		强酸(磺酸基等)	0	苯乙烯系	0	如交联度	X数字	软化床	R	核级	-NR
大孔型	D	弱酸(羧酸基、磷酸基等)	1	丙烯酸系	1			双层床	SC	电子级	-ER
		强碱(季氨基等)	2	酚醛系	2			浮动床	FC	食品级	-FR
		弱碱(伯、仲、叔氨基等)	3	环氧系	3			混合床	MB		
		螯合(胺酸基等)	4	乙烯吡啶系	4			凝结水混床	MBP		
		两性(强碱-弱酸,弱碱-弱酸)	5	脲醛系	5			凝结水单床	P		
		氧化还原(硫醇基,对苯二酚基)	6	氯乙烯系	6			三层床混床	TR		

（2）一般性质

1）离子交换作用：强酸性阳离子树脂含有大量强酸性基团（如—SO_3H），易在溶液中解离出 H^+ 而呈强酸性,官能团解离后的荷负电基团能结合溶液中的阳离子,即树脂中 H^+ 与溶液中阳离子的交换。弱酸性阳离子树脂含羧酸（—COOH）等弱酸性基团,在水中解离后的荷负电残基可与溶液中的阳离子产生离子相互作用。强碱性阴离子树脂所含的强碱性基团（如季氨基）和弱碱性阴离子树脂所含的如伯氨基（—NH_2）、仲氨基（—NHR）或叔氨基（—NR_2）弱碱性基团,在水中离解出 OH^- 而分别呈强碱性或弱碱性,官能团解离后的残留荷正电基团能与溶液中阴离子产生离子相互作用。

强酸性和强碱性树脂的官能团解离性强,可在广泛的 pH 范围内解离,并产生离子交换作用。树脂的再生需用强酸或强碱处理,对于药物树脂复合物而言,树脂再生越难往往意味着药物释放越缓慢。弱酸性和弱碱性官能团解离性弱,因此弱酸性树脂只在碱性、中性和弱酸性溶液(如 pH 5~14)中发生离子交换，而弱碱性树脂只在酸性、中性和弱碱性溶液(如 pH 1~9)中有效。弱酸性和弱碱性离子交换树脂的再生相对容易，如弱碱性树脂可用 Na_2CO_3 或 NH_4OH 溶液再生处理。

离子交换作用也可以对树脂转型(成盐)，如强酸性阳离子树脂与 NaCl 作用转变为钠型树脂，强碱性阴离子树脂可转变为氯型树脂，转型的树脂可避免使用过程酸碱变化引起的设备腐蚀，且树脂再生更容易(NaCl 溶液处理)。需要注意的是，转型后树脂的吸水性等可能发生改变，如波拉克林钾树脂的亲水性强于波拉克林树脂，吸水溶胀程度也更大。

大孔型树脂内部微孔和大孔共存，孔隙多、孔径和比表面积大，为离子交换提供了良好的接触条件，缩短了离子扩散的路径，还增加了许多活性中心，通过分子间的范德瓦耳斯力产生分子吸附作用，可以像活性炭一样吸附多种非解离性物质。不含离子交换官能团的大孔型树脂已长期应用于中药、抗生素等提取分离。

2)离子交换容量：即每克干树脂或每毫升湿树脂所能交换离子的毫克当量数，单位为 meq/g(干)或 meq/mL(湿)，常用总交换容量、工作交换容量和再生交换容量表示。其中，总交换容量表示单位重量或体积树脂能进行离子交换反应的化学基团总量；工作交换容量表示树脂在一定条件下的离子交换能力，与树脂种类、总交换容量，以及具体工作条件(如溶液组成、流速、温度等因素)有关；再生交换容量表示在一定的再生剂量条件下所获得再生树脂的交换容量，表示树脂中原有化学基团再生复原的程度。通常，再生交换容量为总交换容量的50%~90%(一般为 70%~80%)，而工作交换容量为再生交换容量的 30%~90%。

3)选择性：离子交换树脂对溶液中离子的亲和力和交换作用具有选择性，一般规律如下。

A. 对阳离子的吸附：高价离子通常被优先吸附，低价离子的吸附作用较弱。同价、同类离子中，直径较大的离子吸附较强。部分阳离子的吸附作用强弱顺序如下：$Fe^{3+}>Al^{3+}>Pb^{2+}>Ca^{2+}>Mg^{2+}>K^+>Na^+>H^+$。

B. 对阴离子的吸附：强碱性阴离子树脂对无机酸根吸附的强弱顺序：$SO_4^{2-}>NO_3^->Cl^->HCO_3^->OH^-$。弱碱性阴离子树脂对阴离子吸附的强弱顺序：$OH^->$柠檬酸根$^{3-}>SO_4^{2-}>$酒石酸根$^{2-}>$草酸根$^{2-}>PO_4^{3-}>NO_2^->Cl^->$乙酸根$^->HCO_3^-$。

通常，交联度高的树脂对离子的选择性较强，大孔型树脂的选择性弱于凝胶型树脂。

4）交联度：即基质中交联剂（如二乙烯苯）的百分数。通常，交联度高的树脂致密、坚固且耐用，内部孔隙少，对离子的选择性较强。交联度低的树脂性质相反，且因树脂膨胀度更大，机械强度较低。

5）吸水溶胀性：离子交换树脂含有大量亲水基团，与水接触后会发生吸水溶胀。通常，交联度低的树脂的溶胀度较大。树脂中的离子转变（如阳离子交换树脂由氢型转变为钠型，阴离子交换树脂由氯型转为氢氧型），会因离子直径增大而发生体积膨胀。在设计离子交换装置（如水处理装置）时，必须考虑树脂的膨胀度，以适应生产运行时因树脂中离子转变引起的体积变化。载药离子交换树脂的溶胀可能是导致缓释包衣膜破裂的主要根源。

6）粒径：离子交换树脂通常制成珠状小颗粒，而用作药物载体时则粉碎成适宜粒径的粉末。细粒径树脂的交换反应速度快，但液体流过的阻力较大、流量降低，常采用较高的工作压力，如动态法载药、离子交换色谱分离过程均需考虑该因素。树脂颗粒尺寸通常用湿筛法测定，将树脂充分吸水膨胀后进行筛分，累计其在 20、30、40、50 等目数筛网上的留存量，90% 粒子可以通过其相对应的最大筛孔直径称为树脂的"有效粒径"。

7）密度：干燥状态下树脂的密度称为真密度。湿树脂单位体积（包括颗粒间空隙）的重量称为湿密度。树脂的密度与其交联度和交换基团的性质有关。通常，交联度高的树脂密度较高，强酸性或强碱性树脂的密度高于弱酸性或弱碱性树脂，而大孔型树脂的密度较低。

2. 药用离子交换树脂的结构和性质　药用离子交换树脂在药物制剂中主要用于掩味、稳定化、固体化和缓释，以及作为治疗用活性成分，此外，多国药典中均收载有药物分析（柱层析）用离子交换树脂。根据预期用途的不同，可以选择不同类型的离子交换树脂。常用的药用离子交换树脂的化学结构和理化性质见表 24-2。其中波拉克林（如 Amberlite IRP64）为聚甲基丙烯酸类弱酸型阳离子交换树脂，波拉克林钾（如 Amberlite IRP88）为其钾盐型，聚苯乙烯磺酸钠（如 Amberlite IRP69）为强酸性阳离子交换树脂，考来烯胺（如 Doulite AP143）为强碱性阴离子交换树脂。《美国药典/国家处方集》收载有这 4 种型号的药用离子交换树脂，药物制剂中应用最多的是聚苯乙烯磺酸（钠）。其他型号的树脂也少量用于药物树脂复合物产品，如 Ion-B-12（改善维生素 B_{12} 稳定性）采用 Amberlite IRC-50，Amberlite GC120 聚苯乙烯磺酸钠树脂也可用于氢溴酸右美沙芬树脂复合物口服混悬剂。聚苯乙烯磺酸钠和考来烯胺是口服治疗高脂血症和高钾血症的活性成分，司维拉姆（盐酸盐或碳酸盐）则用于治疗高磷血症。

表 24-2　常用药用离子交换树脂的结构和性质[6,7]

树脂（通用名）	波拉克林（polacrilin）	波拉克林钾（polacrilin potassium）	聚苯乙烯磺酸钠（sodium polystyrene sulfonate）	考来烯胺（cholestyramine）	碳酸司维拉姆（sevelamer carbonate）
典型商品	Amberlite IRP64（杜邦）	Amberlite IRP88（杜邦）	Amberlite IRP69（杜邦）	Doulite AP143（杜邦）Purolite A430MR（漂莱特）	Renvela（健赞）
化学名	甲基丙烯酸-二乙烯基苯共聚物	甲基丙烯酸-二乙烯基苯共聚物钾盐	磺化苯乙烯-二乙烯基苯共聚物钠盐	氯化考来烯胺	烯丙胺-N,N'-二烯丙基-1,3-二氨基-2-羟基丙烷共聚物碳酸盐
CAS登记号	80892-32-6	65405-55-2	63182-08-1	11041-12-6	845273-93-0
结构式					$a+b=9$(伯氨基数)，$c=1$(交联基团数)
类型	弱酸型-阳离子	弱酸型-阳离子	强酸型-阳离子	强碱型-阴离子	弱碱型-阴离子

续表

树脂（通用名）	波拉克林 (polacrilin)	波拉克林钾 (polacrilin potassium)	聚苯乙烯磺酸钠 (sodium polystyrene sulfonate)	考来烯胺 (cholestyramine)	碳酸司维拉姆 (sevelamer carbonate)
一般性质	外观: 白色至类白色粉末。振实密度: ~700 g/L 含水量: ≤10% 其他: 与氧化剂不相容	外观: 淡黄色,无臭,无味,流动性粉末。含水量: ≤10% 钾: 20.6%~25.1% 堆密度: 0.48 g/cm³ 振实密度: 0.62 g/cm³ 比重: 1.15~1.4 其他: 可溶胺类、化剂和胺类,特别是叔胺类不相容	外观: 乳白色、浅棕色或金黄色粉末。含水量: ≤10% 钠: 9.4%~11.5%	外观: 白色或类白色吸湿性细粉,无味或稍有氨味。含水量: ≤12% 氯: 13%~17% 相对密度: 1.15~1.20 比重: 1.08	外观: 白色至类白色,自由流动粉末,具引湿性,有淡氨味。氨基(按碳酸盐重量计): 14%~21%
功能基团/离子	—COO⁻/H⁺	—COO⁻/K⁺	—SO₃⁻/Na⁺	—N(CH₃)⁺/Cl⁻	—NH₃⁺/HCO₃⁻
聚合物骨架	甲基丙烯酸-二乙烯基苯共聚物	甲基丙烯酸-二乙烯基苯共聚物	苯乙烯-二乙烯基苯共聚物	苯乙烯-二乙烯基苯聚物	环氧氯丙烷交联的聚烯丙胺
交联度	4%	4%	8%	10%	10%
溶胀率	231.9%±2.2%	>300%	167.2%±5.4%		盐酸司维拉姆: 8.10 (g H₂O)/(g 干燥盐酸司维拉姆)
粒径	>150 μm: 1% 75~150 μm: 15%~30% 45~75 μm: ≤70%	>150 μm: ≤1% 75~150 μm: ≤30%	>150 μm: ≤1% 75~150 μm: ≤10%~25% 45~75 μm: ≥40%	—	25~65 μm

389

续 表

树脂（通用名）	波拉克林 （polacrilin）	波拉克林钾 （polacrilin potassium）	聚苯乙烯磺酸钠 （sodium polystyrene sulfonate）	考来烯胺 （cholestyramine）	碳酸司维拉姆 （sevelamer carbonate）
交换容量（按干燥品计）	>10.0 mEq/g	>10.0 mEq/g	钾：110~135 mg/g	胆酸钠：1.8~2.2 g/g	
用途	络合剂（动物药）掩味剂,稳定剂,增溶剂,释放调节剂,以及药品和食品分析和加工。用于含片,片剂,口香糖,胶囊,乳膏和透皮贴片等剂型,如维生素 B_{12}、尼古丁树脂复合物	崩解剂（用量 2%~10%,w/w）,掩味剂,释放调节剂,以及药品和食品分析和加工	治疗高钾血症的原料药;释放调节剂,增加溶出速率,掩味剂,稳定剂,如可待因,氯苯那敏,卡比诺沙明或可乐定树脂复合物	结合胆汁酸;治疗高胆固醇血症;络合剂,释放调节剂,如双氯芬酸树脂复合物。载药量为交换容量 5%~50%	治疗高磷血症的活性成分
安全性	LD_{50}（大鼠）：>2 g/kg	LD_{50}（大鼠）：>2 g/kg	LD_{50}（大鼠）：>2 g/kg	LD_{50}（大鼠）：>2 g/kg LD_{50}（兔）：>3 g/kg LD_{50}（小鼠）：>7.5 g/kg	LD50（大鼠）：>3.2 g/kg
制备 *	甲基丙烯酸和二乙烯基苯单体悬浮共聚	甲基丙烯酸和二乙烯基苯单体悬浮共聚,所得氢型共聚物用氢氧化钾或碳酸钾部分中和转化为钾型	苯乙烯-二乙烯基苯共聚物用硫酸（如强酸）磺化,用氢氧化钠处理转化为钠型	苯乙烯-二乙烯基苯共聚物经 Friedel – Crafts 反应氯甲基化,用季铵（如三甲胺）胺化	由烯丙基胺盐酸盐聚合,聚合物与环氧氯丙烷反应,得胶状聚合物与二氧化碳反应

* 球形树脂颗粒经研磨的粉末。

3. 药用离子交换树脂作为制剂辅料　离子交换树脂在医药领域广泛用于抗生素提取、分离、维生素浓缩、天然药物提取纯化、色谱分离，以及作为药物制剂的功能辅料。药物树脂复合物的应用在一定程度上改变了口服药物递送的形式，其不仅起掩味、改善稳定性、作为崩解剂、提高溶出度及调控药物释放等作用，还包括一些不被熟知的应用，如作为活性成分或血管栓塞剂（局部递送药物）等起治疗作用[8]。

表 24-3 列出了部分基于药用离子树脂和一些特殊离子交换材料的典型市售药品。多数药品中，药物与树脂结合形成树脂复合物，有些情况下树脂并不是作为"纯粹惰性"的辅料，有的药物树脂复合物也被监管机构作为活性成分管理，如《欧洲药典》和《美国药典》都收载有尼古丁-波拉克林复合物（nicotine polacrilex）品目。

市售药品中应用聚苯乙烯磺酸（钠）为辅料的品种最多，其次为波拉克林（钾），而阴离子交换树脂考来烯胺作为辅料的典型应用仅有双氯芬酸树脂复合物。离子交换树脂的应用涉及片剂、（干）混悬剂、胶囊、膜剂、滴眼液、口香糖等多种剂型，树脂主要用于缓释、掩味和改善药物稳定性，给药途径以口服给药为主，兼有黏膜给药（眼部，如盐酸倍他洛尔和盐酸倍他洛尔-盐酸毛果芸香碱混悬型滴眼液），也用于宠物的抗生素口服混悬液（如普拉沙星混悬剂和奥贝沙星混悬剂）。

（1）掩味：唾液中可交换离子量少（渗透压 21～77 mosm/L，约为血浆的 1/7[9]），即使会引起部分药物释放，但通常因吞咽药品的时间较短，药物释放缓慢时仍可获得理想的掩味效果，如盐酸帕罗西汀液体混悬剂是采用波拉克林钾掩盖其苦味的成功案例。

树脂型号的选择，在满足掩味的需要（在口腔内药物释放足够缓慢）的同时还应不影响药物的生物利用度（在胃肠道内药物释放完全）。如期望能最大限度地掩盖药物的苦味，则应选择粒径大的强酸性或强碱性树脂，延缓药物释放。对于一些水溶性好的药物，单纯依赖树脂的作用可能无法满足掩味的需求，可以将药物树脂复合物包衣从而达到理想的掩味效果。

（2）药物缓释：由于维持液体制剂中药物的化学稳定性和分散颗粒的物理稳定性等挑战，以及药物分子从混悬小颗粒中释放的路径短和给药前药物释放等先天不足，口服缓释混悬剂一直以来都是制剂开发的难点。因此，口服缓释混悬剂通常设计为干混悬剂，而液体型口服缓释混悬剂一般仍需要结合粉末包衣等技术。

表 24-3 药用离子交换材料作为药物制剂辅料和活性成分的应用

树 脂	剂型/树脂的主要功能	活性成分(规格)	适应证
波拉克林	口香糖,含片/固体化,改善稳定性	尼古丁-波拉克林复合物(相当于尼古丁 2 mg,4 mg)	戒烟
波拉克林	口溶膜/缓释	氢溴酸右美沙芬(15 mg,相当于右美沙芬 11 mg)	镇咳
Amberlite IRC-50[1]	片剂/改善稳定性	维生素 B_{12}(500 μg)	维生素 B_{12} 缺乏症
波拉克林钾	混悬剂/掩味	盐酸帕罗西汀(相当于帕罗西汀 10 mg/5 mL)	抗抑郁
波拉克林钾	口腔崩解片/崩解剂	昂丹司琼(8 mg)	恶心呕吐
波拉克林钾	片剂/崩解剂	瑞格列奈(0.5 mg,1 mg,2 mg)	降糖
聚苯乙烯磺酸型	混悬剂/缓释/掩味	氢溴酸右美沙芬(6 mg/1 mL)	镇咳
聚苯乙烯磺酸型	混悬剂/掩味	可待因磷酸-马来酸氯苯那敏(10 mg-4 mg/5 mL)	镇咳
聚苯乙烯磺酸型	混悬剂/缓释	磷酸可待因-马来酸氯苯那敏(相当于可待因 14.7 mg-氯苯那敏 2.8 mg/5 mL)	镇咳
聚苯乙烯磺酸型	口溶膜/缓释	氢溴酸右美沙芬-盐酸苯肾上腺素(日用 5 mg - 2.5 mg;夜用 6.25 mg - 2.5 mg)	镇咳,鼻塞充血
聚苯乙烯磺酸型	口溶膜/掩味	盐酸苯海拉明(25 mg)	镇咳,抗过敏
聚苯乙烯磺酸型	胶囊/缓释	酒石酸氢可酮-马来酸氯苯那敏(5 mg-4 mg)	抗过敏
聚苯乙烯磺酸型	混悬剂/缓释	酒石酸氢可酮-马来酸氯苯那敏(10 mg-8 mg/5 mL)	抗过敏
聚苯乙烯磺酸型	混悬剂/缓释	马来酸卡比沙明(4 mg/5 mL)	抗过敏
聚苯乙烯磺酸型	片剂/缓释	盐酸可乐定(0.2 mg,0.3 mg,相当于可乐定0.17 mg,0.26 mg 可乐定)	高血压

续 表

树　脂	剂型/树脂的主要功能	活性成分（规格）	适应证
聚苯乙烯磺酸型	干混悬剂/缓释	盐酸哌甲酯（相当于哌甲酯 25 mg/5 mL）	多动症
聚苯乙烯磺酸型	混悬剂/缓释	安非他明-右旋硫酸安非他明，相当于安非他明（2 mg -0.3 mg -0.5 mg/mL，相当于 2.5 mg/mL 安非他明）[2]	多动症
聚苯乙烯磺酸型	胶囊/缓释	苯丁胺（15 mg，30 mg，40 mg）	减肥
聚苯乙烯磺酸型	干混悬剂/缓释	硫酸吗啡（30 mg，60 mg，100 mg，200 mg）	镇痛
聚苯乙烯磺酸型	混悬型滴眼液/缓释	盐酸倍他洛尔（2.8 mg/mL，相当于倍他洛尔 2.5 mg/mL）	青光眼
聚苯乙烯磺酸型[3]	混悬型滴眼液/缓释	盐酸倍他洛尔-盐酸毛果芸香碱（2.8 mg - 17.5 mg/mL）	青光眼
聚苯乙烯磺酸型	混悬剂/掩味	普拉沙星（25 mg/mL）	抗生素
聚苯乙烯磺酸型	混悬剂/掩味	奥比沙星（30 mg/mL）	抗生素
考来烯胺	胶囊/缓释/防潮	双氯芬酸钠（75 mg）	非甾体抗炎
聚苯乙烯磺酸钠	混悬剂/活性成分	聚苯乙烯磺酸钠（1.25 g/5 mL）	高血钾
考来烯胺	干混悬剂/活性成分	考来烯胺（4 g，9 g）	降胆固醇
碳酸司维拉姆	薄膜衣片/活性成分	碳酸司维拉姆（800 mg）	高血磷
环硅酸锆钠	干混悬剂/活性成分	环硅酸锆钠（5 g）	高血钾

1. 弱酸型阳离子交换树脂
2. 安非他明游离碱与聚苯乙烯磺酸钠以 3.2：1 制成复合物，另外两种安非他明盐起速释作用
3. Amberlite IRP69 树脂，粒径 5 μm。

离子交换树脂用于液体混悬型缓释制剂或缓释干混悬剂的优势在于其释药过程依赖于离子浓度,在无离子液体(如糖浆)中药物不释放。树脂的类型也对药物释放速率有显著影响,如强酸性或强碱性离子交换树脂与药物形成的复合物,通常药物较难被其他离子交换(如双氯芬酸考来烯胺树脂复合物),容易实现药物缓释。但是,由于离子交换反应速度快,多数情况下难以实现长时间的药物缓释。一种可行的解决方案是对载药的树脂颗粒(粉末)包衣。需要注意的是,因树脂的吸水溶胀可能导致包衣膜破裂而失去缓释作用。

Pennkinetic 系统被认为是树脂缓控释技术的重要突破。Pennkinetic 技术的核心是采用浸渍剂(如 PEG4000、甘油)处理树脂以抑制树脂在水性介质中膨胀,并用水不溶性、可渗透的聚合物(如乙基纤维素)包衣药物树脂复合物(如流化床粉末包衣工艺)。口服给药后,药物树脂复合物到达胃肠道之前药物几乎不释放,进入胃肠道后消化液中的水和离子通过乙基纤维素包衣膜渗透到树脂颗粒内,与树脂结合的药物与离子发生交换,药物随即释放进入消化液。Pennkinetic 系统的药物释放取决于药物树脂复合物的类型、离子环境(如胃肠道内的 pH 和电解质浓度)、树脂和包衣膜的性质等。改变纤维素包衣膜的厚度、包衣和未包衣颗粒的比例可调节药物释放速率。采用 Pennkinetic 系统的典型市售缓释产品有 Delsym® 缓释混悬剂(5 mL 含右美沙芬 polistirex 相当于 30 mg 氢溴酸右美沙芬,由包衣和未包衣的树脂复合物以特定比例混合悬浮于糖浆介质中制成)和 Tussionex® 缓释混悬剂(5 mL 含酒石酸氢可酮 polistirex 相当于 10 mg 酒石酸氢可酮,含氯苯那敏 polistirex 相当于 8 mg 马来酸氯苯那敏)等。Delsym® 和 Tussionex® 中活性成分(药物树脂复合物)的结构如图 24-2 所示。

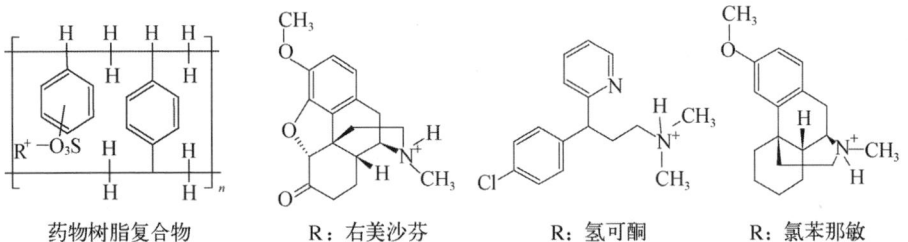

图 24-2　右美沙芬、氢可酮和氯苯那敏和波拉克林树脂的结构式

马来酸卡比沙明是第一代乙醇胺类抗组胺药,用于治疗过敏性季节性鼻炎。马来酸卡比沙明易溶于水,半衰期较短,其口服速释制剂需每日服用 3~4 次,患

者依从性较差。卡比沙明缓释混悬剂(Karbinal ER®)是以聚苯乙烯磺酸钠阳离子交换树脂(如 Amberlite IRP69)为载体,静态载药法制备药物树脂复合物,然后用 PEG4000 浸渍处理,聚醋酸乙烯酯和聚维酮水分散体(Kollicoat SR 30D)包衣制备缓释树脂颗粒。混悬剂的分散介质为 0.15% 黄原胶、20% 麦芽糊精和50% 蔗糖水溶液。药物释放包括两个过程,即药物从树脂中解离和药物通过控释膜扩散。药动学研究表明,单次服用 Karbinal ER® 16 mg 与间隔 6 h 服用两次8 mg 口服速释制剂生物等效。Karbinal ER®用于 2 岁及以上儿童的季节性和常年性过敏性鼻炎的治疗,该制剂每 12 h 服用一次,患者顺应性良好,对于第二代抗组胺药无应答和第一代抗组胺药疗效不理想的过敏患者而言,可用于替代普通速释制剂。

图 24 - 3A 为在乙醇-水混合溶剂中,通过一步法形成缓释阿奇霉素(AZM)树脂复合物的过程,其中,阿奇霉素和释放阻滞剂渗透型丙烯酸树脂(Eudragit RL 或 RS)均不溶于水,二者分别带有氨基和季铵基团,在乙醇-水混合溶剂中均具有适宜的溶解度,且可与弱酸性阳离子交换树脂(Amberlite IRP64)形成复合物。因其大分子的特征,渗透型丙烯酸树脂与树脂的反应速率明显慢于小分子阿奇霉素(图 24 - 3B、C),同时,这种大分子也很难渗透进入树脂颗粒的内核。利用大分子阻滞剂在树脂复合物表面形成的阻滞层可有效延缓药物释放(图 24 - 3D)。不过,这一方案的控释时间有限,对其他药物的适用性仍有待研究。

(3)改善药物或制剂的稳定性:一些易受环境中氧、温度和湿度、光线、pH等因素影响的药物,当与离子交换树脂结合后可提高药物的稳定性,最经典的例子是维生素 B_{12}。早在 20 世纪 50 年代,研究发现将维生素 B_{12}吸附于波拉克林离子交换树脂可形成稳定性极佳的复合物,从而避免药物在胃液中降解,生物利用度显著提高,药品的有效期从数月增加到 2 年。多款戒烟产品(如口香糖、片剂)中,尼古丁-波拉克林复合物同样能明显改善稳定性。

(4)药物树脂复合物(盐)对药物结晶、吸湿性和粉体学性质的影响:首先明确一下与此相关的几个离子交换树脂的性质:① 离子交换树脂的骨架呈无定型,其在水或其他溶剂中均不溶解,但可吸水溶胀;② 可解离基团随机分布于整体网络结构内,功能基团可以短程热运动,但网络结构的束缚作用又限制其保持相对固定位置;③ 药物与树脂形成复合物的反应实质为形成药物盐,其中的酸或碱为高分子化合物;④ 作为辅料的药用离子交换树脂为经研磨粉碎,具有良好流动性的粉末。

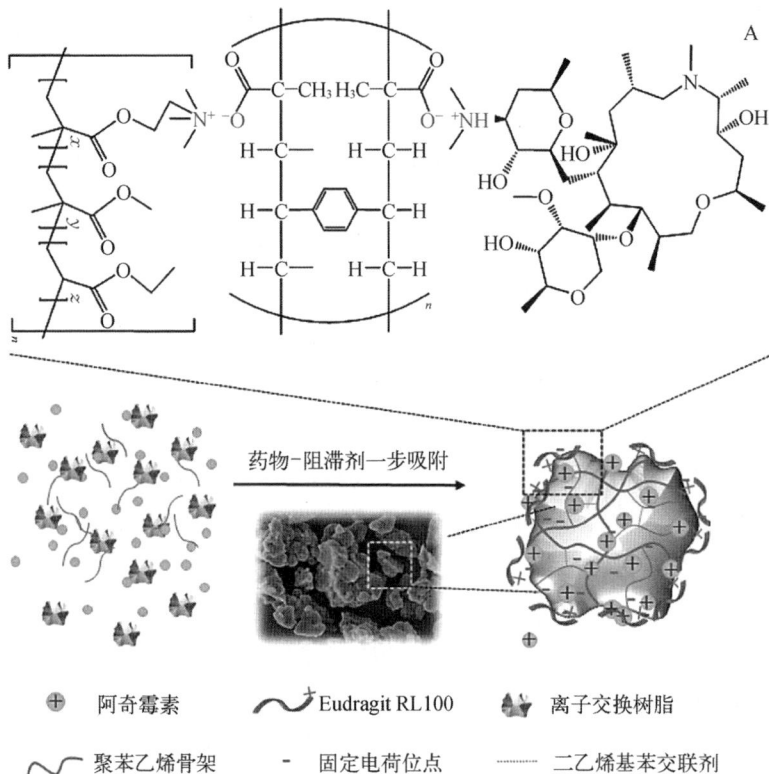

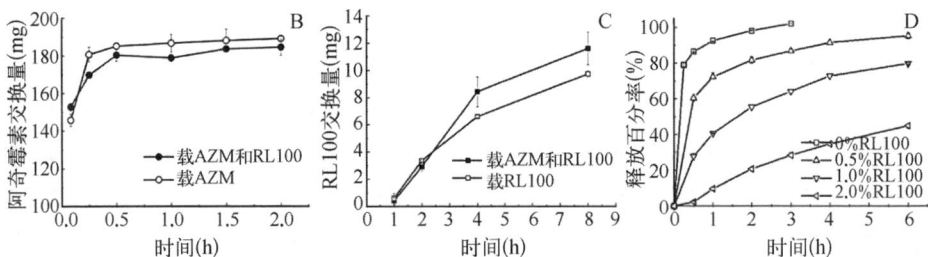

图 24-3　A. 乙醇-水混合溶剂中一步法制备缓释阿奇霉素树脂复合物的过程;B、C. 阿奇霉素、Eudragit RL100 水-乙醇溶液浸渍 IRP64 树脂过程中,阿奇霉素载药量和 Eudragit RL100 交换量随时间变化曲线;D. 不同浓度 Eudragit RL100 水-乙醇溶液处理的药物树脂复合物的释放曲线,高浓度 Eudragit RL100 溶液处理缓释作用明显

　　基于上述性质很容易理解:液体状态或低熔点的药物,以及针状、片状结晶的药物与树脂成盐后可实现固体化、粉末化,其粉体学性质取决于树脂粉末,即可形成具有良好流动性粉末,便于加工成多种剂型,如尼古丁树脂复合物(尼古丁的分子质量为 162.23 Da,熔点为-79℃);药物与树脂形成的盐是一种特殊的

"无定型盐",对于水难溶性药物,药物树脂盐的溶出过程不需克服小分子药物结晶溶解时的晶格能,而树脂骨架结构的亲水性和可溶胀性有利于润湿与药物溶出;大分子骨架结构的束缚作用使得"无定型盐"非常稳定,可避免在生产、储存或使用过程形成水化物,从而保证制剂质量的可靠性和一致性;树脂的交联骨架结构使得药物树脂盐不溶于水,即使吸收水分仍能维持其固体状态,以及适宜的粉体学性质。

（5）其他应用:波拉克林钾树脂的交联度较低(4%),加之官能基团为盐型,其吸水性较波拉克林树脂更强,遇水后迅速吸水溶胀,体积显著增大(3倍以上)的同时,交联结构的树脂不变形、不黏滞,因此波拉克林钾树脂有助于片剂的快速崩解(崩解时间一般短于10 min)。波拉克林钾树脂的适用药物广泛、生物相容性和流动性好,制得的片剂有光泽、崩解性能优良,用量为2%～10%(通常为2%),如昂丹司琼口腔崩解片即以波拉克林钾树脂作为崩解剂。

药物树脂复合物也有一定的防止药物滥用的作用。药物(如右美沙芬)树脂复合物极大增加了将活性药物从树脂中分离的难度,常规的化学品和装置难以高效提取分离树脂复合物中的活性成分,迫使药物滥用者放弃非法提取这类药物。

4. **药用离子交换树脂作为治疗用活性成分**　临床中,聚苯乙烯磺酸钠树脂和考来烯胺树脂也作为治疗用活性成分应用。聚苯乙烯磺酸钠树脂可与胃肠道中的钾离子交换,降低血中钾离子浓度;考来烯胺树脂,也称作消胆铵,可与胃肠道中的胆酸钠交换,减少由于肝肠循环作用引起的胆酸钠吸收增加,降低血中低密度脂蛋白的浓度。考来烯胺口服混悬剂中的考来烯胺为氯型(季铵基团),树脂亲水性较强,每5.5 g考来烯胺中含有4 g无水考来烯胺树脂

司维拉姆(sevelamer)也是一种治疗用的离子交换树脂(表24-2)。碳酸司维拉姆是一种不含钙或其他金属离子、非吸收性的磷酸结合作用交联聚合物,其分子内含多个连接在聚合物主链上的胺根。碳酸司维拉姆具有引湿性,在肠道中其胺根以质子化形式存在,并通过离子键和氢键与磷酸分子相互作用。司维拉姆通过结合消化道中的磷酸根而降低其吸收,从而降低血清中磷酸根浓度。司维拉姆结合磷酸根的作用与pH有关,在低pH条件下司维拉姆主要结合一价离子,而在pH 7.0时主要结合二价离子[10]。

除对血清磷酸根水平的影响外,司维拉姆也可结合胆汁酸,可产生有利的脂质分布效应,且不会引起高钙血症。但从另一角度考虑,司维拉姆非选择性结合胆汁酸可能会干扰正常脂肪吸收,并降低脂溶性维生素如维生素A、维生素D和维生素

K 的吸收[11]。司维拉姆最先上市为盐酸盐形式（1998 年，FDA 批准某公司的盐酸司维拉姆上市，商品名 Renagel®），2007 年 FDA 批准碳酸司维拉姆上市，2013 年 6 月获批进入中国，目前碳酸司维拉姆国产仿制药品也已获批。司维拉姆碳酸盐和盐酸盐的高分子骨架结构、磷酸结合位点均相同，只是结合的交换离子分别为碳酸根和氯离子。据报道，盐酸司维拉姆可引起代谢性酸中毒，对磷酸根阴离子的亲和力和选择性相对较低，而碳酸司维拉姆不会增加代谢性酸中毒的风险[12]。慢性肾病（尤其是在晚期或终末期肾病）患者中，高磷血症非常普遍，碳酸司维拉姆（片剂和散剂）临床用于控制正在接受透析治疗的成人慢性肾病患者的高磷血症。

（二）其他形式的高分子离子交换材料

药典收载的药用离子交换树脂均为粉末状，这种形态有利于载药、制剂加工和患者用药。与药用离子交换树脂化学组成相同的离子交换材料也可加工为纤维、薄膜等不同形态，这类离子交换材料因其特定的形状、表面积、厚度等特征，其离子交换速率和工作效率等性能进一步提升，在分离纯化、水处理等领域应用广泛[13~15]。近年来，有文献报道尝试用离子交换纤维或薄膜作为药物载体[16,17]。具有交联结构和特定可交换功能基团的亲水凝胶（hydrogels），也可利用其离子交换作用装载和递送药物，或作为活性成分起治疗作用。

1. 可载药水凝胶栓塞微球　水凝胶栓塞微球的载药可通过物理吸附作用实现（如聚乙烯醇水凝胶微球），而多数情况下是在微球基质中引入功能基团，利用功能基团与药物分子的离子交换作用载药和调控药物释放。目前，已有多款基于共聚物水凝胶空白微球的医疗器械产品上市，如 LifePearl™ 药物洗脱微球，DC Bead™ 和 DC Bead™ M1，Embozene Tandem® 微球[18,19]。

LifePearl™ 药物洗脱微球是以聚乙二醇二丙烯酰胺、3-磺丙基丙烯酸钾为单体，N,N'-亚甲基双丙烯酰胺为交联剂，通过逆相悬浮聚合法制备的交联水凝胶微球（图 24-4）。3-磺丙基丙烯酸钾单体单元提供了一种强酸性阳离子交换基团，可通过离子交换作用装载如多柔比星、伊利替康、伊达比星、表柔比星等弱碱性抗肿瘤药物。这类水凝胶微球的可设计性非常强，聚乙二醇二丙烯酰胺大单体为骨架的微球是不可降解的（酰胺键稳定），而聚乙二醇二丙烯酸酯则可制备生物可降解的微球（酯键水解）。引入少量单甲基丙烯酸甘油酯单体可提供反应位点，供活性染料对微球染色。

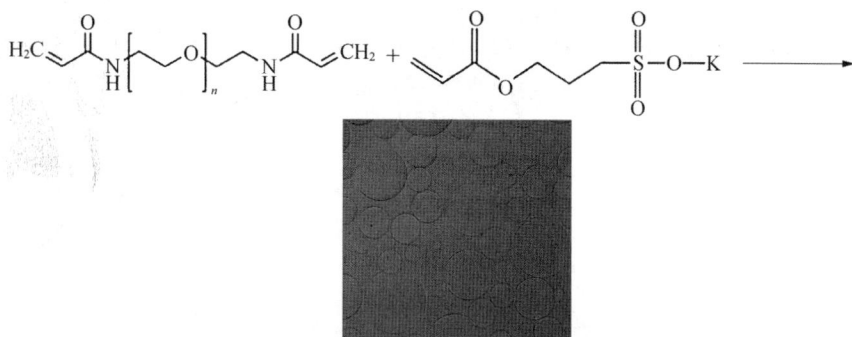

图 24-4　基于 PEG 活性大单体的水凝胶栓塞微球的制备

DC Bead 是通过聚乙烯醇大单体和 2-丙烯酰胺-甲基丙磺酸逆相悬浮聚合制得的含水量约 96% 的水凝胶微球,经筛分后无菌分装为粒径为 700~500 μm、500~300 μm 和 300~150 μm 的微球,主要用作局部治疗肝脏恶性高血管化肿瘤的栓塞剂,也用于肝转移的恶性结直肠癌血管栓塞。DC Bead™ M1 的粒径更小(70~150 μm),受控的血管远端栓塞使其在目标组织中的分布更均匀,肿瘤坏死概率更高。DC Bead 已被批准用于装载多柔比星和伊立替康。

Embozene TANDEM 微球是球形、尺寸精确和生物相容的水凝胶微球,表面涂覆有全氟聚合物(Polyzene-F)。TANDEM 微球由不可生物吸收的聚甲基丙烯酸钠水凝胶基质组成,可机械性栓塞动脉,并提供带负电荷的功能基团(弱酸性的羧基),药物分子可通过离子交换机制与微球结合,微球可快速载药(建议伊立替康载药时长 30 min,多柔比星载药时长 60 min)。利用药物与功能基团之间较强的相互作用,提供较高的载药量和缓慢药物洗脱速率,达到局部定位输送药物的目的。

2. 海藻酸盐　另一种非常有趣的离子交换材料是海藻酸盐。作为一种天然来源的多糖,海藻酸钠在食品和药物制剂中作为添加剂或辅料广泛应用。

海藻酸(图 24-5)是由甘露糖醛酸(M)和葡萄糖醛酸(G)两种糖醛酸构成的线性聚合物,其中的糖醛酸具有优异的离子交换性质。糖醛酸带有羧基可以与碱金属离子(如 Na^+ 和 K^+)形成金属盐,或与多价离子(如 Ca^{2+})成盐。最近研究发现,海藻酸铵和海藻酸钙具有结合钠、不释放钾的作用,能显著控制对盐分负荷白鼠的血钠浓度上升[20]。研究人员正在开发含有海藻酸盐配方的保健品,因其有利于将食物中的盐排出体外,可用于开发预防盐敏感型高血压和肾功能障碍的食品添加成分。

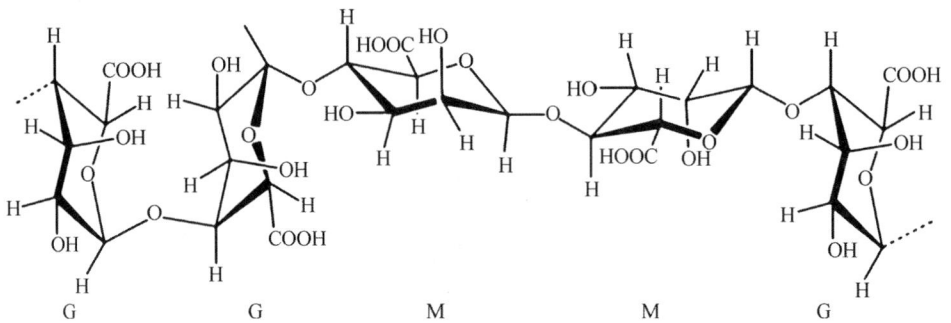

图 24-5 海藻酸的化学结构式

（三）无机离子交换材料

1. 概述 理论上,在水溶液里能稳定存在、具有大比表面积的无机化合物都可以用作离子交换材料。多孔无机化合物表面通常都有与溶液中离子进行交换反应的离子或基团,是主要的无机离子交换材料。无机离子交换材料分为硅酸盐(天然/合成分子筛、黏土等)、多元酸盐(磷酸锆、羟基磷灰石等)、水合氧化物、碱性盐、复合氢氧化物、杂多酸盐及少量非氧化物(金属铁氰体、硫化物、骨炭等)。无机离子交换材料的最大特点是对特定离子具有高选择性吸附、结构稳定,对于分离性能或选择吸附性能要求高的应用领域(如环保、重金属吸附和异相催化等)具有重要意义,在生物医药领域也有广泛的应用前景,如吸附、抗微生物、药物载体和组织工程材料等[21,22]。

2. 组成、结构和性质 除六氰铁酸盐($K_2Zn_3[Fe(CN)_6]_2 \cdot nH_2O$)、硫化物和骨炭外,几乎所有无机离子交换材料都为含氧结构,可能为非结晶或结晶性化合物。非结晶化合物(SiO_2、水合 TiO_2、金属酸性盐等)主要是$-M$(金属)$-O-$键合形成的三维不规则网状结构。结晶性化合物的骨架结构可形成不同的规则有序孔道结构,如一维隧道、二维层状或三维网状结构。

（1）离子交换位点:无机离子交换材料的离子交换位点大体可分为电荷补偿型位点和化学结合型位点两类(图 24-6)。电荷补偿型位点常见于黏土等硅酸铝盐中,黏土蒙皂石和蛭石结构中高价态离子(Al^{3+}、Si^{4+})被低价态离子(Mg^{2+}、Fe^{3+})置换后,所产生的阳离子电荷不足由层间电荷补偿离子补充,形成电荷补偿型位点,一般以离子状态存在,交换作用呈强离子键结合。化学结合型位点是通过化学键合的离子或—OH 反应的位点,金属氧化物外层吸附水发生解离后生成表面—OH。骨架结构中含氧的无机离子交换材料中存在两种离子交换位点：无定型水合氧化物中的离子交换位点主要是表面—OH;结晶性水合氧化物除了表面—OH 外,晶格中的离子也参与交换。根据中心元素不同,无机离子交换材料具有阴离子、阳离子或两性离子交换作用。

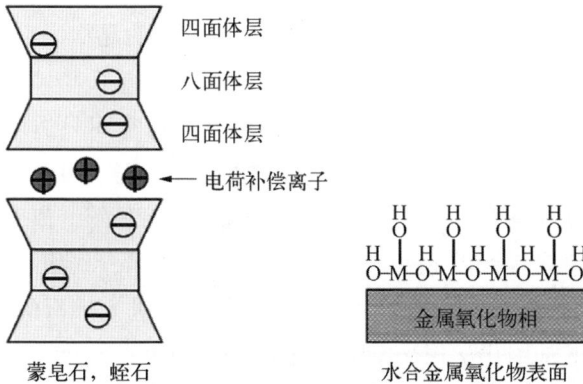

图 24-6　无机离子交换材料的电荷补偿型位点和化学结合型位点

彩图 24-6

（2）选择性：受静电作用、立体效应（离子筛作用）及化学相互作用（表面—OH 的配位吸附）等因素影响,无机离子交换材料表现出不同于有机离子交换树脂的特异选择性吸附。阳离子交换依据其交换机制不同,表现出不同的选择序列。其中碱金属和碱土金属离子交换主要是受阳离子半径、交换材料的酸性、等电点、电荷密度等因素影响的静电相互作用。过渡金属离子交换则主要以表面—OH 配位反应的机制进行,其选择性与金属离子结合首个羟基的平衡常数有关,同时受交换材料三维网状结构的孔道结构形状和尺寸的限制（强立体效应）,从而表现出不同的选择特异性。阴离子交换材料的种类繁多,其中静电相互作用和化学相互作用同时存在,机制更为复杂,其选择性仍无定论,可根据阴离子大小和碱度的不同笼统地分为直接与中心金属离子进行化学键合、中心金属离子与水配位形成双电层（氢离子附加阴离子交换）。因此,受金属离子配位稳定常数、pH、阴离子电荷和半径等因素影响,对含氧离子的选择性表现出基于阴离子电荷数和 pH 的差异。此外,表面化学吸附对选择性也有很大影响,如表面化学处理会影响选择性。

无机交换材料的选择性分离特点在生物成分吸附方面有显著优势,可用于口服吸附剂、血液净化剂、止血剂等,家畜饲料中添加沸石可以消除消化道内产生的氨和饲料中的重金属毒素,缓解腹泻等症状[23]。例如,氢氧化铝凝胶、水滑石等铝制剂,碳酸钙和醋酸钙等可作为治疗高磷血症的口服药。由于这类物质存在引起人体内铅蓄积、高钙血症或血管钙化的风险,近年来也开发出非铝、非钙吸附剂,如碳酸镧(咀嚼片)。

（3）离子筛分作用：无定型或微晶型无机离子交换材料的交换位点和离子间相互作用直接决定其选择性。而结晶性交换材料的晶格内存在交换位点,同时其骨架结构非常稳定,离子交换只发生在和被交换离子大小相当的腔体内,因此其交换作用受空间位阻的影响较大。交换位点的空间只适应于某些特定离子,从而表现出高选择性吸附,即离子筛分作用。具有这种作用的交换材料主要有沸石、层状多价金属酸性盐、水合金属氧化物、碱性盐等。离子筛分作用的选择性主要受阳离子半径、交换材料的电荷分布、离子水合作用,以及可能存在的化学相互作用等因素影响。例如,Cs^+半径过大不能进入沸石的孔道内,但半径更大的Ag^+和Tl^+却因化学相互作用而发生交换作用[24]。

3. 常用的药用无机离子交换材料 药用无机离子交换材料大多由骨架中含氧的物质构成,包括天然/人工合成分子筛、含铝化合物和其他硅酸盐类物质等。

（1）分子筛：分子筛是一类天然存在或人工合成的具有规则微孔结构的硅酸盐或硅铝酸盐晶体材料,又称沸石,其基本结构由硅氧四面体(SiO_4)或铝氧四面体(AlO_4)通过氧桥键相连而形成的三维四连接骨架,具有均匀规则的孔道和空腔(尺寸通常为0.3~2.0 nm)。随着多孔材料的发展,骨架组成元素由沸石的组成元素Si、Al,扩展到包括大量过渡元素在内的几十种元素。微孔分子筛(孔径小于2 nm)主要包括硅铝类分子筛(天然/人工沸石)、磷铝类分子筛、其他骨架杂原子分子筛等;介孔分子筛(孔径2~50 nm)主要包括介孔氧化硅(包括孔壁中掺杂其他原子的介孔氧化硅)、有机-无机纳米复合硅基介孔材料、非硅基介孔材料(包括金属氧化物、介孔磷酸盐、介孔碳、金属和非氧化物半导体)等。目前医药领域应用的分子筛材料以硅基分子筛为主(见表24-4)[22]。

表24-4 生物医药领域应用的分子筛组成和骨架结构[22]

名　称	拓　扑　结　构	应　用
L型沸石		DNA递送、细胞分离、癌细胞检测

名　称	拓扑结构	应　用
A 型沸石		自愈抗菌辅料、骨植入物抗菌涂层、抑制破骨细胞
斜发沸石		环境净化、放射性污染物吸附、生物解毒，胃保护、药物递送、生物传感器、抗氧化、抗凋亡、抗炎、抗肿瘤
ZSM‐5		药物递送、抗菌性能、骨移植、催化剂膜与能量
丝光沸石		药物递送
菱沸石		光成像载体
X 型沸石		纳米载体，催化
Y 型沸石		药物递送、吸附

名　称	拓　扑　结　构	应　用
β型沸石		吸附有害物质、递送生长因子
方沸石		抗氧化
钙十字沸石		抗氧化
镁碱沸石		抗氧化

通过控制孔径、孔形态和元素组成等可调节分子筛的微观结构,而分子筛的孔道大小、形状和硅铝比又决定了这类材料的高稳定性结构及不同的局部极性、形状和尺寸选择性、离子交换性等。分子筛良好的力学和生物学特性,使其可用于骨/牙齿组织工程材料。目前分子筛也可作为抗菌剂的良好宿主,以预期的方式和部位释放抗菌剂[21]。分子筛作为止血剂已商品化,如速效止血粉(QuickClot™)主要成分为改性高交换度 Ca-X 型分子筛,其特点是直接作用于创面时会选择性吸收血液中的水分子,导致血小板和凝血因子浓缩,达到快速止血的目的。需要注意的是,速效止血粉在使用中因分子筛吸水而大量放热产生的高温易灼伤组织。此外,创面敷料中添加沸石可以改善机械性能和改变水蒸气渗透速率,对皮肤再生发挥重要作用。但某些分子筛的细胞毒性和致癌作用也不可忽视,如毛沸石具有类似石棉的性质,可能导致肺癌和恶性间皮瘤的发生,卵黄沸石和石钙沸石也可能破坏细胞结构,NaA 型沸石能扰乱矿物质代谢和组织矿物质组成[22]等。

ZSM-5($Na_nSi_{96-n}Al_nO_{192}\cdot16H_2O$, $n<27$,通常为 3)[25]是一种典型的铝硅酸盐微孔分子筛。理想晶体为正交晶系(Pnma, $a=0.201$, $b=0.199$, $c=0.134$ nm),

以四面体通过共用氧形成五元环,8 个五元环形成次级结构单元,其孔道结构由界面呈椭圆的直筒形和界面为近似圆形的 Z 字形交叉组成(图 24-7)。平衡电荷的 Na⁺ 分布受孔径大小、静电场分布,以及分子筛水合与脱水等因素影响,进而影响 ZSM-5 的离子交换性能。硅铝比可调节、孔道结构高度有序且均匀稳定、高表面积和选择性及其生物稳定性等优势,是 ZSM-5 成为良好药物递送载体材料的关键。Guo 等[26]利用 ZSM-5 装载庆大霉素,可持续释放药物,减少细菌黏附和生物膜的形成。pH 响应的 ZSM-5/CS/DOX 纳米椭球体载药率高,能快速递送 DOX 至酸性靶组织,促进骨肉瘤细胞凋亡[27]。

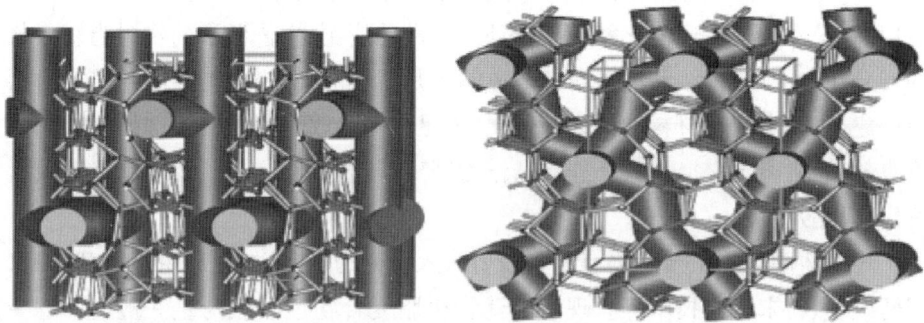

图 24-7　ZSM-5 的孔道结构(左)和沿晶胞 100 方向的骨架结构(右)[25]

彩图 24-7

(2)其他硅酸盐:环硅酸锆钠(sodium zirconium cyclosilicate,SZC)是一种不溶性的硅酸盐类化合物,由氧连接的锆和硅原子组成微孔立方晶格骨架,Zr—O 和 Si—O 键本质上主要是共价键,晶格骨架八面体[ZrO₆]²⁻ 单元带负电荷,位于微孔通道内的反离子为结构提供电中性,实现阳离子交换作用。孔隙大小约为 3 Å(近似于未水合钾离子的直径)[28],因此可以选择性地捕获一价阳离子(特别是钾和铵),SZC 在体外对钾离子的选择性是钙离子和镁离子的 25 倍(图 24-8 为含钾离子的 SZC 结构),而非特异性的聚苯乙烯磺酸钠离子交换树脂对钾离子的选择性仅为钙离子和镁离子的 0.2~0.3 倍。SZC 散剂(Lokelma™)已被 FDA 批准(2018 年)用于治疗高血钾,胃肠道中,SZC 优先将氢和钠交换为钾和铵离子,从而增加钾排泄和降低血清钾水平。

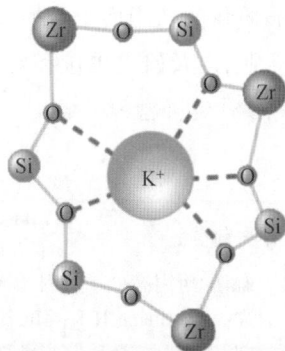

图 24-8　含钾离子(K⁺)的环硅酸锆钠结构[28]

三、展望

尽管离子交换材料作为药物制剂的辅料或用活性治疗成分已被广泛应用，在使用这类材料时仍存在一些共性的问题或疑虑，如离子交换作用的选择性不足，或与非预期结合离子发生交换，摄入食物可能对药物释放和吸收产生显著影响，以及对长期服用药物树脂复合物造成消化系统离子环境紊乱的担忧。早期对采用 Pennkinetic 技术的伪麻黄碱树脂复合物液体混悬控释系统的研究表明，健康志愿者摄入标准餐对伪麻黄碱的吸收无明显影响，食物摄入不影响药物释放[29]。而维生素 B_{12} 树脂复合物、右美沙芬控释混悬剂等药品超过 50 年的临床应用，暂未发现其造成消化系统离子环境紊乱的病例，也佐证了药物树脂复合物的安全性。当然，持续和深入研究与监测仍是必要的。另外，新型离子交换材料的构建，以及对现有材料的修饰和优化，也是进一步改进离子交换选择性的有效策略，如无机离子交换材料环硅酸锆作为钾离子结合剂的应用、司维拉姆碳酸盐替代其盐酸盐等。

药物树脂的加工技术仍有很多需要深入研究的课题，如提高树脂的载药量、载药效率、粉末包衣技术等。现有的药物树脂复合物产品载药量一般为 10% ~ 20%，除了树脂本身交换容量的限制，对载药过程的药物溶液浓度、平衡时间或流速、温度、pH 和溶剂类型的优化，新型载药技术的应用（如热熔挤出技术）是行之有效的手段。对于药物树脂复合物的复方制剂，有研究报道同步载药的方案[30]，需关注相同类型离子的竞争交换作用对载药和释药的影响。

目前为止，国产药物树脂复合物仅有一款产品上市，即氢溴酸右美沙芬缓释混悬剂。除了上述一些共性的原因外，国内此类产品严重落后的症结所在是缺少高质量的药用离子交换树脂辅料。这也需要生产树脂的化工企业、辅料和制剂企业，以及研发单位和监管部门的智慧和努力，共同攻克药用辅料这个"卡脖子"的根本问题。

（徐晖，夏丹丹，张宇）

参考文献

[1] 徐晖.药用高分子材料学.5 版.北京：医药科技出版社,2019：172 - 175.

[2] Guo X, Chang R K, Hussain M A. Ion-exchange resins as drug delivery carriers. Journal of Pharmaceutical Sciences, 2009, 98(11)：3886 - 3902.

[3] 赵美慧,王绍宁,李雪慧,等.醇-水介质中离子交换法制备盐酸小檗碱树脂复合物.沈阳药科大学学报,2019,36(7)：554 - 560.

［4］ Zhang T Y, Du R F, Wang Y J, et al. Research progress of preparation technology of ionexchange resin complexes. AAPS PharmSciTech, 2022, 23(4): 105.

［5］ 中华人民共和国国家标准. 离子交换树脂命名系统和基本规范(GB/T 1631 – 2008). 2008.

［6］ The United States Pharmacopeial Convention. The United States Pharmacopeia and National Formulary (USP44/NF39). 2021.

［7］ Sheskey P J, Cook W G, Gable C G. Hand-book of pharmaceutical excipients. Eighth Edition. UK & USA: AAPS and PhP, 2019.

［8］ Gupta S, Benien P, Sahoo P K. Ion exchange resins transforming drug delivery systems. Current Drug Delivery, 2010, 7(3): 252 – 262.

［9］ Sawinski V J, Goldberg A F, Loiselle R J. Osmolality of normal human saliva at body temperature. Clinical Chemistry, 1966, 12(8): 513 – 514.

［10］ Swearingen R A, Chen X, Petersen J S, et al. Determination of the binding parameter constants of Renagel capsules and tablets utilizing the Langmuir approximation at various pH by ion chromatography. Journal of Pharmaceutical and Biomedical Analysis, 2002, 29(1 – 2): 195 – 201.

［11］ Wrong O, Harland C. Sevelamer and other anion-exchange resins in the prevention and treatment of hyperphosphataemia in chronic renal failure. Nephron Physiology, 2007, 107 (1): 17 – 33.

［12］ Pai A B, Shepler B M. Comparison of sevelamer hydrochloride and sevelamer carbonate: Risk of metabolic acidosis and clinical implications. Pharmacotherapy, 2009, 29(5): 554 – 561.

［13］ Rembaum A, Yen S P S, Klein E, et al. Ion Exchange Hollow Fibers. In: Rembaum A, Sélégny E. (eds) Polyelectrolytes and their applications. Charged and reactive polymers. Vol 2. Dordrecht: Springer, 1975.

［14］ Ma L, Gutierrez L, Verbeke R, et al. Transport of organic solutes in ion-exchange membranes: Mechanisms and influence of solvent ionic composition. Water Research, 2021, 190: 116756.

［15］ Higa M, Kakihana Y, Sugimoto T, et al. Preparation of PVA-based hollow fiber ion-exchange membranes and their performance for donnan dialysis. Membranes, 2019, 9(1): 4.

［16］ Vuorio M, Manzanares J A, Murtomäki L, et al. Ion-exchange fibers and drugs: A transient study. Journal of Controlled Release, 2003, 91(3): 439 – 448.

［17］ Yuan J, Gao Y, Liu T, et al. Dual drug load and release behavior on ion-exchange fiber: Influencing factors and prediction method for precise control of the loading amount. Pharmaceutical Development and Technology, 2015, 20(6): 755 – 761.

［18］ Maleux G, Prenen H, Helmberger T, et al. LifePearl microspheres loaded with irinotecan in the treatment of Liver-dominant metastatic colorectal carcinoma: Feasibility, safety and pharmacokinetic study. Anticancer Drugs, 2020, 31(10): 1084 – 1090.

［19］ Lewis A L. DC Bead: A major development in the toolbox for the interventional oncologist. Expert Review of Medical Devices, 2009, 6(4): 389 – 400.

[20] Fujiwara Y, Maeda R, Takeshita H, et al. Alginates as food ingredients absorb extra salt in sodium chloride-treated mice. Heliyon, 2021, 7(3): e06551.

[21] Zarrintaj P, Mahmodi G, Manouchehri S, et al. Zeolite in tissue engineering: Opportunities and challenges. MedComm, 2020, 1(1): 5-34.

[22] Servatan M, Zarrintaj P, Mahmodi G, et al. Zeolites in drug delivery: Progress, challenges and opportunities. Drug Discovery Today, 2020, 25(4): 642-656.

[23] Papaioannou D, Katsoulos P D, Panousis N, et al. The role of natural and synthetic zeolites as feed additives on the prevention and/or the treatment of certain farm animal diseases: A review. Microporous and Mesoporous Materials, 2005, 84(1): 161-170.

[24] Amphlett B C. Inorganic ion exchangers. Amsterdam: Elsevier Pub. Co., 1964: 50.

[25] Lounis Z, Belarbi H. The nanostructure zeolites MFI-type ZSM5 (In Simonescu C M ed. Nanocrystals and Nanostructures, Intechopen, 2018). http://dx. doi. org/10. 5772/intechopen.77020.

[26] Guo Y P, Long T, Song Z F, et al. Hydrothermal fabrication of ZSM-5 zeolites: Biocompatibility, drug delivery property, and bactericidal property. Journal of Biomedical Materials Research-Part B Applied Biomaterials, 2014, 102B(3): 583-591.

[27] Wen X, Yang F, Ke Q F, et al. Hollow mesoporous ZSM-5 zeolite/chitosan ellipsoids loaded with doxorubicin as pH-responsive drug delivery systems against osteosarcoma. Journal of Materials Chemistry B, 2017, 5(38): 7866-7875.

[28] Stavros F, Yang A, Leon A, et al. Characterization of structure and function of ZS-9, a K^+ selective ion trap. Plos One, 2014, 9(12): e114686.

[29] Graves D A, Wecker M T, Meyer M C, et al. Influence of a standard meal on the absorption of a controlled release pseudoephedrine suspension. Journal of Pharmaceutical Sciences, 1988, 9(3): 267-272.

[30] Zeng H X, Wang M, Jia F, et al. Preparation and in vitro release of dual-drug resinate complexes containing codeine and chlorpheniramine. Drug Development Industrial Pharmacy, 2011, 37(2): 201-207.

第二十五章

环糊精-金属有机骨架材料与递药系统

载体是药物递送技术研究的核心,药物递送载体在创新给药系统设计中发挥着重要作用。环糊精-金属有机骨架(cyclodextrin metal-organic frameworks,CD-MOF)作为一种新型的载体材料,是潜在可药用的新辅料。本章主要概述目前 CD-MOF 材料的主要类型、结构特征、合成方法(包括蒸气扩散法、水热法和溶剂热法、微波和超声波辅助法、水系合成法),以及在药物递送中的应用(改善药物稳定性、提高药物溶解度和生物利用度、作为分子储库控制药物释放和在干粉吸入剂中的研究);并从药物载体角度,介绍环 CD-MOF 材料的交联与功能化修饰策略(化学交联、包裹修饰、靶向修饰、环境响应型载体设计等)及相关递药系统的研究进展。

一、概述

金属有机骨架(metal-organic frameworks,MOF)是将有机配体以配位方式与无机离子中心(金属离子或离子簇)连接,形成无限延伸的立体网状结构晶体。MOF 材料具有超高的孔隙率,对目标分子具有超高负载能力,与沸石、二氧化硅等其他多孔性材料相比,其优势在于组成、结构多样,且易于调节。因此,其自20 世纪末诞生以来就受到世界范围内生物医学、药学、催化和分离等众多领域科学家的关注。MOF 的负载能力决定了其在多孔药物载体材料的应用方面极具竞争力,但其安全性有待证实,因为大部分 MOF 是由有毒的金属离子和安全性有待证实的化工材料制备得到,难以直接用于载药系统。虽然应用 MOF 作为载体材料递送药物已取得一定进展,但作为药物递送载体,MOF 中的金属离子与有机配体必须同时具有生物相容性。美国西北大学 Stoddart 研究组利用 γ-环糊精(γ-CD)与碱金属合成了具有生物相容及可再生特性的 CD-MOF 材料[1],为新型药物递送载体、MOF 类新辅料提供了极好的选择。

二、环糊精－金属有机骨架材料与递药系统研究与应用

（一）环糊精－金属有机骨架是潜在可药用的新辅料

1. CD－MOF 的类型　CD－MOF 的类型取决于 CD 的种类和无机金属离子的选择，不同组合形成的 CD－MOF 的空间结构不同。基于 CD 的种类 CD－MOF 主要分为三种：α－CD－MOF、β－CD－MOF 和 γ－CD－MOF。与 CD 配位的碱金属盐主要有 KOH、RbOH、CsOH、NaOH、FeCl$_3$（表 25－1、图 25－1）。

表 25－1　CD－MOF 的主要类型

环糊精	碱金属盐	环糊精－金属有机骨架	
		CCDC 号	分子式
α－CD	氢氧化钾	1478771	$K_3(C_{36}H_{60}O_{30})_2 \cdot 7H_2O$
α－CD	氢氧化铷	844644	$Rb_5(C_{144}H_{204}O_{122})_2H_2O$
β－CD	草酸钠	1404895	$(C_{42}O_{35}H_{70})_2(NaOH)_4 \cdot H_2O$
β－CD	氢氧化钠	1041731	$NaOH(C_{42}H_{70}O_{35}) \cdot 9H_2O$
β－CD	氢氧化钾	1877061	
		1959832	$C_{42}H_{67}KO_{35}$
		1959833	
		1041782	$KOH(C_{42}H_{70}O_{35}) \cdot 9H_2O$
β－CD	氢氧化铯	1404895	$Cs(OH) \cdot (C_{42}H_{70}O_{35})$
β－CD	氯化铯	1407798	$Cs_3C_{84}H_{133}O_{70}$
β－CD	氯化铅	859135	$[Pb_{14}(\beta-CD)_2]3C_6H_{12}O_{35}H_2O$
γ－CD	氢氧化钾	773709 1529141— 1529165	$[(C_{48}H_{80}O_{40})(KOH)_2]_n$
γ－CD	氢氧化铷	773710	$[(C_{48}H_{80}O_{40})(RbOH)_2(CH_2Cl_2)_{0.5}]_n$
γ－CD	氢氧化铯	773708	$Cs_2(C_{48}H_{80}O_{40})(OH)_2$
γ－CD	碳酸钠*	/	/
γ－CD	碳酸钾*	/	/
γ－CD	氟化钾*	/	/
γ－CD	偶氮苯-4,4″- 二羧酸钾*	/	/
γ－CD	氯化钾*	/	/

续　表

环糊精	碱金属盐	环糊精-金属有机骨架	
		CCDC 号	分子式
γ - CD	溴化钾*	/	/
γ - CD	四苯硼钠*	/	/
γ - CD	苯甲酸钾	773711	$K_4(C_{96}H_{160}O_{80})(C_7H_5O_2)_2(OH)_2$
γ - CD	氟化铷*	/	/
γ - CD	氯化铅	859136	$[Pb_{16}(\gamma-CD)_2]_{14}H_2O$
γ - CD	醋酸钾	1902341	/

*γ - CD 可与碳酸钠、碳酸钾、氟化钾、偶氮苯 - 4,4″-二羧酸钾、氯化钾、溴化钾及四苯硼钠等金属盐,形成空间群 I_{432} 的晶体[1]。

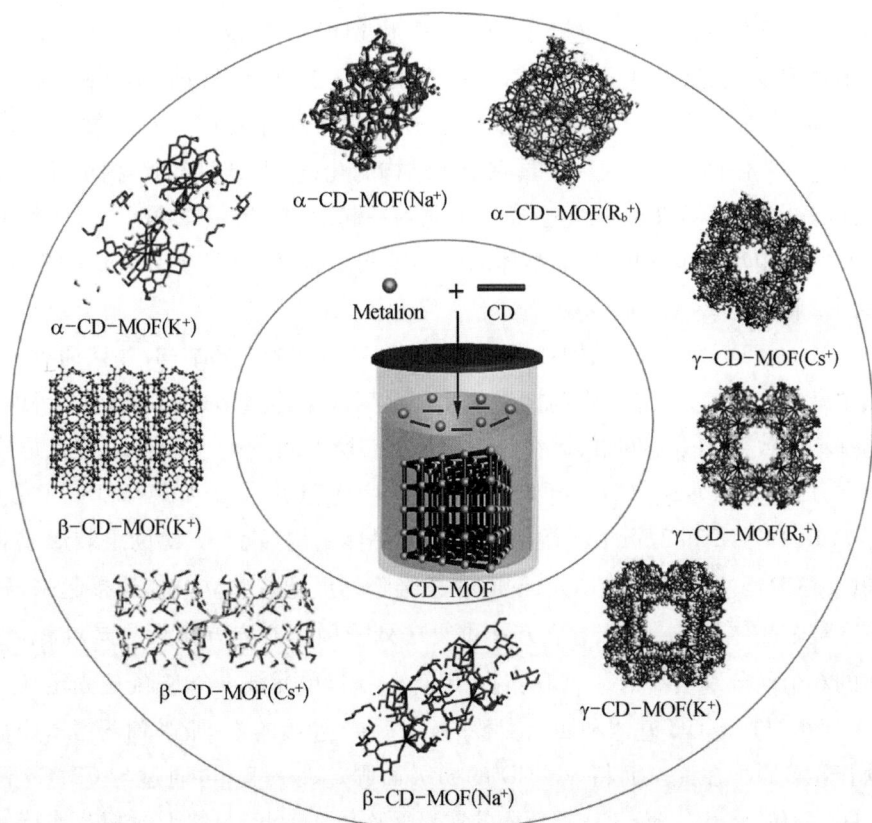

图 25 - 1　不同 CD - MOF 的典型结构图

彩图 25-1

411

（1）α-CD-MOF 的结构：α-CD-MOF 在 P2₁2₁2₁ 空间群中结晶，形成具有双通道的三维螺旋分子骨架[2]。K-α-CD-MOF 由 2 个 α-CD，6 个 K^+ 和 14 个 H_2O 构成，单晶 X 射线衍射结果表明，手性螺旋结构是通过 K^+ 与两个晶体学上独立的 α-CD 单元的次要面连接形成的[K₆(CD)₂]二聚体环而形成的。三维框架中的左手螺旋结构是通过 K^+ 与相邻的[K₆(CD)₂]二聚体的吡喃葡萄糖基上的氧原子配位而形成的二维手性螺旋层的短程相互作用获得的[2]。固态结构显示，Rb^+ 与 α-CD 环的初级面和次级面上的葡萄糖基残基结合，形成贯穿整个结构的交错的左旋螺旋空腔结构[3]。NaOH 和 α-CD 的制备得到的 Na-α-CD-MOF，也表现出三维左手螺旋式手性框架[4]。

（2）β-CD-MOF 的结构：β-CD 与碱金属离子不对称配位，形成螺旋结构[5]。由 $Na_2C_2O_4$ 和 β-CD 反应产生的 β-CD-MOF 晶体结构显示，其左手螺旋通道是由 Na^+ 与 β-CD 环的主面和次面协调形成的，其中 β-CD 在不对称单元中采用五配位模式与 Na^+ 连接。当 NaOH 和 KOH 作为碱金属盐与 β-CD 在醇水体系中反应时，产生了没有手性的螺旋通道三维骨架，即 Na-β-CD-MOF[6]和 K-β-CD-MOF[7]。在晶体结构中，两个相邻的 β-CD 通过 Na^+/K^+ 相连通过"T"形的排列形成一个具有碗状结构的孔；这些"T"形的结构单元以线性方式组合成"8"形双通道，每个通道单元在一起形成二维层。最后，每个双通道单元通过相互作用连接，形成整体的三维结构。通过 CsCl 与 β-CD 的反应，也得到螺旋状的 Cs-CD-MOF[8]。

（3）γ-CD-MOF 的结构：γ-CD 具有高度对称的内部结构，并且拥有 CD 家族中最大的空腔，γ-CD 作为构建单元与金属离子连接形成的 γ-CD-MOF 结构基本一致，为 I₄32空间群，但在晶胞棱长上有所不同。γ-CD 与 K^+ 连接形成体心立方结构，称为 γ-CD-MOF-1(K-γ-CD-MOF)，γ-CD-MOF-1 由 6 个 γ-CD，4 个 K^+ 和 2 个水分子构成，X 射线晶体结构显示，K^+ 协助组装形成对称的(γ-CD)₆立方体结构单元，同时在三维阵列里把这些立方体连接起来，延伸贯穿整个晶体。(γ-CD)₆立方体重复序列采用体心立方排列方式堆积，立方体的 6 个面分别由 6 个 γ-CD 占据，6 个 γ-CD 单元被 4 个 K^+ 配位固定在一起。4 个 K^+ 与 C6 OH 基团和四个交替的 α-1,4-连接的 *D*-吡喃葡萄糖基残基的糖苷环氧原子在配位而将 γ-CD 的初级面固定在一起，再通过与 C2，C3 位的—OH 配位，将相邻 γ-CD 圆环面的次级面连接在一起，最终形成相互连接的三维体心立方结构。当 RbOH 和 CsOH 作为碱金属来源时，分别成功地合成了

γ-CD-MOF-2 和 γ-CD-MOF-3,它们与 γ-CD-MOF-1 是同等结构的[1]。尽管 γ-CD 具有手性结构,但 γ-CD-MOF 的拓扑结构都没有表现出手性。

2. CD-MOF 的合成方法　基于 CD 分子独特的疏水性中心空腔和亲水性外表面结构特征,CD 和碱金属离子的选择可组合产生不同结构的 CD-MOF,获得具有良好的结晶度和大小合适 CD-MOF 晶体,关键在于控制反应物浓度、温度、反应时间、摩尔比和溶剂。

(1) 蒸气扩散法:在特定的温度下,密封环境中的溶剂通常会缓慢蒸发,蒸气扩散法是 CD-MOF 的早期合成途径。利用甲醇饱和蒸气逐渐扩散到金属盐与 CD 的水溶液中,可降低溶液的极性,进而降低 CD-MOF 的溶解度使其析出。Forgan 等[9]采用一周的时间获得尺寸为 200~400 μm 的 γ-CD-MOF 单晶。为获得尺寸较小的晶体,Furukawa 等[10]通过甲醇蒸气蒸发法并添加尺寸调节剂合成了尺寸为 1~10 μm 的 γ-CD-MOF 晶体。但上述方法均耗时较长,不利于工业化生产。Li 等[11]提出了一种快速、改良的溶剂蒸发法,将合成 γ-CD-MOF 的时间缩短至 6 h,产物尺寸大小可控。通过改变反应物浓度、反应温度、时间、γ-CD 与 KOH 的比例和表面活性剂浓度等调节 γ-CD-MOF 晶体的大小,提高产率且不影响颗粒的结晶度和孔隙率。Gassensmith 等[3]在水溶液中利用 α-CD 和 Rb^+ 为原料提出了 α-CD-MOF 的合成途径。韩国基础科学研究院的 Kim 等报道了一种连续蒸气扩散/再种晶法培养 γ-CD-MOF 大晶体的制备方法,体积达 1 cm^3,可对晶体的特定面进行物理性的阻断,诱导其在所需求的面上进一步生长,进而产生具有低对称性的晶体,以及在不同的生长阶段掺杂不同的添加剂产生具有空间成分变化的晶体。

(2) 水热法和溶剂热法:水热法和溶剂热法制备的金属有机骨架的产率较高,可以精确地控制晶体的尺寸、形状和结晶度,因此对温度、反应物浓度和环境 pH 的要求极高[12]。Lu 等[6]首次采用溶剂热法将 β-CD 和 $Na_2C_2O_4$ 合成出具有左手螺旋结构的 β-CD-MOF。Sha 等[13]使用该方法将 β-CD 分子和 Na^+/K^+ 快速合成两种 β-CD-MOF,分别具有碗状孔和“8”形双通道结构。在合成 CD-MOF 的过程中加入模板剂,对改变 CD-MOF 的结晶度和孔隙率方面发挥着重要作用[8]。另外,使用溶剂热法需要去除 MOF 晶体中残留的有机试剂,可通过真空干燥或用乙醇、甲醇洗涤的方式将其去除。

(3) 微波和超声波辅助法:微波法和超声波法是近年来出现的实现高速合成 MOF 的一种方法,具有操作简单、快速、相对绿色无污染、高效的非常规加热和产量高等优点[14,15]。微波辅助法所获晶体的尺寸一般较小，适用于制备纳米级的 CD‐MOF。Liu 等[16]采用改良微波法合成了不同尺寸的 γ‐CD‐MOF，将数小时的制备时间缩短为数分钟，以 PEG20 000 作为尺寸调节剂，通过改变反应时间，温度和溶剂比例来调节 γ‐CD‐MOF 晶体的大小，实现了 CD‐MOF 的快速制备。浙江大学的 Shen 等成功实现了超声辅助法快速制备 CD‐MOF，应用于咖啡酸的负载和抗菌，该方法将制备时间从几小时缩短到几分钟，可以通过改变超声功率、反应时间和温度改变结晶的形貌和尺寸[17]。

（4）水系合成法：尽管微波法和溶剂热法等可以快速有效地合成 CD‐MOF，但从环境保护和生产效率等方面考虑，这些方法仍然有局限。例如，在晶体生长过程和洗涤过程中需要加入大量甲醇、乙醇、二氯甲烷等有机试剂促进晶体生长和分离。Ding 等[18]采用水系合成法提供了一种新的 CD‐MOF 合成策略，在水溶液中，通过快速降温获得致密的 γ‐CD‐MOF 晶体，随后引入乙醇将致密晶体转变为高度多孔结构。该方法无须使用表面活性剂，在 pH 为 6.5~7.5 的水环境中即可将产量提高几倍。江南大学的 Qiu 等[19]报道了利用短直链淀粉快速凝聚成核诱导晶体生长的原理，开发了晶种诱导法制备 CD‐MOF 的方法，通过种子介导法快速地合成 CD‐MOF。由短直链淀粉纳米粒晶种介导生长出来的 γ‐CD‐MOF 晶体尺寸较小，且具有较高的结晶度和热稳定性；同时该团队采用种子介导结晶和超声结合的方法成功获得了高收率和热稳定性的 γ‐CD‐MOF，适合纳米级 γ‐CD‐MOF 的制备且晶体的尺寸随超声时间的增加逐渐减小[20]。

3. CD‐MOF 在药物递送中的应用　某些药物分子的理化性质和成药性较差，限制了其在临床上的应用。为了克服这些药物分子的固有局限性，确保药物的可控递送，研究人员努力探索合适的药物载体。CD‐MOF 通过药物‐载体弱相互作用进行载药，具体表现为吸附或者共结晶等，不仅包封率高且可有效改善药物的稳定性、提高药物的溶解度及生物利用度（图 25‐2）。

（1）改善药物稳定性：许多药物在酸、碱、热、光、氧气等环境下易发生氧化、聚合、热解、脱水和脱羧等[21,22]。CD‐MOF 可有效改善客体药物分子的稳定性，提高疗效，是极具潜力的药物载体。文献中报道，γ‐CD‐MOF 可显著提高不稳定化合物，如阿魏酸[23]、姜黄素[24]、白藜芦醇[25]、绿茶儿茶素[26]、三氯蔗糖[27]和维生素 A 棕榈酸酯等的稳定性。Jia 等[28]采用 β‐CD‐MOF 包封薄荷醇，改善了其在水中的高挥发性和低溶解度的问题，为芳香化合物递送提供了更多选择。γ‐CD‐MOF 的空腔内装载白藜芦醇可缓解其在水溶液和无水乙醇中的降解速度[25]。

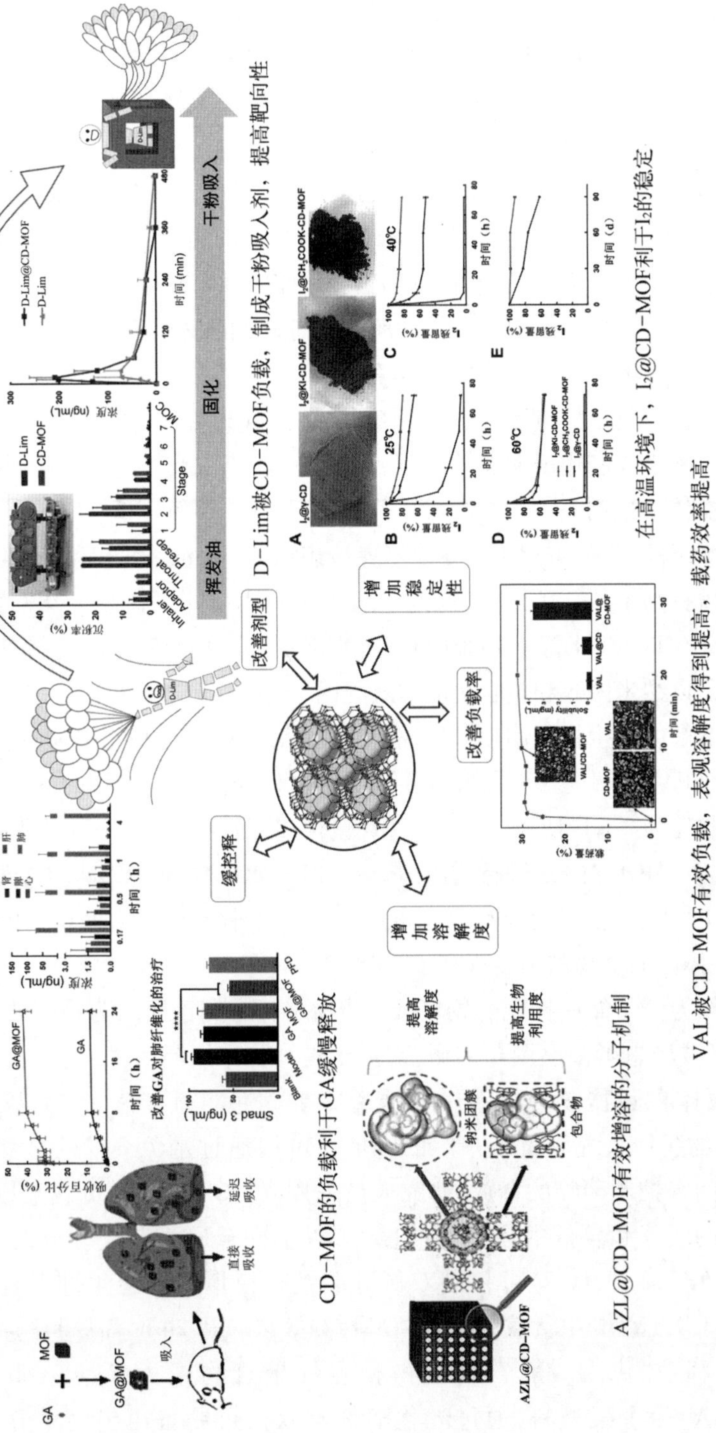

图 25–2 不同 CD–MOF 在药物递送中的应用

彩图 25–2

药物通过 CD－MOF 的包载也可避免其在长期存储过程中的降解和结晶。研究表明,兰索拉唑在水中或在有水分的环境中迅速降解,并呈现很强的结晶趋势,将其载入 CD－MOF 可以存储长达两年并且依旧保持其光谱特性[11]。Chen 等利用碘化钾环糊精金属-有机骨架(KI－CD－MOF)作为载体,通过气固反应捕获和稳定碘,并用以治疗伤口感染,表现出对大肠杆菌和金黄色葡萄球菌的抗菌作用[29]。以 CD－MOF 为载体负载维生素 A 棕榈酸酯[30],CD－MOF 的骨架结构不仅能够降低其氧化反应,而且药物分子蜷缩在双环糊精分子对中,不稳定基团得到了较好的包裹和保护。无任何抗氧剂添加的载药复合物热稳定性高,相比于市售产品其降解半衰期延长了 1.6 倍。

(2)提高药物溶解度和生物利用度:CD－MOF 可作为提高某些难溶性药物的溶解度和生物利用度的有效载体。"沙坦"类药物缬沙坦、阿齐沙坦是血管紧张素 Ⅱ 受体拮抗剂类一线抗高血压药物,但是存在溶解度低、生物利用度差等问题。纳米级的 γ－CD－MOF 负载阿齐沙坦(azilsartan,AZL)后表观溶解度比原料药显著提高了 340 倍,在大鼠的口服生物利用度几乎提高了 9.7 倍。研究人员对 AZL/CD－MOF 递药系统中 CD－MOF 提高药物溶解度的机制进行研究,提出药物是以纳米团簇和包合物的形式受困于 γ－CD－MOF 笼内,以改善不溶性药物的溶解度和生物利用度[31]。张继稳团队发现 CD－MOF 能显著增加叶酸(folic acid,FA)溶解度,FA 在水中溶解度仅为 1.6 μg/mL。常用的 β－CD 与 FA 的包合摩尔比为 2:1,使用 HP－β－CD 包合,载药量仅为 0.77%。采用中性纳米级 γ－CD－MOF 对 FA 进行增溶时,γ－CD－MOF 中 γ－CD 与 FA 的载药摩尔比高达 1:2,甚至可以接近 1:3,相比于 FA 原料药,溶解度提高了 950~1916 倍,在大鼠体内的生物利用度提高了 1.48 倍。

(3)作为分子储库控制药物释放:药物缓释有利于提高药物疗效、降低不良反应,可减轻患者多次用药的痛苦,对于提高临床用药效率来说具有重大意义,其中载体在药物缓释体系中扮演着重要角色。近年来,开发基于 CD－MOF 的药物缓释系统取得了一定的进展。可以通过避免突释效应和延长药物滞留时间来控制药物的释放,研究人员采用 α－CD－MOF 负载氟尿嘧啶实现了明显的缓释和较低的累积释放度[2];以不同金属为节点合成的三种 γ－CD－MOF(K+、Na+、Fe3+)可控制双氯芬酸钠在模拟胃肠道生理条件下的缓释[32];γ－CD－MOF 中负载的白藜芦醇控释效果长达 24 h,而原料药在 6 h 内便爆发性释放[25]。Li 等[33]以生物相容性聚合物聚丙烯酸[poly(acrylic acid),PAA]为骨架材料,通过乳化溶剂蒸发法可制备出包含单分散 CD－

MOF 的 CD－MOF/PAA 复合物微球,该微球可有效增加内部 CD－MOF 在水系介质中的稳定性。此外,CD－MOF 内部包载难溶性药物布洛芬和兰索拉唑,既改善了药物分子的稳定性和溶解度,还可有效避免微球突释,实现药物缓释,并降低载体的细胞毒性。

(4) 基于 CD－MOF 的干粉吸入剂研究:肺部吸入给药是将药物分子递送到气道中,具有非侵入性给药、避免肝脏的首过效应与低不良反应等优点,多用于治疗哮喘、支气管炎、慢性阻塞性肺疾病、呼吸道感染和肺癌等疾病,DPI 不含抛射剂,携带方便且易于操作,是肺部给药的优先制剂。多孔规整的 CD－MOF 的尺寸可控制在 1~5 μm 内,符合吸入制剂的要求,可被开发成理想的 DPI 载体,将药物分子经气道递送到肺部。张继稳团队基于 CD－MOF 的 DPI 制剂研究开展了一系列工作:① Li 等[34]以活性天然化合物丹皮酚(paeonol,PAE)作为急性肺损伤的模型药物,将 PAE 装载到可吸入大小的 CD－MOF 颗粒中制备 PAE－CD－MOF DPI。体外细胞通透性结果表明 CD－MOF 可提高 PAE 的吸收;体内药动学研究表明,与口服给药相比,DPI 可显著提高 PAE 的生物利用度,具有良好的药效学作用。② Zhou 等[35]使用绿色的无溶剂载药法,用 CD－MOF 装载 D-柠檬烯,以实现液态药物的固态化,载药后挥发油稳定性显著提高,可吸入粒子百分比达到约 40%,大鼠体内药代动力学实验显示,吸入给药的绝对生物利用度为 85.3%,是口服原料药(38.2%)的 2.23 倍,远优于口服给药。③ Zhou 等[36]采用 CD－MOF 载甘草次酸,在实现肺部递药的同时,由于甘草次酸与 CD 的特殊作用,还能获得突释和缓释的双相释放效果,其药-时曲线下面积相比于口服给药提高 3.8 倍,血药峰浓度提高 21.4 倍,且能有效缓解大鼠肺纤维化的症状。④ Zhao 等[37]以 CD－MOF 负载天然产物糖苷类化合物灯盏花乙素,可显著增强 CD－MOF 颗粒在喉部的沉积,实现将治疗喉炎药物地塞米松与灯盏花乙素共同包载于 CD－MOF 中,进一步证明灯盏花乙素可改变 CD－MOF 的空气动力学性质,使该组合物在喉部大量富集达到喉部治疗作用。⑤ Zhang 等[38]通过一种简便的方法合成了两种形状的纳米立方体和微棒状的 CD－MOF 微粒,并且成功负载碘。其中,负载碘的微米棒在上呼吸道中的沉积率较高(79.75%),而负载碘的纳米立方体可被输送到肺深部,可吸入粒子百分比可以达到 46.30%。

（二）环糊精-金属有机骨架的交联与功能化修饰及递药系统研究

CD－MOF 具有良好的生物相容性、载药能力强等优势,显示出药物输送的应用价值,但 CD‑MOF 遇水后迅速崩解,限制了其作为生理环境下药物递送载体的应用。将 CD‑MOF 进一步修饰和功能化,有望提高其水稳定性,赋予其特定的生物学特性和药剂学功能,扩展其应用范围。如今已有多种方法可制备交联化或功能化的 CD‑MOF,有效延缓 CD‑MOF 在水中的降解,或赋予 CD‑MOF 新的性质。根据制备方法的不同,可将功能化与交联化的 CD‑MOF 分为四大类,分别为化学交联、包载疏水物质、表面修饰及其他,主要目的是改善 CD‑MOF 在水中的稳定性,选用特殊性质的交联剂或表面修饰剂还可产生刺激响应、改变电性、增加药物负载等作用。功能化与交联化的 CD‑MOF 被应用于皮肤、肿瘤、眼部、牙周等药物递送系统,可起到靶向、缓释或控释、增溶、增加生物利用度等作用(图 25‑3)。

1. CD‑MOF 的交联及递药系统研究

(1)化学交联与递药系统研究:CD‑MOF 遇水迅速崩解主要由于有机配体 CD 与钾离子之间形成的配位键在水中不稳定。提高 CD‑MOF 水稳定性的策略之一是用能够形成更稳定的共价键的配体替换钾离子。Furukawa 等[10]用乙二醇二缩水甘油醚作为交联剂,制备了第一种水中稳定的交联 γ‑CD‑MOF,交联后的 γ‑CD‑MOF 维持其立方形态,但交联过程耗时较长,需要在 65℃ 反应 3 天以上。在药物递送应用研究方面,使用最多的是以 DPC 为交联剂的交联 CD‑MOF。Singh 等[39]以碳酸二苯酯(diphenyl carbonate, DPC)为交联剂制备交联 γ‑CD‑MOF,只需反应 4 h 以上即可得到不溶于水的立方体交联产物,大大缩短了反应时程。CD‑MOF 交联前后形态结构未发生改变,但交联后的 CD‑MOF 在水中能够长时间保持形态,使药物从交联的 CD‑MOF 的孔腔释放出来,达到控制药物释放速度的效果。

基于 DPC 交联的 COF,已产生了一系列的载药系统应用研究:① Lu 等[40]用这种交联 CD‑MOF 负载碘构建 I_2@COF‑HEC 水凝胶系统用于牙周炎的治疗,I_2@COF‑HEC 水凝胶在人工唾液中的碘释放可以延长至 5 天,比 I_2@COF 颗粒慢。由于载体自身在水中稳定,碘分子从中能够从中缓慢而稳定地释放,治疗大鼠牙周炎模型可达到与米诺环素同等疗效,可作为治疗牙周炎的广谱抗菌用途。② 王勤等[41]将甲氨蝶呤封装在交联 CD‑MOF 中,并用阳离子脂质材料(2,3‑二油酰基‑丙基)‑三甲胺(DOTAP)包裹载药微粒表面,具有一定的缓释效果,并提高了甲氨蝶呤的生物利用度。③ Bello 等[42]以 DPC 作为交联剂合成了二维片层状的交联 CD‑MOF 纳米粒,负载地塞米松用于眼表递送,片层状的纳米粒显著延长了药物在角膜上的滞留时间,增加了眼内生物利用度。④ Sun

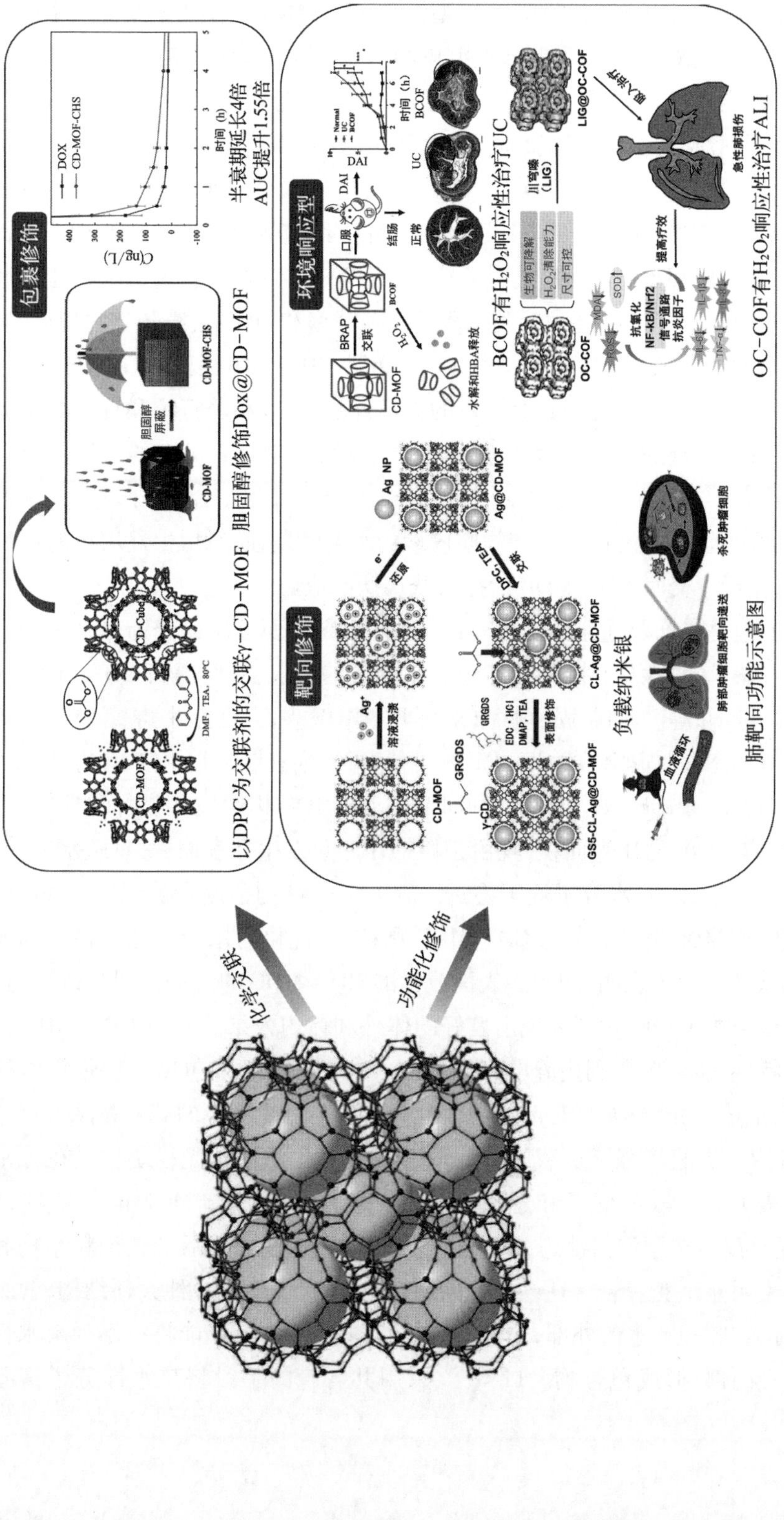

图 25 - 3　CD - MOF 的交联与功能化修饰及递药系统研究

彩图 25-3

等[43]制备并表征荧光标记可吸入模型微粒 CL－MOF－A488,选取 4 种肺泡组织典型细胞 WI26－VA4(Ⅰ型肺泡上皮细胞)、A549(Ⅱ型肺泡上皮细胞)、MHS(小鼠肺泡内巨噬细胞系)及 Calu－3 细胞(人支气管下腺细胞系),通过 CCK－8 试剂盒及乳酸脱氢酶释放试验研究分析了 COF 及 CL－MOF－A488 对 4 种细胞系的毒性。结果显示 CL－MOF－A488 在浓度 0.012 8~200 μg/mL 内对 A549、WI26－VA4、MHS 和 Calu－3 均没有细胞毒性(细胞活力超过 80%),CL－MOF－A488 也未引起 LDH 的泄漏,说明了 CL－MOF－A488 具有良好的生物相容性。

此外,Yang 等[44]结合水凝胶基质的高孔隙率和 MOF 负载药物的特点,构建了一种新型的明胶-氨基葡萄糖盐酸盐/交联 CD－MOF 复合水凝胶包载布洛芬,制得的载药复合水凝胶具有一定的力学性能、持续释药行为和良好的生物相容性,在骨关节炎的长期持续营养补充和抗炎治疗中具有潜在的应用价值。上海中医药大学的 Wu 等研究将交联 CD－MOF 与微针相结合,用于增生性瘢痕治疗药物的递送,使难溶性天然产物槲皮素的水溶性增强,对增生性瘢痕的治疗效果增加,拓展了交联 CD－MOF 治疗皮肤疾病的应用[45]。

(2)包裹修饰及递药系统研究:疏水性材料表面涂层或修饰也是一种行之有效的方法,疏水性材料阻挡或避免了水分子的进入,从而提高 CD－MOF 的水稳定性。Singh 等[46]用胆固醇修饰 γ－CD－MOF 表面,在水中孵育 24 h 还能维持其立方形态,胆固醇包载 CD－MOF 可使 DOX 半衰期延长 4 倍,该方法的优点在于提高 CD－MOF 水稳定性的同时又不改变其结构性质,但表面修饰极大降低 γ－CD－MOF 的比表面积,且由于修饰作用只发生在表面,一旦疏水层受损,结构即会坍塌,随着水分子逐渐渗透,CD－MOF 结构会逐渐被侵蚀。Hu 等[47]采用胆固醇修饰的纳米多孔 CD－MOF 颗粒,并优化为用于布地奈德肺部递送的 DPI 载体。结果表明,胆固醇表面改性的 CD－MOF 的流动性得到改善,且制备的布地奈德干粉吸入剂表现出良好的体外和体内效果。利用 CD－MOF 带负电荷的特性,Qiu 等[48]利用静电作用,在 γ－CD－MOF 上包裹一层带正电荷的壳聚糖,形成核壳结构,将难溶性的活性天然产物白藜芦醇的载药量从 66.5% 提高到 91.3%,并且增强了负载的白藜芦醇的抗氧化活性和光稳定性。在分别负载抗生素类药物氟苯尼考和恩诺沙星时,为了提高 CD－MOF 的稳定性,Wei 等[49]通过浸渍法用泊洛沙姆 L63 对其表面进行包裹,修饰后的纳米粒结构和形貌未发生明显改变。γ－CD－MOF 的结构单元 γ－CD 是一种大环结构,含有疏水的内部空腔和亲水的外部,这种特殊的结构使得 γ－CD 能将一系列疏水性分子包裹在内部,形成包合物。Li 等[50]采用共孵育的手段将疏水性分子富勒烯

(fullerene，C_{60})包裹进 γ - CD - MOF 中，直径 0.7 nm 的 C_{60} 被 γ - CD 部分包含，从而形成 γ - CD - MOF/C_{60} 复合体，使 γ - CD - MOF 的防水性提高，同时保留其晶体结构和比表面积大等特征。

（3）其他：遇到水时，CD - MOF 中 CD 上的羟基与 K^+ 的配位键易受到水分子的攻击，从而造成 CD - MOF 结构的崩解。Ke 等[51]用 H_2S 气体处理 γ - CD - MOF，使 H_2S 与 K^+ 形成新的配位键，吸引水分子的进攻，从而增强了 γ - CD - MOF 在潮湿环境下的稳定性。但 H_2S 毒性强，这种方法不宜用于制备药物递送载体。Michida 等[52]发现聚合的共轭低聚物可以与 CD - MOF 产生水稳定的低聚物@CD - MOF 复合材料。3,4 -乙烯二氧噻吩（3,4-ethylenedioxythiophene，EDOT）在 CD - MOF 的亲水空腔中聚合后，CD - MOF 与 EDOT 低聚物的热稳定性改善，且在水中的溶解度降低。然而，经过聚合过程后，氮吸附量显著下降，表明 γ - CD - MOF 的空腔被 EDOT 低聚物占据。

2. CD - MOF 的功能化修饰及递药系统研究　CD - MOF 的功能化修饰是在新制剂设计上的新策略，有望实现病灶部位的响应性药物释放及靶向递药等功能。DPC 交联的 CD - MOF 保持立方体结构，且表面仍有可反应的羟基，修饰以特殊功能基团可起到靶向效果、产生特殊生物学效应。此外，"智能型"成为功能化或交联化 CD - MOF 发展的新趋势，不同刺激响应型的功能化及交联化 CD - MOF 为药物递送提供了更多选择。

（1）基于 CD - MOF 的靶向修饰及递药系统研究：张继稳团队的 He 等[53]用一种能增强血小板黏附和聚集的多肽 GRGDS 修饰交联 CD - MOF，能够高度靶向受伤血管，增强止血效果，将出血时间和出血量减少90%。该团队的另一项研究中，Shakga 等用 GRGDS 修饰的交联 CD - MOF 作为银纳米粒生长的模板，以控制银纳米粒的尺寸、增强其稳定性[54]。交联 CD - MOF 中的纳米银表现出良好的抗菌效果，GRGDS 修饰增强了其止血功效，对抗感染及创伤愈合提供了新策略。另外，该团队的 He 等发现 GRGDS 修饰的交联 CD - MOF 表现出特殊的肺癌靶向功能[55]，一方面由于 RGD 序列可被肺肿瘤细胞的一些特异性受体识别，增强了靶向效果；另一方面可能是由于交联 CD - MOF 具有 pH 响应性的聚集和解聚现象。用 GRGDS 修饰的交联 CD - MOF 负载低分子量肝素和抗癌药物多柔比星（doxorubicin，DOX）靶向治疗肺部肿瘤，有效抑制模型小鼠中肿瘤细胞的转移和侵袭，并将多柔比星的有效剂量降低到1/5。

（2）基于 CD - MOF 的环境响应型载体设计与载药应用：药物在特定的时间、以特定的量到达病灶部位才能发挥最大疗效，刺激响应型载体能够根据 pH、酶、氧化还原、光等特殊信号,响应性地在病灶部位释放药物,起到靶向的效果。Xue 等[56]使用一种含有二硫键的生物降解型交联剂 3,3′-二硫代二丙酰氯交联 γ-CD-MOF,得到边长为 200~400 nm 的规整立方体结构,仅在谷胱甘肽(glutathione,GSH)环境下降解,由于细胞内含有的 GSH 远高于细胞外基质,这种交联 γ-CD-MOF 可以达到选择性细胞内降解的效果。Jia 等[28]将石墨烯量子点嵌入 γ-CD-MOF 中,赋予 γ-CD-MOF 以荧光特性,并用 pH 响应性的聚(乙二醇)二甲基丙烯酸酯修饰,增强了 γ-CD-MOF 的水稳定性。相比于未修饰的 CD-MOF,pH 响应 CD-MOF 可达到更高的载药量(约 89.1%),并响应性地释放药物,有效抑制小鼠肿瘤生长。

Huang 等[57]用过氧化氢响应性的硼酸酯键交联剂 BRAP 与 DPC 将 γ-CD-MOF 中 γ-CD 相交联,形成 100 nm 左右的聚集的球形微粒,具有良好的双氧水响应性,并同时释放具有抗炎作用的 4-羟基苯甲醇,能够特异性靶向结肠炎症部位,协同作用治疗溃疡性结肠炎。He 等[58]设计了一种新型的活性氧敏感性新材料——共价环糊精骨架(OC-COF),作为干粉吸入剂的新型载体。该干粉吸入剂载体以 CD-MOF 作为模板,草酰氯为交联剂,合成含有过氧草酸酯键的新载体 OC-COF,将 OC-COF 负载上天然药物分子川芎嗪(ligustrazinehcl,LIG)后,制得 LIG@OC-COF 干粉吸入剂,其在肺部的沉积率较高。在活性载体材料 OC-COF 与 LIG 药物分子协同作用下,LIG@OC-COF 在体外细胞水平和体内急性肺损伤动物模型上均表现出良好的抗氧化作用和抗炎作用,有效地提升了 LIG 的治疗效果,将 LIG 的给药剂量降低到 1/5。该活性氧敏感型干粉吸入剂新载体 OC-COF 的设计与应用,为急性肺损伤等肺部炎症性疾病的治疗提供了一种新的策略。

三、展望

相比于 CD,具有高度规则性网络状多孔结构的 CD-MOF 兼具高效负载能力和粒径规则可控的优势,其作为药物递送载体具有不可替代性。基于 CD-MOF 的结构特性,开发无毒、简便、高效的方法对 CD-MOF 进行稳定性改善及功能化修饰目前仍面临诸多挑战,是当下 CD-MOF 作为新型药物递送载体的研究热点。而作为新型药用辅料的开发,CD-MOF 自身的纯度等关键质量属性是未来应当充分关注和研究的问题。

(伍丽,刘毅,熊婷)

参考文献

[1] Smaldone R A, Forgan R S, Furukawa H, et al. Metal-organic frameworks from edible natural products. Angewandte Chemie-Interntional Edition, 2010, 49(46): 8630 - 8634.

[2] Sha J Q, Zhong X H, Wu L H, et al. Nontoxic and renewable metal-organic framework based on alpha-cyclodextrin with efficient drug delivery. RSC Advances, 2016, 6(86): 82977 - 82983.

[3] Gassensmith J J, Smaldone R A, Forgan R S, et al. Polyporous metal-coordination frameworks. Organic Letters, 2012, 14(6): 1460 - 1463.

[4] Li H, Shi L, Li C, et al. Metal-organic framework based on alpha-cyclodextrin gives high ethylene gas adsorption capacity and storage stability. ACS Applied Materials & Interfaces, 2020, 12(30): 34095 - 34104.

[5] He Y, Hou X, Liu Y, et al. Recent progress in the synthesis, structural diversity and emerging applications of cyclodextrin-based metal-organic frameworks. Journal of Materials Chemistry B, 2019, 7(37): 5602 - 5619.

[6] Lu H, Yang X, Li S, et al. Study on a new cyclodextrin based metal-organic framework with chiral helices. Inorganic Chemistry Communications, 2015, 61: 48 - 52.

[7] Yang A, Liu H, Li Z, et al. Green synthesis of β - cyclodextrin metal-organic frameworks and the adsorption of quercetin and emodin. Polyhedron, 2019, 159(1): 116 - 126.

[8] Liu J, Bao T, Yang X, et al. Controllable porosity conversion of metal-organic frameworks composed of natural ingredients for drug delivery. Chemical Communications, 2017, 53 (55): 7804 - 7807.

[9] Forgan R S, Smaldone R A, Gassensmith J J, et al. Nanoporous carbohydrate metal-organic frameworks. Journal of the American Chemical Society, 2012, 134(1): 406 - 417.

[10] Furukawa Y, Ishiwata T, Sugikawa K, et al. Nano- and microsized cubic gel particles from cyclodextrin metal-organic frameworks. Angewandte Chemie-Interntional Edition, 2012, 51 (42): 10566 - 10569.

[11] Li X, Guo T, Lachmanski L, et al. Cyclodextrin-based metal-organic frameworks particles as efficient carriers for lansoprazole: study of morphology and chemical composition of individual particles. International Journal of Pharmaceutics, 2017, 531(2): 424 - 432.

[12] Kaye S S, Dailly A, Yaghi O M, et al. Impact of preparation and handling on the hydrogen storage properties of Zn4O(1,4-benzenedicarboxylate)(3)(MOF - 5). Journal of the American Chemical Society, 2007, 129(46): 14176.

[13] Sha J Q, Wu L H, Li S X, et al. Synthesis and structure of new carbohydrate metal-organic frameworks and inclusion complexes. Journal of Molecular Structure, 2015, 1101: 14 - 20.

[14] Han Y, Liu W, Huang J, et al. Cyclodextrin-based metal-organic frameworks (CD-MOFs) in pharmaceutics and biomedicine. Pharmaceutics, 2018, 10(4): 1999 - 4923.

[15] Rajkumar T, Kukkar D, Kim K H, et al. Cyclodextrin-metal-organic framework (CD-MOF): From synthesis to for applications: From synthesis to for applications. Journal of Industrial and Engineering Chemistry, 2019, 72: 50 - 66.

[16] Liu B, He Y, Han L, et al. Microwave-assisted rapid synthesis of gamma-cyclodextrin metal-organic frameworks for size control and efficient drug loading. Crystal Growth & Design, 2017, 17(4): 1654 - 1660.

[17] Shen M, Zhou J, Elhadidy M, et al. Cyclodextrin metal-organic framework by ultrasound-assisted rapid synthesis for caffeic acid loading and antibacterial application. Ultrason Sonochem, 2022, 86: 106003.

[18] Ding H, Wu L, Guo T, et al. CD-MOFs crystal transformation from dense to highly porous form for efficient drug loading. Crystal Growth & Design, 2019, 19(7): 3888 - 3894.

[19] Qiu C, Wang J, Qin Y, et al. Green synthesis of cyclodextrin-based metal organic frameworks through the seed-mediated method for the encapsulation of hydrophobic molecules. Journal of Agricultural and Food Chemistry, 2018, 66(16): 4244 - 4250.

[20] Qiu C, McClements D J, Jin Z, et al. Development of nanoscale bioactive delivery systems using sonication: Glycyrrhizic acid-loaded cyclodextrin metal-organic frameworks. Journal of Colloid and Interface Science, 2019, 553: 549 - 556.

[21] Pignitter M, Dumhart B, Gartner S, et al. Vitamin A is rapidly degraded in retinyl ralmitate-fortified soybean oil stored under household conditions. Journal of Agricultural and Food Chemistry, 2014, 62(30): 7559 - 7566.

[22] Hemery Y M, Fontan L, Moench P R, et al. Influence of light exposure and oxidative status on the stability of vitamins A and D - 3 during the storage of fortified soybean oil. Food Chemistry, 2015, 184: 90 - 98.

[23] Michida W, Ezaki M, Sakuragi M, et al. Crystal growth of cyclodextrin-based metal-organic framework with inclusion of ferulic acid. Crystal Research & Technology, 2015, 50(7): 556 - 559.

[24] Moussa Z, Hmadeh M, Abiad M G, et al. Encapsulation of curcumin in cyclodextrin-metal organic frameworks: dissociation of loaded CD-MOFs enhances stability of curcumin. Food Chemistry, 2016, 212: 485 - 494.

[25] Qiu C, Wang J, Zhang H, et al. Novel approach with controlled nucleation and growth for green synthesis of size-controlled cyclodextrin-based metal-organic frameworks based on short-chain starch nanoparticles. Journal of Agricultural and Food Chemistry, 2018, 66(37): 9785 - 9793.

[26] Ke F, Zhang M, Qin N, et al. Synergistic antioxidant activity and anticancer effect of green tea catechin stabilized on nanoscale cyclodextrin-based metal-organic frameworks. Journal of Materials Science, 2019, 54(14): 10420 - 10429.

[27] Lv N, Guo T, Liu B, et al. Improvement in thermal stability of sucralose by γ-Cyclodextrin metal-organic frameworks. Pharmaceutical Research, 2017, 34(2): 269 - 278.

[28] Jia Q, Li Z, Guo C, et al. A gamma-cyclodextrin-based metal-organic framework embedded with graphene quantum dots and modified with PEGMA via SI-ATRP for anticancer drug delivery and therapy. Nanoscale, 2019, 11(43): 20956 - 20967.

[29] Chen J, Guo T, Ren X, et al. Efficient capture and stabilization of iodine via gas-solid reaction using cyclodextrin metal-organic frameworks. Carbohydrate Polymers, 2022, 291:

1879 - 1344.

[30] Zhang G, Meng F, Guo Z, et al. Enhanced stability of vitamin A palmitate microencapsulated by γ-cyclodextrin metal-organic frameworks. Journal of Microencapsulation, 2018, 35(3): 249 - 258.

[31] He Y, Zhang W, Guo T, et al. Drug nanoclusters formed in confined nano-cages of CD-MOF: dramatic enhancement of solubility and bioavailability of azilsartan. Acta Pharmaceutica Sinica B, 2019, 9(1): 97 - 106.

[32] Abucafy M P, Caetano B L, Chiari B G, et al. Supramolecular cyclodextrin-based metal-organic frameworks as efficient carrier for anti-inflammatory drugs. European Journal of Pharmaceutics and Biopharmaceutics, 2018, 127: 112 - 119.

[33] Li H, Lv N, Li X, et al. Composite CD-MOF nanocrystals-containing microspheres for sustained drug delivery. Nanoscale, 2017, 9(22): 7454 - 7463.

[34] Li H, Zhu J, Wang C, et al. Paeonol loaded cyclodextrin metal-organic framework particles for treatment of acute lung injury via inhalation. International Journal of Pharmaceutics, 2020, 587: 119649.

[35] Zhou Y, Zhang M, Wang C, et al. Solidification of volatile D-limonene by cyclodextrin metal-organic framework for pulmonary delivery via dry powder inhalers: In vitro and in vivo evaluation. International Journal of Pharmaceutics, 2021, 606: 120825.

[36] Zhou P, Cao Z, Liu Y, et al. Co-achievement of enhanced absorption and elongated retention of insoluble drug in lungs for inhalation therapy of pulmonary fibrosis. Powder Technology, 2022, 407: 117679.

[37] Zhao K, Guo T, Sun X, et al. Mechanism and optimization of supramolecular complexation-enhanced fluorescence spectroscopy for the determination of SN - 38 in plasma and cells. Luminescence, 2020, 36(2): 531 - 542.

[38] Zhang K, Ren X, Chen J, et al. Particle design and inhalation delivery of iodine for upper respiratory tract infection therapy. AAPS PharmSciTech, 2022, 23(6): 189.

[39] Singh V, Guo T, Wu L, et al. Template-directed synthesis of a cubic cyclodextrin polymer with aligned channels and enhanced drug payload. RSC Advances, 2017, 7(34): 20789 - 20794.

[40] Lu S, Ren X, Guo T, et al. Controlled release of iodine from cross-linked cyclodextrin metal-organic frameworks for prolonged periodontal pocket therapy. Carbohydrate Polymers, 2021, 267: 118187.

[41] 王勤,王彩芬,伍丽,等.交联环糊精金属有机骨架负载甲氨蝶呤缓释微粒的制备及体内外评价.药学学报,2021,56(6): 1712 - 1718.

[42] Bello M, Yang Y, Wang C, et al. Facile synthesis and size control of 2D cyclodextrin-based metal-organic frameworks nanosheet for topical drug delivery. Particle & Particle Systems Characterization, 2020, 37(11): 2000147.

[43] Sun X, Zhang X, Ren X, et al. Multiscale co-reconstruction of lung architectures and inhalable materials spatial distribution. Advanced Science, 2021, 8(8): 2003941.

[44] Yang H, Hu Y, Kang M, et al. Gelatin-glucosamine hydrochloride/crosslinked-cyclodextrin

metal-organic frameworks@ IBU composite hydrogel long-term sustained drug delivery system for osteoarthritis treatment. Biomedical Materials, 2022, 17(3): 035003.

[45] Wu T, Hou X, Li J, et al. Microneedle-mediated biomimetic cyclodextrin metal organic frameworks for active targeting and treatment of hypertrophic scars. ACS Nano, 2021, 15 (12): 20087 - 20104.

[46] Singh V, Guo T, Xu H, et al. Moisture resistant and biofriendly CD-MOF nanoparticles obtained via cholesterol shielding. Chemical Communications, 2017, 53(66): 9246 - 9249.

[47] Hu X, Wang C, Wang L, et al. Nanoporous CD-MOF particles with uniform and inhalable size for pulmonary delivery of budesonide. International Journal of Pharmaceutics, 2019, 564: 153 - 161.

[48] Qiu C, Julian McClements D, Jin Z, et al. Resveratrol-loaded core-shell nanostructured delivery systems: cyclodextrin-based metal-organic nanocapsules prepared by ionic gelation. Food Chemistry, 2020, 317: 126328.

[49] Wei Y, Chen C, Zhai S, et al. Enrofloxacin/florfenicol loaded cyclodextrin metal-organic-framework for drug delivery and controlled release. Drug Delivery, 2021, 28(1): 372 - 379.

[50] Li H, Hill M R, Huang R, et al. Facile stabilization of cyclodextrin metal-organic frameworks under aqueous conditions via the incorporation of C60 in their matrices. Chemical Communications, 2016, 52(35): 5973 - 5976.

[51] Ke D, Feng J F, Wu D, et al. Facile stabilization of a cyclodextrin metal-organic framework under humid environment via hydrogen sulfide treatment. RSC Advances, 2019, 9(32): 18271 - 18276.

[52] Michida W, Nagai A, Sakuragi M, et al. Discrete polymerization of 3,4-ethylenedioxythiophene in cyclodextrin-based metal-organic framework. Crystal Research and Technology, 2018, 53(4): 1521 - 4079.

[53] He Y, Xu J, Sun X, et al. Cuboidal tethered cyclodextrin frameworks tailored for hemostasis and injured vessel targeting. Theranostics, 2019, 9(9): 2489 - 2504.

[54] Shakya S, He Y, Ren X, et al. Ultrafine silver nanoparticles embedded in cyclodextrin metal-organic frameworks with GRGDS functionalization to promote antibacterial and wound healing application. Small, 2019, 15(27): 1901065.

[55] He Y, Xiong T, He S, et al. Pulmonary targeting crosslinked cyclodextrin metal-organic frameworks for lung cancer therapy. Advanced Functional Materials, 2021, 31(3): 1616 - 3028.

[56] Xue Q, Ye C, Zhang M, et al. Glutathione responsive cubic gel particles of cyclodextrin metal-organic frameworks for intracellular drug delivery. Journal of Colloid and Interface Science, 2019, 551: 39 - 46.

[57] Huang C, Xu J, Li J, et al. Hydrogen peroxide responsive covalent cyclodextrin framework for targeted therapy of inflammatory bowel disease. Carbohydrate Polymers, 2022, 285: 119252.

[58] He S, Wu L, Sun H, et al. Antioxidant biodegradable covalent cyclodextrin frameworks as particulate carriers for inhalation therapy against acute lung injury. ACS Applied materials & Interfaces, 2022, 14(34): 38421 - 38435.

第二十六章

介孔辅料

多孔材料是当前材料科学中发展较为迅速的一种材料,根据国际纯粹与应用化学联合会(International Union of Pure and Applied Chemistry, IUPAC)的规定,多孔材料按其孔径大小可分为三类:微孔材料(孔径<2 nm)、介孔材料(孔径介于2~50 nm)和大孔材料(孔径>50 nm);具有纳米级孔径的药用多孔辅料,由于具有巨大的比表面积和孔体积成孔容积、孔径大小连续可调、载药量较高等许多独特的性质和较强的应用性,近年来已被广泛应用于药物递送系统的研究。

在创新药物应用中,约有40%以上的药物为难溶性药物,且高达70%的药物由于水溶性差,胃肠道内溶出困难,导致药物的不完全吸收和较低的生物利用度,进而难以良好地发挥疗效而不能用于临床。针对难溶性药物中的BCS Ⅱ型药物(低水溶性/高渗透性药物),如何最大限度地发挥药效并提高该类药物的溶解度和生物利用度等是新药创制与现有药物功效改善亟须解决的重大科学问题。应对这一挑战最常见的手段:将原料药制备成特定形态,使用具有一定功能的载体对其进行稳定装载,制备安全有效的药物递送系统,以提高制剂中原料药的溶出度及生物利用度。

介孔辅料凭借其独特的优势,可以作为递送难溶性药物的优良载体。对该类辅料多孔性的调控能显著影响制剂的载药量、药物溶出/释放行为及药物稳定性等。辅料的孔道越多,孔隙率越高,载药量相对更高;原料药与辅料最终形成的载药体系/制剂的孔隙率越高,溶出介质就越能渗透和崩解制剂,释药速度更快,进而提高BCS Ⅱ型药物的生物利用度。介孔辅料具有独特的刚性骨架结构,可以防止载体内药物的相互聚集,提高其物理稳定性,从而克服传统固体分散体的"老化"现象。介孔辅料借助其独特的优势,在药学领域中的应用十分广泛,具有不可替代的作用,被广泛应用于速释、缓释、控释和靶向药物递送系统。

一、概述

介孔辅料具有相对密度低、孔隙率和比表面积大、渗透性和吸附性好等特点,在药物制剂中应用广泛。与其他辅料相比,多孔结构可以改善粉体的功能性质,如流动性、填充性和压缩性,进而改善制剂产品的性质,如提高药物的稳定性和改善药物的溶出行为等[1];不同的介孔载体的孔道形貌及孔隙率等参数会影响载药系统的载药量和溶出/释放行为。在过去的20年,介孔二氧化硅纳米粒(mesoporous silica nanoparticles, MSN)凭借其独特的介孔结构和高比表面积,显示出优于传统药物纳米载体的优势,是目前应用最为广泛的介孔载体,广泛用于各类药物递送系统中。2001年,Vallet-Regí首次报道了MSN作为药物递送系统的应用[2]。研究将抗炎药布洛芬装载到MCM-41型的孔道中,MSN表现出高载药能力和持续的药物释放行为。随着研究的逐渐深入,MSN已被证明在装载化学药物、治疗性蛋白质和基因等方面具有独到的优势。因MSN特殊的介孔结构和高比表面积的特性,具有较强的装载药物分子的能力,并且可以在生理条件下释放负载的分子;其可控的孔径和几何形状,有序的孔结构也有助于均匀负载不同尺寸和性质的客体分子。MSN的另一个重要优势是良好的单分散性,可控的尺寸和结构,能够确保体内药代动力学的一致性。MSN在利用骨架载体载药的基础上,还可借助表面丰富的硅醇基在表面进行功能化修饰/聚合物包衣等过程,进一步调控药物的释放速度,从而满足缓控释制剂的释放需求。在缓控释制剂的基础上,MSN生物相容性好,在一定浓度范围内无明显的不良反应,有研究报道,一定量的MSN载体注射进入体内,4周后,基本可以以粪便或尿液的形式排出体外[3]。基于此,对于MSN用于控释和靶向递送系统受到广泛的关注。本书中,除标题外,介孔二氧化硅为纳米级别,用作递送载体时,写为MSN;当其作为药用辅料时,一些介孔二氧化硅的粒径处于微米级别的写为介孔二氧化硅。

除MSN外,目前应用研究较为广泛的介孔辅料还有介孔碳、金属有机骨架载体和有机介孔骨架载体等。介孔碳具有丰富的孔隙、易于表面修饰的特点和广泛吸收紫外-可见光-近红外段光的能力,被应用于药物递送、联合治疗和成像领域。金属有机骨架由有机配体和无机金属单元构成,具有多变的拓扑结构,客体分子进入孔道中可以与活性位点发生作用,在气体吸附、药物缓控释、发光及催化领域发挥重要作用。共价有机介孔骨架主要由有机小分子单体通过强共价键相互连接而成,有质量轻、密度低和比表面积高等优良性质,可应用于气体吸附与存储、药物递送等领域,而其晶型结构规整、孔道开放且大小均一的独特性质,使其成为催化剂载体、药物缓释递送载体和分子筛薄膜等的理想材料。

（一）介孔类药用辅料的分类

介孔类药用辅料属于多孔辅料的一种,具有比表面积大、孔隙率高、吸附性能强等特点(图 26 - 1)。常用的介孔辅料大致分为两种：有序介孔材料和无序介孔材料。有序介孔材料是以表面活性剂形成的超分子结构为模板,利用溶胶–凝胶工艺,通过有机物–无机物界面间的定向作用,组装成孔径为 2~30 nm 的孔径分布窄且孔道结构规则的无机多孔材料。有序介孔辅料按骨架成分的不同可分为两类：硅基介孔辅料和非硅基介孔辅料。硅基介孔辅料骨架为二氧化硅,非硅基介孔辅料通常以非硅的其他氧化物或金属等为骨架。而对于无序介孔辅料来说,其孔径的大小范围变化较大,孔道形状相对来说不规则,结构和排列都相对错综复杂、缺少规律,且孔道之间互为连通。

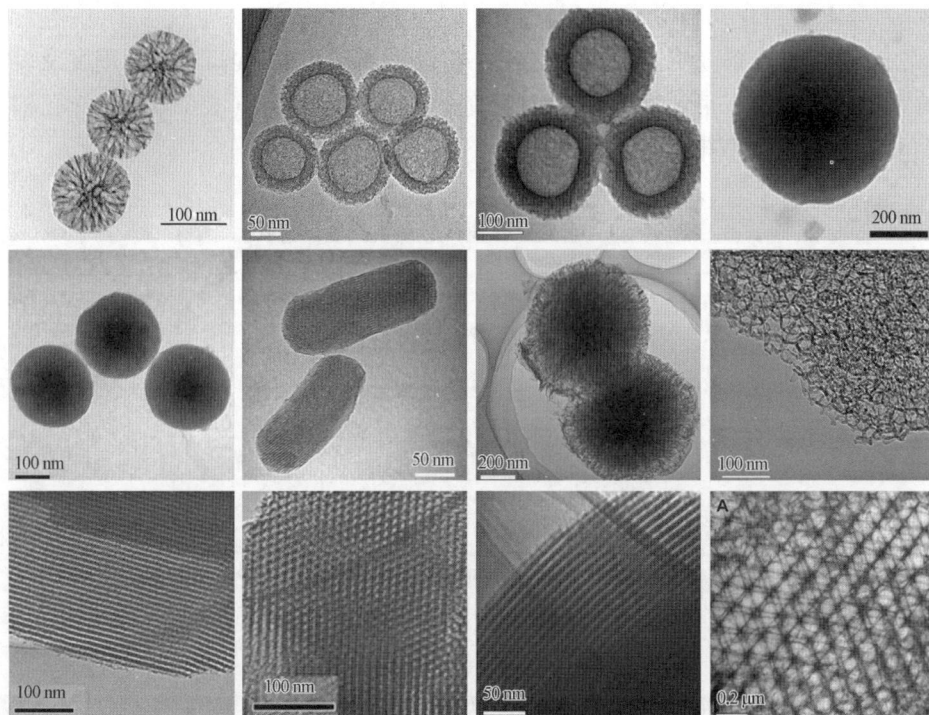

图 26 - 1　不同粒径和孔形貌的介孔辅料的透射电镜图片

1. 有序介孔辅料

（1）MCM 系列：以 MCM - 41 为代表，孔道均匀且呈六方有序排列；孔径可在 2~10 nm 内调控；比表面积通常大于 700 m^2/g。

（2）SBA 系列：以 SBA - 15 为代表，二维均匀六边形有序排列；孔径可在 5~50 nm 内调控；因孔壁更厚，在压片过程中介孔结构不会坍塌而表现出良好的可压缩性质。最常见的形态是几十微米长的面条状纤维束，并与几微米长的短棒状颗粒共存。

其他有序介孔材料目前多见于实验室合成及在药物递送系统中的应用。

2. 无序介孔辅料

（1）二氧化硅：以市售产品 Aerosil®；Parteck®；Sylysia®；Syloid® 为代表。

（2）硅酸钙：以市售产品 Florite® 为代表。

（3）硅酸铝镁：以市售产品 Neusilin® 为代表。

其他无序介孔辅料已经有各种市售产品，已经用于实际研发和生产中。

（二）市售介孔辅料

介孔辅料在提高难溶性药物的溶出速率、改善溶出度、提高生物利用度及提高稳定性等方面有很大的优势，已有系列介孔辅料市售应用（表 26 - 1），介孔辅料具有典型的疏松孔隙（图 26 - 2）[4]。

表 26 - 1　市售介孔辅料的基本信息三线表

商品名	成 分	系 列	亲水/疏水	粒径（μm）	表面积（m^2/g）
Aerosil®	无孔二氧化硅	Aerosil 200	亲水	0.012	200
		Aerosil R972	疏水	0.016	110
Sylysia®	多孔二氧化硅	Sylysia 350	亲水	3.9	300
		Sylysia 730	疏水	4.0	700
Parteck®	多孔二氧化硅	Parteck SLC 500	亲水	2~20	500
Syloid®	介孔二氧化硅	Syloid® FP	亲水	1~20	700
Florite®	多孔硅酸钙	Florite™ RE	疏水	21.6	120
Neusilin®	多孔镁铝硅酸盐	Neusilin™ US₂	疏水	106	300

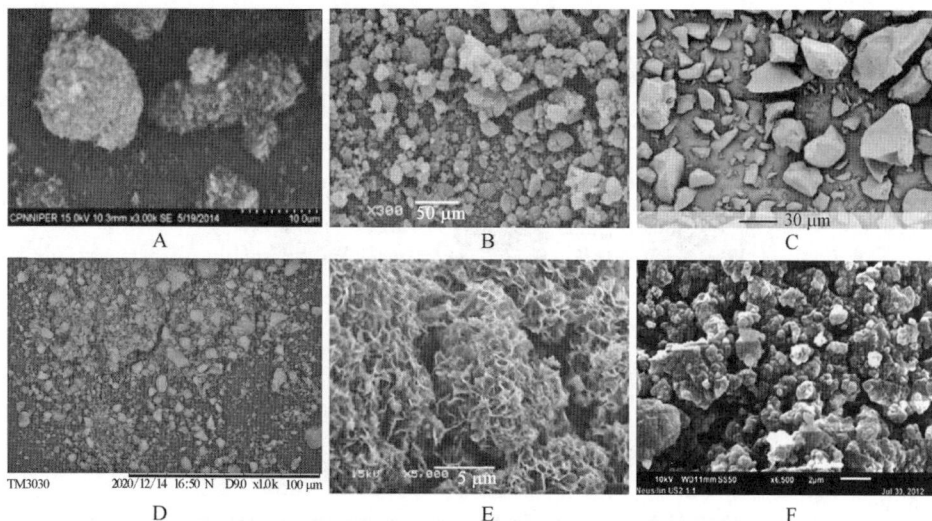

图 26 - 2　产品于 SEM 下形态（A）Aerosil 200 PHARMA（B）Sylysia 350（C）Parteck® SLC（D）Syloid 244FP（E）Florite（F）Neusilin^{TM} US₂

（三）介孔辅料及载药体系的常用制备方法

1. 介孔辅料的常用制备方法　介孔类辅料合成方法多种多样,主要包括溶胶-凝胶法、微乳液法、选择性刻蚀法、自模板法和水热法等[5]。这些方法经过了多年的实践探索,得到了不断的优化和改进,从而使得介孔类辅料发展出更为多样化、独特的结构和性能。

以二氧化硅介孔类辅料的合成方法为例,其主要原理是通过控制化学反应的条件和环境,使得硅源物质在某些组分的催化下,在介孔模板的作用下形成介孔结构。

（1）溶胶-凝胶法:以 MSN 的形成为例,Stöber 法是最早被开发出来的方法,以水、乙醇或两者的混合物为溶剂、以正硅酸乙酯为硅源,以氨水为催化剂,经过正硅酸乙酯的水解,制备得到 MSN。目前,使用最为广泛的 MSN 合成方法是溶胶-凝胶法,此方法主要是基于 Stöber 方法的改进。溶胶-凝胶法的一般过程包括水解、缩合、生长和聚集四个阶段。具体过程如下:将水、乙醇、模板(造孔剂)和催化剂搅拌混合;将硅源(正硅酸乙酯使用地最为广泛)滴加至该混合物中,随即硅源发生水解和缩合,形成硅溶胶;硅溶胶经过凝胶化过程,形成凝胶;将形成的凝胶通过煅烧或酸性溶剂萃取去除模板即可得到 MSN。这种方法具有操作简单、工艺可控、适用范围广等优点。但是,这种方法需要控制化学反应条件以形成均匀的介孔结构,且制备过程耗时较长。此外,制备有序介孔材料的重点是控制在纳米尺度下的"造孔",即模板按照一定结构有序地排列。因此,按照造孔模板的种类和原理,又可分成两大类:软模板法和硬模板法,见图 26-3。

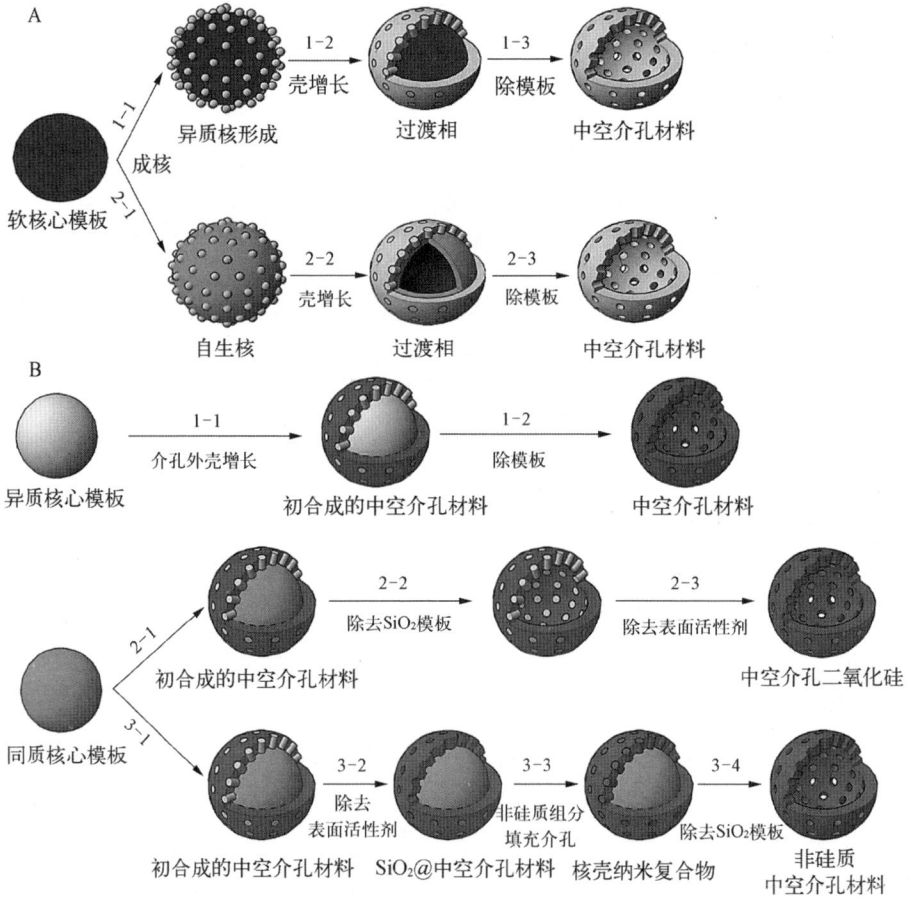

彩图 26-3

图 26-3 中空介孔纳米粒的合成方法

A. 软模板法;B. 硬模板法[6]

1)软模板法:软模板法是利用具有"软"结构的分子(表面活性剂或者嵌段高分子)作为模板剂,通过和前驱体之间的静电引力和氢键等作用力进行自组装构建有序介孔结构,除去模板剂后形成孔道开放的介孔载体。

2)硬模板法:硬模板法使用的是"刚性"的具有介观结构的固体材料作为模板,通过静电吸附、共价键或物理吸附等方式将硅源溶胶吸附到硬模板孔道内部,经过交联、固化形成介孔骨架结构,最后再脱除"刚性模板"得到介孔载体。

（2）微乳液法：该方法是利用微乳液稳定性强的特性，将含硅源的前驱体置于水相中形成微乳液，调节反应条件，使其逐渐转化为凝胶体系，经过高温处理后，获得介孔结构。该方法具有反应温和、材料孔径可控、孔径分布窄等优点，但需要控制乳液的形成条件如温度、pH、反应时间等参数，才能获得具有优良介孔结构的材料。在制备 MSN 时，一般采用硅酸四乙酯（TEOS）作为硅源，通过水解缩合反应形成 MSN。例如，采用 TEOS 为硅源，十六烷基三甲基溴化铵（CTAB）为软模板，甲基丙烯酸甲酯单体（MMA）为硬模板，正辛烷为油相，去离子水为水相，2,2′-偶氮二异丁基脒二盐酸盐为 MMA 单体聚合的引发剂，L-赖氨酸为 TEOS 水解的催化剂，在微乳液中与硅源水解同步生成聚甲基丙烯酸甲酯（PMMA），合成二氧化硅与 PMMA 的复合纳米球。最后通过醇洗、水洗除去表面活性剂模板，煅烧除去 PMMA 模板，生成 MSN。通过调节反应液中 MMA 的浓度（0.5~25 g/L），合成了不同孔径（3~15 nm）的 MSN，见图 26-4。

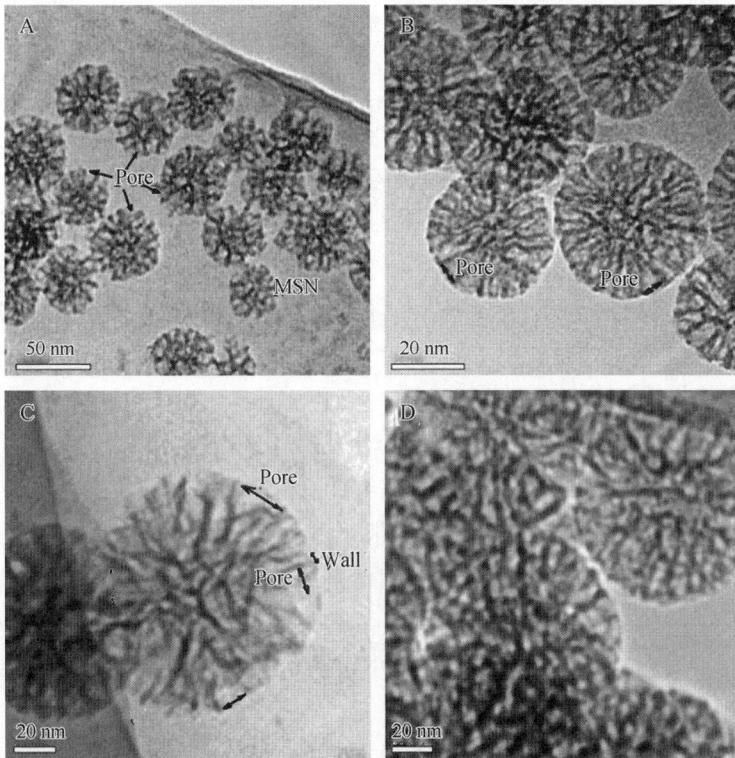

图 26-4 不同孔径 MSN 的透射电镜图

A. 4 nm；B. 8 nm；C. 12 nm；D. 15 nm。Pore. 孔道；Wall. 孔壁

（3）选择性刻蚀法：选择性刻蚀法利用了不同结构二氧化硅层刻蚀速率的差异，在不同的温度及 pH 条件下，二氧化硅的刻蚀速率和稳定性有所不同，在多层不同结构的二氧化硅复合载体的制备过程中，选择性刻蚀的方法为形成中空结构提供了可能。Jiao 等首先采用改良的 Stöber 法制备了实心二氧化硅纳米球，然后在实心二氧化硅纳米球表面采用 CTAB 为软模板包覆了一层含有 CTAB 的介孔二氧化硅层，最后通过 Na_2CO_3 的选择性刻蚀作用，使得中间的实心二氧化硅纳米球被除去，而由于有 CTAB 模板的保护作用，使得介孔二氧化硅层被保留下来，最终通过萃取除去模板，即得到中空介孔二氧化硅纳米粒（hollow mesoporous silica nanoparticles，HMSN）[7]。

（4）水热法：水热法是一种通过在高压釜中进行水热反应实现微观结构构筑和晶体生长的方法。在使用水热法制备介孔硅时，需要将水、乙醇、模板剂和催化剂混合搅拌，然后将硅源滴加到混合物中，反应体系在高压釜中进行水热反应。在反应中，水和硅源发生水解、聚合反应，形成 MSN。这种方法的优点在于制备过程简单、材料孔径可调控等，但同时需要在高压、高温条件下进行反应，操作较为困难。在水热法制备 MSN 时，通常可以通过调节反应时间、温度、压力、硅源浓度等条件来控制材料的孔径大小和孔道壁的形貌。

综上所述，各种介孔类辅料的合成方法都具有各自独特的优点和应用范围。在实际应用中，需要综合考虑所需的材料性能和结构特征选择适合的合成方法，以获得最佳的性能和效果。除了介孔类辅料，不同的材料类别也有各自的合成方法和优缺点，需要在具体实验中进行深入研究和验证，以获得最优的材料性能和应用效果。

2. 载药体系的常用制备方法

（1）熔融法是将药物以熔融状态与介孔辅料进行混合共处理，通过骤冷，研磨过筛，制备固体分散体。由于介孔辅料的孔径很小，药物熔融液的流动性较差，黏度高，难以进入纳米孔道内部，一般不适用于介孔辅料。

（2）溶剂挥发法是将药物溶解有机溶剂中，将该有机溶剂与介孔辅料混合，通过搅拌、研磨等多种方式，之后通过旋转蒸发或者喷雾干燥等手段充分去除有机溶剂，获得药物/辅料分散体的干燥产物，该方法制备得到纳米分散体系的载药量高、药物分散均一及溶出效果显著。

（3）吸附平衡法是将介孔辅料加至含有药物的水性/有机溶剂中超声分散后，搅拌至吸附平衡，平衡一段时间后，通过离心、干燥以后得到的固体的载药系统，该方法制备得到纳米分散体系中药物分散均一，溶出效果显著，但载药量比溶剂挥发法低。

（4）喷雾干燥法是将溶液或悬浮液快速转化为干燥产品的方法。其原理是将药物和介孔辅料的悬浮液通过泵系统从容器输送到喷嘴,雾化成小液滴后溶剂立即蒸发,形成非常细小的固体分散体粉末。

（5）超临界CO_2法分为溶剂法和反溶剂法两种。溶剂法是将药物和介孔辅料放入一个耐压容器中加热。加入CO_2增加压力,维持一定时间后,将CO_2逐渐从容器中释放。在此过程中,药物溶解在CO_2中并扩散到介孔载体中。CO_2从容器中释放时,药物在介孔载体中沉淀。

（四）介孔辅料及载药体系的常用表征方法

1. SEM 和透射电子显微镜(TEM) SEM 可以直观、宏观地观察到粒子的表面形态及粒子分散的均一性,而透射电子显微镜(TEM)则可以直观地看到纳米粒子的内部孔道和结构特征(图26-5),SEM 图(图26-5A)中可见四种 MSN 载体的外观均为单分散状的小球且粒径均一;TEM 图(图26-5B)可以直接地观察四种介孔载体内部的孔道是完全不同的。因此,在对载体形貌的表征中,SEM 和 TEM 技术往往联合使用,以充分展示载体的内、外的形貌特点。

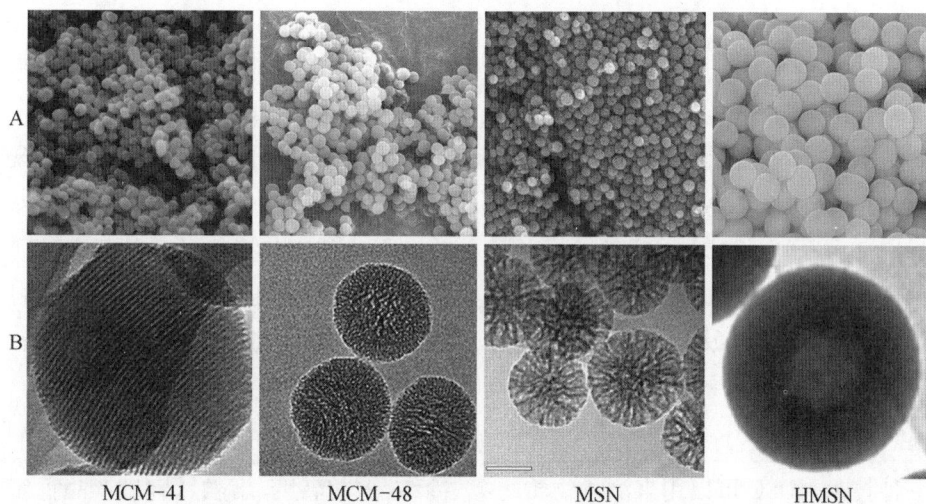

图 26-5 MSN 于 SEM 和 TEM 下的形貌(A)纳米球外形(B)纳米球内部结构

2. 比表面积和孔径分析仪 MSN 的比表面积和孔径主要通过氮气等温吸附和解吸附实验所得到的等温吸附曲线来表征。吸附等温线一般为Ⅳ型,其特征是吸附分支与脱附分支不一致,脱附等温线位于吸附等温线的上方,产生吸附滞后,呈现滞后环。此外,载体载药后由于介孔孔道被药物封堵导致其孔径和比表面积明显降低。如图 26-6A,球形介孔碳(uniform mesoporous carbon spheres,UMCS)未装载洛伐他汀(lovastatin,LOV)的载体吸脱附等温线存在明显的回滞环,而载药后回滞环明显减小或消失,B 图中的孔径分布的变化也说明药物成功载入孔道,并在一定程度上封堵了载体中的介孔孔道。

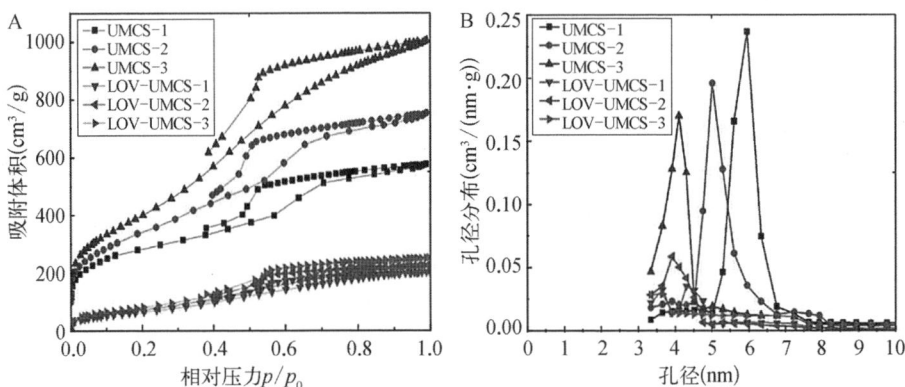

彩图 26-6

图 26-6 为载体载药前、后比表面积和孔径变化吸附解吸附等温线(A)和孔径分布曲线(B)

3. **Zeta 电位** 表征纳米粒子表面所带电荷一般通过测量其 Zeta 电位来确定,当分散体系的 Zeta 电位处于一定范围内时,体系才处于稳定状态。因此,在制备供试品的分散体系时,应注意测量体系 Zeta 电位,以保证分散体系的重现性,而载药体系 Zeta 电位也会影响到递送系统和体内其他生物组分之间的相互作用,以及后续在体内的分布和代谢[8]。Zeta 电位能够显示出纳米粒子表面所带电荷的正负性,并为利用静电吸附作用进行载药或载体表面修饰提供参考。一般来讲,MSN 的 Zeta 电位值介于 $-30 \sim -20$ mV。

4. **差示扫描量热法** 差示扫描量热法(differential scanning calorimetry,DSC)是一种在程序控制温度下,测量输给物质和参比物的功率差与温度关系的一种技术。DSC 可以用来测量物质的 T_g、冷结晶、相转变、熔融、结晶、产品稳定性等多种性质,在介孔辅料中常用来表征药物装载于载体后的存在状态等。下面以两种不同孔道结构的介孔二氧化硅(MCM-41 和 MCM-48)载体载难溶性药物西洛他唑(cilostazol,CLT)为例进行说明。如图 26-7A,原料药 CLT 在 161℃处出现尖锐的熔点峰,而无定型 CLT 则在 30℃时出现台阶式峰,这是 CLT

由无定型向熔融状态转变时出现吸热峰,T_g 为 31.88℃,在 88℃时又出现了放热峰,说明熔融状态的 CLT 开始了重结晶过程,最后在 139℃再次出现明显的吸热峰。而两种载药样品(CLT/MCM-41 和 CLT/MCM-48)的低温 DSC 曲线比较类似,在 25~110℃内出现较平缓的吸热峰,但是在 139℃或 161℃处熔点峰消失,说明 CLT/MCM-41 和 CLT/MCM-48 中的药物均以无定型状态存在,说明 MSN 的纳米级刚性孔道结构对 CLT 向稳定的结晶状态转变有明显的抑制作用。

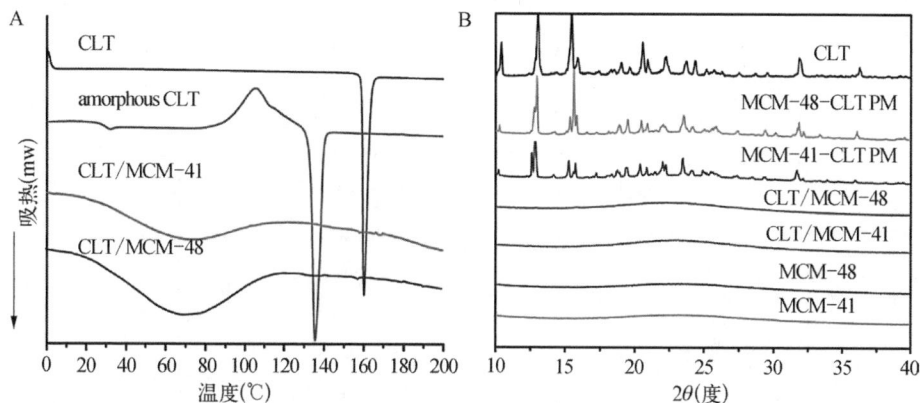

图 26-7　CLT 原料药、无定型 CLT、CLT/MCM-41 和 CLT/MCM-48 的低温 DSC 曲线(A);西洛他唑原料药,西洛他唑/介孔二氧化硅(MCM-48 和 MCM-41)的物理混合物,西洛他唑/介孔二氧化硅固体分散体(CLT/MCM-48 和 CLT/MCM-41),以及介孔二氧化硅(MCM-48 和 MCM-41)的 PXRD 图谱(B)

彩图 26-7

5. 粉末 X 射线衍射法　通过粉末 X 射线衍射(powder X-ray diffraction,PXRD)分析载药样品的衍射图谱,可以表征药物的存在状态。药物以晶体形式存在,粉末 X 射线衍射图谱会有明显的晶体衍射峰,若以非晶体的形式存在则不会有特征的晶体衍射峰。CLT 原料药样品分别在 10.3°、12.9°、15.3°、20.4°、22.0°、23.5°和 31.7°显示了强烈的特征衍射峰,说明其以稳定晶体形式存在,药物与载体的物理混合物的粉末 X 射线衍射峰的强度虽有所下降但药物的特征峰形仍然清晰可见,说明单纯地将药物与二氧化硅载体进行物理混合并不会对药物的存在形式造成影响(图 26-7)。空白载体 MCM-41 和 MCM-48 在 PXRD 图中无衍射峰出现,展现出无定型硅的特点,与单纯的药物峰形相比,载药样品 CLT/MCM-41 和 CLT/MCM-48 的衍射曲线特征衍射峰已经基本消失,说明药物装载于两种介孔载体中后,发生晶型转变,抑制药物的结晶过程并以无定型存在。

6. 热失重分析 热失重分析(thermogravimetric analysis，TGA)是通过在程序控温的情况下，测量物质的质量随温度(或时间)变化的关系。MSN 具有良好的热稳定性，而绝大多数的药物在加热的条件下会发生降解，甚至完全分解。因此，TGA 常常被用于测定 MSN 的载药量。例如，比较 CLT 在两种不同类型的 MSN 载体中的载药量，原料药 CLT 在温度达到 550℃时完全失重。两种 MSN 载体在整个升温过程中，都没有重量损失。由图中曲线可直观观察到 CLT-MCM-41 较 MCM-41 的下降程度小于 CLT-MCM-48 较 MCM-48 的下降程度，这说明 MCM-48 的载药量大于 MCM-41，两种载体的载药量分别为31%和28%(图 26-8)。

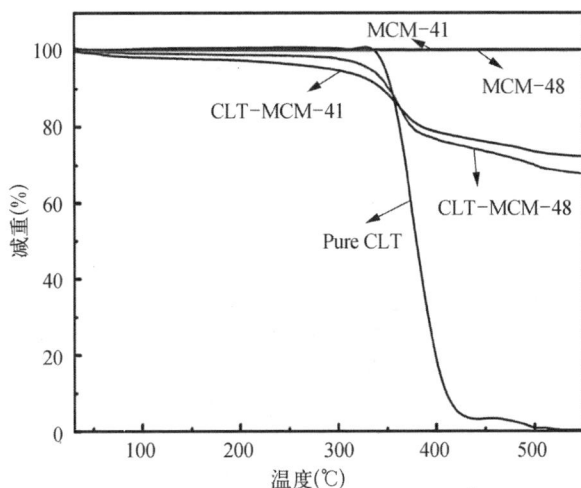

图 26-8 CLT 原料药、CLT-MCM-48、CLT-MCM-41 和单纯载体的 TGA 图

二、介孔二氧化硅等辅料的研究与应用

(一) 市售介孔二氧化硅的应用

近十年来，具有较大比表面积和孔体积的 MSN 因其在药物递送和生物医学中的应用而备受关注。本文主要介绍了基于市售介孔二氧化硅的应用和研究进展，其中包括速释和缓控释药物递送系统。此外，市售介孔二氧化硅作为药用辅料也有着广泛的用途。

1. 速释药物递送系统

(1) 改善药物分散性：将难溶性药物装载在介孔二氧化硅内部孔道中或

吸附于表面,使药物高度分散化,可以增大药物与溶出介质的接触面积,进而提高难溶性药物的溶出度。例如,呋塞米作为一种有效的循环利尿剂,因其溶解度较低,导致其溶出度和生物利用度较低。为提高药物的溶出度,研究选择聚维酮 K30、介孔二氧化硅(Syloid® 244FP、Syloid® XDP 3050)和无孔二氧化硅(Aeroperl® 300、Aerosil® 200)作为复合载体,用于开发新型非晶态呋塞米固体分散体。当呋塞米∶聚维酮 K30∶Syloid® 244FP 比例为 1∶1∶1 时,呋塞米溶出度最高。固体分散体(呋塞米-聚维酮 K30 - 244FP)可显著提高呋塞米的溶出度。因此,介孔二氧化硅可作为呋塞米的优良载体,为提高固体分散体的稳定性,进一步提高难溶性药物的溶出度提供了新的思路和方法[9]。此外,有研究使用三种市售的介孔二氧化硅载体(Syloid® silicas AL - 1 FP、XDP 3050 和 XDP 3150)装载难溶性药物苯丁氮酮,以提高苯丁氮酮的溶出度。发现这三种市售的介孔二氧化硅载体与药物的比例为 1∶1 时,药物的溶出度在 30 min 内显著提高[10]。

（2）改变孔隙形态:孔隙形态与药物的装载和释放密切相关,孔径的增大会提高难溶性药物的溶出和释放量。Wang 等的研究结果表明,具有互连孔隙结构的 MCM - 48 比无连接孔隙结构的 MCM - 41 更有利于难溶性药物 CLT 的溶出和释放[11]。Hu 等的研究结果表明,载药后具有 3D 笼状立方介孔结构的 SBA -16 比具有二维六边形排列的 MCM - 41 溶出速率更快,因为相互连接的孔隙结构减少了扩散阻力,加速了药物向溶出介质的扩散。例如,氯硝柳胺的溶解性差,溶出度低,可利用介孔二氧化硅来装载,以提高其溶出度。相比药物/载体为 1∶1 的体系,当比例为 1∶2 时,氯硝柳胺的溶出度更高。因此,介孔二氧化硅的结构、几何形状对溶出度均有影响,其改善溶出度的顺序依次为无孔二氧化硅(Aerosil® 200)<有序介孔二氧化硅(SBA - 15 和 MCM - 41)<非有序介孔二氧化硅(Sylysia® 350、Syloid® 244 FP 和 Neusilin™US₂)[12]。

（3）提高药物稳定性:介孔二氧化硅在高热的条件下仍保持良好的稳定性。例如,采用 Syloid® 244FP 固化肉桂挥发油,最佳固化比例为 1∶1,经过固化后,肉桂挥发油的体外溶出速率加快,热稳定性提高[13]。此外,以 Syloid® 244FP 为载体,用研磨法固化丁香油,通过高效液相色谱法测定丁香酚的含量和收率,以及加速试验法考察丁香酚的稳定性,结果显示丁香油稳定性提高,收率接近 100%[14]。此外,采用 Aeroperl® 300 Pharma 固化广藿香油,结果证明 Aeroperl® 300 Pharma 载药量较大,可吸附自身重量 1.5 倍的液体药物,且所得固化粉末流动性、填充性良好,同时提高了广藿香油的热稳定性[15]。

（4）提高生物利用度:药物以无定型状态存在于介孔二氧化硅中,能够提高药物的溶出度和生物利用度。例如,制备盐酸恩丹西酮自纳米乳化固体颗粒 (solid self-nanoemulsifying granule, SSNEG)时,可通过改善其水溶性和促进淋巴吸收来提高生物利用度。液体自纳米乳化药物递送系统通过吸附在 Sylysia® (350,550,730) 和 Neusilin™ US₂ 等多孔载体上转化为自由流动的颗粒,从而形成 SSNEG。体外释药研究结果表明,SSNEG 在 30 min 内的释放速度(30 min 内超过 80%)比游离的盐酸恩丹西酮(30 min 内仅为 35%)更快。Wistar 大鼠的体内药代动力学研究结果表明,SSNEG 的给药后血药浓度最高值和药-时曲线下面积明显高于游离的盐酸恩丹西酮,说明以无定型状态存在于介孔二氧化硅中的盐酸恩丹西酮的生物利用度显著提高[16]。

2. 缓控释药物递送系统　水溶性药物在体内具有溶出速率快、吸收快、消除快的特点,故疗效维持时间较短。为了延长疗效,可通过经表面修饰的介孔二氧化硅载体来控制高水溶性药物的释放。以 Syloid® XDP 3050 为例,将水溶性好、治疗窗口窄、溶解度高的药物盐酸左旋多巴甲酯装载到介孔二氧化硅中,然后进行药物释放的实验。释药结果表明,随着载体被修饰后疏水性的增加,与游离的盐酸左旋多巴甲酯相比,在相同时间下,介孔二氧化硅装载的药物释放率降低,药物释放时间延长,有利于药物作用的持续发挥[17]。

此外,可通过调整介孔二氧化硅的表面性质来控制水溶性药物卡托普利的释放。通过调节硅烷基化试剂的初始浓度来控制硅烷基化程度,进而调整介孔二氧化硅的表面性质和孔径,以控制水溶性药物卡托普利的释放速率。此外,载药量跟介孔二氧化硅的比表面积和表面亲疏水性直接相关,因此,可以通过调节硅烷基化程度来调整介孔二氧化硅的表面性质,从而实现良好的、可控的药物装载及释放[18]。

(二)介孔二氧化硅的新应用

自 2001 年 Vallet–Regí 等首次将 MCM–41 用作药物载体,并发现 MCM–41 的介孔孔道对药物分子具有缓释作用以来[2],功能化 MSN 作为药物载体已得到广泛应用。药效的发挥需要药物要到达病灶;此外,药物需要在病灶位置具有一定的浓度并维持一定的时间,而介孔辅料具有较大比表面积和孔容积,可被有机官能团修饰从而控制并决定药物的释放速度和释放部位,使其成为一种良好的药物载体,实现对药物的控制释放和靶向递送[19,20]。

1. 药物递送　由于 MSN 具有比表面积大、形貌结构可调、表面易修饰及生物相容性良好等优点,被广泛应用于药物递送系统中,特别是具有刺激响应性质的功能化 MSN 在疾病治疗和诊断方面表现出巨大的应用潜力。

　　刺激响应性 MSN 递送系统是一类在特定刺激(如 pH,氧化还原,光等)作用下功能基元发生结构转变(如裂解、解离、异构化等)而触发所载药物按需可控释放的智能反馈型载体。基于此,Wu 等报告了一种基于中空介孔二氧化硅纳米递药载体材料(DOX/HMSN‒CyL),构建氧化还原、pH 和近红外光多重刺激响应型药物递送系统,实现光热疗法增强的化学疗法[21]。光热染料 Cypate 作为一种可被近红外光激发的光热剂,通过二硫键与中空介孔二氧化硅的外表面结合。表面通过二硬脂酰基磷脂酰乙醇胺-聚乙二醇 2000 的封堵,抑制了抗肿瘤药物多柔比星的突释,延长了体内循环时间;并且在谷胱甘肽、酸性微环境和近红外光照射的三重刺激下,多柔比星的释放明显加快,研究结果表明 DOX/HMSN‒CyL 可实现氧化还原/pH/近红外光的多重响应型药物释放(图 26‒9)。

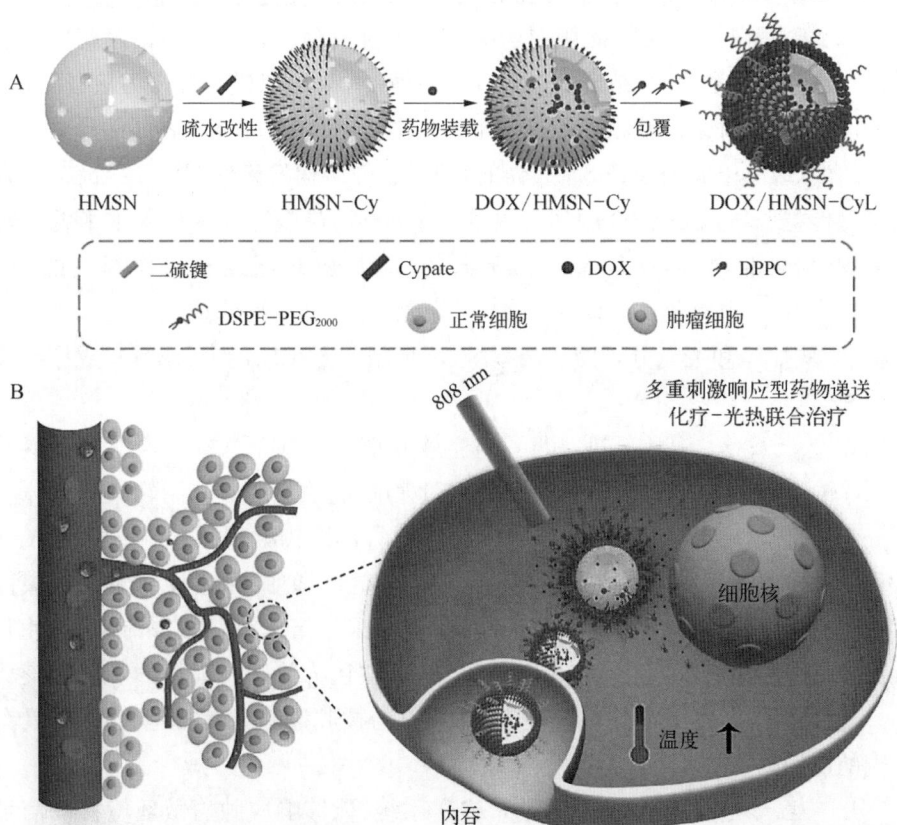

图 26‒9　**DOX/HMSN‒CyL 的合成和多重响应型协同光热治疗和化学疗法的示意图**

彩图 26-9

2. 靶向药物递送 理想的药物递送系统,不仅要具备良好的控释能力,还需要具备将药物准确地递送到病灶部位的能力。在恶性肿瘤的治疗中,精准的靶向可以提高药物的治疗效果,同时也可以大大减少药物对正常细胞和组织的不良反应。目前,基于 MSN 靶向药物递送系统的研究,主要集中在配体靶向和磁靶向两个方向。

(1)配体靶向:配体靶向利用抗体或特定配体的细胞靶向,它依赖于靶向剂与细胞表面抗体的选择性结合,从而引起受体介导的细胞内吞。叶酸是目前研究得比较广泛和深入的配体靶向,这是由于绝大多数癌细胞表面的叶酸受体表达过度,如卵巢癌、直肠癌、乳腺癌、肺癌、神经内分泌癌等。有研究利用超支化聚乙烯亚胺修饰 MSN 的外表面,再利用其表面的氨基修饰荧光分子 FITC 和叶酸配体,制备出同时具有标记和靶向功能的药物递送系统。实验结果显示,叶酸受体表达多的癌细胞与正常细胞相比,其粒子内吞数量多出 5 倍以上[22]。

(2)磁靶向:近年来,磁靶向药物递送系统成为一种新型的靶向药物递送系统。磁性粒子和 MSN 结合的形式分为两种:一种是以磁性粒子为核,MSN 为壳的形式;另一种是磁性粒子通过一定的化学作用吸附在 MSN 表面的形式。其中,以微米级 Fe_3O_4 为核,MSN 为壳的具有核-壳结构的磁性 MSN 复合粒子,开启了磁性粒子与 MSN 结合的技术热潮[23]。此外,超顺磁性氧化铁纳米粒子封孔的 MSN 纳米棒,不仅具有药物靶向的作用,还充当控制药物释放的"门卫"[24]。另外,以氧化铁晶体为核,MSN 为壳,并在外表面修饰上一层亲水的磷酸根、叶酸配体和荧光分子的递药系统,不但增强了靶向能力,还具有成像示踪的功能。

3. 基因载体 基因转染是将具有生物功能的核酸(DNA、反义寡核苷酸及 RNAi)转移到细胞内,使其在细胞内维持生物功能的过程。基因转染的载体主要分为病毒载体和非病毒载体。病毒载体具有毒性较大、靶向性有限、DNA 装载量少及成本昂贵等问题,限制了其在实验室基础研究中的应用,而非病毒载体具有良好的生物相容性和可大量生产的优点。采用聚乙烯亚胺修饰 MSN,使其表面带正电荷后,DNA 和 siRNA 可与其结合,被认为是一种理想的基因转染载体。此外,其具有良好生物相容性,还可以作为抗肿瘤药物紫杉醇的载体,具有广阔的应用前景[25]。

4. 癌症诊疗 基于 MSN 的纳米递送系统,能够响应肿瘤微环境特征信号(包括 pH、酶、GSH 和 H_2O_2)或外源性刺激因素(如光、磁场、超声和 X 射线)的变化,启动其具有抗癌作用的药物释放,治疗模式涵盖单一疗法(如化学治疗、基因治疗)、双药/多药联合疗法及化学治疗/基因治疗协同光疗等。例如,通过设计以 MSN 为载体的气体发生器式治疗系统(HFoDI@P),可以实现化疗与光动力疗法和光热疗法的协同治疗[26]。利用 HMSN 的巨大空腔和介孔孔道封装全氟戊烷液滴、吲哚氰绿和多柔比星,并以生物相容性良好的聚多巴胺作为门控,在提高氧浓度的同时促进药物释放。在 808 nm 激光照射下,聚多巴胺的热效应使全氟戊烷液滴发生从液相到气相的转变,触发多柔比星和氧气释放,最终实现了增强的抗肿瘤协同效应(图 26-10)。

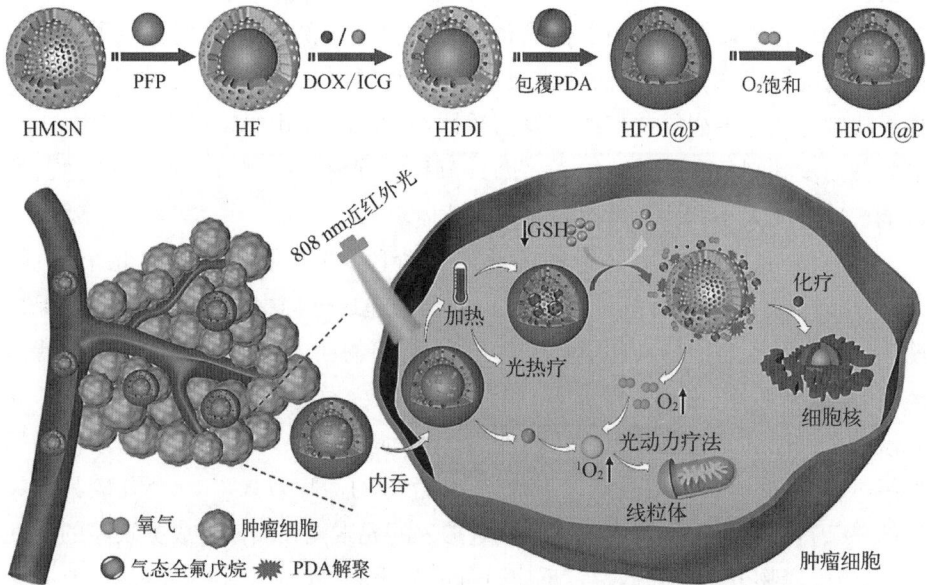

图 26-10　气体发生器式治疗系统(HFoDI@P)的示意图和增强的抗肿瘤的
光热-光动力疗法-化疗协同疗法的作用机制

(三) 其他介孔辅料

1. 介孔碳　介孔碳材料具有丰富的孔隙结构,能够吸附并装载难溶性药物,并提高其稳定性。同时,其巨大的表面易被不同的功能化基团修饰,以提高载体的生物相容性,起到控制药物释放和靶向递送等作用。此外,介孔碳在紫外-可见光-近红外段具有广泛的光吸收能力,可以兼作光热剂用于光热疗法。光敏性药物如光敏剂等能被装载到介孔孔道中,从而避免被日光激活而造成对皮肤或眼睛的光毒性,通常光敏剂在大功率治疗性光源的照射下被激发以产生治疗效果。介孔碳自身的光热效应也被应用于成像、联合治疗等领域。在激光照射下,其通过瞬时热膨胀产生超声成像信号,分辨率高且不受生物光散射等影响;在成像指导下,可以靶向富集介孔碳,在治疗性光源作用下产生局部高热,达到局部杀伤作用的同时改善化疗、化学动力学疗法等治疗效果[1]。

通常采用模板法制备介孔碳载体[2]。其中,硬模板法由于合成过程稳定,是最普遍的制备介孔碳载体的方法。碳前驱体(酚醛树脂、多糖等)被浇筑进模板孔道,经过交联固化和高温碳化后得到碳基质,再除去模板,得到介孔碳。该方法的孔道大小和分布取决于模板,而通过调控硬模板的孔道特征,可以改变介孔碳的孔径、孔体积和比表面积等。具有有序介孔结构的 SBA、CMK、FDU 等一系列介孔二氧化硅硬模板被用于合成高度有序的介孔碳载体[3],但是受限于合成硬模板的前置步骤,硬模板法合成成本高,过程耗时长,且难以大规模生产。软模板法则是通过多嵌段共聚物与表面活性剂的相互作用组装成介观结构,再通过相似的步骤制备介孔碳载体[4]。因其节省了硬模板的制备和填碳等过程,所以能快速合成大小和孔道可控的介孔碳载体。

目前,介孔碳的应用处于临床前研究阶段,主要集中于以下几个方面。① 介孔碳具有高比表面积和强吸附性,在药物递送过程中能够高效装载并保护药物。在介孔碳表面修饰环境响应性开关后,药物在内源性(酸碱、肿瘤独特微环境等)或外源性(磁、热、微波等)刺激下被释放,发挥靶向递送的效果。② 介孔碳具有广泛的光吸收和光热转换能力,基于此的光热疗法不仅能直接消融病变组织,而且能够协同增强光动力疗法、化疗等的治疗效果。③ 介孔碳具有灵活的掺杂特征和可控的表面活性。微量掺入的元素能在表面形成类缺陷的活性位点,吸引底物分子并降低特定反应过程的活化能,从而表现出类酶活性[5]。

基于碳材料的药物递送和联合治疗在临床前取得重大进展。然而,介孔碳在高温碳化后形成的稳定碳基质难以被降解和代谢排出体外。作为广泛存在于体内的内源性成分,追踪碳元素的体内分布和代谢过程依旧具有挑战性。目前临床应用的纳米碳混悬注射液(卡纳琳),可用于局部注射,示踪胃癌区域引流淋巴结。介孔碳的进一步应用需要合成工艺的优化,以及其体内过程的明确。

2. 金属有机骨架　金属有机骨架是近年来出现的一类具有巨大潜力的多孔辅料。金属有机骨架由金属离子或金属离子簇和有机配体配位自组装而成,由于晶体结构有序、孔道尺寸可调、比表面积高、结构新颖等特点,已经成为药物递送、成像和传感等领域的研究热点[27]。由于金属离子和有机配体组合千变万化,理论上会存在无数种金属有机骨架,但是合成方法及毒性等因素严重限制了金属有机骨架的临床应用。

按照结构可以将金属有机骨架分为以下五种类型：等网状金属有机骨架（isoreticular metal-organic framework，IRMOF）、沸石咪唑盐骨架（zeolitic imidazolate framework，ZIF）、莱瓦希尔骨架材料（materials of institut Lavoisier framework，MIL）、多孔配位网络（porous coordination network，PCN）和 UiO（University Oslo）材料[28]。IRMOF 具有三维立方多孔网络结构，由无机基团 $[Zn_4O]^{6+}$ 和芳香羧酸配体组成，可以通过改变羧酸配体调节 IRMOF 的孔径，使其与目标分子充分地结合。ZIF 由金属离子和咪唑配体组成，具有较高的热稳定性和优异的耐碱性，在生理条件下稳定，在酸性条件下易降解，因此可以构建 pH 响应型药物递送系统。MIL 由二羧酸配体和不同的过渡金属组成，在外界环境的影响下，其结构会在介孔和窄孔之间发生变化。PCN 具有三维孔结构[29]，其中包含多个立方八面体孔笼，并在空间中呈现孔笼通道拓扑结构，优异的介孔性能使其成为一种良好的载体。此外，PCN 还可以作为响应生物 pH 变化的检测工具。UiO 的结构包含正八面体 $[Zr_6O_4(OH)_4]$ 和 12 个有机配体对苯二甲酸，在水溶液和酸性溶液中具有良好的稳定性。

金属有机骨架具有高孔隙率和高比表面积，使其具有较强的吸附能力和药物装载能力。同时，金属有机骨架具有控制药物释放的能力，例如，在肿瘤微环境中的弱酸性条件下，金属有机骨架容易降解并释放药物或功能分子。此外，金属有机骨架还易于进行结构和功能的设计与修饰，并且易在不改变结构的前提下引入新的官能团，以改善金属有机骨架的性质，满足不同需求，常见的修饰方法包括共价修饰、非共价修饰和核壳结构等。与碳和无机沸石等传统多孔材料相比，金属有机骨架的独特优势在于金属离子和有机配体的可变性，这意味着功能分子能够直接作为金属离子或有机配体发挥作用。铁基金属有机骨架可以直接作为芬顿试剂，其在体内降解后，形成的 Fe^{3+} 可以催化芬顿反应的发生；基于 Ag 的金属有机骨架降解后释放的 Ag^+ 会持续产生抗菌性；以卟啉为配体的金属有机骨架可以作为激发光动力学疗法的光敏剂，能够避免将卟啉修饰在载体表面的复杂过程。金属有机骨架也呈现出优异的催化性能，高度结晶的结构确保表面催化剂的稳定性和持续性，较大的孔体积为催化中心提供了更开阔的空间。

金属有机骨架作为一种新型的药物载体，在药用辅料方面有着广阔的应用前景，但与其他载体相比，还处于起步阶段，且目前的研究大多集中在体外，体内研究还需加强。此外，尚未建立起多种金属有机骨架的大规模生产合成工艺，其生产成本仍然高于传统介孔材料。

3. 有机介孔纳米粒 有机介孔纳米粒是通过连接相对刚性的多维有机构

建块而制备,近年来在药物递送和癌症治疗中的应用方兴未艾。其具有独特的物理化学特性,如高比表面积、可调孔隙率和有序通道等,还具有载药量高、易于合成和功能化、良好的生物降解性和生物相容性等优势[30]。

共价有机纳米片(covalent organic nanosheets,CON)作为一种有机介孔纳米粒在药学领域中显示出潜在的应用。CON 是一种新型的多孔薄二维纳米载体结构,易于设计和功能化。在其表面进行功能化修饰后,可以成为靶向药物递送的多功能候选物。常用制备方法有两种,包括自上而下和自下向上的方法。分散性差、片层堆叠是制备 CON 薄膜需要克服的主要问题,重点是将堆叠的共价有机骨架(covalent organic frameworks,COF)块体材料制备成为 CON 膜(自上而下)或从单体分子直接合成 CON(自下而上)[31]。自上而下的方法通常涉及剥离过程,如机械研磨剥离、化学剥离、超声波和溶剂辅助剥离等[32]。需要施加外力,以形成横向尺寸大、厚度尽可能小的单层或多层,从而导致块体结构解体。自下向上方法是制备有序分子纳米结构的最传统策略,可以控制所制备的薄膜尺寸,应用于表面或空气/水或液/液界面。该过程包括构建块的有效扩散、重组和组装,通过不同的化学反应如硼酸脱水、酯化、硼酸盐或席夫碱反应等形成二维共价载体结构。

有研究报告表明,CON 可负载氟尿嘧啶并靶向递送到乳腺癌细胞。在 pH 5.0(癌细胞溶酶体 pH)时,观察到 74% 的氟尿嘧啶持续释放约 72 h,远高于 pH 7.4(正常细胞)时,表明 CON 能有针对性地输送氟尿嘧啶,且对正常细胞的副作用降到最低[32]。

三、展望

随着纳米技术与生物医学的发展,构建具有生物医学应用作用的纳米材料已成为一股研究热潮。其中,介孔辅料在可控载药方面具有重要意义,并为疾病治疗提供了广泛的策略。未来需要更多的研究致力于构建性能更为优越的介孔辅料,包括优化材料设计、结合主动靶向和提高生物安全性,介孔辅料越来越体现其应用的潜力,必将在药物递送与疾病治疗等方面发挥更为重要的作用。

(赵勤富,王思玲)

参考文献

[1] 李金枝,罗毓,阮洪生,等.金荞麦多孔粉体的压片性能改善及机制研究.中国中药杂志,2020,45(22):5518-5524.

［2］ Vallet-Regi M, Rámila A, Del Real R, et al. A new property of MCM－41：drug delivery system, Chemistry of Materials, 2001, 13(2)：308－311.

［3］ Liu T, Li L, Teng X, et al. Single and repeated dose toxicity of mesoporous hollow silica nanoparticles in intravenously exposed mice. Biomaterials, 2011, 32(6)：1657－1668.

［4］ Gumaste SG, Pawlak SA, Dalrymple DM, et al. Development of solid SEDDS, IV：effect of adsorbed lipid and surfactant on tableting properties and surface structures of different silicates. Pharmaceutical Research, 2013, 30(12)：3170－3185.

［5］ Mohamed Isa E D, Ahmad H, Abdul Rahman M B, et al. Progress in mesoporous silica nanoparticles as drug delivery agents for cancer treatment. Pharmaceutics, 2021, 13(2)：152.

［6］ Li Y, Shi J. Hollow-structured mesoporous materials：chemical synthesis, functionalization and applications. Advanced Materials, 2014, 26(20)：3176－3205.

［7］ Jiao J, Li X, Zhang S, et al. Redox and pH dual-responsive PEG and chitosan-conjugated hollow mesoporous silica for controlled drug release. Materials Science and Engineering：C, 2016, 67：26－33.

［8］ 陈立亚,于宝珠,赵慧芳.Zeta 电位及其在药学分散体系研究中的应用.药物分析杂志, 2006, 26(2)：281－285.

［9］ Zhang F, Mao J, Tian G, et al.Preparation and characterization of furosemide solid dispersion with enhanced solubility and bioavailability. AAPS PharmSciTech, 2022, 23(1)：65.

［10］ Waters L J, Hanrahan J P, Tobin J M, et al. Enhancing the dissolution of phenylbutazone using Syloid® based mesoporous silicas for oral equine applications Journal of Pharmaceutical Analysis, 2018, 8(3)：181－186.

［11］ Wang Y, Sun L, Jiang T, et al. The investigation of MCM－48-type and MCM－41-type mesoporous silica as oral solid dispersion carriers for water insoluble cilostazol. Drug Development and Industrial Pharmacy, 2014, 40(6)：819－828.

［12］ Pardhi V, Chavan RB, Thipparaboina R, et al. Preparation, characterization, and cytotoxicity studies of niclosamide loaded mesoporous drug delivery systems. International Journal of Pharmaceutics, 2017, 528(1－2)：202－214.

［13］ 蒋艳荣,张振海,胡绍英,等.胶态二氧化硅 SYLOID244FP 固化肉桂挥发油的研究.中国中药杂志,2013,38(1)：53－56.

［14］ 刘胜,何丹丹,刘艺,等.胶态二氧化硅与 β－环糊精固化丁香油比较研究.南京中医药大学学报,2018,34(1)：77－80.

［15］ 叶贝妮,王志,冯年平.气相二氧化硅 AEROPERL～300 Pharma 固化广藿香油的考察.中国新药杂志,2015,24(1)：107－111.

［16］ Beg S, Jena S S, Patra Ch N, et al. Development of solid self-nanoemulsifying granules (SSNEGs) of ondansetron hydrochloride with enhanced bioavailability potential. Colloids and Surfaces B：Biointerfaces, 2013, 101：414－423.

［17］ Kiss T, Katona G, Mérai L, et al. Development of a hydrophobicity-controlled delivery system containing levodopa methyl ester hydrochloride loaded into a mesoporous silica. Pharmaceutics, 2021, 13(7)：1039.

［18］ Qu F, Zhu G, Huang S, et al. Effective controlled release of captopril by silylation of mesoporous MCM－41. Chemphyschem, 2006, 7(2): 400－406.

［19］ Rosenholm J M, Zhang J, Linden M, et al. Mesoporous silica nanoparticles in tissue engineering-a perspective. Nanomedicine, 2016, 11(4): 391－402.

［20］ Watermann A, Brieger J. Mesoporous silica nanoparticles as drug delivery vehicles in cancer. Nanomaterials, 2017, 7(7): 189.

［21］ Wu Y, Lu J, Mao Y, et al. Composite phospholipid-coated hollow mesoporous silica nanoplatform with multi-stimuli responsiveness for combined chemo-photothermal therapy. Journal of Materials Science, 2020, 55(12): 5230－5246.

［22］ 黄寅峰,张明祖,倪沛红.超支化聚乙烯亚胺接枝二氧化硅的制备及在聚丙烯改性中的应用.高分子学报,2012,(3): 250－255.

［23］ 朱佳颖.磁性纳米介孔硅体系的设计制备.广州化工,2017,45(9): 50－52.

［24］ 袁丽,王蓓娣,唐倩倩,等.介孔二氧化硅纳米粒子应用于可控药物传输系统的若干新进展.有机化学,2010,30(5): 640－647.

［25］ 张金波,白雪,钟健,等.介孔二氧化硅纳米粒子的合成及其在生物医学中的应用生命的化学,2018,38(5): 707－712.

［26］ Wang X, Mao Y, Sun C, et al. A versatile gas-generator promoting drug release and oxygen replenishment for amplifying photodynamic-chemotherapy synergetic anti-tumor effects. Biomaterials, 2021, 276: 120985.

［27］ Zheng Y, Zhang X, Su Z. Design of metal-organic framework composites in anti-cancer therapies. Nanoscale, 2021, 13(28): 12102－12118.

［28］ Yang J, Yang Y W. Metal-organic frameworks for biomedical applications. Small, 2020, 16(10): e1906846.

［29］ O'Hearn D J, Bajpai A, Zaworotko M J. The "chemistree" of porous coordination networks: taxonomic classification of porous solids to guide crystal engineering studies. Small, 2021, 17(22): e2006351.

［30］ Singh N, Son S, An J. Nanoscale porous organic polymers for drug delivery and advanced cancer theranostics. Chemical Society Reviews, 2021,50(23): 12883－12896.

［31］ Valenzuela C, Chen C, Sun M, et al. Strategies and applications of covalent organic frameworks as promising nanoplatforms in cancer therapy. Journal of materials chemistry. B, 2021, 9(16): 3450－3483.

［32］ Zhu Y, Xu P, Zhang X, et al. Emerging porous organic polymers for biomedical applications. Chemical Society Reviews, 2022, 51(4): 1377－1414.

第二十七章

脂质辅料与脂-药衍生物

以脂质辅料为主体所构成的脂基制剂(lipid based formulation),可实现提高药物吸收、形成长效储库等目的,为药物提供了新的成药机会或更方便应用的产品形态。通过前体药物或离子液体等形式对药物分子进行适当的亲脂化改造,即合成脂-药衍生物,也是优化生物药剂学与药代动力学参数的有效手段。脂基制剂与脂-药衍生物既可单独发挥作用,二者也常配合使用,达到解决溶解度缺陷、作为缓释储库、增加透膜性、改善转运代谢、促进经淋巴系统转运等多种目的,本章对此进行分类阐述并提供案例参考。

一、概述

在药物研发管线中,大量候选化合物面临溶解低、透膜性差、严重首过效应等生物药剂学参数不佳的困境,限制了成药性。即便在已上市的产品中,仍有不少药物分子存在相似的情况,导致口服生物利用度低且变异大、药物-食物/药物-药物相互作用显著等问题,需要进行血药浓度监测、控制餐前/后服药时间、避免药物联用禁忌等,限制其临床应用。为应对这些困境,药物科学工作者开发了诸多有效方法,如通过药物化学手段改变药物分子结构、筛选晶型/盐型、合成前体药物等;通过药剂学手段改变剂型、制备纳米晶体、固体分散体、使用助溶剂等;通过与其他药物联用的复方手段纠正目标药物的缺陷等。利用脂质辅料作为药物载体制备脂基制剂是较为常用的药剂学方法之一,其原理主要是借助脂质成分特殊的物理化学和(或)生物化学特性改变药物分子的吸收、分布、代谢等生物药剂学与代谢动力学特征。以通过脂基制剂提高难溶性药物口服吸收为例:目前中国居民人均每日油脂(以甘油三酯为主)摄入量接近 50 g,这些比常规口服药物剂量高出若干数量级的油脂可被机体高效吸收(>95%),且完全不受甘油三酯极低水溶性的限制。油脂能够被高效吸收,主要依赖一系列特有的消化吸收过程(详见本章第二节中"(五)促进药物与脂蛋白结合,进而提升药物经淋巴系统转运"中对脂质消化吸收过程的描述)。将特定的低水溶性高亲脂性药物溶解于油脂或脂基制剂,可借助脂质吸收过程中胃肠道环境中特定的乳滴、囊泡和胶束等结构实现药物增溶,增加药物的口服吸收[1]。据统计,截至2020年,美国与欧洲已累计批准67种口服脂基制剂产品上市[2]。

上述案例也展示了脂质辅料(尤其是口服情况下)有别于一些较少被机体摄取的"惰性"辅料(如聚合物辅料)之处,即脂质辅料在完成为药物"服务"的过程中,同时也被机体摄取、处置和代谢,此情形常见于如甘油酯、磷脂、胆固醇等脂质成分及它们的衍生物。脂质辅料的这个特征也启发了药物科学工作者直接对药物分子进行亲脂化改造,即合成"脂-药衍生物",以改善药物理化性质,实现优化递送,增加药物可开发性。亲脂化改造可通过亲脂性离子液体等非共价键"成盐"方式实现,也可通过合成脂-药共价化合物的方式实现。一般情况下,药物亲脂化改造后的分子可通过化学或生物转化方式释放活性药物,先前用于药物改造的"脂质模块"事实上充当了辅料的角色。由于脂-药衍生物常与脂质辅料有良好的相容性,二者常配合使用以实现提高溶解度、充当缓释储库、增加透膜性、改善转运代谢、促进经淋巴系统转运等多种目的。因此本章将脂-药衍生物与脂质辅料共同讨论,按脂质策略所实现的不同目标分类阐述,并针对每个目标列举代表性案例,供药学研究和产品开发工作者参考。

在外用脂基制剂中,脂质辅料与皮肤、黏膜等部位的相互作用模式,与口服或注射使用时有较大差异,辅料被代谢、吸收等相对较少,不在本章讨论范围。此外,受篇幅所限,脂质辅料在纳米药物载体(如脂质体等)和生物技术药物载体(如疫苗等)中的应用,以及对多肽、蛋白质、核酸等大分子的亲脂化改造,也不在本章讨论范围。值得注意的是,用于纳米药物和生物药物的新型脂质辅料(如应用于核酸递送的脂质载体等)和对生物技术药物的脂质衍生改造(如多肽的脂肪酸衍生化)正在推动这些新兴领域快速发展[3,4]。

二、脂质辅料与脂-药衍生物的研究与应用

(一)解决药物水溶性差的问题

溶解度差是已上市药物和处于研发过程中候选化合物的常见短板之一。在已上市药物中,难溶性药物的比例约为40%;而在新药开发过程中的候选化合物,更是有高达约75%的化合物存在水溶性差的问题[5]。利用合适的手段实现难溶性分子的增溶,对于药物开发,以及药学相关基础研究都十分重要。药物科

学工作者常用的增溶手段包括晶型筛选、盐型优化、助溶剂、固体分散体、脂基制剂等,其中利用以脂质辅料为主体的脂基制剂,因其便利和低成本的优势,是最常用的增溶方法之一。利用脂基制剂改善难溶性药物成药性的机制,与纳米晶体、盐型变换、固体分散体等增溶方法有不同之处。后者主要以提高药物在水相介质中溶解度为目标,以增加药物的溶出和吸收。而脂基制剂常以油相作为容纳亲脂性药物的基质,在研发过程中虽然也常考察体外模型中药物在水相中的溶出,但并不以脂基制剂提高水相介质中的药物溶解度作为最主要的评价指标。这是脂基制剂的特殊性所致,即在口服或注射给药后,药物载体本身通常经过特定的吸收和代谢通路被机体摄取。此时药物在油相的溶解度、在脂质辅料被水解/摄取过程中生成的各中间相(如胶束等)中的相对溶解度、在水相中的过饱和度,以及在上述各相中的动态平衡,常是最终决定促吸收目的是否成功实现的要素,脂基制剂研发工作者在处方设计和应用过程中应对此加以重视。

对于本身具有高亲脂性和在脂质辅料中有高溶解度的药物,其增溶常可通过脂基制剂实现;对于亲脂性一般或在脂质辅料中溶解度不足的药物分子,将其进行亲脂化改造是提高其与脂基制剂相容性的有效手段,可实现优化理化参数及改善药代动力学行为的目的,以下分别用案例介绍。

1. 脂质辅料对低水溶性、高亲脂化合物的增溶 环孢素(cyclosporin)的两代产品 Sandimmune® 和 Neoral® 是上市口服脂基制剂中的典型代表。Sandimmune® 包括胶囊剂和口服溶液剂,分别以玉米油和橄榄油作为油相基质,用于溶解剂量较大但水溶性差的环孢素,辅以表面活性剂与乙醇助溶以利于制剂遇水后的分散。Neoral® 是第二代制剂,采用玉米油及其部分水解产物(单甘油酯和双甘油酯)为油相基质,选用 Cremophor RH40 为表面活性剂,并辅以乙醇等助乳化剂。Neoral® 有良好的自乳化能力,遇水可分散为直径较为均一的微乳液,达到比 Sandimmune® 更高和更均一的口服生物利用度(口服 Neoral® 的绝对生物利用度接近60%),目前是器官移植抗排斥与特定自身免疫疾病治疗的一线用药。已上市其他药物的口服脂基制剂包含油溶液、自(微)乳化体系、乳液等形态,所采用的辅料种类多样,包括食用油、油类脂解产物等油性基质,也包括 Cremophor (Kolliphor)、吐温80、卵磷脂等乳化剂,以及乙醇等助溶剂,有兴趣的读者可参考相关药用辅料手册。

用于麻醉和镇静的药物丙泊酚(propofol)水溶性低,但临床给药剂量较高(每小时 4~12 mg/kg 静脉滴注),上市制剂为采用脂质辅料制备成注射乳液。将丙泊酚溶于以大豆油为主体的油相基质(100 mg/mL),以卵磷脂为乳化剂

（12 mg/mL），甘油为助乳化剂（22.5 mg/mL），解决了丙泊酚难以制成水溶液注射剂的问题，丙泊酚注射乳具体辅料配方可参考 FDA 药品标签[6]。已上市的血管内给药脂基制剂包含乳液、胶束、脂质体等形态，用于助溶难溶性药物或实现特定靶向递送目标，其中多种非载药注射乳也被用于肠外营养目的。用于注射的脂质辅料包含高标准的注射用大豆油、橄榄油、芝麻油等油性基质，注射用卵磷脂、Cremophor（Kolliphor）等乳化剂，以及乙醇等助溶剂。

2. 脂-药衍生物对低水溶性、中/低亲脂化合物的增溶　当药物本身的亲脂性或在脂质辅料中溶解度有限时，将药物分子通过离子液体成盐或合成共价化合物的方式改造为更加亲脂的衍生物，可使其与脂基制剂有更好的相容性。例如，抗组胺药物桂利嗪（cinnarizine），在肠道 pH 环境下水溶性低，口服生物利用度低且变异大。而且此药物在常见脂质辅料中的溶解度也较低，采用类似 Neoral® 的常用微乳化脂基制剂难以取得理想的口服生物利用度。为增加药物与脂基制剂的相容性，可将桂利嗪游离碱分子转变癸磺酸酯亲脂盐型，此时桂利嗪从熔点为 117℃ 的晶体转化为常温时为液态的离子液体（T_g 7℃），实现与常见脂质辅料的高度相容。临床前研究结果显示，在高载药量情况下，离子液体与脂基制剂的配合可将桂利嗪的口服生物利用度提升数倍（图 27－1）[7]。

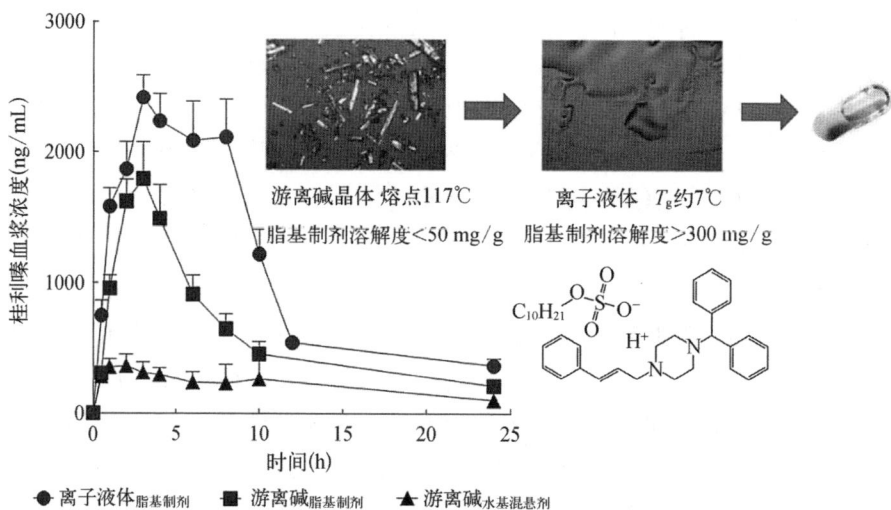

彩图 27－1

图 27－1　桂利嗪游离碱晶体与其离子液体的形态、脂溶性及大鼠体内药代动力学行为[7]

除离子液体方式外,将既难溶于水也难溶于油的药物与脂质基团通过共价结合形成衍生物,也是增加其与脂质辅料相容性的手段。例如,紫杉醇(paclitaxel, PTX)是一线肿瘤用药,但此化合物油水两难溶,市售浓缩注射液(Taxol®)以大量表面活性剂 Cremophor EL(50%)和助溶剂乙醇(50%)溶解紫杉醇,易致严重超敏反应。将紫杉醇与长链脂肪酸二十二碳六烯酸(docosahexaenoic acid, DHA)共价结合形成前体药物 PTX – DHA,仅需使用相当于 Taxol® 产品中 1/6 的 Cremophor EL 和乙醇,有效解决了其在脂质载体中的溶解度问题,在Ⅱ期和Ⅲ期临床研究中均取得了良好结果[8,9]。此外,PTX – DHA 共轭物还通过与血浆蛋白结合从而延长了血浆清除半衰期,提升了药物总暴露量。

(二) 作为长效缓释储库

上文介绍了利用脂质辅料或亲脂化改造策略改善低水溶性药物成药性问题,其主要目的是利用脂基制剂,使药物在消化液和血浆等实现更好的增溶,加快药物分散到以水相为主体基质的体液环境,以利于药物的吸收或组织分布。与上述逻辑相反,利用不易在水相分散的脂基制剂包载高亲脂性分子,可制备局部注射长效缓释制剂。此时亲脂性药物或脂质前体药物的低水溶性,加之与体液水相环境分隔的油相介质,形成了药物释放的屏蔽机制。此外,一些高亲脂性脂质前体药物的混悬剂,在不添加油相基质的情况下(如与高分子药用辅料配伍),也可实现缓慢溶解和长效释放。表 27 – 1 列举了部分脂质长效缓释注射药物的案例。这一应用场景对需要保持血药浓度平稳并长期给药的药物(如神经精神类和激素类)有良好使用价值。

表 27 – 1　代表性长效缓释注射脂基制剂和脂质前体药物[10,11]

商品名	化学名(通用名)	lg P	油相基质	类别	给药间隔
Faslodex	氟维司琼 Fulvestrant	8.9	蓖麻油	雌激素受体拮抗剂(用于乳腺癌)	1 月
Noristerat	炔诺酮庚酸酯 Norethisterone enantate	6	蓖麻油	激素类避孕药	2 月
Depo –Testosterone	环戊丙酸睾酮 Testosterone cypionate	6.4	棉籽油	雄激素补充剂	2~4 周
Haldol Depot	氟哌啶醇癸酸酯 Haloperidol decanoate	7.2	芝麻油	抗精神失常	3 周

续　表

商 品 名	化学名（通用名）	lg P	油相基质	类　别	给药间隔
Aristada and Aristada Initio	月桂酰阿立哌唑 Aripiprazole lauroxil	7.9	混悬剂（无油相基质）	抗精神失常	4~8 周
Invega Sustenna and Invega Trinza	帕潘立酮棕榈酸酯 Paliperidone palmitate	8.1	混悬剂（无油相基质）	抗精神失常	4 周、14 周

　　值得注意的是,虽然绝大多数长效制剂以注射形式给药,但也有肺部吸入型长效脂质衍生药物被批准上市,如可用于预防和治疗甲型与乙型流感的抗病毒药物拉尼米韦辛酸酯(laninamivir octanoate,图 27 - 2),已在日本市场应用数年,肺部吸入给药后药物主要分布在呼吸道,经水解缓慢释放活性原型药物拉尼米韦。原型药物因透膜性差,恰好聚集于呼吸道上皮而较少进入系统血液循环,在呼吸道部位提供抗病毒保护,药效可持续 7 日以上[12,13]。

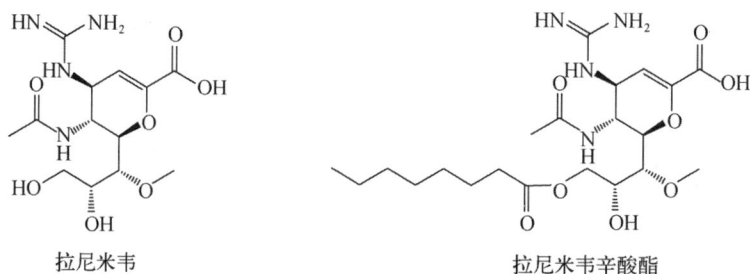

拉尼米韦　　　　　　　　　　　　　　　　拉尼米韦辛酸酯

图 27 - 2　拉尼米韦原型药(laninamivir)与拉尼米韦辛酸酯(laninamivir octanoate)

（三）提高药物透膜性

　　在溶解度之外,药物对如胃肠上皮细胞,口、鼻黏膜上皮细胞,血管内皮细胞等生物膜的渗透性也是决定口服吸收、组织分布和代谢行为的重要因素。部分有良好水溶性的高极性高亲水性化合物,对以磷脂双分子层为基础的生物膜的渗透性较差,导致口服吸收不佳或难以穿透血脑屏障等生物屏障而无法到达药效靶组织。利用脂质辅料和对药物的亲脂化改造,是改善药物透膜性的有效手段,以下分别说明。

1. 脂质辅料作为促透剂提升药物透膜性　中链脂肪酸盐,如癸酸钠,以及中链脂肪酸的衍生物,如 N -［8 -(2 -羟基苯甲酰基)-氨基］辛酸钠(SNAC,图 27 - 3),以及部分其他表面活性剂,具有促进药物穿透生物膜的促透作用。这些辅料的促透作用机制尚不完全清晰,被认为可能与其造成细胞膜的临时扰动或细胞间紧密连接的短时开启有关,也有假说认为促透剂可能与药物分子通过非共价键临时结合,形成有更好透膜性的复合物[14]。利用脂质辅料促进小分子药物透膜吸收的临床前研究很多,目前比较典型的临床应用成功案例是 SNAC 在口服控血糖药物 GLP - 1 激动剂司美格鲁肽(semaglutide)的应用(注:司美格鲁肽分子量略高于4000,属多肽药物,非传统小分子药物)。

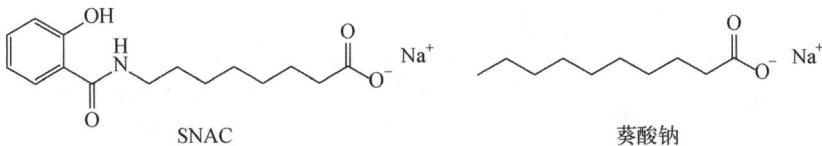

图 27 - 3　促透剂 N -［8 -(2 -羟基苯甲酰基)-氨基］辛酸钠(SNAC,左)和癸酸钠(右)

2. 脂-药衍生物改善药物透膜性　对高极性低透膜性的药物分子进行亲脂化修饰,如利用药物分子中适宜的羧基、羟基、氨基等基团,与脂肪或芳香族的醇或酸等通过共价结合形成前体药物,也是提升药物透膜性的有效手段。值得注意的是对透膜性和溶解度的平衡掌握,因为药物在水中的溶解性和对生物膜的渗透性,时而互为矛盾。当亲脂性改造后的高透膜性前体药物水溶性受限时,可考虑结合脂质辅料等制剂手段实现增溶。

达比加群酯(dabigatran etexilate)是抗凝血活性分子达比加群的前体药物(图 27 -4,在达比加群分子两个位点进行了衍生化)。原型达比加群分子的极性高,lg P 低至负值(-2.4),透膜性差,导致药物口服生物利用度几乎为零。经过双衍生化形成的前体药物,其 lg P 提升至4.6,透膜性大幅改善,这是其口服产品开发成功的关键因素之一[15]。又如,抗病毒药物西多夫韦(cidofovir)因其在胃肠上皮细胞屏障透膜性差只能采取静脉滴注给药,而其脂质衍生前体药物布罗夫韦酯(brincidofovir,图 27 -4),相较于原型药物,其透膜性大幅提升[10],可方便地口服使用,是治疗猴痘、天花等感染性疾病的重要储备用药。此外,脂质衍生策略经常被应用于低透膜性核苷类似药物的前体改造中,读者可参考替诺夫韦(tenofovir)、索非布韦(sofosbuvir)等多个上市药物的案例[11,16-18]。

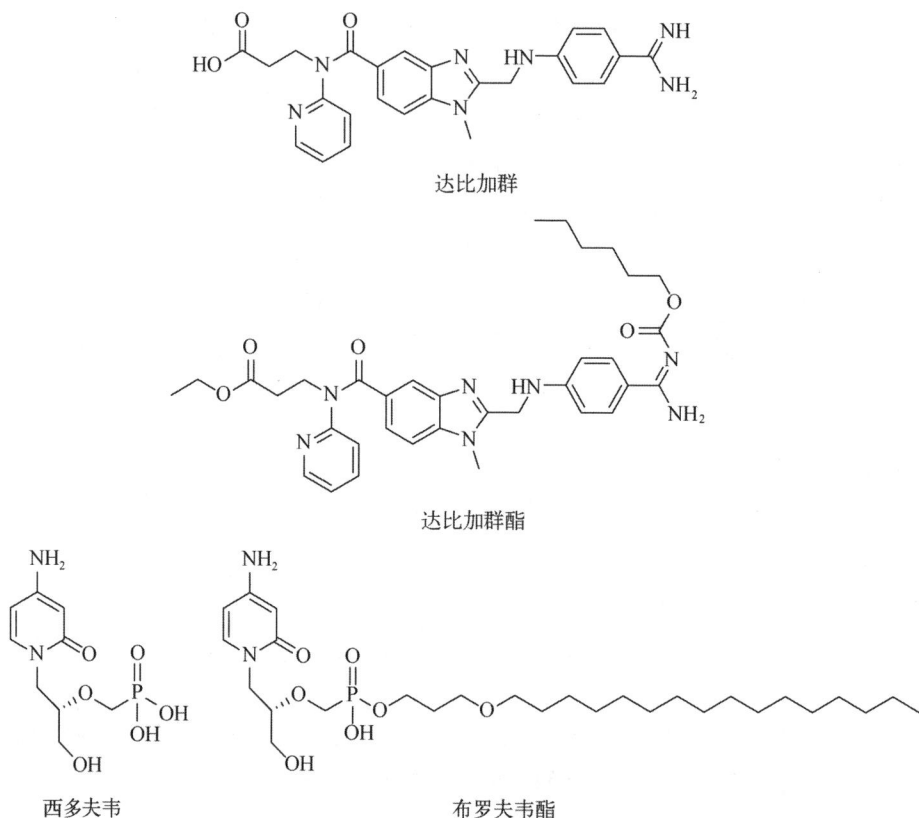

图 27-4 达比加群(dabigatran)与达比加群酯(dabigatran etexilate),
西多夫韦(cidofovir)与布罗夫韦酯(brincidofovir)

（四）改善药物转运、分布和代谢行为

前文中所述脂质辅料和脂-药衍生物,主要用于改善因药物的物理化学性质所导致的溶解度和透膜性等问题。本部分介绍脂质辅料和脂-药衍生物的另一用途:通过调节药物与跨膜转运蛋白、代谢酶、内源性药物载体的相互作用,从而改变药物的吸收、分布、代谢和清除等药物动力学行为。

1. 抑制或避免跨膜转运蛋白、代谢酶等对药物的负面作用　以 P-gp 为代表的药物外排蛋白(也称"外排泵")存在于消化道上皮细胞、血脑屏障、肿瘤组织等部位,这些外排泵可将广泛类别的底物泵出细胞外,由此降低多种药物的口服吸收或对脑组织的渗透等,也是肿瘤耐药的常见机制之一。设法抑制外排泵功能,或者通过分子改造绕开外排泵的识别,是改善药物动力学行为或肿瘤耐药等困境的有效手段之一。多种脂质辅料(以 Cremophor EL、维生素 E 衍生表面活性剂 TPGS、吐温 80/20 等表面活性剂类辅料为主)在体外试验中展示出抑制外排泵的作用[19, 20],因此被用于脂基制剂中以提高药物的口服吸收,但目前尚未有以此作用机制为主要突破点的产品上市。相比于脂质辅料,脂-药衍生物在改变药物外排泵对底物的识别和改善药物代谢方面有着更明显的优势,已有成功上市的产品案例。

图 27-5 结构式中多柔比星的脂质前体药物,因避免了多柔比星被外排蛋白泵出细胞,在对多柔比星耐药的卵巢癌细胞 SK-OV-3 中的摄取比原型药物高 3 倍,此长链亲脂化改造也显著延长了药物在细胞内的滞留时间[21]。

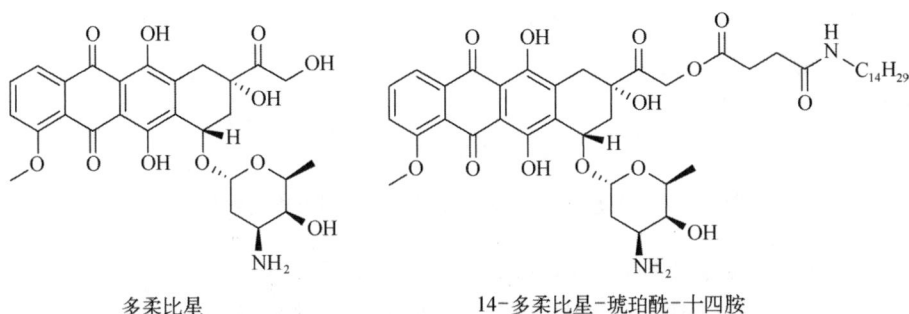

多柔比星　　　　　　　14-多柔比星-琥珀酰-十四胺

图 27-5　多柔比星(doxorubicin, DOX)与其亲脂化改造的前体药物

除用于缓解药物外排泵导致的跨膜效率下降,药物脂质衍生物还可用于减少药物对特定吸收途径[如流入转运蛋白(influx transporter)]的依赖。例如,西达拉宾(cytarabine)等核苷类似物抗肿瘤药,需借助人平衡核苷转运蛋白(human equilibrative nucleoside transporter, hENT)等特异性的转运机制才能进入细胞发挥作用。此类转运蛋白的下调,被认为是西达拉宾等药物跨膜效率下降和肿瘤耐药的原因之一。对西达拉宾进行亲脂化改造合成的反式油酸衍生物依拉西达拉宾(elactarabine,图 27-6),可主要通过扩散方式跨膜进入细胞从而避免了药物跨膜对 hENT 的依赖,此机制是依拉西达拉宾取得更好临床效果并成功上市的重要原因之一(其他原因还包括脂质衍生分子降低了药物中 4-NH$_2$ 基团被细胞内胞嘧啶脱氨酶的代谢等)。除了像依拉西达拉宾在 5-羟基位的衍生化,在西达拉宾分子中 4-氨基位结合脂肪酸(图 27-6),也可起到避免脱氨酶对西达拉宾代谢的作用。有研究表明十二至十六碳的脂肪酸的衍生化效果较好,可达到代谢、吸收与抗肿瘤效果的平衡[22~24]。

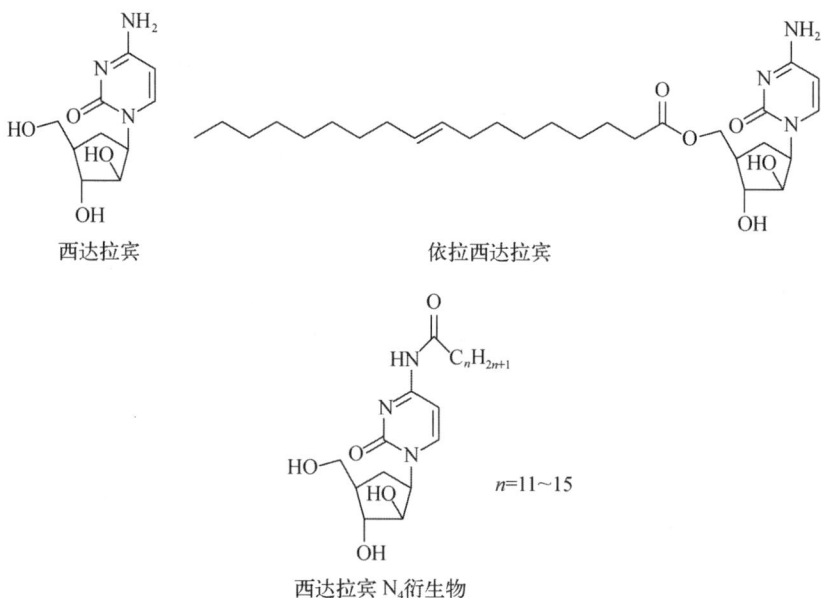

图 27-6 西达拉宾(cytarabine)与其脂质前体衍生药物

2. 增加跨膜转运蛋白和内源性药物载体对药物的正面作用

(1)跨膜转运蛋白:药物的亲脂化改造策略还可用于提升药物与特定药物转运蛋白的作用,如利用胆盐重吸收通路增加药物跨膜。人体肠道对胆盐的重吸收效率高,每日有 20~30 g 胆盐经由钠离子依赖胆酸转运蛋白(human apical sodium dependent bile acid transporter,hASBT)被吸收进入体内。利用此机制,将有跨膜障碍的药物与胆盐结合可提高药物吸收,如鹅去氧胆酸-加巴喷丁前体药物(CDCA-gabapentin,图 27-7)[25]。除胆盐转运蛋白,在肠细胞表达的 I 型单羧酸酯转运蛋白(monocarboxylate transporter type 1,MCT1)和钠离子依赖多种维生素转运蛋白(sodium-dependent multivitamin transporter,SMVT)也可被利用增加药物的跨膜吸收,如加巴喷丁的前体药物加巴喷丁酯(gabapentin enacarbil,图 27-7)可将加巴喷丁在猴体内口服生物利用度从约 25%(伴高度变异性)提升至 80%以上(稳定性高)[26],人体内生物利用度也可稳定在约 75%的高水平[27]。

(2)白蛋白等内源性药物载体:白蛋白(albumin)是血浆中含量最高的蛋白质,约占血浆总蛋白的 55%,生理状态下的白蛋白是脂肪酸、特定金属离子、胆红素等物质在体内转运的载体。白蛋白上的多个结合部位可与多种类别的药物分子结合。一般来说处于白蛋白结合状态的药物其透膜能力骤减,因此游离型药物和白蛋白结合型药物的比例,是影响药物的组织分布和代谢特征的重要因

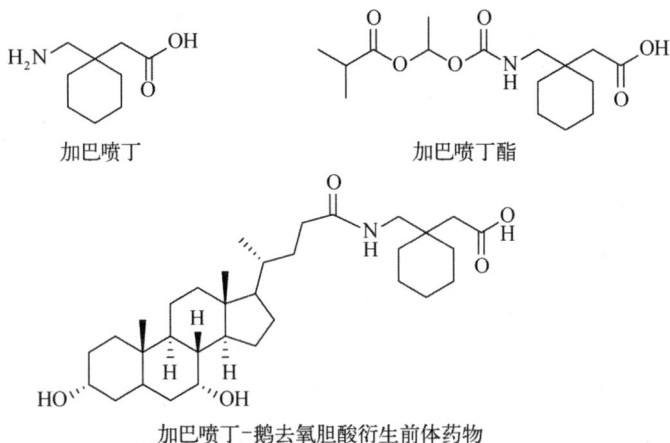

图 27-7　加巴喷丁(gabapentin)、加巴喷丁酯(gabapentin enacarbil)、与加巴喷丁-鹅去氧胆酸衍生前体药物(CDCA-gabapentin)

素之一。白蛋白分子具有脂肪酸结合口袋,将药物进行长链脂肪酸衍生化,在适当情况下可增加其与白蛋白结合,优化药代动力学行为。例如,紫杉醇的二十二碳六烯酸衍生物(DHA-Paclitaxel,图 27-8)在血浆中游离型药物占比仅为0.4%,远低于紫杉醇原型药在血浆中约 11%的游离型分子占比,这种改变使DHA-Paclitaxel 的表观分布容积降至仅 4 L 左右,也降低了其清除率,同时使得紫杉醇的表观半衰期延长了 14 倍左右(与紫杉醇原型药注射剂相比)。

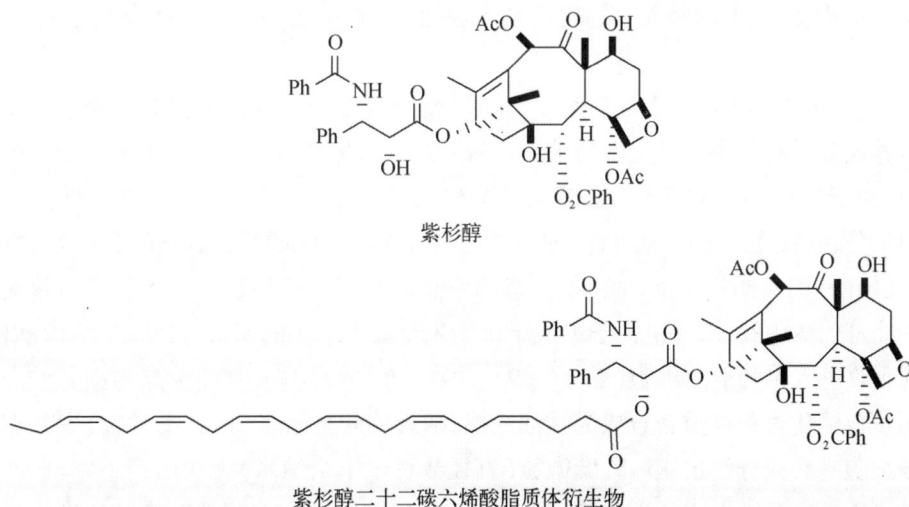

图 27-8　紫杉醇(paclitaxel)与其二十二碳六烯酸脂质体衍生物 DHA-Paclitaxel

除白蛋白外,血浆中其他大分子物质,如糖蛋白、脂蛋白等也可与特定药物结合进而改变其药代动力学行为。其中药物与脂蛋白的结合,在特定情况下受脂质辅料或药物的脂质衍生化影响显著,详见下一部分"(五)促进药物与脂蛋白结合,进而提升药物经淋巴系统转运"。

(五)促进药物与脂蛋白结合,进而提升药物经淋巴系统转运

脂蛋白是内源性大分子体系,由载脂蛋白(apoprotein)和甘油三酯、磷脂、胆固醇等多种脂类成分构成,是体内脂质和脂溶性维生素等物质运输的载体。依密度(由高到低)和尺寸(由小到大)可大致分为四类:高密度脂蛋白(HDL)、低密度脂蛋白(LDL)、极低密度脂蛋白(VLDL)以及乳糜微粒(CM)。脂蛋白可与药物,尤其是高亲脂性药物结合,从而影响药物的组织分布和代谢等。此外,由于脂蛋白的循环除了血管网络的参与,还依赖于淋巴系统网络,因此药物与脂蛋白的结合也影响药物经淋巴系统的转运、分布及代谢。

一般认为药物分子与脂蛋白的结合模式,不同于药物与白蛋白的结合。药物与白蛋白的相互作用通常依赖于白蛋白中特定的结合部位(如脂肪酸结合口袋等);而药物与脂蛋白的结合通常是分散式地"溶解于"脂蛋白内核脂质或"分配于"脂蛋白外表脂-水界面。药物与脂蛋白的结合受脂蛋白本身性质及药物分子特征两方面的影响。脂质辅料可改变脂蛋白的组分构成和尺寸大小,进而影响药物的结合;同时药-脂衍生物也可通过改变小分子药物的理化特征或生化代谢特征,影响药物与脂蛋白的结合,以下分别介绍这两个方面。

1. 脂质辅料对药物与脂蛋白结合的影响　脂蛋白是食物中的大部分脂质营养成分及制剂中的特定脂质辅料被吸收进入人体的载体。以饮食中含量最高的脂质成分甘油三酯为例:被摄入的甘油三酯在胃部经过物理混合与脂肪酶的初步分解后,逐渐分散为油滴。进入小肠后,在胆汁中的胆盐、磷脂与胰脂肪酶(及辅酶)的共同作用下,油滴被分散为细小的乳滴并被分解产生脂肪酸与甘油单酯等代谢中间体,并进一步形成十余纳米至数十纳米的超微混合胶束结构,以利吸收进入小肠上皮细胞(图 27-9)[28,29]。在肠细胞内,甘油单酯和脂肪酸经多步再酯化过程被重新合成为甘油三酯,随后装配至脂蛋白(乳糜微粒)中并在肠细胞基底侧分泌出胞。乳糜微粒(直径数百至千余纳米)无法通透毛细血管,但可进入小肠绒毛内的淋巴管,随后经淋巴系统被转运至锁骨下静脉处进入系统血液循环。

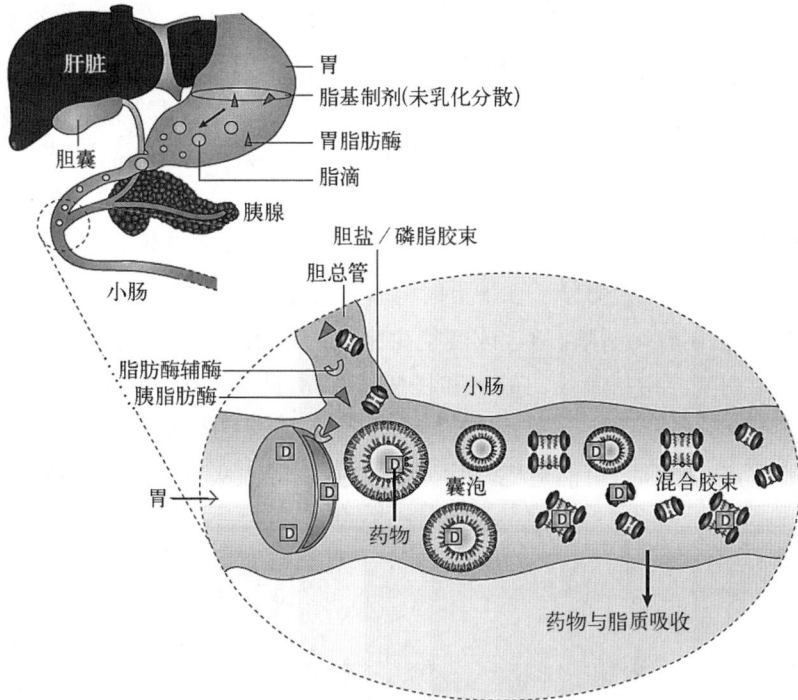

图 27-9 油脂的消化与吸收过程示意图[28]

彩图 27-9

饮食或制剂辅料中的脂质成分直接影响乳糜微粒的合成与组分,进而可改变亲脂性药物与脂蛋白的结合,并由此影响药物转运、分布和代谢行为。例如,高脂餐或长链油脂等辅料可提高卤泛群(halofantrine)、维生素 E 同系物、大麻二酚(cannabidiol)等高亲脂性药物在口服吸收过程中与乳糜微粒的结合,增加药物经淋巴系统的转运。当亲脂化合物以脂蛋白结合的形式进入血液循环后,其组织分布与代谢动力学也会发生变化。例如,口服长链脂质可以增加滴滴涕(DDT)等亲脂性模型化合物与脂蛋白的结合,随后在脂蛋白被脂肪组织等摄取过程中,实现亲脂性化合物在特定组织的富集[30]。

2. 脂-药衍生物对药物与脂蛋白结合的影响 除利用脂质辅料改变脂蛋白组成,通过脂质前体药物手段改变药物分子的理化特征或生化代谢特征,也可调控药物与脂蛋白结合,并进而影响药物的吸收分布和代谢行为。

(1)高亲脂性衍生物与脂蛋白的结合(物理化学因素驱动):将药物分子与脂肪酸(脂肪醇)、甾体类物质等进行共价结合形成前体药物,可提高药物的油水分配系数与在脂质组分中的溶解度,由此增加药物与脂蛋白的结合。例如,睾酮十一酸酯前体药物(图 27－10),通过增加亲脂性提高了与在肠细胞组装的乳糜微粒的结合,由此提升药物经淋巴系统的转运。经淋巴系统转运避免了经门静脉血液吸收途径所导致的肝首过效应(因强烈的肝首过效应,睾酮原型药口服生物利用度几乎为零),提高口服生物利用度,实现了口服产品的成功上市,为雄激素替代疗法带来便利。

高亲脂性药物(含前体药物)与脂蛋白的结合,多由药物分子的理化性质驱动,结合效率取决于药物分子在脂蛋白(油相)与胞质或血浆基质(水相)中的分配。此模式机制较为清晰,通过改变衍生模块的亲脂性(如脂肪酸或脂肪醇的链长)可以调节药物与脂蛋白的亲和程度。然而,此脂质衍生方法的可调节空间有限,衍生分子的设计受其他因素制约较多,例如为追求前体药物亲脂性而过度增加脂肪酸链长时,可能造成药物分子量过高,导致吸收或透膜困难,影响其最终成药性。

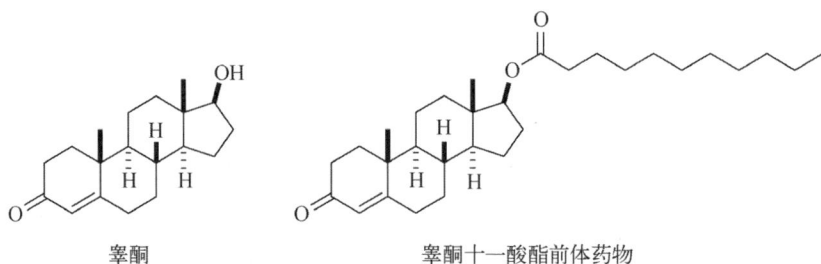

睾酮　　　　　　　　　　　　　　睾酮十一酸酯前体药物

图 27－10　睾酮(testosterone)与睾酮十一酸酯(TU)前体药物

(2) 脂质仿生衍生物与脂蛋白代谢通路的结合(生物化学因素驱动):除上述理化性质驱动的亲脂化衍生外,将药物分子与甘油三酯、磷脂等脂质骨架结合,模拟脂质分子消化吸收的生物转化过程,是另一种提高药物与脂蛋白结合及淋巴转运的策略。例如,以甘油三酯(triglyceride, TG)为骨架的前体药物在口服后可模拟甘油三酯的代谢和转运过程(图 27－11):首先,甘油三酯型前体药物在肠腔内被脂解生成甘油单酯(monoglyceride, MG)型衍生物。吸收进入肠细胞后,经由再酯化过程重新合成为甘油三酯型衍生物,并与从食物或制剂摄入的脂质成分一同装配至脂蛋白中,再出胞进入淋巴系统。随后,前体药物若在下游淋巴组织释放原型药物,可增加淋巴系统内靶点的暴露[31];若经淋巴转运进入系统血液循环中释放,则可避免肝首过效应,提升口服生物利用度[32]。

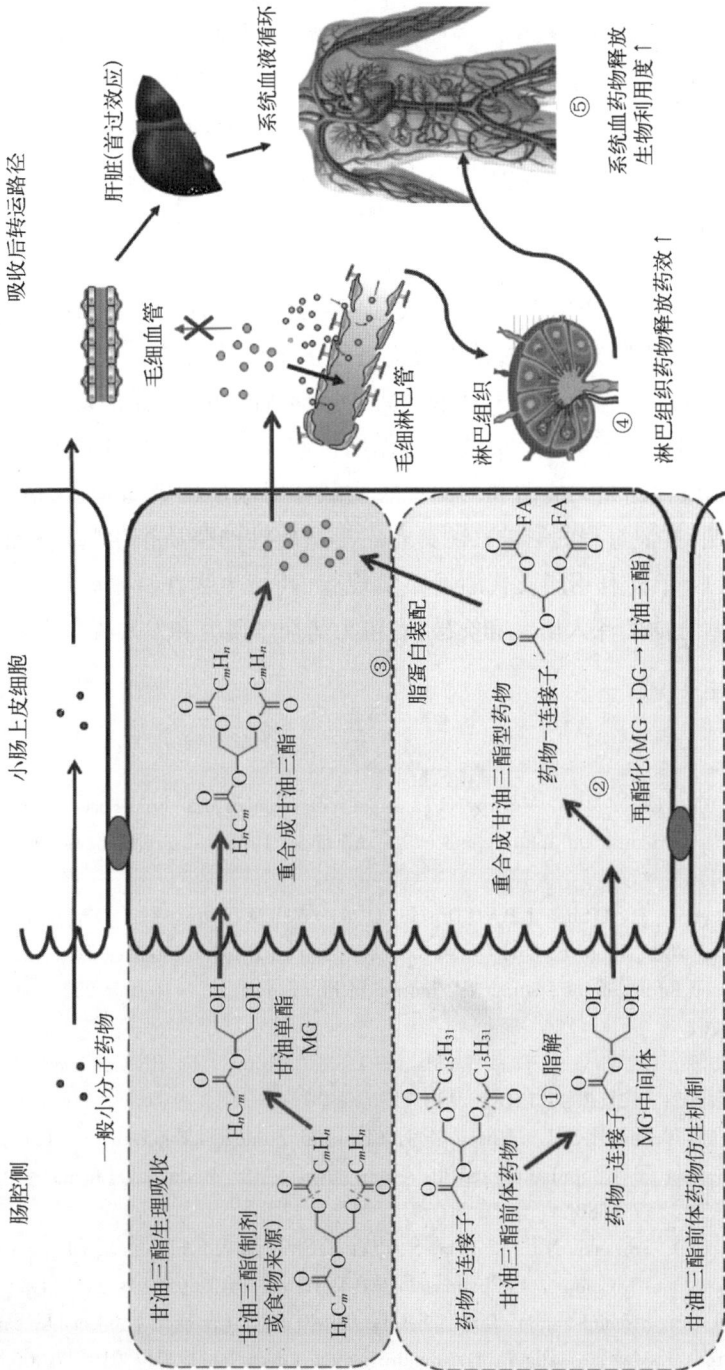

图 27 - 11 甘油三酯与甘油三酯型前体药物的脂解、转运与代谢过程示意图

彩图 27-11

这种主动整合至脂质分子生化代谢通路的脂-药衍生物,常可达到较高的脂蛋白结合能力与淋巴转运效率。例如,睾酮甘油三酯前体药物可比睾酮十一烷酸酯的淋巴转运和口服生物利用度高出 10 倍以上[32]。目前此类脂药衍生策略已处于临床试验的概念验证阶段,如别孕烯醇酮(allopregnanolone)的甘油三酯型前体药物已在 I 期临床试验中展示了良好的生物利用度提升作用。

三、展望

脂质辅料和脂-药衍生物,为提高候选化合物的成药性、改善药物的代谢与动力学行为的实用手段。同时,此领域仍有很多重要基础科学问题和技术问题尚未解决:① 脂质辅料在消化和吸收过程中所形成的多相体系的动态变化对药物增溶能力及吸收的影响;② 促透剂的作用机制、与药物分子适配性和应用限制因素;③ 脂质代谢相关酶谱和内源性脂质载体对脂质辅料与脂-药衍生物吸收、分布、代谢、排泄过程的影响;④ 具有广泛适应性的脂质衍生物模板的机制探索与设计创新;⑤ 利用脂质代谢通路实现脂-药衍生物在特定靶组织的药物递送等。这些方向的深入研究和突破,有望为药剂学研究和发展提供有益助推。

（韩思飞）

参考文献

[1] Feeney O M, Crum M F, McEvoy C L, et al. 50 years of oral lipid-based formulations: Provenance, progress and future perspectives. Advanced Drug Delivery Reviews, 2016, 101: 167－194.

[2] Bennett-Lenane H, O'Shea J P, O'Driscoll C M, et al. A Retrospective Biopharmaceutical Analysis of >800 Approved Oral Drug Products: Are Drug Properties of Solid Dispersions and Lipid-Based Formulations Distinctive? Journal of Pharmaceutical Sciences, 2020, 109(11): 3248－3261.

[3] Zhang Y, Sun C, Wang C, et al. Lipids and Lipid Derivatives for RNA Delivery. Chemical Reviews, 2021, 121(20): 12181－12277.

[4] Bech E M, Pedersen S L, Jensen K J. Chemical Strategies for Half-Life Extension of Biopharmaceuticals: Lipidation and Its Alternatives. ACS Medicinal Chemistry Letters, 2018, 9(7): 577－580.

[5] Williams H D, Trevaskis N L, Charman S A, et al. Strategies to Address Low Drug Solubility in Discovery and Development. Pharmacological Reviews, 2013, 65(1): 315－499.

[6] Food and Drug Administration. Drug label for DIPRIVAN® (propofol) injectable emulsion, USP. https://www. accessdata. fda. gov/drugsatfda _ docs/label/2017/019627s066lbl. pdf. [2017－04].

[7] Sahbaz Y, Williams H D, Nguyen T H, et al. Transformation of Poorly Water-Soluble Drugs into Lipophilic Ionic Liquids Enhances Oral Drug Exposure from Lipid Based Formulations. Molecular Pharmaceutics, 2015, 12(6): 1980 – 1991.

[8] Homsi J, Bedikian A Y, Kim K B, et al. Phase 2 open-label study of weekly docosahexaenoic acid-paclitaxel in cutaneous and mucosal metastatic melanoma patients. Melanoma Res, 2009, 19(4): 238 – 242.

[9] Bedikian A Y, DeConti R C, Conry R, et al. Phase 3 study of docosahexaenoic acid-paclitaxel versus dacarbazine in patients with metastatic malignant melanoma. Ann Oncol, 2011, 22(4): 787 – 793.

[10] Aldern K A, Ciesla S L, Winegarden K L, et al. Increased Antiviral Activity of 1-O-hexadecyloxypropyl-[2-^{14}C] cidofovir in MRC – 5 Human Lung Fibroblasts Is Explained by Unique Cellular Uptake and Metabolism. Molecular Pharmacology, 2003, 63 (3): 678 – 681.

[11] Ray A S, Fordyce M W, Hitchcock M J M. Tenofovir alafenamide: A novel prodrug of tenofovir for the treatment of Human Immunodeficiency Virus. Antiviral Research, 2016, 125: 63 – 70.

[12] Toyama K, Furuie H, Ishizuka H. Intrapulmonary Pharmacokinetics of Laninamivir, a Neuraminidase Inhibitor, after a Single Nebulized Administration of Laninamivir Octanoate in Healthy Japanese Subjects. Antimicrobial Agents and Chemotherapy, 2018, 62(1): e01722 – 17.

[13] Koyama K, Nakai D, Takahashi M, et al. Pharmacokinetic mechanism involved in the prolonged high retention of laninamivir in mouse respiratory tissues after intranasal administration of its prodrug laninamivir octanoate. Drug Metab Dispos, 2013, 41 (1): 180 – 187.

[14] Twarog C, Fattah S, Heade J, et al. Intestinal Permeation Enhancers for Oral Delivery of Macromolecules: A Comparison between Salcaprozate Sodium (SNAC) and Sodium Caprate (C(10)). Pharmaceutics, 2019, 11(2): 78.

[15] Food and Drug Administration. Approval Package for NDA 22 – 512/S – 04 Pradaxa (dabigatran etexilate mesylate). https://www. accessdata. fda. gov/drugsatfda _ docs/nda/ 2011/022512Orig1s004.pdf.[2012 – 05 – 31].

[16] Sofia M J, Bao D, Chang W, et al. Discovery of a β-d-2′-Deoxy-2′-α-fluoro-2′-β-C-methyluridine Nucleotide Prodrug (PSI – 7977) for the Treatment of Hepatitis C Virus. Journal of Medicinal Chemistry, 2010, 53(19): 7202 – 7218.

[17] Beaumont K, Webster R, Gardner I, et al. Design of ester prodrugs to enhance oral absorption of poorly permeable compounds: challenges to the discovery scientist. Curr Drug Metab, 2003, 4(6): 461 – 485.

[18] Wiemer A J, Wiemer D F. Prodrugs of phosphonates and phosphates: crossing the membrane barrier. Top Curr Chem, 2015, 360: 115 – 160.

[19] Gurjar R, Chan C Y S, Curley P, Set al. Inhibitory Effects of Commonly Used Excipients on P-Glycoprotein in Vitro. Molecular Pharmaceutics, 2018, 15(11): 4835 – 4842.

[20] Wang S W, Monagle J, McNulty C, et al. Determination of P-glycoprotein inhibition by

excipients and their combinations using an integrated high-throughput process. J Pharm Sci, 2004, 93(11): 2755 – 2767.

[21] Chhikara B S, Mandal D, Parang K. Synthesis, anticancer activities, and cellular uptake studies of lipophilic derivatives of doxorubicin succinate. J Med Chem, 2012, 55(4): 1500 – 1510.

[22] Peters G J, Adema A D, Bijnsdorp I V, et al. Lipophilic prodrugs and formulations of conventional (deoxy) nucleoside and fluoropyrimidine. analogs in cancer. Nucleosides Nucleotides Nucleic Acids, 2011, 30(12): 1168 – 1180.

[23] Liu J, Zhao D, Ma N, et al. Highly enhanced leukemia therapy and oral bioavailability from a novel amphiphilic prodrug of cytarabine. RSC Advances, 2016, 6(42): 35991 – 35999.

[24] Schwendener R A, Schott H. Treatment of l1210 murine leukemia with liposome-incorporated N4-hexadecyl-1-β-D-arabinofuranosyl cytosine. International Journal of Cancer, 1992, 51(3): 466 – 469.

[25] Rais R, Fletcher S, Polli J E. Synthesis and In Vitro Evaluation of Gabapentin Prodrugs that Target the Human Apical Sodium-Dependent Bile Acid Transporter (hASBT). Journal of Pharmaceutical Sciences, 2011, 100(3): 1184 – 1195.

[26] Cundy K C, Annamalai T, Bu L, et al. XP13512(+/−)−1-((alpha-isobutanoyloxyethoxy) carbonyl aminomethyl)−1-cyclohexane acetic acid, a novel gabapentin prodrug: II. Improved oral bioavailability, dose proportionality, and colonic absorption compared with gabapentin in rats and monkeys. Journal of Pharmacology and Experimental Therapeutics, 2004, 311(1): 324 – 333.

[27] Cundy K C, Sastry S, Luo W D, et al. Clinical Pharmacokinetics of XP13512, a Novel Transported Prodrug of Gabapentin. Journal of Clinical Pharmacology, 2008, 48(12): 1378 – 1388.

[28] Porter C J H, Trevaskis N L, Charman W N. Lipids and lipid-based formulations: optimizing the oral delivery of lipophilic drugs. Nature Reviews Drug Discovery, 2007, 6(3): 231 – 248.

[29] Iqbal J, Hussain M M. Intestinal lipid absorption. American Journal of Physiology-Endocrinology and Metabolism, 2009, 296(6): E1183 – E1194.

[30] Caliph S M, Cao E, Bulitta J B, et al. The impact of lymphatic transport on the systemic disposition of lipophilic drugs. Journal of Pharmaceutical Sciences, 2013, 102(7): 2395 – 2408.

[31] Cao E, Watt M J, Nowell C J, et al. Mesenteric lymphatic dysfunction promotes insulin resistance and represents a potential treatment target in obesity. Nat Metab, 2021, 3(9): 1175 – 1188.

[32] Hu L, Quach T, Han S, et al. Glyceride-Mimetic Prodrugs Incorporating Self-Immolative Spacers Promote Lymphatic Transport, Avoid First-Pass Metabolism, and Enhance Oral Bioavailability. Angew Chem Int Ed Engl, 2016, 55(44): 13700 – 13705.